Düll/Kutzelnigg: Botanisch-ökologisches Exkursionstaschenbuch

Ruprecht Düll/Herfried Kutzelnigg

Botanisch-ökologisches Exkursionstaschenbuch

Das Wichtigste zur Biologie bekannter heimischer Pflanzen

4., überarbeitete und erweiterte Auflage

Quelle & Meyer Verlag Heidelberg · Wiesbaden

Prof. Dr. Ruprecht Düll
Akad. Oberrat Dr. Herfried Kutzelnigg
Universität – Gesamthochschule Duisburg
Fachbereich 6, Botanik
Lotharstr. 1
4100 Duisburg 1

Die Deutsche Bibliothek – CIP-Einheitsaufnahme

Düll, Ruprecht:
Botanisch-ökologisches Exkursionstaschenbuch : das Wichtigste zur Biologie bekannter heimischer Pflanzen / Ruprecht Düll ; Herfried Kutzelnigg. – 4., überarb. und erw. Aufl. – Heidelberg ; Wiesbaden : Quelle und Meyer, 1992

ISBN 3-494-01192-3
NE: Kutzelnigg, Herfried:

4., überarbeitete und erweiterte Auflage 1992

Zeichnungen: Dagmar Stall, Duisburg
Einbandgestaltung: Klaus Neumann, Wiesbaden
Druck und Verarbeitung: Zechnersche Buchdruckerei, Speyer
Printed in Germany/Imprimé en Allemagne
ISBN 3-494-01192-3

Inhaltsübersicht

Vorwort zur 4. Auflage

Dank des allseitigen lebhaften Echos konnten in die vorliegende Neuauflage zahlreiche Ergänzungen und Verbesserungen aufgenommen werden:

- Das Layout wurde verbessert und eine benutzerfreundliche Proportionalschrift verwendet.
- Alle Teile wurden überarbeitet und durch besonders interessante oder aktuelle Hinweise ergänzt.
- Im speziellen Teil wurde die Zahl der behandelten Arten wesentlich erhöht (bei den ausführlich besprochenen Arten um 52 auf 446, bei den übrigen um 101 auf 470).
- Bei allen behandelten Arten wurden u. a. folgende Aspekte vollständiger als bisher berücksichtigt bzw. neu aufgenommen:
  - Hinweise zur Pflanzengeographie und Systematik.
  - Erklärung der Pflanzennamen. Allerdings wurden die zahlreichen unklaren und nichtssagenden Fälle nicht zitiert.
  - Alter und forstwirtschaftliche Umtriebszeit der Bäume.
  - Allergien (einschließlich Heuschnupfen) verursachende Pflanzen.
  - Bedeutung der Arten als pflanzensoziologische Kennarten.
  - Geschützte Pflanzen gemäß Bundesartenschutzverordnung von 1986.
  - Gefährdete Arten gemäß Roter Liste der Bundesrepublik Deutschland von 1988.
  - Verwendung als Wildgemüse.
  - Eignung für Wildpflanzengärten.
- Die Abbildungstafeln wurden vermehrt (um 11 auf 52). Sie wurden wieder von Dagmar Stall angefertigt, überwiegend an Hand von Originalmaterial. Schwerpunkt der Zeichnungen sind Details zur Blüten- und Verbreitungsbiologie.
- Die Übersichten zu den Lebensformen, zur Blütenökologie und zur Ausbreitungsökologie wurden durch weitere Beispiele ergänzt.
- Die Worterklärungen wurden wesentlich vermehrt.
- Neu aufgenommen wurden im Anhang folgende Übersichten:
  - Stark giftige Pflanzen
  - Frühblüher
  - Heilpflanzen und Teepflanzen

- Wildgemüsepflanzen
- Färberpflanzen
- Für Wildpflanzengärten geeigneten Pflanzen
- Liste der Gattungen, geordnet nach Pflanzenfamilien.

Naturgemäß konnten nicht alle geäußerten Wünsche berücksichtigt werden. Bei allen Überlegungen zur Ergänzung und Umstellung sollte der besondere Charakter des Buches erhalten bleiben: eine Sammlung von Lebensbildern unserer häufigeren und besonders interessanten Sproßpflanzen – Sicher wäre es reizvoll gewesen, auch Beispiele aus dem Bereich der niederen Pflanzen aufzunehmen, doch hätte eine solche Erweiterung den Rahmen des Buches gesprengt. Wer sich in dieser Weise für Moose interessiert, sei auf folgende Publikation verwiesen: Düll, R. (1990): Exkursionstaschenbuch der Moose. 3. Aufl. Bad Münstereifel: IDH-Verlag.

Abschließend bedanken wir uns nochmals herzlich für die zahlreichen uns übersandten Hinweise. Besonderer Dank gilt Herrn Dr. W. Dietrich (Düsseldorf), der wiederum das Manuskript durchsah, Andrea Gläss, die aus studentischer Sicht vielfältige Anregungen gab, Doris Heide für wertvolle Vorschläge zur äußeren Gestaltung und der Lektorin Frau C. Huber für die positive Zusammenarbeit. Für umfangreichere Hinweise sei noch den Herren G. Abels, H.-B. Döhl und K. v. d. Weyer gedankt.

Aus dem Vorwort zur 3. Auflage

Die zweite, völlig neu bearbeitete und stark erweiterte Auflage des Exkursionstaschenbuches wurde vom IDH-Verlag für Bryologie und Ökologie (Rheurdt, jetzt Bad Münstereifel) herausgegeben. Sie war nach knapp zwei Jahren bereits wieder vergriffen. Inzwischen hat der Verlag Quelle & Meyer (Heidelberg) das Buch als gute Ergänzung zu der bekannten Flora von Schmeil und Fitschen in sein Verlagsprogramm aufgenommen. Wir danken dem Verleger Herrn G. Stahl und der Lektorin Frau C. Huber für die gute Zusammenarbeit ...

Aus dem Vorwort zur 2. Auflage

Vor 10 Jahren erschien im Walter Braun Verlag Duisburg das Botanisch-ökologische Exkursionstaschenbuch von R. DÜLL unter Mitarbeit von H. KUTZELNIGG. Es liegt nun in völlig neu bearbeiteter Form vor.

Die Zahl der behandelten Arten wurde etwa um die Hälfte vermehrt und der Artentext erweitert. Außerdem wurden 72 Abbildungen eingefügt, die Frau Dagmar STALL für uns zeichnete. Die Herren Dr. E. FOERSTER (Kleve-Kellen) und Dr. W. DIETRICH (Düsseldorf) unterzogen sich der großen Mühe, das Manuskript gründlich zu studieren. Ihnen verdanken wir zahlreiche wertvolle Ergänzungen und Verbesserungen. Für das Lesen der Korrekturen und nützliche Hinweise für die Textverarbeitung bedanken wir uns bei Herrn Rudolf MAY sowie bei Barbara und Irene DÜLL. Insbesondere letztere hat wesentlich zum Gelingen des ganzen Unternehmens beigetragen.

Zur Einführung

Pflanzen sind faszinierende Lebewesen: Je länger man sie kennt, desto interessanter werden sie. Als Einzellebewesen betrachtet sind sie erst einmal **schön.** Demjenigen, der diese Schönheit in **allen** Pflanzen erkennt, werden sie schon deshalb lieb und wert. Doch die Pflanzenwelt, also die Vegetation, die unsere Mitwelt wesentlich bestimmt, kann erst dann schön genannt werden, wenn sie auch wahr, d. h. den anderen Umweltbedingungen entsprechend so natur- oder standortgemäß wie möglich ist. Erst eine relativ vielfältige Vegetation bietet auch einer Vielzahl anderer, z. B. tierischer Lebewesen Nahrung und Wohnraum wie auch höchstmöglichen Schutz vor Schädlingsinvasionen und anderen "natürlichen" Katastrophen. **Allein die grüne Pflanze** - als photoautotrophes Lebewesen - vermag Sonnenenergie "einzufangen", indem sie mit ihrer Zuckerproduktion letztlich den Ausgangsstoff für alle anderen organischen Rohstoffe liefert und damit irdisches Leben überhaupt erst möglich macht. Dies kann nur in intakten Lebensräumen, die sich **im dynamischen Gleichgewicht** befinden, geschehen. Nicht nur, weil immer die Vegetation letztendlich die Nahrung liefert, auch der lebenserhaltende Sauerstoff wird allein von den Pflanzen geliefert: Tiere wie Menschen sind von der Pflanze abhängig. **Die Natur kann ohne uns sehr gut existieren, aber wir nicht ohne sie!**

Wir bemühen uns, in diesem Buch die Pflanze dem Menschen näher zu bringen. In ihr nicht nur einen Gegenstand (eine Sache, wie es die Juristen nennen) menschlicher Nutzung zu sehen, sondern sie vor allem auch ganzheitlich als höchst interessantes, noch von keiner modernen Technik übertroffenen (und kaum zu übertreffendes) Lebewesen zu sehen und entsprechend zu achten.

Wie die Tiere reagieren auch die Pflanzen, nur meist langsamer und oft anders. Reiche Ausgestaltung der Oberflächen und ihr ortsgebundener, von Sonnenlicht, Wasser und Nahrsalzen wie auch von Kohlendioxid direkt abhängiger Lebensstil unterscheiden die Sproßpflanzen von Tieren. Natürlich sind auch die sogenannten "Niederen Pflanzen" und vor allem die Bakterien unverzichtbare Partner der natürlichen Kreisläufe.

Zum Gebrauch des Buches gibt der Abschnitt **Exkursionen** einige Anregungen. Wo irgend möglich wurden die geschilderten Lebensgeschichten draußen an der Pflanze überprüft. Trotzdem sollte sich jeder Benutzer bemühen, seine eigenen Beobachtungen zu machen und, wenn er andere Ergebnisse erzielt, sie uns mitteilen. Wir sind für jede Ergänzung und Anregung dankbar. Im Literaturverzeichnis wird auf Bücher verwiesen, aus denen sich weitere interessante Angaben entnehmen lassen.

Auf Habitus-Abbildungen wurde nicht nur aus Kostengründen verzichtet. Der Buchhandel bietet inzwischen mehrere Bestimmungsbücher mit vorzüglichen Abbildungen. Wir denken da besonders an die Publikationen der Verlage Parey, BLV und Kosmos. Mit diesen recht preiswerten Büchern kann auch ein Anfänger die Mehrzahl der hier geschilderten Pflanzen leicht bestimmen. Umgekehrt sollte es kein Bestimmer versäumen, in diesem Buch nachzuschlagen, ob er nicht auch über diese Pflanze eine interessante Lebensgeschichte findet.

Was bietet nun dieses Buch? Wir haben uns erstens bemüht, einen Katalog besonders interessanter und gleichzeitig auch wenigstens einigermaßen gut kenntlicher und öfter vorkommender Pflanzen Deutschlands zusammenzustellen. Zweitens soll das Buch dazu verhelfen, Exkursionen und Lehrausflüge effektiver zu gestalten, d. h. zu eigenständigem Arbeiten anregen und damit die Vor- und Nachbereitung unterstützen. Es soll drittens in breiten Kreisen das Interesse an der Pflanze überhaupt sowie am konkreten Beispiel wecken und fördern, so durch Informationen, die - gewöhnlich weit verstreut - vielen Interessenten schwer zugänglich sind. Nicht zuletzt soll das Buch auf diesem Wege dazu beitragen, durch die allein wirksame konkrete Konfrontation mit dem **Lebewesen** Pflanze, die für uns lebensnotwendige Rettung unserer Umwelt mit Vernunft **und** Gefühl (= Motivation) vielleicht in letzter Stunde doch noch zuwege zu bringen. Weil eben **alle** durch das Phänomen Pflanze angesprochen sein sollten, wurde hier auf die Verwendung von Fachausdrücken - wo irgend möglich - verzichtet.

Einiges über das "Was und Wie" der Exkursionen: Exkursionen vermitteln lebendige Anschauung, wenn sie an ausgewählten Beispielen (exemplarisch) grundlegende Eigenschaften von Lebewesen demonstrieren, und zwar besonders, wenn der Zusammenhang zu den Eigenheiten der Umwelt durch diese sichtbar gemacht werden kann. Darüberhinaus können sie den Lernenden für biologische Probleme motivieren, d. h. die Freude und das Interesse an der lebendigen Umwelt, in der wir leben, wecken und fördern. Unter den formalen Zielen einer Lehrwanderung sind neben der Förderung sozialen Verhaltens (z. B. Erlernen von Zusammenarbeit) wichtige Lernergebnisse zu erwarten. Die Anwendung des Buchwissens auf das reale Objekt und die Möglichkeit zu eigenständiger Auseinandersetzung mit bestimmten Themenkreisen (forschendes Lernen) seien als besonders wichtige Beispiele herausgegriffen.

Exkursionen, die der persönlichen Fortbildung dienen, unterscheiden sich wohl kaum grundsätzlich von solchen, die der Belehrung anderer dienen. Auch bei den "Lernexkursionen", wenn man die ersteren so bezeichnen will, ist die Zusammenarbeit mit Gleichgesinnten, schon wegen der Chance zur Diskussion, in jedem Falle dem Einzelgang vorzuziehen. Durch Arbeitsteilung - die zu untersuchenden Pflanzen werden anteilig auf die Partner verteilt - erzielt man nicht nur größere Effektivität, sondern nutzt zugleich auch die Gelegenheit zur Darstellung des Stoffes, wobei Schwächen am ehesten erkannt werden, wie auch Ergänzungen gebracht werden können.

Angesichts der Problematik, der heutzutage Unterrichtsgänge, insbesondere von städtischen Schulen, ausgesetzt sind, sollte wenigstens eine eigene Exkursion des Lehrers der betreffenden Schulstunde als Grundlage dienen. Gesammelte Materialien, evtl. eigene Fotos, wie auch Erlebnisschilderungen, können Schulstunden oft wesentlich bereichern. Dies gilt insbesondere, wenn die Schüler gleichzeitig konkrete Anweisungen zum selbständigen Nachvollziehen erhalten.

Solche beispielhaft für den Unterricht, aber auch insbesondere die mit Lernenden tatsächlich veranstalteten Exkursionen sollten gut vorbereitet werden. Eine Teilnehmerzahl von keinesfalls mehr als 10-15 Personen pro Führer gestattet jederzeit Nachfragen wie auch Diskussionen im engeren Kreise. Nur so können sich auch Lehrer und Lernende näher kennenlernen. Für die notwendigen Arbeitsmittel ist zu sorgen. Lupen sollten in der nötigen Mindestzahl verfügbar sein, ebenso Taschenmesser und evtl. nötige Bestimmungsbücher und Nachschlagewerke. Notizmaterial und Sammelbehälter (z. B. undurchsichtige Plastiktüten) sollte jeder Teilnehmer mitführen. Die gesammelten Pflanzen sollten - falls sie gepreßt werden - in der Größe am besten einem Herbarformat von DIN A4 angepaßt sein. Zur Methodik der Herbar- und anderer Konservierungstechniken gibt es einschlägige Sachbücher (z. B. STEHLI & BRÜNNER 1968). Da nur wenige Schulen über ausreichendes botanisches Anschauungsmaterial verfügen, ist der Wert solcher Aufsammlungen für den Unterricht offensichtlich. Darüberhinaus zeigt der Lehrer auf diese Weise dem Schüler am besten sein persönliches Engagement, er bietet eine echte Motivation und regt zur Nachahmung an.

Besonders auf Exkursionen sollten nur solche Objekte vorgezeigt werden, die auch für alle Lernenden - ohne den Lebenshaushalt des

Standortes zu schädigen und ohne zur Ausrottung von Arten beizutragen - verfügbar oder zumindestens gut sichtbar sind. Das Vorzeigen seltener oder gar geschützter Pflanzen an Ort und Stelle sollte nur mit besonderer Rücksicht erfolgen. So manches beliebte Exkursionsgebiet wurde allein von Studentenexkursionen seiner schönsten Pflanzen beraubt!

Da die Lernenden bei umfassender Darstellung meist schon Schwierigkeiten haben, nur 20 Pflanzen auf einer Exkursion einigermaßen kennenzulernen, sollten keinesfalls mehr neue Objekte eingeplant werden.

Exkursionen sollten nach Möglichkeit fortlaufende Lehrveranstaltungen sein, wenn sie nicht sowieso unterrichtsbegleitende Aufgaben erfüllen. So gehört die ständige Wiederholung und Festigung des bereits behandelten Lehrstoffs unbedingt zu einer guten Exkursion. Diesbezügliche Aufgaben und Befragungen sind bei jeder Exkursion mit einzuplanen. Es erscheint an dieser Stelle wichtig, darauf hinzuweisen, daß vor etwaigen Abfragen die Kontrolle der Einhaltung gegebener Arbeitsanweisungen und die tatsächliche Benutzung empfohlener Lernhilfen gesichert sein muß. Ist dies aus irgendwelchen Gründen nicht hinreichend garantiert, kann das Abfragen mehr Schaden anrichten als nutzen.

Aus der anzustrebenden relativ geringen Zahl der Objekte ergibt sich auch eine zeitliche Beschränkung der Veranstaltung. Zwei Stunden intensiver Arbeit scheinen heute meist die obere Grenze des Zumutbaren. Eine dann notwendige längere Pause kann u. a. für das fachgerechte Pressen und Beschriften der gesammelten Pflanzen genutzt werden oder für die Wanderung zum nächsten "Lernplatz", falls bei einer Tagesexkursion noch eine weitere Lerneinheit folgen soll. Auch "Bestimmungsübungen" können als Einschub dienen. Nach Schluß der Exkursion müssen dann nochmals etwa 2 Stunden für die "wissenschaftliche Verdauung" zur Verfügung stehen oder es muß ein gesonderter Tag zum Aufarbeiten eingeplant werden.

Natürlich kann man solchen vielseitig orientierten, aber wenig artenintensiven Exkursionen rein floristische "Kenn-Exkursionen" voranstellen. Die später intensiv zu behandelnden interessanten Arten - nicht irgendwelche! - werden hier allein mit den dazugehörigen Erkennungsmerkmalen gezeigt. Der Wert solcher Arbeitsteilung ist umstritten, schon weil die heutigen Lehrpläne nur sehr wenig Freiraum für solche Veranstaltungen übriglassen. Sinnvoll ist sie jedoch dann, wenn die zum Verständnis einer umfassenden Darstellung notwendigen Grundkenntnisse noch fehlen, das Bedürfnis nach Artenkenntnis aber vorhanden ist.

Vielerorts dienen Exkursionen immer noch allein dem Erlernen möglichst zahlreicher Pflanzennamen. Jedoch kommt es erst in zweiter Linie auf diese Kenntnisse an. Das intensive Studium und Verständnis einer begrenzten Zahl ausgesuchter Beispiele sollte im Vordergrund stehen, und letztlich kommt es immer darauf an, Natur in aller ihrer Vielfalt und Schönheit begreifen zu lernen. Die so gesammelten Erfahrungen an einzelnen Objekten sollen zumindest zum Zeitpunkt der abschließenden Auswertung auch allgemeine Gesichtspunkte erkennen lassen, so z. B. den inneren Zusammenhang zwischen Subjekt und spezifischer Umwelt. Bekannte Rahmenthemen sind u. a. "Frühjahrspflanzen", "Ruderalpflanzen der Wegränder", "Kulturpflanzen der Äcker", "Farnpflanzen und ihre Lebensräume", "Verbreitungstypen von Samen und Früchten" usw.

Es ergibt sich aus dem notwendigen ökologischen Bezug eindeutig, daß zu jeder Exkursion eine wenigstens kurze Charakeristik des besuchten Lebensraumes erarbeitet wird, u. a. unter Verwendung der einschlägigen Meßtischblätter sowie entsprechender Gebietsliteratur.

Übersicht zu den Lebensformen der Sproßpflanzen nach RAUNKIAER

Lebensformen im Sinne von RAUNKIAER sind "Überdauerungsformen", d. h. die Pflanzen werden nicht nur nach ihrer Wuchsform, z. B. Kraut oder Strauch, sondern vor allem auch nach dem Merkmal "Knospenlage und Knospenschutz während der ungünstigen Jahreszeit" eingeteilt. Ausführliche Darstellung bei BRAUN-BLANQUET (1964).

I. Einjährige (Therophyten)

Der Lebenszyklus ist in maximal 12 Monaten beendet. Die Pflanzen überdauern die ungünstige Jahreszeit als Samen bzw. mit einer Blattrosette. Hauptverbreitung in den Trockengebieten der Erde. Vorwiegend wärme- und nährstoffliebende Arten.

1 Sommer-Annuelle, Eigentliche Einjährige (Eutherophyta) (Abb. 1 h): Keimung, Blüte und Samenreife im gleichen Jahr.

a Kriechende Einjährige (Therophyta reptantia): z. B. verschiedene ruderale *Veronica*-Arten (Ehrenpreis) und *Anagallis* (Gauchheil).

b Kletternde Einjährige (Therophyta scandentia): z. B. *Vicia* (Wicken), *Cuscuta* (Seiden) und *Cucurbita* (Kürbis).

c Aufrechte Einjährige (Therophyta erecta): die häufigste Form, z. B. *Galinsoga* (Knopfkraut) und *Helianthus annuus* (Sonnenblume).

d Schopfige Einjährige (Therophyta comosa): mit grundständiger Rosette oder horstbildend, z. B. *Hordeum murinum* (Mäuse-Gerste).

2 Winter-Annuelle, wintergrüne Halbrosettenpflanzen (Therophyta hemirossulata): Samenkeimung im Spätsommer oder Herbst; danach Anlage einer überdauernden Blattrosette; Blüte im nächsten Frühjahr; danach meist Sommerruhe des Samens, so bei *Agrostemma* (Kornrade). - Viele Winterannuelle sind fakultativ auch sommerannuell, z. B. *Centaurea cyanus* (Kornblume).

Die Winterannuellen stellen einen Übergangstyp zu den Zweijährigen dar, die im vorliegenden System zu den Hemikryptophyten gestellt werden. Oft kommen beide Lebensformen nebeneinander vor. Beispiele für Arten, die sowohl sommerannuell als auch winterannuell als auch zweijährig sein können, sind *Poa annua* (Einjähriges

Rispengras), *Capsella bursa-pastoris* (Hirtentäschel) und *Centaurium* (Tausendgüldenkraut).

II. Erdpflanzen (Geophyten)

Ausdauernde Pflanzen mit im Substrat (Erde oder z. B. Teichschlamm) verborgenen und dort die ungünstige Jahreszeit überstehenden Überdauerungsknospen. Gewöhnlich sind besondere Speicherorgane vorhanden. Hauptverbreitung in trockenwarmen Gebieten, vorwiegend auf nährstoffreichen Böden.

1 **Wurzelschmarotzer** (Geophyta parasitica): Überdauerungsorgane unterirdisch, in der Wirtspflanze verankert, z. B. *Orobanche* (Sommerwurz) und *Lathraea* (Schuppenwurz).

2 **Eigentliche Erdpflanzen** (Eugeophyta)

a **Knollen-Geophyten** (Geophyta bulbosa): Überdauerung entweder als Zwiebel (Abb. 1 g), z. B. *Allium cepa* (Küchenzwiebel; Abb. 6 a) oder als Knolle, z. B. *Corydalis* (Lerchensporn; Abb. 23), *Colchicum autumnale* (Herbstzeitlose; Abb. 22) oder *Orchis* (Knabenkraut; Abb. 58).

b **Rhizom-Geophyten** (Geophyta rhizomatosa) (Abb. 1 f): Überdauerung als Rhizom, z. B. *Convallaria* (Maiglöckchen), *Anemone* (Windröschen; Abb. 8), *Phragmites* (Schilf) und *Pteridium* (Adlerfarn).

c **Wurzelknospen-Geophyten** (Geophyta radicigemmata): Überdauerungsknospen an den Wurzeln, z. B. *Convolvulus* (Ackerwinde), *Cirsium arvense* (Acker-Kratzdistel) und *Euphorbia cyparissias* (Zypressen-Wolfsmilch; Abb. 32).

III. Erdschürfepflanzen (Hemikryptophyten)

Ausdauernde oder zweijährige Pflanzen mit Überdauerungsknospen dicht an der Erdoberfläche, meist im Schutz lebender oder auch abgestorbener Blätter oder Teilen davon. Hauptverbreitung in den gemäßigten Breiten.

1 **Rosettenpflanzen** (Hemicryptophyta rossulata) (Abb. 1 d): Ausdauernde Pflanzen mit grundständiger Blattrosette und blattlosem Blütenschaft, z. B. *Bellis perennis* (Gänseblümchen) und *Primula* (Primel).

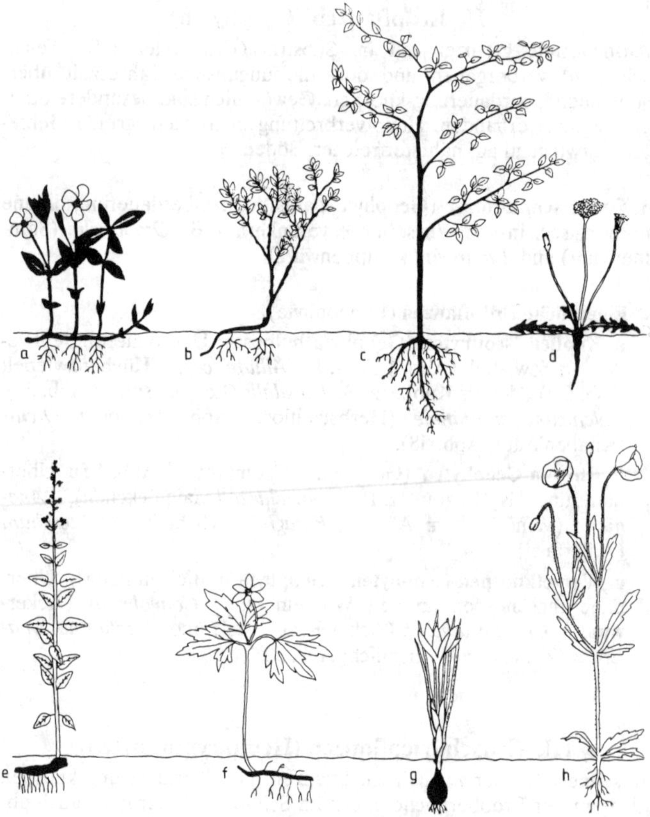

Abb. 1: Lebensformen der Sproßpflanzen: Die schwarz ausgefüllten Pflanzenteile überwintern. **a, b** Chamaephyten: a Halbstrauch, b Zwergstrauch. **c** Phanerophyt. **d, e** Hemikryptophyten: d Rosettenpflanze, e Schaftpflanze. **f, g** Geophyten: f Rhizom-Geophyt, g Zwiebel-Geophyt. **h** Therophyt. (Nach WALTER).

2 Grasartige Rasen- und Horstpflanzen (Hemicryptophyta caespitosa): Hierher gehören die meisten Poaceae (Süßgräser) und andere Grasartige, wie *Juncus* (Binsen) und viele *Carex*-Arten (Seggen). Die Erneuerungsknospen sind von meist verwitternden Blattscheiden umhüllt. Rasenbildend z. B. *Lolium* (Weidelgras), horstbildend z. B. *Festuca ovina* (Schaf-Schwingel) und *Carex elata* (Steife Segge).

3 Halbrosettenpflanzen (Hemicryptophyta hemirossulata): Hierher gehören neben einigen ausdauernden Arten alle zweijährigen Pflanzen (= Bienne). Diese bilden in der ersten Vegetationsperiode eine Blattrosette und in der zweiten einen beblätterten Blütenschaft, der den Hauptvegetationspunkt aufzehrt. Deshalb sterben sie gewöhnlich nach der Samenreife ab, blühen also nur einmal (= hapaxanth). Manchmal können sie mit Hilfe von auswachsenden Seitenknospen (Kindeln) überleben, z. B. bei *Digitalis* (Fingerhut) und *Verbascum* (Königskerze). Im Unterschied dazu sterben die ausdauernden Halbrosettenpflanzen nach der Blüte nicht ab, sondern bilden in den folgenden Jahren jeweils neue Blütenstände, so z. B. bei vielen *Potentilla*-Arten (Fingerkraut), *Ranunculus bulbosus* (Knolliger Hahnenfuß) und verschiedenen *Geranium*-Arten (Storchschnabel).

4 Schaftpflanzen (Hemicryptophyta scaposa) (Abb. 1 e): Der Blütenstengel ist beblättert. Meist hochwüchsige Pflanzen mit Pfahlwurzel. Rosettenblätter fehlend oder, wenn vorhanden, zur Blütezeit abgestorben. Beispiele sind *Hypericum*-Arten (Johanniskraut), *Lysimachia* (Gilbweiderich) und viele andere.

5 Klimm- oder Kletterstauden (Hemicryptophyta scandentia): Spreizklimmer und Kletterpflanzen mit jährlich absterbendem Stengel (= Unterschied zu echten Lianen), z. B. *Humulus lupulus* (Hopfen) und *Calystegia sepium* (Zaun-Winde).

IV. Oberflächenpflanzen (Chamaephyten)

Ausdauernde, krautige oder an ihrer Basis verholzte Pflanzen oder sehr niedrige Sträucher mit Erneuerungsknospen oberhalb der Erdoberfläche (maximal bis 30 cm Höhe), geschützt durch Knospenschuppen oder durch lebende oder abgestorbene Sproßteile.

1 Krautige Oberflächenpflanzen (Chamaephyta herbacea)

a Kriechstauden (Chamaephyta reptantia): Triebe niederliegend oder aufsteigend, Blätter immergrün, z. B. *Cymbalaria* (Zimbelkraut).

b Sukkulenten (Chamaephyta succulenta): bei uns nur Blattsukkulenten. Hauptverbreitung in Halbwüsten, Steppen und als Felspflanzen, z. B. *Sempervivum* (Hauswurz) und *Sedum* (Fetthenne).

c Polsterpflanzen (Chamaephyta pulvinata): Trockenpflanzen mit vielfältigen Anpassungen. Vor allem im Hochgebirge. Viele alpine *Saxifraga*-Arten (Steinbrech).

2 Verholzende Oberflächenpflanzen (Chamaephyta frutescentia s. l.)

a Spaliersträucher (Chamaephyta velantia): Zweige der Unterlage (vor allem Fels) dicht anliegend. Bei uns ausschließlich Alpenpflanzen, z. B. *Loiseleuria* (Alpenazalee). Manche Autoren stellen sie zu den Nanophanerophyten.

b Halbsträucher (Chamaephyta suffrutescentia, Hemiphanerophyta) (Abb. 1 a): Nur untere Stengelteile verholzend und meist mit dort ansitzenden Erneuerungsknospen überdauernd. Hauptverbreitung im Mittelmeergebiet. Wärmeresistent, kaum frosthart. Beispiele sind *Solanum dulcamara* (Bittersüßer Nachtschatten) und *Artemisia absinthium* (Wermut) oder mit wintergrünen Lederblättern *Helianthemum* (Sonnenröschen).

c Zwergsträucher (Chamaephyta frutescentia s. str.) (Abb. 1 b): Vollständig verholzte, aber niedrige, nur bis 30 cm hohe Sträucher. In Europa im wintermilden (z. B. atlantischen) Gebiet sowie nahe der Baumgrenze bei guter winterlicher Schneebedeckung. Immergrün und sklerophyll (derbblättrig) sind z. B. *Calluna* (Heidekraut) und *Vaccinium vitis-idaea* (Preiselbeere), winterkahl ist *Vaccinium myrtillus* (Heidelbeere), ein immergrüner "Rutenstrauch".

V. Luftpflanzen, Gehölze (Phanerophyten)

Erneuerungsknospen an mindestens 30 cm hohen, ± vollständig verholzten Trieben (Abb. 1 c), meist mit besonderem Knospenschutz. Hauptverbreitung in den Tropen und Subtropen. In kühl-gemäßigten Zonen fast nur winterkahle Vertreter.

1 Sträucher (Nanophanerophyta): Erneuerungsknospen bis 2(-5) m über dem Boden. Verzweigung vom Grund an, ohne Hauptstamm. Immergrün sind z. B. *Buxus* (Buchsbaum), *Juniperus* (Wacholder), *Ligustrum* (Liguster) sowie - als Rutenstrauch - *Cytisus scoparius* (Besenginster). Winterkahl, d. h. sommergrün, sind z. B. *Berberis vulgaris* (Sauerdorn), ein Dornstrauch, und die *Ribes*-Arten (Johannisbeere).

2 Bäume (Macrophanerophyta): fast immer mit einfachem Hauptstamm; Erneuerungsknospen mindestens 2 m über dem Boden. Immergrün sind alle Nadelbäume mit Ausnahme von *Larix* (Lärche: winterkahl). Unsere heimischen Laubbäume sind fast ausnahmslos sommergrün und winterkahl und dadurch auch sehr kalten Wintern angepaßt. Einzig *Ilex aquifolium* (Stechpalme, Hülse) hat immergrüne Lederblätter, wächst allerdings infolge von Frostschäden überwiegend strauchförmig.

3 Lianen (Phanerophyta scandentia): Kletterpflanzen mit verholztem Stamm. Hauptverbreitung im tropischen Urwald, bei uns in und am Rand feuchter, krautreicher Wälder und Gebüsche. Winterkahl sind z. B. *Clematis* (Waldrebe; Abb. 21), *Lonicera periclymenum* (Geißblatt) und *Parthenocissus* (Zaunrebe; Abb. 65). Unser einziger immergrüner Wurzelkletterer ist *Hedera* (Efeu).

VI. Wasserpflanzen (Hydrophyten)

Alle nicht zum Phytoplankton (= mikroskopische Schwebepflanzen) zählenden Wasserpflanzen, deren Überdauerungsorgane während der ungünstigen Jahreszeit ± lange untergetaucht sind. Im Gebiet nur ausdauernde Typen. In kälteren Lagen, besonders im Hochgebirge, oft fehlend. - Nach der Art ihrer Überdauerung kann man die meisten Wasserpflanzen auch anderen Lebensformen zuordnen, z. B. den Geophyten oder Hemikryptophyten.

1 Wasserschwimmer (Hydrophyta natantia): auf oder im Wasser freischwimmende Pflanzen, z. B. *Lemna* (Wasserlinse), *Hydrocharis* (Froschbiß; Abb. 43), *Ceratophyllum* (Hornblatt) und viele *Utricularia*-Arten (Wasserschlauch).

2 Schlammwurzler ("Wasserwurzler") (Hydrophyta radicantia, Hydrorhizophyta): im Gewässerboden wurzelnde Pflanzen. Sie wachsen entweder völlig untergetaucht (= submers), z. B. *Myriophyllum* (Tausendblatt; hier ragen nur die Blütensprosse in den Luftraum), oder sie sind mit Schwimmblättern ausgestattet, z. B. die Nymphaeaceae (Seerosengewächse; Abb. 56), oder die oberen Teile der Pflanze ragen aus dem Wasser, z. B. *Schoenoplectus* (Teichsimse). Interessant sind amphibische Pflanzen wie *Alisma* (Froschlöffel) und *Sagittaria* (Pfeilkraut; Abb. 78), bei denen je nach Umweltbedingungen alle genannten Möglichkeiten verwirklicht sein können.

VII. Sumpfpflanzen (Helophyten)

Überdauerungsknospen im Schlamm verborgen, z. B. am Ufer der Gewässer. Ähnlich wie die Hydrophyten können auch die Helophyten anderen Lebensformen zugeordnet werden. Beispiele sind *Iris pseudacorus* (Wasser-Schwertlilie) und *Acorus calamus* (Kalmus). Im höheren Gebirge sind sie selten.

VIII. Epiphyten, Aufsitzer

Auf der Rinde oder Borke von Zweigen und Stämmen der Gehölze lebend. Sie kommen fast nur im tropisch-subtropischen Gebiet bei ausreichender Tau- oder Regenwasserversorgung vor. Im Gebiet gibt es zahlreiche Epiphyten unter den Moosen, Flechten und Algen. Unter den Gefäßpflanzen wächst nur *Polypodium vulgare* (Tüpfelfarn; Abb. auf der Einbandvorderseite) als Epiphyt, und zwar nur fakultativ. Rechnet man auch die auf Bäumen wachsenden Hemiparasiten zu den Epiphyten, müßten noch die *Viscum*-Arten (Mistel) hinzugerechnet werden. – Zu beachten ist, daß oft auch die Mullbesiedler in den Astgabeln älterer Bäume oder in den Höhlungen von Kopfweiden als Epiphyten bezeichnet werden, obwohl sie nicht obiger Definition entsprechen.

Übersicht zu den Bestäubungstypen der Blütenpflanzen nach KUGLER

Anders als bei der Ausbreitung von Samen und Früchten ist in der Blütenökologie das Nebeneinander verschiedener Typen relativ selten. So finden sich sowohl Windbestäubung als auch Tierbestäubung bei bestandbildenden Arten mit reicher Pollenproduktion bzw. bei normalerweise Windblütigen mit Schauwirkung der Blütenstände oder mit Duftentwicklung. Beispiele sind *Calluna* (Heidekraut), *Papaver* (Mohn) und *Castanea* (Eß-Kastanie). Auch bei Nacktsamern kann es fakultativ zu Tierbestäubung kommen. - Bei einigen insektenblütigen Arten kann der Pollen, vor allem wenn er trocken ist, in erheblicher Menge in die Luft gelangen, so daß hier potentiell auch mit Windbestäubung zu rechnen ist. Dies gilt etwa für *Tilia* (Linde) oder *Taraxacum* (Löwenzahn). - Bei bestimmten *Potamogeton*-Arten (Laichkraut) kommen Unterwasser- und Überwasserbestäubung nebeneinander vor. - Die Blüten von *Trollius* (Trollblume) können sowohl als Scheibenblumen als auch als Kraftblumen funktionieren. *Pinguicula* (Fettkraut) ist Rachenblume und Klemmfallenblume. - Bei vielen Arten setzt kurz vor dem Abblühen bzw. gegen Ende der Blütezeit oder auch bei Schlechtwetter Selbstbestäubung ein.

I. Selbstbestäubung (Autogamie)

Die Bestäubung erfolgt innerhalb derselben Blüte. Da hierdurch der Genaustausch stark begrenzt ist, kommen gewöhnlich Selbstbestäubung und Fremdbestäubung nebeneinander vor (siehe oben). Selbstbestäubung ist nur dann von ökologischer Bedeutung, wenn die Pflanze auch selbstkompatibel ist, d. h. der Bestäubung die Ausbildung von Samen folgt, was jeweils erst nachzuweisen ist.

1 Spontane Selbstbestäubung: Sie liegt immer dann vor, wenn der aus den Staubbeuteln heraustretende Pollen die Narbe von selbst erreichen kann. Oft geschieht dies durch altersabhängige Wachstumsbewegungen, die die Staubbeutel direkt mit den Narben in Verbindung bringen, wie es bei vielen Arten kurz vor dem Abblühen geschieht. Beispiele sind *Stellaria media* (Vogelmiere), *Cardaria draba* (Pfeilkresse) und *Spergula arvensis* (Acker-Spark). Sichere Selbstbestäubung erfolgt auch bei allen Blumen, die vor dem Schließen der Krone die Staubbeutel an die Narbe drücken, bzw. in kleistogamen, d. h. geschlossen bleibenden Blüten, z. B. bei *Viola odorata* (März-

Veilchen) und *Lamium amplexicaule* (Stengelumfassende Taubnessel; Abb. 48).

2 Selbstbestäubung durch Außenfaktoren: Sie erfolgt:

- durch den Wind, so vor allem bei herabhängenden Streukegelblumen,
- durch Insekten; dies betrifft insbesondere winzige blütenbewohnende Insekten, z. B. Blasenfüße (Thysanopteren),
- durch Regenwasser; die flachen Blüten bleiben bei Regen geöffnet, im wassergefüllten Zustand liegen Staubbeutel und Narben auf gleicher Höhe mit dem Wasserspiegel, so daß der Pollen auf der Wasseroberfäche zur Narbe gelangen kann. Beispiele: *Ranunculus repens* und *R. flammula* (Kriechender und Brennender Hahnenfuß) und *Caltha palustris* (Sumpf-Dotterblume).

II. Wasserbestäubung (Hydrogamie)

Wasser als Bestäubungsvermittler (nur bei Wasserpflanzen). Öffnung der Blüten in oder über Wasser.

1 Unterwasserbestäubung (Hyphydrogamie): Unterwasserblüher. Blüten im Wasser, dort auch Bestäubung, z. B. bei *Ceratophyllum* (Hornblatt) und *Zostera* (Seegras).

2 Überwasserbestäubung (Ephydrogamie): Überwasserblüher. Bestäubung auf der Wasseroberfläche. Entweder gelangen die Blüten an die Oberfläche, so bei *Elodea* (Wasserpest), oder der Pollen wird zu den Narben an der Oberfläche entlassen, so bei manchen *Callitriche*-Arten (Wasserstern).

III. Windbestäubung (Anemogamie)

Wind als Bestäubungsvermittler. Blüten ohne Schauorgane, aber immer mit papillösen bis federig entwickelten Narben (oder Griffeln) und oft mit lang gestielten Staubbeuteln. Pollen ohne oder mit wenig Kittstoffen, glatt, bei vielen Nadelbäumen mit Luftsäcken. Windblütige sind oft Bewohner insektenarmer Gebiete bzw. sind bestandbildende Pflanzen, wie z. B. die Grasartigen und unsere wichtigeren Waldbäume. Bei den Nacktsamern (Gymnospermen) gilt Windblütigkeit als ursprüngliches Merkmal, bei den Bedecktsamern (Angiospermen) hingegen als sekundäre Anpassung, z. B. an trockene oder kalte Klimate. Windblütigkeit ist meist mit Getrenntgeschlechtigkeit und häufig mit Vorweiblichkeit gekoppelt. Typisch ist für viele Anemogame die Verringerung der Zahl der Samenanlagen je Fruchtblatt, was durch die Erhöhung der Blütenzahl ausgeglichen wird. – Kugler unterscheidet nach Delpino folgende Typen:

1 **Unbeweglicher Typ** (Immotiflorae): Blüten festsitzend, unbeweglich. Staubfäden steif oder fehlend. Der Pollen gelangt in seltenen Fällen direkt aus den Staubbeuteln in die Luft, z. B. bei *Sparganium* (Igelkolben) und *Typha* (Rohrkolben). Häufiger fällt er zuerst in die Kron-, Perigon- oder Deckblätter und wird später aus diesen fortgeweht, z. B. bei den heimischen Nadelhölzern, bei *Hippophae* (Sanddorn) und den meisten *Potamogeton*-Arten (Laichkraut).

2 **Langstaubfädiger Typ** (Longistamineae): Blüten fast immer festsitzend, aber Staubfäden gewöhnlich lang und dünn und meist aus den Blüten heraushängend. Die großen, an der Rückenseite meist beweglich verbundenen (= dorsifixen) Staubbeutel können so leicht vom Wind bewegt werden und ihren Pollen entlassen. Hierher gehören alle Grasartigen, wie Cyperaceae (Sauergräser), Poaceae (Süßgräser) und *Luzula* (Hainsimse). Weitere Beispiele sind *Humulus* (Hopfen), *Plantago major* (Breit-Wegerich), *Rumex* (Ampfer) und *Sanguisorba minor* (Kleiner Wiesenknopf).

3 **Kätzchenblütentyp** (Amentiflorae): Kätzchen sind hängende, ähren- oder ährenrispenartige Blütenstände, die wegen ihrer elastischen Blütenachse leicht beweglich sind. Meist sind nur die männlichen Blüten zu Kätzchen vereint, so bei *Corylus* (Haselnuß; Abb. 24), *Carpinus* (Hainbuche; Abb. 18) und *Quercus* (Eiche), seltener auch die weiblichen, so bei *Populus* (Pappel). Bei *Betula* (Birke) und *Alnus* (Erle) sind die weiblichen Blütenstände sozusagen starre Kätzchen. Die Öffnung der Blüten erfolgt meist vor der Laubentfaltung (= vorlaufend) oder während der Laubentfaltung. Das erhöht die Effektivität der Bestäubung. - Hinweis: Die Weidenkätzchen der Gattung *Salix* sind im blütenökologischen Sinne im Falle der männlichen Blütenstände Pinselblumen, im Falle der weiblichen Blütenstände Körbchenblumen.

4 **Hängeblütiger Typ** (Penduliflorae): Im Prinzip wie voriger Typ, aber Blüten in andersartigen, hängenden Blütenständen, so in Rispen bei *Cannabis* (Hanf), oder auch männliche Blüten in kugeligen, dichasial angelegten Blütenständen, so bei *Fagus* (Buche). Auch *Fraxinus excelsior* (Gemeine Esche) muß zu diesem Typ gezählt werden.

5 Explosionstyp (Explodiflorae): Die in der Knospenlage eingekrümmten bis spiralig eingerollten Staubfäden strecken sich bei der Blütenöffnung und schleudern so den Pollen oder auch die ganzen Staubbeutel heraus, die sich dann in der Luft öffnen. Beispiele sind *Urtica* (Brennessel) und *Mercurialis* (Bingelkraut).

IV. Tierbestäubung (Zoidiogamie)

Der Blütenstaub wird durch Tiere oder Menschen übertragen. Das ist typisch für die Mehrzahl der Bedecktsamer (Angiospermen). Solche Arten zeichnen sich durch entsprechend auffällig gefärbte, duftende und nektarführende Blumen aus. Der Pollen ist gewöhnlich durch Pollenkitt klebrig, die Pollenwand (Exine) oft unregelmäßig bis stachelig. Narben und Staubbeutel sind unbeweglich, die Staubfäden oft reduziert, die Narben meist kopfig bis flach. Bei den heimischen Nacktsamern kommt regelmäßige Tierbestäubung nicht vor. Im Gegensatz zu den Windblütigen sind oft zahlreiche Samenanlagen je Fruchtknoten ausgebildet. In Wäldern treten tierblütige Gehölze meist einzeln auf. Insgesamt nimmt der Anteil an Tierblütigen desto mehr an Zahl zu, je mehr wir uns den äquatorialen Breiten nähern.

1 Säugerbestäubung (Mammaliogamie): Säugerblütige. Unter unseren Klimabedingungen fehlen Säugetiere als regelmäßige, streng angepaßte Bestäuber, da nur während etwa der Hälfte des Jahres die lebensnotwendige Blütennahrung geboten wird. Säugerbestäubung ist deshalb eine Erscheinung tropischer Gebiete, und auch dort scheint nur die Flederhundbestäubung (Chiropterogamie) von größerer Bedeutung.

2 Vogelbestäubung (Ornithogamie): Vogelblütige. In Europa wurde im gemäßigten Klima ebenso wie im Mittelmeergebiet noch keine Vogelbestäubung nachgewiesen. Anders verhält es sich in klimatisch ähnlichen Gebieten der übrigen Erdteile, wo blumenbesuchende Vögel zumindest als sommerliche Zugvögel weit in die gemäßigten Breiten vordringen. Interessanterweise wurde schon an verschiedenen, eigentlich bei uns heimischen Arten, wie z. B. *Scrophularia nodosa* (Knotige Braunwurz), in Nordamerika Vogelbesuch beobachtet. Bei etwa einem Drittel der Bedecktsamerfamilien wurde Vogelblütigkeit nachgewiesen. In den Tropen können Vögel sogar als Hauptbestäuber auftreten. Als Nahrung für die Vögel dient vor allem der Nektar, der bei Vogelblütigen meist besonders dünnflüssig ist. Die Blüten zeichnen sich durch lebhafte und oft kontrastierende Farben aus. Besonders typisch sind Grellrot und leuchtendes Violett. Entsprechend der Fähigkeit der Vögel, mehr auf Farben zu reagieren, erfolgt kaum eine Anlockung durch Düfte. Von den bei uns häufig kultivierten Gattungen sind in ihrer Heimat u. a. die folgenden vogelblütig: *Canna* (Blumenrohr), *Fuchsia* (Fuchsie), *Ipomoea* (Trichterwinde), *Nicotiana* (Tabak), *Salvia splendens* (Feuer-Salvie) und *Pelargonium* (Geranie).

3 Insektenbestäubung (Entomogamie): Insektenblütige. Vorherrschender Typ der Tierbestäubung, in Europa die einzige bisher sicher nachgewiesene Form. – Die Bestäubung erfolgt:

beim Sammeln der dargebotenen Nahrung. Dies ist die vorherrschende Ursache für einen Blütenbesuch. Gesammelt wird vor allem Nektar, der Zucker, geringe Mengen Eiweiß, Vitamine usw. enthält, sowie Pollen (= Blütenstaub), der z. B. für Bienen die wichtigste Eiweißquelle darstellt. Seltener werden auch nährstoffreiche Gewebe in der Blüte ("Futtergewebe") abgesammelt.

beim Aufsuchen vorgetäuschter Nahrung, besonders in Form von glänzenden Gebilden, die Nektarien ähneln, den sogenannten "Scheinnektarien". Da sich Fliegen am ehesten täuschen lassen, nennt man solche Blüten auch "Fliegentäuschblumen". Beispiele sind *Parnassia* (Herzblatt), *Solanum dulcamara* (Bittersüßer Nachtschatten) und angeblich auch *Paris* (Einbeere).

bei der Ausführung von Begattungsbewegungen auf der das Weibchen durch Duft und Form vortäuschenden Blüte, so bei *Ophrys* (Ragwurz).

bei der Ablage von Eiern in der Blüte, so bei *Yucca* (Palmlilie), *Trollius* (Trollblume) und *Silene nutans* (Nickendes Leimkraut). - [Bei *Ficus carica* (Feigenbaum) werden die Eier im Bütenstand abgelegt.]

beim zufälligen Besuch. Dies gilt besonders für Fliegen und Blumenkäfer, z. B. bei der Nutzung als Sonnenplatz, durch "Herumlaufen", so bei vielen Apiaceen (Doldenblütler) und bei *Sambucus* (Holunder), oder bei der Nutzung als Unterschlupf, so bei *Nymphaea* (Seerose) und *Cypripedium* (Frauenschuh).

Oft kann der erfahrene Beobachter bereits an der Gestalt und sonstigen Ausstattung einer Blüte erkennen, welche Insekten als alleinige oder zumindest bevorzugte Bestäuber zu erwarten sind. Nach Art der bestäubenden Insekten kann man vor allem folgende Typen unterscheiden:

Bienenblumen. Sie sind u. a. durch Honigduft ausgezeichnet, oft dorsiventral gebaut und bieten, etwa in Form der Kronunterlippe, einen Landeplatz. Der Nektar ist gewöhnlich verborgen. Häufiger Typ. Beispiele sind viele Lamiaceae, Scrophulariaceae, Asteraceae, Liliaceae usw.

Schwärmerblumen (= Nachtfalterblumen). Sie besitzen immer lange Kronröhren. Ihre Bestäuber, die Nachtschwärmer, haben sehr lange Rüssel, der z. B. beim Windenschwärmer bis 10 cm mißt. Charakteristisch sind helle (meist weißgefärbte), sich oft erst abends öffnende und dann auch duftende Blumen. Beispiele: *Lilium candidum* (Lilie), *Silene alba* (Weiße Lichtnelke), *Platanthera bifolia* (Zweiblättrige Kuckucksblume), *Oenothera* (Nachtkerze).

Tagfalterblumen. Sie haben ebenfalls nur durch lange Rüssel zu erreichenden Nektar, aber farbenfrohe, oft rote Blüten. Beispiele: *Dianthus carthusianorum* (Karthäuser-Nelke), *Silene dioica* (Rote Lichtnelke), *Gentiana verna* (Frühlings-Enzian).

Hummelblumen. Wegen der schwer zugänglichen Blüteneingänge (z. B. bei "Maskenblumen") verlangen sie kräftige Besucher. Hummelblumen sind oft himmelblau gefärbt, anscheinend eine "Lieblingsfarbe" dieser Insekten, die auch UV-Licht sehen können. Beispiele: großblütige *Lamium*-Arten (Taubnessel), *Aquilegia* (Akelei), *Antirrhinum* (Löwenmäulchen), *Digitalis* (Fingerhut) und *Gentiana acaulis* (Stengelloser Enzian).

Fliegenblumen. Nektar meist frei zugänglich, oft von einem Diskus abgesondert. Die Blüten sind oft weißlich bis grünlich und riechen oft unangenehm. Beispiele: viele Apiaceae, Euphorbiaceae, *Veronica*-Arten (Ehrenpreis) und *Sambucus* (Holunder).

System der insektenblütigen Blumen nach KUGLER

Nach der Gestalt, dem Angebot an Nahrungsstoffen sowie nach den besonderen Bestäubungseinrichtungen kann man die Blüten und blütenartigen Blütenstände (Pseudanthien) der Bedecktsamer allgemein gut im stammesgeschichtlich geordneten System nach KUGLER (1970) unterbringen. Als ursprünglich gelten strahlige Blüten mit offen dargebotenem Nektar oder gar alleiniger Pollendarbietung mit vorherrschender Bestäubung durch Fliegen und Käfer ohne Saugorgane. Als am höchsten entwickelt gelten Blüten, die nur durch wenige Bestäuber, besonders langrüsselige Hummeln und Falter, besucht werden und deren Nektar entsprechend schwer zugänglich ist. Er ist dann zumindest verdeckt und oft am Grunde langer Röhren verborgen oder nur durch lernbegabte Insekten, wie die Bienenverwandten (Apiden), zu erlangen.

1 Scheibenblumen: Blütenkrone flach ausgebreitet oder zumindest Staubblätter und Stempel freistehend. Meist Freikronblättrige (Dialypetalae), z. B. *Anemone* (Windröschen), selten auch Verwachsenkronblättrige (Sympetalae), so *Sambucus* (Holunder). Blüten fast immer strahlig (= radiär), mit zahlreichen Staubblättern und meist weiter Öffnung nach oben. Besucher lassen sich mitten auf der Blüte nieder.

a Pollen-Scheibenblumen: Nektar fehlend oder unbedeutend, dafür reiche Pollenproduktion, z. B. bei *Paeonia* (Pfingstrose), *Papaver* (Mohn) und *Hypericum* (Johanniskraut). Besucher sind pollenfressende Insekten: Käfer, Schwebfliegen und Bienenverwandte.

b Nektarführende Scheibenblumen: Staubblattzahl meist klein, Blüten mit Nektarabsonderung. Sehr verbreiteter Typ. Nach Lage und Zugänglichkeit der Nektardrüsen unterscheidet man u. a.:

– **Nektar offen im Blütenzentrum**, so z. B. an den Narben von *Tulipa sylvestris* (Tulpe).

– **Nektar offen an der Staubblattbasis**, so bei *Lysimachia nummularia* (Pfennig-Gilbweiderich) oder *Stellaria media* (Vogelmiere).

– **Nektar am oder vom Fruchtknoten abgeschieden**, offen z. B. bei *Acer* (Ahorn) und *Heracleum* (Bärenklau; Abb. 40), verborgen z. B. bei *Epilobium* (Weidenröschen; Abb. 28).

– **Nektar am Grunde der Kronblätter abgeschieden**, z. B. bei *Oxalis acetosella* (Wald-Sauerklee).

– **Nektarproduktion durch besondere Nektarblätter**, so bei vielen Ranunculaceae (Hahnenfußgewächse), wie *Helleborus* (Nieswurz), *Ranunculus* (Hahnenfuß) oder *Trollius* (Trollblume).

– **Flach ausgebreitete, aber zweiseitig symmetrische Blüten** mit kurzen Kronröhren und so weniger leicht zugänglichem Nektar, z. B. bei *Veronica* (Ehrenpreis; Abb. 93) und *Circaea* (Hexenkraut).

2 Trichterblumen: Blütenkrone trichterförmig, nach unten verengt, aufrecht. Außer bei manchen kleinblütigen Vertretern sind die Staubbeutel und Narben von der Blütenhülle eingeschlossen. Nektar meist am Grunde des Fruchtknotens abgeschieden und häufig schwer zugänglich. Pollenübertragung oft auf alle Körperteile des Besuchers möglich.

a Große Trichterblumen: meist Einzelblüten, so bei *Calystegia* (Zaunwinde), *Colchicum autumnale* (Herbst-Zeitlose; Abb. 22) oder *Gentiana acaulis* (Stengelloser Enzian).

b Kleine Trichterblumen: Blüten meist zu auffälligeren Blütenständen vereinigt, so bei *Galium odoratum* (Waldmeister), *Lythrum salicaria* (Blutweiderich; Abb. 52) und *Ligustrum* (Rainweide).

3 Glockenblumen: Blüten immer hängend, glockenförmig oder auch mit sternförmiger Krone und herausragendem Staubblattkegel. Besucher sind vorwiegend Bienenartige, aber auch Falter.

a Glockenblumen mit Streueinrichtung und trockenem Pollen: Die Staubblätter umgeben - meist zu einem Kegel verbunden - den Stempel und öffnen sich nach innen oder an der Spitze. Der Griffel verschließt den Streukegel. Wird der Griffel beiseite gedrückt, rieselt der Pollen herab. Dazu sind die Staubbeutel oft mit kleinen Fortsätzen oder abstehenden Haaren als "Streuhebel" ausgestattet, bei deren Berührung der Blütenstaub ebenfalls herabfällt. Der Pollen ist trocken und nur selten etwas klebrig, eine Ausnahme bei Tierblütigen! Die herausragende Narbe wird beim Anflug zuerst berührt. Dadurch wird Fremdbestäubung gesichert. Streukegel besitzen z. B. *Vaccinium myrtillus* (Heidelbeere), *Cyclamen* (Alpenveilchen) und *Solanum* (Nachtschatten). Ein Streukegel fehlt z. B. bei *Calluna* (Heidekraut).

b Glockenblumen mit klebrigem Pollen: Einrichtungen ähnlich, aber Pollen in kleinen Flocken herausfallend, z. B. bei *Ribes uva-crispa* (Stachelbeere). *Convallaria* (Maiglöckchen) und *Pulsatilla* (Küchenschelle). Bei den ausgesprochen vormännlichen *Campanula*-Arten (Glockenblumen) wird der Pollen zuerst an die Griffelbürste abgegeben.

4 Stieltellerblumen: Blüten mit gerader, zentraler, meist langer Röhre und gewöhnlich flacher, präsentiertellerförmiger Krone. Den röhrenförmigen Blütenteil stellen entweder die verwachsenen Kelchblätter, so bei den Caryophyllaceae (Nelkengewächsen), oder die verwachsene Kronröhre, so bei *Anchusa* (Krummhals) und *Syringa* (Flieder). Blüten meist in doldenartigen Blütenständen. Der Nektar wird am Grund der Kronröhre aufbewahrt und ist deshalb nur langrüsseligen Besuchern, besonders Faltern ("Falterblumen") zugänglich.

a Staubblätter und Narben in der Kronröhre verborgen: so bei *Primula* (Primel), *Gentiana verna* (Frühlings-Enzian) und *Daphne* (Seidelbast).

b Staubblätter und Narben zumindest zeitweise herausragend: Neben Faltern kommen als Besucher auch pollensammelnde Insekten in Frage, z. B. Schwebfliegen. Beispiele sind alle Arten der Silenoideae (Nelkenartige; Familie Caryophyllaceae), wie *Lychnis*-Arten (Lichtnelken). Sogenannte Krönchen oder auch klebrige Blütenstengel schützen die Blumen vor kleinen einkriechenden Insekten, z. B. bei *Lychnis viscaria* (Pechnelke). Beispiele aus anderen Familien sind *Oenothera* (Nachtkerze) sowie als Pollenblume *Centaurium* (Tausendgüldenkraut).

5 Lippenblumen: Meist waagerecht stehende Blüten mit Ober- und Unterlippe, gewöhnlich verwachsenkronblättrig, meist zu mehreren, besonders in Scheinquirlen. Staubblätter und Narben berühren die Besucher meist rückenseitig (nototrib).

a Eigentliche Lippenblumen: Kronröhre eng. Lippen gut ausgebildet. Hauptbestäuber sind Bienenverwandte (Apiden). Hierher gehören viele Lamiaceae (Lippenblütler), z. B. *Clinopodium* (Wirbeldost), *Glechoma* (Gundermann) und *Lamium* (Taubnessel; Abb. 47 a). Beispiele anderer Familien sind *Euphrasia* (Augentrost), *Aesculus* (Roßkastanie; Abb. 5) und *Lonicera* (Geißblatt).

b Rachenblumen: Blüten mit weitem, offenem Rachen, mit oft etwas gekrümmter Röhre und meist kaum gelapptem Kronsaum. Der Blüteninnenraum läßt genügend Platz für den Einschlupf von Großbienen ("Einkriechblumen"), z. B. *Aconitum* (Eisenhut; Abb. 3), *Impatiens* (Springkraut) und *Digitalis* (Fingerhut).

c Maskenblumen: Blüteneingang gelenkig verschlossen: Die beiden Lippen bilden die obere bzw. untere Hälfte einer "Maske", die bei kräftigem Druck durch Großbienen auseinanderweicht, so daß die Hummel zumindest teilweise in die Blüte einschlüpfen kann. Auch Falter können ihren Rüssel in den Lippenspalt einschieben. Beispiele sind *Linaria* (Leinkraut) und *Antirrhinum* (Löwenmaul). Als "Kraftblume" könnte man auch *Trollius* (Trollblume) hier einordnen.

d Orchis-Typ: Blüten mit Pollinien oder zumindest mit fädig verbundenem Pollen und zugehöriger Klebdrüse. Nur Orchideen, z. B. *Orchis* (Knabenkraut) und *Neottia* (Nestwurz).

e Viola-Typ: freikronblättrige, waagerechte Lippenblumen mit Streukegel, trockenem Pollen und Kronblattsporn, z. B. *Viola* (Veilchen, Stiefmütterchen).

6 Schmetterlingsblumen: Blüten mit Fahne, Schiffchen und oft abstehenden Flügeln. Das Schiffchen dient als Anflug-Sitzeinrichtung. In ihm sind die "Geschlechtsorgane" verborgen. Es öffnet sich bei Druck, und dem Besucher werden Staubblätter oder Narbe an den Bauch gedrückt (sternotrib). – Hinweis: Die aufgrund der schmetterlingsähnlichen Blütenform benannten "Schmetterlingsblumen" dürfen nicht mit den durch Schmetterlinge bestäubten "Falterblumen" verwechselt werden.

a Eigentliche Schmetterlingsblumen (Papilionaceen-Typ): Beschränkt auf Arten der Familie Fabaceae (Schmetterlingsblütler). Schiffchen aus 2 teilweise verwachsenen, durch einen "Falz" (zahnförmiges Gelenk) mit den Flügeln verbundenen Kronblättern bestehend. Nektarführende, vormännliche Blüten mit Staubblattröhre aus 9 verwachsenen und 1 freien Staubfaden, so daß eine "Nektarlücke" für den Besucherrüssel entsteht. Die Narbenoberfläche ist oft erst nach Zerstörung der Oberhaut empfängnisfähig. Bei nektarlosen "Schmetterlings-Pollenblumen" sind alle Staubfäden miteinander verwachsen, so bei *Cytisus scoparius* (Besenginster) und *Lupinus* (Lupine). Man kann folgende Mechanismen unterscheiden:

Klappeinrichtung: einfacher Typ. Das hier nur am Grunde verwachsene Schiffchen klappt beim Aufsitzen herunter, so daß die Geschlechtsorgane frei werden und den Besucher sternotrib berühren, so bei *Trifolium* (Klee) und *Onobrychis* (Esparsette).

Schnelleinrichtung: Die durch Krümmung der Filamente unter Druck stehenden Staubblätter schnellen (irreversibel!) bei Belastung des Schiffchens heraus und bepudern den Besucher mit Pollen. Pollenblumen haben *Genista* (Ginster) und *Cytisus scoparius* (Besenginster). Bei *Medicago* (Schneckenklee, Luzerne) bieten die Blüten Pollen und Nektar.

Bürsteneinrichtung: Hier entleeren die Staubbeutel den Pollen bereits in der Knospe an den dicht behaarten Griffel, die sogenannte "Griffelbürste". Beim Herabklappen des Anflugplatzes, also des Schiffchens, berührt die Griffelbürste bzw. die Narbe den Besucherbauch, z. B. *Robinia* (Robinie), *Vicia* (Wicke) und *Pisum* (Erbse).

Pumpeinrichtung ("Nudelpumpen-Mechanismus"): Die beiden zum Schiffchen verwachsenen Kronblätter sind bis auf eine Lücke an der Spitze miteinander verwachsen. Die Pollenentleerung erfolgt bereits in der Knospe. Die angeschwollenen Staubfäden bilden einen Kolben, der beim Aufsitzen des Insekts den

Pollen aus der Schiffchenspitze herausdrückt. Später, im weiblichen Stadium, erscheint stattdessen mit Hilfe des inzwischen verlängerten Griffels die Narbe. Mit Nektar z. B. *Lotus* (Hornklee), ohne Nektar z. B. *Lupinus* (Lupine; Abb. 50) oder *Coronilla* (Kronwicke).

b Andere Schmetterlingsblumen: bei uns z. B. *Corydalis* (Lerchensporn; Fumariaceae) und *Polygala* (Kreuzblümchen; Polygalaceae).

7 Körbchenblumen bzw. Köpfchenblumen: Blütenstände (= Pseudanthien, Synanthien) strahlig, aber Einzelblüten oft zweiseitig-symmetrisch. Reife der Staubblätter und Narben zu verschiedener Zeit. Neben Fremdbestäubung häufig auch Nachbarbestäubung (= Geitonogamie).

a Eigentliche Körbchenblumen (Compositen-Typ): Beschränkt auf die Familie Asteraceae (Korbblütler). Staubbeutel zu einer Röhre verbunden. Kelch meist fehlend oder aus vielen Haaren (= Pappus) bestehend. – In der Unterfamilie der Cichorioideae bestehen die Blütenköpfe nur aus Zungenblüten, z. B. bei *Cichorium* (Wegwarte), *Taraxacum* (Löwenzahn) und *Hieracium* (Habichtskraut), *Leontodon* (Herbst-Löwenzahn). – Bei den Asteroideae lassen sich zwei Fälle unterscheiden: 1. Es liegen nur Röhrenblüten vor. Diese sind z. B. bei *Tussilago* (Huflattich) oder *Tanacetum* (Rainfarn) gleichgestaltet, während z. B. *Centaurea* (Flockenblume) vergrößerte, strahlende Randblüten besitzt. – Bei *Carlina* (Silberdistel) und *Helichrysum* (Strohblume) übernehmen bleibende Hüllblätter, bei *Leontopodium* (Edelweiß) die weißfilzigen Hochblätter die Funktion der strahlenden Randblüten. 2. Im Zentrum des Blütenkopfes stehen vergleichsweise unscheinbare Röhrenblüten (= Scheibenblüten) und außen die der Schau dienenden Zungenblüten, z. B. bei *Bellis* (Gänseblümchen) oder *Helianthus* (Sonnenblume).

b Andere Körbchenblumen: Hierher gehören die Dipsacaceae (= Kardengewächse) und einige wenige Vertreter anderer Familien. Staubblätter frei. Strahlende Randblüten besitzen z. B. *Knautia* (Witwenblume) und *Scabiosa* (Skabiose), sie fehlen z. B. bei *Dipsacus* (Karde), *Phyteuma* (Teufelskralle), *Eryngium* (Mannstreu) und *Astrantia* (Sterndolde). Bei letzteren beiden dienen vor allem die Hüllblätter als Schauorgan.

8 Insektenfallenblumen: Die Besucher werden zum Vollzug der Bestäubung in die Blumen gelockt, meist durch Duftstoffe, und dort bis nach deren Vollzug festgehalten. - Hinweis: Es handelt sich nicht um fleischfressende Pflanzen.

a Kesselfallenblumen: Einzelblüten oder Blütenstände mit "Blütenkessel", so bei *Cypripedium* (Frauenschuh) und *Arum* (Aronstab; Abb. 9). Bei *Cypripedium* liegt eine "Lichtfalle", bei *Aristolochia* (Osterluzei) eine "Gleitfalle" vor.

b Klemmfallenblumen: Die Entnahme des Pollens - so bei *Pinguicula* (Fettkraut) - bzw. der Pollinien - so bei *Vincetoxicum* (Schwalbenwurz) - erfordert Kraftaufwand. Die Besucher bleiben mit dem Rüssel oder mit den Klauen in entsprechenden Klemmkörpern hängen und können sich nur unter Mitnahme des Pollens losreißen.

9 Pinselblumen: Blüten oder Blütenstände mit zahlreichen gefärbten Staubblättern, die die Schauwirkung anstelle der unscheinbaren Blütenhülle übernehmen. Im tropisch-subtropischen Bereich nicht seltener Typ, z. B. bei *Acacia* (Echte Akazie). Bei uns nur bei *Thalictrum aquilegifolium* (Akeleiblättrige Wiesenraute) und bei den männlichen Kätzchen der *Salix*-Arten (Weide; Abb. 76 a).

Übersicht zu den Verbreitungstypen der Sproßpflanzen nach MÜLLER-SCHNEIDER

Anmerkungen: Anstelle der im folgenden benutzten Bezeichnungen der Verbreitungseinheiten, die von der Pflanze ausgehen, z. B. Windwanderer = Anemochoren, können ebenso gut die abstrakten Begriffe, wie Windverbreitung = Anemochorie, verwendet werden. – Als Verbreitungseinheiten (= Diasporen) kommen außer Samen auch Früchte, Scheinfrüchte, Brutknöllchen, Ausläufer und zuweilen auch ganze Pflanzen in Frage. – **Polychorie**, d. h. das gleichzeitige Vorkommen mehrerer Verbreitungstypen bei derselben Pflanze, ist entgegen der hergebrachten Meinung eher die Regel als die Ausnahme. So sind etwa die Verbreitungsformen der Windstreuer und Tierstreuer fast immer miteinander gekoppelt. Federschweifflieger sind gewöhnlich bei Nässe Anhafter an Tieren. Als Beispiel für das Nebeneinander zahlreicher Verbreitungsmöglichkeiten seien die *Papaver*-Arten (Mohn) genannt; sie können durch den Menschen, bei der Bearbeitung der Früchte durch Tiere, als Wind- und Tierstreuer, als Ballonflieger und als Regenschwemmlinge verbreitet werden. – Oft wird die geschlechtliche Vermehrung durch ungeschlechtliche Vermehrung ergänzt, so bei *Ranunculus repens* (Kriech-Hahnenfuß) und vielen anderen Sproßpflanzen.

I. Selbstverbreiter = Autochoren

Sie vermögen ihre Verbreitungseinheiten selbständig an einen anderen Ort zu bewegen.

1 **Selbstableger** (= Blastautochoren): Sie verbreiten und vermehren sich ungeschlechtlich (vegetativ), und zwar durch:

- Ausläufer, z. B. durch oberirdische Ausläufer, wie bei *Fragaria* (Erdbeere), oder mit Hilfe von unterirdischen Kriechsprossen, wie bei *Equisetum* (Schachtelhalm) oder bei *Agropyron* (Quecke),
- Brutknöllchen (= Bulbillen), wie bei *Ranunculus ficaria* (Scharbockskraut) oder bei *Dentaria bulbifera* (Zahnwurz),
- Brutpflänzchen, wie bei *Cardamine pratensis* (Wiesen-Schaumkraut),
- Wurzelsprosse (wurzelbürtige Sprosse), wie bei *Convolvulus* (Ackerwinde) oder *Prunus avium* (Kirsche),

- Winterknospen der Wasserpflanzen (= Turionen), wie bei *Utricularia* (Wasserschlauch).

2 Selbstausstreuer (= Ballautochoren)

a Saftdruckstreuer: Durch einen Zellsaftdruckmechanismus (Turgorveränderung) werden im vollen Reifezustand die Samen bei Berührung ausgeschleudert, z. B. bei *Impatiens* (Springkraut; Abb. 44) oder *Oxalis* (Sauerklee).

b Austrocknungsstreuer: Die zur Reife trockene Fruchtwand zerreißt explosionsartig an vorgebildeten Nähten, wobei die Samen fortgeschleudert werden. Auslösend wirkt bei Sonnenschein die Erhitzung der meist schwarzen Früchte, wodurch die Gase im Fruchtinneren sich ausdehnen. Bei den Fabales (Hülsenfrüchtlern), z. B. bei *Cytisus scoparius* (Besenginster) oder *Robinia* (Robinie), wird die Spannung in der Fruchtwand durch eine Drehtendenz erzeugt, die durch die Überkreuzlagerung der Zellulosebündel bedingt ist. Weitere Beispiele sind *Geranium pratense* (Wiesen-Storchschnabel) und *Euphorbia*-Arten (Wolfsmilch).

3 Bodenkriecher (= Herpautochoren): Die Verbreitungseinheiten (Samen oder Früchte) sind stets behaart und mit einer Granne ausgestattet. Die Haare sind hygroskopisch. Sie stehen bei Trockenheit ab und liegen bei Feuchtigkeit an. Durch das Abspreizen der Haare werden die Samen bzw. Früchte fortbewegt, z. B. bei *Avena fatua* (Flug-Hafer) oder bei *Erodium cicutarium* (Reiherschnabel; Abb. 31 b). Die ökologische Bedeutung ist gering, meist sind es nur "Manöver am Keimplatz". Gleichzeitig können alle Bohrfrüchte als verbreitungshemmende Erscheinung betrachtet werden, wie sie besonders für Wüstenpflanzen typisch ist.

4 Selbstaussäer (= Barautochoren): Der reife Fruchtstengel verholzt nicht und neigt sich deshalb unter der Last der Frucht zu Boden, wo die Kapsel sich schließlich öffnet; typisch für Ameisenverbreitung, so bei *Galanthus* (Schneeglöckchen). Anders liegen die Verhältnisse bei *Cymbalaria* (Zimbelkraut), wo der Fruchtstengel direkt in dunkle Nischen hineinwächst, und sich die Fruchtkapsel dort öffnet.

II. Schwerkraftwanderer = Barochoren

Samen und Früchte fallen nach der Reife ab. Sie zeichnen sich meist durch reichlich Speichergewebe (Stärke) und entsprechendes Gewicht aus, sind oft kugelig und immer elastisch gebaut bzw. durch eine stachlige, federnde Schale geschützt, wie bei *Aesculus* (Roßkastanie) und *Castanea* (Eßkastanie). Sie plumpsen zu Boden ("Plumpsfrüchte") und hüpfen und rollen - besonders an Hanglagen - noch eine Strecke. Da sie fast immer Dunkelkeimer sind, müssen sie aber meist noch durch Tiere, besonders über Speicherverbreitung, weiterverschleppt werden. Ein gutes Beispiel sind die Früchte aller Fagaceae (Buchengewächse).

III. Windwanderer = Anemochoren

Die Mehrzahl der heimischen Arten hat diese Verbreitungsform. Dabei ist Nahtransport die Regel, echter Ferntransport die Ausnahme. Im übrigen ist Windverbreitung meist mit anderen Verbreitungstypen, besonders Wasser- und Tierverbreitung, gekoppelt. Das spezifische Gewicht ist allgemein gering; statt Stärke dient vorwiegend Fett und Öl als Reservestoff.

1 **Flieger** (= Meteoranemochoren)

a **Ballonflieger**: Sporen, Samen oder (selten) Früchte sind durch Kleinheit und geringes spezifisches Gewicht ausgezeichnet. Form kugelig (z. B. Farnsporen) bis langgestreckt (= "feilspanförmig"), so z. B. die Orchideen-Samen. Winzige Nüßchen haben z. B. die *Polygonum*-Arten (Knöterich).

b **Schirmchenflieger**: Samen oder Früchte langhaarig bzw. Früchte mit haarförmigem Kelch (= Pappus), wie bei den Asteraceae (Korbblütler), z. B. *Taraxacum* (Löwenzahn) und *Senecio* (= Greiskraut; Abb. 82). Hierher gehören auch die Federschweifflieger; bei ihnen sind Granne oder Griffel lang ausgestreckt und dicht behaart, so z. B. bei *Stipa* (Federgras) oder *Pulsatilla* (Küchenschelle). Die langen Samenhaare, z. B. bei *Epilobium* (Weidenröschen) und *Salix* (Weide; Abb. 76 c), sind Bildungen der Samenschale. Feucht schmiegen sich die Flughaare der Verbreitungseinheit an, während sie trocken spreizen und zum Flug befähigen. – Ballon- und Schirmchenflieger können Flugweiten von über 100 km erreichen. Viel begrenzter sind die Flugweiten der beiden folgenden Typen, die man auch als Flügelflieger zusammenfassen kann.

c **Scheiben- und Segelflieger**: Die flachen, leichten, oft breit geflügelten Verbreitungseinheiten sind bei unseren Arten meist klein, so die Flügelnüßchen von *Betula* (Birke; Abb. 13 a) und die Flugsamen von *Gentiana lutea* (Gelber Enzian). Relativ groß sind die Flugfrüchte von *Ulmus* (Ulme). Diese können nur bei starkem Wind verbreitet werden.

d Dreh- oder Schraubenflieger: Samen oder Früchte mit langgestreckten, etwas verdrehten, propellerartigen Flügeln. Dadurch drehen sich die Diasporen nach kurzer Fallstrecke und verlängern damit die Flugbahn: Hubschrauberprinzip. Meist werden sie nur durch starke Winde über größere Strecken verweht. Entsprechend lösen sich viele Drehflieger erst im Laufe des Winters (= sturmreiche Jahreszeit) und sind damit typische "Wintersteher". Vorwiegend baumförmige Arten, da nur so auch ausreichend hohe Startmöglichkeiten gegeben sind. Beispiele: *Acer* (Ahorn), *Fraxinus* (Esche; Abb. 36 e), *Tilia* (Linde), *Carpinus* (Hainbuche; Abb. 19 c); die beiden letzteren haben Flugorgane aus Tragblättern. Drehsamen besitzen z. B. *Pinus* (Kiefer) und *Picea* (Fichte).

2 Bodenläufer (= Chamaeanemochoren): Meist größere bis große Verbreitungseinheiten mit relativ großer Oberfläche. Gestalt im Umriß kugelig oder walzlich. Typische Steppenpflanzen, deshalb z. T. auch "Steppenhexen" genannt. Von unseren Arten gehören z. B. *Eryngium campestre* (Feld-Mannstreu) und *Sisymbrium altissimum* (Hohe Rauke) hierher. Bei diesem Typ werden oft ganze, ausgerissene Pflanzen verbreitet. Rollfrüchte hat z. B. *Medicago sativa* (Luzerne), Rollsamen haben *Vicia*-Arten (Wicken).

3 Windstreuer (= Ballanemochoren): Pflanzen mit bis zur Reife aufspringenden, trocken geöffneten, oft gefäßartigen Kapseln auf elastischen Stielen oder auch Stengeln, die bei Wind eine federnde Ausschüttung erlauben. Häufig mit vergrößerten Kelch- oder Hochblättern bzw. blasigen Kapseln als "Windfang". Sie sind gewöhnlich gleichzeitig auch Tierstreuer. Häufige Verbreitungsform, so z. B. typisch für fast alle Silenoideae (Nelkenartige), wie z. B. *Silene* (Lichtnelke), außerdem z. B. für *Bellis* (Gänseblümchen; Abb. 11). *Campanula* (Glockenblume) und *Linaria* (Leinkraut) haben Porenkapseln; *Gentiana acaulis* (Stengelloser Enzian) einen Windfang.

IV. Wasserwanderer = Hydrochoren

Wasserverbreitung ist naturgemäß bei Wasserpflanzen - neben anderen Verbreitungsformen - die Regel, ist aber auch oft für Pflanzen offenerdiger Standorte typisch. Die spezifisch leichten Verbreitungseinheiten sind unbenetzbar.

1 Schwimmer (= Nautohydrochoren): Regelmäßig - so bei Wasser- und Sumpfpflanzen - oder bei Überschwemmungen - so z. B. bei vielen Stromtalpflanzen - durch Wasser (oder auch mit wandernden

Erdmassen) verbreitet. Verbreitung durch lufthaltige Rhizomteile bei *Acorus* (Kalmus), mit Luftblase zwischen Frucht und Fruchtschlauch bei *Carex* (Segge), mit lufthaltigem Samenmantel bei *Nymphaea* (Seerose) oder ohne besonderes Schwimmgewebe, aber mit unbenetzbaren Früchten, so z. B. bei *Cirsium palustre* (Sumpf-Kratzdistel), bzw. Samen, so bei *Iris pseudacorus* (Wasser-Schwertlilie).

2 Regentropfenwanderer (= Ombrohydrochoren): Kapseln meist nur bei feuchtem Wetter geöffnet (= hygrochas), napfförmig, mit wasserabweisender Innenwand. Samen klein, z. T. auch napfförmig, durch aufschlagende Regentropfen herausgespült. Verbreitung bei starken Regengüssen, wie sie im ariden Klima typisch sind.

a Regenschwemmlinge: Die unbenetzbaren, oft mit Luftblasen versehenen Verbreitungseinheiten werden durch das abfließende Wasser starker Regengüsse fortgeschwemmt. So bei vielen Ackerpflanzen, z. B. den einjährigen *Veronica*-Arten (Ehrenpreis).

b Regenballisten: Meist sind besondere Einrichtungen zum Herausschleudern der Samen aus den Früchten vorhanden (Katapulteinrichtungen). Entsprechende Einrichtungen fehlen z. B. *Caltha* (Sumpfdotterblume); hier werden die Samen durch Tropfen herausgedrängt. Besondere Auffangflächen haben z. B. *Iberis* (Schleifenblume) oder *Chrysosplenium* (Milzkraut). Bei *Prunella* (Braunelle) ist der lippige Kelch der Regentropfenfänger.

V. Tierwanderer = Zoochoren

1 Zufallsverbreitung durch Tiere (= Dyszoochorie): Verbreitungseinheiten oft ohne besondere Anpassungen. Sie werden vor allem von Grasfressern (Weidetieren usw.) zufällig mit der Grünnahrung bzw. dem Heu aufgenommen und zumindest z. T. unbeschädigt mit dem Kot wieder abgegeben. So z. B. bei den stickstoffliebenden Doldenblütlern der Wiesen, u. a. *Anthriscus sylvestris* (Wiesen-Kerbel), und vielen Poaceae (Süßgräser).

2 Bearbeitungsverbreitung (= Rhipsozoochorie): Die Verbreitungseinheiten werden bei der Bearbeitung der Samenzapfen, so bei den zapfentragenden Nadelhölzern und *Alnus* (Erle), bzw. der Fruchtstände, so z. B. bei *Urtica* (Brennessel) und *Plantago* (Wegerich), durch Vögel und andere Tiere verstreut.

3 Versteck- oder Speicherverbreitung (= Synzoochorie): Die nährstoffreichen Früchte oder Samen werden von Vorräte sammelnden

Tieren, besonders Eichhörnchen, Mäusen und Eichelhähern, versteckt und dann z. T. vergessen. Solche Samen und Früchte zählen zu den Dunkelkeimern, deren keimungshemmende Stoffe bei feuchter Lagerung abgebaut werden (Stratifikation). Hierher gehören neben den Fagaceae (Buchengewächse) z. B. auch alle Rosaceae (Rosengewächse) mit Apfelfrüchten.

4 **Mundwanderer** (= Stomatozoochorie): Die mit fleischigen Hüllen oder Anhängseln versehenen Verbreitungseinheiten werden gefressen, der unverdauliche Rest (Samen, Steinkerne u. ä.) wird sofort wieder abgegeben. So verschleppen etwa Mäuse solche Verbreitungseinheiten (z. B. Kirschen), bevor sie sie verzehren, und tragen so zur Vergrößerung des Verbreitungsradius bei. Bei den Anhängen unterscheidet man:

Ölkörper (= Elaiosomen): Sie dienen als "Botenbrot" bei der Verbreitung durch Ameisen. Diese Anhängsel enthalten statt Öl häufig auch Zucker, so bei Grasartigen. Beispiele: die Samen der meisten *Euphorbia-* (Wolfsmilch-) und *Viola*-Arten (Veilchen; Abb. 94 a), die Spaltfrüchte der *Lamium*-Arten (Taubnessel). Bei Waldpflanzen ist das die häufigste Verbreitungsform.

Fruchtfleisch oder Samenmantel (= Arillus): Die fleischige Hülle wird von den Samen, so bei *Taxus* (Eibe) und *Euonymus* (Pfaffenhütchen), bzw. Früchten, so bei größeren Steinfrüchten, z. B. *Prunus domestica* (Pflaume), abgeschält. Einen Übergangstyp zur Klebverbreitung stellt *Viscum* (Mistel) dar.

Nach den Verbreitern kann man bei den Mundwanderern ebenso wie bei den Darmwanderern folgende Typen unterscheiden:

Vogelverbreitung (= Ornithochorie): z. B. durch Rotkehlchen und Stare.

Nagerverbreitung (= Glirochorie): z. B. durch Hamster, Mäuse und Eichhörnchen.

Ameisenverbreitung (= Myrmekochorie): z. B. durch die Rote Waldameise (*Formica rufa*) und Wiesenameisen wie *Lasius niger* und *Tetramorium caespitum*.

5 **Darmwanderer bzw. Verdauungsverbreitung** (= Endozoochorie): Die ganze fleischige, oft zuckerreiche Verbreitungseinheit wird aufgenommen, und die derbwandigen Samen, Früchte oder Steinkerne werden unverdaut wieder ausgeschieden. Der beigegebe Kot dient der Jungpflanze oft als Dünger. Die Verdauungssäfte bereiten die

Samenschale für die Keimung vor. Ihre Einwirkung kann auch Voraussetzung für die Keimfähigkeit sein. Die Anlockung der Verbreiter erfolgt durch Farbe, Duft und Geschmack. Beispiele sind Beeren aller Art, z. B. *Lycopersicon* (Tomate), sowie fleischige Sammelfrüchte, z. B. *Rubus idaeus* (Himbeere), *Fragaria* (Erdbeere), *Malus* (Apfel) usw.

6 Anhafter (= Epizoochoren): Die Verbreitungseinheiten oder auch die gesamte Pflanze haftet an der Oberfläche von Tieren (und Menschen) und wird so an einen anderen Ort befördert.

a Kletthafter (= Euepizoochoren): Verbreitungseinheiten mit rauher bis stacheliger oder widerhakiger Oberfläche, angepaßt vor allem an die Verbreitung durch fell- und gefiedertragende Warmblüter. Man kann unterscheiden:

- Klettsamen, z. B. bei einigen Caryophyllaceae (Nelkengewächse), sonst selten.
- Klettfrüchte, z. B. bei *Galium aparine* (Kleb-Labkraut; Abb. 39 b), *Torilis* (Klettenkerbel; Abb. 86), *Daucus* (Möhre) und *Cynoglossum* (Hundszunge). Nur mit einem Haken versehene Früchte haben *Geum urbanum* (Echte Nelkenwurz) und manche *Ranunculus*-Arten (Hahnenfuß).
- Klettfruchtstände finden sich bei *Arctium* (Klette), bei der die eigentlichen Früchte erst vom Verbreiter allmählich ausgeschüttelt werden, und bei *Xanthium* (Spitzklette; Abb. 88).
- Bei *Galium aparine* können außer den Früchten auch die Fruchtstände oder sogar komplette Pflanzen ausgerissen und verschleppt werden (vgl. Abb. 39 a).

b Klebhafter (= Collepizoochoren): begrenzt oder auch dauernd klebrige oder schleimige Verbreitungseinheiten. Erst bei Nässe schleimig aufquellender Samenschale haben z. B. *Linum usitatissimum* (Lein) und *Plantago major* (Breit-Wegerich). Verschleimende Früchte finden sich z. B. bei *Matricaria discoidea* (Strahlenlose Kamille). Dauernd klebrige Früchte hat *Linnaea* (Moosglöckchen). "Anschmiersamen" besitzt *Viscum* (Mistel); die Vögel versuchen, die lästigen - weil klebrigen - Samen abzustreifen.

c Wasser- oder Adhäsionshafter (= Hydroepizoochoren): im Prinzip ähnlich wie der vorige Typ, aber am nassen Fell und Gefieder oder auch an glatthäutigen Tieren haftend. Wasserhafter sind weit häufiger als Klebhafter. Typisch sind abgeflachte Verbreitungseinheiten mit glatter Oberfläche, für deren Haftung allein ein dünner Wasserfilm Voraussetzung ist; abgetrocknet fallen sie wieder ab. Das funktioniert ähnlich, wie ein feuchtes Geldstück auf der Haut haften bleibt. Beispiele sind ganze Pflänzchen von *Lemna* (Wasserlinse), die Früchte von *Rumex* (Ampfer) und alle Samen und Früchte von "Segelfliegern", z. B. *Betula*-Früchte (Birke). Alle behaarten Verbreitungseinheiten, so die Schirmchenflieger der Asteraceae (Korbblütler), können bei Nässe auf die gleiche Weise verschleppt werden.

d Tierstreuer (= Ballepizoochoren): ein häufiger, aber zu wenig beachteter Verbreitungstyp, der meist mit dem Typ der Windstreuer kooperiert. Pflanzen und Zweige sind, besonders wenn sie zur Reife schon abgestorben sind, elastisch und besitzen oft Dornen oder Borsten. Vorbeistreifende Tiere bleiben an diesen hängen, besonders auch an den langspitzigen bis hakigen Kelchen und Kapselklappen, und ziehen die Pflanze mit sich, bis sie - losgerissen - zurückschnellt und dabei die Samen oder Früchte katapultartig fortschleudert. Beispiele sind *Dipsacus* (Karde), *Datura* (Stechapfel), *Ballota* (Schwarznessel) und viele Lamiaceae (Lippenblütler) und Caryophyllaceae (Nelkengewächse, Unterfamilie Silenoideae) (mit oft trocken zurückgekrümmten Kapselzähnen).

VI. Menschenwanderer = Anthropochoren

Hierher gehören alle Pflanzen, die sich erst durch direkte Mitwirkung des Menschen einbürgern und ausbreiten konnten. Je nach Art und Weise der Einschleppung kann man unterscheiden:

1 Gartenflüchter: aus Gartenkultur ausgewanderte Pflanzen, so z. B. die amerikanischen *Solidago*- (Goldrute-) und *Aster*-Arten (Aster) oder die eingebürgerten *Impatiens*- (Springkraut-) und *Elodea*-Arten (Wasserpest).

2 Importbegleiter: mit Woll-, Getreide, Ölsamen- und anderen Importen besonders auf Güterbahnhöfen und in Häfen eingeschleppte Pflanzen, so z. B. viele Brassicaceae (Kreuzblütler).

3 Kulturrelikte: (ehemals) angebaute, heute verwildert vorkommende Pflanzen, z. B. *Castanea* (Eß-Kastanie) in Südwestdeutschland oder *Isatis* (Waid) und *Acorus* (Kalmus).

4 Agrikulturbegleiter: die meisten unserer Acker-Wildkräuter, so z. B. *Centaurea cyanus* (Kornblume), *Papaver* (Mohn) und *Agrostemma* (Kornrade).

Spezieller Teil

Abies alba MILLER, Edel-Tanne, Weiß-Tanne

– Pinaceae (= Kieferngewächse)

Immergrüner Nadelbaum, bis 60 m (maximal 75 m) Höhe und 3 m Stammdurchmesser, bis 600 Jahre alt werdend. Umtriebszeit in der Forstwirtschaft 90-130 Jahre. Borke hell (Name!). Pfahlwurzel. Nadelblätter mit zwei Wachsstreifen auf der Unterseite; dort die Spaltöffnungen: besonderer Transpirationsschutz. Nadeln ausschließlich an Langtrieben, bei gesunden Pflanzen ca. 10-12 Jahre alt werdend.

Vorkommen: Bergmischwälder. - Besonders empfindlich gegenüber Luftverschmutzung. Die vom Waldsterben am stärksten betroffene Baumart. - Weniger frostresistent (im Konkurrenzkampf) als die Fichte. - Heimisch nach Norden bis Thüringen und Mittelrheingebiet; nördlich davon nur angepflanzt (Forstbaum) oder eingebürgert (Neophyt). - Am natürlichen Standort gefährdet!

Blüten: V. Windblütig: "unbeweglicher Typ". Weibliche Blütenstände (Zapfen) aufrecht, männliche meist abwärts gerichtet. Pollenkörner mit je zwei Luftsäcken, relativ groß (ca. 0,1 mm, bei der Kiefer nur ca. 0,06 mm). Beginn der Blüte erst mit ca. 60 Jahren.

Samen: reife Zapfen aufrecht (bei der Fichte hängend). Außer den Samen lösen sich auch die Deck- und Samenschuppen von der Zapfenspindel, die im Gegensatz zur Fichte stehenbleibt. Samen geflügelt: Schraubenflieger. Keimblätter 4-8.

Verwendung: Wertvolles Bauholz; sehr leicht (spezif. Gewicht 0,4). Als Weihnachtsbaum erstmals um 1600 im Elsaß. Als "Tannenbäume" werden meist die preisgünstigeren Fichten angeboten.

Acer pseudoplatanus L., Berg-Ahorn

– Aceraceae (= Ahorngewächse)

Sommergrüner Laubbaum, mit maximal 30-40 m Höhe größter heimischer Ahorn, bis 500 Jahre alt werdend. Umtriebszeit in der Forstwirtschaft 120-140 Jahre. Schuppenborke. Blätter und Knospen kreuzgegenständig. Die inneren Knospenschuppen tragen an ihrer Spitze manchmal kleine Spreiten (vgl. Abb. 2 d, e); daraus kann man gut ableiten, daß die Knospenschuppen dem Blattgrund entsprechen. Blätter mit stumpfen Lappen und spitzen Buchten (Name!: lat. acer = spitz, scharf).

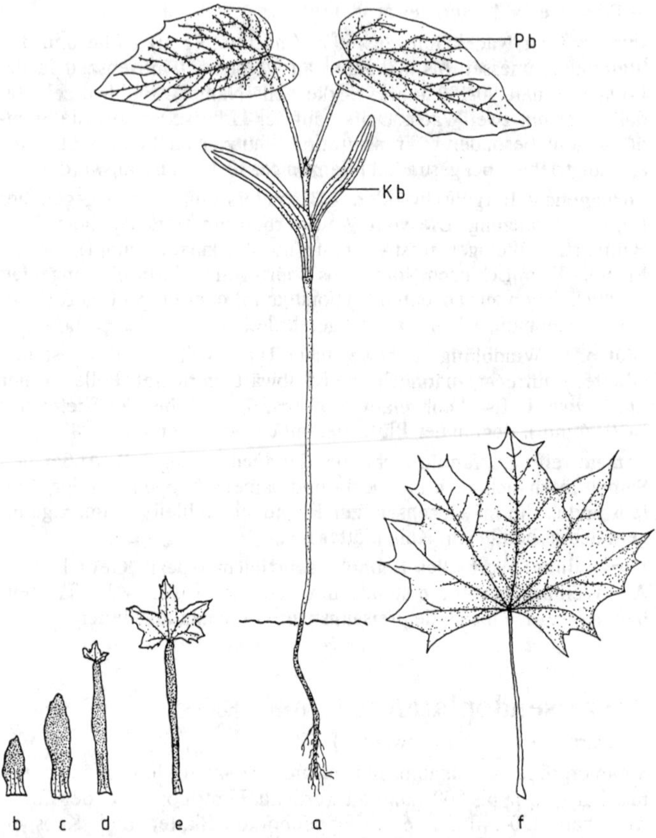

Abb. 2: Acer platanoides: a ältere Keimpflanze mit Keimblättern (Kb) und Primärblattpaar (Pb). **b, c** Knospenschuppen. **d, e** Übergänge zu Laubblättern. **f** ausgewachsenes Laubblatt.

Vorkommen: krautreiche Laubwälder, besonders in Hanglagen, auf nährstoffreichen Böden. Vor allem im Gebirge. Kennart des Aceri-Fraxinetum (Schluchtwald). Sehr oft auch angepflanzt. Im Norden meist nur eingebürgert (Neophyt). Hat sich in Großbritannien stark ausgebreitet und wegen seiner Konkurrenzstärke ähnlich wie *Prunus serotina* zur ökologischen Problempflanze entwickelt. Empfindlich gegen Streusalz.

Blüten: V. "Nektarführende Scheibenblumen", ziemlich unscheinbar, gelblich, in hängender Traube. Nektar vom freiliegenden Diskus abgesondert. Weibliche und männliche Blüten in derselben Traube. Wichtige Nektar- und Pollenquelle für Bienen.

Früchte: 2fächerige Spaltfrüchte, zur Reife in zwei 1samige Teilfrüchte zerfallend. Typische Schraubenflieger (Hubschrauberprinzip): Drehbewegung beginnt nach ca. 30 cm Fall (ca. 16 Umdrehungen pro Sekunde). Fruchtreife: X-XII. Hauptverbreitung der Früchte erst im Winter ("Wintersteher") durch winterliche Stürme, wodurch die normale Flugweite von kaum 100 m wesentlich erhöht wird.

Verwendung: Gutes Nutzholz. Spezif. Gewicht: 0,67. Wie alle großblättrigen Bäume bei Straßenpflanzungen mit relativ gutem Lärmschutzeffekt. - Der Blutungssaft des zeitigen Frühjahrs wurde früher zur Zuckergewinnung genutzt, da dann die im Winter als Stärke gespeicherten Assimilate in Form von Rohrzucker in die austreibenden Knospen transportiert werden.

Weitere Arten:

Acer platanoides L., Spitz-Ahorn: ähnlich wie vorige. Blattlappen lang zugespitzt mit spitzen Zähnen und stumpfen Buchten (Abb. 2 f). Blüten in Doldenrispen, vor den Blättern erscheinend.

Acer campestre L., Feld-Ahorn: im ganzen kleiner, Blätter klein, stumpflappig. Auch als Heckenpflanze verwendbar. War wegen der schönen Maserung früher ein beliebtes Drechslerholz (daher auch der Name "Maßholder").

Acer negundo L., Eschen-Ahorn: Blätter gefiedert, Blüten vor den Blättern erscheinend, zweihäusig. Beliebter Zierbaum. Heimat: Nordamerika. In Auwäldern (z. B. am Mittelrhein und bis Neuss) verwildert und stellenweise eingebürgert.

Acer saccharum MARSHALL, Zucker-Ahorn: bei uns nur selten kultiviert. Seine Blätter sind das Staatssymbol Kanadas. Der Blutungssaft enthält 3-8 % Zucker und wird, eingedickt zu "Ahornsirup", besonders in Nordamerika wirtschaftlich genutzt.

Achillea millefolium L., Gemeine Schafgarbe

– Asteraceae (= Korbblütler)

Krautiger Chamaephyt oder Halbrosettenpflanze, 20-120 cm hoch. Blätter meist wintergrün.

Vorkommen: Fettwiesen und -weiden, Halbtrockenrasen, Wegränder usw., auf nährstoffreichen Böden. - Heute Kosmopolit.

Blüten: VI-X. Armblütige Körbchen zu Doldenrispen vereint. Scheibenblüten vormännlich, zwittrig. Bestäuber: Insekten aller Art (kurze Kronröhre!).

Früchte: Achänen. Wegen der festsitzenden Spreublätter katapultartiges Fortschleudern der Einzelfrüchte durch vorbeistreifende Tiere und Menschen (Ballepizoochorie), außerdem Windstreuer oder zufällig vom Vieh mit dem Futter aufgenommen und unverdaut abgegeben. Die Samen enthalten ca. 20 % Öl. Fruchtreife: IX-X.

Verwendung: Blätter wegen ätherischer Öle und anderer Wirkstoffe arzneilich ähnlich wie die Kamille verwendet; allergische Hautveränderungen möglich. Mit Hilfe der Blätter läßt sich Wolle gelb oder braun färben. - Junge Blätter für Wildgemüse oder -salat. Schafe fressen zwar die Blätter, lassen aber die Blütenstände stehen, weshalb diese in Schafweiden als auffällige Gebilde stehenbleiben (Name!). Für Wildpflanzengärten geeignet.

Aconitum napellus L. (s. l.), Blauer Eisenhut oder Sturmhut

– Ranunculaceae (= Hahnenfußgewächse)

Rhizom-Geophyt (oder Halbrosettenpflanze), 50-150 cm hoch. Knollig verdicktes Rhizom als Speicherorgan. - Formenreich. - Stark **giftig** in allen Teilen durch das Alkaloid Aconitin, einem der stärksten bekannten Pflanzengifte! Es wird bereits von der unverletzten Haut aufgenommen und kann bei zarthäutigen Personen zur Nesselbildung führen. Schon wenige Gramm Pflanzenmaterial können für den Menschen tödlich sein.

Vorkommen: Hochstaudenfluren und feuchte, nährstoff- und basenreiche Wälder der Gebirgstäler. Montan bis subalpin. - **Geschützt!** (alle Arten der Gattung).

Blüten: VI-IX. "Rachenblumen", in Trauben. Streng spezialisierte "Hummelblume": Hummeln sind ähnlich verbreitet wie die Eisenhut-Arten. Große, helmartige (Name!) blauviolette Blüten (Abb. 3) mit einfacher Blütenhülle: oberes Perigonblatt groß, kahnförmig, übrige klein. Innen zwei langgestielte Nektarblätter ("Venuswagen", weil eine gewisse Ähnlichkeit mit einem mit zwei Pferden bespannten Wagen gesehen wurde). "Kraftblume": nur Hummeln können die Oberlippe (Helm) hochdrücken. Vormännlich: Da Hummeln Blütenstände stets von unten her anfliegen, wird hierdurch Fremdbestäubung gefördert.

Früchte: Austrocknungsstreuer. Pro Blüte entstehen mehrere Balgfrüchte. Samen geflügelt: Windstreuer und Tierstreuer.

Verwendung: Die *Aconitum*-Arten und ihre Bastarde sind beliebte Zierpflanzen der Gärten. Sie sind selten auch verwildert anzutreffen. - Das Rhizom des Blauen Eisenhutes wurde früher arzneilich und für Pfeilgift verwendet.

Weitere Art:

> **Aconitum vulparia** Rchb. (= *A. lycoctonum* auct.), Gelber oder Wolfs-Eisenhut: ähnlich wie vorige Art. Blüten gelb, hoch, schmal. Früher als Wolfsgift verwendet (Name!).

Acorus calamus L., Kalmus

– Araceae (= Aronstabgewächse)

Ausdauernde Sumpfpflanze bzw. Schlammwurzler, 60-120 cm hoch. Blätter schwertförmig (unifaziales Flachblatt), im Unterschied zu denen der Schwertlilie regelmäßig am Rande mit Querfältelung (bei *Iris* nur selten) und zerrieben intensiv aromatisch duftend. Rhizom als knolliges Speicherorgan. - *Acorus* unterscheidet sich von den übrigen Araceen u. a. durch das Fehlen von Calciumoxalatnadeln (Raphiden), das Vorkommen ätherischer Öle, fehlende doppelte Befruchtung und die atypische Spatha. Daher wurde neuerdings vorgeschlagen, die Gattung in eine eigene Familie (Acoraceae) zu stellen. - Vermutlich kaum **giftig**.

Vorkommen: Ufer stehender oder langsam fließender nährstoffreicher Gewässer, im Röhricht und in Großseggenbeständen. Wärmeliebend. - Eingebürgert seit dem 16. Jh. Heimat: subtropisches Süd- und Ost-Asien.

Blüten: VI-VII. Unscheinbar, zwittrig, vorweiblich, in kolbigem Blütenstand, dessen Tragblatt (= Spatha) den Blütenstengel direkt fortsetzt, so daß der Blütenkolben scheinbar seitlich entspringt. Die bei uns vorkommende Sippe ist triploid und daher steril. Besucher: Fliegen.

Früchte: Samenansatz nur in den Tropen.

Vegetative Vermehrung ist daher bei uns vorherrschend. Sie erfolgt durch Rhizomteile (Schwimmverbreitung) bzw. durch den Menschen.

Verwendung: Alte Arznei- und Likörpflanze ("deutscher Ingwer": ätherische Öle und Bitterstoffe), auch heute noch vielfach arzneilich angewendet, u. a. appetitanregend und zahnschmerzlindernd, auch für Tees. Neuerdings wurde im ätherischen Öl eine krebserregende Substanz gefunden. Die jungen Pflanzenteile werden mancherorts gegessen. Die Blätter dienten früher zum Dichten von Weinfässern. Für Wildpflanzengärten zu empfehlen.

Actaea spicata L., Christophskraut

– Ranunculaceae (= Hahnenfußgewächse)

Hemikryptophyt, mit knotigem Rhizom, 30-60 cm hoch. Zerrieben haben die Blätter einen unangenehmen Geruch wie Schwefelhölzer. - Einzige europäische Art der Gattung. Verwandte in Nordamerika und Nordasien. - Gilt seit altersher als **giftig**, doch konnte eine Giftigkeit (z. B. der Beeren) neuerdings nicht bestätigt werden.

Vorkommen: meist einzeln in krautreichen, grundfeuchten Wäldern, Gebüschen und Hochstaudenfluren, vor allem in Bergwäldern und auf Kalk. Im Norden seltener bis fehlend.

Blüten: V-VII. Vorweibliche "Scheibenblumen", in vielblütigen, gedrängten Trauben. Einzelblüten klein, weißlich, mit 4 früh abfallenden Perigonblättern, 4 schmalen, kronblattartigen Nektarblättern und zahlreichen, die Perigonblätter überragenden Staubblättern.

Früchte: Im Gegensatz zu allen übrigen heimischen Ranunculaceen sind es Beeren. Sie gehen aus dem einblättrigen Fruchtknoten hervor und enthalten mehrere Samen. Zuerst sind sie grün, später schwarz. Sie werden über den Darm von Vögeln verbreitet. Fruchtreife: VII-IX.

Verwendung: vereinzelt als Zierstaude. - Früher Heilpflanze.

Adonis vernalis L., Frühlings-Adonisröschen

– Ranunculaceae (= Hahnenfußgewächse)

Hemikryptophyt, 10-40 cm hoch. Tiefwurzler. Blätter 1-3fach fiederteilig mit linealischen Zipfeln. - Der Sage nach soll die Pflanze (*A. annua*) aus dem Blut des tödlich verwundeten Adonis, des Lieblings der Aphrodite, und den Tränen der Göttin entstanden sein. - Schwach **giftig** durch Digitalisglykoside; ältere Angaben über eine starke Giftigkeit wurdsen nicht bestätigt.

Vorkommen: Selten in Trockenrasen, Halbtrockenrasen und Kiefernwäldern, auf basenreichen, meist kalkhaltigen Böden. Stark gefährdet. - **Geschützt**!

Blüten: IV-V, Frühblüher. Blütenhülle im Gegensatz zu vielen anderen Ranunculaceen in Kelch und Krone geschieden. Kronblätter 10-20, spiralig angeordnet, durch Flavonglykoside goldgelb, seidenglänzend, ohne Nektargrube. Vorweibliche "Pollen-Scheibenblumen". Nektar fehlt. Blüten bei Sonne geöffnet.

Früchte: Zahlreiche Nüßchen auf dem zur Reife sehr stark verlängerten Blütenboden. Früchte mit Elaiosom zur Ameisenverbreitung.

Verwendung: Bestandteil von herzstärkenden Medikamenten.

Weitere Art:

Adonis aestivalis L., Sommer-Adonisröschen: Einjährig. Weniger giftig als vorige Art. Getreidefelder auf warmen, nährstoffreichen Kalkböden. Im Norden selten. Gefährdet. Kronblätter 5-8, orangerot mit fast schwarzem Saftmal an der Basis, selten gelb (var. *citrina* HOFFM.). Blütenökologie wie bei voriger Art. Selbstbestäubung erfolgreich.

Adoxa moschatellina L., Moschuskraut

– Adoxaceae (= Moschuskrautgewächse)

Zarter Rhizom-Geophyt, nur 5-15 cm hoch. Zieht schon im Mai/Juni ein und ist dann oberirdisch nicht mehr zu finden. Pflanze welk schwach nach Moschus riechend (Name!; sprich: mos-chatellína). - Einzige Art der Familie Adoxaceae.

Vorkommen: feuchte Laubwälder und Gebüsche auf nährstoff- und basenreichen Böden.

Blüten: III-V, Frühblüher. Unscheinbar grünlichgelb (Name!: griech. adoxos = unscheinbar), in endständigem, 5blütigem Kopf. Gipfelblüte 4zählig, die übrigen 5zählig. Homogam oder vorweiblich. Fliegenblume: Bestäubung beim Überkriechen. Selbstbestäubung möglich.

Früchte: kleine, nach Erdbeeren duftende Steinfrüchte, von den stark verlängerten Kelchzipfeln und dem Griffel gekrönt. Fruchtstand mit spiralig eingerolltem Stiel, reif niederliegend, deshalb wohl Ameisen- und Selbstverbreitung. Hauptsächlich aber erfolgt die Verbreitung durch Schnecken (endozoochor) und vermutlich auch durch Singvögel.

Verwendung: Früher arzneilich verwendet und wegen des Moschusgeruchs in die Wäsche gelegt.

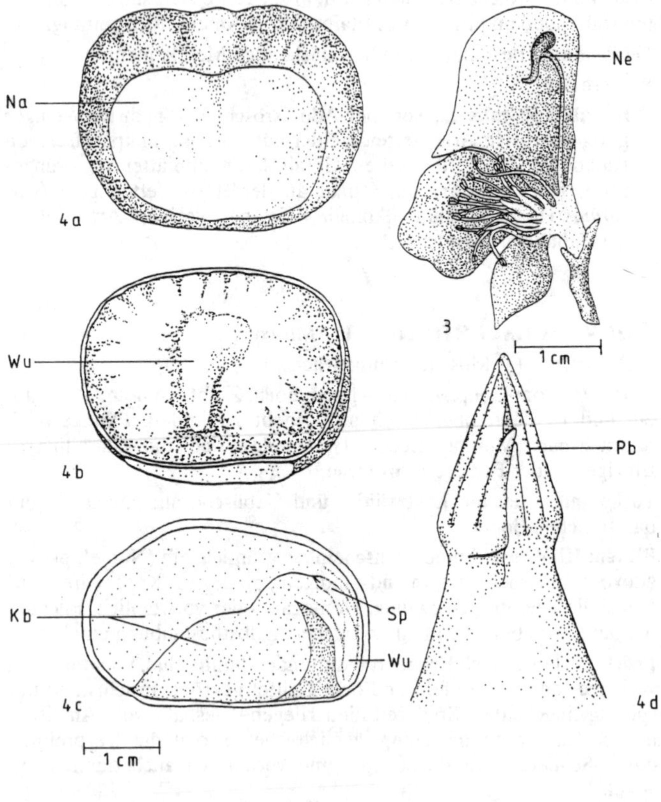

Abb. 3: **Aconitum napellus**: Blüte längs (Ne Nektarblatt).
Abb. 4: **Aesculus hippocastanum**: **a** Samen von unten (N Nabelfleck). **b** Samen von der Seite, Schale z. T. entfernt (W Keimwurzel). **c** Samen längs (S Sproßknospe, K Keimblätter). **d** Sproßknospe vergrößert mit Anlage der gefingerten Primärblätter. (Nach Troll).

Aegopodium podagraria L., Giersch, Geißfuß

– Apiaceae (= Doldenblütler)

Hemikryptophyt, 50-90 cm hoch. Blattabschnitte teilweise auf der einen Seite gefiedert, auf der anderen ungefiedert. - Der Name Geißfuß soll sich auf die hufähnlich breite Basis des Blattstiels beziehen.

Vorkommen: feuchte Wälder, Säume, Schläge, krautreiche Gebüsche, auf nährstoff- und basenreichen, tiefgründigen Böden. Bei uns vor allem Wildpflanze der Gärten und Parks, wo ihr massenhaftes Vorkommen oft unerwünscht ist.

Blüten: VI-VII. "Nektarführende Scheibenblumen vom *Heracleum*-Typ" (siehe bei *Heracleum*).

Früchte: ungeflügelte Doppelachänen.

Vermehrung: vor allem vegetativ durch weithin und tief kriechende, unterirdische Ausläufer (Rhizome) von mindestens 20 cm Länge und 2 mm Durchmesser.

Verwendung: junge Blätter vor der Blüte als würzige Beigabe für Salate und Mischgemüse. Zerquetschte Blätter bei Insektenstichen und Rheuma. Gutes Viehfutter. - Früher Volksmittel gegen Gicht, vor allem die Podagra genannte Gicht der großen Zehe (Name!).

Aesculus hippocastanum L., Gemeine Roßkastanie

– Hippocastanaceae (= Roßkastaniengewächse)

Sommergrüner, bis 30 m hoher Laubbaum. Stamm nicht selten mit Drehwuchs. Relativ kurzlebig. Blätter groß, abweichend von allen heimischen Gehölzen gefingert. Blattstiele bis 20 cm lang. Nach dem Laubfall lassen die Blätter an den Zweigen große, hufeisenförmige Narben zurück, in denen die Leitbündel-Narben als Punkte erscheinen. Die großen, dunkelbraunen Winterknospen sind durch Leimzotten klebrig: Schutz vor Nässe, Tierfraß usw. Zweige nicht selten gabelartig (dichasial) verzweigt, indem die den Hauptsproß verlängernden ehemaligen Fruchtstände oberhalb eines Blattpaares abgeworfen werden und die zwei achselständigen Knospen dieses Blattpaares zu Lang- und/oder Kurztrieben auswachsen. - **Giftig** (?): Die Samen enthalten Saponine, sind ungenießbar bitter und gelten als giftig, doch sind ernsthafte Vergiftungen aus neuerer Zeit nicht bekannt.

Vorkommen: bei uns nur gepflanzt und stellenweise verwildert (Neophyt). Heimat: südosteuropäische und kleinasiatische Schluchtwälder. 1576 von Konstantinopel (Istanbul) nach Europa eingeführt.

Blüten: V-VI. Vorweibliche, "eigentliche Lippenblumen", in wickeligen Teilblütenständen und diese zu aufrechtem, rispigem

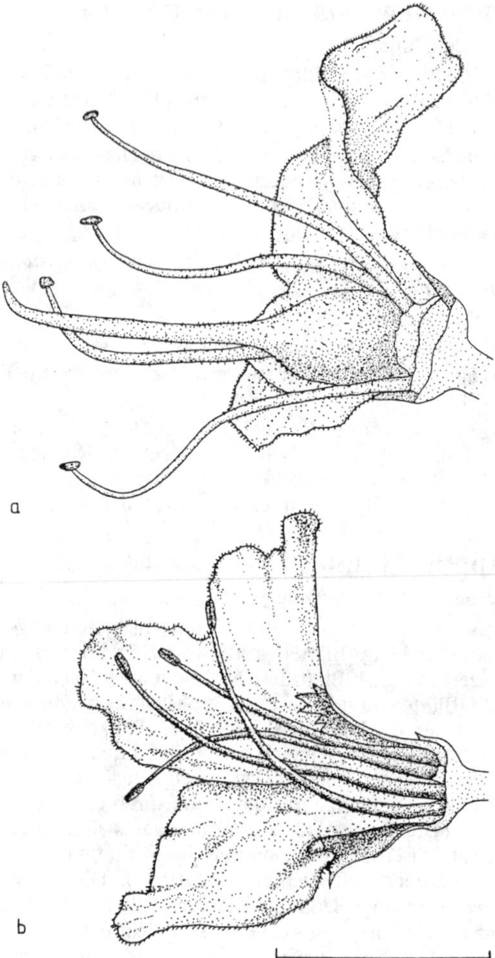

a

b

Abb. 5: **Aesculus hippocastanum**: **a** zwittrige Blüte. **b** männliche Blüte. (Nach KIRCHNER).

Gesamtblütenstand (Thyrsus) vereint. Zuerst Griffel, dann Staubblätter in Waagerechtstellung (Abb. 5) als "Anflugstangen". Farbwechsel der Farbflecksaftmale gelb, orange, zuletzt karminrot; gleichzeitig Duftänderung. Der zuckerreiche (bis 70 %) Nektar wird nur in der gelben Phase produziert, was Hautflügler schnell lernen. Je Staubblatt fast höchstbekannte Pollenzahl: 26 000 (je Blütenstand 42 Mio). Im Blütenstand zwittrige (Abb. 5 a), männliche (Abb. 5 b) und selten auch weibliche Blüten. Da wegen der Schwere der Samen nur ein sehr kleiner Teil der Blüten zu Früchten heranwachsen kann, werden die überzähligen jungen Früchte frühzeitig abgeworfen.

Früchte: wandspaltige, fleischige, durch stachelige Emergenzen bewehrte, meist 1samige Kapseln. (Die vergleichbaren Gebilde der Eß-Kastanie sind Fruchtbecher, die die Nußfrüchte einhüllen.) Schwerkraftverbreitung (typische Plumpsfrüchte): Die Stacheln und die weiche Fruchtschale dämpfen den Aufschlag, die Kastanie springt und rollt davon (Rollsamen!). Fruchtreife: X. Keimung nur bei Bedeckung durch Laub und Erde (die keimungshemmenden Stoffe werden nur im feuchten Substrat abgebaut), daher Hauptverbreitung als Versteckfrucht durch Nager usw. Samen (Abb. 4 a, b) mit großem, weißem Nabelfleck und dicken Speicher-Keimblättern (Abb. 4 c). Das Primärblattpaar ist relativ weit entwickelt ("gefaltete Hände": Abb. 4 d).

Verwendung: Zierbaum (Nachteil: Stamm wird bald kernfaul). - Die stärkereichen, aber bitteren Samen wurden früher in Notzeiten nach entsprechender Aufbereitung zu "Kastanienmehl" verarbeitet. Wild- und Viehfutter. Der Name Roß ist im Sinne von "minderwertig im Vergleich zur Eß-Kastanie" zu verstehen. Beliebtes Spielzeug für Kinder. Arzneilich werden Roßkastanienextrakte gegen Ödeme und als kapillarabdichtendes Mittel vielfach eingesetzt. Mit den Blättern kann man Wolle gelb färben, mit der Borke auch rotgelb.

Aethusa cynapium L., Hundspetersilie

– Apiaceae (= Doldenblütler)

Einjährig, 10-120 cm hoch. Blätter im Gegensatz zur ähnlichen Gartenpetersilie *Petroselinum crispum* (Mill.) A. Hill zerrieben von unangenehmem (knoblauch- oder mäuseharnartigem) Geruch; stets glatt. "Hunds"-petersilie hat hier die Bedeutung von minderwertig, ebenso der Name "cyn-apium" (griech. kyon, kynos = Hund, lat. apium = Petersilie oder Sellerie). - Vermutlich in allen Teilen durch Polyine **giftig** oder stark giftig.

Vorkommen: Äcker und Ruderalfluren. Nährstoffzeiger. Kulturbegleiter seit der jüngeren Steinzeit.

Blüten: VI-X. Insektenblütig sowie (durch zuletzt eingekrümmte Staubbeutel) Selbstbestäubung.

Früchte: Regenschwemmlinge. Ausbreitung vor allem durch den Menschen mit Erde.

Verwendung: früher Arzneipflanze.

Agrimonia eupatoria L., Gemeiner oder Kleiner Odermennig

– Rosaceae (= Rosengewächse)

Hemikryptophyt: Halbrosettenpflanze, 30-100 cm hoch. Blätter unterbrochen gefiedert, mit deutlichen Nebenblättern.

Vorkommen: Säume, lichte Gebüsche und Magerrasen, auf meist basenreichen Böden.

Blüten: VII-IX. "Pollen-Scheibenblumen", in schlanken, verlängerten Ähren. Besucher: verschiedene Insekten. Die freien Fruchtknoten sind mit dem Blütenbecher verwachsen. Lebensdauer der Blüten 3 Tage.

Früchte: reife Sammelfrüchte durch Emergenzen widerhakig: Klettverbreitung.

Verwendung: Die Blätter werden wegen der Bitterstoffe, Gerbstoffe und ätherischen Öle arzneilich genutzt (Herba Agrimoniae). Die Blüten wurden früher zum Gelbfärben verwendet. Für Wildpflanzengärten zu empfehlen.

Agropyron repens (L.) P. B., Gemeine Quecke

– Poaceae (= Süßgräser)

Rhizom-Geophyt, 30-150 cm hoch. Die nadelspitzen Ausläufer-(Rhizom-)Spitzen vermögen sogar Holz und Teerauflagen zu durchdringen. Wegen der tiefliegenden Rhizome ist die Bekämpfung der Quecke als Wildpflanze der Äcker und Gärten schwierig, soll aber durch Kartoffelanbau leicht möglich sein.

Vorkommen: frische bis trockene Ruderalstellen, Äcker, Ufer und Dünen.

Blüten: VI-VII. Windblütig: "langstaubfädiger Typ". Ährengras.

Früchte: Karyopsen; u. a. Klettverbreitung der reif sparrig herausbrechenden Ährchen. Fruchtreife: VII-VIII.

Vegetative Vermehrung erfolgt sehr lebhaft durch die unterirdischen Ausläufer.

Verwendung: Die durch den Gehalt an verschiedenen Zuckern süßlich schmeckenden Rhizome vor allem früher arzneilich verwendet (Rhizoma Graminis), z. B. bei Erkrankungen der Harnwege. Heutige Verwendung meist als Bestandteil von Gesundheitstees. In Notzeiten wurden die Rhizome auch gegessen.

Agrostemma githago L., Korn-Rade

– Caryophyllaceae (= Nelkengewächse)

Einjährig überwinternd (winterannuell), 50-100 cm hoch. Ideal angepaßt als Ackerwildkraut im Getreide: Die laubigen Kelchblätter der mit den Blüten aus dem Getreide herausragenden Kornrade werden mit zur Photosynthese genutzt; die Samen werden meist erst beim Dreschen frei. - **Stark giftig:** Alle Teile enthalten giftige Saponine, die Samen sogar bis zu 6 %. Früher kam es nicht selten zu Massenvergiftungen, weil Brotmehl bis zu 7 % Kornrade enthalten konnte. Durch Nebennierenschädigung wurde die Anfälligkeit für Leprabazillen erhöht. Mit Beginn der Saatgutreinigung nahmen Lepraerkrankungen entsprechend deutlich ab.

Vorkommen: Äcker, besonders im Wintergetreide. Früher verbreitet, heute durch Saatgutreinigung selten. Alteinwanderer (Archäophyt). Heimat wahrscheinlich Westasien, spontan unbekannt! Jetzt Kosmopolit. - In der Bundesrepublik an Ackerstandorten akut vom Aussterben bedroht! Neuerdings aber nicht selten vorübergehend durch Einsaaten verschleppt.

Blüten: VI-VII. "Stieltellerblumen", in armblütigen Dichasien. Zwittrig, aber auch rein weibliche Pflanzen (gynodiözisch). Bestäuber: besonders Tagfalter.

Früchte: Die Samenverbreitung ist stark menschenabhängig (anthropochor). Die großen Samen fallen aus den oben verengten Kapseln nur sehr bedingt heraus und besitzen außerdem, wenn sie im Boden lagern, nur eine geringe Keimfähigkeit. Daher werden sie hauptsächlich erst beim Dreschen aus den Kapseln freigesetzt. Vor Einführung moderner Saatreinigungsmethoden konnten sie wegen ähnlicher Größe und Form kaum vom Getreide getrennt werden und wurden deshalb mit diesem wieder ausgesät. SCHNEDLER beobachtete in Hessen Kapseln, die sich zur Fruchtreife öffnen.

Verwendung: Für Wildpflanzengärten zu empfehlen.

Agrostis tenuis Sibth. (= *A. capillaris* L., *A. vulgaris* With.), Rotes Straußgras, Gemeines Straußgras

– Poaceae (= Süßgräser)

Hemikryptophyt: Horstgras mit kurzen, unterirdischen Ausläufern. 20-80 cm hoch.

Vorkommen: Bestandbildend in Magerwiesen, Heiden und lichten Eichen- und Kiefernwälder. Säure- und Magerkeitszeiger. Von der Ebene bis ins Gebirge.

Blüten: VI-VIII. Ährchen klein, ohne Granne, oft rötlich (Name!). Windbestäubung. Häufiger Erreger von Heuschnupfen (wie auch folgende Art).

Früchte: Karyopsen von den häutigen Spelzen locker umhüllt und dadurch relativ leicht: Windverbreitung (Ballonflieger) und Schwimmverbreitung (Regenschwemmling).

Vegetative Vermehrung durch die Ausläufer.

Verwendung: Gutes, aber wenig ergiebiges Futtergras. Hübsches Gras für Trockensträuße. Für Wildpflanzengärten geeignet.

Weitere Art:

> **Agrostis stolonifera** L., Weißes oder Kriech-Straußgras: Sehr formenreich. Meist mit oberirdischen, bis 1 m langen Ausläufern. Pflanzen kriechend-aufsteigend, an den Knoten wurzelnd. Ufer, Äcker und Ruderalstellen, auf feuchten Lehmböden. Pionierpflanze. Raschwüchsig. Wertvolles Futtergras.

Ailanthus altissima (Mill.) Swingle (= *A. glandulosa* Desf.), Götterbaum

– Simaroubaceae (= Bittereschengewächse, Bitterholzgewächse)

Bis 30 m hoher, sommergrüner Laubbaum mit sehr großen (bis 1 m langen) Fiederblättern. Gut sichtbare extraflorale Nektarien auf der Unterseite eines basalen Zahnes der Fiedern. - Samen und Borke sind **giftig**.

Vorkommen: als Zierbaum in Europa seit 1750 kultiviert, wärmeliebend. Heimat: Ostasien. Als Stadtpflanze recht unempfindlich. Im Mittelmeergebiet oft, bei uns seltener, vor allem in Stadtgebieten verwildert und z. T. eingebürgert. "Trümmerpflanze".

Blüten: VII. Insektenblütig. Blüten unscheinbar grünlichgelb, in großen Rispen. Vorweiblich. Meist zweihäusig.

Früchte: Steinfrüchte mit zungenförmigem, propellerartig verbogenem Flugblatt: Schraubenflieger.

Vegetative Vermehrung durch Wurzelsprosse an langen Wurzelausläufern.

Verwendung: Zierbaum.

Ajuga reptans L., Kriechender Günsel, Kriech-Günsel

– Lamiaceae (= Lippenblütler)

Ausdauernde wintergrüne Halbrosettenpflanze mit oberirdischen Ausläufern, 10-30 cm hoch. Flachwurzler. Gerbstoffreich (bis 23 %).

Vorkommen: Wiesen und lichte Laubwälder. Nährstoff- und Frischezeiger.

Blüten: V-VIII. "Eigentliche Lippenblumen", in wickeligen Scheinquirlen (Zymen), die zu einer ährenartigen Thyrse vereint sind. Oberlippen reduziert, Unterlippe mit schönen Strichsaftmalen. Blaue "Hummelblumen", daneben auch Falterbesuch.

Früchte: Spaltfrüchte in vier Klausen zerfallend, diese mit Ölkörper: Ameisenverbreitung. Fruchtreife: VII-VIII.

Vegetative Vermehrung durch bis 20 cm lange, an den Knoten wurzelnde Ausläufer mit endständigen Rosetten.

Verwendung: Als Bodendecker für Wildpflanzengärten zu empfehlen. Im Handel wird oft eine durch Anthocyananreicherung braunrote Form angeboten.

Weitere Art:

> **Ajuga genevensis** L., Heide- oder Genfer Günsel: ähnlich wie vorige Art. Zottig behaart als Lichtschutz. Trockenwälder und trockene, grasige Säume. Kalkhold. Ohne Ausläufer, aber vegetative Vermehrung durch Wurzelsprosse. Vor allem in Süddeutschland verbreitet.

Alchemilla vulgaris L. agg., Gemeiner Frauenmantel (Sammelart)

– Rosaceae (= Rosengewächse)

Hemikryptophyt, 10-30 cm hoch. Blätter mit wasserabstoßender Wachsschicht. In wasserdampfgespannter Atmosphäre zeigen sie Guttation, d. h. sie scheiden in den Blattzahnwinkeln aktiv Wassertropfen aus "Wasserspalten" (= Hydathoden) aus. - Verwandt mit dem Ackerfrauenmantel, *Aphanes arvensis*, (siehe dort).

Vorkommen: Fettwiesen, Fettweiden, Wegsäume, Naßwiesen und Quellfluren. Meist im Gebirge, bis in die alpine Stufe. In der Ebene oft stark im Rückgang.

Blüten: V-IX. Unscheinbare, "nektarführende Scheibenblumen", in seitenständigen Doldenrispen. Besucher: verschiedenste Insekten, diese aber ohne Nutzen, da die Pflanze apomiktisch ist (= Jungfernzeugung). Unsere Arten sind alloploid und sicher schon im Tertiär durch Kreuzung entstanden.

Früchte: Nüßchen, vom bleibenden Kelch und Außenkelch (aus Nebenblättern) eingehüllt. Klett- oder Zufallsverbreitung durch Huftiere u. a.

Verwendung: Alte Bauerngartenpflanze und Zierpflanze. Auch für Wildpflanzengärten geeignet. Die gerbstoffreichen Blätter werden in der Volksheilkunde für Tees bei Magen- und Darmverstimmungen und bei zu starken Monatsblutungen angewandt. Für letzteren Zweck wird besonders auch "Silbermanteltee" vom verwandten Alpen-Frauenmantel (*Alchemilla alpina* L. agg.) genommen. Wegen der Ähnlichkeit der Blätter mit dem Mantel auf mittelalterlichen Mariendarstellungen (Name!) sollte die Pflanze nach der Signaturenlehre gegen Frauenkrankheiten helfen. - Die auffälligen Guttationstropfen besaßen nach der mittelalterlichen Alchimie angeblich Wunderkräfte (wiss. Name!). Die Blätter des Frauenmantels können auch als Gemüse und als Beigabe für Salate verwendet werden.

Alisma plantago-aquatica L. (Sammelart), Gemeiner Froschlöffel

– Alismataceae (= Froschlöffelgewächse)

Sumpfpflanze oder wurzelnde Wasserpflanze (amphibische Pflanze), 30-100 cm hoch. Verschiedenblättrig: unterste Blätter schmal, unter Wasser lang flutend; obere Blätter breitlanzettlich. Rhizom: knolliges Speicherorgan. - Frische Blätter (Milchsaft) und Rhizome **giftig** (angeblich für Rinder tödlich).

Vorkommen: an Gewässerufern auf nährstoffreichen Böden in Verlandungsgesellschaften aller Art. Kosmopolit.

Blüten: VII-VIII. Homogame "Pollen-Scheibenblumen". Staubblätter mit basalem Nektargewebe. Die Kleinart *A. lanceolatum* With. blüht vormittags, *A. plantago-aquatica* L. s. str. nachmittags. Bestäuber: besonders Schwebfliegen, deren Larven im Wasser leben.

Früchte: scheibenförmige Spaltfrüchte, in keilförmige, unbenetzbare Teilfrüchte mit Schwimmgewebe zerfallend: Schwimmverbreitung. Schwimmdauer über 15 Monate. Auch Wasserhaftverbreitung durch Wasservögel. Fruchtreife: VII-X.

Verwendung: Die stärkereichen Rhizome werden in der Mongolei gekocht gegessen. Für Wildpflanzengärten zu empfehlen.

Alliaria petiolata (M. B.) Cav. et Gr. (= *A. officinalis* Andrz.), Knoblauchrauke, Knoblauch- oder Lauchhederich, Lauchkraut

– Brassicaceae (= Kreuzblütler)

Zweijähriger (bis ausdauernder) Hemikryptophyt (Schaftpflanze), bis 1 m hoch. An mageren Standorten wurden aber auch fruchtende Pflanzen von nur 5 cm Größe gefunden (= gutes Beispiel für eine große Modifikationsbreite). Blätter zerrieben meist nach Knoblauch riechend (Name!).

Vorkommen: Wald- und Gebüschsäume, Hecken, Zäune, beschattete Wegränder und verwilderte Gärten, auf frischen, nährstoffreichen, humosen, lockeren Lehmböden, vor allem in luftfeucher Lage. Stickstoffzeiger. Halbschattenpflanze. Auch in Astgabeln usw. von Bäumen wachsend (epiphytisch i. w. S.). Oft gemeinsam mit *Robinia* und *Sambucus nigra*. Ebene bis mittlere Gebirgslagen (bis 950 m, selten höher).

Blüten: IV-VI, Frühblüher. "Nektarführende Scheibenblumen", in Trauben. Kelchblätter frühzeitig abfallend, da sie nicht als Safthalter (Nektarspeicher) dienen. Bestäuber sind u. a. Frühjahrsmücken. Meist spontane Selbstbestäubung.

Früchte: lange Schoten. Springfrüchte. Selbst-, Wind- und Tierstreuer. Ameisenverbreitung (zeigt sich z. B. durch Verschleppung auf Kopfweiden). Menschenverbreitung (Ruderalpflanze). Fruchtreife: VI-VII.

Vegetative Vermehrung durch unterirdische Ausläufer sowie durch Wurzelsprosse möglich.

Verwendung: alte Heil- und Salatpflanze der Bauerngärten. Die zerkleinerten Blätter liefern ein angenehmes, knoblauchartiges Aroma und werden zum Würzen von Speisen empfohlen. Für Wildpflanzengärten geeignet.

Allium cepa L., Zwiebel, Küchenzwiebel

– Liliaceae s. l. (= Liliengewächse i. w. S.) bzw. Alliaceae (= Lauchgewächse)

Zwiebel-Geophyt (Abb. 6 a), 20-120 cm hoch. Röhrenförmige, äquifaziale Rundblätter (Abb. 6 a). An der fertigen "Zwiebel" sind die Blätter im untersten Teil (Blattgrund) bauchig erweitert und verdickt. Reservestoffe sind Zucker, zuckerartige Stoffe und Inulin. Die Oberhaut der Speicherblätter (Zwiebelschuppen-Epidermis) läßt sich leicht von den übrigen Geweben abtrennen. Als einschichtiges

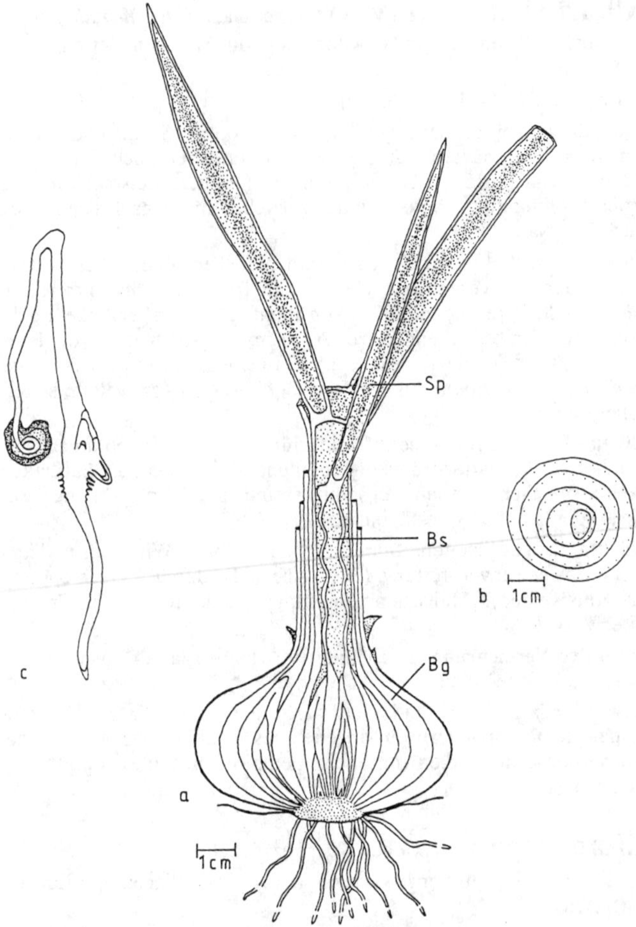

Abb. 6: **Allium cepa**: **a** austreibende Zwiebel (Bg im Vorjahr verdickter Blattgrund, Bs Blattscheide des diesjährigen Triebes, Sp zugehörige Spreite). **b** Zwiebelquerschnitt (vom jüngsten Blatt ist die Spreite getroffen). **c** Keimling. (Nach RAUH).

Gewebe ist sie ein beliebtes Objekt für mikroskopische Untersuchungen. Die braune Zwiebelschale ist das bei der Reife eingetrocknete äußerste Blatt. - Interessant sind die Anpassungen der Blätter verschiedener *Allium*-Arten an den Standort: *A. ursinum* hat als Feuchtwaldpflanze einfache Flachblätter, *A. vineale* als Pflanze mäßig trockener Wiesen halbrunde Blätter und schließlich *A. cepa*, beheimatet in extremen Trockengebieten, Rundblätter (letztere sind allerdings nicht grundsätzlich auf Trockenstandorte begrenzt).

Vorkommen: Kulturpflanze lockerer, nährstoffreicher Böden. Heimat: Mittelasien (Steppenpflanze), über Italien nach Mitteleuropa eingeführt.

Blüten: VI-VII. "Nektarführende Scheibenblumen", in reichblütigen, vor dem Blühen von einer häutigen Hochblattscheide umhüllten Scheindolden. Besucher: verschiedenste Insekten.

Früchte: fachspaltige Kapseln: Windstreuer.

Verwendung: wichtige Gewürz- und Gemüsepflanze, appetitanregend. Enthält u. a. reichlich Vitamin C. Altbewährte Heilpflanze: z. B. blutzuckersenkend, entzündungshemmend und Hustenmittel. Hierzu bestreut man die angeschnittene Zwiebel mit Zucker, der den Saft entzieht. Der süße Extrakt ist ein guter Hustensaft. Der Zwiebelgeruch stammt von Alkylsulfiden und -polysulfiden. Zwiebelschalen eignen sich aufgekocht zum Beige-Färben von Wolle, Eierschalen usw.

Weitere Arten:

Allium vineale L., Weinberg-Lauch: Weinberge, grasige Wegränder und Wiesen. Durch Umwandlung von Blütenanlagen entstehen im Blütenbereich zahlreiche Brutzwiebeln (Pseudoviviparie).

Allium porrum L., Porree, Lauch: Kulturpflanze, Blattgemüse.

Allium sativum L., Knoblauch: Wird als Gewürz- und Heilpflanze kultiviert. Vielseitige arzneiliche, besonders volksmedizinische Anwendung der Zwiebeln (Knoblauchzehen). Experimentell bestätigt wurde bisher die antibakterielle und Gallensekretion fördernde Wirkung. Bei den Römern bedeutet "allium" Knoblauch.

Allium schoenoprasum L., Schnittlauch: Kulturpflanze, auch eingebürgert (Neophyt). Im Alpengebiet (*A. sibiricum* auct.) und evtl. auch in den Flußtälern einheimisch.

Allium ursinum L., Bär-Lauch: Blattspreite gestielt. Gesellig in krautreichen Laubwäldern, auf sickerfeuchten, nährstoffreichen und tiefgründigen Böden. Im nördlichen Tiefland selten. Frühblüher. Blüten unvollkommen vormännlich. Bestäubung vor allem durch Fliegen, daneben Selbstbestäubung. Kleingeschnittene Blätter sind eine vorzügliche Beigabe für Quark, Mischsalate, Soßen und Suppen. Die Zwiebeln können ähnlich wie die des Knoblauchs verwendet werden und besitzen eine ähnliche Heilwirkung. Daher wird die Pflanze im Volksmund auch Wilder Knoblauch genannt.

Alnus glutinosa (L.) Gaertner, Schwarz-Erle, Rot-Erle – Betulaceae (= Birkengewächse)

Sommergrüner Laubbaum bis 25 m (maximal 35 m) Höhe. Kurzlebig, nur etwa 120 Jahre alt werdend. Forstwirtschaftliche Umtriebszeit 60-80 Jahre. Große, zusammengesetzte Wurzelknöllchen (Actinorhiza): Symbiose mit dem Fadenbakterium *Frankia* aus der Gruppe der Actinomycetes (= Strahlenpilze); deshalb auch zur Rohbodenkultivierung (z. B. auf Kohlenhalden) geeignet.

Vorkommen: Bestandbildend in Bruch- und Auwäldern und entlang der Bäche, auf mäßig sauren bis neutralen Böden . Nährstoff- und Grundwasserzeiger. Klassenkennart der Alnetea glutinosae (= Erlenbrüche und Moorgebüsche). Bietet als Uferbepflanzung Schutz vor Erosion.

Blüten: II-IV. Windblütig: "Kätzchenblütentyp". Ausgesprochener Frühblüher: männliche und weibliche Kätzchen schon im Vorjahr angelegt, überwinternd; extrem vormännlich: das Stäuben erfolgt vor Entfaltung der Blätter, die unnötig Pollen abfangen würden; die Samenanlagen entwickeln sich erst nach der Bestäubung zu befruchtungsfähigen Gebilden. - Bedeutender Heuschnupfenerreger.

Früchte: Deck- und Vorblätter der weiblichen Blüten sind zu einem zur Reife verholzten Fruchtstandszapfen verwachsen. Fruchtreife erst zu Beginn des folgenden Jahres. Winzige Flügelnüsse: Segelflieger. Auch Schwimmverbreitung (mit dem Schmelzwasser), Wasserhaftverbreitung und Bearbeitungsverbreitung durch Vögel.

Verwendung: das gelbe, trocken rostrote Holz für Wasserbauten und als Drechslerholz, früher für Schießpulverkohle; spezif. Gewicht 0,5. Borke früher zum Schwarzfärben (Name!); ähnlicher Färbungseffekt bei abgefallenen Blättern, die sich in Gewässern aufgrund der Reaktion des Gerbstoffs mit Spuren von Eisen schwarz färben.

Weitere Arten:

Alnus incana (L.) Moench, Grau-Erle: Blätter unterseits graugrün. Charakterart der Auwälder der Gebirgsbachtäler (Alnetum incanae), sonst häufig angepflanzt und stellenweise verwildert.

Alnus viridis (Chaix.) DC., Grün-Erle: 50-200 cm hoher Strauch. Charakterart subalpiner Gebüsche (Alnetum viridis), auf mäßig sauren, meist kalkarmen Böden in feuchter und kühler Lage, vor allem in Nordexposition. Männliche und weibliche Blütenstände stehen am gleichen, diesjährigen Zweig und erscheinen mit den Blättern. Gefürchtete Wildpflanze der Almweiden.

Alopecurus pratensis L., Wiesen-Fuchsschwanz

– Poaceae (= Süßgräser)

Ausdauernde Horstpflanze mit unterirdischen Ausläufern (Rhizomen), 30-100 cm hoch.

Vorkommen: feuchte bis frische, nährstoffreiche Wiesen. - Durch Überdüngung entstehen oft Monokulturen dieser Art, die die durch ihre relative Vielfalt ökologisch bedeutsamen krautreichen "Normalwiesen" verdrängen. Auf ärmeren Böden Zeiger starken menschlichen Einflusses.

Blüten: V-VI. Windblütig. Vorweiblich. Selbststeril. Schwellkörper fehlen (= Ausnahme bei den Gräsern). Ährchen 1blütig. Deckspelze im Gegensatz zum Lieschgras (*Phleum*) mit rückenständiger Granne (Abb. 61 b, S. 310). Ährenrispe zylindrisch, bis 1 cm dick.

Früchte: Windverbreitung (Ballonflieger): Hüllspelzen als Flugapparat (Ährchen als ganze verbreitet); Zufalls- und Tierverbreitung (Anhafter) sowie Verbreitung durch Menschen.

Vegetative Vermehrung durch die bis 10 cm langen Ausläufer.

Verwendung: bei Frühschnitt ertragreiches Futtergras, nicht weidefest.

Weitere Art:

Alopecurus myosuroides Huds., Acker-Fuchsschwanz: einjährig, meist sommerannuell. Ährenrispe schmal. Häufiges Ackerwildkraut nährstoffreicher Böden. Lehm- und Tonzeiger.

Amelanchier ovalis Medikus, Felsenbirne

– Rosaceae (= Rosengewächse)

Sommergrüner Strauch, 1-3 m hoch.

Vorkommen: Warme, trockene Felsgebüsche und Trockenwälder. In den Alpen bis 1800 m. Nordgrenze in Eifel und Thüringer Wald. Kennart des Cotoneastro-Amelanchieretum (= Felsenbirnengebüsch) aus der Ordnung der Prunetalia (= Schlehengebüsche).

Blüten: IV-V, Frühblüher. "Nektarführende Scheibenblumen". Kronblätter schmal, 15-20 mm lang, weiß oder gelblichweiß, außen zottig behaart. Insektenbestäubung.

Früchte: kleine, kugelige, blauschwarze Apfelfrüchte. Darmverbreitung durch Vögel.

Vegetative Vermehrung durch Wurzelsprosse.

Weitere Arten:

Mehrere *Amelanchier*-Arten werden bei uns als Ziersträucher angepflanzt, so vor allem:

Amelanchier lamarckii Schroeder (= *A. canadensis* auct.), Kanadische Felsenbirne: Wird oft in Menge in Parkanlagen und entlang der Straßen angepflanzt. Heimat: Nordamerika. Ist in Nordwestdeutschland schon seit Jahrzehnten verwildert und hat sich dort im Bereich bodensaurer Wälder stellenweise eingebürgert. Blüht als einer der ersten Sträucher bereits im zeitigen Frühjahr. Kronblätter nicht behaart. Die dunkelroten Früchte können wie Rosinen verwendet werden. Wichtige Vogelnahrung.

Anagallis arvensis L., Acker-Gauchheil

– Primulaceae (= Primelgewächse)

Einjährige, sommerannuelle Kriechpflanze oder winterannuelle Halbrosettenpflanze, 5-30 cm hoch. - Schwach **giftig** in allen Teilen durch Saponine, vor allem in der Wurzel. Die Pflanze wurde deshalb in Indien zum Fischfang verwendet.

Vorkommen: Ruderalstellen und Äcker, auf nährstoffreichen Böden. Alteinwanderer (Archäophyt). Heimat: Mittelmeergebiet:

Blüten: VI-X. Homogame "Pollen-Scheibenblumen". Nur von 7-14 Uhr geöffnet. Verschiedene Bestäuber, besonders Fliegen. Staubfäden mit Futterhaaren. Spontane Selbstbestäubung (Autogamie) beim Schließen der Blüten.

Früchte: Deckelkapseln. Fruchtreife: VIII-X. Der Fruchtstiel krümmt sich positiv geotrop. Samen durch Wind ausgeblasen, auch Regenschwemmling.

Verwendung: früher Arzneipflanze, z. B. gegen Geschwüre. Sollte angeblich auch bei Geisteskrankheiten helfen (Name!, Gauch = Narr, Kuckuck).

Anchusa arvensis (L.) M. Bieb. (= *Lycopsis arvensis* L.), Acker-Krummhals

– Boraginaceae (= Rauhblatt- oder Borretschgewächse)

Einjährig, sommer- oder winterannuell, bis zweijährige (?) Halbrosettenpflanze. 20-40 cm hoch.

Vorkommen: mäßig frische, meist kalkarme, nährstoffreiche Äcker. Sandzeiger. Ebene bis mittlere Gebirgslagen. Alteinwanderer (= Archäophyt).

Blüten: V-IX. "Stieltellerblumen". Staubblätter von Schlundschuppen verdeckt. Blüten in Wickeln, hellblau mit weißer, gekrümmter (Name!) Kronröhre. Bestäuber: verschiedene Bienen.

Früchte: 4 ungleiche, rauhe Klausen. Fruchtstand aufrecht. Ameisenverbreitung. Außerdem Tierstreuer durch die starren Borstenhaare der ganzen Pflanze und Menschenverbreitung (Agrikulturbegleiter).

Weitere Art:

Anchusa officinalis L., Gebräuchliche Ochsenzunge: zweijährige Halbrosettenpflanze mäßig trockener, sandiger Ruderalstellen. Tiefwurzelnde Pionierpflanze der warmen Tallagen. Kronröhre gerade. Krone einfarbig dunkelviolett als Subtraktionsfarbe: Epidermis mit rotem, Mesophyll mit blauem Zellsaft. Heterostylie (= Verschiedengriffligkeit). Ehemalige Heilpflanze. Junge Blätter und Stengelspitzen können für Mischgemüse wie Spinat zubereitet werden. Für Wildpflanzengärten zu empfehlen.

Andromeda polifolia L., Rosmarinheide, Sumpf-Rosmarin, Polei-Gränke

– Ericaceae (= Heidekrautgewächse)

Zwergstrauch mit ledrigen, am Rande umgerollten, unterseits wachsbereiften Blättern. 15-30 cm hoch. - Wurzelpilz (endotrophe Mykorrhiza). - Stark **giftig** (?): mit ähnlicher Wirkung wie Aconitin. Auch bei Weidetieren sollen Vergiftungen vorgekommen sein, und sogar der Nektar soll giftig sein.

Vorkommen: auf Hochmoorbulten, über nassen nährstoffarmen, sauren Torfböden. - Gefährdet!

Blüten: V-VII. "Hängende Glockenblumen mit Streueinrichtung", d. h. der Pollen rieselt beim Anflug auf die Besucher herab. Blütenstand: armblütige Dolden. Bestäuber: Bienen und andere Hautflügler. Dazu Selbstbestäubung.

Früchte: 5klappig aufspringende vielsamige Kapseln. Verbreitung der Samen als Ballonflieger.

Anemone nemorosa L., Busch-Windröschen

– Ranunculaceae (= Hahnenfußgewächse)

Rhizom-Geophyt (Abb. 8), 10-25 cm hoch. Stengel mit drei Hochblättern (= Scheinquirl), die als Blütenknospenschutz und zur

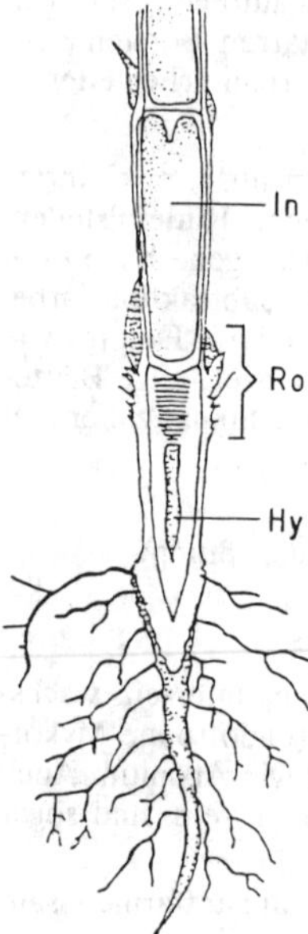

7

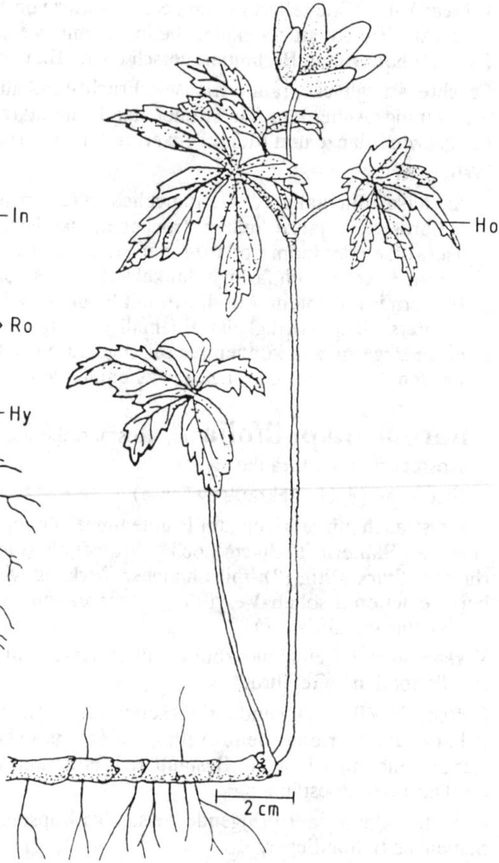

8

Abb. 7: **Anthriscus sylvestris**: Basalteil einer blühenden Pflanze (In Internodium, Ro Rosettenbereich mit gekammerter Sproßachse, Hy Hypokotyl). (Nach TROLL).
Abb. 8: **Anemone nemorosa**: Habitus (Ho Hochblatt, Rh Rhizom).

Photosynthese dienen. Rhizom als Überdauerungs- und Speicherorgan. Sproßknospe endständig; Fortsetzung des Rhizoms jeweils durch einen Seitensproß (Sympodium).

Vorkommen: krautreiche Wälder und Bergwiesen. Frische- und Nährstoffzeiger. - Alle Arten der Gattung sind im frischen Zustand durch Protoanemonin schwach **giftig**. Deshalb wurden sie früher für Pfeilgift verwendet.

Blüten: III-V, Frühblüher. "Pollen-Scheibenblumen". Perigon weiß durch Totalreflexion des Lichtes an den Grenzflächen zwischen den Zellen und den lufterfüllten Interzellularräumen. Blüten nachts und bei kühler Witterung durch Wachstumsbewegungen verschlossen (Außenseite wächst bei niedrigen Temperaturen schneller als Oberseite). Bestäuber: verschiedene Insekten.

Früchte: in jeder Blüte zahlreiche, freie Fruchtknoten, die sich zu je einem 1samigen Nüßchen entwickeln. Fruchtreife: bereits im Mai. Verbreitung durch Ameisen (obwohl Elaiosomen fehlen).

Verwendung: Diese und die folgende Art sind für Wildpflanzengärten zu empfehlen.

Weitere Arten:

Anemone ranunculoides L., Gelbes Windröschen: sehr ähnlich wie vorige Art. Blüten gelb, oft zu zweit. Basenreiche Auwälder und feuchte Laubmischwälder, vor allem auf Kalk.

Anemone sylvestris L., Großes Windröschen: Hemikryptophyt. Grundblätter stets vorhanden. Sonnige, sommerwarme, meist kalkreiche Waldränder, Gebüsche und Wälder. Vor allem im Süden. Gefährdet und geschützt! Reife Nüßchen mit lockerem Haarfilz zur Windverbreitung (Schirmchenflieger).

Angelica archangelica L. (= *Archangelica officinalis* (L.) Hoffm.), Echte Engelwurz, Brustwurz

– Apiaceae (= Doldenblütler)

Zwei- bis vieljährige, nur einmal blühende Halbrosettenpflanze. Mit bis 2,5 m Höhe eine der größten heimischen Stauden. Stengelblätter mit bauchigem Blattgrund (Blattscheide) als Knospenschutz.

Vorkommen: Staudenfluren zeitweise überschwemmter, nährstoffreicher Ufer, z.T. Neophyt. Salzverträglich.

Blüten: VI-VIII. Vormännliche, "nektarführende Scheibenblumen", in zusammengesetzter Dolde. Bestäuber: besonders Fliegen und Käfer.

Früchte: geflügelte Doppelachänen, die in je zwei Teilfrüchte zerfallen. Wind- und Schwimmverbreitung.

Verwendung: alte Heilpflanze (Name!: lat. angelus = Engel, archangelus = Erzengel). Die knolligen, aromatischen, bitterstoffhaltigen Wurzeln werden gegen Magenleiden angewendet (z. B. als Kräuterlikör) sowie, in Zucker eingemacht, gegessen. Giftig bei arzneilicher Überdosierung. Die würzigen jungen Blätter und Stengel für Suppen und Mischgemüse.

Weitere Art:

Angelica sylvestris L., Wald-Engelwurz: ökologisch und in der Verwendbarkeit ähnlich wie vorige. Junge Blätter für Gemüse geeignet. Vorkommen vor allem in Feuchtwiesen, seltener in feuchten Wäldern. Der Artname "sylvestris" ist mit "Wald-" unzutreffend übersetzt, da hier besser die Nebenbedeutung "wild" (im Vergleich zur kultivierten *A. archangelica*) heranzuziehen ist. - Für Wildpflanzengärten zu empfehlen.

Antennaria dioica (L.) GAERTNER, Gemeines Katzenpfötchen

– Asteraceae (= Korbblütler)

Kriechstaude (Chamaephyt) mit unterseits weißfilzigen Blättern (= Transpirationsschutz). Blattrosette ab zweitem Jahr blühfähig. Auch polsterbildend.

Vorkommen: Magerrasen, Heiden, Kiefernwälder, auf meist kalkarmen, sandigen Lehmböden. Magerkeitszeiger. Vor allem in höheren Lagen. In der Ebene sehr stark zurückgegangen. - Gefährdet. - **Geschützt!**

Blüten: V-VI. "Körbchenblumen", in wenigköpfigen, gedrängten Doldenrispen. Unvollständig zweihäusig. Hüllen der männlichen Köpfe meist weiß, die der weiblichen meist rosa. Staubfäden reizbar (Thigmonastie). Sie krümmen sich bei Berührung und ziehen dabei die Staubblattröhre herab, so daß der Pollen vom feststehenden Griffel "herausgepumpt" wird. Bestäuber: Falter.

Früchte: Achänen mit Haarkelch (Pappus): Windverbreitung (Schirmchenflieger). Die trockenhäutigen Hüllblätter sind hygroskopisch und entfalten sich nur bei trockenem Wetter.

Vegetative Vermehrung durch oberirdische, wurzelnde, beblätterte Ausläufer.

Verwendung: Ehemalige Heilpflanze. Hinweis: "Katzenpfötchenblütentee" stammt nicht von *Antennaria*, sondern von *Helichrysum arenarium*. Für Wildpflanzengärten zu empfehlen, aber Naturschutz beachten!

Anthemis tinctoria L., Färber-Hundskamille, Färberkamille

– Asteraceae (= Korbblütler)

Ausdauernder Hemikryptophyt.

Vorkommen: Trockenrasen, Felsfluren und Ruderalstellen, auf basenreichen, oft flachgründigen Böden. Vor allem in Süddeutschland.

Blüten: VI-IX. "Körbchenblumen", mit 330-500 zwittrigen Röhrenblüten und 30-50 (selten fehlenden) weiblichen Zungenblüten; letztere durch Xanthophylle lebhaft gelb. Körbchen nachts geschlossen. Staubfäden reizbar wie bei *Antennaria*. Bestäuber: Bienen und verschiedene andere Insekten.

Früchte: Achänen hautrandig, ohne Pappus. Spreublätter hinfällig. Selbstausstreuer (?). Außerdem Menschenverbreitung als Zier- und Nutzpflanze.

Verwendung: Alte Färberpflanze (Name!); aus den Blütenkörbchen wurde ein gelber Farbstoff gewonnen. Früher auch arzneilich genutzt. Für Wildpflanzengärten sehr zu empfehlen.

Weitere Art:

Anthemis arvensis L., Acker-Hundskamille: ein- bis zweijähriges Ackerwildkraut lehmiger und toniger Böden. Versauerungszeiger. Kulturbegleiter. Zungenblüten weiß. Von der ähnlichen Echten und der Geruchlosen Kamille durch Vorhandensein von Spreublättern am Korbboden unterschieden. Stark zurückgegangen. Insekten- und Selbstbestäubung. Tierverbreitung: Klebhafter durch schleimabsondernde Höcker auf der Oberfläche der Früchte. Menschenverbreitung mit Ackererde.

Anthoxanthum odoratum L., Gemeines Ruchgras

– Poaceae (= Süßgräser)

Horstbildender Hemikryptophyt. - Schwach **giftig**: oberirdische Teile enthalten Cumarin-Glykosid, das beim Trocknen des Heus giftiges, wie Waldmeister duftendes (Name!) Cumarin abspaltet. Bei Überdosierung lähmt Cumarin Herz, Kreislauf und Atmung (deshalb z. B. als Wühlmausgift verwendet).

Vorkommen: Magerrasen und -weiden, lichte Wälder. Magerkeitszeiger. Ebene bis alpine Stufe (bis 2300 m).

Blüten: V-VI. Ährenrispengras. Windblütig: "langstaubfädiger Typ". Die einblütigen Ährchen sind trotz fehlender Schwellkörper zur Blütezeit abgespreizt. Rispe nach dem Abblühen gelblich (Name!: griech. anthos = Blüte, xanthos = gelb).

Früchte: Karyopsen sehr klein, fest von den Deckspelzen umschlossen. Klettverbreitung durch den knieförmigen, bleibenden Griffel und die abstehenden Haare. Dazu Windverbreitung.

Vegetative Vermehrung durch lange Ausläufer.

Verwendung: früher als Waldmeisterersatz, Zusatz zu Schnupftabaken und Kräuterkissen. Mit wenigen Stengeln läßt sich jeder Wodka oder Korn in "Shubrovka" verwandeln. Echter Shubrovka wird mit dem ebenfalls Cumarin abgebenden Mariengras (*Hierochloe odorata* (L.) P. B.) hergestellt. Für Wildpflanzengärten zu empfehlen.

Anthriscus sylvestris (L.) Hoffm., Wiesen-Kerbel

– Apiaceae (= Doldenblütler)

Ausdauernde oder zweijährige Halbrosettenpflanze, mit Wurzelrübe. Stengel, wie bei allen Doldenblütlern, außer an den Knoten hohl (Abb. 7, S. 64).

Vorkommen: Fettwiesen, grasige Raine und Hochstaudenfluren, auf frischen, nährstoffreichen Böden. Düngezeiger.

Blüten: IV-VIII. "Nektarführende Scheibenblumen vom *Heracleum*-Typ". In den zusammengesetzten Dolden finden sich neben zwittrigen auch männliche Blüten (andromonözisch). Besucher aller Art, besonders Käfer.

Früchte: Spaltfrüchte (Doppelachänen), zerfallen in zwei Teilfrüchte. Vor allem Zufallsverbreitung durch Huftiere, d. h. die Früchte werden mit dem Futter aufgenommen und gelangen mit dem Dung zurück auf die Wiese.

Verwendung: Frische Blätter für Frühlingssuppen geeignet (Vorsicht vor Verwechslungen mit den giftigen Arten *Chaerophyllum temulum* und *Conium maculatum*). Der Artname "sylvestris" ist mit "Wald-" falsch übersetzt, vielmehr muß die Nebenbedeutung "wild" (im Vergleich zum Garten-Kerbel) zur Anwendung kommen. Die Blätter kann man zum Gelbfärben von Wolle verwenden. - Für Wildpflanzengärten zu empfehlen, wenn ausreichend Platz vorhanden ist.

Weitere Art:

Anthriscus cerefolium (L.) Hoffm., Garten-Kerbel: Einjährig. Alte Bauerngartenpflanze, Heil- und Gewürzkraut. Wirkt stoffwechselfördernd und wird ähnlich wie Petersilie verwendet. Blätter aromatisch nach Fenchel duftend. Die Pflanze ist zu unrecht weitgehend in Vergessenheit geraten. Zuweilen verwildert, besonders in der Nähe alter Burgen. Verwechslungsmöglicheit mit der giftigen Hundspetersilie (*Aethusa cynapium*), die jedoch anders riecht.

Anthyllis vulneraria L., Gemeiner Wundklee

– Fabaceae (= Schmetterlingsblütler)

Ausdauernde Halbrosettenpflanze. Basale, unpaarige Fiederblätter oft bis auf die Endfieder reduziert.

Vorkommen: Kalkmagerrasen. Rohbodenpionier durch Stickstoffsymbiose (Wurzelknöllchen). Durch Eutrophierung und Rückgang der Schafweide abnehmend. Neuerdings öfter mit Graseinsaaten an Straßenrändern und Böschungen eingeschleppt.

Blüten: V-VII. Streng vormännliche "Schmetterlingsblumen". Alle 10 Staubblätter (trotz Nektarbildung) zu Röhre verwachsen, dieser deshalb nur langrüsseligen Insekten (Hummeln, Faltern) zugänglich. Der Pollen wird in die Knospe entleert und durch den Griffelkolben beim Herunterdrücken des Schiffchens an dessen Spitze ausgepreßt: "Pumpmechanismus". Narbe erst nach Abwetzen der zarten Oberflächenzellen klebrig.

Früchte: 1- bis 2samige, vom vergrößerten, trockenen Kelch eingehüllte und daher relativ leichte Hülsen. Verbreitung besonders als "Bodenläufer" oder als Regenschwemmling. Zufallsverbreitung.

Verwendung: Die Blüten standen als Wundmittel (Name!) in hohem Ansehen. Der Gebrauch geht evtl. auf die Signaturenlehre zurück (Blütenknospe oft rot überlaufen). Selten angebaut, aber gute Futterpflanze. Auch in Kräuterteemischungen. Für Wildpflanzengärten zu empfehlen.

Antirrhinum majus L., Großes Löwenmaul bzw. Löwenmäulchen

– Scrophulariaceae (= Rachenblütler, Braunwurzgewächse)

Krautiger Chamaephyt. Blätter scharf schmeckend (Fraßschutz).

Vorkommen: Gartenzierpflanze, zuweilen in stickstoffreichen Mauer- und Felsspalten verwildert (Neophyt), besonders an alten Burgen. Heimat: westliches Mittelmeergebiet.

Blüten: V-VIII. Homogame "Maskenblumen", in lockeren endständigen Trauben. Typische Hummelblume: Die Kronunterlippe muß durch das Gewicht der Hummeln heruntergedrückt werden. Bienen können deshalb nicht einkriechen. Nektar in Aussackung der Kronröhre (bei der sonst ähnlichen *Linaria* im Sporn), dort innen 2 gelbe Haarstreifen als Saftmal. Selbstbestäubung möglich. Blüten verschiedenfarbig durch rote Vakuolen- und gelbe Plastidenfarbstoffe. Die Wildform ist rotviolett. Interessant sind Erbabweichungen ("Rückschläge") mit radiären Blüten ("Pelorien") statt dorsiventralen Blüten.

Früchte: Porenkapseln: Windstreuer. Außerdem Anhafter und Menschenverbreitung (Kulturflüchter).

Vegetative Vermehrung durch Wurzelsprosse.

Verwandte:

Misopates orontium (L.) RAFIN. (= *Antirrhinum orontium* L.), Acker-Löwenmaul, Katzenmaul, Großer Orant: Einjährig. Ackerwildkraut frischer, basenreicher, aber kalkarmer Böden. Durch Herbizide stark zurückgegangen und gefährdet. Blütezeit VII-X. Bestäubung durch Bienen, jedoch Blütenbesuch nur spärlich.

Apera spica-venti (L.) P. B. (= *Agrostis spica-venti* L.), Gemeiner Windhalm

– Poaceae (= Süßgräser)

Einjährig: sommer- oder winterannuelle Horstpflanze.

Vorkommen: oft in Menge in Getreideäckern, auf nährstoffreichen, kalkarmen, oft sandigen Böden. Säurezeiger. Alteinwanderer (Archäophyt). Seit Anwendung der neueren Herbizide im Rückgang.

Blüten: VI-VII. Windblütig: "langstaubfädiger Typ". Selbststeril. Auffällige Granne: 5-7 mm lang. Rispen nach der Blüte zusammengezogen.

Früchte: Karyopsen mit langen Grannen: Windstreuer, Schirmchenflieger und Kletthafter sowie Menschenverbreitung (Agrikulturbegleiter und Ruderalpflanze). - Samen zuweilen auf der Mutterpflanze auskeimend (Viviparie).

Verwendung: als dekoratives Gras für Blumensträuße sehr geeignet.

Aphanes arvensis L. (= *Alchemilla arvensis* (L.) SCOPOLI), Gemeiner Ackerfrauenmantel

– Rosaceae (= Rosengewächse)

Einjährig (meist winterannuell), selten zweijähriger Hemikryptophyt. - Unscheinbar (Name!, griech. a-phanes = unsichtbar, unscheinbar), daher oft übersehen. - Verwandt mit dem Frauenmantel, *Alchemilla*, (siehe dort).

Vorkommen: Äcker, vor allem unter Getreide, auf nährstoffreichen Lehmböden, kalkmeidend, gern mit Kamille und Windhalm. Alteinwanderer (Archäophyt). Kennart des Aphano-Matricarietum (= Kamillegesellschaft), unserer häufigsten Ackerwildkrautgesellschaft.

Blüten: V-IX. 4zählige, unscheinbare "Scheibenblumen", in blattgegenständigen, knäueligen Doldenrispen. Diskus vorhanden, aber ohne Nektarabsonderung. Je Blüte nur 1 Fruchtknoten und nur 1(-2) Staubblätter (seltener Fall unter den heimischen Blütenpflanzen). Pollen oft mißgebildet. Meist Selbstbestäubung. Die Samen entwickeln sich ohne Befruchtung (apomiktisch).

Früchte: Kleine Nußfrüchte. Tierverbreitung: Klebhafter. Menschenverbreitung: Agrikulturbegleiter.

Apium graveolens L., Sellerie

– Apiaceae (= Doldenblütler)

Zweijährige, einmal blühende Halbrosettenpflanze mit "Sproßrübe": Die fleischige Verdickung umfaßt die Sproßbasis (mit Blättern bzw. Blattnarben), das Hypokotyl und die Wurzel mit verdickten Seitenwurzeln. Die Wurzeln sind als Zugwurzeln ausgebildet, die sich verkürzen, um die Erneuerungsknospen in die richtige Lage knapp über dem Boden zu bringen.

Vorkommen: meist als Kulturpflanze. Selten wild auf nassen, nährstoffreichen, tonigen Salzböden. Dort stark gefährdet und **geschützt**!

Blüten: VI-IX. "Nektarführende Scheibenblumen".

Früchte: Schwimmverbreitung.

Verwendung: in verschiedenen Kulturvarietäten angebaut, vor allem als Knollensellerie, daneben als Bleich- und als Schnittsellerie. Kraut als Suppengewürz, Knollen zu Salat und Selleriesalz. Speicherstoffe sind u. a. Zucker, Asparagin und Tyrosin. Aus Früchten und Kraut wird Sellerieöl gewonnen. Alle Teile wirken harntreibend. Das ätherische Öl fördert die Unterleibsdurchblutung und gilt vielleicht deshalb als potenzfördernd.

Weitere Arten:

Apium inundatum (L.) Rchb. fil. und **Apium repens** (Jacq.) Lag., Untergetauchter bzw. Kriechender Scheiberich: Seltene, stark zurückgegangene und (stark) gefährdete Pflanzen nährstoffarmer Teichufer und Gräben. Geschützt!

Aquilegia vulgaris L., Gemeine Akelei

– Ranunculaceae (= Hahnenfußgewächse)

Hemikryptophyt: Schaftpflanze. - Schwach **giftig**.

Vorkommen: wärmeliebende, reiche Laubgehölze, Säume und Wiesen, vor allem in den Kalkgebieten. Von der Ebene bis ins Gebirge, im norddeutschen Tiefland selten. Zierpflanze, im Norden selten eingebürgert. - **Geschützt**!

Blüten: V-VII. Blaue "Glockenblumen mit klebrigem Pollen": 5 Glocken bilden eine hängende Blüte. Vormännlich. 5 Perigonblätter, dazu auf Lücke 5 kronblattartige, lang gespornte Nektarblätter: Nektardrüse in der gebogenen(!) Spornspitze, Trichtermündung von Hummelkopfgröße! Hauptbestäuber: Hummeln (Hummelblume!). Kürzerrüsselige Bienen z. B. nur zu "Einbruch" (= Aufbeissen des Sporns) befähigt.

Früchte: Die Balgfrüchte springen bei der Reife auf und schleudern die Samen fort: Selbststreuer. Außerdem durch den elastischen Stengel Wind- und Tierstreuer. Frostkeimer.

Vegetative Vermehrung durch Wurzelsprosse.

Verwendung: Zierpflanze in verschiedenen Kultursorten. Für Wildpflanzengärten zu empfehlen. Auch in der Homöopathie verwendet.

Arabidopsis thaliana (L.) Heynh., Acker-Schmalwand

– Brassicaceae (= Kreuzblütler)

Einjährig. Unscheinbar, nur 5-30 cm hoch, oft übersehen.

Vorkommen: Lückige Magerrasen, Wegränder und Äcker, auf meist sandigen Böden. Von der Ebene bis ins Gebirge.

Blüten: IV-V, Frühblüher.

Früchte: Lange, schmale Schoten. Dadurch vom ähnlichen Hirtentäschel (*Capsella bursa-pastoris*) unterschieden. Fruchtreife: VI.

Verwendung: Kann im Reagenzglas auf festem Nährboden gezogen werden, so daß mehrere Generationen pro Jahr möglich sind. Daher beliebtes Objekt für physiologische und genetische Versuche. Chromosomenzahl: n = 5.

Arctium minus (Hill) Bernhardi, Kleine Klette

– Asteraceae (= Korbblütler)

Zweijährige Halbrosettenpflanze.

Vorkommen: frische, basenreiche, ruderale Staudenfluren und Ufer.

Blüten: VII-IX, in Körbchen vom "Disteltyp". Einzelblüten purpurrot, zwittrig. Besucher: Bienenverwandte und Falter.

Früchte: Klett-Fruchtstände (Körbchen) mit hakigen Hüllblattspitzen und zahlreichen glatten Früchten. Diese werden vom Verbreiter allmählich ausgeschüttelt oder beim Zurückschnellen der sparrig-dürren Pflanzen ausgeschleudert (= Tierstreuer). Wintersteher. Fruchtkelchhaare (Pappus) brüchig, hautreizend.

Verwendung: Die bitter schmeckenden, 27-45 % Inulin als Speicherstoff enthaltenden Wurzeln von *Arctium minus* und *A. lappa* wurden früher arzneilich verwendet (Radix Bardanae). Sie spielen noch eine gewisse Rolle in der Volksheilkunde. Samen mit 17 % genießbarem, fettem Öl (Klettensamenöl). Junge Blätter sowie vor allem das Mark von Stengel und Wurzel sind als Gemüse nutzbar. In einigen Ländern werden Kletten sogar als Wurzelgemüse feldmäßig angebaut.

Weitere Arten:

Arctium lappa L., Große Klette: ökologisch gleichartig. Alteinwanderer (Archäophyt).

Arctium tomentosum MILLER, Filzige Klette: Blattunterseite und Blütenkörbchen weißwollig als Strahlungsschutz. Wärmeliebende Art der Kalkgebiete. Hüllblätter zum Teil ohne hakig gekrümmte Spitzen, dafür mit der Verbreitung dienenden Klebfäden besetzt.

Arctostaphylos uva-ursi (L.) SPRENG., Gemeine oder Echte Bärentraube

– Ericaceae (Heidekrautgewächse)

Zwergstrauch mit immergrünen Lederblättern. Bis 1 m tief wurzelnd. Frosthart. Jahresgang der Frosthärte durch Anpassung der osmotischen Werte ähnlich wie bei Nadelbäumen. Dazu kommt der Schutz durch die Schneedecke. Blätter im Unterschied zur ähnlichen Preiselbeere (*Vaccinium vitis-idaea*) unterseits netzadrig und nicht drüsig punktiert.

Vorkommen: Selten, aber oft gesellig in lichten Kiefernwäldern und Heiden auf humosen, oft flachgründigen Böden. Vor allem im Norden sowie im Alpenbereich. Stark gefährdet. - **Geschützt!**

Blüten: III-VI. "Glockenblumen mit Streueinrichtung", ähnlich denen der Heidelbeere (*Vaccinium myrtillus*; vgl. dort). Haare an der verdickten Staubfadenbasis und an der Innenwand der Krone dienen dem Schutz des Nektars. Stachelig-rauhe, leicht bewegliche Schwänze an den Staubbeuteln fördern das Ausstreuen des Pollens. Bestäubung durch Hummeln, daneben Selbstbestäubung.

Früchte: Rote, beerenartige, innen mehlige Steinfrüchte. Verdauungsverbreitung durch Vögel sowie früher offenbar durch Bären (Name!: griech. arktos = Bär, staphylos = Traube).

Verwendung: Blätter wegen der Hydrochinin-Glykoside antibakteriell wirkend und daher häufiger Bestandteil von Blasentees (Bärentraubenblättertee), allerdings nicht harntreibend. Trockene Blätter zum Färben von Juchtenleder und Wolle (gelb bis ocker).

Aristolochia clematitis L., Gewöhnliche Osterluzei

– Aristolochiaceae (= Osterluzeigewächse)

Rhizom-Geophyt. - **Giftig** durch Aristolochiasäure (Kapillargift, wehenfördernd, Abortivum).

Vorkommen: Ruderalpflanze nährstoffreicher, warmer Säume und Kulturen, vor allem der Weinberge. Heimat: Mittelmeergebiet. Neophyt (Kulturrelikt) seit dem Mittelalter. Im Rückgang. - Schützenswert.

Blüten: V-VI. Kesselfallen vom Typ der "Gleitfallenblumen", in 2-6blütigen Wickeln. Vorweiblich. Das Perigon besteht aus dem basalen Kessel, der Röhre und der oberseits durch Wachs glatten Lippe. Besucher: besonders kleine Zweiflügler, die abrutschen und über die nach unten gerichteten Reusenhaare in den Kessel gleiten. Die Reusen welken erst nach Bestäubung der Narben. Spontane Selbstbestäubung möglich.

Früchte: Kapseln entlassen aus Längsrissen Samen mit schwammiger, häutiger Außenschicht! Letztere dient als schirmartiges Flugorgan zur Windverbreitung.

Verwendung: schon im Mittelalter bekannte Heilpflanze in der Geburtshilfe (Name!: griech. aristos = das beste, locheia = Geburt; der deutsche Name ist eine Verballhornung (Entstellung) davon, hat also nichts mit Ostern zu tun). Noch vor wenigen Jahren wurde *Aristolochia* bei Venenleiden und zur Steigerung der körpereigenen Abwehr verwendet. Doch ist seit 1982 der Vertrieb von aristolochiasäurehaltigen Arzneimitteln wegen vermuteter karzinogener Wirkung durch das Bundesgesundheitsamt untersagt.

Weitere Art:

> **Aristolochia macrophylla** Lam. (= *A. sipho* L'Hérit., *A. durior* Hill), Pfeifenwinde, Windende Osterluzei: Linkswindende Liane. Der Stengel ist zunächst grün und verholzt später. Als Zierpflanze angebaut und selten verwildert, im Ahrtal sogar eingebürgert. Heimat: Nordamerika. Kesselfallenblume ähnlich wie bei voriger Art. Die bräunlich-grüne Blüte erinnert an eine Tabakpfeife.

Armoracia rusticana G., M. et Sch. (= *A. lapathifolia* Ust.), Meerrettich, Kren

– Brassicaceae (= Kreuzblütler)

Wurzelknospen-Geophyt. Der (im zweiten Jahr erstmalig wachsende) Blütenspröß entspringt einer vielköpfigen, kräftigen Pfahlwurzel

(Speicherorgan). Jugend- und Stengelblätter oft fiederspaltig, Rosettenblätter einfach und bis 1 m lang: Verschiedenblättrigkeit.

Vorkommen: ruderale, nährstoffreiche Staudenfluren, meist Kulturrelikt. Neueinwanderer (Neophyt) seit dem 15. Jh. (Heimat: Südosteuropa). Trotz fehlender Samenausbildung in Ausbreitung.

Blüten: V-VII. "Nektarführende Scheibenblumen". Besucher: verschiedene Insekten. Auch Selbstbestäubung möglich.

Früchte: bei der Wildform Windstreuer. Bei den Kulturformen und den verwilderten Pflanzen kein Samenansatz.

Vegetative Vermehrung durch sproßbildende Wurzelstücke, z. B. über Gartenabfälle, Erdbewegungen und wahrscheinlich auch über Wühlmäuse. Dazu Schwimmverbreitung an Flüssen, z. B. am Rhein.

Verwendung: Wegen des Gehalts an scharfem Allylsenföl der Wurzel beliebte Gewürzpflanze, wird ähnlich wie Senf verwendet und zu dessen Herstellung gebraucht.

Arnica montana L., Arnika, Berg-Wohlverleih

– Asteraceae (= Korbblütler)

Ausdauernde Halbrosettenpflanze. Speicher-Rhizom (bis 9 % Stärke, Inulin, Schleimstoffe). - Schwach **giftig** (vgl. unten).

Vorkommen: frische Silikatmagerrasen und Feuchtwiesen. Düngerfeindlich, kalkmeidend. Fast nur noch im Gebirge. In der Ebene stark zurückgegangen und daher in Deutschland insgesamt gefährdet. - **Geschützt**!

Blüten: VI-VIII. "Körbchenblumen-Typ" mit gleichfarbigen weiblichen Strahlenblüten. Scheibenblürten zwittrig (Gynomonözie). Blütenfarbe durch Karotinoide. Geruch stark aromatisch. Bestäuber: verschiedene Insekten. Daneben Selbstbestäubung.

Früchte: Schirmchenflieger, Wasserhaftverbreitung sowie Zufallsverbreitung durch Weidetiere.

Verwendung: Arnika (z. B. als Tinktur) seit altersher geschätztes Heilmittel, z. B. bei Wundheilung, auch als Bestandteil von Haarwaschmitteln und Badezusätzen. Doch ist bei der innerlichen Anwendung äußerste Vorsicht geboten, da außer den ätherischen Ölen stark giftiges Helenalanin enthalten ist (u. a. Herzgift, Todesfälle durch Überdosierung). Außerdem sind Hautreizungen und Allergien nicht selten. Wegen des allgemeinen Rückgangs der Art sollte besser *Calendula officinalis* (mit gleichen Wirkstoffen) verwendet werden.

Arrhenatherum elatius (L.) P. B. ex J. et C. Presl, Glatthafer

– Poaceae (= Süßgräser)

Ausdauerndes Horstgras, 40-150 cm hoch. Tiefwurzler.

Vorkommen: Bestandbildend in Fettwiesen und an Wegrändern, auf nährstoff- und basenreichen Lehmböden. Bis in mittlere Gebirgslagen aufsteigend. Kennart des Arrhenatheretum (= Tieflands-Fettwiesen, Glatthaferwiesen). - Wird durch Eutrophierung stark gefördert. Nach starker Düngung, wie sie in den letzten Jahrzehnten die Regel ist, sind bereits nach 2 Jahren kleinere Arten nicht mehr konkurrenzfähig. Dadurch kommt es zu einer sehr bedenklichen Reduzierung der Artenvielfalt.

Blüten: VI-VII. Langtagpflanze. Rispe 10-20 cm lang, schmal. Ährchen mit 1 Zwitterblüte und 1 männlichen Blüte. Letztere mit geknieter und gedrehter Granne (Name!: griech. arrhen = männlich, ather = Granne). Selbststeril. Windverbreitung: langstaubfädiger Typ. Häufiger Heuschnupfenerreger.

Früchte: Verbreitungseinheit sind die von den Spelzen locker umgebenen und daher relativ leichten Karyopsen (= Scheinfrüchte). Windverbreitung, Zufallsverbreitung durch Weidevieh, Klettverbreitung aufgrund der Granne sowie Selbstverbreitung durch Einbohren der hykgroskopischen, korkenzieherartig gewundenen Granne in den Boden.

Vegetative Vermehrung durch unterirdische Ausläufer.

Verwendung: gutes Futtergras ("Französisches Raygras").

Artemisia absinthium L., Wermut, Absinth

– Asteraceae (= Korbblütler)

Wintergrüner Chamaephyt, durch Verholzung der Stengelbasis oft als Halbstrauch wachsend und somit (neben *A. campestris*) der einzige heimische Korbblütler, der Gehölzcharakter annehmen kann. Feinfilzige Blätter (= Lichtschutz!). Trockenpflanze: kräftiges Wurzelsystem, deshalb abgeschnitten sehr schnell welkend. - **Giftig** (s. u.).

Vorkommen: sonnige, trockenere, basenreiche Ruderalstellen. Alteinwanderer. Heimat: östliches Mittelmeergebiet.

Blüten: VII-IX. Im Gegensatz zu den meisten anderen Korbblütlern windblütig: "unbeweglicher Typ". Selten Insektenbestäubung.

Früchte: Karyopsen ohne Anhängsel, Körbchen ohne Spreublätter. Fruchtreife IX-X. Wahrscheinlich Windstreuer, sicher auch Verbreitung durch den Menschen (Kulturrelikt!).

Verwendung: alte Gewürz- und Arzneipflanze, z. B. als Magen-Darm-Mittel. Hauptwirkstoffe sind der Bitterstoff Absinthin als Geschmacksbildner (z. B. im Wermutwein) und die in allen Teilen bis 1 % enthaltenen ätherischen Öle. Zu diesen gehört das giftige Thujon, das vor allem in alkoholischen, weit weniger in wässerigen Drogenauszügen enthalten ist. Eine Überdosierung kann lebensgefährlich werden. Absinth-Schnaps, das Destillat aus der Wermutpflanze, ist seit 1921 in Deutschland verboten. Der Genuß führt schließlich zu vollständigem körperlichen und seelischen Verfall. Heute angebotene Wermutweine enthalten kaum Thujon. Für Wildpflanzengärten zu empfehlen.

Weitere Art:

Artemisia vulgaris L., Gemeiner Beifuß: Häufige Ruderalpflanze. Klassenkennart der Artemisietea (= zwei- bis mehrjährige Ruderalgesellschaften). Ökologisch ähnlich wie vorige Art, aber einheimisch und weniger giftig. Blätter im Gegensatz zum Wermut nicht filzig behaart. Neben Windverbreitung auch Klebverbreitung durch die verschleimende Fruchtschale. Eine Pflanze kann pro Jahr bis zu 700 000 Früchte produzieren. - Ehemalige Heil- und Gewürzpflanze, noch heute als Gewürz für Gänsebraten beliebt. Bedeutender Heuschnupfenerreger. Für Wildpflanzengärten zu empfehlen (wegen der Verwendbarkeit).

Arum maculatum L., Gefleckter Aronstab

– Araceae (= Aronstabgewächse)

Knollen-Geophyt. Blätter breit spießförmig, abweichend von anderen Einkeimblättrigen netznervig und lang gestielt. Entgegen der Namengebung hat die am weitesten verbreitete, diploide Form ungefleckte und nur die mehr im Norden bzw. im ozeanisch beeinflußten Bereich vorkommende, tetraploide Form schwarzgefleckte Blätter (= Zellkomplexe mit Anthocyan Überschuß). Die als Speicherorgan dienende Knolle enthält bis 70 % Stärke. Sie wird jährlich neu aus der Stengelbasis gebildet (Wechselknolle) und durch Zugwurzeln auf die artspezifische "Normtiefe" gezogen. - Der deutsche Name leitet sich von dem wissenschaftlichen ab, der schon bei THEOPHRAST genannt wird. Die Anlehnung an den ergrünenden Stab des biblischen Hohenpriesters Aaron ist volksetymologisch. - *Arum* ist einer der wenigen heimischen Vertreter der hauptsächlich tropisch verbreiteten Familie Araceae. Etwa die Hälfte der Kletterpflanzen des tropischen Regenwaldes (z. B. *Philodendron*) gehört hierher. Viele Arten auch im Mittelmeergebiet. - Alle Teile sind im frischen Zustand stark, jedoch

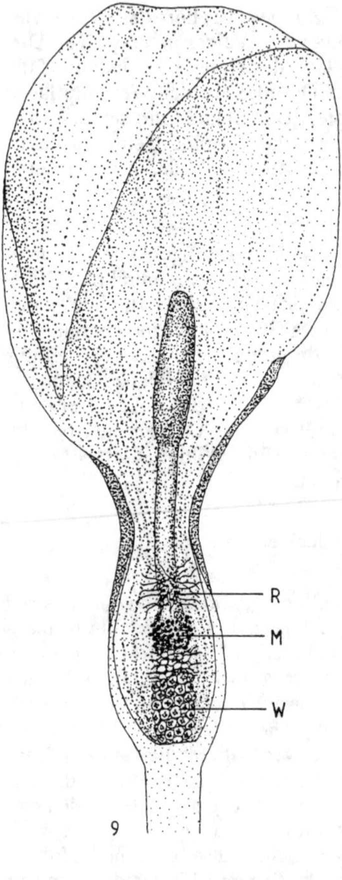

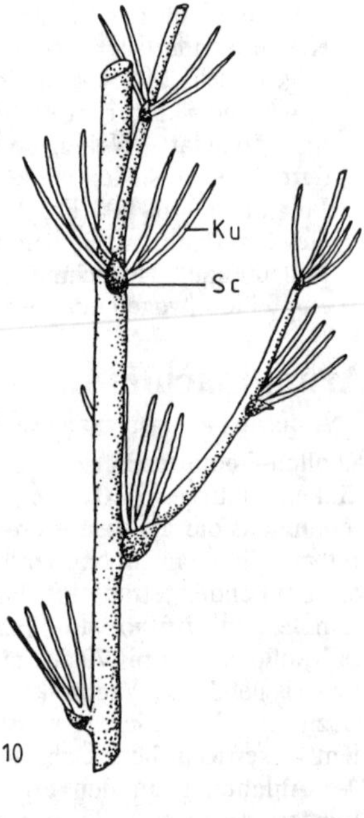

Abb. 9: **Arum maculatum**: Blütenstand nach Entfernung des vorderen unteren Teiles der Spatha (S Spatha, W weibliche Blüten, M männliche Blüten, R Reusenhaarzone).
Abb. 10: **Asparagus officinalis**: Sproßstück mit Schuppenblättern (Sc) und nadelblattartigen Kurztrieben (Ku). (Nach RAUH).

gekocht oder getrocknet höchstens schwach **giftig**. Die hautreizende Wirkung kommt durch Salze der Oxalsäure sowie durch noch nicht eindeutig definierte Scharfstoffe zustande. Offenbar erleichtern die in großen Mengen enthaltenen Calciumoxalatnadeln (Raphiden) durch Verletzung der Schleimhäute das Eindringen der übrigen Giftstoffe. Vergiftungen, auch tödliche, vor allem beim Weidevieh.

Vorkommen: krautreiche Laubwälder und Hecken, auf grundfrischen, nährstoffreichen, lockeren, meist tiefgründigen Böden. Nährstoff- und Frischezeiger. Ebene bis mittlere Gebirgslagen (Alpen bis 950 m).

Blüten: IV-VI. "Kessel-Gleitfallenblumen", gebildet aus einem großen Hochblatt (Spatha) und zahlreichen, bis auf den Stempel bzw. die Staubblätter reduzierten Blüten in kolbigem Blütenstand (Abb. 9). Einhäusig, vorweiblich. Die reif grünlichweiße Spatha stellt in ihrem oberen Abschnitt ein flächiges Schauorgan (= Helm) dar und bildet in ihrem unteren Teil den Kessel, der die Blüten umschließt. Die Blütenstandsachse trägt dicht gedrängt zuunterst die weiblichen, darüber die männlichen und schließlich einen Kranz steriler Blüten, die als "Reusenhaare" den Kessel im oberen Teil gegen das Eindringen größerer Insekten absperren (aber nicht - wie man früher annahm - das Entweichen der gefangenen Insekten verhindern sollen). Oberhalb des Kessels schließt die verlängerte Blütenstandsachse mit einem sterilen, meist violetten (seltener grünlichen) Kolben ab. Bestäuber sind vorwiegend winzige Schmetterlingsmücken der Gattung *Psychoda*. Sie werden durch den abendlich ausströmenden Harngeruch der Kesselfallenblumen angelockt und gleiten, wenn sie auf die mit winzigen Öltröpfchen besetzte innere, untere Wand des Helms gelangen, durch die Reusenlücken in den Kessel. Der stärkereiche Kolben produziert zu dieser Zeit so reichlich Wärme, daß seine Basis bis auf 40 °C aufgeheizt wird (was man an der Backe auch deutlich spüren kann), und somit die Temperatur im Kessel oft um 25 °C höher liegt als draußen in der kühlen Frühlingsnacht. Die Wärme dient nur indirekt der Anlockung, da mit ihrer Hilfe die Insekten anlockenden harnartig riechenden Amine doppelt so schnell abgegeben werden wie ohne sie. Zuerst reifen die weiblichen Blüten heran und sondern an der Narbenspitze einen Tropfen ab, an dem der an den Insekten haftende Pollen hängenbleibt; zugleich dient er dem Aufbau der lebensnotwendigen hohen Luftfeuchtigkeit und als Nahrung für die Besucher. Im Laufe der Nacht platzen auch die Staubbeutel auf und bepudern die gefangenen Insekten. Am nächsten Morgen erschlafft der Helm und die Öltröpfchen verschwinden, so daß die Besucher wieder entweichen können.

Früchte: hellrote Beeren. Verdauungsverbreitung, vor allem durch Vögel. Fruchtreife: VII-VIII.

Verwendung: Die Knollen wurden früher geröstet gegessen, arzneilich wie Weizenstärke genutzt oder zur Stärkekleisterherstellung verwendet. - Im Volksglauben nahm man an, die Kolben verschiedener Vertreter der Aronstabgewächse würden als Phallussymbole die Potenz steigern und den Nachwuchs sichern.

Asarum europaeum L., Haselwurz

– Aristolochiaceae (= Osterluzeigewächse)

Hemikryptophyt oder Geophyt. Frühblüher. Lang kriechendes, verzweigtes Rhizom. Die Pflanze trägt je Trieb nur ein Paar wintergrüner, im Frühjahr ersetzter Blätter. Alle Teile von pfefferartigem Geruch und Geschmack (Ölzellen!). - Wurzelpilz! - Neben der (eingebürgerten) *Aristolochia clematitis* der einzige heimische Vertreter einer vorwiegend tropischen Familie. - **Giftig** in allen Teilen durch das ätherische Öl Asaron.

Vorkommen: Krautreiche Wälder, auf meist kalkhaltigen Lehmböden.

Blüten: IV-V. Vorweibliche "Glockenblumen mit klebrigem Pollen", ohne Nektar. Sie befinden sich dicht über dem Boden und sind oft unter dem Laub verborgen. Selbstbestäubung, dazu Insektenbestäubung (?). Die Zipfel der zusammenneigenden drei Perigonblätter lassen Schlitze frei, durch die kleinere Insekten einkriechen könnten, doch sind Bestäuber bisher nicht sicher bekannt geworden. Angaben über Bestäubung durch Schnecken wurden immer wieder bezweifelt, könnten aber durchaus richtig sein.

Früchte: Aus dem 6fächerigen Fruchtknoten entwickelt sich eine scheinbar verwachsenblättrige Fruchtkapsel mit zahlreichen Samen. Diese mit reichlich Nährgewebe (Endosperm) und mit Ölkörper (Elaiosom): Ameisenverbreitung. Dazu Selbstaussäer (Barautochoren): Kapsel sinkt mit dem nicht verholzenden Fruchtstengel auf den Boden.

Verwendung: In der Volks- und Tierheilkunde wurde das widerlich schmeckende Rhizom als Brechmittel verwendet. Früher zusammen mit gepulvertem *Helleborus*-Rhizom zu Niespulver verarbeitet (Schneeberger Schnupftabak).

Asparagus officinalis L., Spargel

– Liliaceae s. l. (= Liliengewächse i. w. S.) bzw. Convallariaceae (= Maiglöckchengewächse)

Rhizom-Geophyt. Rhizom horizontal wachsend, sympodial: Endknospe zu aufrechtem Luftsproß heranwachsend. Dazu kommen durch basale Verzweigung weitere, sich aufrichtende Luftsprosse. Diese werden - solange noch im Boden - wie bekannt als Gemüse verwendet. Läßt man sie durchwachsen, bilden sich zahlreiche Seitentriebe, die nach nochmaliger Verzweigung aus der Achsel von Schuppenblättern Büschel von nadelförmigen Kurztrieben (= Flachsprosse) produzieren (Abb. 10). Laubblätter fehlen. - Pflanze erst im dritten Jahr blühfähig. - Wird regelmäßig vom Spargelhähnchen (*Crioceris*) befallen, einem kleinen, roten Käfer. - Beeren evtl. schwach **giftig**.

Vorkommen: Kulturpflanze sandiger Böden. An Wegrändern, in gestörten Sandrasen und an kiesigen Flußufern zuweilen verwildert und teilweise eingebürgert (Neophyt, auch Archäophyt?).

Blüten: VI-VII. Die an kleine Maiglöckchen erinnernden Blüten meist eingeschlechtig: gynomonözisch bis zweihäusig. Vorweibliche, kleine, nektarführende "Glockenblumen mit klebrigem Pollen". Besucher: vor allem Bienen.

Früchte: Beeren durch Karotinoide rot gefärbt: Verdauungsverbreitung.

Verwendung: schon von den alten Griechen kultivierte Gemüsepflanze. Durch Aufschütten von sandigem Boden erhält man bis 20 cm lange, bleiche, fleischige Schößlinge (Stengelgemüse). Reich an Asparaginsäure. Typischer Geruch des Harns nach Spargelgenuß durch Umwandlung einer im Spargel vorkommenden schwefelhaltigen Verbindung. - Rhizom und Wurzeln vor allem früher als harntreibendes Mittel verwendet.

Asplenium ruta-muraria L., Mauerraute, Mauer-Streifenfarn

– Polypodiaceae s. l. (= Tüpfelfarngewächse i. w. S.) bzw. Aspleniaceae (= Streifenfarngewächse)

Immergrüne Rosettenpflanze. Kann wie die übrigen Arten der Gattung (im Gegensatz zu den meisten anderen Sproßpflanzen) einige Zeit austrocknen (poikilohydrisch). Weitere Trockenheitsanpassungen sind die Drüsen und das dicke Rhizom. - Wurzelpilz. - Saisondimorphismus: Winter- und Sommerblätter unterschiedlich. - Steht *Ceterach* (Milzfarn) und *Phyllitis* (Hirschzungenfarn) sehr nahe und bildet mit diesen Bastarde.

Vorkommen: lichte, oft sonnige Felsen und Mauerfugen, meist auf Kalk. Kosmopolit der gemäßigten Zonen.

Vermehrung: fast ganzjährige Sporenbildung an den Sporen-Assimilationsblättern, deshalb im Schulunterricht gut einsetzbar. Vorkeime (= Prothallien) in feuchteren Nischen, etwa linsengroß. Wasser-Befruchtung durch chemisch angelockte Samenzellen. Im Anschluß an die Befruchtung entwickeln sich die Sporenpflanzen. Sporenbehälter zu vielen in Streifen angeordnet (Name!): Selbststreuer (Kohäsionsmechanismus vgl. *Dryopteris*). Sporen: Ballonflieger. Sporenreife: VII-IX. - Im Volksglauben auch "Widerthon" genannt (= wider das Antun, also gegen Hexenzauber).

Verwendung: Diese und die folgende Art sind für Wildpflanzengärten zur Mauerbepflanzung sehr zu empfehlen.

Weitere Art:

Asplenium trichomanes L., Braunstieliger Streifenfarn: Wedel gefiedert. An ähnlichen, aber feuchteren, schattigeren Standorten.

Aster amellus L., Berg-Aster, Kalk-Aster

– Asteraceae (= Korbblütler)

Hemikryptophyt.

Vorkommen: Säume, Gebüsche, Wegränder, lichte Kiefernwälder, auf meist kalkreichen Böden. Auch als Zierpflanze. - **Geschützt!**

Blüten: VIII-X. Sternförmige (Name!) "Körbchenblumen". Geschlechtsdimorphismus: innere Blüten (Scheibenblüten, Röhrenblüten) goldgelb, männlich, äußere (Strahlblüten, Zungenblüten) rötlichblau, weiblich. Bestäuber: Fliegen (z. B. Schwebfliegen) und Falter.

Früchte: Achänen durch den Wind verbreitet. Schirmchenflieger. Dazu Tierverbreitung: Anhafter (Wasserhafter).

Weitere Arten/Verwandte:

Aster novi-belgii L. agg., Neubelgische Aster (Sammelart): Wurzelkriechpionier, Schaftpflanze. Diese und zahlreiche weitere, aus Nordamerika stammende Arten werden als Zierpflanzen kultiviert und sind teilweise in Uferstaudengesellschaften der Stromtäler fest eingebürgert (Neophyt).

Callistephus chinensis (L.) NEES, Gartenaster oder Sommeraster: einjährige Zierpflanze. Heimat: China, Japan. Äußere Hüllblätter des Körbchens laubblattartig.

Astragalus glyciphyllos L., Bärenschote, Süßer Tragant

– Fabaceae (= Schmetterlingsblütler)

Hemikryptophyt: Kriechstaude. - Die *Astragalus*-Arten haben ihre Hauptverbreitung in den Steppen und Halbwüsten und wachsen dort auch als kleine Sträucher. In Europa kommen sie überwiegend im Hochgebirge vor. - Schwach **giftig**.

Vorkommen: Gebüsche und Böschungen, auf sommerwarmen, basenreichen Lehmböden. Vor allem im Süden.

Blüten: V-VI. Homogame "Schmetterlingsblumen mit Klappmechanismus". Bestäuber: Hummeln und Falter. Bienen "stehlen" den Nektar durch Aufbeißen der Kronröhre.

Früchte: Hülsen linealisch, Schließfrüchte, im Gegensatz zu den übrigen Fabaceen durch Eindellung und nachfolgende Verwachsung 2fächerig. Tierverbreitung: Anhafter(?), Zufallsverbreitung (Huftiere).

Verwendung: Gute Futterpflanze, Blätter süß schmeckend (Name!).

Astrantia major L., Große Sterndolde

– Apiaceae (= Doldenblütler)

Ausdauernder Hemikryptophyt: Schaftpflanze.

Vorkommen: Bergwiesen, Gebüsche, krautreiche Wälder, auf frischen, nährstoff- und basenreichen, meist kalkhaltigen Lehmböden. In den Alpen bis über 2000 m.

Blüten: VI-VIII. "Körbchenblumentyp". Dolden einfach (übrige Apiaceen meist mit Doppeldolden), kopfig, von auffälligen, weißen oder rötlichen Hochblättern (Hüllblättern) sternförmig (Name!) umgegen: Schaufunktion. Kelchzipfel deutlich erkennbar. Neben zwittrigen Blüten auch rein männliche mit langen Stielen und verkümmerten Fruchtknoten sowie kurzstielige, weibliche. Vormännlich: die männlichen Blüten können benachbarte zwittrige Blüten bestäuben (Nachbarbestäubung). Insektenbesuch spärlich.

Früchte: Doppelachänen ohne besondere Anpassung an die Ausbreitung. Wahrscheinlich Zufallsverbreitung durch Weidetiere.

Verwendung: zuweilen als Zierstaude gezogen.

Athyrium filix-femina (L.) Roth, Gemeiner Frauenfarn

Polypodiaceae s. l. (= Tüpfelfarngewächse i. w. S.) bzw. Athyriaceae (= Frauenfarngewächse)

Sommergrüne, ausdauernde Rosettenpflanze, mit Speicher-Rhizom. Wedel feiner zerteilt und zarter als beim Gemeinen Wurmfarn; daher nannte man die Pflanze früher, lange bevor man Kenntnisse über die Sexualität der Pflanzen hatte, "Farnweiblein" (= filix femina) und den Wurmfarn "Farnmännlein" (= filix mas). - Wurzelpilz.

Vorkommen: Krautreiche Wälder, auf frischen bis feuchten, basenreichen, aber kalkarmen Böden. Im Gebirge auch außerhalb der Wälder.

Vermehrung: Vorkeime, Befruchtungs- und Ausbreitungsökologie wie bei *Dryopteris* beschrieben. Sori und Schleier vor der Sporenreife kommaförmig (beim Wurmfarn nierenförmig).

Verwendung: Für Wildpflanzengärten sehr zu empfehlen.

Atriplex patula L., Spreiz-Melde, Ruten-Melde

– Chenopodiaceae (= Gänsefußgewächse)

Einjährig, 30-90 cm hoch, sehr variabel. Im Habitus dem Weißen Gänsefuß (*Chenopodium album*) ähnlich, aber von diesem durch die auffälligen Vorblätter der Früchte sowie durch die sparrig ausgebreiteten Seitenäste unterschieden (Name!: lat. patulus = ausgebreitet, gespreizt).

Vorkommen: Ruderalstellen, Äcker und Gärten, auf frischen, nährstoffreichen Böden. Lehmzeiger. Klassenkennart der Chenopodietea (= Hackfruchtgesellschaften).

Blüten: VI-X. Einhäusig. Blüten unscheinbar. Männliche und Zwitter-Blüten mit 5zähligem Perigon. Weibliche Blüten ohne Perigon, aber von zwei an der Basis verwachsenen, meist gezähnten Vorblättern umhüllt. Blütenstand ährenartig, unbeblättert, aus knäueligen Teilblütenständen zusammengesetzt. Nachbarbestäubung häufig.

Früchte: Nüsse von den sich nach der Blüte verlängernden, als Flugorgane dienenden Vorblättern umgeben (Scheinfrüchte). Windverbreitung, Schwimmverbreitung und Menschenverbreitung als Ruderalpflanze. Verschiedenfrüchtig: größere mit bräunlichen, kleinere mit schwarzen Samen.

Verwendung: Junge Blätter und Sprosse der *Atriplex*-Arten sind als Wildgemüse geeignet.

Weitere Art:

Atriplex hortensis L., Garten-Melde: Einjährig, bis 1,50 m hoch. Kulturpflanze, die wie Spinat verwendet werden kann, aber heute nur noch wenig bekannt ist. Auch verwildert anzutreffen. Heimat: Vorderasien. Scheinfrüchte flach, rundlich, geflügelt, 5-15 mm groß. Windstreuer, Segelflieger, Regenschwemmling.

Atropa belladonna L., Tollkirsche

– Solanaceae (= Nachtschattengewächse)

Bis 1,5 m hoher, strauchförmiger Hemikryptophyt (Schaftpflanze), mit dickem unterirdischem Speicherorgan und 1 m tiefer Pfahlwurzel. - Typische Konkauleszenz (= Verwachsung von Sproß und Blättern): Blütenstände entspringen scheinbar neben den Tragblättern. - Stark **giftig**: in allen Teilen tödlich giftige Alkaloide (Hyoscyamin, Atropin und Scopolamin!): Einschränkung aller Sekretionen, insbesondere der Schleimhäute (Durstgefühl, Brennen). Wirkung erst rauschartig (Name Tollkirsche!), dann Lähmung und Kollaps. Erste Hilfe bei Vergiftungen: Erbrechen; bei Kreislaufstörungen: starker Tee oder Kaffee. Arzt! Name *Atropa* von griech. atropos = unabwendbar tödlich.

Vorkommen: Schlag- und Saumfluren, auf basenreichen Böden, oft auf Kalk. Stickstoffzeiger. Meist im Gebirge.

Blüten: VI-VII. "Glockenblumen mit klebrigem Pollen", einzeln oder in 3blütigen Wickeln. Die streng vorweiblichen Blüten mit Sperrhaaren im hummelgroßen Innenraum: Hauptbesucher Hummeln, auch Bienen. Daneben Selbstbestäubung.

Früchte: vielsamige, schwarze (innen blaurote), süßlichfade schmeckende Beeren mit vergrößertem Kelch. Darmverbreitung (z. B. durch Drosseln und Fasanen, für die die Beeren ungiftig sind). Lichtkeimer. Fruchtreife: VII-IX.

Verwendung: wichtige Arzneipflanze (Blätter und Wurzeln). Die bei örtlicher Anwendung am Auge pupillenerweiternde Funktion des Atropins wird in der Augenheilkunde genutzt. Im Altertum erfolgten entsprechende Anwendungen aus Schönheitsgründen (Name "bella donna" – schöne Frau: macht schöne große Augen).

Avena sativa L., Saat-Hafer

– Poaceae (= Süßgräser)

Überwiegend einjährig (Sommerfrucht).

Vorkommen: als Getreide des kühl-gemäßigten Klimas seit der Bronzezeit. Anspruchslos, frostempfindlich, bevorzugt schwach saure Böden. - Samenkeimung bereits bei 4-5 °C, im Gebirge bis über 1600 m kultiviert.

Blüten: VII-VIII. Windblütig: "langstaubfädiger Typ". Homogam, selbstfertil. Blütenöffnung erst nachmittags, bei Trockenheit ab 18 Uhr = Anpassung an Steppenklima. Bei nasser Witterung bleiben die Blüten geschlossen, und es erfolgt Selbstbestäubung (Kleistogamie).

Früchte: Verbreitungseinheit der Wildhafer-Arten sind die von den haftenbleibenden Spelzen umgebenen Karyopsen. Wegen der Luft zwischen den Spelzen ist diese spindelförmige Scheinfrucht von geringem spezifischem Gewicht. Zahlreiche Verbreitungsmöglichkeiten: Die Früchte werden durch den Wind (z. B. als Bodenroller), als Regenschwemmlinge oder mittels der hygroskopischen Grannen als Klettfrüchte verbreitet. Haare und Grannen bewirken, daß die Körner sogar hüpfende Bewegungen ausführen: Selbstverbreitung. Die Früchte können sich außerdem im Tierfell bzw. in den Boden einbohren; solche Bohrfrüchte stellen eine verbreitungshemmende Einrichtung dar, wie sie für Trockengebiete oft typisch sind. Auch Selbstaussäer.

Verwendung: heute vorwiegend Futterpflanze für Pferde, Geflügel usw. Haferkörner enthalten außer Stärke auch Zucker, bis 14 % Eiweiß und 6-9 % Fett. Wegen Mangels an Kleber eignen sie sich nicht zur Brotherstellung. In gewalzter Form werden sie als Haferflocken verkauft. Haferstroh früher gegen Gicht, Rheuma usw. Haferflocken und Haferschleim sind außerdem eine wichtige Diät, letzterer vor allem bei Magen-Darm-Erkrankungen.

Weitere Art:

Avena fatua L., Flug-Hafer: in der Ökologie ähnlich. Von manchen Autoren als Stammpflanze des Saat-Hafers angesehen. Getreidewildkraut auf basenreichen Tonböden. Früher bei Massenvorkommen ertragsmindernd. Von Pflanzenzüchtern wegen der Bastardierung mit Kultursorten gefürchtet. Alteinwanderer (Archäophyt). Deckspelze unten lang zottig behaart, Ährchen dreiblütig. Beim Flug-Hafer läßt sich die Drehung der Granne reifer Früchte sehr schön demonstrieren, wenn man die Ährchenbasis zwischen zwei nassen Fingern festhält.

Avenella flexuosa (L.) Drejer (= *Deschampsia flexuosa* (L.) Trin.), Drahtschmiele, Geschlängelte Schmiele

– Poaceae (= Süßgräser)

Hemikryptophyt, lockerrasig, weiche Polster bildend, 30-50 cm hoch. Tiefwurzler, bis 1 m. Blätter borstlich, gefaltet, im Querschnitt oval, mit flacher Rinne. An sonnigen Standorten oft rot überlaufen. - Der Name *Avenella* (= kleiner Hafer) weist auf die Verwandtschaft mit *Avena* (= Hafer) hin. Nah verwandt ist auch die Rasenschmiele, *Deschampsia cespitosa*, (siehe dort).

Vorkommen: Magere Wälder, Waldschläge, Weiden und Heiden. Säure- und Magerkeitszeiger. Oft auf weite Strecken den Boden bedeckend. Von der Ebene bis in die alpine Stufe.

Blüten: VI-VIII. Rispenäste locker mit geschlängelten Ästen (Name!, vgl. lat. flexuosus = geschlängelt), nach der Blüte wieder zusammengezogen. Granne deutlich gekniet, 5 mm lang, die Spelzen weit überragend. Ährchen meist 2blütig, seltener mit 1 oder 3 Blüten. Windbestäubung. Selbststeril. - Blüht an lichten Stellen auffällig mehr als an schattigen.

Früchte: Karyopsen, locker von den Deck- und Hüllspelzen umgeben. Windverbreitung (Ballon- und Flügelflieger), Tierverbreitung (Kletthafter und Wasserhafter) sowie Wasserverbreitung (Regenschwemmling).

Vegetative Vermehrung durch kurze, unterirdische Ausläufer.

Verwendung: Sehr dekoratives Gras für Trockensträuße und auch für Wildpflanzengärten zu empfehlen.

Azolla filiculoides LAMARCK, Großer Algenfarn, Wasserlinsenfarn

– Azollaceae (= Algenfarngewächse)

Sehr kleine Schwimmpflanze von nur wenigen mm Durchmesser. Unbenetzbar. Blätter blaugrün durch Symbiose mit Luftstickstoff-bindenden Blaualgen (*Anabaena azollae*). - Einzige Gattung der Familie, wird oft zu den Salviniaceae gestellt (vgl. den Schwimmfarn, *Salvinia natans*), von diesen u. a. durch das Vorkommen echter Wurzeln und die wechselständigen (statt quirligen) Blätter unterschieden.

Vorkommen: Aquarienpflanze. Heimat: warmgemäßigtes bis subtropisches Amerika. Stellenweise verschleppt, wegen der Frostempfindlichkeit aber meist nur vorübergehend. Am mittleren Oberrhein seit 1870 beständig (eingebürgert) und im Herbst oft große Flächen stehender Gewässer überziehend. In Fällen von extrem starker Besiedlung kann die Art durch Behinderung des Gasaustausches für die Gewässer ökologisch problematisch werden.

Vermehrung: Heterosporie, Mikro- und Megasporen verschieden. Sexuelle Fortpflanzung sehr kompliziert. Zur Reife entstehen fruchtähnliche Gebilde (Sporokarpien). - Bei uns erfolgt die Vermehrung aber ausschließlich vegetativ. Die Pflanzen teilen sich als ganze sehr lebhaft und können durch das Anhaften an Wasservögeln verbreitet werden. Eine zusätzliche Ausbreitung erfolgt über die Kultur der Pflanze in Gartenteichen und über im Freien entleerte Aquarien.

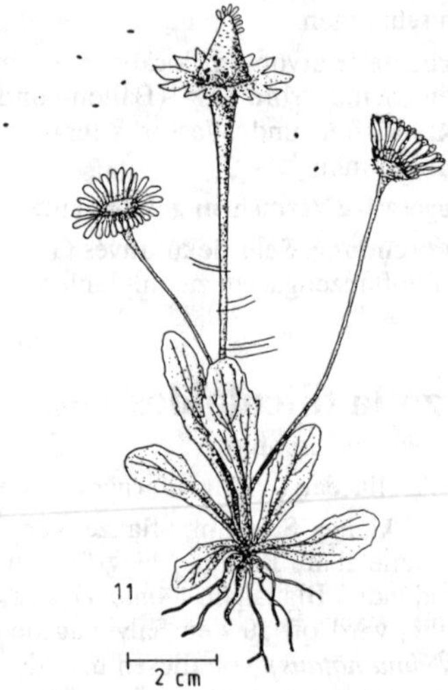

11

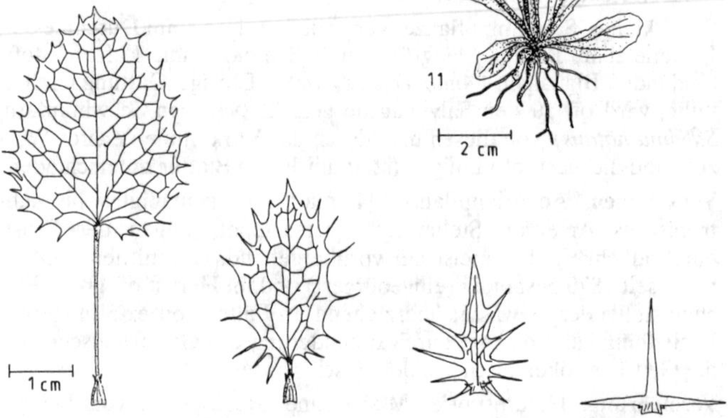

12 a 12 b 12 c 12 d

Abb. 11: Bellis perennis: Habitus zur Fruchtreife: Windstreuer.
Abb. 12: Berberis vulgaris: a normales Laubblatt. **b, c** Übergangsblätter. **d** Dornblatt. (Nach TROLL).

Barbarea vulgaris R. Br., Echte Winterkresse, Barbarakraut

– Brassicaceae (= Kreuzblütler)

Zweijähriger Hemikryptophyt: Halbrosettenpflanze.

Vorkommen: Offenerdige Ruderalstellen, z. B. Erdaufschüttungen, und Flußufer, auf frischen, nährstoff- und basenreichen Böden. Pionierpflanze.

Blüten: IV-VI, Frühblüher. Goldgelbe, "nektarführende Scheibenblumen", in Trauben. Selbstbestäubung erfolgreich.

Früchte: Schoten. Windverbreitung und Selbstausstreuer. Samen mit etwa 30 % Öl. Fruchtreife: V-VII.

Verwendung: Die jungen Blattrosetten ergeben ein vorzügliches Gemüse bzw. einen wie Kresse (Name!) schmeckenden bzw. zu verwendenden Salat. Hierzu wurden die Pflanzen früher in Bauerngärten usw. gezogen und die Rosetten im Winter (z. B. um den Barbaratag am 4. Dezember: Name!) oder im zeitigen Frühjahr geerntet.

Bellis perennis L., Ausdauerndes Gänseblümchen, Maßliebchen

– Asteraceae (= Korbblütler)

Ausdauernde, wintergrüne Rosettenpflanze. Überwinterung durch seitliche Rosetten. - Name Gänseblümchen vermutlich von ihrem Auftreten in Gänseweiden, "Bellis" von lat. bellus = schön.

Vorkommen: Frische, nährstoffreiche, lückige oder kurzgrasige, Wiesen und Weiden. Trittpflanze.

Blüten: I-XI. Sonnenwendig. Fast ohne Blühperiodizität, auch Winterblüher. "Körbchenblumen", mit weiblichen Zungenblüten. Die Rotfärbung der Köpfchen nach kalten Nächten ist evtl. als Schutz gegen Frosttrocknis zu verstehen. Nachts und bei kühler Witterung erfolgen Schließbewegungen durch stärkeres Wachstum der Hüllblattaußenfläche. Der Vorgang läßt sich auch tagsüber beobachten, wenn man die Zungenblüten mehrfach mit dem Finger anstößt. Besucher: verschiedene Insekten.

Früchte: Achänen klein, eiförmig, nackt. Schaft reif verlängert, elastisch: Windstreuer (Abb. 11). Bei feuchtem Wetter Klebverbreitung.

Verwendung: Die jungen Blätter sind eine angenehme Beimischung für Salate und Kräutersuppen. Die noch festen, grünen, in Estragonessig eingelegten Blütenkörbchen dienen als Kapernersatz. - Altbewährte Arzneipflanze (Flores Bellidis), z. B. als schleimlösendes Mittel. - Formen mit "gefüllten" Köpfchen (Röhrenblüten zu Zungenblüten umgebildet) sind beliebte Zierpflanzen.Man nennt sie "Bellis" oder "Tausendschönchen".

Berberis vulgaris L., Sauerdorn, Berberitze

– Berberidaceae (= Berberitzengewächse)

Winterkahler Dornstrauch, bis 3 m hoch. Langtriebe mit Kurztrieben in der Achsel dreizinkiger Blattdornen (Abb. 12 d). An Jungpflanzen (Abb. 12 a-c) zeigt sich, daß der Hauptdorn der Spreite und die Seitendornen den Nebenblättern eines Tragblattes entsprechen. - Wurzelpilz. - Zwischenwirt des Getreideschwarzrostes (*Puccinia graminis*), der orange Pusteln (= Äzidien) auf der Blattunterseite bildet. - Schwach **giftig** in Rinde und Blättern, nicht im Fruchtfleisch (jedoch in den Samen gewisser Zierarten der Gattung *Berberis*) durch Isochinolin-Alkaloide, z. B. Berberin.

Vorkommen: Hecken, Gebüsche und lichte Wälder, auf sommerwarmen, nährstoff- und basenreichen Lehmböden, vor allem in den Kalkgebieten Süddeutschlands. Zierstrauch, im Norden Neubürger.

Blüten: IV-VI. "Nektarführende Scheibenblumen", in hängenden Trauben, die als Langtriebe endständig an Kurztrieben stehen. 3 kelchartige Perigonblätter sowie 6 kronblattartige Nektarblätter mit basalen Nektardrüsen; diesen gegenüberstehend (obdiplostemon) die Staubblätter mit klappig (!) aufspringenden Staubbeuteln. Die Staubfäden sind im unteren Teil der Innenseite druckempfindlich (Seismonastie): Turgormechanismus mit Alles-oder-Nichts-Reaktion, d. h. ab einem bestimmtem Druck erfolgt in 1/10 Sekunde eine schlagartige (reversible) Bewegung der Staubblätter zum Griffel hin. Auslöser kann ein nektarsuchendes Insekt oder auch eine Nadel (Schulversuch!) sein. Dabei wird der Pollen an das Insekt geschlagen. Besucher: verschiedene Insekten. Bei Blütenschluß auch spontane Selbstbestäubung

Früchte: scharlachrote, genießbare, aber durch 6 % Äpfelsäure und andere Fruchtsäuren sehr saure (Name!) Beeren, z. T. Wintersteher. Verdauungsverbreitung. Fruchtreife: IX-X.

Verwendung: Die Beeren werden wegen des Gehaltes an Fruchtsäuren und Vitamin C mit anderen Früchten gemischt zu Kompott, Gelee und Saft verarbeitet; nach den ersten Frösten sind sie weniger sauer. Die armen Leute verwendeten den Beerensaft früher wie Essig. Die Wurzelrinde wird als Bestandteil von Gallen- und Magenmitteln arzneilich verwendet. Früher wurde sie auch zum Gelbfärben von Leder und Textilien benutzt.

Verwandte:

Mahonia aquifolium (PURSH) NUTT., Mahonie: Immergrüner Strauch mit unpaarig gefiederten Lederblättern. Wird viel in Anlagen angepflanzt. Frostempfindlich. Die Schäden treten bevorzugt an besonnten Plätzen auf. Heimat: Nordamerika. Oft verwildert und in Hecken und Wäldern stellenweise eingebürgert. Verdauungsverbreitung durch Singvögel. Früchte ebenfalls für Kompott und Marmelade geeignet. Rohe Früchte gelten als schwach giftig, doch dürfte der Verzehr kleinerer Mengen im allgemeinen ungefährlich sein.

Beta vulgaris L., Beta-Rübe, Mangold

– Chenopodiaceae (= Gänsefußgewächse)

Zweijährige Halbrosettenpflanze. Wurzelrübe mit atypischem sekundärem Dickenwachstum: im Querschnitt mehrere konzentrische Kambiumringe. - Neben der blauroten Wildform gibt es zahlreiche Kulturformen, so Mangold (Blattgemüse), Zuckerrübe (Hauptanteil der Rübe: Wurzel), Runkelrübe = Futterrübe (hoher Anteil des Hypokotyls an der weit über den Boden ragenden Rübe), Rote Rübe = Rote Bete (nur Hypokotyl verdickt). Der rote Farbstoff gehört zu den für die ganze Familie charakteristischen Betalainen, ist also kein Anthocyan. Im alkalischen Bereich schlägt er daher, etwa im Gegensatz zum Rotkohl, nicht in Blau um.

Vorkommen: Die Wildform (subsp. *maritima* (L.) ARC. = Meerstrands-Rübe) ist auf stickstoffreichen Salzböden europäischer Küsten heimisch und im Gebiet potentiell gefährdet. Die Kulturformen bevorzugen nährstoffreiche, tiefgründige Lehmböden. Sie sind, wohl wegen der hohen Nährsalzaufnahme-Aktivität (bis zu 15 % des Trockengewichts stellen die Mineralsalze!), empfindlich gegen Schwermetall-Immissionen.

Blüten: VII-VIII. Meist windblütig. Streng vormännliche, unscheinbare "Pollen-Scheibenblumen", in hohem, verzweigtem Blütenstand mit knäueligen Teilblütenständen.

Früchte: reif vom erhärteten Perigon umschlossene 1samige kleine Nüsse. Windstreuer. Luftzwischenräume gestatten Flug- und Wasserverbreitung. - Die 2-4 Früchte, die aus einem Blütenknäuel hervorgehen, werden durch basales Verwachsen als eine Einheit verbreitet, was zu 2-4 Keimpflanzen führt, die "vereinzelt" werden müssen; daher Züchtung von "monogermem" Saatgut mit nur je 1 Frucht.

Verwendung: 40 % der Weltzuckerproduktion wird durch Rübenzucker gedeckt. Rüben reich an verschiedenen Inhaltsstoffen, so

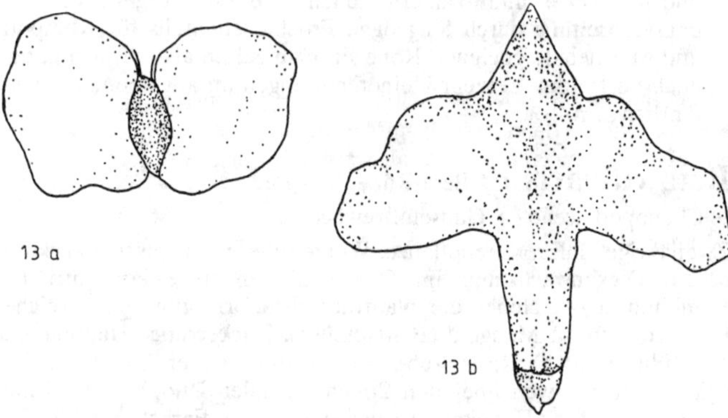

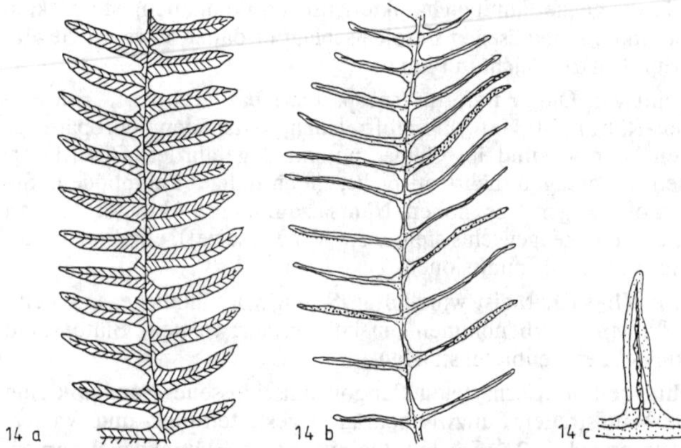

Abb. 13: Betula pendula: a Flügelnuß. **b** Fruchtschuppe (Tragblatt der Frucht).

Abb. 14: Blechnum spicant: a steriles Blatt. **b** fertiles Blatt. **c** Ausschnitt des fertilen Blattes.

Rohrzucker (Zuckerrübe maximal 27 %, Runkelrübe 3-5 %), Eiweißstoffen, Saponinen, Vanillin und Mineralsalzen. - Mangold als Blattgemüse ist eine zu unrecht in Vergessenheit geratene, bewährte Bauerngartenpflanze.

Betula pendula Roth (= *B. verrucosa* Ehrh.), Hänge- oder Weiß-Birke

– Betulaceae (= Birkengewächse)

Sommergrüner Baum, bis 25 m (maximal bis 30 m) hoch. Schnellwüchsig. Nur etwa 100 Jahre alt werdend. Forstwirtschaftliche Umtriebszeit 60-80 Jahre. Sproßsystem sympodial: Seitenzweige übergipfeln. - Wurzelpilz (z. B. Birkenpilz). - Blattstiel ähnlich wie bei *Populus* abgeflacht. - Borke: glatte, durch Farbstoff Betulin weiße "Spiegelrinde", später Ringelborke, zuletzt Schuppenborke.

Vorkommen: Konkurrenzschwaches, meist ziemlich kurzlebiges Licht- und Pioniergehölz, insbesondere auf armen, vernäßten Böden. Magerkeitszeiger.

Blüten: IV-V. Windblütig: "Kätzchenblumen-Typ". Einhäusig. Männliche Kätzchen hängend, im Vorjahr angelegt. Weibliche Kätzchen abstehend, an diesjährigen Trieben. Pollen mit nur 0,01 mm ø extrem klein. Je Staubblatt 10 000, je Kätzchen 5 Mio Pollenkörner. - Bedeutender Heuschnupfenerreger.

Früchte: sehr kleine, breitflügelige Nüsse (Abb. 13 a): Windverbreitung als Segelflieger, theoretische Flugweite bis 1,6 km (bei Wind viel weiter). Wintersteher. Auch Verarbeitungsverbreitung durch Körnerfresser sowie Wasserhafter. Fruchtreife: IX-X.

Verwendung: Vielseitiger Nutzen. Holz zäh und leicht (spezif. Gewicht 0,65), z. B. für Propeller ("Fliegerbirken"), als Furnierholz usw. Birkenteer zur Juchtenöl-Herstellung für Juchtenleder und als Bestandteil von Mitteln gegen Hauterkrankungen. Der Blutungssaft enthält im Frühjahr bis 2 % Traubenzucker und wird in der Sowjetunion zu einem berauschenden Getränk vergoren. - Blätter arzneilich als harntreibendes und salzausscheidendes Mittel, z. B. in Form von Tee; volksmedizinisch zur "Blutreinigung" in Frühjahrskuren und als angebliches Haarwuchsmittel (Birkenhaarwasser). Mit der Borke kann man Wolle rot bis braun, mit den Blättern gelb färben. Maiengrün als Frühlingssymbol.

Weitere Arten:

Betula pubescens Ehrh., Moor-Birke: Pflanze der Moor- und Bruchwälder.

Betula nana L., Zwerg-Birke: nur 20-70 cm hoher Strauch, auf sauren Torfböden, sehr selten, stark gefährdet, geschützt! Während der Eiszeit weiter verbreitet, als Glazialrelikt z. B. noch am Brocken und in den Hochmooren Süddeutschlands. Als einziges Holzgewächs auf Grönland und Spitzbergen.

Bidens tripartita L., Dreiteiliger Zweizahn

– Asteraceae (= Korbblütler)

Aufrechte, einjährige (sommerannuelle) Sumpfpflanze. Kurztagpflanze.

Vorkommen: Ufer und ruderale Staudenfluren, auf nährstoffreichen Schlammböden. Nässe- und Stickstoffzeiger.

Blüten: VII-X. "Körbchenblumentyp". Strahlblüten (Zungenblüten) meist fehlend (bei *Bidens cernua* L. jedoch oft vorhanden), Schaufunktion von kronblattartigen Hüllblättern übernommen.

Früchte: Achänen. Klettverbreitung durch die 2-3 widerhakigen Borsten (= Kelchreste?); Wasserverbreitung durch die Unbenetzbarkeit; Wasserhaftverbreitung durch die glatte Oberfläche und abgeplattete Form. Fruchtreife: IX-X.

Weitere Art:

Bidens frondosa L. (= *B. melanocarpa* Wieg.), Schwarzfrüchtiger Zweizahn: Blätter oft fünfteilig, Stengel oft rot überlaufen. Neubürger (Industriophyt). Bemerkenswert ist die var. *anomala* Porter ex Fernald: Da die Früchte nicht rückwärts widerhakig sind, kommt Tierverbreitung nur bedingt in Frage. Das bevorzugte Auftreten der Varietät an Fließgewässern legt Wasserverbreitung nahe.

Blechnum spicant (L.) Roth, Rippenfarn

– Polypodiaceae s. l. (= Tüpfelfarngewächse i. w. S.) bzw. Blechnaceae (= Rippenfarngewächse)

Immergrüne (Halb-)Rosettenpflanze mit schiefem Rhizom. - Verschiedenblättrig (Abb. 14): außen grüne Assimilationsblätter (= sterile Wedel), im Rosetteninneren aufrechte, zur Sporenreife braun werdende Sporenblätter (= fertile Wedel). - Wurzelpilz (endotrophe Mykorrhiza). - Einige tropische Verwandte sind baumförmig.

Vorkommen: Hang- und Bruchwälder. Auf frischen bis feuchten, nährstoff- und basenarmen, sauren Lehmböden. Im Bergland verbreitet.

Vermehrung: Wasserbefruchtung, wie bei *Dryopteris* beschrieben. - Windverbreitung der Sporen: Ballonflieger. Sporenreife: VI-IX.

Borago officinalis L., Boretsch, Borretsch, Gurkenkraut

– Boraginaceae (= Rauhblatt- oder Borretschgewächse)

Einjährig, 20-50 cm hoch, mit Pfahlwurzel als Trockenheitsanpassung. Stengel borstig-steifhaarig als Fraßschutz. Blätter von gurkenartigem Geruch.

Vorkommen: Kulturpflanze, gelegentlich verwildert, vor allem auf warmen Ruderalstellen und in Weinbergen, aber meist unbeständig. Heimat: Mittelmeergebiet.

Blüten: VI-VII. Flache, vormännliche "Glockenblumen mit Streukegel", in lockeren, wenigblütigen Wickeln. Die für uns einfarbig blau erscheinenden Blüten zeigen im UV-Licht, also für Bienen sichtbar, Strichsaftmale und im Zentrum der Blüte einen deutlichen Farbring. Der Farbkontrast wird durch die dunklen Staubbeutel erhöht. Reiche und gleichmäßige Nektarproduktion. Kronzipfel mit weißen Schlundschuppen, die den Zugang zum Nektar für unbefugte Bestäuber verwehren. Bestäuber sind Bienen und Verwandte. Beim Besuch der Blüte ziehen sie einen zahnartigen Fortsatz am Staubfaden herab, wobei der Pollen aus dem Streukegel auf den Hinterleib des Tieres fällt. Hauptblütenbesuch gegen 13 Uhr. Bienenweide.

Früchte: Klausen mit Elaiosom zur Ameisenverbreitung. Tierstreuer durch den zur Reife spreizenden Kelch.

Verwendung: Junge Blätter frisch als würzende Beigabe für Salate, vor allem Gurkensalat (Name!) geeignet. Bauerngartenpflanze. Die Blätter sind schon 1 Monat nach der Aussaat erntereif.

Botrychium lunaria (L.) SWARTZ, Mondraute, Mond-Rautenfarn

– Ophioglossaceae (= Natternzungengewächse)

Rhizom-Geophyt (Abb. 16) (vgl. *Ophioglossum*). Die Pflanze entwickelt nur ein Blatt, bestehend aus dem gefiederten Sporenblatt-Abschnitt und der fiederteiligen, grünen Querfieder. - Endotropher Wurzelpilz. - Der Name bezieht sich auf den mittelalterlichen Aberglauben, wonach die merkwürdige Pflanze nachts bzw. bei Mondenschein leuchten soll. - Einer der wenigen Vertreter der eusporangiaten Farne. In die Verwandtschaft gehört auch die Ordnung der Marattiales mit überwiegend ausgestorbenen Vertretern und Hauptentwicklung in der Steinkohlenzeit, wo sie besonders als Baumfarne Wälder bildeten. - **Giftig**.

Vorkommen: Magerrasen, Wegböschungen und lichte Kiefernwälder. Konkurrenzschwacher Magerkeitszeiger. Salzverträglich, aber düngefeindlich. - Gefährdet: nur in den Alpen etwas häufiger, sonst oft verschollen. - **Geschützt**!

Vermehrung: Vorkeim unterirdisch, wird durch den Wurzelpilz ernährt (Mykotrophie = Parasitismus!). Sporangienwand mehrschichtig (eusporangiat). Sporenreife: V-VIII. Ausgiebiger und schneller als durch Sporen erfolgt die Vermehrung vegetativ durch endogen aus den Wurzeln gebildete Sprosse.

Verwendung: gilt in der Volksheilkunde als potenzsteigerndes Mittel für Kühe.

Brassica oleracea L., Gemüse-Kohl

– Brassicaceae (= Kreuzblütler)

Wildform: Chamaephyt. Blätter mit Wachsüberzug in Form von stäbchenförmigen Ausscheidungen zur Erhöhung der UV-Reflexion. Zahlreiche Kulturformen: Markstammkohl (verdickte Sproßachse); Kohlrabi (Sproßknollen mit primärem Dickenwachstum); Weißkohl, Rotkohl, Wirsing und Chinakohl (Sproßstauchung mit dicht zusammengelegten Rosettenblättern); Rosenkohl (Sproßstauchung der Seitensprosse); Blumenkohl und Broccoli (gestauchter Blütenstand), Grünkohl (Blätter locker und kraus) usw.

Vorkommen: Wild als Küstenpflanze auf Helgoland, sonst stellenweise verwildert. Kulturformen auf nährstoffreichen, frischen, tiefgründigen Böden. Salzverträglich.

Blüten: V-IX. Gelbe, "nektarführende Scheibenblumen", in Trauben. Homogam bis vorweiblich.

Früchte: meist Selbstverbreitung durch aufplatzende Schoten (Austrocknungsstreuer); außerdem Wind- und Tierstreuer. Samen ölreich.

Verwendung: Wertvolle Gemüsepflanze (vitaminreich, zahlreiche Mineralsalze), sowie Öllieferant. Als besonders gesund gilt der Grünkohl. Allerdings befindet sich heute, wegen allgemeiner Überdüngung der Hackfruchtkulturen, meist sehr nitratreiche Ware auf dem Markt. Man sollte deshalb Angebote aus alternativem Anbau bevorzugen. Auf jeden Fall sollten Kinder und Kranke nitratreichen Kohl meiden. - In der Volksheilkunde werden Kohlblätter zur Behandlung offener Wunden verwendet.

Weitere Arten:

Brassica napus L., Raps, Steckrübe: Winterannuell bis zweijährig. Bekannte Kultursorten sind der Raps als Futterpflanze und bedeutender Öllieferant für die Margarineherstellung (Samen ölreich) sowie die Steckrübe als Wurzelgemüse. Wie experimentell bestätigt werden konnte, handelt es sich um eine durch Bastardierung entstandene, allopolyploide Art (Additionsbastard, 2n = 38) aus der Kreuzung *B. oleracea* (2n = 18) x *B. campestris* (2n = 20). Verwildert oft, ist aber nicht beständig. Wichtige Bienenfutterpflanze. Durch die Züchtung bitterstoffarmer Sorten kommt es zu ökologischen Problemen, indem Rehe ungehemmt Raps fressen und dadurch zugrunde gehen.

Brassica rapa L., Rübsen, Stoppelrübe: Ähnlich wie vorige Art. Wird vor allem als Viehfutter im Herbst verwendet. "Stielmus" oder "Rübstiel" ist eine als Gemüsepflanze beliebte Zuchtform.

Briza media L., Zittergras

– Poaceae (= Süßgräser)

Lockerrasiger Hemikryptophyt: Horstpflanze.

Vorkommen: schwach saure, trockene Wiesen und Weiden. Magerkeitszeiger. Von der Ebene bis ins Gebirge. In Nordwestdeutschland oft selten geworden.

Blüten: V-VII. Windblütig. Homogam. Selbststeril. Rispen ausgebreitet, Ährchen herzförmig, 3-12blütig, meist hängend.

Früchte: Windverbreitung durch Luft zwischen Frucht und Spelzen (Ballonflieger?). Bei Nässe Tierstreuer und Regenschwemmling.

Verwendung: Sehr dekoratives Gras für Wildpflanzengärten.

Weitere Art:

Briza maxima L., Großes Zittergras: Ziergras, z. B. für Trockensträuße. Einjährig, sommerannuell. Heimat Mittelmeergebiet.

Bromus erectus Hudson, Aufrechte Trespe

– Poaceae (= Süßgräser)

Ausdauernde, dichtrasige (seltener ausläuferbildende) Horstpflanze. Obergras. Blattscheiden und Blattrand locker behaart (bewimpert).

Vorkommen: Trocken- und Halbtrockenrasen, vor allem auf Kalk. Von der Ebene bis ins Gebirge. Ordnungskennart der Brometalia (= Trespentrockenrasen).

Blüten: V-VII. Windblütig: "hängeblütiger Typ".

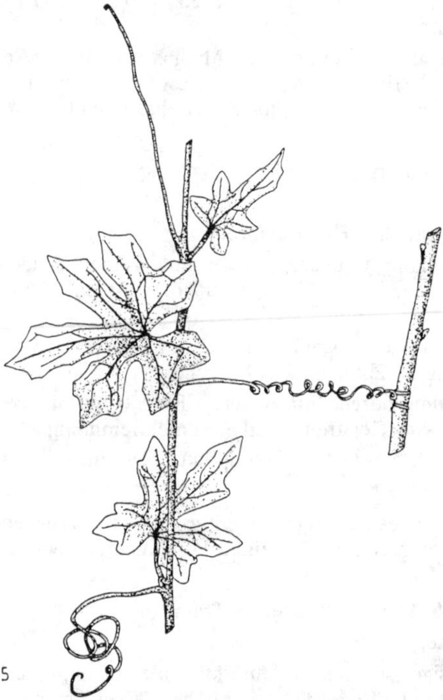

15

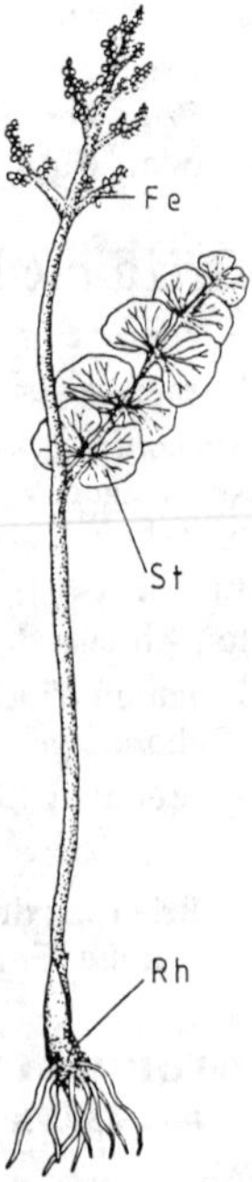

16

Abb. 15: **Bryonia dioica**: Sproßabschnitt mit Ranken. (Nach PFEFFER).
Abb. 16: **Botrychium lunaria**: Habitus (Fe fertiler, sporangientragender Blattabschnitt, St steriler, grüner Blattabschnitt, Rh Rhizom).

Früchte: Karyopsen lineal-länglich, von Vor- und Deckspelze dicht eingeschlossen.

Verwendung: mittelmäßiges Futtergras.

Weitere Arten:

Bromus hordeaceus L. (= *B. mollis* L.), Weiche Trespe. Einjährig. Pflanze graugrün. Blattscheiden und Hüllspelzen zottig weich behaart (Name!). Wegen der auffälligen Abhängigkeit der Wuchshöhe (5-80 cm) vom Nährstoffangebot des Bodens anschauliches Beispiel für Modifikationen; Kümmerformen können im Extremfall nur 1 Ährchen besitzen. Trockene, nährstoffreiche Ruderalstellen und Wiesen. Verbreitung hauptsächlich durch den Menschen.

Bromus sterilis L., Taube Trespe: Einjährige Ruderalpflanze, an warmen, stickstoffreichen Wegrändern der Ebene, besonders in Siedlungen. Rispe überhängend. Der Name bezieht sich auf die im Vergleich zu der früher als Getreide genutzten Roggen-Trespe (*Bromus secalinus* L.) kleinen Früchte bzw. schmalen Ährchen.

Bryonia dioica Jacq. (= *B. cretica* L. subsp. *dioica* Tut.), Rotbeerige oder Zweihäusige Zaunrübe

– Cucurbitaceae (= Kürbisgewächse)

Kletternder, bis 4 m langer, sommergrüner, frostempfindlicher Hemikryptophyt (Kletterstaude, Abb. 15) mit zuletzt sehr großer (z. B. 20 cm dicker), stärkespeichender Rübe. Diese entsteht aus der Wurzel und dem Hypokotyl. Die Erneuerungsknospen sitzen kranzartig am oberen äußeren Rand der Rübe. Ranken (Abb. 15) aus Basalteil (= Sproß) und fadenförmigem Endteil (= Blatt) gebildet. Sie führen Suchbewegungen aus: die Spitze beschreibt kreisförmige Figuren, bis eine Berührung erfolgt, dann erfolgt innerhalb weniger Minuten eine Einkrümmung über starkes Wachstum der gegenüberliegenden Seite. Durch basale, schraubige Aufrollung der Ranken entsteht ein Umkehrpunkt. Zweihäusig, Blätter variabel. Ob weibliche und männliche Pflanzen sich an den Laubblättern unterscheiden lassen (= Geschlechtsdimorphismus: weibliche Pflanzen mit tiefer und schmaler gelappten Blättern als die männlichen) ist umstritten. - Am Beispiel der Kreuzung dieser Art mit *Bryonia alba* konnte Correns den Verteilungsmodus der (mikroskopisch nicht unterscheidbaren) Geschlechtschromosomen aufklären. - Stark **giftig** durch Cucurbitacine. Für Kinder sollen bereits 15 Beeren tödlich sein. Hautreizend und stark abführend.

Vorkommen: Säume und Hecken wärmerer Lagen, auf frischen, nährstoffreichen Böden. Im Norden Neubürger.

Blüten: VI-IX. "Nektarführende Trichterblumen". Bestäuber sind vor allem Bienenverwandte und Grabwespen. Die Sandbiene *Andrena florea* sammelt ausschließlich Pollen von *Bryonia*-Arten, ist also von diesen vollständig abhängig.

Früchte: rote Beeren. Verdauungsverbreitung durch Vögel: Hecken und Zäune sind sowohl die Aufenthaltsorte der Verbreiter als auch die Hauptwuchsorte der Zaunrüben. Wärme und Nährstoffreichtum fördern das schnelle Wachstum der relativ kurzlebigen, rankenden Sprosse. Fruchtreife: VII-IX.

Verwendung: Die Wurzeln der *Bryonia*-Arten waren schon in der Antike als drastisches Abführmittel bekannt. Heute nur noch in Fertigpräparaten und in der Homöopathie verwendet. Im Mittelalter galt die Wurzelrübe wegen ihrer seltsamen Form auch als (billiger) Alraunenersatz. Bei Überdosierung Tod durch Atemlähmung möglich. Beide Arten wurden früher als Arzneipflanzen angebaut.

Weitere Art:

Bryonia alba L., Weiße Zaunrübe: Blattlappen scharf gezähnt. An ähnlichen Standorten wie vorige Art, aber viel seltener und gefährdet. Einhäusig. Reife Früchte schwarz.

Buddleja davidii Franchet, Chinesischer Sommerflieder, Fliederspeer, Schmetterlingsstrauch

– Buddlejaceae (= Sommerfliedergewächse)

Sommergrüner, zum Teil auch wintergrüner Strauch, bis 3 m hoch. Frostempfindlich, friert in strengen Wintern oft bis fast zum Grunde ab, vermag aber meist von der Basis her wieder auszutreiben. Blätter unterseits weißfilzig als Anpassung an die vom Boden her zurückstrahlende Wärme.

Vorkommen: Angebaut und oft verwildert, vor allem auf Schutt- und Trümmerplätzen. War in den Jahren nach dem zweiten Weltkrieg auffällige Pflanze der Trümmergrundstücke, hat sich in den letzten Jahren stark ausgebreitet und auf warmen Ruderalplätzen vielfach eingebürgert. Heimat: China.

Blüten: VII-VIII. Blütenrispen dicht, 20-30 cm lang. Krone lila, bei Zierformen auch weiß oder rosa. Kronröhre etwa 1 cm lang, Nektar daher nur langrüsseligen Insekten zugänglich. Wegen des reichen Besuchs durch Schmetterlinge ökologisch wertvoll.

Früchte: 2klappige Kapseln. Windverbreitung.

Verwendung: Zierpflanze, wegen des regelmäßigen Besuchs durch Schmetterlinge sehr zu empfehlen.

Butomus umbellatus L., Schwanenblume

– Butomaceae (= Schwanenblumengewächse)

Ausdauernde Sumpfpflanze bzw. Rhizomgeophyt oder Hydrophyt. Ausgeprägt an unterschiedlichen Wasserstand angepaßt (= amphibische Pflanze). Bildet bei großer Wassertiefe nur bandförmig flutende Wasserblätter aus. Überwasserblätter dreikantig, scharfschneidig, mit zahlreichen Durchlüftungskanälen. Rhizom kräftig, monopodial wachsend. - Systematik: Einzige Art der Familie. Steht den Alismataceae und Hydrocharitaceae nahe, zeigt aber auch Beziehungen zur Dikotylenfamilie der Nymphaeaceae.

Vorkommen: Stehende oder langsam fließende, basen- und nährstoffreiche Gewässer und Ufer, bevorzugt bei schwankendem Wasserstand. Vorwiegend im Tiefland. Wird nicht selten als Uferbepflanzung künstlich ausgebracht (angesalbt).

Blüten: VI-VIII. "Nektarführende Scheibenblumen", in doldenartigen Schraubeln (Name!, vgl. lat. umbellatus = doldig). Perigon 6blättrig, rötlichweiß mit dunkleren Strichsaftmalen. Angenehm nach Honig duftend. Nektar wird an der Basis der Fruchtblätter abgeschieden und erscheint daher in Form von 6 Tröpfchen am Blütengrund. Hauptbestäuber sind Fliegen, Bienen und Hummeln. Selbststeril.

Früchte: Je Blüte entstehen 6 samenreiche Balgfrüchte, die bauchseits aufspringen. Schwimmverbreitung und Wasserhafter.

Vegetative Vermehrung durch Verzweigung des Rhizoms

Verwendung: Ehemalige Heilpflanze. Das Rhizom enthält bis ca. 60 % Stärke und kann zu Mehl verarbeitet werden. In Teilen Asiens ist es eine wichtige Nahrungsquelle. Bei uns kommt eine Verwendung allein schon wegen der Seltenheit und Schützwürdigkeit der Pflanze nicht in Frage. Für Wildpflanzengärten sehr zu empfehlen; hierfür bietet der Handel auf Kultur zurückgehende Pflanzen an.

Buxus sempervirens L., Buchs, Buchsbaum

– Buxaceae (= Buchsbaumgewächse)

Immergrüner Strauch (Name!, vgl. lat. sempervirens = immer grünend), langsamwüchsig. Gewöhnlich niedrig (0,5-2 m), selten bis 5 m hoch oder als Baum bis maximal 16 m hoch und dann bis 500 Jahre alt. Tiefwurzler mit Wurzelpilz. - **Giftig** durch Steroidalkaloide. Frische Blätter haben hin und wieder beim Vieh zu Vergiftungen geführt. Beim Menschen sind jedoch Vergiftungsfälle kaum bekannt.

Vorkommen: Zierstrauch. Wild sehr selten in warmen, sonnigen Laubwäldern des Mosel- und Oberrheintals. - **Geschützt!**

Blüten: III-V. Unscheinbare, nektarreiche "Scheibenblumen", in blattachselständigen Knäueln. Weibliche Blüten jeweils von bis zu 10 männlichen Blüten umgeben. Kurzrüsselige Fliegen sammeln Nektar, Mauer- und Honigbienen vorzugsweise Pollen.

Früchte: Durch Verlängerung der Griffel dreihörnige Kapseln. Austrocknungsstreuer. Fruchtreife: IX-X.

Verwendung: Unser ältester Zierstrauch. Bauerngartenpflanze, wird gerne zur Einfassung von Beeten oder auch von Gräbern benutzt oder durch Schnitt in verschiedene Wuchsformen gebracht. Beliebt für Prozessionssträuße (Palmzweige), früher auch als Heilpflanze verwendet. Das lebhaft gelborange gefärbte Holz ist sehr schwer und fest (hornartig). Es ist ein beliebtes Schnitzholz und wurde für die Herstellung von Büchsen (Name!) und Jagdgewehrschäften (vgl. den alten Namen Büchse für Gewehr) verwendet.

Calendula officinalis L., Ringelblume

– Asteraceae (= Korbblütler)

Einjährig (sommerannuell).

Vorkommen: Angebaut als Zier- und Arzneipflanze. Heimat: Mittelmeergebiet. Auch verwildert.

Blüten: VI-IX. Kronblätter reich an Karotinen und Xanthophyllen. Bei feuchtem Wetter und nachts schließen sich die Körbchen durch Krümmung der Hüllblätter und der äußeren Blüten.

Früchte: Je Körbchen entwickeln sich verschiedene Fruchttypen (Heterokarpie), die äußeren sind länger, die inneren kürzer und stärker gekrümmt. Fruchtrücken stachelig: Tierverbreitung (Klettfrüchte). Dazu Windverbreitung als Bodenläufer.

Verwendung: Blütenkörbchen seit altersher arzneilich verwendet als entzündungshemmendes Mittel (ähnlich wie Arnika), heute meist nur noch äußerlich angewendet. Das Wirkprinzip ist unklar und liegt möglicherweise im Zusammenwirken der ätherischen Öle und Xanthophylle. Weitere Anwendungen in der Homöopathie und Volksmedizin. Bestandteil von Teemischungen. Auch als Gewürz zu empfehlen. Früher auch zum Gelbfärben.

Weitere Art:

Calendula arvensis L., Kleine Acker-Ringelblume: Alteinwanderer (Archäophyt). Ebenfalls heterokarp: Klettfrüchte für den Ferntransport, übrige als Regenschwemmlinge für den Mittelstreckentransport und schließlich die zuletzt stehenbleibenden für den Nahtransport. Diese schöne, aus dem Mittelmeergebiet mit dem Ackerbau eingebrachte Art ist inzwischen stark gefährdet. Für Wildpflanzengärten zu empfehlen.

Calla palustris L., Schlangenwurz, Drachenwurz, Calla

– Araceae (= Aronstabgewächse)

Rhizom-Geophyt bzw. Sumpfpflanze. Rhizom walzlich, grün, bis 0,5 m lang, oberirdisch kriechend (Name!), mit Durchlüftungsgewebe (Aerenchym) als Anpassung an den Sumpfstandort. Zweizeilige Anordnung der Niederblätter am Rhizom. - **Giftig** und brennend scharf schmeckend. Wie bei anderen Araceen wird die Giftwirkung durch Trocknen stark vermindert.

Vorkommen: Teichufer, Großseggenbestände und Sumpfwälder auf nassen, zeitweise überschwemmten Torfschlammböden. Stark zurückgegangen, jetzt nur noch selten. - Gefährdet. - **Geschützt**!

Blüten: V-VII. Blütenstand mit Hochblatt (Spatha), das im Gegensatz zu dem des Aronstabs offen ist und vergrünt. Einzelblüten meist zwittrig, nackt, vorweiblich, ohne Nektar. Duft etwas unangenehm. Besucher: vor allem Aasfliegen und kleine Käfer. Angaben über Bestäubung durch Schnecken wurden angezweifelt, könnten aber vielleicht doch richtig sein.

Früchte: scharlachrote, klebrige Beeren mit je 4-10 schleimigen Samen. Beide sehr leicht: Schwimmverbreitung sowie Anhafter an Wasservögeln.

Vegetative Vermehrung durch die Rhizome.

Verwendung: Rhizome früher als Schweinefutter, daher auch der Name "Schweinekraut", in Lappland auch zu Mehl verarbeitet. Ehemals auch arzneilich sowie im Volk gegen Schlangenbiß (Signaturenlehre?) verwendet.

Callitriche palustris L. (Sammelart), Gemeiner Wasserstern

– Callitrichaceae (= Wassersterngewächse)

Einjährig bis ausdauernd. Schlammwurzler oder Sumpfpflanze. Amphibisch, d. h. sowohl untergetaucht im Wasser als auch auf feuchtem Boden lebensfähig. Als Wasserpflanze gewöhnlich mit einer schwimmenden, sternförmigen (Name!) Blattrosette endend (Abb. 17). - Spaltöffnungen an den Unterwasserblättern fehlend, an den Schwimmblättern oberseits, an den Luftblättern unterseits.

Vorkommen: flache Gewässer, Pfützen, nasse Wege. Bei starker Wasserverschmutzung verschwindend.

Blüten: V-X, unscheinbar. Windbestäubung sowie Wasserbestäubung (Unterwasserblüher), dann Pollen zu den Narben an die Oberfläche steigend.

Früchte: winzige, in vier steinartige Klausen zerfallende Spaltfrüchte. Schwimmverbreitung und (mittels Narbenrest) Klettverbreitung.

Calluna vulgaris (L.) HULL, Heidekraut, Besenheide

– Ericaceae (= Heidekrautgewächse)

Bis 1 m hoher, immergrüner Zwergstrauch oder Strauch. Gewöhnlich nur 10-15 Jahre alt werdend, aber ausschlagfähig. Langsamwüchsig. Tiefwurzler. Die ledrigen Rollblätter sind eher als Anpassung an stickstoffarme Böden (Peinomorphose) als an Trockenheit (Xeromorphose) zu verstehen. Blätter im Gegensatz zu *Erica* gegenständig (statt quirlig) und schuppenförmig (statt nadelförmig). - Wurzelpilz (endotrophe Mykorrhiza).

Vorkommen: Lichtpflanze saurer, nährstoffarmer Standorte, so in Heiden, Magerrasen, Mooren und an Silikatfelsen. Mit dem Rückgang der Schafweide nehmen unsere, meist erst durch Weidewirtschaft entstandenen, Heidestandorte wieder ab. Bodenverschlechterer durch Rohhumusbildung.

Blüten: VIII-X. Kleine "Glockenblumen mit Streueinrichtung" (allerdings ohne Streukegel), in Trauben. Schauwirkung durch gefärbte Kelchblätter, Kronblätter unscheinbar. Nektar leicht zugänglich. Reicher Insektenbesuch, besonders Bienen ("Heidehonig"!) und kleine Falter. Auch Windbestäubung möglich.

Früchte: Die fachspaltigen Kapseln werden vom Wind ausgeschüttelt. Reichlich winzige Samen: Ballonflieger. Lichtkeimer (Pionierpflanze). Fruchtreife: III-IV des folgenden Jahres.

Verwendung: Ehemals wichtig zur Herstellung von Besen (Name!). In der Volksmedizin als harntreibendes und blutreinigendes Mittel. Auch als Zierpflanze angebaut. Für Wildpflanzengärten zu empfehlen.

Caltha palustris L., Sumpf-Dotterblume

– Ranunculaceae (= Hahnenfußgewächse)

Ausdauernde Halbrosetten- bzw. Sumpfpflanze, mit typisch röhrigem Stengel (Durchlüftung). - Schwach **giftig** (?); die Angaben sind widersprüchlich. Wird vom Weidevieh gemieden.

Vorkommen: nährstoffreiche Sumpfwiesen, Quellfluren und Bruchwälder. Durch Entwässerungsmaßnahmen im Rückgang. Verbandskennart des Calthion (= Sumpfdotterblumenwiesen).

Blüten: IV-VI, Frühblüher. Homogame, "nektarführende Scheibenblumen". Perigonblätter durch Karotinoide goldgelb. Sie sind von ähnlichem Bau wie die Nektarblätter der gelbblühenden *Ranunculus*-Arten (siehe dort). Nektar am Grunde der zahlreichen Fruchtknoten abgeschieden. Besucher: verschiedene Insekten, besonders Käfer. Blüten im zentralen Teil mit starker UV-Absorption. Bei Regen sind die Blüten geöffnet und füllen sich mit Wasser, Staubbeutel und Narben stehen auf gleicher Höhe wie der Wasserspiegel, so daß es zur Selbstbestäubung kommt (Regenbestäubung).

Früchte: Balgfrüchte innen unbenetzbar, bei Nässe stark spreizend. Aufschlagende Regentropfen schleudern die Samen heraus: Regenballist. Samen mit Schwimmgewebe: Schwimmverbreitung.

Verwendung: Die gelben Blüten wurden früher zum Färben der Butter, im Mittelalter auch als angebliches Mittel gegen Gelbsucht (Signaturenlehre!) benutzt. Die gekochten und in Essig eingelegten Blütenknospen werden als Kapernersatz gegessen. Für Wildpflanzengärten zu empfehlen.

Calystegia sepium (L.) R. Brown (= *Convolvulus sepium* L.), Zaun-Winde, Gemeine Zaunwinde

– Convolvulaceae (= Windengewächse)

Hemikryptophyt oder Geophyt: sommergrüne, windende Kletterstaude, bis 3 m lang. Wie die meisten Windepflanzen Linkswinder (= gegen den Uhrzeigersinn). Kreisende Stengelspitzen mit einem Umgang in knapp zwei Stunden. Durch stärkeres Wachstum der Außenseite wird die Stütze umfaßt. Blätter lichtwendig zur optimalen Lichtausnutzung. - Von der verwandten Gattung *Convolvulus* (Ackerwinde) u. a. durch große, den Kelch umgebende Vorblätter unterschieden. - Eventuell schwach **giftig**.

Vorkommen: staudenreiche Ruderalfluren, Ufer und Auwaldsäume, auf feuchten, nährstoff- und basenreichen Böden. Ordnungskennart der Calystegietalia (= Uferstauden- und Schleiergesellschaften).

Blüten: VI-IX. "Große Trichterblumen", mit Außenkelch aus zwei Vorblättern. Die bis zu 7 cm langen Blüten gehören zu den größten unserer Flora. Nektar schwer zugänglich. Hauptbestäuber: Windenschwärmer (Rüssel maximal 8 cm lang!) mit ähnlichem Verbreitungsgebiet wie die Zaunwinde. Dazu Selbstbestäubung.

Früchte: Trockenkapseln mit Längsrissen aufspringend, von Vorblättern eingehüllt. Samen meist vom Wind ausgeschüttelt oder bei Überschwemmung ausgespült: Schwimmverbeitung. Schwimmdauer bis zu 33 Monaten. Fruchtreife: VII-IX.

Vegetative Vermehrung durch Rhizomteile, z. B. auch über Wühlmäuse.

Verwendung: früher als Abführmittel verwendet. Als Wildgartenpflanze zur Begrünung von Zäunen geeignet, kann allerdings im Garten auch sehr lästig werden.

Campanula trachelium L., Nesselblättrige Glockenblume – Campanulaceae (= Glockenblumengewächse)

Ausdauernde Halbrosettenpflanze.

Vorkommen: Hecken, Schläge, krautreiche Wälder, auf frischen, nährstoff- und basenreichen Lehmböden.

Blüten: VII-VIII. "Glockenblumen mit klebrigem Pollen". Ausgeprägt vormännlich: schon in der Knospe wird der Pollen an die Griffelbürste verstäubt. Griffel als "Kletterstange". Bestäuber: verschiedene Insekten, besonders Bienenverwandte. Narbenlappen schließlich bis zur Griffelbürste zurückgekrümmt, dadurch Selbstbestäubung möglich. Das Blau der Blüten schlägt nach Zugabe eines Tropfens Säure sofort in Rot um.

Früchte: Hängende Porenkapseln, mit klappigen Öffnungen an der Basis, die sich bei Nässe schließen: Windstreuer. Die sehr leichten Samen werden außerdem als Ballonflieger verbreitet.

Verwendung: Für Wildpflanzengärten zu empfehlen, so auch alle im Folgenden genannten Arten.

Weitere Arten:

Campanula rotundifolia L., Rundblättrige Glockenblume: ökologisch ähnlich, aber vor allem in Magerrasen, Fels- und Mauerspalten. Hier auch vegetative Vermehrung durch dünne unterirdische Ausläufer. Rosettenblätter, nicht aber die Stengelblätter, rundlich!

Campanula patula L., Wiesen-Glockenblume: Wiesenpflanze, vor allem Süddeutschlands.

Campanula rapunculus L., Rapunzel-Glockenblume: ähnlich wie vorige, vor allem an Wegrändern und Böschungen. Wurzel fleischig verdickt, als Wurzelgemüse (Name: lat. "rapunculus" = kleine Wurzel) wie Sellerie oder Rote Bete zubereitet. Auch die Blätter ergeben einen guten Salat. Ehemalige Nutzpflanze.

Campanula rapunculoides L., Acker-Glockenblume: Säume, Wegränder, Äcker, auf meist kalkhaltigen Böden. Blüten in einseitswendiger Traube. Selbstverbreitung durch unterirdische Ausläufer.

Cannabis sativa L. (= *C. indica* LAM.), Hanf, Indischer Hanf

– Cannabaceae (= Hanfgewächse)

Einjährig, bis zu 3 m hoch (in den Tropen sogar bis zu 4 m). Zuwachs pro Tag bis zu 7 cm. - Geschlechtsdimorphismus: weibliche Pflanzen kräftiger und stärker verzweigt.

Vorkommen: alte Kulturpflanze (Heimat: Zentralasien), zuweilen verwildert, vor allem aus Vogelfutter. Wärmeliebende Kurztagpflanze. - **Giftig**: Das Harz der weiblichen Pflanze bewirkt u. a. durch Cannabinol Rauschzustände und Sinnestäuschungen. Menge und Wirkung des Harzes sind in unserem Klima wesentlich geringer als in den Tropen.

Blüten: VII-VIII. Windblütig: "hängeblütiger Typ" mit herabhängenden Staubfäden. Zweihäusig. Männliche Blüten in lockeren, kurzen Trauben, weibliche Blüten einzeln oder paarweise.

Früchte: Die kleinen Nüsse reifen wenige Wochen nach der Blüte aus. Samen reich an grünlichem fettem Öl. Selbstverbreitung oder Bearbeitungsverbreitung durch Vögel.

Verwendung: Wegen der Bastfasern des Stengels ehemals wichtige Faserpflanze. Früchte ("Hanfsamen") zur Ölgewinnung (Leinölersatz) und als Vogelfutter. Harz aus dem Blütenbereich weiblicher Pflanzen der var. *indica* als Rauschdroge verwendet (Haschisch bzw. Marihuana). Kann bei hoher Dosierung zu Gesundheitsschäden führen. Wird zum Teil mit anderen Rauschgiften vermischt und gilt als Schrittmacher für härtere Drogen. Wegen der Gefahr des Mißbrauchs ist der Anbau auch kleinster Mengen strafbar.

Capsella bursa-pastoris (L.) MEDIKUS, Gemeines Hirtentäschel

– Brassicaceae (= Kreuzblütler)

Sehr anpassungsfähig: einjährig (sommerannuell bis winterannuell) oder zweijährige Halbrosettenpflanze. Pro Jahr sind bis zu 4 Generationen möglich. - Verschiedenblättrig: Rosettenblätter gestielt, fiederteilig (sehr variabel), Stengelblätter nach der Spitze zu schließlich sitzend, lanzettlich, ganzrandig. Pflanze oft von dem Pilz *Albugo candida* infiziert, erkennbar an einem weißen Überzug auf Stengel und Blättern.

Vorkommen: Ruderalpflanze frischer, nährstoffreicher Standorte, besonders in Gärten, auf Äckern und an Wegen. Alteinwanderer. Heimat: Mittelmeergebiet. Heute weltweit verbreitet.

Blüten: I-XII, also ohne Blühperiodizität, bei günstigem Klima das ganze Jahr über blühend. Homogame bis vorweibliche, unscheinbare, "nektarführende Scheibenblumen", in reichblütigen, endständigen Trauben. Meist spontane Selbstbestäubung, daneben Bestäubung durch Schwebfliegen und kleinere Bienen.

Früchte: reichsamige, zur Reife die beiden Fruchtklappen abwerfende, herzförmige Schötchen, die an die früher von Hirten getragenen Taschen erinnern (Name!). Selbstverbreitung. Außerdem Wind- und Tierstreuer, sowie Regenballist: aufschlagende Regentropfen lassen den Fruchtstiel zurückschnellen. Die klebrigen Samen werden außerdem als Anhafter verbreitet. Im Schleim der Samenschale wurden eiweißspaltende Enzyme nachgewiesen. Möglicherweise werden mit ihrer Hilfe Kleinsttiere verdaut, deren Abbauprodukte als Zusatznahrung dienen könnten. - Pro Pflanze werden bis zu 64 000 Samen produziert. Fruchtreife: IV-XII. - Günstiges Untersuchungsobjekt zu Studien der Embryonalentwicklung, zum einen wegen der durchscheinenden Samenschale, zum anderen, weil sich in einem Blütenstand alle Entwicklungsphasen von der unbefruchteten Eizelle in der Knospe bis hin zum reifen Samen finden lassen.

Verwendung: Wird gelegentlich als Heilmittel gegen Blutungen verwendet, doch ist die Wirkung umstritten. Junge Blätter als Beigabe zu Salat und Gemüse geeignet. Samen als Pfefferersatz.

Cardamine pratensis L., Wiesen-Schaumkraut

– Brassicaceae (= Kreuzblütler)

Ausdauernde Halbrosettenpflanze mit dünnem, kriechendem Rhizom. Rosette oft wintergrün. - An den Stengeln befinden sich nicht selten weiße, schaumartige Massen (Name!), in denen die Larven von Schaumzikaden leben.

Vorkommen: nährstoffreiche Naßwiesen sowie lichte, feuchte Laubwälder.

Blüten: IV-VI, Frühblüher. "Nektarführende Scheibenblumen", Übergang zu Trichterblumen. Nektar reichlich, aber nur Bienenverwandten und Faltern zugänglich. Schwebfliegen "ernten" den Pollen.

Früchte: Schoten öffnen sich bei der Reife explosionsartig durch Saugmechanismus (Saftdruckstreuer): Selbstverbreitung. Streuweite bis 2,4 m. Fruchtreife VI-VII.

Vegetative Vermehrung durch Brutpflänzchen (Selbstableger), die an den Fiedern der Grundblätter entstehen, wenn diese feucht lagern (z. B. zwischen Moos) oder verletzt werden (= Blattembryonie). So z. B. reichlich in feuchten Parkrasen, wo sie aber meist übersehen werden, weil sie dort gewöhnlich nicht zur Blüte kommen.

Verwendung: Junge Blätter und Blütensprosse roh oder gekocht verwertbar. Die Pflanze enthält Senfölglykoside, Bitterstoffe und Vitamin C. Arzneiliche Verwendung wie bei der Brunnenkresse, *Nasturtium officinale*, (siehe dort). Für Wildpflanzengärten zu empfehlen.

Weitere Arten:

Cardamine amara L., Bitteres Schaumkraut: ähnlich wie vorige Art, aber stets weißblütig und mit breiteren Fiederblättchen. Quellfluren und Erlenbruchwälder. Erinnert sehr an *Nasturtium officinale*, von dieser durch die violetten Staubbeutel zu unterscheiden. Ist ebenfalls als Salat verwendbar und war daher als Frühjahrspflanze früher ein wichtiges Mittel gegen Skorbut.

Cardamine hirsuta L., Behaartes oder Viermänniges Schaumkraut: einjährig, nur 5-15 cm hoch, Stengel 2-4blättrig. Ehemals seltene Art, hat sich zwischen etwa 1975 und 1985 in wintermilden Lagen explosionsartig ausgebreitet und ist jetzt ein häufiges Wildkraut der Gärten und offenen Ruderalstellen. Wurde wahrscheinlich über Baumschulen und Gärtnereien eingeschleppt. Frühblüher ab März. Fruchtreife innerhalb weniger Wochen, dadurch mehrere Generationen im Jahr möglich. Saftdruckstreuer: Die Samen werden bis 1,4 m weit ausgestreut. Der eindrucksvolle Vorgang kann durch Vorbeistreifen mit der Hand ausgelöst werden.

Cardamine flexuosa WITH., Wald-Schaumkraut: Sehr ähnlich voriger Art, aber größer und mit 4-10 Stengelblättern. Feuchte Wälder, neuerdings an Wegen und in Anlagen in Ausbreitung, öfter mit voriger Art zusammen. Samen klebrig.

Cardamine impatiens L., Spring-Schaumkraut. Einjährig, winterannuell, oder zweijährige Halbrosettenpflanze. Blätter fein zerteilt. Krautreiche Wälder und Wegsäume, auf feuchten, nährstoffreichen, oft kalkhaltigen Lehmböden. Etwas in Ausbreitung. Blüten unscheinbar, Kronblätter oft verkümmert. Saftdruckstreuer: Die Samen springen (Name!) spontan bzw. nach Berührung (vgl. impatiens = ungeduldig) 2-5 m weit. Blattembryonie wie bei *C. pratensis*.

Cardaria draba (L.) Desv. (= *Lepidium draba* L.), Pfeilkresse

– Brassicaceae (= Kreuzblütler)

Hemikryptophyt und Wurzelknospengeophyt. Wurzelkriechpionier. Blätter sitzend, mit pfeilförmigem Spreitengrund. - Verwandt mit der Feld-Kresse, *Lepidium campestre,* (siehe dort).

Vorkommen: Wegränder und Bahngelände, auf sommerwarmen, trockenen, nährstoff- und basenreichen Böden. Neubürger (Neophyt) seit 1728. Heimat: Südosteuropa usw. Verträgt das Abmähen.

Blüten: V-VI. Unscheinbare, "nektarführende Scheibenblumen", in Doldentrauben. Bestäubung durch Fliegen sowie Selbstbestäubung, indem sich die Staubblätter vor dem Abblühen zur Narbe hin krümmen.

Früchte: Schötchen herzförmig, bei der Reife im Gegensatz zu *Lepidium* nicht aufspringend. Windverbreitung der Samen als Ballonflieger. Die starke Ausbreitung entlang der Bahngleise soll darauf zurückgehen, daß die Samen vom Luftzug der Züge mitgerissen wurden. Allerdings ist der Samenansatz meist sehr gering.

Vegetative Vermehrung erfolgt reichlich durch Wurzelsprosse. Daher wachsen die Pflanzen oft in großen Herden.

Carduus nutans L., Nickende Distel

– Asteraceae (= Korbblütler)

Zweijährige Halbrosettenpflanze, d. h. im ersten Jahr eine Rosette, im zweiten Jahr einen Blütenschaft bildend und nach der Frucht absterbend. - Die Dornspitzen der Blätter dienen als Kondensationspunkte für zusätzliche Wassergewinnung an trockenen Standorten sowie als Fraßschutz gegen Weidetiere. Letzteres kann vor allem wegen der geringen Produktivkraft an sehr trockenen Standorten von Bedeutung sein. - *Carduus*-Arten können manchen Arten der Gattung *Cirsium* (= Kratzdistel) sehr ähnlich sein, unterscheiden sich aber von diesen u. a. durch den nicht gefiederten Pappus.

Vorkommen: Mehrjährige Ruderalstellen, vor allem Wegränder und Böschungen, sowie trockenere Magerweiden, auf sommerwarmen, meist kalkhaltigen Böden. Stickstoffzeiger.

Blüten: VII-IX. Blütenkörbchen mit über 100 Einzelblüten und bis 4 cm ø, süßlich duftend. Bestäuber sind wegen der 1 cm langen Kronröhre langrüsselige Hummeln und Falter. Schwebfliegen als Pollenfresser.

Früchte: Achänen mit hygroskopisch beweglichem Haarkelch (Pappus): Schirmchenflieger. Dazu Verbreitung bei Bearbeitung der Fruchtstände durch Körnerfresser sowie bei feuchtem Wetter als Wasserhafter. Früchte sehr ölreich (ca. 40 %). Fruchtreife : IX-X.

Verwendung: Junge Blütenkörbchen wie Artischocken verwendbar. Wurzeln vermutlich zur Mehlgewinnung geeignet (Inulin als Speicherstoff). Alle Disteln sind wichtige Nährpflanzen für Körnerfresser, sie sind deshalb durchaus auch "nützliche" Ruderalpflanzen. Für Wildpflanzengärten zu empfehlen.

Weitere Art :

Carduus crispus L., Krause Distel: Stengel breit kraus geflügelt. Staudenreiche Ruderalstellen und Ufer, auf frischen bis feuchten, nährstoffreichen, humosen Lehmböden. Vor allem als Stromtalpflanze. Klassenkennart der Artemisietea (= Ausdauernde Ruderalgesellschaften).

Carex hirta L., Behaarte Segge

– Cyperaceae (= Riedgrasgewächse, Sauergräser)

Ausdauernde, ausläuferbildende Halbrosettenpflanze oder Rhizom-Geophyt. Pflanze behaart: Strahlungsschutz. - Die Gattung *Carex* ist mit etwa 2000 Arten extrem artenreich und mit etwa 120 Arten auch eine der artenreichsten deutschen Gattungen. Die meisten sind Sumpfpflanzen, andere wachsen in Magerrasen, Wäldern usw. Als typische Sauergräser sind sie von den Süßgräsern vor allem durch den Blütenbau und den dreikantigen Stengel unterschieden.

Vorkommen: lückige, meist ruderal beeinflußte Wiesen- und Wegsaumgesellschaften aller Art, auf nährstoffreichen, zumindest wechselfeuchten Böden, besonders auf Sand. Kulturbegleiter. Wärmeliebend (Alpen bis 1100 m).

Blüten: V-VI. Windblütig: "langstaubfädiger Typ". Vorweiblich (so alle Arten der Gattung). Einhäusig: "verschiedenährig", d. h. männliche und weibliche Ähren getrennt. Blüten nackt, in der Achsel von Deckblättern. Weibliche Blüten von einem schlauchförmigen Vorblatt (= Utriculus, Schlauch) umhüllt, das als Verdunstungsschutz für den Fruchtknoten dient. Pollen vieler *Carex*-Arten duftend.

Früchte: Der Utriculus dient zugleich als Verbreitungsmittel: sein geschnäbeltes, zweizähniges Ende und die Behaarung zur Klettverbreitung, die eingeschlossene Luftblase zur Schwimmverbreitung (so bei allen nässeliebenden Arten).

Vegetative Vermehrung durch Ausläufer.

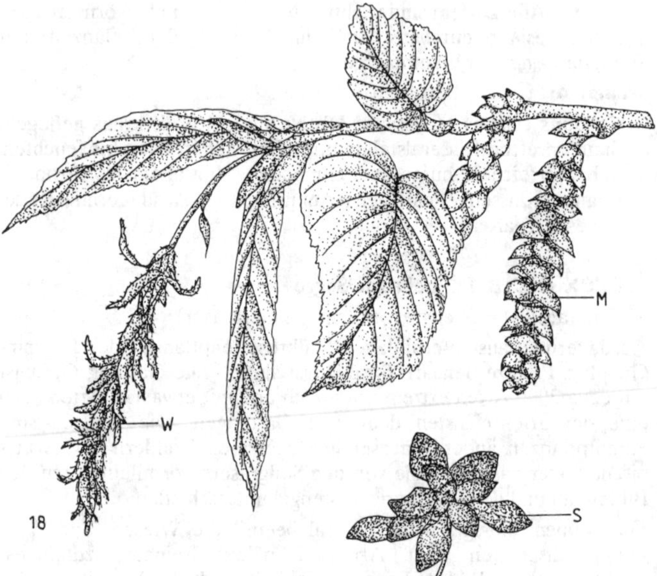

Abb. 17: **Callitriche palustris** s. l.: Habitus (S Schwimmblattrosette, U Unterwasserblatt).
Abb. 18: **Carpinus betulus**: Blühender Zweig (W weibliche, M männliche Kätzchen). (Nach Ewald).

Weitere Arten:

Einige Arten sind gleichährig, die hier genannten alle verschiedenährig:

Carex caryophyllea La Tourr. (= *C. verna* Chaix), Frühlings-Segge: Magerrasen. Frühblüher ab März. Früchte mit Ölkörper zur Ameisenverbreitung.

Carex pilulifera L., Pillen-Segge: Wintergrüne Horstpflanze. Heiden und Trockenwälder.

Carex elata All., Steife Segge: Verlandungspflanze. Große Horste bildend. Scharfer Blattrand als Schutz gegen Tierfraß. Gute Streupflanze.

Carex acutiformis Ehrh., Sumpf-Segge: Rhizom-Geophyt. Häufige Art der Sumpfwiesen.

Carex pendula Huds., Große Segge, Hänge-Segge: Hemikryptophyt, bis 1,50 m hoch. Sickernasse Wälder. Auch als Zierpflanze kultiviert. Für Wildpflanzengärten zu empfehlen.

Carex sylvatica Huds., Wald-Segge: Krautreiche Feuchtwälder.

Carlina acaulis L., Silberdistel, Große Eberwurz

– Asteraceae (= Korbblütler)

Ausdauernde Rosetten- bzw. Halbrosettenpflanze. Trockenheitsanpassungen: dornige Blätter und tiefreichende Pfahlwurzel. - Rhizom aromatisch riechend, durch ätherisches Öl (besonders das antibakterielle Carlinaoxyd) scharf und bitter schmeckend, daneben u. a. über 20 % Inulin als Speicherstoff. - Name "Carlina" angeblich nach Karl dem Großen, weil die Pflanze in dessen Heer als Mittel gegen die Pest eingesetzt wurde. Wahrscheinlicher ist die Ableitung von Cardulina = kleine Distel.

Vorkommen: Sommerwarme, meist beweidete Magerrasen, auf basenreichen Böden, vor allem in den Kalkgebieten. Gebirgspflanze. In Süddeutschland noch verbreitet, aber insgesamt als gefährdet eingestuft. - **Geschützt!**

Blüten: VII-IX. Schauwirkung durch zahlreiche, zur Blütezeit abgestorbene, weißglänzende, innere Hüllblätter. Nur sie reflektieren im Gegensatz zum eigentlichen Blütenkörbchen UV. Bei Feuchtigkeit krümmen sie sich hygroskopisch durch stärkere Quellung der Unterseite ein ("Wetterdistel"). Äußere Hüllblätter zerschlitzt, dornig (Fraßschutz?). Wegen der mindestens 1 cm langen Kronröhre erfolgt die Bestäubung durch langrüsselige Bienenverwandte.

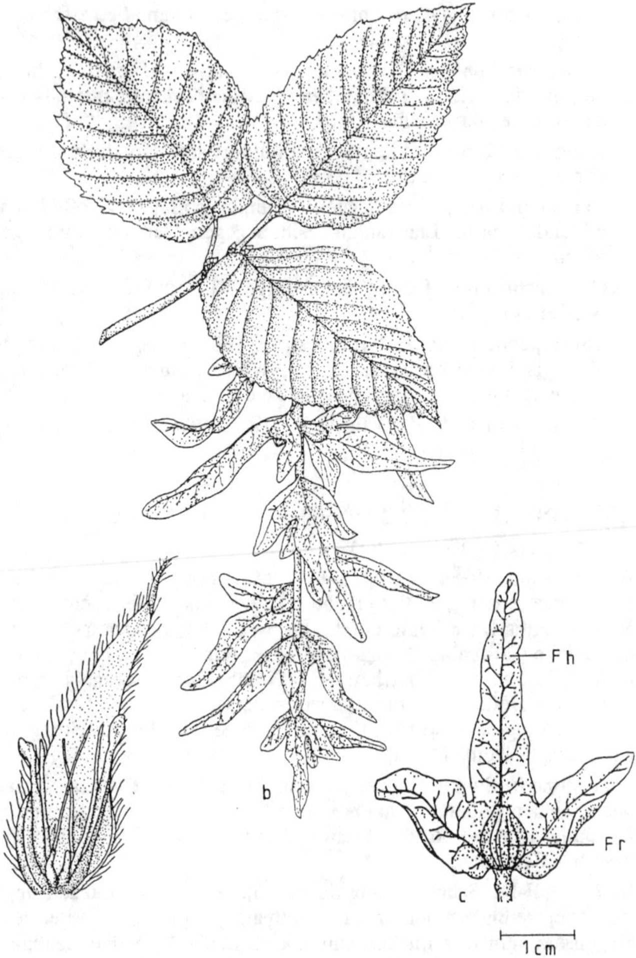

Abb. 19: **Carpinus betulus**: **a** weibliche Blüte. **b** fruchtender Zweig. **c** Frucht (Fr) mit Fruchthülle (Fh). (Nach EWALD).

Früchte: Achänen als Schirmchenflieger, aber meist Tierstreuer: Vorbeistreifende Tiere verhakeln sich an den dornigen Hüllblättern und schütteln die Früchte aus. Dazu Bearbeitungsverbreitung durch erntende Körnerfresser.

Verwendung: Wurzeln in der Volksheilkunde u. a. als harntreibendes Mittel sowie in der Tiermedizin als Mast- und Brunstpulver verwendet. Der Blütenboden wird von den Almhirten als "Jagerbrot" verzehrt.

Weitere Art:

Carlina vulgaris L., Golddistel: meist zweijährige Halbrosettenpflanze, 15-30 cm hoch. An ähnlichen Standorten, aber häufiger. Die ebenfalls bleibenden, hygroskopischen Hüllblätter strohgelb.

Carpinus betulus L., Hainbuche, Weißbuche

– Betulaceae s. l. (= Birkengewächse i. w. S.) bzw. Corylaceae (= Haselgewächse)

Meist nur bis 20 m hoher, winterkahler Laubbaum. Bis 150 Jahre alt werdend. Forstwirtschaftliche Umtriebszeit 60-100 Jahre. Holz weißlich, heller als das der Rotbuche (Name!). Borke mit unregelmäßiger, silbrigweißer Längsstreifung. Nebenblätter fädlich, früh abfallend, nur beim Austrieb der Winterknospen gut sichtbar. Die Knospenschuppen sind umgebildete Nebenblätter. - Systematik: Rotbuche (*Fagus*) und Hainbuche (*Carpinus*) gehören zur gleichen Ordnung Fagales, aber zu verschiedenen Familien Fagaceae bzw. Betulaceae. Neuerdings wird *Carpinus* zusammen mit *Corylus* oft als eigene Familie Corylaceae von den Betulaceae abgetrennt.

Vorkommen: Bestandbildend in krautreichen Laubwäldern und Gebüschen, auf mäßig nährstoffreichen, meist mäßig sauren Sand- und Lehmböden der Tieflagen. Halbschattenholz. Verbandskennart der Eichen-Hainbuchenwälder (Carpinion betuli). Da die Pflanze sehr schnittfest ist, wird sie im Nieder- und Mittelwaldbetrieb begünstigt. Viele ursprüngliche Vorkommen sind durch Umwandlung in Ackerland verschwunden.

Blüten: III-V. Windblütig: "Kätzchenblütentyp". Im Gegensatz zur Hasel entspringen die weiblichen und die männlichen Blütenstände demselben Langtrieb, und zwar die männlichen an der Basis, die weiblichen an der Spitze (Abb. 18).

Früchte: Die dreilappige, laubige Fruchthülle (Abb. 19 c) ist aus der Verwachsung dreier Vorblätter entstanden. Sie dient zuerst der Photosynthese und im Spätherbst (Wintersteher!) als Flugorgan der reifen Nüsse. Typischer Drehflieger; theoretische Flugweite ca. 70 m, mit winterlichen Stürmen bis über 1 km. Dazu Speicherverbreitung durch kleinere Nager. Fruchtreife: IX.

Verwendung: schnittfeste Heckenpflanze (Parkbaum). Holz sehr hart und dauerhaft, besonders von Wagnern und Drechslern sowie für Klavierhämmer verwendet. Gutes Brennholz. Zur sehr frühen Verwendung zum Buchdruck (Name!) siehe *Fagus*.

Carum carvi L., Wiesen-Kümmel

– Apiaceae (= Doldenblütler)

Zweijährige Halbrosettenpflanze mit Wurzelrübe. Unterstes Fiederpaar zweiter Ordnung an die Blattspindel genähert, so daß die Fiedern fast quirlig stehen.

Vorkommen: Fettwiesen und -weiden, auf frischen, nährstoff- und basenreichen Böden in kühlen Lagen. Trittfest. Vor allem im Gebirge verbreitet. Außerdem Nutzpflanze.

Blüten: IV-VI. Bestäuber: Fliegen und Käfer.

Früchte: Doppelachänen durch Huftiere verbreitet: Zufallsverbreitung.

Verwendung: alte Nutz- und Heilpflanze, Anbau vor allem in Holland und Ostdeutschland. Früchte mit 3-7 % ätherischen Ölen, geruchsbestimmende Hauptkomponente Carvon. Zum Würzen und zugleich zur Verbesserung der Verträglichkeit blähungstreibender Speisen wie Kohl und frischem Brot, zur Likör- und Branntweinherstellung ("Kümmel") sowie arzneilich als magenstärkendes und krampflösendes Mittel. Wurzelrübe und junge Blätter sind als Gemüse geeignet.

Castanea sativa Miller (= *C. vesca* Gaertner), Eß-Kastanie, Edel-Kastanie

– Fagaceae (= Buchengewächse)

Winterkahler Laubbaum bis 30 m Höhe. Am Ätna wurden besonders stattliche Stämme von über 6 m Durchmesser gefunden. Somit gehört die Kastanie zu den dicksten altweltlichen Bäumen. Maximales Alter 2000 Jahre. - Knospenschuppen aus Nebenblättern gebildet.

Vorkommen: In Südwestdeutschland durch die Römer als Grundnahrungsmittel eingeführt, später auch z. B. im nördlichen Rheingebiet. Öfters aus Kultur verwildert und zum Teil fest eingebürgert (Archäophyt). Auch heute noch in Eichenwäldern der Tieflagen auf basenreichen, aber kalkarmen Böden anzutreffen und dann häufig fruchtend. Heimat: Südeuropa bis Westasien.

Blüten: VI. Insektenblütig und windblütig ("Kätzchenblütentyp"). Einhäusig. Blüten am belaubten Baum! Lange, hängende männliche Ähren und kopfige, 3blütige weibliche Blütenstände. Die duftenden Blüten werden durch Bienen, Käfer usw. bestäubt. Der Pollen ist zunächst durch Pollenkitt klebrig und bleibt daher an den Bestäubern haften, später trocknet der Kitt und der Pollen wird vom Wind übertragen.

Früchte: Nußfrüchte einzeln oder selten bis drei, vom Fruchtbecher (= Cupula) umgeben. Die dicht dornige und anfänglich noch mit linealen Blättchen versehene Cupula ist eine Sproßmetamorphose. Reif öffnet sie sich durch einen Austrocknungsmechanismus 4klappig, bleibt aber oft an den Früchten erhalten (stoßdämpfend). Schwerkraftverbreitung: als "Plumpsfrüchte" abfallend. Dazu Klettverbreitung durch die Cupula als Klettorgan. Vor allem aber Speicherverbreitung: Nagetiere und Eichelhäher legen Vorratslager an, in denen die Samen keimen, wenn das Versteck vergessen wird. Typische Dunkelkeimer. Keimfähigkeit begrenzt.

Verwendung: Die dicken Speicher-Keimblätter enthalten etwa 50 % Stärke, 4 % Fett und etwas Traubenzucker und dienten deshalb früher, besonders auf dem Balkan und im Tessin, vor Anbau der Kartoffel als Grundnahrungsmittel. Geröstete "Maronen" sind noch heute in Österreich und in Südeuropa beliebt. - Die Blätter werden als Gerbstoffdroge und als Bestandteil von Hustensäften verwendet, aber eine entsprechende Wirkung wurde noch nicht nachgewiesen.

Centaurea cyanus L., Kornblume, Korn-Flockenblume

– Asteraceae (= Korbblütler)

Einjährig, sommer- oder winterannuell. Tiefwurzler. - Die Gattung *Centaurea* ist mit etwa 500 Arten sehr formenreich.

Vorkommen: Getreidefelder, auf nährstoffreichen, oft kalkarmen Böden, auch auf Brachen. Wärmeliebend (bis mittlere Gebirgslagen). Alteinwanderer: Kulturbegleiter seit der jüngeren Steinzeit. Durch Herbizide oft stark zurückgegangen. Gefährdet.

Blüten: VI-X. "Körbchenblumentyp". Blaufärbung durch Anthocyanidin und sehr lichtempfindliches Cyanidin. Die Blüten haben eine hohe UV-Reflexion und fallen dadurch den Besuchern schon von weitem auf. Die randlichen Röhrenblüten sind als Schaublüten vergrößert (= strahlend), tiefblau und steril. Die Staubfäden sind wie bei allen *Centaurea*-Arten leicht reizbar: Nach Berührung werden sie durch plötzlichen Zellunterdruck (Turgorverlust) entspannt, biegen sich dadurch knieförmig nach außen und ziehen den Staubbeutelring nach unten. Der feststehende Griffel schiebt dann den nach innen entleerten Pollen aus der Staubbeutelröhre heraus: "Lampenputzer"-Prinzip. Bereits nach 1 Minute sind die Staubfäden wieder reizbar. Bestäuber: verschiedene Insekten. Maximaler Bienenbesuch gegen 11 Uhr.

Früchte: Achänen mit basalem Ölkörper zur Ameisenverbreitung. Fruchthaare hygroskopisch, trocken spreizend: Selbstverbreitung als "Bodenkriecher", bzw. als "Bohrfucht" in den Boden eindringend. Zufallsverbreitung mit dem Saatgut: Menschenverbreitung. Fruchtreife: VII-IX. - Die Samen enthalten bis zu 28 % fettes Öl.

Verwendung: Bestandteil von Teemischungen. Arzneilicher Wert unbedeutend. Auch Zierpflanze.

Weitere Arten:

Centaurea jacea L., Wiesen-Flockenblume: Ausdauernde Schaftpflanze. Wiesen und Wegränder. Durch Eutrophierung zurückgegangen. - Blütenökologisch ähnlich voriger Art, aber Blüten violett, Kronröhre bis 1 cm lang, innere Blüten des Körbchens zahlreich. Neben Pflanzen mit Zwitterblüten auch rein männliche und rein weibliche Pflanzen (dreihäusig!). Bestäuber: Bienenverwandte und Falter, seltener andere Insekten. Selbstbestäubung möglich. Windverbreitung, aber Achänen ohne Pappus und deshalb höchstens Windstreuer. Hauptsächlich Zufallsverbreitung durch Weidetiere. Vegetative Vermehrung durch Wurzelsprosse. Schlechte Futterpflanze (u. a. wegen des hohen Gerbstoffgehaltes).

Centaurea scabiosa L., Skabiosen-Flockenblume: Hemikryptophyt. Sonnige Magerrasen und Säume, oft auf kalkreichen Böden. Blätter fiederteilig. Blütenökologisch ähnlich wie *C. jacea*. Verbreitung durch Ameisen, außerdem Windstreuer und durch die "hakelnden" Hüllblätter auch Tierstreuer. Von allen heimischen Pflanzen am meisten von Gallwespen befallen, erkennbar an dicken, eiförmigen Anschwellungen der Stengel. Für Wildpflanzengärten zu empfehlen.

Centaurium erythraea RAFN (= *C. minus* MOENCH, *C. umbellatum* GILIB.), Echtes Tausendgüldenkraut

– Gentianaceae (= Enziangewächse)

Einjährig, sommerannuell, oder winterannuelle bis zweijährige Halbrosettenpflanze.

Vorkommen: sonnige, grasige Waldlichtungen; auf Magerwiesen und Brachen, auf nährstoffreichen, frischen Böden. - **Geschützt**! (wie alle Gentianaceen).

Blüten: VII-IX. "Pollen-Stieltellerblumen", nur bei Sonne geöffnet. Statt Nektar werden "anbohrbare Gewebe" angeboten. Staubbeutel herausragend, Griffel verschieden lang (= Heterostylie). Reicher Insektenbesuch, u. a. auch durch Falter. Vielleicht auch Selbstbestäubung. Lebensdauer der Blüten ca. 5 Tage.

Früchte: zweiklappige, vom Kelch eingeschlossene Kapseln. Abgestorbene Pflanze: Windstreuer. Außerdem werden die Samen wohl auch durch Regen verschwemmt.

Verwendung: Alte, hochgeschätzte Arzneipflanze (Name!: so viel wert wie tausend Gulden). Wegen der Bitterstoffe (bis 3 %) wird sie vor allem bei Magen-, Leber- und Gallenleiden verwendet.

Cephalanthera damasonium (MILLER) DRUCE, Weißes Waldvöglein

– Orchidaceae (= Orchideen)

Geophyt mit waagerecht kriechendem, meist verzweigtem, reich bewurzeltem Rhizom. Mykorrhiza. Ernährung der zunächst unterirdisch wachsenden Pflanze lange Zeit durch den Pilz (mykotroph). Etwa im 9. Jahr wird das erste Laubblatt gebildet, Beginn der Blühreife etwa ab 10. Jahr.

Vorkommen: Buchen- und Eichenwälder, auf frischen, meist kalkreichen Böden. Vor allem in den Kalkgebieten Süddeutschlands. - **Geschützt**!

Blüten: V-VI. Fruchtknoten sitzend, gedreht, aufrecht. Perigonblätter gelblichweiß, zusammenneigend. Vorderglied der Lippe als Halteplatz für Insekten, Hinterglied mit sackartiger Vertiefung, nektarabsondernd. Blüten meist halb oder ganz geschlossen, öffnen sich erst bei Temperaturen über 25 °C weit. Die Staubbeutel öffnen sich bereits in der geschlossenen Blüte: Selbstbestäubung. Pollen in ungestielten Pollinien, pulverig und kaum durch Fäden verbunden.

Früchte: Kapseln aufrecht abstehend mit je drei vorspringenden Kanten durch Längsspalten (xerochas) aufspringend. Samen winzig: Windstreuer.

Vegetative Vermehrung durch Wurzelsprosse.

Weitere Art:

Cephalanthera rubra (L.) RICH., Rotes Waldvöglein: Perigonblätter rot, zur Blütezeit abstehend. Laub- und Nadelwälder. Die roten Blüten werden trotz fehlenden Nektars von Blattschneiderbienen der Gattung *Chelostoma* besucht. Offenbar verwechseln die Bienen die Blüten mit blaublühenden Glockenblumen-Arten (*Cam-*

panula) desselben Standorts, da die Reflexionsmuster beider Arten in dem für sie sichtbaren Wellenbereich fast identisch sind (NILSSON).

Cerastium arvense L., Acker-Hornkraut

– Caryophyllaceae (= Nelkengewächse)

Krautiger Chamaephyt: Kriechstaude.

Vorkommen: sommerwarme, lückige Trockenrasen, Böschungen und Mauern.

Blüten: IV-VI. Neben zwittrigen auch rein weibliche Blüten, letztere kleiner. Vormännlich. Bestäuber: besonders Fliegen. Bei ungünstiger Witterung auch geschlossenblütig (kleistogam).

Früchte: bei Trockenheit sich öffnende Streukapseln: Selbstausstreuer und Windstreuer. Samen warzig. Auch Ameisenverbreitung?

Vegetative Vermehrung durch unterirdische Ausläufer.

Verwendung: Für Wildpflanzengärten zu empfehlen.

Weitere Arten:

Cerastium holosteoides FRIES em. HYL. (= *C. vulgatum* auct.), Gemeines Hornkraut: Blüten klein. Wiesen, Weiden, Wegränder usw., auf frischen, nährstoffreichen Böden. Lehmzeiger. Blütenökologie wie bei voriger Art. Windstreuer und Tierstreuer (durch trocken spreizende Kapselzähne).

Cerastium tomentosum L., Filziges Hornkraut: Beliebte Zierpflanze der Steingärten, ähnlich wie *C. arvense*, aber filzig behaart (Strahlungsschutz).

Ceratophyllum demersum L., Gemeines oder Rauhes Hornblatt

– Ceratophyllaceae (= Hornblattgewächse)

Untergetauchte, schwimmende oder "festgehakte" Wasserpflanze. Typisch hydromorphe Anpassungen: Fehlen von Wurzeln (stattdessen Sproßteile mit Wurzelcharakter), keine Spaltöffnungen und Tracheen; ein zentraler Leitbündelstrang sorgt für Zugfestigkeit; Gerbstoffzellen als Fäulnisschutz; Durchlüftungsgänge. Die gabelig geteilten Blätter sind hornartig steif (Name!) und behalten daher im Gegensatz zu vielen anderen Wasserpflanzen auch außerhalb des Wassers ihre Form.

Vorkommen: in basenreichen, meist eutrophen, stehenden Gewässern submers bis 10 m Tiefe, oft massenhaft. - Weltweit verbreitet.

Blüten: VI-IX. Einhäusig. Unterwasserblüher. Die pollenreichen Blüten pressen mittels Druckmechanismus des Perigons die 12-16 Staubblätter heraus. Während die oben lufthaltigen Staubbeutel nach oben schweben, fallen die durch einen ballonartigen Anhang leichten Pollenkörner (spez. Gewicht: 1,0) heraus und gelangen durch Wasserbewegung an die langen Narben der weiblichen Blüten.

Früchte: kleine, 1samige Nüsse. Typische Klettfrucht: Griffelrest und zwei basale Stacheln als Klettorgane. Verbreitung durch Wasservögel. Dazu Schwimmverbreitung. Die Embryonen enthalten bereits Anlagen erster Blattquirle.

Vegetative Vermehrung durch alle Teile der rauhen, sehr brüchigen Pflanze (typisches Wasserpflanzen-Merkmal) sowie durch die im Winter absinkenden, im Frühjahr durch Gasproduktion aufsteigenden Winterknospen (Turionen). Diese entstehen bei niederen Temperaturen durch Wachstumshemmung der Internodien.

Verwendung: Für Wildpflanzengärten zu empfehlen.

Ceterach officinarum WILLD. (= *Asplenium ceterach* L.), Milzfarn, Schriftfarn

– Polypodiaceae s. l. (= Tüpfelfarngewächse i. w. S.) bzw. Aspleniaceae (= Streifenfarngewächse)

Ausdauernder Hemikryptophyt mit kurzem Rhizom. Blätter ledrig, wintergrün, unterseits dicht graubraun pelzig-schuppig, zur völligen Austrocknung befähigt (poikilohydrisch). Trocken ist die Spreite nach oben umgerollt und kehrt dabei die reflektierenden Schuppen nach außen. - Systematik: Die Gattungen *Ceterach*, *Asplenium* und *Phyllitis* sind nahe verwandt und durch Bastardierung verbunden. Sie werden daher in letzter Zeit oft wieder in der Gattung *Asplenium* vereint.

Vorkommen: wärmeexponierte Mauern und Felsfugen in wintermilder Lage, meist auf Kalk. - Gefährdet! - **Geschützt!**

Fortpflanzung: Generationswechsel wie bei *Dryopteris* beschrieben. Sporangiengruppen (= Sori) streifenförmig, ohne Schleier (Indusium), dafür durch Spreuschuppen geschützt. Sporenreife: VII-X (im Süden früher).

Chaenomeles japonica (THUNB.) SPACH (= *Cydonia japonica* (THUNB.) PERS.), Japanische Quitte, Japanische Zierquitte

– Rosaceae (= Rosengewächse)

Sommergrüner, 0,6-1,2 m hoher Strauch, mit Sproßdornen. Winterhart. Langtriebe mit großen, rundlichen, nicht abfallenden Nebenblättern.

Vorkommen: Als Zierstrauch seit 1874 in Kultur. Heimat: Japan.

Blüten: IV-VI. Vorweibliche, "nektarführende Scheibenblumen", in 2-3blütigen, blattlosen, seitlich am Langtrieb stehenden Büscheln. Neben zwittrigen Blüten können auf derselben Pflanze auch überwiegend männliche Blüten mit unvollständig entwickelten Fruchtknoten vorkommen. Bestäuber sind Bienen, Hummeln, seltener auch Fliegen. Selbstbestäubung ist kaum erfolgreich.

Früchte: 5fächerige, gelbe, quittenähnliche Apfelfrüchte. Jedes Fruchtfach mit zahlreichen Samen.

Vegetative Vermehrung erfolgt reichlich durch Wurzelsprosse und durch sich bewurzelnde Zweige.

Verwendung: Die *Chaenomeles*-Arten sind beliebte, schnellwüchsige Ziersträucher. Man kennt heute etwa 500 Kulturvarietäten. Sie sind auch für Hecken geeignet. Die Früchte duften ähnlich angenehm wie Quitten und können ebenfalls zu Mus, Kompott oder Gelee verarbeitet werden.

Weitere Art:

> **Chaenomeles speciosa** (SWEET) NAKAI, Chinesische Zierquitte: wird heute häufiger als vorige Art kultiviert, allerdings meist nicht von dieser unterschieden. Pflanze insgesamt größer, Blüten meist zu 2-6, rosa bis dunkelrot (aber nicht orange).

Chaerophyllum temulum L., Hecken-Kälberkropf, Betäubender Kälberkropf

– Apiaceae (= Doldenblütler)

Ein- bis zweijährig, 30-100 cm hoch. Stengel steifhaarig, rot gefleckt, an den Knoten verdickt. Geruch unangenehm. Wurzel spindelförmig, leicht aus dem Boden ziehbar. - **Giftig** durch Polyine wie beim Wasserschierling (*Cicuta virosa).*

Vorkommen: Waldränder, Hecken, Gebüsche, schattige Ruderalstellen und Parks, auf frischen, nährstoffreichen, lockeren Böden. Stickstoffzeiger. Etwas wärmeliebend, fehlt in den Alpen. Kennart des Alliario-Chaerophylletum (= Knoblauchhederich-Saumgesellschaft).

Blüten: V-VII. Vormännliche, "nektarführende Scheibenblumen vom *Heracleum*-Typ", in Doppeldolden. Insektenbestäubung.

Früchte: Doppelachänen kahl. Wintersteher. Vermutlich Windstreuer.

Weitere Art:

Chaerophyllum bulbosum L., Knolliger Kälberkropf: Hypokotyl knollig verdickt. Pflanze bis 180 cm hoch, Stengel ebenfalls rot gefleckt und an den Knoten verdickt. Mäusegeruch fehlt. Kann mit *Conium maculatum* verwechselt werden. Spülsäume der Flüsse und Auwälder, vor allem Stromtalpflanze. Die Knollen wurden früher als Kartoffelersatz gegessen.

Chelidonium majus L., Schöllkraut, Warzenkraut

– Papaveraceae (= Mohngewächse)

Ausdauernde Halbrosettenpflanze. - Alle Teile mit einfachen, gegliederten, orangefarbenen Milchsaft führenden Schläuchen. - **Giftig** in allen Teilen durch über 20 verschiedene Alkaloide, z. B. Chelerythrin. Nach neueren Untersuchungen höchstens schwach giftig.

Vorkommen: Ruderalpflanze auf reichen, meist frischen Böden, an Wegsäumen, in Gebüschen, auf Mauern usw. Wärmeliebend. Stickstoffzeiger. Alteinwanderer, Kulturfolger.

Blüten: durch Karotinoide gelb gefärbte, homogame "Pollen-Scheibenblumen", in wenigblütigen Scheindolden. Bestäuber sind besonders Bienenverwandte und Fliegen. Bei schlechtem Wetter geschlossenblütig (kleistogam).

Früchte: Schoten ohne falsche Scheidewand, bei Öffnung Selbstverbreitung (Streufrüchte). Samen schwarzglänzend, mit Ölkörper zur Ameisenverbreitung, daher z. B. auf Mauern und hohlen Weiden anzutreffen.

Vegetative Vermehrung hin und wieder durch kleine, blattbürtige Brutsprosse.

Verwendung: Schöllkraut ist häufiger Bestandteil von Leber-Galle-Tees und von Fertigpräparaten gegen Galle- und Magenbeschwerden. In der Volksmedizin gilt der frisch austretende Milchsaft als Mittel gegen Warzen (Name!). Vielleicht stehen die zellteilungshemmende und eiweißspaltende Wirkung des Milchsaftes hiermit im Zusammenhang. Für Wildpflanzengärten zu empfehlen.

Chenopodium bonus-henricus L., Guter Heinrich

– Chenopodiaceae (= Gänsefußgewächse)

Immergrüner, krautiger Chamaephyt oder Hemikryptophyt.

Vorkommen: Ruderalstellen und Dungplätze, auf frischen, stickstoffreichen (oft ammoniakalischen) Böden, besonders in der Nähe bäuerlicher Siedlungen. Kennart des Chenopodietum bonus-henrici (= Gesellschaft des Guten Heinrichs). - Der Name bezieht sich wahrscheinlich auf die Bedeutung von Heinrich als gutem Geist wegen des Nutzens als Gemüsepflanze. Nach anderen Deutungen soll der Bezug das Vorkommen an Häusern (Heinrich = König des Heims) oder, wegen der Verwendung bei Hautleiden, die legendäre Gestalt des aussätzigen "Armen Heinrichs" sein. - Durch die Verstädterung der Dörfer stark zurückgegangen, in der Ebene heute weithin fehlend. - Gefährdet.

Blüten: VI-VIII. Windblütig. Perigon grünlich. Unscheinbare, vorweibliche "Pollen-Scheibenblumen". Narben verlängert. Neben zwittrigen auch rein weibliche Blüten (gynomonözisch). Blütenknäuel zu reichblütigen Rispen vereint.

Früchte: kleine, einsamige Nüsse. Windverbreitung (Windstreuer), Anhafter (Klebverbreitung) sowie Menschenverbreitung (Kulturrelikt).

Verwendung: alte Kulturpflanze: Junge Blätter und Sproßspitzen ergeben ein wertvolles Wildgemüse ("wilder Spinat"), wie Stielmus oder Spargel zuzubereiten. Im Balkan stellt man aus den zerstoßenen Rhizomen ein wie Erdnußbutter schmeckendes Konfekt her. Früher arzneilich gegen Hauterkrankungen verwendet.

Weitere Arten:

Chenopodium album L., Weißer Gänsefuß (volkstümlich auch "Melde" genannt): einjährig, vielgestaltig. Mehlig bestäubt (Name!). Blätter bei gewissen *Chenopodium*-Arten gänsefußähnlich (Name!). C4-Pflanze, d. h. die Photosynthese verläuft auch bei CO_2-Mangel noch effektiver als bei den meisten heimischen Pflanzen. Äcker und Ruderalstellen. Kulturbegleiter seit der jüngeren Steinzeit. Bestäubung meist zufällig durch Fliegen und Käfer sowie durch den Wind. Samen mit reichlich Nährgewebe. Wind- und Tierstreuer, Selbstaussäer und (bei Sturm) Ballonflieger, außerdem Verarbeitungsverbreitung durch Sperlinge. Wichtige Wildgemüsepflanze: junge Blätter und Sproßspitzen für Suppen, Salate und Kräutersäfte. Geschmack spinatartig mild. Samen als Vogelfutter oder zu Mehl vermahlen wie Buchweizen (so schon in den Pfahlbauten gefunden), aber Wert umstritten.

Chenopodium polyspermum L., Vielsamiger Gänsefuß: Blätter eiförmig, ganzrandig, gelblich bis grasgrün. Häufige Art der feuchten Hackfruchtäcker.

Chrysosplenium alternifolium L., Wechselblättriges Milzkraut

– Saxifragaceae (= Steinbrechgewächse)

Ausdauender, lockerrasiger Hemikryptophyt.

Vorkommen: Quellfluren und feuchte Wälder, auf nährstoff- und basenreichen Böden.

Blüten: III-V, Frühblüher. Unscheinbare, "nektarführende Scheibenblumen". Krone gewöhnlich fehlend. Schauwirkung durch große goldgelbe Hochblätter. Vorweiblich, Narben lange empfängnisbereit bleibend. Bestäuber: Fliegen und Käfer.

Früchte: Die geöffneten Kapseln bilden flache Schalen, aus denen die Samen durch Wassertropfen herausgeschleudert werden (Regenballist). Weitere Verbreitung der Samen als Regenschwemmling.

Verwendung: Im Mittelalter wurden die Blätter gegen Erkrankungen der Milz (Name!) verwendet (Signaturenlehre!).

Weitere Art:

> **Chrysosplenium oppositifolium** L., Gegenblättriges Milzkraut: dichtrasig, Blätter gegenständig, Stengel vierkantig. An ähnlichen Standorten, aber auf weniger reichen, kalkfreien Böden, vor allem in höheren Lagen.

Cichorium intybus L., Gemeine Wegwarte, Zichorie

– Asteraceae (= Korbblütler)

Ausdauernder, sommergrüner Hemikryptophyt (Schaftpflanze). Milchsaft kautschukhaltig. - Trockenpflanze: Blätter an trockeneren Standorten oft ganz abfallend, tiefreichendes Wurzelsystem und kurzlebige Blüten.

Vorkommen: sonnige Wegränder (Name!, "warten" = bewachen) und andere lückige Ruderalstandorte, auf basen- und stickstoffreichen Böden. Vor allem in Süddeutschland verbreitet. Alteinwanderer (ehemalige Kulturpflanze).

Blüten: VII-X. Blaue "Körbchenblumen". Nur Zungenblüten vorhanden. Bei warmem Wetter sind sie nur einen Vormittag lang geöffnet und welken schon ab 10 Uhr, bei kühlem Wetter schließen sie oft erst abends. Die Flugzeit des Hauptbestäubers, der Hosenbiene (*Dasypoga plumipes*), liegt etwa zur gleichen Zeit. Weitere Bestäuber: besonders Bienenartige und Falter. Selbststeril. Die Blaufärbung geht mit dem Schließen der Blüten verloren.

Früchte: Achänen mit schuppigem Kelchsaum, wohl Wind- und Wasserhaftverbreitung, sicher Menschenverbreitung. Fruchtreife: VIII-X.

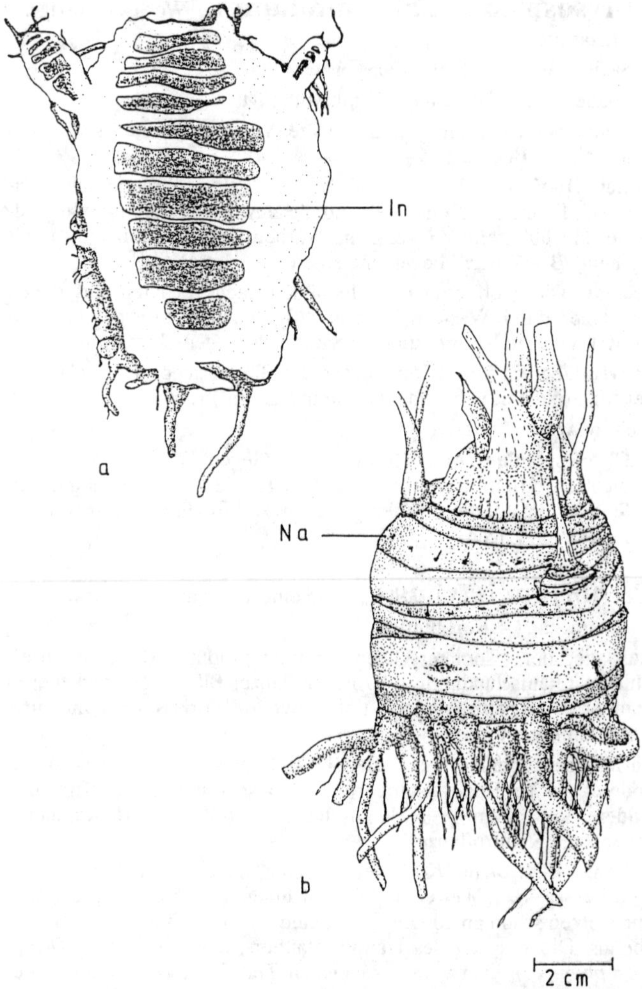

Abb. 20: **Cicuta virosa**: **a** Knolle längs. **b** Knolle von der Seite (In hohles Internodium, Na Blattnarbe).

Verwendung: Wurzel geröstet als Kaffee-Ersatz ("Blümchenkaffee"). Herbstgemüse. Wegen des Inulingehaltes (bis 20 %) für Diabetiker geeignet. In der Volksheilkunde als Gallenmittel verwendet. - Als zweijährige Kulturvarietäten werden angebaut: Wurzel- oder Kaffeezichorie (nur bis nach dem 2. Weltkrieg bedeutend) und Salatzichorie = Chicorée (im Winter treiben aus den geernteten Wurzeln im Dunkeln Sprosse mit dicht gedrängten, bleichen und zarten Blättern).

Weitere Art:

Cichorium endivia L., Endivie: Nahe verwandt und ökologisch ähnlich. Als Salatpflanze kultiviert als Winterendivie (wie Chicorée gezogen) oder als Schnittendivie.

Cicuta virosa L., Wasserschierling, Wüterich

– Apiaceae (= Doldenblütler)

Ausdauernde Schaftpflanze bzw. Sumpf- oder wurzelnde Wasserpflanze. Der röhrige Stengel und die knollig verdickte, gestauchte Sproßbasis (Abb. 20 a, b; vgl. auch Abb. 7) mit Luftkammern im Bereich der Internodien als Anpassung an den sauerstoffarmen Untergrund. Dadurch sind die Knollen auch schwimmfähig. - Verwandt mit dem Gefleckten Schierling, *Conium maculatum*, (siehe dort).

Stark giftig in allen Teilen durch Polyine (Acetylen-Verbindungen): weniger als eine Knolle kann tödlich sein, 50 % der Vergiftungen verlaufen tödlich. Nach dem ehemaligen preussischen Polizeigesetz sollte die Pflanze ausgerottet werden, aber wer kennt schon diese Pflanze? Verwechslung der angenehm duftenden Knollen besonders mit Sellerieknollen. Wirkung: schon bald nach dem Verzehr Brennen, Übelkeit, heftige Krämpfe. Tod durch Lähmung und Ersticken.

Vorkommen: Verlandungspflanze an Ufern stehender Gewässer mittleren Nährstoffgehaltes, auf mäßig sauren Schlammböden. Im Rückgang.

Blüten: VII-IX. "Nektarführende Scheibenblumen", in zusammengesetzter Dolde (*Heracleum*-Typ). Bestäuber: Zweiflügler, besonders Schwebfliegen.

Früchte: Doppelachänen mit Schwimmgewebe: Schwimmverbreitung.

Vegetative Vermehrung durch entwurzelte, schwimmende Knollen.

Circaea lutetiana L., Großes Hexenkraut

– Onagraceae (= Oenotheraceae) (= Nachtkerzengewächse)

Rhizom-Geophyt. - Der Name bezieht sich auf den Aberglauben, daß man, wenn man die Pflanze im Wald findet, sich verirrt habe (Circe

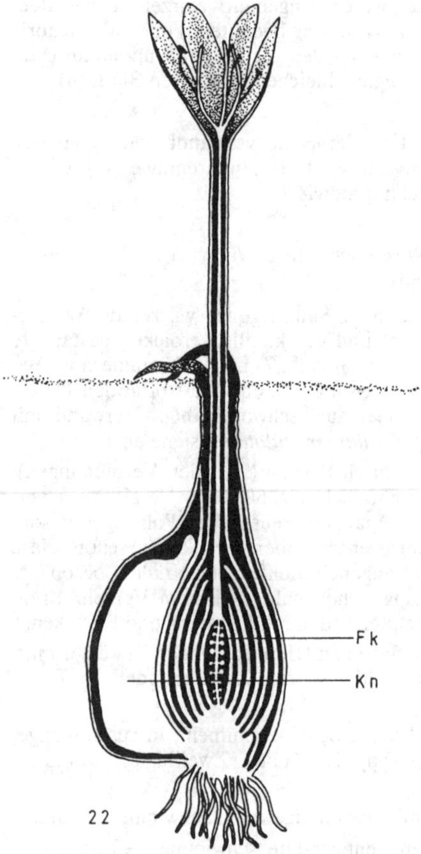

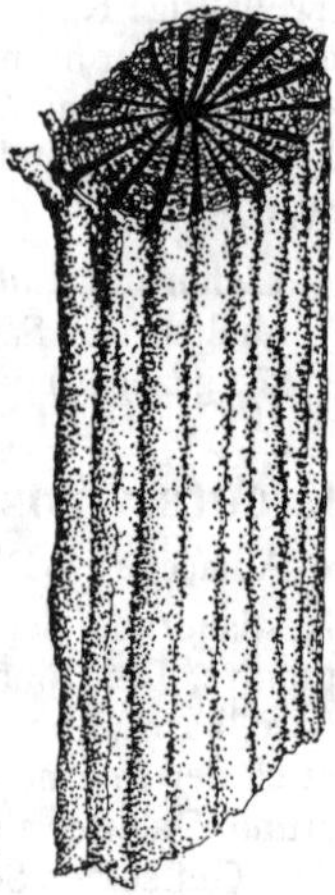

Abb. 21: Clematis vitalba: Sproßstück mit breiten Markstrahlen, weiten Tracheen und Streifenborke.
Abb. 22: Colchicum autumnale: Habitus (Fk im Boden verborgener Fruchtknoten, Kn Tochterknolle).

= Hexe der griechischen Sage), oder auf die Klettfrüchte, die sich unbemerkt anhängen.

Vorkommen: Feuchte, krautreiche Wälder, besonders an Waldwegen. Halbschattenpflanze. Nährstoffzeiger.

Blüten: V-VII. Homogame, "nektarführende Scheibenblumen", analog denen der Ehrenpreis-Arten (*Veronica*), in endständigen Trauben. Tragblätter fehlen. Bestäuber: vor allem kleine Schwebfliegen.

Früchte: kleine, 2fächerige, dicht mit Widerhaken bedeckte Nüsse: Klettverbreitung.

Cirsium arvense (L.) Scopoli, Acker-Kratzdistel – Asteraceae (= Korbblütler)

Wurzelknospen-Geophyt. Tiefwurzler (bis 2,8 m!). - Blätter dornig, wie bei der verwandten Gattung *Carduus* (siehe dort).

Vorkommen: Äcker, Ruderalstellen, Waldschläge und Ufer, auf meist frischen, nähstoffreichen, tiefgründigen Lehmböden. Stickstoffzeiger.

Blüten: VII-IX. Blütenkörbchen aus ca. 100 zwittrigen Blüten, daneben auch weibliche Pflanzen mit kleineren Köpfchen (gynodiözisch). Wegen der langen Kronröhre sind Falter und langrüsselige Hummeln die Hauptbestäuber. Wichtige Nektarquelle für Tagfalter. Selbstbestäubung möglich.

Früchte: Achänen mit hygroskopischem Haarkelch (Pappus): Schirmchenflieger. Sinkgeschwindigkeit nur 26 cm pro Sekunde, daher bei Aufwind Flugweiten über 10 km möglich. Pappus im Gegensatz zu *Carduus* gefiedert. Fruchtreife: VIII-X, jeweils bereits wenige Wochen nach dem Aufblühen. - Untersuchungen haben gezeigt, daß die Pflanze bezüglich ihrer Standortansprüche sehr anspruchsvoll ist und deshalb nur am geeigneten Standort aus den Samen auch Pflanzen heranwachsen.

Vegetative Vermehrung durch tiefliegende Wurzelsprosse (Wurzelkriech-Pionier). Daher auf Äckern und Weiden oft gefürchtetes "Unkraut". Sogar aus kleinen, abgehackten Wurzelstücken können neue Pflanzen austreiben.

Weitere Arten:

Cirsium acaule (L.) Scop., Stengellose Kratzdistel: Hemikryptophyt (Rosettenpflanze). Rosetten im Habitus ähnlich wie die der Silberdistel (*Carlina acaulis*). Sonnige Magerweiden, auf basenreichen Ton- und Lehmböden. Trockenpflanze (= Xerophyt).

Cirsium oleraceum (L.) Scop., Kohl-Kratzdistel: Hemikryptophyt. Gelbgrüne Hochblätter umhüllen kohlblattartig die Köpfe

(Name!). Nährstoffreiche Naßwiesen und Uferstaudenfluren. Da die Pflanze nicht dornig, aber nährstoffreich ist, wurde sie als Futterpflanze genutzt (Name!).

Cirsium vulgare (SAVI) TEN., Gemeine oder Lanzett-Kratzdistel: Hemikryptophyt staudenreicher Ruderalstellen. Stickstoffzeiger. Ökologisch ähnlich wie *C. arvense*, aber Pollenblume. Für Wildpflanzengärten geeignet.

Clematis vitalba L., Gemeine Waldrebe

– Ranunculaceae (= Hahnenfußgewächse)

Kletterstrauch (= Liane). Von anderen Hahnenfußgewächsen durch gegenständige Blätter und die verholzenden Stengel (Abb. 21) unterschieden. Stämme bis über 5 m lang werdend und Armstärke erreichend. Zugfestigkeit durch zentrales Festigungsgewebe. Typisch die weiten Gefäße (= Tracheen) des Holzteiles, durch die man Rauch blasen kann. Linkswinder und Blattstielkletterer: die später zwar absterbenden, aber bleibenden Blattstiele umklammern nach Berührung ihre Stützen. Durch das Winden können dünnere Stämme der Wirtspflanze "abgewürgt" werden; auch ist Benachteiligung der Trägerpflanze durch Überwucherung und daraus folgende Beschattung möglich. Streifenborke (Abb. 21) als Anpassung an die Drehbeanspruchung. - Schwach **giftig** durch den Scharfstoff Protoanemonin (so auch bei den anderen Arten der Gattung).

Vorkommen: frische, nährstoffreiche Auwälder, Säume und Gebüsche. Im Norden nur Neophyt.

Blüten: VI-VIII. Vorweibliche "Pollen-Scheibenblumen", in Trugdolden. Amine als Duftstoffe zur Anlockung von Zweiflüglern und Käfern.

Früchte: Je Blüte entstehen zahlreiche Nüßchen. Die schwanzartig verlängerten, lang behaarten Griffel dienen als Flugorgan: Federschweifflieger. Fruchtreife ab IX, aber erst im Winter voll ausgereift: Wintersteher. Verbreitung nur durch starke Winde, außerdem durch die hygroskopischen, bei Trockenheit abstehenden Haare. Bei Nässe Klettverbreitung als Wasserhafter oder auch Bohrfrucht.

Vegetative Vermehrung als Bodenkriecher.

Weitere Arten:

Clematis alpina (L.) MILL., Alpenrebe, Alpen-Waldrebe: Blüten einzeln, mit 4 meist blauen, 4-6 cm langen Perigonblättern. "Nektarführende Scheibenblumen". Die äußeren Staubblätter sind zu Nektarblättern umgewandelt (allmählicher Übergang). Alpine Gebüsche und Nadelwälder. Geschützt! – Verschiedene *Clematis*-

Arten und ihre Bastarde werden gerne als Zierpflanzen in Gärten kultiviert. Sie gedeihen nur in feuchtem (bedecktem) Boden.

Clinopodium vulgare L. (= *Calamintha clinopodium* Spenner, *Satureja vulgaris* (L.) Fritsch), Wirbeldost – Lamiaceae (= Lippenblütler)

Ausdauernder Hemikryptophyt (Schaftpflanze). Durch ätherische Öle duftend, aber weniger als verwandte Arten wie etwa *Origanum vulgare*.

Vorkommen: sommerwarme Säume, Wegränder und lichte Wälder, auf basenreichen Lehmböden.

Blüten: VII-X. "Eigentliche Lippenblumen", in vielblütigen Scheinquirlen (Zymen) in den Achseln der Blätter. Narbe und Staubbeutel nur von oben bedeckt. Nektar reichlich, aber wegen der langen Kronröhre nur Hummeln (z. B. *Bombus*) und Faltern zugänglich.

Früchte: Klausen als Windstreuer und Kletthafter.

Vegetative Vermehrung durch unterirdische Ausläufer (Wurzelkriecher).

Verwandte:

Satureja hortensis L., Bohnenkraut: Wegen der ätherischen Öle beliebte Gewürz- und Heilpflanze der Gärten. Heimat: Mittelmeergebiet.

Colchicum autumnale L., Herbst-Zeitlose – Liliaceae s. l. (= Liliengewächse i. w. S.) bzw. Colchicaceae (= Herbstzeitlosengewächse)

Knollen-Geophyt (Abb. 22). Wechselknolle, die jährlich aus der Achsel eines Niederblattes neu gebildet wird. Die Blüte entspringt als Seitensproß der Knollenbasis. Blüh- und Frucht- bzw. vegetative Phase sind weit getrennt. Zur Blütezeit im Herbst fehlen die Blätter (Abb. 22). Diese erscheinen erst im folgenden Frühjahr zusammen mit den Früchten. Dies ist wohl ursprünglich als Anpassung an wintertrockenes Steppenklima zu verstehen, aber gleicherweise günstig als Anpassung an Wiesenwirtschaft. - Stark **giftig** in allen Teilen, besonders in den Samen und Wurzeln durch das jahrelang beständige Zell- und Kapillargift Colchicin. Bereits 20 mg dieses Alkaloids bzw. etwa 1-5 g Samen sind für den Menschen tödlich. Die Pflanze wird vom Vieh gemieden. Vergiftungen auch über die Milch der weniger empfindlichen Schafe und Ziegen. Wirkung erst nach Stunden, Tod nach 1-2 Tagen.

Vorkommen: Wiesen und lichte, feuchte Wälder, auf tiefgründigen, nährstoffreichen Böden. Im Norden selten. Stellenweise im Rückgang.

Blüten: VIII-XI. Vorweibliche, "große Trichterblumen", mit bis zu 20 cm langer, im Boden fast verborgener Kronröhre und bis zu 8 cm langen Perigonzipfeln. Nektar wird am Grunde der Staubblätter abgeschieden und ist neben Faltern und Bienenverwandten auch langrüsseligen Fliegen zugänglich. Fruchtknoten im Boden (Abb. 22). Der Pollenschlauch benötigt Monate bis zum Eindringen in die Samenanlage. Die Befruchtung erfolgt im Winter.

Früchte: gestielte, wandspaltige Kapseln: Windstreuer. In der Vulkaneifel werden die Kapseln "Nacktärsch" genannt. Fruchtreife: VI-VII des folgenden Jahres. Samen mit klebrigem, aus Resten des Nabelstrangs (= Hilum) gebildetem Anhängsel, deshalb auch Ameisenverbreitung sowie Klebverbreitung durch Weidetiere und Menschen.

Verwendung: Colchicin wird in der Pflanzenzüchtung zur Erzeugung polyploider Zellen benutzt. Es hemmt die Mitose durch Wirkung auf den Spindelfaserapparat. Wird auch arzneilich verwendet, z. B. bei Gicht und Hauterkrankungen und in der Homöopathie, aber wegen der Giftigkeit gefährlich.

Conium maculatum L., Gefleckter Schierling

– Apiaceae (= Doldenblütler)

Einjährig oder zweijährige Halbrosettenpflanze, 1-2 m hoch. Stark unangenehm nach Mäusen riechend. Im Wuchs und Blattschnitt der Hundspetersilie (*Aethusa cynapium*) und dem Knolligen Kälberkropf (*Chaerophyllum bulbosum*) ähnlich. - Verwandt ist die Gattung *Cicuta* (Wasserschierling), siehe dort. - Stark **giftig!** Hauptgift ist das Alkaloid Coniin mit ähnlich tödlicher Wirkung wie Nicotin und Curare. Es wirkt lähmend auf das Atemzentrum bei vollem Bewußtsein. Auf der Haut können unangenehme Ausschläge entstehen.

Vorkommen: Staudenreiche Ruderalstellen in warmen Lagen, z. B. an alten Burgen. Lehm- und Stickstoffzeiger. Im norddeutschen Tiefland selten. Kennart des Lamio albi-Conietum (= Taubnessel-Schierlingsflur).

Blüten: VII-VIII. "Nektarführende Scheibenblumen vom *Heracleum*-Typ".

Früchte: Doppelachänen.

Verwendung: War neben Mohnsaft berühmt-berüchtigter Bestandteil des tödlich giftigen Schierlingsbechers des Sokrates. In starker Verdünnung seltener Bestandteil von Arzneimitteln.

Consolida regalis S. F. Gray (= *Delphinium consolida* L.), Feld-Rittersporn

– Ranunculaceae (= Hahnenfußgewächse)

Einjährig, sommer- oder winterannuell und dann als Rosette überdauernd. - **Giftig** durch ähnliche Alkaloide wie bei *Aconitum*, aber weniger gefährlich als dieser. Allerdings sind erhebliche Verluste beim Weidevieh durch verwandte Arten in Nordamerika aufgetreten. Die jungen Blüten sind ungiftig.

Vorkommen: Getreidefelder und Wegränder, auf warmen, basenreichen, meist kalkhaltigen Lehmböden. Durch Herbizid-Mißbrauch auf den Äckern allgemein sehr im Rückgang.

Blüten: VI-VIII. Vormännliche "Glockenblumen mit klebrigem Pollen", in wenigblütigen Trauben. Je Blüte nur 1 Fruchtblatt. Das obere der 5 Perigonblätter ist gespornt, ebenso das entsprechende der viel kleineren Nektarblätter. Nektartrichter mit hummelkopfgroßem Eingang. Nektar nur Hummeln und anderen Insekten mit mindestens 15 mm langem Rüssel zugänglich. Griffel und Staubblätter biegen sich zur Reife nach oben. - Blaufärbung durch das Anthocyan Delphinidin.

Früchte: Das Fruchtblatt entwickelt sich zur Balgfrucht. Selbstverbreitung: Austrocknungsstreuer.

Verwendung: Zierpflanze. Blüten zum Schönen von Tees und zum Blaufärben von Wolle, früher auch als Wundheilmittel und gegen Würmer verwendet.

Weitere Arten/Verwandte:

Consolida ajacis (L.) Schur, Garten-Rittersporn: sehr ähnlich voriger Art. Zierpflanze. Heimat: Mittelmeergebiet.

Delphinium elatum L., Hoher Rittersporn: Ebenfalls beliebte Gartenzierpflanze mit zahlreichen Hybriden (*D. cultorum* Voss) und Kulturvarietäten, selten verwildert. Heimat: Ostalpen. Hemikryptophyt, 80-150 cm hoch. Je Blüte sind 3-5 Fruchtknoten vorhanden. Hummelblume.

Convallaria majalis L., Maiglöckchen

– Liliaceae s. l. (= Liliengewächse i. w. S.) bzw. Convallariaceae (= Maiglöckchengewächse)

Rhizom-Geophyt. Rhizom dünn, monopodial wachsend. Daher entspringen die oberirdischen Sprosse jeweils hinter der Rhizomspitze. -

Wurzelpilz. - **Giftig** durch Digitalis-Glykoside in allen Teilen der Pflanze sowie durch Saponine.

Vorkommen: Wärmeliebende Wälder und Säume, auf humosen, meist kalkarmen Böden. In großblütigen Formen häufige Zierpflanze. Teilweise aus Gärten verschleppt und örtlich auch eingebürgert. - **Geschützt**!

Blüten: V-VI (Name!: lat. majalis = im Mai). "Glockenblumen mit Streueinrichtung", in Trauben. Stark duftend. Nektar fehlt, dafür am Grund des Fruchtknotens saftreiches Gewebe. Die zurückgekrümmten Zipfel der verwachsenen Blütenhülle (Perigon) dienen zum Festhalten der Bestäuber (Bienen, Hummeln usw.), auf die der Pollen herabrieselt. Verschiedengrifflig: Förderung der Fremdbestäubung, allerdings ist in diesem Fall auch Selbstbestäubung von Erfolg.

Früchte: Beeren, die als "Wintersteher" eventuell entgiftet werden. Verdauungsverbreitung. Fruchtreife: IX-XI.

Verwendung: Zierpflanze, Parfümpflanze sowie wegen der herzwirksamen Digitalis-Glykoside alte, noch heute wichtige Arzneipflanze. Aufgrund des Saponingehaltes waren die getrockneten Blüten niesreizerregender Bestandteil des früher beliebten "Schneeberger Schnupftabaks".

Convolvulus arvensis L., Ackerwinde

– Convolvulaceae (= Windengewächse)

Rhizom- und Wurzelknospen-Geophyt. Wurzeln zur Sproßbildung fähig. Klimmstaude: Linkswinder. Typische Trockenpflanze: reiches, bis 2 m Tiefe reichendes Wurzelwerk; Pflanze abgeschnitten rasch welkend, d. h. Wurzel mit großer Saugkraft; Eintagsblumen! - Die verwandte Zaun-Winde (Calystegia sepium) hat 4-7 cm statt 2-3 cm lange Blüten, große, den Kelch einhüllende Vorblätter und wird von Nachtfaltern bestäubt.

Vorkommen: Ruderalstellen, Äcker und Gärten, auf nährstoffreichen Böden. Lehm- und Wärmezeiger. Lichtpflanze. Kulturbegleiter. Vermutlich Alteinwanderer (Archäophyt).

Blüten: VI-IX. Homogame, "große Trichterblumen", zu 1-4, nur einen Tag geöffnet. Dazu bei kühlem Wetter Schließbewegungen (Thermonastie). Bestäuber: Insekten aller Art, aber besonders Spiralhornbienen (*Systropha*), die auf *Convolvulus* und Verwandte spezialisiert sind. Sie wälzen sich in den Blüten. Im Sommer auch Selbstbestäubung.

Früchte: 2klappige Kapseln. Rollsamen als Bodenroller. Auch Zufallsverbreitung durch Weidetiere. Fruchtreife: VIII-X.

Vegetative Vermehrung durch Ausläufer und Wurzelsprosse: Bei Bodenbearbeitung wachsen abgetrennte kleinste unterirdische Teile zu ganzen Pflanzen heran, daher lästiges "Unkraut".
Verwendung: Früher als Abführmittel verwendet.

Cornus sanguinea L., Blutroter Hartriegel

– Cornaceae (= Hartriegelgewächse)

Winterkahler Strauch oder kleiner Baum von 2-4 m Höhe. 30-40 Jahre alt werdend. Junge Zweige mit dünner, assimilierender Rinde, diese im Schatten gelblichgrün, an der Sonnenseite und vor allem im Herbst und Winter durch Anreicherung von Anthocyan blutrot (Name!). - Beim vorsichtigen Auseinanderziehen von vorher unvollständig durchgebrochenen Blattstielen oder Leitbündeln der Spreite kann man bei den *Cornus*-Arten sehr gut die Schraubenverdickungen der Wasserleitungselemente (Tracheiden) herausziehen. - Wurzelpilz.
Vorkommen: Gebüsche und krautreiche Laubwälder, auf frischen, nährstoffreichen Lehmböden.

Blüten: V-VI. Homogame, "nektarführende Scheibenblumen", in auffälligen Doldenrispen. Bestäubung durch verschiedene Insekten. Selbstbestäubung erfolgreich.

Früchte: schwarze, 1-2samige Steinfrüchte. Verdauungsverbreitung durch Vögel oder Speicherverbreitung, z. B. durch Eichhörnchen. Samen mit 30 % Öl. Fruchtreife: IX.

Vegetative Vermehrung durch Wurzelausläufer sowie durch herabgesenkte Zweige, die sich unter Laub leicht bewurzeln, so besonders in feuchtschattigen Wäldern, wo die Pflanze kaum blüht.

Verwendung: Beliebte, schnittfeste Heckenpflanze. Bienenweide. Holz wegen seiner großen Härte (deutscher Name!, vgl. auch lat. cornu = Horn) und Festigkeit bei Drechslern geschätzt. Früchte zum Graufärben von Kleidern geeignet.

Weitere Arten:

Cornus mas L., Kornelkirsche, Herlitze: Durch die gelben, vor den Blättern erscheinenden Blütenstände auffälliger und häufiger Frühblüher unserer Anlagen. Seltener auch wild, vor allem in Süddeutschland. Das Holz wird noch mehr geschätzt als das des Hartriegels. Darauf dürfte sich der Artname "mas" im Sinne von "besonders hart" beziehen. Die Schößlinge lieferten die Studentenstöcke ("Ziegenhainer", benannt nach einem Dorf nahe Jena). Im Altertum besonders für Wurfspieße beliebt. Die wie Kirschen aussehenden (Name!) Früchte sind im vollreifen Zustand (nach dem Frost) wohlschmeckend (süßsauer) und können für Marmelade oder, in Zucker und Essig eingelegt, als Beilage verwendet werden. Junge Früchte in Essig gelegt schmecken ähnlich wie Oliven. Die nach Vanille duftenden Kerne wurden früher geröstet als Kaffee-Ersatz verwendet.

Cornus suecica L., Schwedischer Hartriegel: Krautige Pflanze. Selten wild in Norddeutschland in Zwergstrauchgesellschaften auf sauren Torfböden. In Deutschland akut vom Aussterben bedroht. Öfter angepflanzt. Köpfchenförmiger Blütenstand mit 4 kronblattartigen Hochblättern (= Pseudanthium).

Coronilla varia L., Bunte Kronwicke

– Fabaceae (= Schmetterlingsblütler)

Ausdauernder Hemikryptophyt: Schaftpflanze. Erst ab dem zweiten Jahr blühfähig. Blattfiedern nachts nach oben geklappt (Nyktinastie). - **Giftig** durch Digitalisglykoside und Nitropropionsäurederivate.

Vorkommen: Säume, Böschungen, Halbtrockenrasen und lichte Gebüsche, auf basenreichen Böden, vor allem auf Kalk. Im Norden selten.

Blüten: VI-VIII. 15-20 kurzgestielte Einzelblüten in langgestielter, köpfchenförmiger Dolde, die jung an eine kleine Krone erinnert (Name!). "PollenSchmetterlingsblumen mit Pumpeinrichtung" (vgl. *Lotus corniculatus*). Im Gegensatz zu anderen Fabaceen mit 1 freien Staubblatt wird in der Blüte kein Nektar abgesondert, wohl aber an der fleischigen Außenseite des Kelches. Besucher: Honigbienen und andere Hautflügler.

Früchte: lange, schmale, zwischen den Samen durch sekundäre Trennwände eingeschnürte Hülsen, die in mehrere einsamige, nußartige Glieder zerfallen (Bruchhülse). Klettverbreitung (Was serhafter), evtl. auch Windstreuer.

Vegetative Vermehrung als Wurzelkriecher.

Corydalis cava Schweigger et Koerte (= *C. bulbosa* (L.) Pers.), Hohler Lerchensporn

– Fumariaceae (= Erdrauchgewächse)

Frühjahrsgrüner Knollen-Geophyt: Anpassung an den Wärme-Lichthaushalt des Laubwaldes, abgeleitet vom Vegetationsrhythmus verwandter Steppenpflanzen. Knolle (Abb. 23 a, b; Sproßknolle, vor allem Hypokotyl verdickt) ausdauernd, tief im Boden verborgen, mit jährlichem Zuwachs nach außen und dann innen hohl werdend (Name!, vgl. lat. cavus = hohl). Wie viele andere Knollenpflanzen mit nur 1 Keimblatt. - Schwach **giftig** durch Alkaloide mit Einfluß auf das Zentralnervensystem. Jedoch ist die Knolle, die bis 6 % Alkaloide enthält, stark giftig.

Vorkommen: reiche Laubmischwälder, Gebüsche und Weinberge, auf frischen, lockeren, tiefgründigen, nährstoff- und basenreichen Lehmböden.

Blüten: III-IV, Frühblüher. Homogame "Schmetterlingsblumen", analog zu denen der Schmetterlingsblütler. Meist kommen rotblütige und weißblütige Formen nebeneinander vor, erstere gewöhnlich in der Mehrzahl. Blüten um 90° gedreht, daher "Intelligenzblume", d. h. nur lernbegabte Hautflügler sind in der Lage, den ungewöhnlichen Eingang zu nutzen (und zu öffnen). Angeblich soll der Nektar nur langrüsseligen Hummeln zugänglich sein, während Honigbienen und Erdhummeln ihn nur durch Anbeißen des Sporns erreichen können. Doch konnten wir beobachten, daß Bienen aus der etwas nach unten geneigten Blüte gut Nektar aufnehmen können. Selbststeril.

Früchte: 2klappige Schoten. Selbstaussäer sowie Ameisenverbreitung: Samen schwarz-glänzend, mit weißem Ölkörper (Elaiosom, Karunkula).

Verwendung: Extrakte der Knollen als Bestandteil von Beruhigungsmitteln. Bei Überdosierung gefährlich.

Weitere Arten:

Corydalis solida (L.) Clairv., Gefingerter oder Finger-Lerchensporn: Knolle massiv. Tragblätter der Blüten fingerförmig eingeschnitten, sonst ähnlich. Für Wildpflanzengärten zu empfehlen.

Corydalis lutea (L.) DC., Gelber Lerchensporn: ohne Knolle und mit 2 Keimblättern, gelbblütig. Zierpflanze, an Mauern in wintermilder Lage auch eingebürgert und besonders durch Ameisen weiter verschleppt.

Corylus avellana L., Gemeine Haselnuß

– Betulaceae s. l. (= Birkengewächse i. w. S.) bzw. Corylaceae (= Haselgewächse)

Winterkahler Strauch, sehr selten bis 9 m hoher Baum. Wuchs sympodial. Die Knospenschuppen sind umgebildete Nebenblätter. - Wurzelpilz. - Systematik: vgl. *Carpinus*.

Vorkommen: Krautreiche Laubwälder, Säume und Hecken, auf grundfrischen, nährstoffreichen Böden. Licht- und Halbschattenpflanze. Auch oft angepflanzt und eingebürgert.

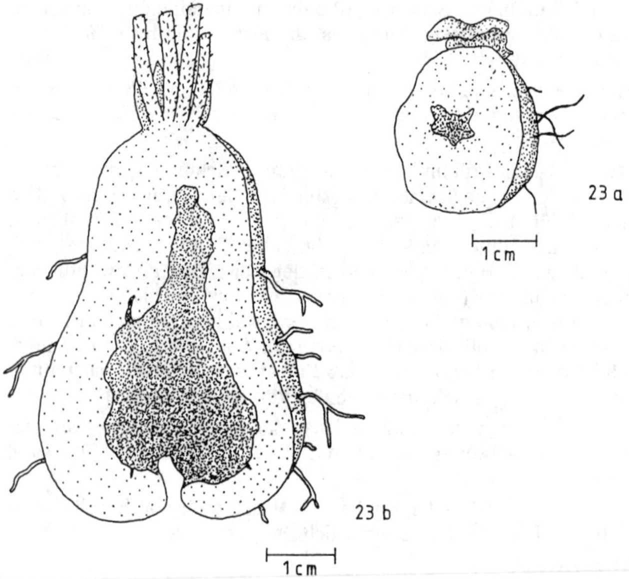

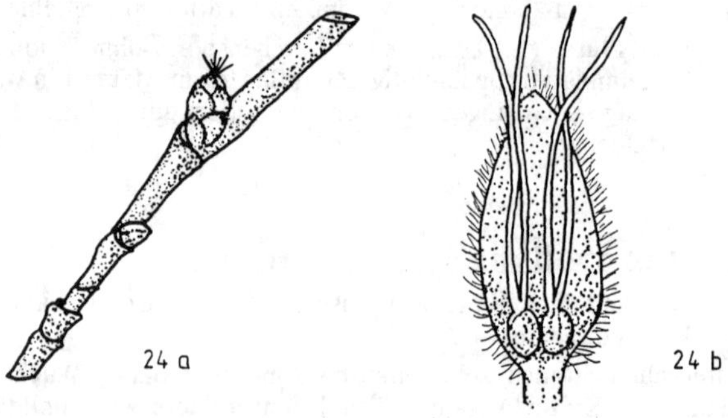

Abb. 23: Corydalis cava: a junge, **b** ältere Sproßknolle.
Abb. 24: Corylus avellana: a Zweig mit weiblichem Blütenstand. **b** zwei weibliche Blüten.

Blüten: II-IV. Ausgeprägter Frühblüher. Windblütig: "Kätzchenblütentyp". Einhäusig. Männliche Kätzchen im Vorjahr angelegt. Sehr zeitig im Frühjahr, lange vor dem Laubaustrieb, streckt sich die Achse, und der reife Pollen (etwa 2 Mio. Pollenkörner pro Kätzchen) rieselt auf das hohle Deckblatt und wird von hier fortgeweht. Von den 8-12blütigen weiblichen Blütenständen ragen nur die roten, paarigen, fädlichen Narben aus den Knospen heraus (Abb. 24). Sie erblühen meist vor den männlichen Kätzchen (bei > 9 °C), seltener nach diesen (bei 4-9 °C). Ihre Knospen sind kaum von den Laubknospen verschieden. Erst nach der Bestäubung wächst die Samenanlage zu einem befruchtungsfähigen Gebilde heran. Bedeutender Heuschnupfenerreger. Gehört trotz der Windbestäubung zu den wichtigen Pollenlieferanten für Bienen.

Früchte: Die Fruchthülle (Cupula) entsteht aus den stark vergrößerten, verwachsenen 3 Vorblättern. Meist nur 1 Frucht je Cupula. Plumpsfrüchte (wie bei der Eß-Kastanie), dazu Speicherverbreitung durch Eichhörnchen, Haselmäuse (!) usw. Fruchtreife: IX-X.

Verwendung: Haselnüsse zum Rohverzehr oder auch gemahlen als Zutat zu Backwaren. Als wichtige Nahrungspflanze galt sie früher als heilig. Das feine Öl (Anteil 60 %) als Speiseöl und für Kosmetika. Auch als Zierstrauch gepflanzt. Liefert beste Korbmacherruten und wird auch für Wünschelruten verwendet. Früher für Schießpulverkohle.

Weitere Arten:

Die Haselnüsse des Handels stammen meist von den beiden südeuropäischen Arten **Corylus maxima** L. (= Lambertsnuß; Früchte relativ groß) und **Corylus colurna** L. (= Baumhasel, Türkische Hasel; Früchte relativ klein). Beide Arten werden auch bei uns gerne gepflanzt, erstere besonders in einer durch ihr rotes Laub auffallenden anthocyanreichen Form ("Bluthasel").

Cotoneaster integerrimus MEDIKUS, Gemeine Zwergmispel

– Rosaceae (= Rosengewächse)

Sommergrüner, dornenloser Strauch, 50-200 cm hoch. Blätter ganzrandig (Name!: lat. integer = ganzrandig). Der Name Cotoneaster ist abgeleitet von lat. "cotonea" = Quittenbaum und der Endung "-aster" = wild, vergleichsweise minderwertig. - Wurzelpilz. - Die Früchte der *Cotoneaster*-Arten sind ebenso wie die vegetativen Teile schwach **giftig**, da sie nach Verletzung Blausäure abspalten. Der Verzehr weniger Früchte (bis etwa 80 g) kann als unbedenklich gelten.

Vorkommen: Ziemlich selten an sonnigen Felshängen, meist auf Kalk. Vor allem im Gebirge, fehlt in der norddeutschen Tiefebene. Kennart des Cotoneastro-Amelanchieretum (= Felsenbirnengebüsch).

Blüten: IV-V. Unscheinbare, vorweibliche, "nektarführende Scheibenblumen", meist zu 2-3. Nektar wird reichlich von der Innenwand des Blütenbechers abgeschieden, ist aber durch das Zusammenneigen der Kronblätter verdeckt. Bestäuber sind Wespen, vor allem Feldwespen (= Papierwespen; *Polistes*). Gegen Ende der Blüte ist Selbstbestäubung möglich.

Früchte: Rote, kugelige, beerenartige Apfelfrüchte, ähnlich denen des Weißdorns (*Crataegus*), mit mehligem Fruchtfleisch und 2-3 Steinkernen (bzw. Nüßchen). Verdauungsverbreitung durch Vögel, besonders Rabenvögel, und Speicherverbreitung durch Nagetiere. Fruchtreife: VII-VIII. Wintersteher.

Vegetative Vermehrung durch Wurzelsprosse.

Weitere Arten:

Viel bekannter als die heimischen *Cotoneaster*-Arten sind die kultivierten Ziersträucher der Gattung. Sie kommen überwiegend aus den Hochlagen des Himalaja. Bei uns werden über 100 Arten angepflanzt, oft in zahlreichen Kulturvarietäten. So findet man Spaliersträucher, niedrige Zwergsträucher bis hin zu großen Sträuchern und kleinen Bäumen. - Stellvertretend sei auf folgende Art hingewiesen:

Cotoneaster horizontalis DECAISNE, Fächer-Zwergmispel: Halbimmergrüner Strauch. Zweige aufsteigend bis horizontal ausgebreitet, sich bis etwa 1 (-2) m über den Boden hebend. Blätter und Zweige deutlich zweizeilig gestellt. Häufig angepflanzt, oft verwildert und zunehmend an Felsgebüschen und warmen Ruderalstandorten in Einbürgerung. Heimat: China. Wichtige Nektarquelle für Bienen. Die Früchte werden von Amseln usw. verbreitet (Darm- und Mundwanderer).

Crataegus monogyna JACQ., Eingriffliger Weißdorn

– Rosaceae (= Rosengewächse)

Winterkahler Laubstrauch, selten Baum, bis maximal 10 m Höhe und 0,3 m Stammdurchmesser. - Sehr schnittfest (Heckenpflanze!). Vor allem an jungen Trieben befinden sich Sproßdornen (jung mit Blattnarben): Fraßschutz gegen Huftiere, wohl auch Kondensationspunkte. - Wurzelpilz.

Vorkommen: Wälder, Gebüsche und Felsen, auf sommerwarmen, basenreichen, oft kalkhaltigen Böden.

Blüten: V-VI. Vorweibliche, unangenehm nach Aminen (Maikäfergeruch) riechende "Scheibenblumen mit verdecktem Nektar". Bestäuber: besonders Fliegen und Käfer, aber auch Bienenverwandte. Fruchtknoten unterständig.

Früchte: Beerenartige Apfelfrüchte. Der bei der Reife zu einem Steinkern werdende innere Teil der Fruchtwand (bei anderen Arten sind es mehrere freie Fruchtblätter) wird von dem fleischig werdenden Blütenbecher umgeben (= Steinapfel). Fruchtreife: IX. Vögel schälen den fleischigen Teil ab: Mundwanderer. Bei Säugern meist Darm- sowie auch Speicherverbreitung, so besonders durch Nager. Wintersteher: erst die bräunlichen Früchte werden immer gefressen.

Verwendung: Heckenpflanze, besonders für Vogelschutzgehölze. Zierbaum, insbesondere als rotblütige, oft gefüllte, nicht erbfeste und daher durch Pfropfung vermehrte Mutante (= "Rotdorn"). Holz für Drechslerarbeiten geeignet. Früchte als "Mehlfäßchen" gegessen und in Notzeiten getrocknet dem Mehl zugesetzt, vitaminreich. Vollreife Früchte auch als Mischfrucht zu Kompott und Gelee. - Junge Blätter für Teemischungen beliebt, u. a. weil sie eine goldgelbe Farbe ergeben. - Blätter mit Blüten arzneilich als wichtiges Herzmittel bei beginnender Herzschwäche.

Weitere Art:

Crataegus laevigata (Poir.) DC. (= *C. oxyacantha* L. em. Jacq.), Zweigriffliger Weißdorn: Blätter kaum gelappt mit nach vorn gerichteten Zähnen. Meist an etwas feuchteren und schattigeren Standorten, so vor allem in Hartholzauen.

Crepis capillaris (L.) Wallroth (= *Crepis virens* L.), Kleinköpfiger oder Grüner Pippau

– Asteraceae (= Korbblütler)

Einjährig, sommerannuell oder winterannuell, 15-60 cm hoch. Wie alle Arten der Unterfamilie Cichorioideae milchsaftführend.

Vorkommen: Magere Wiesen, Weiden und Ruderalstellen in warmer Klimalage. Alteinwanderer (Archäophyt).

Blüten: VI-IX. Unscheinbare "Körbchenblumen vom *Leontodon*-Typ". Körbchen innen mit geringer, außen mit hoher UV-Reflexion, daher den Bestäubern zweifarbig erscheinend. Stengel mehrköpfig, Einzelköpfchen 10-15 mm breit. Nur Zungenblüten vorhanden. Bestäubung durch Fliegen und Bienen.

Früchte: Achänen. Pappus in mehreren Reihen angeordnet, weiß. Pappusstrahlen unverzweigt, biegsam, bei Trockenheit spreizend: Schirmchenflieger. Außerdem Zufallsverbreitung durch Distelfinken und Verschleppung als Bestandteil von Rasenmischungen.

Weitere Art:

Crepis biennis L., Zweijähriger Pippau: Zweijährige Halbrosettenpflanze, tiefwurzelnd, 30-100 cm hoch. Fettwiesen und Wegränder, auf frischen, nährstoffreichen Lehmböden. Blütenkörbchen 20-35 mm breit. Bestäubung durch Bienen sowie Selbstbestäubung. Die Vermehrung erfolgt aber weitgehend apomiktisch, d. h. die Samen entwickeln sich ohne Befruchtung.

Crocus albiflorus Kit. ex Schult., Frühlings-Krokus, Weißer Safran

– Iridaceae (= Schwertliliengewächse)

Frühlingspflanze: Knollen-Geophyt. Wechselknolle: diesjährige Sproßknolle etagenartig über der vorjährigen, ausgelaugten angelegt. Zugwurzeln regulieren die Lage wieder ein. Blätter rinnig versteift, mit Bohrspitze aus verdickten Zellen: Anpassung an die Schneeblüte. - **Giftig**: vgl. unten.

Vorkommen: frische, tiefgründige nährstoff- und basenreiche Bergwiesen und -weiden, wild fast nur in den Alpen. - **Geschützt**!

Blüten: II-IV, Frühblüher. "Große Trichterblumen", analog denen der Herbst-Zeitlose (*Colchicum)*, aber Nektar am Grunde der 4,5-5,5 cm langen Blütenröhre abgesondert, jedoch auch kapillar aufsteigend, dann außer Faltern auch Hummeln zugänglich. Blütenduft zum Grunde zunehmend. Die Perigonblätter reagieren schon auf Temperaturschwankungen von 0,2 °C, d. h. die Blüten schließen sich schon bei größeren vorbeiziehenden Wolken. Selbstbestäubung durch Drehung der Staubblätter um 90° möglich. Lebensdauer der Blüte etwa 12 Tage.

Früchte: Die fachspaltigen Kapseln neigen sich zur Fruchtreife mit dem dann stark verlängerten Fruchtstiel zu Boden: Selbstaussäer. Samen mit Anhängsel: Ameisenverbreitung.

Vegetative Vermehrung durch Brutknospen aus den unteren Blattachseln. Verbreitung im Garten besonders durch Wühlmäuse.

Weitere Arten/Verwendung:

Crocus chrysanthus Herb., Gold-Krokus: Häufige Gartenzierpflanze.

Crocus napolitanus MORD. et LOIS., Italienischer Krokus: Gartenzierpflanze, meist blauviolett.

Crocus sativus L., Echter Safran: Nutzpflanze. Blüht im Herbst. Griffel bis 20 cm lang. Die getrockneten Narben enthalten den zu den Carotinoiden gehörenden, aber wasserlöslichen Farbstoff Crocetin. Färbwirkung noch in einer Verdünnung von 1: 100 000. Die Narben werden seit dem Altertum zum Färben von Backwaren ("Safran macht den Kuchen gel") sowie als Gewürz verwendet. Wegen der geringen Ausbeute sind sie sehr teuer, denn für 1 g Safran braucht man mehr als 100 Blüten. Heute meist importiert, früher auch in Deutschland angebaut (1914 noch 100 t im Handel). Die üblicherweise verwendeten kleinen Mengen sind unbenklich, doch führen bereits 5-10 g der Droge zu ernsten bis tödlichen Vergiftungen.

Cucumis sativus L., Gurke

– Cucurbitaceae (= Kürbisgewächse)

Einjährig, sommerannuell. Bis 3 m lang. Sprosse niederliegend oder mit Blattranken kletternd. Pflanzen zeigen im Sommer Kälteschäden, wenn die Temperaturen an mehreren Tagen hintereinander unter 10 °C absinken.

Vorkommen: Kulturpflanze seit dem 16. Jh. Heimat: Indien.

Blüten: VI-IX, tagneutral. Einhäusig. "Große Trichterblumen". Männliche Blüten gehäuft. Weibliche Blüten einzeln, am unterständigen Fruchtknoten leicht kenntlich. Blütenökologisch ähnlich wie die Zaunrübe (*Bryonia*). Bei Kulturformen erfolgt die Samenbildung oft ohne Befruchtung (apomiktisch).

Früchte: Beerenfrüchte, aus 3 Fruchtblättern verwachsen, bis 50 cm lang. Verbreitung durch den Menschen und Verdauungsverbreitung durch Vögel. Samen länglich, mit scharfem Rand. Typische Wärmekeimer, 2-3 Jahre keimfähig.

Verwendung: Gurken gehören mit 97 % Wasser und etwa 49 kJ pro 100 g zu den wasserreichsten und kalorienärmsten Früchten unserer Nahrung. 1986 wurden weltweit 12 Mio t Gurken geerntet, der höchste Anteil in China. Aus dem fetten Öl der Samen wird in tropischen Ländern Speiseöl gewonnen.

Weitere Art:

Cucumis melo L., Melone, Zucker-Melone: Kulturpflanze. Heimat: tropisches und subtropisches Afrika und Asien. Durch starke Transpiration der Blätter kann bei heißem Wetter die Temperatur der Blätter bis 15 °C unter der Lufttemperatur liegen. Die

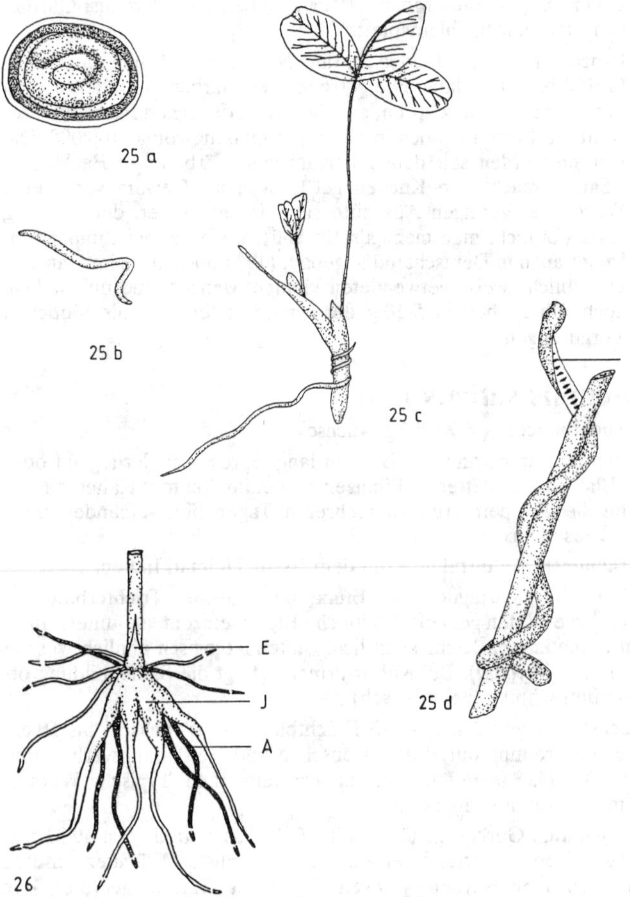

Abb. 25: **Cuscuta**: **a** Samen. **b** Keimling. **c** junge Pflanze, um den Wirt gewunden. **d** Teil einer älteren Pflanze (Ha Haustorium). (a-c *Cuscuta epilinum*, nach KOCH; d *Cuscuta lupuliformis*).
Abb. 26: **Dactylorhiza majalis**: Handförmig geteilte Knolle (J junge Knolle, E deren Erneuerungsknospe, A alte Knolle). (Nach TROLL).

kugeligen Früchte werden als Obst (!) und in den warmen Ländern zum Durststillen verwendet.

Cucurbita pepo L., Garten-Kürbis

– Cucurbitaceae (= Kürbisgewächse)

Einjährige Kletterpflanze, maximal 10 m lang. Die Pflanze erfriert schon bei länger anhaltender kühler Sommerwitterung (unter 10 °C): Tropenpflanze! Keim- und optimale Wachstumstemperaturen liegen höher als bei den heimischen Pflanzen. Sproßzuwachs pro Tag bis 14 cm. Die Keimblätter legen sich abends zusammen: "Schlafbewegung". Haarzellen der Pflanze mit im Mikroskop gut sichtbarer Plasmaströmung. Die ästigen Blattranken sind wahrscheinlich aus Mittelrippen abzuleiten. Sie reagieren in wenigen Sekunden auf eine Belastung von weniger als 1 Millionstel Gramm. Bei feuchtwarmen Wetter ist der Vorgang so schnell, daß man die Einkrümmung verfolgen kann.

Vorkommen: Kulturpflanze.

Blüten: VI-VIII. Einhäusig. "Große Trichterblumen". Vormittags geöffnet. Zuckerproduktion mit 28 mg pro Tag und Blüte sehr hoch. Reicher Bienenbesuch. Die Pollenkörner sind mit 0,2 mm ø die größten unserer Flora.

Früchte: Die Beeren (Panzerbeeren) werden bis über 30 kg schwer und gehören damit zu den größten Früchten überhaupt. Tierverbreitung: Mundwanderer. Wildform auch als Rollfrucht! Weiterverbreitung der flachen und schleimigen Samen durch Klebverbreitung.

Verwendung: Nutzpflanze, in verschiedenen Sorten gezogen, zu denen auch die "Zucchini" gehören. Die Samen enthalten bis etwa 35 % fettes Öl (z. B. beim "Ölkürbis"), das in manchen Ländern als Speiseöl genutzt wird. Arzneilich werden die Samen bei Blasenleiden, volksmedizinisch als Wurmmittel verwendet, aber heute nur noch selten. Die Blüten können gekocht oder als Salatbeigabe genutzt werden.

Cupressus sempervirens L., Mittelmeer-Zypresse

– Cupressaceae (= Zypressengewächse)

Immergrüner Nadelbaum (Name!: lat. sempervirens = immergrün). Winzige Schuppenblätter als Trockenheitsanpassung. Jungpflanzen raschwüchsig mit einem Jahreszuwachs von bis zu 1 m, später langsamwüchsig.

Vorkommen: Angepflanzt in Gärten, Parks und Friedhöfen. Heimat: östliches Mittelmeer, Asien.

Blüten: Einhäusig. Männliche Blüten eiförmig, grünlich, 3 mm lang. Weibliche Zapfen mit 8-14 Deckschuppen, jede mit zahlreichen Samenanlagen.

Samen: Reife Zapfen kugelig und dicht geschlossen: Trockenheitsanpassung. Verbreitung der winzigen Samen wahrscheinlich als Ballonflieger.

Verwendung: Zierpflanze, meist in einer säulenförmigen Kulturvarietät. Zypressenöl ist seltener Bestandteil von Hustenmitteln.

Verwandte:

Thuja occidentalis L., Abendländischer Lebensbaum: 6-10 m hoch, in der Heimat bis 30 m hoch. Verschiedenblättrig: in der Jugend mit nadelfömigen, später nur noch mit schuppenförmigen Blättern. Harzdrüsen auf dem Blattrücken. In allen Teilen stark **giftig** durch das ätherische Öl Thujon mit ähnlich gefährlicher Wirkung wie *Juniperus sabina*. Vergiftungen auch bei Pferden. Zierbaum, besonders der Friedhöfe, auch als niedriger Heckenstrauch geschnitten. Heimat: östliches Nordamerika. Wurde 1536 nach Europa gebracht. Samen geflügelt. Wurde früher volksmedizinisch verwendet; doch ist wegen der Giftigkeit davon abzuraten.

Cuscuta europaea L., Nessel-Seide, Hopfen-Seide, Teufelszwirn

– Cuscutaceae (= Seidengewächse)

Einjähriger Vollschmarotzer (Abb. 25). Linkswinder. Laubblätter und Wurzeln fehlen. Chlorophyll ist nur in Resten vorhanden. Der fadenförmige (Name!), keimblattlose Keimling bewegt sich dadurch fort, daß er an der Spitze weiterwächst und am hinteren Ende abstirbt, wobei die Baustoffe nach vorne wandern (Bodenkriecher). Bei Kontakt mit der Wirtspflanze windet er sich um diese und bildet Saugfortsätze (Haustorien), die unter Auflösung der Zellwände des Wirtes bis zu deren Sieb- und Gefäßteilen vordringen und dort Wasser und die gelösten Assimilate entziehen. Absterben der Wirtspflanze bei übermäßiger Ausnutzung möglich.

Vorkommen: Staudengesellschaften feuchter, nährstoffreicher Standorte, vor allem der Flußtäler. Wirtspflanzen: Brennessel, Hopfen und andere Stauden, selten Gehölze.

Blüten: VI-VIII. Je nach Wirt entweder Langtag- oder Kurztagpflanze. Homogame "Glockenblumen mit klebrigem Pollen", in köpfchenförmigen Blütenständen in den Achseln winziger Tragblätter. Nektar bedeckt. Besucher: Wespen, vor allem Grabwespen ("Wespenblume"). Blüten teilweise geschlossenblütig (= kleistogam). Lebensdauer der Blüten etwa 10 Tage.

Früchte: 4samige Kapseln. Hauptverbreitung wahrscheinlich durch Schwimmsamen.

Weitere Art:

> **Cuscuta epilinum** WEIHE, Flachs-Seide: Vollschmarotzer, der auf Flachs (= Lein) spezialisiert ist. Wegen Aufgabe des Leinanbaus in Deutschland ausgestorben. Blütenknäuel ohne Tragblätter.

Cyclamen purpurascens MILLER (= *C. europaeum* auct.)

Wildes Alpenveilchen

– Primulaceae (= Primelgewächse)

Knollen-Geophyt mit ausdauernder Hypokotylknolle. Wie bei anderen Knollenpflanzen der "Zweikeimblättrigen" wird nur 1 Keimblatt entwickelt. - Knolle durch Saponine (Cyclamin) stark **giftig**, für den Menschen sollen schon 10 g tödlich sein. Für Schweine nicht giftig, für Fische jedoch sehr giftig.

Vorkommen: Buchen-Tannen-Bergwälder, auf lockeren, kalkhaltigen Böden. Selten und nur im Süden. Potentiell gefährdet. Vereinzelt auch Zierpflanze und öfters verwildert. - **Geschützt**!

Blüten: VI-IX. Vormännliche "Glockenblumen mit Streukegeleinrichtung", ohne Nektar. Wohlriechend durch ätherische Öle. Das zuckerreiche, anbohrbare Gewebe in den Blüten ist wahrscheinlich ohne ökologische Bedeutung. Bestäubung durch Hummeln. Auch Selbstbestäubung möglich.

Früchte: Kapseln kugelig, sich an der Spitze klappig öffnend. Samen mit Ölkörper (Elaiosom): Ameisenverbreitung. Fruchtstiele spiralig gedreht, bei Reife niederliegend, Öffnung der Früchte im folgenden Jahr: Selbstaussäer. Dunkelkeimer.

Vegetative Vermehrung durch kurze Ausläufer.

Weitere Arten:

> Die als Topfpflanzen gezogenen Alpenveilchen gehen auf **Cyclamen persicum** MILLER (Kaukasus usw.) zurück.

Cydonia oblonga MILLER (= *C. vulgaris* PERSOON), Quitte, Echte Quitte
– Rosaceae (= Rosengewächse)

Sommergrüne, dornenlose Bäume oder Sträucher, bis 8 m hoch. In Kultur werden sie oft auf Weißdorn gepfropft, während sie ihrerseits gerne als Unterlage für Birnen genommen werden, deren Früchte dadurch früher reifen und besonders aromatisch werden. - Zur Gattung *Cydonia* gehört nach Ausschluß von *Chaenomeles* (= Zierquitte) nur diese eine Art. Die Gattung ist durch Bastardierung mit *Malus* (= Apfel) und *Pyrus* (= Birne) verbunden.

Vorkommen: Obst- und Zierbaum. Anbau vor allem im Süden des Gebietes. Nur selten an sonnigen Hängen verwildert. Heimat: Südwestasien.

Blüten: V-VI. Große, vorweibliche, intensiv duftende, "nektarführende Scheibenblumen", meist einzeln stehend. In jedem Fruchtfach befinden sich zahlreiche Samenanlagen. Nektar wird am Grunde der Kronblätter abgeschieden. Besucher sind vor allem kleine Hummeln und Bienen.

Früchte: große, apfel- oder birnähnliche Apfelfrüchte, von den bleibenden, sich bis zur Fruchtzeit vergrößernden Kelchblättern gekrönt. Fruchtfleisch mit zahlreichen Steinzellen. Der angenehme Duft beruht auf einem Gemisch von mindestens 80 Duftstoffen, vor allem Estern. Verbreitung vor allem durch Siebenschläfer. Fruchtreife: Herbst.

Vegetative Vermehrung durch Wurzelsprosse.

Verwendung: Quittenfrüchte sind ideal für die Bereitung von Gelee, Mus und Marmelade. Unser Wort Marmelade soll von lat. malomela (= in Honig eingemachte Quitten) abzuleiten sein. Eine besondere Rolle spielen die Quitten in den warmen Mittelmeerländern, wo die Früchte besser ausreifen und auch roh verzehrt werden können. Sie werden dort mancherorts wegen des angenehmen Duftes in Empfangsräume gelegt, und noch heute soll es im Balkan Brauch sein, daß die Braut vor Betreten des Schlafgemachs eine Quitte essen soll. Quittengelee wurde benutzt, um die erste Nacht für die Braut angenehmer zu gestalten. Die Liebes-"Äpfel" der alten Griechen waren Quitten. - Die schleimabsondernden Samen sind schon seit dem Altertum als kühlendes und einhüllendes Mittel für Wunden bekannt, heute nimmt man Auszüge davon vor allem als Hustenmittel. - Die vielfach in Vergessenheit geratene Quitte sollte vermehrt wieder in Gärten angepflanzt werden.

Cymbalaria muralis G., M. et Sch. (= *Linaria cymbalaria* (L.) Miller), Mauer-Zimbelkraut

– Scrophulariaceae (= Rachenblütler, Braunwurzgewächse)

Immergrüne Kriechstaude, Spaltenkriecher.

Vorkommen: Gartenzierpflanze. Außerdem allgemein eingebürgert in Fugen von Mauern und in Felsspalten (Gartenflüchter, Neophyt seit dem 17. Jh.). Heimat: Südwesteuropa. - Schützenswert.

Blüten: VI-IX. Kleine, homogame "Maskenblumen", mit Kronblattsporn. Blütenökologisch ähnlich wie *Linaria*. Die gelben Blütenmale außen auf der Unterlippe der Blüte wirken als Staubbeutelattrappen. Blüten zum Licht gewendet (positiv phototrop). Bestäuber: Bienenverwandte und Schwebfliegen. Auch Selbstbestäubung in den Blütenknospen kurzer, sich in die Erde einbohrender Seitenzweige: geschlossenblütig.

Früchte: Nach der Befruchtung wächst der Fruchtstiel in dunkle Spalten (negativ phototrop), wo die kleinen Porenkapseln mit 3 Klappen aufspringen: Selbstaussäer. Gartenflüchter. Fruchtreife: VIII-IX. Dunkelkeimer.

Cynoglossum officinale L., Echte Hundszunge

– Boraginaceae (= Rauhblattgewächse, Borretschgewächse)

Zweijährige Halbrosettenpflanze. Blätter angeblich hundezungenähnlich (Name!). - Durch Pyrrolizidin-Alkaloide, die sich vor allem in den Samen befinden, **giftig**. Bei Kaltblütern wirken sie schon in geringen Dosen lähmend, sind aber für größere Warmblüter weniger schädlich.

Vorkommen: Trockenwarme, basenreiche Ruderalstellen und gestörte Trockenrasen. Stickstoffzeiger. Kulturbegleiter.

Blüten: V-VII. Homogame, trichterförmige "Stieltellerblumen", in rispig angeordneten Wickeln. Die ziemlich lange Kronröhre ist durch Hohlschuppen (Schlundschuppen) verschlossen, daher ist der Nektar nur Bienenverwandten und Faltern zugänglich. Zuletzt auch spontane Selbstbestäubung.

Früchte: Die vier mit dem Mittelsäulchen verwachsenen Teilfrüchte (= Klausen) sind außen widerhakig-stachlig und werden als Kletthafter verbreitet, z. B. durch Kaninchen.

Verwendung: Altbekanntes Mäusegift (mit Mäusegeruch!). Kraut und Wurzeln wurde früher arzneilich verwendet, z. B. bei schlecht heilenden Wunden. Wegen der Giftigkeit ist vom Gebrauch abzuraten.

Cypripedium calceolus L., Frauenschuh

– Orchidaceae (= Orchideen)

Rhizom-Geophyt. Wurzelpilz. Die Ernährung erfolgt jahrelang über den Pilz (= mykotroph); das erste grüne Blatt wird im 4. Jahr angelegt, die Blühreife erfolgt erst vom 16. Jahr an. - Blätter scheidig, relativ groß, aber durch Längsfalten versteift, das Wasser zum Stengel hin ableitend. Rhizom als Speicherorgan verdickt, mit Niederblattschuppen.

Vorkommen: Lichte Wälder und Gebüsche, auf basenreichen, meist kalkhaltigen Böden. Von der Ebene bis in mittlere Gebirgslagen. Im Norden selten. Oft ausgerottet, z. B. durch Ausgraben. Stark gefährdet! - **Geschützt**!

Blüten: V-VI, Frühblüher. Mit bis zu 8 cm Länge gehören sie zu den größten heimischen Blüten. Zur Öffnung drehen sie sich um 180° durch Überkrümmung des Blütenstiels, d. h. der "Schuh" (= Labellum) ist ursprünglich das obere, innere Perigonblatt der "Kesselfallenblume": Insekten, besonders Bienen, dringen durch das Loch an der Labellumbasis in den Kessel ein oder fallen in den Kessel, dessen glatte und glänzende Wände einen Ausstieg verhindern. Der einzige "Weg" aus der Falle führt über den Geschlechtsapparat (Gynostemium) hinweg zu einer fensterartig durchsichtigen Wand, die eine Öffnung vortäuscht. Auf diese Weise wird zuerst die Narbe und dann zumindest eine der beiden klebrigen Pollenmassen berührt. Zuweilen lauern Raubspinnen (z. B. Thomisiden = Krabbenspinnen) in den Kesseln und machen diese dann zur tödlichen Falle.

Früchte: 1fächerige Kapseln. Sinkgeschwindigkeit der winzigen Samen (Ballonflieger) nur 25 cm pro Sekunde, damit Flugweiten von ca. 10 km möglich.

Cytisus scoparius (L.) Link (= *Sarothamnus scoparius* (L.) Wimm. ex Koch), Besenginster

– Fabaceae (= Schmetterlingsblütler)

Winterkahler, z. T. auch sommerkahler Rutenstrauch, selten kleiner Baum bis 3 m Höhe. Meist nicht älter als 12 Jahre alt werdend. Rutensträucher sind Charakterformen des Mittelmeer- und Seeklimas. Zweige assimilierend, Blätter oft auf 1 Fiederchen reduziert und in Trockenperioden abfallend. Frostempfindlich, deshalb in wintermilder Klimalage nur bis ins Mittelgebirge verbreitet. Friert in strengen Wintern stark zurück, treibt aber meist vom Grunde her wieder aus. Tiefwurzler. Wurzelknöllchen mit stickstoffbindenden Bakterien. - Schwach **giftig** durch Alkaloide (z. B. Spartein mit lähmender Wirkung), bei arzneilicher Überdosierung aber auch tödlich.

Vorkommen: meist frische, nährstoffreiche, aber saure, kalkfreie Eichen- und Kiefernwälder, Waldsäume. Bestandbildend in heideartigen Gesellschaften sowie an Autobahn- und Bahnböschungen. Lichtpflanze und Lichtkeimer.

Blüten: V-VI, vereinzelt aber auch bis VIII blühend. Homogame "Pollen-Schmetterlingsblumen mit Schnellmechanismus". Rote Strichsaftmale. In den mit den Flügeln durch ein Gelenk verzahnten Schiffchen sind die spiralig eingerollten Staubblätter verborgen. Bei Belastung des Schiffchens durch kräftige Hummeln (selten Bienen) erfolgt eine Trennung der Ränder, die Staubblätter schnellen heraus, und der Besucher wird bestäubt. Der Schnellvorgang läßt sich bei Blüten im geeigneten Reifestadium auch mit einem Bleistift auslösen. Selbststeril.

Früchte: Die schwarzen und deshalb wärmespeichernden Hülsen sind typische Austrocknungsstreuer (vgl. *Lotus* = Hornklee). Selbstverbreitung, Schleuderweite der Samen mehrere Meter.

Verwendung: Früher wichtig für Kehrbesen (Name!: lat. "scoparius" = besenliefernd). Die Pflanze liefert auch brauchbare Fasern. Heute zur Böschungsbefestigung. Wird arzneilich bei Kreislaufstörungen und zu niedrigem Blutdruck verwendet und diente früher in der Eifel als Hopfenersatz für die Bierbrauerei. Mit den Blättern und Blüten läßt sich Wolle gelb färben. - Als Zierpflanze beliebt und stellenweise verwildert ist eine Form mit hellroten Blüten.

Weitere Art:

Cytisus nigricans L. (= *Lembotropis nigricans* GRISEB.), Schwarzwerdender Geißklee: Der Name verweist auf das Schwarzwerden der beim Herbarisieren langsam trocknenden Pflanze. Ähnlich verhalten sich die Orchideen sowie der Klappertopf *(Rhinanthus)* und verwandte Gattungen. Das Schwarzwerden beruht darauf, daß in den absterbenden Zellen die Membranen durchlässig werden und ein Ferment mit einem Chromogen (Vorstufe eines Farbstoffes) reagiert. Tötet man solche Pflanzen sofort ab, z. B. durch Eintauchen in heißes Wasser, unterbleibt der Färbungseffekt. - Winterkahler Strauch bis über 1 m Höhe. Lichte, trockenwarme Eichen- oder Kiefernwälder und deren Säume, auf basenreichen Böden. Nektarlose "Pollenblumen mit Pumpmechanismus", Übergang zum "Klappmechanismus". Bestäuber: Bienenverwandte. Früchte: Austrocknungsstreuer (Explosionsfrüchte).

Dactylis glomerata L., Gemeines Knäuelgras

– Poaceae (= Süßgräser)

Meist wintergrüner Hemikryptophyt (Horstpflanze). Obergras. Blätter durch basale Faltung und Längskielung versteift.

Vorkommen: Fettwiesen, Wege, Waldschläge und Ruderalstellen, auf frischen, nährstoffreichen Böden. Stickstoffzeiger. Bei Überdüngung Konkurrent vieler Kräuter und damit zur "Vergrünung" der Nutzwiesen beitragend.

Blüten: V-VI. Ährchen in knäuelig gedrängter Rispe (Name!). Windblütig: "langstaubfädiger Typ". Pollen häufig Ursache für Heuschnupfen. Selbststeril.

Früchte: von gewimperter oberer Hüllspelze und Deckspelze umgeben, dadurch Klettverbreitung sowie auch Wind- und Schwimmverbreitung. Außerdem Zufallsverbreitung über Heu und Weidefutter. Fruchtreife: VIII.

Verwendung: eines der wertvollsten Futtergräser. Es ist widerstandsfähig, ertragreich und nährstoffreich.

Dactylorhiza majalis (Rchb.) Hunt et Summ. (= *Orchis majalis* Rchb., *O. latifolia* auct.), Breitblättriges Knabenkraut

– Orchidaceae (= Orchideen, Knabenkrautgewächse)

Knollen-Geophyt. Blätter scheidig (vgl. *Cypripedium*). Knollen (Abb. 26, S. 144) zusammengedrückt, dreiteilig-handförmig (wiss. Name!: griech. dactylos = Finger, rhiza = Wurzel) als Speicherorgan. Sie bestehen aus den verwachsenen Wurzelknollen und den verdickten Nebenwurzeln. Wechselknolle (vgl. Abb. 58, S. 308). Wurzelpilz.

Vorkommen: Naßwiesen und Quellsümpfe, auf nährstoffreichen, kalkarmen Tonböden. Mancherorts stark zurückgegangen. Vernichtung meist durch landbauliche Maßnahmen, z. B. Trockenlegungen. - Gefährdet.- **Geschützt**!

Blüten: V-VI. "Lippenblumen vom *Orchis*-Typ", in Ähren. Blütendrehung durch Fruchtknotendrehung um 180°, wird durch die Schwerkraft induziert. Lippensporn ohne Nektar, aber mit zuckerreichem, "anbohrbarem" Gewebe. Perigon meist mit Punkt- und Strichsaftmalen. Pollen in 2 gestielten, mit Klebscheiben ausgestatteten Pollinien (= fädig verbundene Pollenmasse eines Staubbeutelfaches): Anpassung an samenanlagenreiche Fruchtknoten. Bestäuber: besonders Bienenverwandte, die das am Kopf klebende, bald nach vorn umkippende Pollinium auf die klebrige Narbe einer anderen Blüte übertragen.

Früchte: Kapseln mit hygroskopisch verschließbaren Längsspalten: entlassen die Samen nur bei trockenwarmem Wetter. Samen winzig, feilspanartig, mit wenigzelligem Keimling und statt mit Reservegewebe mit Luftraum: typische Ballonflieger. Sinkgeschwindigkeit: 25 cm/s, entsprechend Flugweiten von 10 km und mehr möglich. Samenkeimung an spezifischen Wurzelpilz gebunden, im Jugendstadium Pilzparasit.

Vegetative Vermehrung durch basale Brutknospen.

Verwendung: Knollen als Schleimdroge (vgl. *Orchis*). - Im Aberglauben galten die am Johannistag ausgegrabenen Knollen ("Johannishändchen") als Glücksbringer.

Weitere Art:

Dactylorhiza maculata (L.) Soó (= *Orchis maculata* L.), Geflecktes Knabenkraut: Ökologisch ähnlich, aber mehr auf ärmeren Böden, auch in lichten Wäldern und auf Moorwiesen. Bei der Kleinart *D. fuchsii* (Druce) Soó erfolgt die Bestäubung durch den Bockkäfer *Alosterna tabacicolor*. Hautflügler und Bienen besuchen die Blüten, bestäuben sie aber nicht.

Dahlia pinnata Cav. (= *D. variabilis* Desf.), Dahlie

– Asteraceae (= Korbblütler)

Knollen-Geophyt. Wurzeln im oberen Abschnitt knollig verdickt mit Inulin als Speicherstoff, im unteren Teil wie normale Nährwurzeln ausgebildet. Gilt als Standardbeispiel für Wurzelknollen, müßte aber nach Troll wegen der Doppelfunktion als Speicherwurzel bezeichnet werden. - Allopolyploid. - Name nach dem schwedischen Botaniker A. Dahl (1751-1789).

Vorkommen: Angepflanzt als Gartenzierpflanze. Heimat: Mexiko. Wegen der Frostempfindlichkeit werden bei uns die unterirdischen Organe im Herbst ausgegraben und frostsicher aufbewahrt. Doch können die Pflanzen in milden Wintern gut überdauern.

Blüten: VIII-X, Kurztagpflanze.

Früchte: gewöhnlich kein Samenansatz.

Vegetative Vermehrung ist durch Teilung der unterirdischen Pflanzenteile möglich.

Verwendung: formenreiche Zierpflanze mit Tausenden von Kulturvarietäten.

Daphne mezereum L., Gemeiner Seidelbast

– Thymelaeaceae (= Spatzenzungengewächse, Seidelbastgewächse)

Winterkahler Strauch bis über 1 m Höhe. - Wurzelpilz. - Stark **giftig**: Alle Teile, vor allem Rinde und Samen, enthalten giftige Scharfstoffe. Schon wenige Früchte können tödlich wirken. Name "Kellerhals" von dem würgenden Gefühl bei Vergiftungen. Bei Berührungen der frischen Zweige sind Hautreizungen und blasige Geschwüre möglich.

Vorkommen: krautreiche Wälder, auf frischen, nährstoff- und basenreichen, meist kalkhaltigen Böden, vor allem im Gebirge. Stark gefährdet durch "Sträußesammler" sowie durch einseitige Nadelholzaufforstungen. - **Geschützt**! (alle Arten der Gattung).

Blüten: II-IV, Frühblüher. Die Blüten erscheinen vor dem Laubaustrieb. Sie entspringen meist zu dritt direkt am Stengel, nämlich in den Achseln abgefallener, vorjähriger Blätter. Es liegt hier also das einzige heimische Beispiel für Stengelblütigkeit (Kauliflorie) und Stengelfrüchtigkeit vor, wie sie bei Tropenpflanzen (z. B. bei Kaffee und Kakao) verbreitet sind. "Stieltellerblumen mit verborgenen Staubbeuteln und Narben". Stark duftend. Statt der Kronblätter übernehmen die Kelchblätter die Schauwirkung. Blütenachse kurz röhrenförmig. Besucher sind vor allem Falter und Bienenverwandte. Erst an dem durch den Nektar klebrigen Rüssel bleibt beim "Rückziehen" der Pollen kleben. Zuweilen kommen auch rein weibliche Pflanzen vor (= gynodiözisch). Spontane Selbstbestäubung möglich.

Früchte: Scheinfrüchte aus Blütenachse und eigentlicher Frucht gebildet, scharlachrot, steinfruchtartig. Samen mit bis zu 31 % fettem Öl. Verbreitung besonders als "Mundwanderer" durch Bachstelzen und Drosseln, die offenbar gegen das giftige Fruchtfleisch immun sind und die Steinkerne wieder ausspeien. Fruchtreife: VI-VII.

Datura stramonium L., Weißer Stechapfel

– Solanaceae (= Nachtschattengewächse)

Einjähriges, an nährstoffreichen Standorten bis über 1 m großes, strauchartig (dichasial) verzweigtes Kraut. - Stark **giftig** in allen Teilen durch Alkaloide (vor allem Scopolamin und Hyoscyamin; vgl. *Atropa*).

Vorkommen: nährstoffreiche Ruderalstellen, auch auf Äckern. Stickstoffzeiger. Neueinwanderer seit dem 17. Jh. Heimat: subtropisches Nordamerika. Kulturflüchter. Wärmeliebend, deshalb in den Alpen fehlend.

Blüten: VI-X. Bis 7 cm lange, homogame "große Trichterblumen", einzeln, übergipfelt. Geruch widerlich. Typische Nachtfalterblumen:

Blütenfarbe weiß (bei der var. *tatula* (L.) TORR. hellviolett), Öffnung abends, Hauptduft nachts, Welken am nächsten Tag. Blüten an trüben Tagen auch tagsüber geöffnet. Nektar wegen der 5 cm langen Röhre allein Nachtfaltern zugänglich. Selbstbestäubung erfolgreich.

Früchte: 4klappig aufspringende, meist bestachelte Kapseln. Windstreuer. Tierstreuer durch kurzfristig an vorbeistreifenden Tieren hängenbleibende Kapseln. Fruchtreife: VIII-IX.

Verwendung: Getrocknete Blätter früher als Mittel gegen Asthma verwendet, doch waren besonders bei Kindern Vergiftungen und sogar Todesfälle durch übermäßigen Genuß der "Asthma-Zigaretten" nicht selten. - Altbekanntes Rauschgift, deshalb für Hexensalben und Liebestränke verwendet. Anwendung äußerst gefährlich und daher z. B. schon im preußischen Landrecht unter Strafe verboten.

Daucus carota L., Wilde Möhre

– Apiaceae (= Doldenblütler)

Zweijährige Halbrosettenpflanze. Tiefwurzler. Wurzelrübe aus verdickter Hauptwurzel und Hypokotyl entstanden. Die Seitenwurzeln fallen bald ab und hinterlassen Narben, d.h. Querriefen. Bei der Kulturform (= subsp. *sativus* (HOFFM.) ARCANG.), ist die Rübe besonders kräftig ausgebildet. Sie ist das Ergebnis sekundären Dickenwachstums. Das innere, etwas durchscheinende "Herz" stellt den "Holzkörper" dar, die äußere, fleischige Schicht entspricht dem "Bast" (= sekundäre Rinde). Da der Bast mächtiger entwickelt ist als der Holzkörper, spricht man von einer "Bastrübe". Als "Karotten" (im engeren Sinn) wird eine kugelförmige Zuchtform bezeichnet, bei der nur der obere Teil der Hauptwurzel verdickt ist. - Die orangerote Färbung stammt von weitgehend auskristallisierten Karotinen (Name nach dieser Pflanze!).

Vorkommen: trockenere, nährstoffreiche Wiesen- und Wegränder. Kulturbegleiter.

Blüten: VI-IX. "Nektarführende Scheibenblumen vom *Heracleum*-Typ", in zusammengesetzter Dolde. Hüllblätter groß, fein fiederteilig (= Unterschied zu sonst ähnlichen Doldenblütlern). In der Doldenmitte befindet sich oft eine durch Anthocyane schwarzrot gefärbte "Mohrenblüte": Kontrastfärbung. Die Doldenstiele krümmen sich nachts einwärts (= "Nyktinastie"). Besucher. Insekten aller Art, besonders Käfer und Fliegen.

Früchte: stachelige, in 2 Teilfrüchte zerfallende Doppelachänen: Klettfrüchte. Fruchtreife: VII-IX. Während der Fruchtreife bleiben die Doldenstiele dauernd einwärts gekrümmt (= "Vogelnestform"), im reifen und abgestorbenen Zustand sind sie hygroskopisch beweglich, d. h. die Dolden sind dann bei Trockenheit gespreizt und bei Feuchtigkeit als "Vogelnest" zusammengezogen.

Verwendung: Alte, schon den Germanen bekannte Kulturpflanze. Die Gartenmöhre (= "Gelbe Rübe") stammt wahrscheinlich aus Asien. Sie ist u.a. reich an Zuckern, Vitamin B und C sowie Provitamin A (= ß-Karotin). - Frischer Möhrensaft wird arzneilich in der Säuglingsernährung, bei Vitamin A-Mangel und als schwaches Wurmmittel verwendet.

Dentaria bulbifera L. (= *Cardamine bulbifera* (L.) Crantz), Zwiebel-Zahnwurz

– Brassicaceae (= Kreuzblütler)

Rhizom-Geophyt. Speicher-Rhizom gezähnt (Name!).

Vorkommen: krautreiche Laubwälder, vor allem Buchenwälder, auf frischen, nährstoff- und basenreichen, lockeren Lehmböden, besonders im Bergland.

Blüten: IV-V, Frühblüher. Insektenblütig. Selbstbestäubung erfolgreich.

Früchte: Die Klappen der Schoten rollen sich bei der Reife plötzlich nach oben auf und schleudern dabei die Samen fort: Selbstausstreuer. Der Samenansatz ist jedoch sehr gering.

Vegetative Vermehrung: Die Hauptvermehrung der Pflanze erfolgt durch Brutknospen (= Brutzwiebeln, Bulbillen), die an Stelle von Seitensprossen in den Blattachseln entstehen und zum Teil von Ameisen verschleppt werden. Hinzu kommt Vermehrung durch Verzweigung des Rhizoms.

Verwendung: Für Wildpflanzengärten zu empfehlen.

Deschampsia cespitosa (L.) P. B., Rasenschmiele, Rasen-Schmiele

– Poaceae (= Süßgräser)

Hemikryptophyt: wintergrünes Horstgras, 40-150 cm hoch, bis 1 m tief wurzelnd. Die Blätter sind flach, derb und stark gerippt. Die Spaltöffnungen befinden sich in den dazwischenliegenden Rinnen und werden bei Trockenheit durch schwaches Einrollen des Blattes geschützt. Die Rippen sind rückwärts rauh, was vermutlich dem Fraßschutz dient und leicht demonstriert werden kann, indem man das Blatt zwischen den Fingern erst nach unten und dann nach oben durchzieht. - Name der Gattung nach dem franz. Naturforscher

Deschamps (1765-1842). - Verwandt ist die Drahtschmiele, *Avenella flexuosa*, (siehe dort).

Vorkommen: nasse Wiesen und Wälder, auf wechselnassen, humosen Lehm- und Tonböden. Quell- und Grundwasserzeiger. Von der Ebene bis in die alpine Stufe.

Blüten: VI-VIII. Windblütig: "langstaubfädiger Typ". Ährchen 4-5 mm lang, oft violett überlaufen.

Früchte: Verbreitungseinheit sind die von den Deck- und Vorspelzen umhüllten Karyopsen. Die so gebildeten Scheinfrüchte sind relativ leicht und werden entsprechend durch Wind (als Windstreuer bzw. Ballonflieger) oder Wasser (als Regenschwemmling bzw. Schwimmfrucht) verbreitet. Wegen der langen, knieförmig gekrümmten und hygroskopischen Granne können sie auch im Fell von Tieren haften bleiben und sich am feuchten Boden durch hüpfende Bewegungen selbst verbreiten. Dazu kommt Zufallsverbreitung durch fressende Huftiere sowie Wasserhaftverbreitung.

Vegetative Vermehrung durch unterirdische Ausläufer.

Verwendung: Als Futtergras kaum geeignet, wird aber manchmal auf Almweiden genutzt. Kann als Füllmaterial für Polster ähnlich wie Seegras verwendet werden. Für Wildpflanzengärten zu empfehlen. Die Blütenstände sind sehr dekorativ für Trockensträuße.

Dianthus carthusianorum L., Karthäuser-Nelke

– Caryophyllaceae (= Nelkengewächse)

Wintergrüner Chamaephyt mit Trockenheitsanpassungen: dichtrasig; Rhizom kriechend. - Artname nach den Naturforschern J. und F. Karthäuser.

Vorkommen: Magerrasen und Böschungen, auf warmen, trockenen, meist kalkreichen Böden. Im Norden selten. Durch Rückgang der Schafweide gefährdet. - **Geschützt**! (alle Arten der Gattung).

Blüten: VI-IX. Vormännliche "Stieltellerblumen mit herausragenden Staubbeuteln und Narben", in kopfig gestauchten Dichasien. Bestäuber: meist Tagfalter. Durch Hochblätter (= "Außenkelch") wird die "unerlaubte" seitliche Entnahme des Nektars durch Bienen mittels "Einbruch" verhindert. Blütenduft sehr angenehm durch das ätherische Öl Eugenol. Dieses verdankt seinen Namen dem gleichzeitigen Vorkommen in den Blütenknospen der zu den Myrtengewächsen gehörenden Gewürznelke (*Syzygium caryophyllus* = *S. aromaticum*). Eugenol ist auch im arzneilich verwendeten Nelkenöl (Oleum Caryophylli) vorhanden.

Früchte: länglich-becherförmige Trockenkapseln, die sich durch 4 trocken nach außen krümmende, feucht wieder schließende Zähne öffnen. Wind- und Tierstreuer. Samen flach, schalenartig: Regenschwemmlinge und evtl. Wasserhafter.

Vegetative Vermehrung durch Verzweigung des Rhizoms.

Weitere Arten:

Dianthus caryophyllus L., Garten-Nelke: seit Jahrhunderten angepflanzte Zierart. Die einfachen Formen werden "Simplizen", die mehrfarbigen "Bizarden" genannt. Die Vermehrung erfolgt meist vegetativ durch Stecklinge und Ableger oder auch durch Gewebekultur, d. h. winzige Teile der Zuchtpflanze werden zuerst in Nährlösungen (früher in steriler Kokosmilch) aufgezogen.

Dianthus superbus L., Pracht-Nelke: Hemikryptophyt bzw. Sumpfpflanze. Moor- und Pfeifengraswiesen sowie saure, feuchte Eichenwälder. Gefährdet. Optimale Schauwirkung durch die 1,5-3 cm langen, tief fransenförmig geteilten Kronblätter. (Versuche mit Bienen haben gezeigt, daß sie Blüten desto mehr bevorzugen, je ausgeprägter die Zerteilung ist. Vermutlich gilt das auch für Schmetterlinge). Blüte am Grunde bärtig: Nektarschutz. Schwacher Vanilleduft. Wegen der sehr engen Kelchröhre ist der Nektar nur Tagschwärmern, z. B. der Gattung *Macroglossa*, zugänglich. Für Wildpflanzengärten zu empfehlen (Naturschutz beachten).

Dianthus barbatus L, Bart-Nelke, Schuster-Nelke: Gartenzierpflanze in vielen Farbvarianten, z. T. durch hohe Anthocyankonzentration mit fast schwarzen Blüten. Alte Bauerngartenpflanze. Chamaephyt oder Hemikryptophyt, aber meist zweijährig kultiviert. Wild schon in Österreich.

Dictamnus albus L., Diptam

– Rutaceae (= Rautengewächse)

Ausdauernder Hemikryptophyt: Schaftpflanze. Wurzelpilz. Einziger heimischer Vertreter der vorwiegend tropisch verbreiteten Familie Rutaceae mit *Citrus* als bekanntester Gattung. Ganze Pflanze von starkem zitronen- bzw. zimtartigem Geruch durch ätherische Öle, die sich in Drüsenzotten sowie in lysigenen Ölbehältern befinden. Durch letztere erscheinen die Blätter durchsichtig punktiert. Die Ausdünstung ist - besonders in den Blüten - so stark, daß man die Duftwolke gelegentlich mit dem Streichholz anzünden kann. Die Pflanze nimmt dabei keinen Schaden.

Vorkommen: Säume, Gebüsche, lichte Trockenwälder, auf warmen, trockenen, mageren, meist kalkreichen Böden. Vor allem im Süden

(Hauptverbreitung als Steppenheidenpflanze des südlichen Eurasiens). - Gefährdet, z. T. durch Ausgraben, besonders aber durch Rückgang des Niederwaldbetriebes, da die Pflanze offenbar kaum länger als 20 Jahre auf vollschattigem Waldboden überdauern kann. - **Geschützt**!

Blüten: V-VI. Vormännliche, "eigentliche Lippenblumen". Sie gehören zu den schönsten Blüten der heimischen Flora. Durch Schwerkraft induzierte Dorsiventralität: 4 Kronblätter weisen nach oben, das fünfte bildet die Unterlippe. Die Staubfäden krümmen sich durch autonome Wachstumsbewegungen im oberen Teil nach oben, so daß sie den Besuchern als Anflugstangen dienen. Nach innen nimmt der Griffel dieselbe Stellung ein. Von der blütenökologisch ähnlichen Roßkastanie ist der Diptam durch Vormännlichkeit unterschieden. Blüten von purpurnen Drüsen, vor allem an den Staubfäden, stark duftend. Nektar vom Blütenboden abgeschieden. Bestäuber: größere Hautflügler und andere Insekten.

Früchte: Aus der Verwachsung von 5 Balgkapseln entstehen Schleuderfrüchte. Bei der Reife lösen sich zuerst Exo- und Mesokarp, danach öffnet sich das Endokarp explosionsartig und streut die Samen aus: Selbststreuer sowie Wind- und Tierstreuer.

Verwendung: Zierpflanze. Früher auch arzneilich verwendet.

Digitalis purpurea L., Roter Fingerhut

– Scrophulariaceae (= Rachenblütler, Braunwurzgewächse)

Zweijährige Halbrosettenpflanze oder auch ausdauernd. Blattstellung spiralig, das sechste Blatt steht genau über dem ersten, das entspricht bei 2 Umkreisungen einem Divergenzwinkel von 144°. - Stark **giftig** in allen Teilen durch Digitalis-Glykoside. Stark bitter schmeckend. Schon 0,3 g getrocknete Blätter sind für Erwachsene giftig.

Vorkommen: Schläge und Säume, auf frischen, nährstoffreicheren Böden. Bezeichnend für milde, humide Klimalagen. Stellenweise Neubürger (Neophyt).

Blüten: VI-VIII. Langtagpflanze. Blütentrauben durch Orientierung der Blüten zum Licht hin einseitswendig (= positiv phototrop). Einzelblüten fingerhutähnlich (Name!: lat. digitale = Fingerhut), durch Reaktion des Blütenstiels schräg abwärts gerichtet (= positiv geotrop). "Rachenblumen" mit der Innenwand dicht anliegenden Staubbeuteln und Narben. Der Eingang in die Blüten wird kleineren Insekten durch senkrecht hochstehende Sperrhaare (Lupe!) verwehrt, gewöhnlich können nur Hummeln eindringen ("Einkriechblume").

Blüten vormännlich, erblühen an der Traube von unten nach oben. Wenn die unteren sich im weiblichen Stadium befinden, sind die oberen erst im männlichen Stadium. Da der Anflug von Blütenständen durch Hummeln immer von unten nach oben erfolgt, wird Fremdbestäubung sichergestellt. Die dunklen, hell umrandeten Flecken der Blütenunterseite wurden früher als Saftmale gedeutet. Inzwischen konnte gezeigt werden, daß die Blüten bei Abdeckung der Flecken nur 1/5 mal so oft angeflogen werden wie sonst; man deutet die Flecken daher als Staubbeutel-Attrappen (Osche). Lebensdauer der Blüten ca. 6 Tage.

Früchte: wandspaltige Kapseln mit sehr zahlreichen kleinen Samen: Ballonflieger. Wind- und Tierstreuer. Fruchtreife: VIII. Lichtkeimer.

Verwendung: Zierpflanze. Auch für Wildpflanzengärten zu empfehlen. Blätter arzneilich als kreislauffördderndes Mittel verwendet (Herz-Glykoside). Vergiftungen durch Überdosierung nicht selten. Der Wirkstoff wird heute vor allem von der balkanischen Art *D. lanata* Ehrh. gewonnen.

Weitere Art:

Digitalis grandiflora Mill., Großblütiger Fingerhut: auf basenreichen, sommerwarmen Böden, vor allem im Bergland. Geschützt! Ökologisch ähnlich voriger Art. Blüten gelb, ihre Krone eng. Für Wildpflanzengärten sehr zu empfehlen. Wegen des Naturschutzes müssen die Pflanzen im Fachhandel aus Kultur bezogen werden.

Dipsacus fullonum L. (= *D. sylvestris* Huds.), Wilde Karde, Wilde Weberkarde

– Dipsacaceae (= Kardengewächse)

Zweijährige, bis über 2 m hohe Halbrosettenpflanze. - Zisternenpflanze: Blätter gegenständig, unten scheidig verwachsen, ein Wassersammelbecken (= "Phytothelme") bildend. Dessen Funktion wird in einem Aufkriechschutz gegenüber Ameisen gesehen. Möglicherweise erfolgt aber auch durch zufälligen Insektenfang eine zusätzliche Versorgung mit Stickstoffverbindungen.

Vorkommen: frische, nährstoffreiche Ruderal- und Ufer-Hochstaudenfluren. Alteinwanderer (Archäophyt).

Blüten: VII-VIII. "Körbchenblumen": walzliche Blütenstände von stacheligen Hochblättern umgeben, mit schmallinealischen Tragblättern (= Spreublätter). Die Entfaltung der Blüten geht von der Mitte des Blütenstandes aus (Sonderfall!). Blüten vormännlich, mit 1 cm langer, enger Röhre und herausragenden Narben und Staubbeuteln. Der Nektar ist nur für langrüsselige Hummeln und Falter erreichbar.

Selbstbestäubung erfolgreich.

Früchte: häutige, vom Kelch gekrönte einsamige Nüsse (Achänen). Typische Tierstreuer: Die Tiere bleiben an allen stacheligen Teilen, besonders an den Fruchtständen hängen. Die Früchte werden von den elastischen Spreublättern sowie durch den Rückschlag der ganzen Pflanze (so auch als Windstreuer) meterweit weggeschleudert. Fruchtreife: IX-X.

Verwendung: früher zum Aufrauhen von Geweben genutzt (siehe folgende Art). Auch als Zierpflanze für Trockensträuße geeignet und für Wildpflanzengärten zu empfehlen.

Weitere Art:

Dipsacus sativus (L.) SCHOLL. (= *D. fullonum* HUDS., non L.), Echte Weber-Karde: Spreublätter mit zurückgekrümmter Spitze. Die Art wurde noch bis Anfang des 20. Jh. angebaut, da ihre Fruchtstände zum Aufrauhen von Wollgewebe benutzt wurden. Auch neuerdings wird die Pflanze wieder zur Bearbeitung von Loden verwendet.

Drosera rotundifolia L., Rundblättriger Sonnentau – Droseraceae (= Sonnentaugewächse)

Ausdauernde, sommergrüne Rosettenpflanze. Überdauerung durch achselbürtige (Winter-)Knospen: Hemikryptophyt. - Blattmetamorphose: Fangblatt. Die Drüsenzotten sind Emergenzen mit besonderen Leitbahnen für die aufgenommenen Stoffe. - "Fleischfressende" (karnivore) Pflanze. Der Tierfang dient vor allem der zusätzlichen Gewinnung von Stickstoffverbindungen auf nährsalzarmen Böden. Die Fangblätter sind am Rand mit langgestielten, durch Eiweißstoffe reizbaren Drüsenzotten (Tentakeln) besetzt. Diese scheiden an der Spitze einen zähflüssigen, glänzenden (Name!), duftenden Tropfen ab, der u. a. eiweißspaltende Enzyme und Ameisensäure enthält. In der Blattmitte befinden sich kurzstielige Verdauungsdrüsen. Winzige Insekten, z. B. kleine Mücken, werden vom Fangschleim festgehalten. Nach etwa 1 Stunde bewegen sich die gereizten Tentakeln zur Blattmitte hin (Wachstumsbewegung). Schließlich beginnt sich nach etwa 2 Stunden das ganze Blatt einzukrümmen, so daß weitere Verdauungsdrüsen in Kontakt mit der Beute treten können. Nach etwa 8-12 Stunden ist der Vorgang abgeschlossen. Nach mehreren Tagen ist die Verdauung beendet, und die Blätter krümmen sich wieder zurück. Nur der Chitinpanzer wird nicht verdaut. Für Schulversuche empfiehlt sich vor allem *Drosera capensis* L., die in allen Botanischen Gärten gehalten wird. - Ihre Hauptverbreitung hat die Gattung in Südost-Australien, wo sogar halbstrauchig kletternde Arten vorkommen.

Vorkommen: nährstoffarme, meist nasse Torf- und Heidestandorte, besonders Moore. Lichtpflanze, kalkmeidend. Zirkumpolar verbreitet. - Durch Zerstörung der Standorte, besonders der Moore, und durch Überdüngung der Landschaft gefährdet. - **Geschützt**! (alle Arten der Gattung).

Blüten: VII-VIII. Die Blütenstände sind ährenförmige Wickel, die ähnlich wie bei Farnwedeln jung schneckenförmig eingerollt sind. Pollen in Tetraden. Blüten anfangs meist geschlossenblütig (kleistogam). Erst später werden normale Blüten ausgebildet, die meist nur für kurze Zeit am Morgen geöffnet sind. Bestäuber: kleine Zweiflügler.

Früchte: fachspaltige Kapseln: Windstreuer! Winzige, nur 0,02 mg schwere Samen ohne Nährgewebe, mit reduziertem Keimling und aufgeblasener Samenschale: Ballonflieger mit über 10 km Flugweite. Dadurch wird die schnelle Besiedlung freigewordener Standorte, z. B. verlassener, feuchter Sandgruben möglich. Keimung wahrscheinlich mit Hilfe von Pilzen, außerdem Licht- und Frostkeimer. Fruchtreife: VIII-X.

Vegetative Vermehrung an absterbenden Blättern im feuchten Moos durch Brutknospen (= Blattembryonie).

Verwendung: arzneilich als Bestandteil von Hustenmitteln verwendet, wobei der Bedarf vor allem durch Importe gedeckt wird. In der Volksmedizin wird der Saft z. B. gegen Warzen, Asthma und als Aphrodisiacum für Haustiere ("Bullenkraut") angewandt.

Weitere Art:

> **Drosera anglica** HUDSON, Langblättriger Sonnentau: Auf ähnlichen, aber etwas basenreicheren Standorten. Noch stärker gefährdet als vorige Art.

Dryas octopetala L., Silberwurz

– Rosaceae (= Rosengewächse)

Immergrüner, spalierartig wachsender Halbstrauch, 5-15 cm hoch. Langsamwüchsig, oft tief in Felsspalten wurzelnd. In der Arktis bis über 100 Jahre alt werdend. Weißfilzige Behaarung der Blattunterseite als Transpirationsschutz. Wurzelknöllchen mit Luftstickstoff-bindenden Actinomyceten. - Steht der Gattung *Geum* (= Nelkenwurz) nahe, die jedoch krautig und sommergrün ist.

Vorkommen: lückige Kalkmagerrasen und Steinrasen der alpinen Stufe, auf flachgründigen Böden. Oft mit den Flüssen herabgeschwemmt. Arktisch-alpine Pflanze, war während der Eiszeit über ganz Deutschland verbreitet, ist aber heute weitestgehend auf Nordeuropa und die Alpen beschränkt. Schützenswert.

Blüten: VI-VIII. Große, weiße, "nektarführende Scheibenblumen", einzeln auf langen Stielen. Kronblätter zu 8 (Name!: lat. octo = acht, petalum = Kronblatt), seltener 7 oder 9. Insekten- und Selbstbestäubung.

Früchte: In jeder Blüte entstehen mehrere Nußfrüchte mit dem zur Fruchtreife stark verlängerten, federig behaarten Griffel: Federschweifflieger. Die Haare liegen bei Nässe an und spreizen bei Trockenheit. Außerdem Menschenverbreitung als Gartenpflanze und Schwimmverbreitung durch Gebirgsbäche. Fruchtreife: ab VII.

Vegetative Vermehrung durch Verzweigung der Sprosse.

Verwendung: sehr dekorative Steingartenpflanze, auch für Wildpflanzengärten zu empfehlen.

Dryopteris filix-mas (L.) Schott, Gemeiner Wurmfarn

– Polypodiaceae s. l. (= Tüpfelfarngewächse i. w. S.) bzw. Aspidiaceae (= Schildfarngewächse) oder Dryopteridaceae (= Wurmfarngewächse)

Winterkahle Rosettenpflanze. Das kräftige Rhizom speichert fettes Öl und Zucker. - Zur Namenserklärung vgl. beim Frauenfarn (*Athyrium*). - Trockene, braune "Spreuschuppen" hüllen das Rhizom und den unteren Teil der Blattspindel sowie die jung eingerollten Blätter ein: Verdunstungs- und Wärmeschutz zugleich. Jahreszuwachs am Rhizom gut erkennbar. Die Blätter benötigen von ihrer Anlage am Rhizom bis zur vollen Entfaltung mehrere Jahre. - Wurzelpilz. - Konstanter, tetraploider Additionsbastard, entstanden aus der Kreuzung *D. caucasica* x *D. oreades*. - **Giftig** durch ein in den Exkretzellen der Rhizome und Blattstielbasen befindliches, offenbar auf die Gattung beschränktes Gemisch von Buttersäure-Phloroglucin-Verbindungen (Filicin). Besonders schädlich für niedere Tiere (vgl. Verwendung).

Vorkommen: frische und nährstoffreiche Wälder und Gebüsche. Schattenpflanze.

Vermehrung: Der Vorkeim (= Prothallium) ist bis ca. 1 cm groß, grün, herzförmig. Er stellt die Geschlechtspflanze dar und trägt entsprechend auf der Unterseite, vor allem im Bereich der Einkerbung, zahlreiche ± stark eingesenkte, weibliche und männliche Geschlechtsorgane (= Archegonien bzw. Antheridien). Zwischen

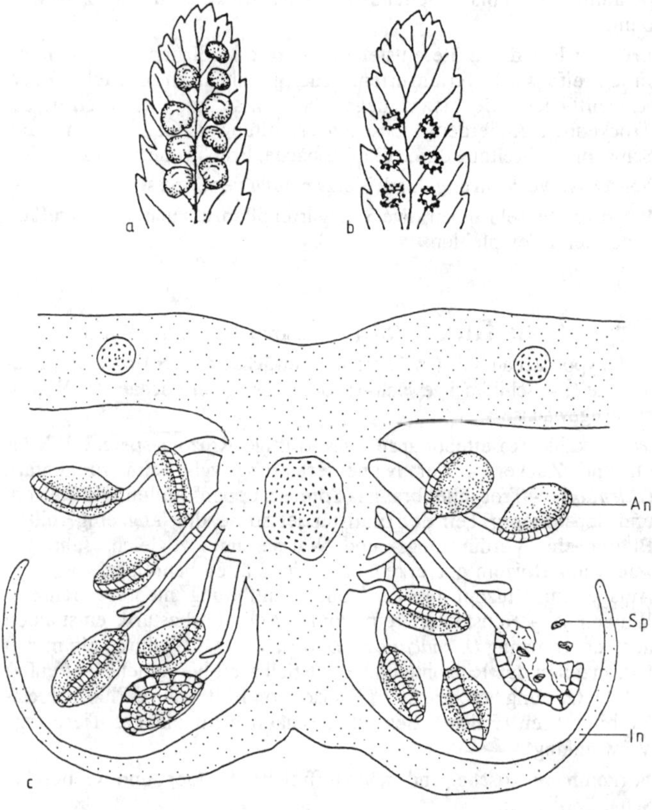

Abb. 27: **Dryopteris filix-mas**: **a** Blattabschnitt mit jungen Sori. **b** Blattabschnitt mit reifen Sori. **c** Sorus quer (In Indusium, An Anulus, Sp Spore).

Erdboden und Vorkeim kann kapillar Wasser festgehalten werden (ähnlich wie zwischen Deckglas und Objektträger). In diesem "Miniaquarium" platzen die Antheridien, und schließlich schwimmen die Spermatozoiden (= Schwärmerzellen) zu den Archegonien. Dabei werden sie bereits von 26 Milliardstel mg Äpfelsäure chemotaktisch angelockt. - Vorkeime findet man in der Nähe der Farnpflanzen, in feuchten, hohlen Baumstümpfen und in schattig-feuchten Nischen. - Nach der Befruchtung entwickelt sich die Sporenpflanze, die nach einigen Jahren in der Lage ist, im Sommer auf der Wedelunterseite wieder Sporenbehälter (= Sporangien) zu bilden (Abb. 27). Es liegt also ein Generationswechsel zwischen dem haploiden Prothallium und der diploiden eigentlichen Farnpflanze vor. Sporenreife: IX-X. Die Sporangien haben einen ringförmigen Rückenwulst (= Anulus) aus einseitig verdickten Zellen. Durch einen Austrocknungsmechanismus bringt der Anulus die Kapsel zum Aufreißen, wobei die meisten Sporen ausgeschleudert und die übrigen ausgeblasen werden: Selbst- bzw. Windstreuer. Weitere Verbreitung der Sporen als "Ballonflieger". Die Keimung erfolgt an feuchtschattigen Plätzen. Nach etwa 2-3 Monaten ist der Vorkeim befruchtungsfähig.

Verwendung: Das Rhizom ist als Mittel gegen Würmer (Name!) und Ungeziefer seit dem Altertum bekannt, wird aber wegen der Gefahr der Vergiftung bei Überdosierung nicht mehr verwendet. Der Name Farnkraut leitet sich wahrscheinlich von deren früheren Verwendung als Streu für Rinder (= Farren) ab. - Im Aberglauben wurde der Pflanze eine große Bedeutung beigemessen. So sollten z. B. die in der Johannisnacht gesammelten "Farnsamen" angeblich unsichtbar machen und gegen Hieb und Stich feien. Für Wildpflanzengärten zu empfehlen.

Weitere Arten:

Dryopteris carthusiana (VILL.) H. P. FUCHS, Dorniger Wurmfarn, Dornfarn: ähnlich voriger Art. Blätter mehrfach gefiedert, mit dornähnlichen Spitzen (Name!). Wälder, Heiden und Moorränder, auf staufeuchten, nährstoff- und basenarmen, sauren Böden.

Dryopteris dilatata (HOFFM.) A. GRAY, Breitblättriger Dornfarn: sehr ähnlich wie *D. carthusiana* und oft mit diesem als Sammelart zusammengefaßt. Habituell durch breiteren Wuchs, dunkler grüne und stärker zerteilte Fiedern und das Vorhandensein von kleinen, gelben Drüsen unterschieden. Wächst in krautreichen Wäldern, auf sickerfrischen, ± nährstoffreichen Böden.

Echinochloa crus-galli (L.) P. B. (= *Panicum crus-galli* L.), Gemeine Hühnerhirse

– Poaceae (= Süßgräser)

Einjährig, sommerannuell, 30-90 cm hoch, bis über 1 m tief wurzelnd. Halme knickig aufsteigend. Stark frostempfindlich: stirbt nach dem ersten Herbstfrost sofort ab. - Steht der Borstenhirse (*Setaria)* nahe.

Vorkommen: Hackfrucht- und Maisäcker, Weinberge und Ruderalstellen, auf sandigen bis lehmigen Böden. Nährstoff- und Frischezeiger. Zunächst als Wildkraut der Hirseäcker eingeschleppt: Archäophyt. In warmgemäßigten bis subtropischen Zonen weltweit verschleppt, z. B. in Reisfeldern.

Blüten: VII-IX. Windblütig: "langstaubfädiger Typ." Ähren einseitswendig, zu einer stark zusammengezogenen Rispe vereint, aus der allseitig die Grannen hervortreten (Name!: griech. echinos = Igel, chloe = Gras).

Früchte: Karyopsen. Das Ährchen fällt als ganzes ab; die oberste Hüllspelze ist stachelspitzig oder begrannt und dient als Klettorgan: Klettverbreitung. Außerdem Windstreuer sowie Menschenverbreitung als Agrikulturbegleiter. Die Früchte reifen bei uns nur nach langen, warmen Sommern aus. Wärmekeimer.

Verwendung: Die Pflanze wurde wegen der als Hirseersatz (Name!) verwendbaren Früchte gesammelt und stellenweise auch angebaut. In der Sowjetunion wird sie noch heute als Futterpflanze kultiviert. Die jungen Sprosse können als Gemüse gegessen werden.

Echinops sphaerocephalus L., Große Kugeldistel

– Asteraceae (= Korbblütler)

Hemikryptophyt (Schaftpflanze), 60-120 cm (maximal bis 2 m) hoch.

Vorkommen: Zierpflanze und Bienenfutterpflanze der Gärten. Heimat: Süd- und Südosteuropa. An trockenwarmen, nährstoff- und basenreichen Stellen vielfach eingebürgert (Neophyt).

Blüten: VI-VIII. "Körbchenblumen". Die auf je eine Blüte reduzierten Einzelköpfe sind ihrerseits zu einem kopfigen Gesamtblütenstand zweiter Ordnung vereint. Auf die Kopfform beziehen sich die Namen "echinops" = wie ein Igel aussehend sowie "sphaerocephalus" = kugelköpfig. Kontrastwirkung durch die blauen Staubblätter und die weißliche Krone. Kronröhre 6 mm lang. Nektar reichlich. Griffelbürste vorhanden. Bestäuber: Bienen- und Wespenverwandte, auch Tagfalter.

Früchte: Achänen mit krönchenartiger Haarkrone: Windverbreitung? Hüllblätter bei Nässe schließend, bei trockener Witterung spreizend: Tierstreuer. Menschenverbreitung (Gartenflüchter). Auch Klettverbreitung möglich. Fruchtreife: IX-X.

Verwendung: Für Wildpflanzengärten zu empfehlen.

Echium vulgare L., Gemeiner Natterkopf, Stolzer Heinrich

– Boraginaceae (= Rauhblattgewächse, Borretschgewächse)

Zweijährige Halbrosettenpflanze. Trockenpflanze: Tiefwurzler (bis 2,5 m). Borstig behaart: Wasserdampfkondensation und Fraßschutz.

Vorkommen: sonnige Ruderalstellen, vor allem Bahn- und Hafenanlagen und Industrieflächen, sowie Mauerkronen und Trockenrasen, auf sommerwarmen, mäßig trockenen, oft humusarmen Böden. Kennart des Echio-Melilotetum (= Natterkopfgesellschaft). - Alteinwanderer (Archäophyt) aus dem Mittelmeergebiet.

Blüten: V-X. Vormännliche "Rachenblumen", mit weit herausragenden Narben und Staubbeuteln, an den Kopf einer Schlange erinnernd (Name!). Die Blüten stehen in zahlreichen seitenständigen, zu einem rispigen Gesamtblütenstand vereinigten Wickeln. Griffel und Staub blätter dienen als Landeplatz für die zahlreichen Bestäuber. Hauptbesuch von Bienen gegen 15 Uhr. Farbwechsel der Blüten von rosa nach blau. Bienenverwandte lernen, daß nur rosa Blüten nektarreich sind. Blüten im Unterschied zu den meisten anderen Rauhblattgewächsen dorsiventral. Pollenkörner mit nur 0,01 mm sehr klein.

Früchte: Spaltfrüchte, die in 4 kleine, glatte Teilfrüchte (= Klausen) zerfallen. Wind- und Tierstreuer: Die Tiere bleiben an den borstigen Pflanzen hängen. Klettverbreitung durch die im borstigen Kelch verbleibenden Klausen. Fruchtreife: VIII-IX.

Verwendung: Ehemalige Arzneipflanze. Junge Triebe als Gemüse verwendbar.

Elodea canadensis MICHX. (= *Anacharis canadensis* (MICHX.) PLANCH.), Kanadische Wasserpest

– Hydrocharitaceae (= Froschbißgewächse)

Untergetauchte Wasserpflanze bis 3 m Länge, oft wintergrün, selten Überdauerung durch Winterknospen. Blattquirle meist 3zählig. - Verletzte Blätter mit auffälliger Plasmaströmung. Beliebte Schulversuchspflanze, z. B. zur Demonstration der Sauerstoffproduktion bei Belichtung.

Vorkommen: Stehende oder langsam fließende, nährstoffreiche Gewässer bis 3 m Tiefe. Meist im Tiefland. - Heimat: Michigan/ Nordamerika. In Europa über Irland (1836) und Schottland (1841) sowie den Botanischen Garten Berlin (1854) nach Deutschland gebracht und von dort eingebürgert (Neubürger): Potsdam 1859, Leipzig 1861, Trier und Hamburg 1863, Regensburg 1865, Kleve 1866 usw. Zuerst Massenentwicklung (Name!) bis zur Verstopfung ganzer Kanäle. Nach Wiederherstellung des "biologischen Gleichgewichts" schon seit Beginn des 20 Jh. wieder im Rückgang. Inzwischen ist die Pflanze kaum noch eine "Gewässerplage", sondern vielmehr ökologisch wertvoll als Laichplatz und Sauerstoffproduzent.

Blüten: in Europa selten blühend. Zweihäusig. Bei uns fast nur weibliche Pflanzen; männliche wurden u. a. bei Altenburg in Sachsen gefunden. Wasserbestäubung als "Überwasserblüher". Weibliche Blüten, mit 3 purpurnen Narben, schwimmen, vom stielförmig verlängerten Fruchtknoten getragen, auf der Wasseroberfläche. Die männlichen Blüten steigen ebenfalls zur Wasseroberfläche und werden mit Hilfe eines Segelapparates aus aufrechten Staubblättern vom Winde zufällig zu den weiblichen Blüten getrieben. Pollen in Tetraden.

Vegetative Vermehrung ist in Europa die vorherrschende Vermehrung. Die Pflanzen sind sehr brüchig, und jeder Scheinquirl wächst zu einer neuen Pflanze aus. Außerdem ist Schwimm- und Klettverbreitung durch Vögel möglich sowie Menschenverbreitung (Kulturflüchter).

Verwendung: Gutes Viehfutter (trocken 18 % Eiweiß, 43 % Stärke und 2,5 % Fett) und auch wertvoller Dünger. - Aquarienpflanze.

Weitere Arten/Verwandte:

Elodea nuttallii (PLANCH.) ST. JOHN: Diese ebenfalls aus Nordamerika stammende Art, die viel für Aquarien verwendet wird, breitet sich seit einigen Jahren sehr stark aus und hat stellenweise vorige Art verdrängt. Die Blätter sind meist spiralig gedreht und länger und schmaler als bei *E. canadensis*.

Egeria densa PLANCH. (= *Elodea densa* (PLANCH.) CASPARY), Dichte Wasserpest: Blattquirle meist 4zählig. Als Aquarienpflanze verbreiteter als *Elodea canadensis*. Selten in Warmwassergräben eingebürgert.

Empetrum nigrum L., Schwarze Krähenbeere

– Empetraceae (= Krähenbeerengewächse)

Niederliegender, immergrüner Zwergstrauch, teppichbildend. Über 80 Jahre alt werdend. Wurzelkriecher. Blätter (Abb. 29) nadelartig, rinnig. Blattrand umgerollt, so daß die unterseitigen Spaltöffnungen nur durch einen schmalen Spalt mit der Außenluft in Verbindung stehen: wohl eher Anpassung an Mineralsalzarmut des Bodens (wegen beschränkter osmotischer Variabilität?) als an Trockenheit. - Wurzelpilz (endotrophe Mykorrhiza). - Die Blätter werden oft als **giftig** angegeben, sind aber vermutlich nicht oder nur schwach giftig.

Vorkommen: Moorheiden, Kiefernmoore, Dünentäler der Küsten, auf feuchten, nährstoffarmen, sauren Böden in humider Klimalage. Vor allem im Norden. - Gefährdet.

Blüten: IV-V. Unscheinbare, "nektarreiche Scheibenblumen", einzeln an Kurztrieben. Vorwiegend zweihäusig, männliche Blüten mit langen Staubfäden, weibliche mit 1 Griffel und 6-9 Narben. Bestäuber: Bienenverwandte und Schwebfliegen. Auch Windbestäubung möglich.

Früchte: schwarze, beerenartige Steinfrüchte. Verdauungsverbreitung durch Krähen (Name!) usw. Fruchtreife: VII-IX.

Verwendung: Die Früchte sind roh und gekocht eßbar und werden vor allem in Nordeuropa in Menge verzehrt, besonders nach Frost.

Weitere Art:

Empetrum hermaphroditum HAGERUP, Zwittrige Krähenbeere: Ähnlich wie vorige Art. Pflanze der subalpinen Zwergstrauchheiden, z. B. in den Alpen. Vorwiegend zwittrig.

Epilobium angustifolium L. (= *Chamaenerion angustifolium* (L.) SCOPOLI), Schmalblättriges Weidenröschen oder Feuerkraut

Onagraceae (= Oenotheraceae) (= Nachtkerzengewächse)

Hemikryptophyt (Schaftpflanze) mit Rhizom.

Vorkommen: Kahlschläge, Säume und Ruderalstellen, z. B. auch Trümmergrundstücke. Auf frischen, nährstoffreichen Lehmböden. Lichtpflanze: Lichtkeimer. Zirkumpolar verbreitet. Ebene bis Krummholzstufe.

Blüten: VII-VIII. Vormännliche "Scheibenblumen mit bedecktem Nektar", in langer, aufrechter Traube. In Hochlagen schließlich vorweiblich werdend. Auffällig langer, unterständiger Fruchtknoten. Die Dorsiventralität der Blüte wird durch die Schwerkraft eingestellt (Geotropismus). Kron- und Kelchblätter dienen als Schauorgane. Pollen in Tetraden, durch Klebfäden verbunden (vielsamige Fruchtknoten!). Bei der Öffnung der Blüten dienen zuerst die Staubblätter, dann an ihrer Stelle der lange Griffel als Anflugstange (Abb. 28), der

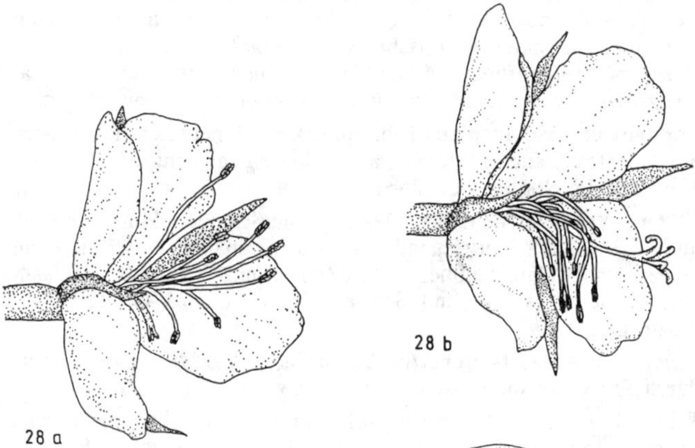

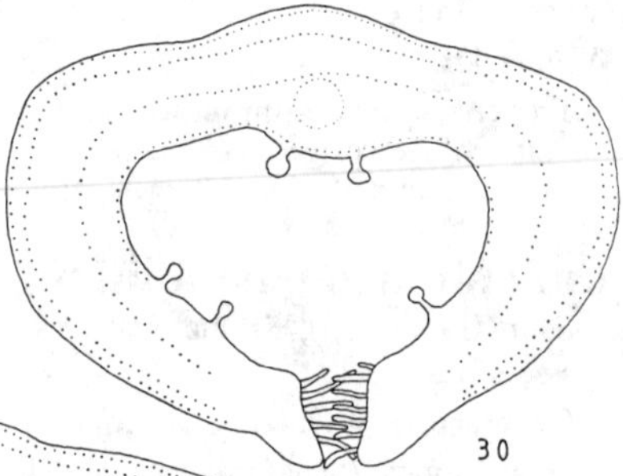

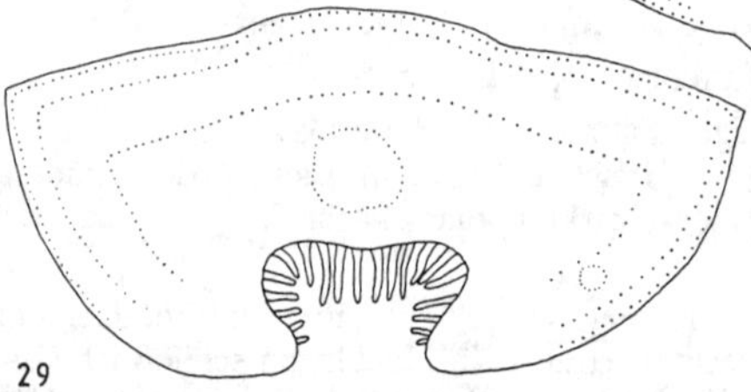

Abb. 28: Epilobium angustifolium: a Blüte im männlichen, **b** Blüte im weiblichen Zustand. (Nach KIRCHNER).
Abb. 29: Empetrum nigrum: Rollblatt quer.
Abb. 30: Erica tetralix: Rollblatt quer.

Pollen wird an der gleichen Stelle am Insektenunterleib abgeschmiert. Aufblühfolge von unten nach oben und deshalb Fremdbestäubung gesichert (vgl. *Digitalis*), die hier von SPRENGEL, dem Begründer der Blütenökologie, erstmals erkannt wurde. Bestäuber sind vor allem Hautflügler. Wichtige Bienenfutterpflanze.

Früchte: dünne, lange fachspaltige Kapseln. Samen langlebig, winzig, mit langem Haarschopf = typische Schirmchenflieger mit Sinkgeschwindigkeit von ca. 20 cm/s und damit Flugweiten von mindestens 10 km möglich. Pro Pflanze werden Hunderttausende von Samen produziert. Daher ist es verständlich, daß die Art schon sehr bald nach Entstehen einer Kahlschlagfläche in großer Zahl auftreten kann.

Vegetative Vermehrung durch Wurzelsprosse.

Verwendung: Junge Triebe und Blätter aller *Epilobium*-Arten sind als Gemüse verwertbar. Tees aus den gerbstoffreichen Blättern dieser und vor allem der kleinblütigen Arten gelten in der Volksmedizin als wirksames Mittel gegen gutartige Prostatabeschwerden. Als Hochstaude für Wildpflanzengärten besonders empfehlenswert.

Weitere Arten:

Die Gattung umfaßt zahlreiche, meist weitverbreitete Arten mit vorwiegend radiären Blüten (Untergattung *Epilobium*), z. B.:

Epilobium montanum L., Berg-Weidenröschen: Die Mutterpflanze stirbt im Herbst ab, die Überwinterung erfolgt durch unterirdisch angelegte Erneuerungssprosse (= Sobolonen). Eigenartiger Saisondimorphismus: Neben Herbst- bzw. Frühjahrskeimern gibt es auch aus Sobolonen entstandene Pflanzen. Homogame, aufrechte "Trichterblumen". Meist Selbstbestäubung. Spärlicher Besuch durch Fliegen und Falter. Schirmchenflieger.

Epilobium adenocaulon HAUSSKNECHT, Drüsiges Weidenröschen: Stengel oberwärts mit Drüsen. Pflanze der Ruderalstellen, Ufer und Waldränder, auf frischen, nährstoffreichen Lehmböden. Ist erst in den letzten Jahren aus Nordamerika eingeschleppt worden, aber inzwischen eine unserer häufigsten *Epilobium*-Arten.

Epilobium hirsutum L., Zottiges Weidenröschen: Stengel abstehend dicht und weich behaart. Häufige Art der Uferstaudenfluren. Für Wildpflanzengärten zu empfehlen.

Epipactis helleborine (L.) CRANTZ (= *E. latifolia* (L.) ALL.)

(Sammelart), Breitblättrige Stendelwurz, Sumpfwurz oder Sitter – Orchidaceae (= Orchideen, Knabenkrautgewächse)

Rhizom-Geophyt. - Wurzelpilz.

Vorkommen: Laubwälder, auf frischen basenreichen, humosen Lehmböden. Vielfach die häufigste Orchideenart, an Waldwegrändern usw. teilweise sogar in Ausbreitung. - **Geschützt** wegen des "Kollektivschutzes" aller Orchideen, jedoch eine der wenigen nichtgefährdeten Arten der Familie.

Blüten: VI-VIII. "Lippenblumen vom *Orchis*-Typ", ohne Sporn. Unterlippe aus zwei gelenkartig verbundenen Teilen, der hintere Teil wannenförmig, mit Nektarium. Die Besucher (Bienen, verschiedene Wespen und Fliegen) heften sich durch Berühren der Klebdrüse das ungestielte Pollinium (= Staubfachinhalt) an den Kopf, das dann übertragen wird. Öfter Selbstbestäubung.

Früchte: Kapseln hängend, mit trocken offenen Längsspalten. Samen winzig, aber sehr zahlreich. Sie werden durch den Wind ausgeblasen: Ballonflieger. Sinkgeschwindigkeit 20 cm/s, dadurch Flugweiten über 10 km möglich. Fruchtreife: VIII-IX.

Weitere Art:

Epipactis palustris (L.) CRANTZ, Sumpf-Stendelwurz, Echte Sumpfwurz: Kalkflachmoore und Kleinseggenwiesen. Blüten relativ groß und sehr dekorativ. Durch Entwässerung und Überdüngung gefährdet. Bestäubung durch Bienen.

Equisetum arvense L., Acker-Schachtelhalm, Zinnkraut

– Equisetaceae (= Schachtelhalmgewächse)

Rhizom-Geophyt, 20-40 cm hoch. Unterirdische Sproßachsen (= Ausläufer, Rhizome) tief im Boden liegend, bis zu 2 (-6) m Tiefe vordringend. Seitliche, kurze Erdsprosse wachsen zu knollig verdickten, stärkereichen Speicherorganen heran. - Wurzelpilz. - Festigkeit der Pflanze durch Kieselsäureeinlagerung. Durchlüftungskanäle durchziehen die ganze Pflanze und befinden sich sogar in den Gefäßbündeln. - Die Blätter sind schuppenförmig und zu einer gezähnten Scheide verwachsen. Sie stehen wie die Äste wirtelig. Die Photosynthese erfolgt praktisch nur durch die Sproßachse. - Arbeitsteilung: sporenbildende, chlorophyllfreie, bald absterbende Sprosse im zeitigen Frühjahr; grüne, Photosynthese treibende, quirlästige Sprosse im Sommer bis zum Herbst. - Der Name Schachtelhalm rührt daher, daß man die Sproßachse aus der von den Blättern gebildeten Scheide herausziehen und wieder zurückstecken kann.

Vorkommen: Äcker, Wege, Ruderalstellen, Wiesen und Wälder, auf offenen, nährstoffreichen Böden. Lehm- oder Grundfeuchtezeiger.

Vermehrung: winzige, grüne, reich verzweigte, eingeschlechtliche Vorkeime (= Prothallien; geschlechtliche Generation); selten zu beobachten. Die Geschlechtsbestimmung erfolgt durch die Umwelt. - Schildförmige Sporenblätter mit randständig hängenden Sporenbehältern (Sporangien) zu jung dicht-mosaikartig schließender Sporenähre (Sporenkolben, Strobilus) vereint. Sporenreife: IV-V. Durch Kolbenachsenwachstum und Schrumpfung der Sporenblätter werden die grünen (!) Sporen entlassen: Ballonflieger. Die Sporen tragen 4 armförmige Anhängsel (= Hapteren). Diese umschließen die Sporen im feuchten Zustand schraubenbandartig, bei Trockenheit spreizen sie. Sie reagieren schon auf Anhauchen (Lupe!). Meist verhakeln sich mehrere Sporen, so daß sich weibliche und männliche Vorkeime nebeneinander entwickeln und die Samenzellen bis zum Archegonium schwimmen können.

Vegetative Vermehrung durch unterirdische Ausläufer sowie - zerhackt - sogar durch einzelne Sproßstücke! - Die Vernichtung der *Equisetum*-Arten mit entsprechend angepriesenen Herbiziden ist schon deshalb abzulehnen, weil sie wegen der tiefliegenden Rhizome praktisch ohne Erfolg bleibt. Die besonders im Garten oft nötige Bekämpfung gelingt nur über tiefgehendes Entwässern und Rigolen des Bodens.

Verwendung: Arzneilich als harntreibendes Mittel verwendet, z. B. als Tee. In der Volksmedizin auch bei Tuberkulose. Frischer Preßsaft wirkt blutstillend. Die getrocknete Pflanze enthält bis zu 7 % Kieselsäure und wurde daher früher (wie andere Arten der Gattung) zum Putzen von metallenem Geschirr ("Zinnkraut") benutzt.

Weitere Arten:

Equisetum telmateia EHRH. (= *E. maximum* LAM.), Riesen-Schachtelhalm: mit maximal 2 m Höhe größte heimische Art. Wie bei *E. arvense* sind die sporenährentragenden Sprosse von den Assimilationssprossen verschieden. Selten wurden aber auch Formen mit durchwachsener Sporenähre ähnlich wie *E. palustre* gefunden. Quellfluren, auf kalkreichen Tonböden.

Equisetum palustre L., Sumpf-Schachtelhalm, Duwock: Sporenähre am Ende grüner Triebe, d. h. im Gegensatz zu *E. arvense* liegt keine Arbeitsteilung zwischen Sporen- und Assimilationssprossen vor. Naßwiesen und Sümpfe. Sporenreife: VI-X. - Stark **giftig** für Pflanzenfresser. Beim Menschen sind keine Vergiftungen bekannt.

Wirkstoffe sind ein Vitamin B1-zerstörendes Enzym und das Alkaloid Palustrin, das auch im Heu über Jahre hinweg erhalten bleibt und zu tödlichen Vergiftungen führen kann. Ersteres ist vor allem bei Pferden wirksam, letzteres nur bei Rindern.

Equisetum sylvaticum L., Wald-Schachtelhalm: Sprosse anfangs bleich, unverzweigt und fertil. Mit dem Vergehen der Sporenähre ergrünen sie und bilden doppelt-verzweigte, hellgrüne Äste. Feuchtwälder und Sumpfwiesen, auf sauren Böden. Halme hellgrün, zart.

Equisetum hyemale L., Winter-Schachtelhalm: Halme hart, wintergrün und meist ohne Seitenäste. Seltene Auwaldart, im Süden sowie in Schleswig-Holstein etwas häufiger. Die Halme wurden früher zum Polieren verwendet. Neuerdings werden sie in Gärtnereien für Trockensträuße angeboten. Auch für Wildpflanzengärten geeignet.

Eranthis hyemalis (L.) SALISB., Winterling

– Ranunculaceae (= Hahnenfußgewächse)

Knollen-Geophyt mit knolligem Rhizom, 5-20 cm hoch. Grundblätter meist erst nach der Blüte erscheinend. - Verwandt mit *Helleborus* und von LINNÉ in diese Gattung gestellt. - Schwach **giftig** durch Digitalisglykoside in der Knolle.

Vorkommen: Gartenzierpflanze. Selten verwildert in Parkanlagen und Weingärten. Heimat: Süd- und Südosteuropa.

Blüten: II-III, Frühblüher und Schneeblüher (Name!: griech. er = Frühling, anthe = Blüte; lat. hiemalis = winterlich). Blütenhülle einfach (= Perigon), 6zählig. Die Funktion des Kelches wird von drei dicht unter der Blüte stehenden, fast quirlig angeordneten Hochblättern übernommen. Es liegt also eine zu *Hepatica* analoge Situation vor. Homogame, "nektarführende Scheibenblumen", einzeln stehend. Blüten nur bei Sonne geöffnet. Öffnen und Schließen der Blüte mit Hilfe eines temperaturabhängigen Wachstumsprozesses (Thermonastie). Zwischen Perigon und Staubblättern zahlreiche zweilippige, etwa 6 mm lange, gelbe Nektarblätter. Bestäuber sind Fliegen und Bienenverwandte. Der Nektar ist aber nur letzteren zugänglich, weil dafür ein mindestens 2 mm langer Rüssel erforderlich ist. Der Duft wird von Nektarblättern und Staubblättern abgegeben. Selbstbestäubung möglich.

Früchte: In jeder Blüte entstehen 4-8 mehrsamige, zur Reifezeit bis 15 mm lange Balgfrüchte. Sie sind auf der Innenseite wasserabstoßend und ergeben beim Öffnen ein schaufelförmiges Gebilde. Da gleichzeitig der Blütenschaft etwas verholzt und sehr elastisch ist, werden die Samen bei Regen ausgeschleudert (Regenballist) und dann durch Regenwasser weiterverbreitet (Regenschwemmling). Bei heftigem Regen ist eine Schleuderweite von 40 cm und mehr möglich.

Vegetative Vermehrung durch Verzweigung des Rhizoms.

Verwendung: Als zeitiger Frühblüher sehr zu empfehlende Zierpflanze.

Erica tetralix L., Glocken-Heide

– Ericaceae (= Heidekrautgewächse)

Zwergstrauch mit immergrünen Nadelblättern (Abb. 30). - Wurzelpilz (endotrophe Mykorrhiza). - Zur Unterscheidung von der im Volksmund ebenfalls "Erica" genannten Besenheide (*Calluna*) vgl. dort. - Die Gattung *Erica* ist mit etwa 600 Arten besonders formenreich, ihre Hauptverbreitung liegt in Südafrika. - Schwach **giftig**.

Vorkommen: Feuchtheiden, Moore und lichte Moorwälder, auf basenarmen, sauren Böden. Vor allem im Nordwesten. Wächst an nasseren Stellen als *Calluna*. Kennart der Sphagno-Ericetalia (= Heidemoore). - Durch Entwässerung und Wiederaufforstung stark im Rückgang. - Schutzbedürftig.

Blüten: VI-IX. "Glockenblumen mit Streueinrichtung". Staubblätter zu Streukegel vereint. Nektar wird am Fruchtknoten abgeschieden. Bestäuber: Bienen, Tagfalter, Hummeln usw. Selbstbestäubung durch die ungeflügelten Männchen des Blasenfußes *Taeniothrips ericae* möglich, die aus den in die Blüten gelegten Eiern schlüpfen.

Früchte: Wandspaltige Trockenkapseln: Windstreuer. Samen sehr klein und zahlreich: Ballonflieger.

Weitere Art:

Erica herbacea L. (= *E. carnea* L.), Schnee-Heide: Häufig in Gärten angepflanzt (als "Erica-Heide"). Wild fast nur in Kiefernwäldern und im Latschengebüsch der Kalkalpen sowie auf den Schottern der Alpenflüsse. Typisches Beispiel für eine aus dem Mittelmeergebiet eingewanderte Alpenpflanze. Im Gegensatz zu den meisten anderen *Erica*-Arten kalkverträglich. Kennart der Erico-Pinetalia (= Schneeheide-Kiefernwälder). Blütenknospen schon im Herbst fertig ausgebildet. Schnee- und Frühblüher, I-IV. Bestäubung durch Tagfalter, Bienen usw.

Erigeron acer L., Scharfes oder Rauhes Berufkraut

– Asteraceae (= Korbblütler)

Zweijährige bis ausdauernde Halbrosettenpflanze. - Der Name verweist auf die Vorstellung, die Pflanze würde gegen das "Berufen" durch Hexen und Zauberer schützen.

Vorkommen: Magerrasen und Ruderalstellen, auf sommerwarmen, trockenen, meist kalkreichen Böden. Von der Ebene bis ins Gebirge.

Blüten: VI-IX. Insektenblütig. Die an *Aster*-Arten erinnernden, unauffälligen Körbchen stehen in armblütigen Trauben oder Rispen. Zungenblüten kaum länger als Scheibenblüten.

Früchte: Achänen lineallänglich mit einreihiger, aus gleichlangen rauhen Haaren gebildeter Haarkrone: Schirmchenflieger und Anhafter (durch die Schirmhaare vor allem bei nassem Wetter an Tieren anhaftend).

Verwandte:

Conyza canadensis (L.) Cronqu. (= *Erigeron canadensis* L.), Kanadisches Berufkraut, Katzenschweif: Einjährig, unscheinbar, vielgestaltig. Häufige Ruderalpflanze, seit dem 17. Jh. aus Nordamerika eingeschleppt. Blüten schmutzigweiß. Körbchen klein, in dichter Rispe. Tee in der Volksmedizin gegen Blutungen und Durchfall verwendet.

Eriophorum angustifolium Honckeny, Schmalblättriges Wollgras

– Cyperaceae (= Riedgrasgewächse)

Rhizom-Geophyt mit unterirdischen Ausläufern. Die lineal-rinnigen Blätter sind als Anpassung an die Mineralsalzarmut des Standorts zu verstehen, stellen also eine Hungermorphose (= Peinomorphose) dar, wie sie für viele Moorpflanzen typisch ist.

Vorkommen: Flach- und Zwischenmoore, auf nährstoff- und kalkarmen, sauren Torfböden. Klassenkennart der Scheuchzerio-Caricetea fuscae (= Flach- und Zwischenmoorgesellschaften). - Durch Düngung und Entwässerung im Rückgang. - Schutzbedürftig.

Blüten: IV-V. Windblütig: "langstaubfädiger Typ". Vorweiblich. Blütenhülle unscheinbar. Blüten in verschieden lang gestielten, z. T. später überhängenden köpfchenförmigen Ähren.

Früchte: Schirmchenflieger. Die Flughaare ("Wolle") werden von dem verlängerten Perigon gebildet. Sinkgeschwindigkeit ca. 22 cm/s und damit Flugweiten von mindestens 10 km möglich. Dazu bei feuchtem Wetter Wasserhaftverbreitung.

Vegetative Vermehrung durch unterirdische Ausläufer.

Verwendung: Fruchthaare als Wundwatte, zuweilen auch für Kerzendochte. Gute Streupflanze. Aus den Blattscheiden entsteht "Fasertorf", der z. B. für die Papierherstellung oder für Gespinste gebraucht wird.

Weitere Art:

Eriophorum vaginatum L., Scheidiges oder Moor-Wollgras: Immergrüne Horstpflanze ohne Ausläufer. Blattscheiden der Stengelblätter aufgeblasen. Auf Torfmoosbulten der Hochmoore. Blütenähren einzeln, endständig.

Erodium cicutarium (L.) L'Héritier, Gemeiner Reiherschnabel

– Geraniaceae (= Storchschnabelgewächse)

Ein- bis zweijährige Rosettenpflanze. Tiefwurzler bis 1,5 m.

Vorkommen: Sandäcker, lückige Ruderalfluren und Trockenrasen, auf warmen, nährstoffreichen, oft kalkarmen Böden. Sandzeiger. Ebene bis Mittelgebirge (ca. 500 m). Alteinwanderer (Archäophyt), jetzt zirkumpolar verbreitet.

Blüten: IV-IX. Homogame, "kleine Trichterblumen". Seltener auch etwas zweiseitigsymmetrisch und vormännlich. Meist Selbstbestäubung.

Früchte: Spaltfrüchte (Abb. 31). Die Griffel wachsen zum Verbreitungsorgan aus. Die Fruchtfächer lösen sich von der Fruchtachse. Da der "Schwanz" und die Haare der nußartigen Teilfrüchte (Lupe!) hygroskopisch sind, bohren sich diese als Bohrfrucht in die Erde, bewegen sich als Bodenkriecher fort oder werden eingedreht im Tierfell verbreitet. Wegen der empfindlichen Reaktion auf Feuchteunterschiede kann man die Teilfrüchte für ein einfaches Hygrometer verwenden. Fruchtreife: VIII-X.

Verwendung: ehemalige Arzneipflanze. Für Wildpflanzengärten geeignet.

Erophila verna (L.) Besser (Sammelart), Frühlings-Hungerblümchen

– Brassicaceae (= Kreuzblütler)

Einjährige, winterannuelle Rosettenpflanze: Die Samen keimen im Herbst, die Pflanze überwintert als Blattrosette, blüht im zeitigen Frühjahr (Name!: griech. "er" ebenso wie lat. "vernus" = Frühling)

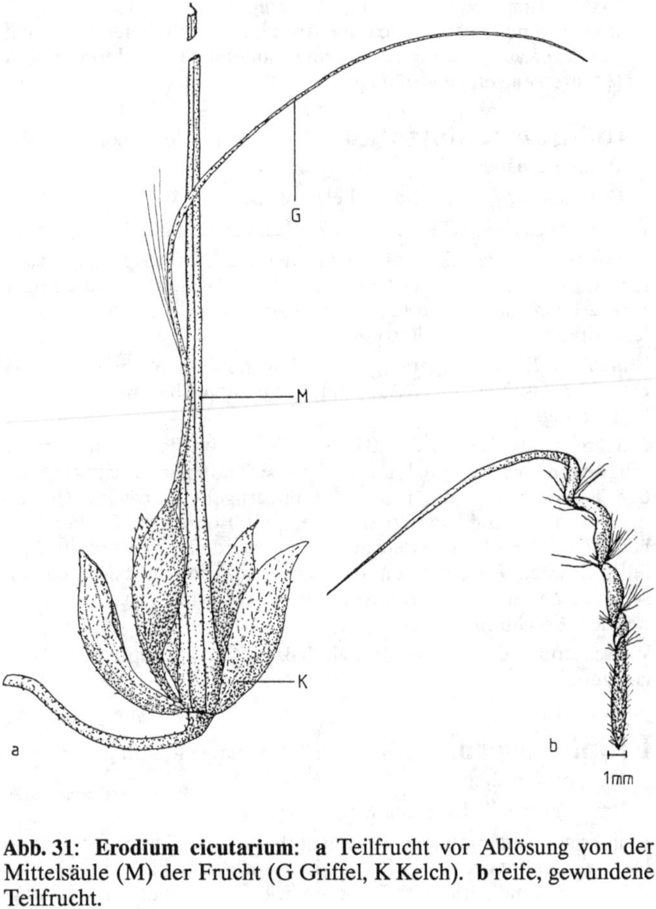

Abb. 31: Erodium cicutarium: a Teilfrucht vor Ablösung von der Mittelsäule (M) der Frucht (G Griffel, K Kelch). **b** reife, gewundene Teilfrucht.

und stirbt nach der Samenreife ab. Flachwurzler. Wie andere Einjährige in der Größe sehr variabel.

Vorkommen: lückige Magerrasen, Sandrasen, Äcker und Ödland, auf mäßig nährstoffreichen Böden. Der Name "Hungerblümchen" bezieht sich auf die nährstoffarmen Böden bzw. die damit zusammenhängende karge Entwicklung der angebauten Feldfrüchte. Ihr zahlreiches Auftreten im Frühjahr sollte angeblich Mißernten ankündigen. - Vorkommen vielerorts rückgängig.

Blüten: II-V. Unscheinbare, "nektarführende Scheibenblumen". Insektenbesuch spärlich. Selbstbestäubung häufig, wird durch Schließen der Blüten während der Nacht und bei Regen gefördert.

Früchte: Schötchen länglich-elliptisch. Windverbreitung der Samen aufgrund des elastischen Fruchtstengels und der als Windfang dienenden falschen Scheidewand: Ballonflieger. Dazu Regenschwemmlinge und Tierstreuer. Fruchtreife: V.

Eryngium campestre L., Feld-Mannstreu

- Apiaceae (= Doldenblütler)

Ausdauernde Halbrosettenpflanze. Tiefwurzler (bis 2 m). Trockenpflanze mit kaum welkenden, dornigen Blättern. Ursprünglich wohl mediterrane Art, aber seit langem auch bis an die Nord- und Ostseeküste verbreitet.

Vorkommen: Magerrasen und Dämme, auf warmen, trockenen, oft kalkreichen Böden. Im Norden auch Stromtalpflanze. Durch Abnahme der Schafweide teilweise im Rückgang.

Blüten: VII-VIII. Dolden im Gegensatz zu denen der übrigen Doldenblütler zu kopfigem Blütenstand vereint, analog dem der Korbblütler. Vorweibliche "Körbchenblumen". Blütenkorbe von dornigen Hüllblättern umgeben. Steif aufrechte Kelchblätter formen "kleine Trichterblumen". Nektar deshalb nur Insekten mit mindestens 2 mm langem Rüssel zugänglich, z. B. Bienenverwandten und Faltern. Fliegen sammeln nur Pollen.

Früchte: Die Pflanzen sind typische "Bodenroller": reif werden die Sprosse bei Windgeschwindigkeiten von mindestens 4 m/s als Ganzes fortgerollt, wobei die Früchte ausgestreut werden. Verbreitung außerdem als Wind- und Tierstreuer. Verhakeln sich mehrere Pflanzen, entstehen ± große "Steppenhexen", wie sie - oft meterhoch - besonders für osteuropäische Steppen charakteristisch sind.

Verwendung: früher arzneilich vielseitig verwendet, heute nur noch in der Volksmedizin bei Husten.

Weitere Arten:

Eryngium maritimum L., Stranddistel: Küstenpflanze. Bewohner der Weißdünen. Stark gefährdet (beliebt für Trockensträuße!). Geschützt!

Eryngium amethystinum L., Amethystblauer Mannstreu: Zierpflanze. Heimat: östliches Mittelmeergebiet. Blütenstand insgesamt amethystblau, wodurch die optische Fernwirkung wesentlich verstärkt wird. Der Name Mannstreu soll darauf anspielen, daß die Pflanze hübsch blau, aber stachelig ist.

Erysimum cheiri (L.) Crantz (= *Cheiranthus cheiri* L.), Goldlack

– Brassicaceae (= Kreuzblütler)

Chamaephyt mit grundständigen Blattrosetten, die erst im zweiten Jahr zu Blühsprossen auswachsen. Stengel unten verholzend, 20-80 cm hoch. In Kultur oft zweijährig gezogen.

Vorkommen: Gartenzierpflanze. Zuweilen in wärmeren Lagen verwildert und eingebürgert (Neophyt), so vor allem an alten Stadtmauern und Burgen. An solchen Standorten vielfach wieder zurückgangen. Nährstoffzeiger. Heimat: Mittelmeergebiet.

Blüten: V-VI. Wohlriechende, "nektarführende Stieltellerblumen", in Trauben. Krone durch verschiedene Flavonole gelb bis braun, bei der Wildform goldgelb. Zwei Nektarien am Grunde der kurzen Staubfäden scheiden den Nektar in die als Safthalter dienenden Kelchblattaussackungen aus. Narbe zweilappig. Bestäubung z. B. durch Bienen und Hummeln. Selbstbestäubung erfolgreich.

Früchte: abgeflachte Schoten.

Verwendung: Zierpflanze seit dem Mittelalter. Bei Gartenformen sind die Blüten oft gefüllt, indem Staubblätter zu Kronblättern umgebildet sind. Bestandteil einiger Fertigpräparate für Erkrankungen der Leber.

Weitere Art:

Erysimum cheiranthoides L., Acker-Schöterich, Acker-Schotendotter: Einjähriges Wildkraut feuchter Äcker, Ruderalstellen und Ufer. Kronblätter gelb, nur 4-5 mm lang. Narbe ungeteilt.

Euonymus europaea L., Europäisches Pfaffenhütchen

– Celastraceae (= Baumwürgergewächse, Spindelstrauchgewächse)

Winterkahler Strauch mit wintergrünen Zweigen (= Rutenstrauch). - Wurzelpilz. - Zur Schreibweise: Linné schrieb 1753 *Evonymus*, ein

Jahr später aber *Euonymus*. Zur Beendigung der Unsicherheit, welcher Name richtig ist, wurde jetzt (1991) die Konservierung von *Euonymus* vorgeschlagen. - Schwach **giftig**, vor allem in den Samen, durch Digitaloide und Alkaloide.

Vorkommen: Hecken, krautreiche Auwälder, auf frischen, nährstoffreichen Lehmböden. Auch öfter angepflanzt.

Blüten: V-VI. Unscheinbare, "nektarführende Scheibenblumen", in wenigblütigen Dichasien. Dreihäusig: neben Pflanzen mit zwittrigen Blüten kommen auch solche mit männlichen und solche mit kleinen weiblichen Blüten (mit tauben Pollensäcken) vor. Nektarium fleischig. Besucher: Insekten aller Art, besonders Fliegen.

Früchte: meist 4fächerige, hellila Kapseln (= Farbkontrast zum orangefarbenen Samenmantel). Typische Mundwanderer, besonders Rotkehlchen schälen die fleischige Samenhülle ab oder speien die Samen als "Gewölle" wieder aus. Fruchtreife: IX-X.

Verwendung: Das harte, dauerhafte Holz wird von Drechslern insbesondere zur Herstellung von Garnspindeln ("Spindelbaum") sehr geschätzt. Die Blätter werden zuweilen arzneilich verwendet, doch ist wegen der Giftigkeit vom Gebrauch abzuraten.

Weitere Art:

Euonymus japonica L. fil., Japanisches Pfaffenhütchen: Zierpflanze mit glänzenden Lederblättern. In milden Lagen angepflanzt, oft in buntlaubigen Kulturvarietäten.

Eupatorium cannabinum L., Gemeiner Wasserdost, Kunigundenkraut

Asteraceae (= Korbblütler)

Ausdauernde Schaft- und Sumpfpflanze. Die Gattung *Eupatorium* ist mit etwa 500 Arten sehr formenreich und umfaßt in den Tropen sogar baumförmige Vertreter.

Vorkommen: Schläge, Ufer und Ruderalstellen, auf feuchten, nährstoffreichen, vor allem kalkhaltigen Böden. Stickstoffzeiger.

Blüten: VII-IX. Wenigblütige, zwittrige, vormännliche "Körbchenblumen", in auffälligen Doldenrispen, mit Griffelbürste und ca. 3 mm langer Röhre. Die doldenartige Anordnung und die geringe Blütenzahl der Körbchen wird als ursprünglich gewertet. Reicher Besuch durch Tagfalter, Bienenverwandte usw. Daneben Selbstbestäubung und auch Jungfernzeugung (Apogamie).

Früchte: Achänen mit Haarkelch (= Pappus). Schirmchenflieger, Sinkgeschwindigkeit 23 cm/s, d. h. Flugweite von 10 km möglich.

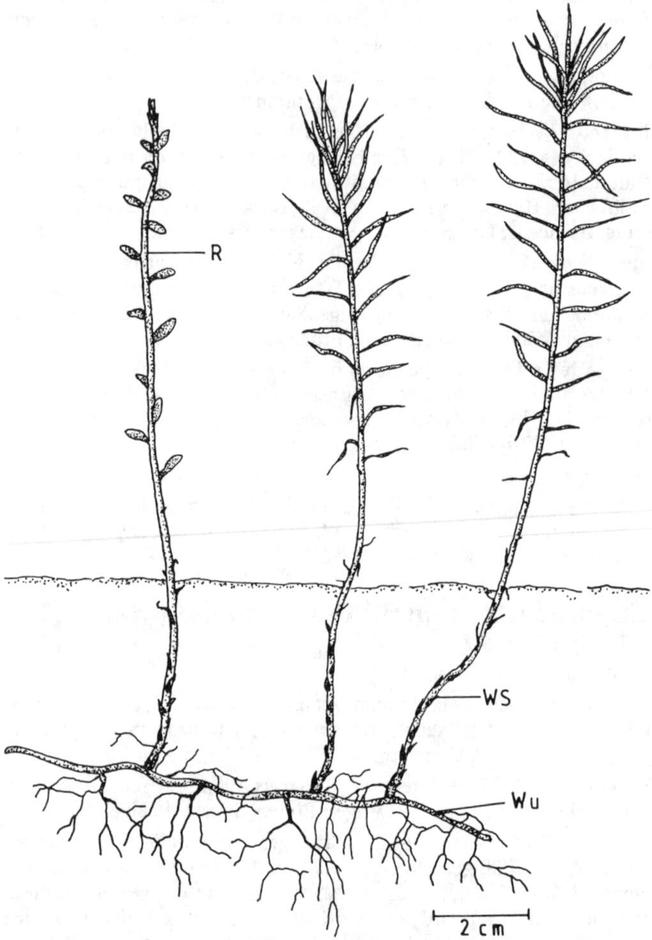

Abb. 32: Euphorbia cyparissias: Habitus (Wu Wurzel, WS Wurzelsproß, R vom Rostpilz befallener Sproß).

Dazu bei feuchtem Wetter Wasserhaftverbreitung. Samen mit 25 % fettem Öl. Fruchtreife: IX-X.

Verwendung: Ehemalige Heilpflanze. Als Wildgartenpflanze empfehlenswert.

Euphorbia cyparissias L., Zypressen-Wolfsmilch

– Euphorbiaceae (= Wolfsmilchgewächse)

Sommer- oder selten wintergrüne Schaftpflanze und Wurzelknospengeophyt (Abb. 32). Wurzelkriechpionier. - Oft mißgebildet durch Infektion mit dem Erbsenrostpilz (*Uromyces pisi*, Abb. 32 R). - Alle Arten mit ungegliederten Milchsaftschläuchen, in denen der bis 15 % Harz, Kautschuk, Fette, Eiweiß, Stärke und andere Stoffe enthaltende Saft unter Druck steht und deshalb bei Verletzung sofort austritt. Funktion: Wundverschluß und Fraßschutz. - Die Gattung *Euphorbia* (im weiteren Sinne) umfaßt weltweit etwa 2000 Arten mit sehr verschiedenen Wuchsformen, in Afrika z. B. auch kakteenähnliche, oft durch paarige Nebenblattdornen charakterisierte Stammsukkulenten (Analogie zu den Kakteen). - Die meisten Arten der Gattung sind durch hautreizende Diterpenester im Milchsaft stark, evtl. sogar tödlich **giftig**. Sie werden vom Weidevieh gemieden, doch sind Vergiftungen durch Heu möglich.

Vorkommen: Trockenrasen und trockene, sonnige Säume und Ruderalstellen, auf basenreichen Böden. Ebene bis alpine Stufe (bis 2240 m).

Blüten: IV-VI. Streng vorweibliche, "nektarführende Scheibenblumen". Gesamtblütenstand doldenartig, durch Übergipfelung des Hauptsprosses durch die Seitenzweige entstanden. Die Seitenzweige enden mit einem blütenähnlichen Teilblütenstand (= Scheinblüte, Pseudanthium; hier "Cyathium" genannt). Ein Cyathium besteht aus Blüten, die auf den Fruchtknoten bzw. auf ein einziges Staubblatt reduziert sind, sowie den zugehörigen Nektarien und den z. T. als Schauorgan dienenden Hochblättern. Letztere sind erst gelb gefärbt und zur Fruchtzeit oft rot (Ameisenanlockung?). Die Nektarien sind kleine, goldgelbe Drüsen, die honigduftenden Nektar absondern. Insektenbesuch reichlich, besonders Bienenverwandte.

Früchte: Die dreiteiligen Spaltfrüchte zerfallen in 3 "Kokken", die sich durch einen Stoßmechanismus explosionsartig öffnen und bei manchen Arten die Samen bis maximal 2 m weit fortschleudern: Selbstverbreitung. Samen mit Ölkörper (= Elaiosom; hier Caruncula genannt) zur Ameisenverbreitung. Ameisenhaufen sind oft dicht besetzt mit den hier auf trockenem, nährstoffreichem Grund gut wachsenden Pflanzen.

Vegetative Vermehrung durch Wurzelsprosse (Abb. 32).

Verwendung: Für Wildpflanzengärten zu empfehlen. Der Milchsaft wird gelegentlich als Mittel gegen Warzen verwendet, doch sollte man wegen der Giftigkeit davon unbedingt Abstand nehmen, zumal eine entsprechende Wirkung ohnehin umstritten ist.

Weitere Arten/Verwandte:

Euphorbia esula L., Esels-Wolfsmilch: Ähnlich wie vorige Art. Blätter lanzettlich, mit stumpfer Spitze. Hochblätter gelblichgrün. Weiden und Ufer der Tieflagen und Stromtäler. Der deutsche Name geht auf dieselbe Quelle unbekannter Bedeutung zurück wie der wissenschaftliche. Gilt als besonders giftig.

Euphorbia helioscopia L., Sonnenwend- oder Sonnen-Wolfsmilch: meist einjährige Pflanze der Ruderalstandorte und Äcker. Kulturbegleiter seit der jüngeren Steinzeit (Archäophyt). Sonst ökologisch ähnlich wie vorige Art. Hochblätter grün. Nektardrüsen rundlich. Blütenstände durch gerichtete Bewegungen (Photonastie) der Sonne zugewandt (Name!). Vegetative Vermehrung durch Wurzelsprosse möglich.

Euphorbia peplus L., Garten-Wolfsmilch: ähnlich wie *E. helioscopia*. Sommerannuell, im milden Klima z. T. auch winterannuell. Wildkraut der Gärten und Äcker. Archäophyt. Nektardrüsen sichelförmig.

Euphorbia palustris L., Sumpf-Wolfsmilch: Hemikryptophyt. Moorwiesen und Weidengebüsche der Stromtäler. Tonzeiger. Gefährdet und geschützt! Als Sumpfpflanze ohne Elaiosom und ohne Ameisenverbreitung.

Euphorbia lathyris L., Garten-Wolfsmilch, Spring-Wolfsmilch: Zweijährig oder winterannuell, bis 1 m hoch. Blätter kreuzgegenständig. Zierpflanze. Verwildert nicht selten und hat sich stellenweise eingebürgert. Heimat: Mittelmeergebiet und wärmeres Asien. Selbstverbreitung als Austrocknungsstreuer ("Springfrüchte"). Wird außerdem mit Gartenabfällen verschleppt. Ehemalige Arzneipflanze. Die Samen enthalten 40-50 % fettes Öl und wurden früher für Brennöl genutzt. Das Anpflanzen im Garten gilt als Mittel gegen Wühlmäuse, doch ist die Wirkung umstritten.

Poinsettia pulcherrima (Willd.) Grah. (= *Euphorbia pulcherrima* Willd.), Mexikanischer Weihnachtsstern: Bekannte Zimmerpflanze. Ist u. a. wegen der großen roten Hochblätter und wegen der großen, becherförmigen Nektarien bemerkenswert. Vermutlich kaum giftig. In ihrer Heimat wird die Pflanze durch Vögel bestäubt. Eine typische Kurztagpflanze, daher auch die weihnachtliche Blütezeit (Name!).

Euphrasia rostkoviana HAYNE (= *E. officinalis* L. p. p.), Wiesen-Augentrost

– Scrophulariaceae (= Rachenblütler)

Halbschmarotzer auf Wiesenpflanzen. Samen nur in deren chemischem Einflußbereich keimend. Einjährig, als Halbparasit aber zwischen ausdauernden Pflanzen konkurrenzfähig. Mit Hilfe von Saugwurzeln wird das Xylem der Wirtswurzeln angezapft (vgl. *Melampyrum*). - Die Gattung ist sehr formenreich, der Wiesen-Augentrost ist eine von zahlreichen früher oft als *Euphrasia officinalis* L. zusammengefaßten Kleinarten.

Vorkommen: magere Wiesen und Weiden. Durch intensive Grünlandwirtschaft oft stark im Rückgang.

Blüten: V-X. Vorweibliche, "eigentliche Lippenblumen", einzeln, blattachselständig. Schöne Farbfleck- und Strichsaftmale. Bei Berührung rieselt der Pollen auf die Besucher herab, so besonders Bienenverwandte und Schwebfliegen.

Früchte: 2klappige Kapseln, trocken offen: Wind- und Tierstreuer. Dazu ganze Pflanze mit Heu oder Tierfellen (u. a. wegen der grannig gezähnten Deckblätter) verbreitet: Zufalls- und Klettverbreitung. Samen: Ballonflieger.

Verwendung: Abkochungen des Krautes werden in der Volksmedizin bei Augenleiden (Name!) angewandt. Der Gebrauch geht auf die Signaturenlehre zurück (die Blüten ähneln Augen und Wimpern). Da tatsächlich eine gewisse entzündungshemmende Wirkung vorliegt, war die Augenähnlichkeit vermutlich Merkhilfe für die Verwendung.

Verwandte:

Odontites vulgaris MOENCH (= *Odontites rubra* (BAUMG.) OPIZ), Gemeiner oder Später Zahntrost: Ebenfalls Halbschmarotzer. Blätter lineal-lanzettlich. Blüten fleischrot, in einseitswendigen Trauben. Oberlippe helmartig, ungeteilt. Fettweiden und Trittrasen. Blütezeit: VIII-X. Ehemalige Heilpflanze bei Zahnleiden (Name!).

Odontites verna (BELL.) DUM., Frühlings- oder Acker-Zahntrost: Sehr ähnlich wie vorige Art. Seltene und zurückgegangene Wildpflanze des Wintergetreides. Blütezeit: VI-VII.

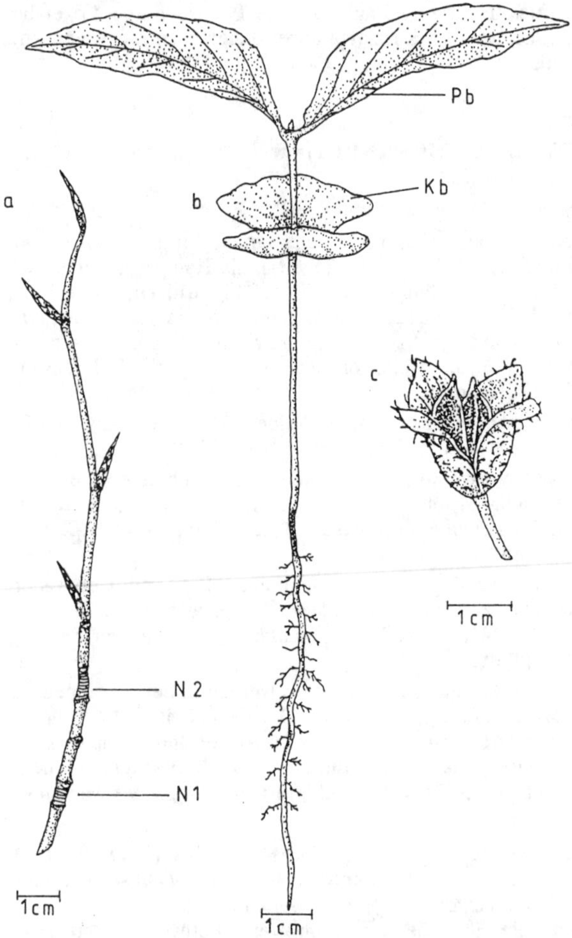

Abb. 33: **Fagus sylvatica**: **a** Winterzweig (N1, N2 Narben der abgefallenen Knospenschuppen, dazwischen der Zuwachs eines Jahres). **b** Keimpflanze (Kb Keimblatt, Pb Primärblatt). **c** Fruchtbecher (Cupula) mit Früchten (Bucheckern).

Fagus sylvatica L., Buche, Rotbuche
– Fagaceae (= Buchengewächse)

Winterkahler Laubbaum bis maximal 44 m Höhe, über 300 (angeblich bis 900) Jahre alt und bis 2 m dick werdend. Forstwirtschaftliche Umtriebszeit 120-140 Jahre. Die Krone eines Baumes kann bis zu 450 m^2 bedecken. - Die weit verbreitete Vorstellung der geringeren Blitzanfälligkeit ("... doch die Buchen sollst du suchen") ist falsch. Der Unterschied etwa zur Eiche liegt lediglich darin, daß die Einschläge durch die glatte Borke besser abgeleitet werden als durch die rauhe Borke und daher kaum Spuren hinterlassen. - Stamm und Zweige durch einfache Übergipfelung entstanden. Jahreszuwachs durch Langtriebe. Holz rötlich (Name!). Winterknospen (Abb. 33 a, 34 a, b) lang, spitz; auffallend zweizeilig angeordnet. Knospenschuppen (wie bei allen Fagales) Nebenblättern entsprechend, am frischen Austrieb etwas bleibend. Die fädlichen Nebenblätter der Laubblätter fallen früh ab. - Keimblätter (Abb. 33 b) groß, fleischig (Speicherkeimblätter), bald ergrünend. Primärblätter gegenständig (Abb. 33 b). - Wurzelpilz.

Vorkommen: in nicht zu nährstoffarmen Mischwäldern und als Reinbestände. Schattenholz.

Blüten: IV-V. Wind blütig: "hängeblütiger Typ". Einhäusig. Männliche Blüten in hängenden Blütenköpfchen, am Grunde von Langtrieben. Weibliche Blüten aufrecht, ebenfalls gestielt, zu zweit, an der Spitze desselben Langtriebs wie die männlichen Blüten.

Früchte: Der 4klappig aufspringende, "stachelige" Fruchtbecher (Abb. 33 c) entspricht einem stark verzweigten, aber verwachsenen Sproßsystem. Zur Reife enthält er 1-2 einsamige Nüsse, die je aus einem 3fächerigen Fruchtknoten entstehen. Nüsse mit bis 25 % fettem Öl. Die Keimfähigkeit bleibt nur bei Bedeckung, z. B. im Waldboden, erhalten. Schwerkraftverbreitung als "Plumpsfrüchte", besonders aber Speicherverbreitung durch Eichhörnchen und Eichelhäher. Fruchtreife: X.

Verwendung: Bucheckern enthalten u. a. Blausäure-Glykoside und können deshalb in größerer Menge (z. B. bei mehr als 50 Samen) zu Vergiftungen führen. Früher waren Bucheckern wichtig für die Schweinemast. - Das Holz ist vielseitig verwendbar, besonders als Brennholz und als Rohstoff für die Zelluloseindustrie. Es wurde früher zur Gewinnung von Holzessig und zur Herstellung von Holzgeist (= Methanol) verwendet. Die an Pottasche (Kaliumcarbonat) reiche Asche wurde früher für Waschlauge benutzt. - Wichtiger Wald- und Parkbaum. Bei Blutbuchen überdeckt der Überschuß an roten Farbstoffen (Anthocyan) das Blattgrün. - Eine sehr frühe Verwendung des

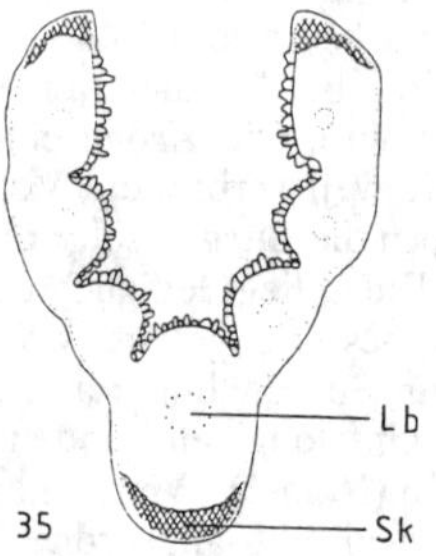

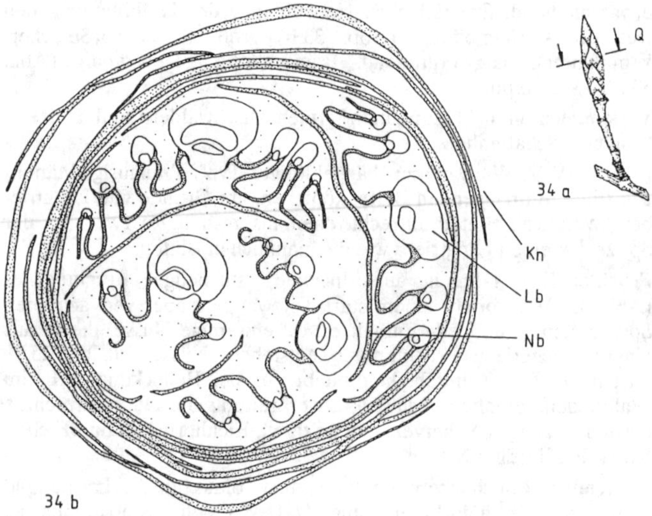

Abb. 34: **Fagus sylvatica**: **a** Winterknospe in Aufsicht (Q Schnittebene des in b dargestellten Querschnittes). **b** Winterknospe quer (Kn Knospenschuppe, Lb Leitbündel eines jungen Laubblattes, Nb Nebenblatt).

Abb. 35: **Festuca ovina** s. l.: Faltblatt quer (Lb Leitbündel, Sk Sklerenchym).

Holzes ist die Anfertigung von Schreibtafeln (Buchdruck!), auf die unser Wort "Buch" zurückgeht.

Falcaria vulgaris BERNHARDI, Sichelmöhre

– Apiaceae (= Doldenblütler)

Meist ausdauernder Hemikryptophyt: Halbrosettenpflanze. Pflanze kahl, blaugrün, an Trockenheit angepaßt (Xerophyt). Blätter äquifazial, d.h. Blattober- und unterseite sind gleich gebaut.

Vorkommen: sonnige Säume, Wegränder und Äcker, auf mäßig trockenen, nährstoff- und kalkreichen Böden. Vor allem in den warmen Kalkgebieten. Fehlt im Norden meist.

Blüten: VII-IX. "Nektarführende Scheibenblumen vom *Heracleum*-Typ". Bestäuber: Fliegen, Käfer usw. Doldenstrahlen mit Tag-Nacht-Bewegung (Nyktinastie).

Früchte: Windverbreitung durch Fortbewegung der ganzen Pflanze als Steppenläufer. Außerdem Zufallsverbreitung durch Huftiere.

Vegetative Vermehrung durch Wurzelsprosse.

Fallopia convolvulus (L.) A. LÖVE (= *Polygonum convolvulus* L., *Bilderdykia convolvulus* (L.) DUM.), Winden-Knöterich, Gemeiner Windenknöterich

– Polygonaceae (= Knöterichgewächse)

Einjährige Kletterpflanze: hin- und hergebogen oder windend (Rechtswinder; es sollen auch linkswindende Pflanzen vorkommen). Tiefwurzler (bis 80 cm Tiefe).

Vorkommen: Äcker, vor allem Getreideäcker, Gärten und Ruderalstellen, auf frischen, nährstoffreichen Lehmböden. Stickstoffzeiger. Heute in kühl-gemäßigten Zonen weltweit verbreitet. Alteinwanderer (Archäophyt).

Blüten: VII-X. Unscheinbar, nur schwach nektarführend. Selbstbestäubung und Insektenbestäubung, z. B. durch Bienen. Bei feuchter Witterung sondern extraflorale Nektarien ein Sekret ab. Es wurde aber nicht beobachtet, daß diese von Insekten aufgesucht wurden.

Früchte: einsamige, dreikantige, kleine Nüsse, vom bleibenden Perigon eingeschlossen. Selbstaussäer, Regenschwemmlinge, Ameisenverbreitung sowie Verbreitung durch den Menschen (Agrikultur begleiter, Ruderalpflanze).

Weitere Arten:

Fallopia aubertii (HENRY) HOLUB (= *Polygonum aubertii* HENRY), Schling-Knöterich, Chinesischer Knöterich, Silberregen: raschwüchsiger, meist schon im ersten Jahr verholzender Kletterstrauch (Liane). Linkswinder. Häufiges Ziergehölz. Heimat: China. Extraflorale Nektarien wie bei voriger Art. Zur Fassadenbegrünung und als Kletterpflanze geeignet, aber nur wenn ausreichend Platz vorhanden ist.

Fallopia baldschuanicum (REGEL) HOLUB (= *Polygonum baldschuanicum* REGEL), Bucharischer Knöterich: sehr ähnlich wie vorige Art. Jungtriebe nicht rötlich.

Festuca ovina L. (Sammelart), Schaf-Schwingel

– Poaceae (= Süßgräser)

Ausdauerndes Horstgras. Anpassungen an die Trockenheit (Xeromorphose) bzw. an die Mineralsalzarmut des Bodens (Hungermorphose): Blätter borstenförmig, im Querschnitt V-förmig (Abb. 35) oder fast vollrund, außen durch Sklerenchymfasern in einer für die Kleinarten charakteristischen Anordnung versteift (= Faltblätter; Entfaltungsmechanismus hier allerdings rudimentär und funktionslos). Spaltöffnungen in der Blattrinne eingesenkt. Einige Kleinarten auch mit Wachsüberzug. Die abgestorbenen Blätter hüllen als "Strohmantel" die Pflanze ein und bieten somit einen zusätzlichen Schutz.

Vorkommen: Magerrasen, Felsspalten und lichte Wälder, auf meist trockenen, nährstoffarmen, sauren Böden.

Blüten: V-VIII. Windblütig: "langstaubfädiger Typ".

Früchte: Ährchen meist kurzgrannig: Klettfrüchte. Wasserhafter. Zufallsverbreitung durch Pflanzenfresser.

Vegetative Vermehrung durch Brutknospen im Fruchtstand (= Pseudoviviparie) möglich.

Verwendung: Die Pflanze ist als Futtergras im allgemeinen wertlos, wurde aber hin und wieder zur Schafweide genutzt (Name!) und zu diesem Zweck früher auf Sandböden Norddeutschlands auch kultiviert. In Steingärten werden intensiv blau gefärbte Zuchtformen (vegetativ vermehrte Bastarde) gezogen. Neuerdings werden bestimmte Kleinarten als dauerhaftes Gras an Straßenrändern und zur Böschungsbefestigung an Autobahnen usw. verwendet.

Weitere Arten:

Festuca pratensis HUDS., Wiesen-Schwingel: 30-80 (-120) cm hoch. Rhizom kurz kriechend. Alle Blätter flach, unterseits rinnig.

Nährstoffreiche Wiesen. Gutes Weidegras und ausgezeichnetes Futtergras.

Festuca rubra L. agg., Rot-Schwingel (Sammelart): Grundblätter borstig, ähnlich wie bei *F. ovina*, Stengelblätter flach bis gefaltet, oberseits rinnig. Sehr formenreich. 20-60 cm hoch. Rhizom kurz oder kriechend. Wiesen, Weiden, Gebirgswiesen und Wegränder. Mittelwertiges Weide- und Futtergras, als solches vor allem im Gebirge wichtig. Für magere Gartenrasen sehr geeignet.

Filipendula ulmaria (L.) Maxim., Echtes Mädesüß, Spierstaude

– Rosaceae (= Rosengewächse)

Hemikryptophyt: Schaftpflanze.

Vorkommen: Auwälder, Naßwiesen, Hochstaudenfluren und Ufer, auf nährstoffreichen, frischen Böden. Verbandskennart des Filipendulion (= Mädesüß-Uferfluren).

Blüten: VI-VII. Mandelartig duftende "Pollen-Scheibenblumen", in rispenartigen Blütenständen (= Spirren, d. h. die seitenständigen Äste übergipfeln die zentralen Blüten). Durch Aufrichten geben die reifenden Staubblätter allmählich die Narbe frei. Besucher: Insekten aller Art (außer Falter).

Früchte: Je Blüte entwickeln sich mehrere zweisamige, gewundene Balgfrüchte: Wind- und Wasserverbreitung. Fruchtreife: IX.

Verwendung: volksmedizinisch gegen Gicht und Rheuma, früher auch zum Süßen von Bier (Met) verwendet (Name!). Junge Triebe und Wurzeln als Gemüse geeignet. Die aromatisch duftenden Blütenstände sind für Duftsträuße und zum Aromatisieren von Gelees und Getränken sowie wegen des Gehaltes an Salicylsäure für Kopfschmerztee zu empfehlen. Für Wildpflanzengärten sehr zu empfehlen.

Forsythia suspensa (Thunb.) Vahl, Forsythie, Goldflieder

– Oleaceae (= Ölbaumgewächse)

Winterkahler Strauch, mit z. T. noch assimilierenden, jungen Zweigen und deshalb gut entwickelten Korkwarzen (= Lenticellen) für den Gasaustausch. - Wurzelpilz. Name nach dem englischen Botaniker Forsyth.

Vorkommen: beliebter Zierstrauch. Heimat: China.

Blüten: III-V, Frühblüher. Die gelben "Trichterblumen" enthalten reichlich die Flavone Rutin und Quercitrin, die als Schutz gegen zu starke UV-Strahlung gedeutet werden. Ausgeprägte Verschiedengriffligkeit (= Heterostylie): Der Pollen der langgriffligen Form enthält Quercitrin, der der kurzgriffligen Rutin als Stoff, der die Pollenkeimung hemmt. "Enthemmend" wirken Enzyme der zugehörigen Narbe, und so kann z. B. auf der kurzgriffligen Form nur Quercitrin gespalten werden. Die Pflanze ist selbststeril. - Bestäuber sind wegen der UV-Reflexion besonders Bienenverwandte, doch ist der Besuch sehr spärlich und entsprechend die Pflanze ökologisch wenig wertvoll.

Früchte: Kapseln mit schmal geflügelten Samen: Windstreuer. Segelflieger. Fruchtreife: VIII-IX.

Vegetative Vermehrung durch Stecklinge oder "Absenker" leicht möglich.

Weitere Arten:

In Kultur befinden sich weitere Arten und Bastarde. - Ein typisches Tertiärrelikt ist die Europäische Forsythie, **Forsythia europaea** Deg. et Bald., die in Albanien beheimatet ist.

Fragaria vesca L., Wald-Erdbeere

– Rosaceae (= Rosengewächse)

Wintergrüne Rosettenpflanze. - Ausläuferbildend. Kann Kontaktallergien verursachen.

Vorkommen: lichte, konkurrenzarme Waldstandorte, vor allem Schläge, Waldwege und Waldränder, auf frischen, nährstoffreichen, humosen Böden. Stickstoffzeiger. Zirkumpolar verbreitet. Ebene bis Hochgebirge (Alpen bis 2200 m).

Blüten: V-VI. Vorweibliche, "nektarführende Scheibenblumen", in Dolden mit kleinen Hochblättern. Besucher: verschiedenste Insekten außer Faltern. Spontane Selbstbestäubung erfolgreich.

Früchte: Je Blüte entwickeln sich zahlreiche, hartschalige Nüßchen, die durch eine Wucherung der Blütenachse zur Fruchtreife verbunden sind (Sammelfrucht): Verdauungsverbreitung, vor allem durch Vögel und Schnecken. Auch Klebverbreitung, z. B. durch Fußgänger. Fruchtreife: VII-VIII.

Vegetative Vermehrung durch die bis 2,6 m langen Ausläufer, deren Knoten kleine Rosetten entwickeln und sich bei Bodenkontakt bewurzeln. Nach Absterben der Internodien werden die Tochterpflanzen selbständig.

Verwendung: beliebtes Wildobst (bis 10 % Zucker), in Frankreich seit dem 14. Jh. auch kultiviert. Die "Monatserdbeeren" sind eine

Zuchtform der Wald-Erdbeere. Getrocknete Blätter ergeben einen guten Tee.

Weitere Art:

Fragaria x ananassa Duch., Garten-Erdbeere: Sammelbezeichnung für verschiedene Kultursorten und Bastarde, die durch Kreuzung oktoploider amerikanischer Arten, besonders der Riesen-Erdbeere, *F. chiloensis* (L.) Duch., und der Scharlach-Erdbeere, *F. virginiana* Duch., entstanden sind. Letztere wurde schon 1623, erstere 1712 nach Europa gebracht. Die Garten-Erdbeere gelangte über Holland nach Deutschland.

Frangula alnus Miller (= *Rhamnus frangula* L.), Faulbaum

– Rhamnaceae (= Kreuzdorngewächse)

Winterkahler Laubstrauch. Knospenschuppen fehlen. Borke von fauligem Geruch (Name!). - Wurzelpilz. - Nahe verwandt ist der Kreuzdorn, *Rhamnus catharticus*, (siehe dort). - Alle Teile sind durch Anthrachinonglykoside **giftig** (vgl. Verwendung), z. B. führen unreife Früchte zu Brechdurchfall.

Vorkommen: Brüche, Moorgebüsche und lichte, feuchte Laubwälder, auf kalkfreien Böden.

Blüten: V-VI. Unscheinbare, vormännliche "kleine Trichterblumen" in Büscheln. Trotz Nektarproduktion nur geringer Insektenbesuch von Haut- und Zweiflüglern.

Früchte: Steinfrüchte erst rot, dann schwarz. Verdauungsverbreitung. Typisch ist im Hochsommer das Nebeneinander von Blüten und Früchten unterschiedlichen Reifestadiums. Fruchtreife: VIII-IX.

Vegetative Vermehrung durch Wurzelsprosse.

Verwendung: Holz früher zu Schießpulverkohle verarbeitet, daher auch der Name "Pulverholz". "Faulbaumrinde" ist ein altbekanntes, auch heute noch arzneilich viel verwendetes dickdarmwirksames Abführmittel, Vorsicht bei Überdosierung.

Fraxinus excelsior L., Gemeine Esche

– Oleaceae (= Ölbaumgewächse)

Winterkahler Laubbaum bis maximal 40 m Höhe und 1,7 m Stammdurchmesser, ca. 200 Jahre alt werdend. Frostempfindlich, dafür sind jedoch neben der Haupt- noch zwei Ersatzknospen vorhanden. Winterknospen unverwechselbar (Abb. 36 a): schwarz, samtig, kreuzgegenständig, spät austreibend (meist erst im Mai). - Wurzelpilz.

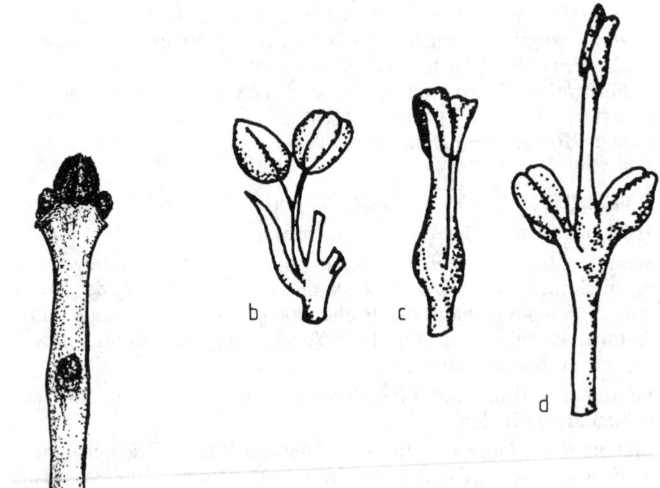

Abb. 36: **Fraxinus**: **a-e** *F. excelsior* a Zweig mit Winterknospen, b männliche Blüte, c weibliche Blüte, d Zwitterblüte, e Flügelfrucht. **f** *F. ornus* Blüte. (b-f nach HEGI).

Vorkommen: krautreiche Auwälder, Schlucht- und Laubmischwälder, auf basenreichen Böden. Kennart des Aceri-Fraxinetum (= Schluchtwald).

Blüten: IV-V. Windblütig: "langstaubfädiger Typ". Blütenrispen aufrecht, abstehend oder hängend. Die "vorlaufenden", d. h. vor den Blättern erscheinenden Blüten, entspringen aus den Achseln vorjähriger Blätter. Pflanze einhäusig oder dreihäusig. Blüten zwittrig oder eingeschlechtlich (Abb. 36 b-d), vorweiblich. Blütenhülle fehlend. Je Staubblatt ca. 12 000 Pollenkörner.

Früchte: 2samige, 0,1 g schwere Nüsse mit propellerartigem, einseitigem Flügel: Drehflieger. Ablösung bei starkem Wind (Wintersteher) und dann statt ca. 25 m bis 500 m Flugweite möglich. Für die Ausbreitung erwies sich aber auch die Verschleppung der Früchte durch Kleinsäuger und Vögel als wichtig. Fruchtreife: IX-X.

Verwendung: Zierbaum, Laubfutterbaum und Heilpflanze: Die Rinde enthält u. a. Cumarin-Glykosid und in Lösung blaugrün fluoreszierendes Fraxin, der Bast speichert viel Schleim (u. a. Mannit). In der Volksmedizin wurde die Rinde frisch zur Wundheilung, getrocknet als Chinarindenersatz und Wurmmittel verwendet. - Holz hart und wertvoll, z. B. früher für Skier. Als "Kopf"-Esche von ähnlicher ökologischer Bedeutung wie Kopfweiden.

Weitere Art:

Fraxinus ornus L., Blumen-Esche, Manna-Esche: Zierbaum. Heimat: Südeuropa. Blütenhülle vorhanden (Abb. 36 f), weißlich. Knospen braun. Der getrocknete Blutungssaft ist als "Manna" bekannt. Er enthält bis 80 % der zuckerähnlichen Verbindung Mannit und wird arzneilich als mildes Abführmittel verwendet.

Fumaria officinalis L., Gemeiner Erdrauch

– Fumariaceae (= Erdrauchgewächse)

Einjahrig, winterannuell. Gewöhnlich aufrecht, aber auch zum Klettern fähig, dann Spreizklimmer. Blattstiele bei Berührung reizbar (Thigmonastie), sich auf die Unterlage stützend oder diese sogar umwindend. - Schwach **giftig** durch Alkaloide, die in besonderen Zellen (Idioblasten) gebildet werden.

Vorkommen: offene Äcker und Gärten, vor allem unter Hackfrucht, auf frischen, nährstoffreichen, lehmigen Böden. Alteinwanderer (Archäophyt): wurde mit dem Ackerbau eingeschleppt. Wegen der Herbizide heute meist nur noch außerhalb der Anbauflächen.

Blüten: V-IX. "Schmetterlingsblumen", ähnlich denen von *Corydalis*, aber kleiner und ohne Sporn. Krone oben mit dunklem Saftmal.

Selbstbestäubung vorherrschend, daneben Bestäubung durch kleinere Bienen usw.

Früchte: Statt der für die Familie typischen Schoten werden hier einsamige Nußfrüchte ausgebildet. Selbstaussäer, Regenschwemmling, Ameisenverbreitung sowie Verbreitung durch den Menschen mit Saatgut.

Verwendung: früher arzneilich verwendet (Name!), auch heute noch in der Volksmedizin bei Gallenbeschwerden.

Gagea lutea (L.) Ker-Gawl., Gemeiner Goldstern, Wald-Gelbstern

– Liliaceae s. str. (= Liliengewächse)

Zwiebel-Geophyt. Die fleischigen Zwiebelschuppen sind durch Verdickung der Blattscheiden (Blattgrund) entstanden. Name nach dem englischen Botaniker T. Gage (1781-1820). - Schwach **giftig**.

Vorkommen: Krautreiche Auwälder, auf feuchten, nährstoff- und basenreichen, meist tiefgründigen Böden. Vor allem in den Kalkgebieten.

Blüten: III-V, Frühblüher. Vorweibliche, geruchlose, "nektarführende Scheibenblumen", in Scheindolden, die aus mehreren gestauchten Schraubeln entstanden sind. Nektar wird in Septalnektarien, d. h. zwischen den Fruchtknotenfächern, gebildet. Bestäuber: kleine Fliegen, Käfer und Bienen. Bei feuchtem Wetter und beim Schließen der Blüte ist Selbstbestäubung möglich.

Früchte: fachspaltige Kapseln, oft Ameisenverbreitung.

Vegetative Vermehrung erfolgt sowohl durch Brutzwiebeln als auch durch Brutknospen (Bulbillen) im Blütenbereich (Pseudoviviparie).

Weitere Art:

Gagea pratensis (Pers.) Dum., Wiesen-Goldstern: Neben der Hauptzwiebel werden noch 1-2 Nebenzwiebeln ausgebildet. Weinberge und Äcker, auf kalkreichen Böden. Gefährdet. Die meisten Fundorte heute auf alten Friedhöfen, aber auch dort gefährdet.

Galanthus nivalis L., Kleines Schneeglöckchen

– Amaryllidaceae (= Amaryllisgewächse)

Zwiebel-Geophyt. Typische Frühjahrspflanze. Sogar die Blüten sind frosthart. - Schwach **giftig** durch Amaryllidaceen-Alkaloide. Genaueres ist nicht bekannt.

Vorkommen: reiche Laubmischwälder und Gebüsche. Häufig angepflanzt und öfters eingebürgert (Neophyt: Gartenflüchtling). - Die natürlichen Vorkommen sind gefährdet! - **Geschützt**!

Blüten: II-III, Frühblüher. Homogame "Glockenblumen mit Streueinrichtung", mit "anbohrbarem Gewebe" und Nektar. Blütenknospenscheide aus Verwachsung zweier Hochblätter entstanden. Einzelblüte aus reduzierter Trugdolde abzuleiten. Die inneren Perigonblätter duften stärker als die äußeren. Der Pollen rieselt auf die sich anklammernden Bienen und Falter herab. Grüne Längsstreifen im "Krönchen" umgeben die Nektarrinnen. Wegen ihrer starken UV-Reflexion heben sich die Blüten auch bei Schnee für die Besucher deutlich vom Hintergrund ab.

Früchte: fleischige Kapseln, die mit dem erschlaffenden Fruchtstengel zu Boden sinken: Selbstaussäer. Samen mit "Ölkörpern" zur Ameisenverbreitung. Fruchtreife: V-VI.

Verwendung: Zierpflanze.

Galeopsis tetrahit L., Stechender Hohlzahn

– Lamiaceae (= Lippenblütler)

Einjährig. Frostempfindlich. - Tetraploider, erbkonstanter Bastard aus der Kreuzung *G. pubescens* Bess. x *G. speciosa* Mill. Viel häufiger als die Eltern.

Vorkommen: Ruderalstellen, Äcker und Waldschläge, auf frischen, nährstoffreichen lockeren Böden. Stickstoffzeiger. Kulturbegleiter. Ebene bis Gebirge (Alpen bis 1560 m).

Blüten: VI-X. "Eigentliche Lippenblumen". Die 2 Höcker ("Hohlzahne") auf der Unterlippe (Abb. 38) dienen als Kopfführung der Besucher (vor allem Bienenverwandte). Am Ende der Blütezeit ist spontane Selbstbestäubung möglich.

Früchte: Die Klausen werden durch vorbeistreifende Tiere ausgestreut, indem sie an den Borstenhaaren des Stengels und vor allem an den dornigen Kelchzähnen hängenbleiben (Tierstreuer).

Weitere Art:

> **Galeopsis speciosa** Mill., Bunter Hohlzahn, Bunter Daun: Äcker und Schläge. Blüten größer. Kronröhre 10-22 mm lang, daher Nektar nur langrüsseligen Insekten zugänglich. Unterlippe violett, mit goldgelbem Saftmal, das zwar schwächer, aber andersartig duftet als die übrige, blaßgelbe Krone.

37 a

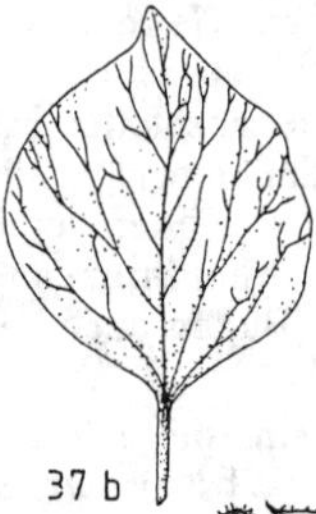

37 b

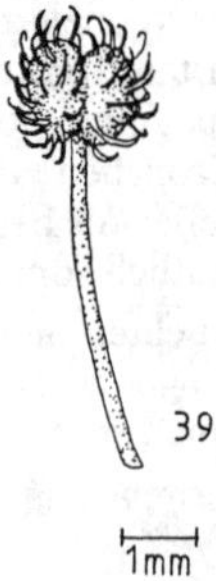

39 b

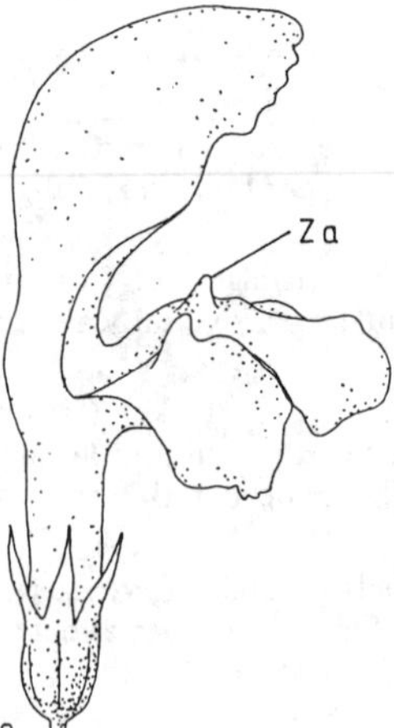

38

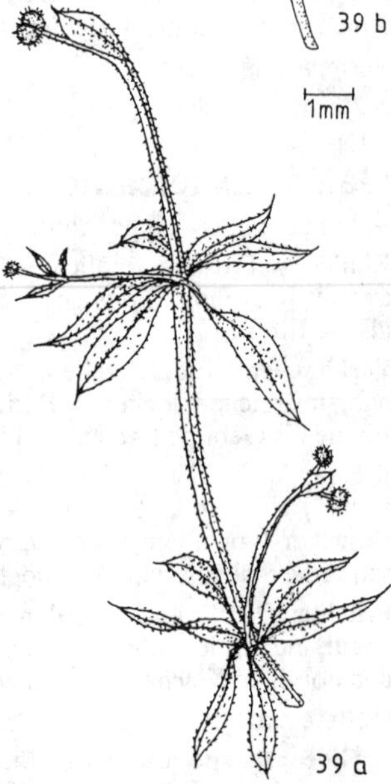

39 a

Abb. 37: Hedera helix: a Schattenblatt. **b** Sonnenblatt (Altersblatt).
Abb. 38: Galeopsis tetrahit: Blüte (Za zahnförmiger Höcker).
Abb. 39: Galium aparine: a Sproßstück. **b** Klettfrucht.

Galinsoga parviflora Cav., Kleinblütiges Knopfkraut, Kleinblütiges Franzosenkraut

– Asteraceae (= Korbblütler)

Einjährig. Licht- und Wärmekeimer. In günstigen Jahren 2 und mehr Generationen. Als Tropenpflanze stark frostempfindlich. - Der wissenschaftliche Name bezieht sich auf den spanischen Arzt und Botaniker Galinsoga. Der Name "Franzosenkraut" wurde von Homann geprägt, der von Hagen die Nachricht erhielt, die Pflanze sei bei Osterode nach der Besetzung durch die Franzosen aufgetreten.

Vorkommen: Hackfruchtäcker, Gärten und Ruderalstellen, auf frischen, nährstoffreichen Böden. Nährstoffzehrer und daher bei Massenvorkommen Konkurrent der Kulturpflanzen. Bodengarezeiger. Wärmeliebende Lichtpflanze. Ebene bis mittlere Gebirgslagen (bis 700 m). - Neubürger (Neophyt). Heimat: tropisches Südamerika. Aus Botanischen Gärten (Vegesack 1798, Berlin 1812, Erlangen 1821 usw.) eingebürgert.

Blüten: V-X. "Körbchenblumen", mit 5 weißen Strahlblüten (Zungenblüten) und zahlreichen gelben Scheibenblüten (Röhrenblüten). Spreublätter vorhanden, dreiteilig. Köpfe in Abständen nacheinander reifend. Nur Selbstbestäubung!

Früchte: Achänen mit krönchenartigem Kelchsaum: schlechte Schirmchenflieger. Zentrale Früchte von den Randfrüchten verschieden (Heterokarpie). Hauptverbreitung als Tier- und Windstreuer sowie Zufalls- bzw. Klettverbreitung durch Menschen und Haustiere. Samenproduktion je Pflanze bis 300 000. Fruchtreife: VII-X.

Verwendung: junge Stengel und Blätter als Gemüse und Salat geeignet. Als Futterpflanze verwendbar.

Weitere Art:

Galinsoga ciliata (Rafin.) Blake, Behaartes oder Zottiges Knopfkraut: sehr ähnlich voriger Art. Stengel oberwärts abstehend behaart. Neubürger seit 1850

Galium aparine L., Kletten-Labkraut, Klebkraut

– Rubiaceae (= Rötegewächse)

Einjährige Kletterpflanze: Spreizklimmer (Abb. 39 a) durch rückwärts steifhaarige Stengel und abstehende Zweige. Ganze Pflanze wie eine Klette festhaftend bzw. klebend (Name!). Blätter in Scheinquirlen, bestehend aus 2 gegenständigen Laubblättern und je 2 dazugehörigen, laubigen Nebenblättern.

Vorkommen: Säume, Ufer, Äcker und Ruderalstellen, auf frischen, nährstoffreichen Böden. Lehm- und Stickstoffzeiger. Kulturbegleiter seit der Steinzeit. Durch Anwendung von Herbiziden oft stark gefördert.

Blüten: VI-X. Vormännliche, "nektarführende Scheibenblumen", in achselständigen Trugdolden (= Zymen). "Fliegenblume", aber auch andere Besucher. Spontane Selbstbestäubung erfolgreich.

Früchte (Abb. 39 b): Spaltfrüchte aus 2 kleinen, einsamigen Nüssen, fest mit dem widerhakigen Kelch verbunden: Klettverbreitung. Im Herbst können auch ganze fruchtende Stengel durch Tiere bzw. als "Bodenroller" durch den Wind verbreitet werden. Fruchtreife: VII-IX.

Verwendung: Die Wurzeln bzw. Rhizome der *Galium*-Arten können ähnlich wie die der verwandten Arten *Rubia tinctorum* (Krapp) und *Asperula tinctoria* (Färber-Meier) zum Rotfärben verwendet werden.

Weitere Arten/Verwandte:

Galium mollugo L. (Sammelart), Wiesen-Labkraut: Ausdauernde, glatte (Name!: lat. mollugo weichlich, d. h. ohne Kletthaare) Schaftpflanze. Säume und Wiesen. Früher wegen des Gehalts an Lab-Enzym (Name!) zur Käsebereitung verwendet. Die glatten Früchte werden meist zufällig durch Grasfesser verbreitet.

Galium odoratum (L.) Scop. (= *Asperula odorata* L.), Waldmeister: Rhizom-Geophyt. Krautreiche, schattige Wälder, auf frischen, basenreichen Lehmböden. Außerdem in Gärten als sehr dekorativer Bodendecker gepflanzt und von dort aus verwildernd. Auch für Wildpflanzengärten sehr zu empfehlen. "Kleine Trichterblumen". Meist Bestäubung durch Fliegen, daneben Selbstbestäubung. Klettverbreitung. Die Pflanze ist schwach giftig, da beim Welken Cumarin frei wird, von dem das bekannte Waldmeisteraroma stammt. Entgegen einer verbreiteten Annahme kann Waldmeister auch während und nach der Blüte verwendet werden. Allerdings ist das Aroma kurz vor der Blüte am kräftigsten. Nach Genuß von Waldmeister-Bowle oder anderen Zubereitungen der Pflanze kann es zu leichten Kopfschmerzen kommen. Gefahr besteht außerdem durch die hemmende Wirkung des Cumarins auf die Blutgerinnung. In hohen Dosen ist reines Cumarin stark giftig (Wühlmausgift!). Besonders empfindlich sind Hunde, bei denen schon 0,6-0,8 g pro kg Körpergewicht tödlich sein sollen.

Galium verum L., Echtes Labkraut: Schaftpflanze. Blüten gelb. Magerrasen, meist auf Kalk. Blätter nadelig, mit umgerolltem Rand (Trockenheitsanpassung). Bienenfutterpflanze. Enthält 1 %

Lab-Enzym. Wurde gelegentlich als Färbepflanze verwendet, so noch heute in Schottland. Die blühende Pflanze ist außerdem zum Aromatisieren (Waldmeisteraroma) und Gelbfärben von Getränken geeignet. Für Wildpflanzengärten sehr zu empfehlen.

Galium sylvaticum L., Wald-Labkraut: Geophyt. Blätter groß, blaugrün. Lichte Laubwälder, auf basenreichen Lehmböden.

Cruciata laevipes Opiz, Kreuz-Labkraut: Schaftpflanze. Blätter in 4zähligen Scheinquirlen. Gebüschränder und lichte Auwälder. Frühblüher: IV-VI. Blüten gelblichgrün, nur in blattachselständigen Scheinquirlen, mit Honigduft. Zwittrige und männliche Blüten auf derselben Pflanze. Ebenfalls sehr dekorative Pflanze für Wildpflanzengärten.

Rubia tinctorum L., Färber-Röte, Krapp: Rhizomgeophyt. Als Färberpflanze seit dem Altertum bekannt. Heimat: Vorderasien. Rhizom bis 1 m lang, gelb, Bruchstellen schnell rot anlaufend. Aus den gemahlenen Wurzeln bzw. Rhizomen wurde ein leuchtend roter Alizarinfarbstoff gewonnen (Name!: lat. ruber = rot, tinctor = Färber), der "Krapp" oder "Türkisch Rot" genannt und zum Färben von Wolle benutzt wurde. Nach Eisenbeize ist auch Gelbfärbung möglich. Der Anbau war früher in wärmeren Lagen nicht selten, ging aber nach der synthetischen Herstellung von Alizarin um 1870 rapide zurück. - Arzneilich gegen Harnstein verwendet. Nach Anwendung kann der Urin eine rötliche Farbe annehmen.

Genista tinctoria L., Färber-Ginster

– Fabaceae (= Schmetterlingsblütler)

Chamaephyt: Halbstrauch, d. h. der untere, verholzte Teil des Stengels trägt die Erneuerungsknospen und überdauert. - **Giftig** durch verschiedene Alkaloide.

Vorkommen: Magerwiesen, Moorwiesen, lichte Wälder und Felsstandorte, auf frischen, basenreichen Böden. Magerkeits- und Grundfeuchtezeiger.

Blüten: V-VIII. Nektarlose "Schmetterlingsblumen mit Schnellmechanismus", ähnlich denen des Besenginsters (*Cytisus scoparius*). Besucher: Bienenverwandte, Zweiflügler, Falter und Käfer. Selbstbestäubung erfolgreich.

Früchte: Die zur Reifezeit schwarzen Hülsen erwärmen sich relativ schnell und springen bei Trockenheit auf: Austrocknungsstreuer.

Verwendung: Die durch Flavone intensiv gelb gefärbten Blüten wurden früher in der Färberei verwendet (Name!). Das Kraut diente, vor allem im Volke, als Heilmittel.

Weitere Arten/Verwandte:

Genista germanica L., Deutscher Ginster: Pflanze dornig. Heiden, Wald- und Wegränder und lichte Wälder, auf nährstoffarmen, warmen Böden. Blüten mit Klappmechanismus.

Genista pilosa L., Behaarter Ginster: Pflanze dornenlos. Heiden und lichte Wälder. Blüten mit Übergang vom Klapp- zum Schnellmechanismus. Früchte seidig behaart.

Chamaespartium sagittale (L.) GIBBS (= *Genista sagittalis* L., *Genistella sagittalis* (L.) GAMS), Flügel-Ginster: Krautiger, wintergrüner Chamaephyt mit kriechender Grundachse. Frostempfindlich. Stengel geflügelt (Name!), grün, ersetzt die früh abfallenden Blätter als Photosyntheseorgan. Das ist das einzige Beispiel in der heimischen Flora für einen Flachsproß (= Platykladium). Die Platykladien überdauern bis zur Blütezeit, danach werden neue gebildet. Magerrasen und lichte Wälder, auf warmen, trockenen Böden. Magerkeits- und Säurezeiger. Blüten in kurzen endständigen Ähren an diesjährigen Trieben, mit Klappmechanismus.

Gentiana acaulis L. s. str. (= *G. kochiana* PERR. et SONG.), Stengelloser Enzian, Kochs Enzian

– Gentianaceae (= Enziangewächse)

Ausdauernde Rosettenpflanze. Stengel nur sehr kurz. Die Blätter dienen durch nach innen geneigte Rinnen als Wassersammler. Zugwurzeln halten die Rosette immer wieder dicht am Boden. - Von *Gentiana* wird neuerdings die Gattung *Gentianella* (siehe unten) abgegrenzt. Ihre Blüten sind innen bärtig oder am Rande gefranst. Die Krone ist trichterförmig und hat meist ausgebreitete Zipfel.

Vorkommen: subalpine und alpine Magerrasen, auf frischen, kalkarmen, sauren Böden. Alle Arten der Gattung sind gefährdet und **geschützt**!

Blüten: V-VIII. Vormännliche, "große Trichterblumen", einzeln stehend. Typische, durch Anthocyane blau gefärbte "Hummelblumen". Die Kronblattzipfel sind durch Berührung reizbar (Thigmonastie), außerdem ist die ganze Blüte bei nassem Wetter verschlossen (Regenschutz?, Insektenversteck?). Die 5 Staubblätter umgeben eng den Griffel, und die Staubbeutel bilden eine Röhre. Die Staubfäden sind, wie bei *Calystegia*, durch Lamellen mit der Krone verbunden, so daß 5 röhrenförmige Zugänge zu dem am Grunde des Fruchtknotens abgeschiedenen Nektar entstehen. Kronröhre innen mit auffälligen olivgrünen Tüpfelsaftmalen auf hellem Grund, die im durchscheinenden Licht besonders gut sichtbar sind. Bestäuber: Hummeln und

Falter. Selbstbestäubung durch an die Staubbeutel gedrückte Narbenlappen möglich.

Früchte: einfächerige, zweiklappige Kapseln, von der als Windfang dienenden, bleibenden Krone umschlossen und durch den sich nach der Blüte stark verlängernden Stengel emporgehoben: Windstreuer. Die kleinen, flachen, oft etwas geflügelten Samen werden als Ballonflieger oder als Anhafter verbreitet.

Weitere Arten:

Gentiana clusii Perr. et Song., Clusius-Enzian: ähnlich wie vorige Art und früher mit dieser als "Stengelloser Enzian" zusammengefaßt. Meist auf Kalk. Blüten ohne Tüpelsaftmale.

Gentiana lutea L., Gelber Enzian: 50-100 cm hoher Hemikryptophyt. Speicherwurzel fleischig verdickt, ausdauernd. Die miteinander verwachsenen Blattscheiden bilden Zisternen. Wechselfeuchte Magerrasen der montanen und subalpinen Stufe. In Ostdeutschland auch kultiviert und verwildert. Die durch Karotinoide gelb gefärbten, relativ einfachen, "nektarführenden Scheibenblumen" werden durch verschiedene Insekten bestäubt. Kapseln fachspaltig. Samen geflügelt: Segelflieger und Wasserhaftverbreitung. Die Speicherwurzeln sind reich an Zuckern (z. B. Gentiobiose) und an wertvollen Bitterstoffen (Gentianopicrin und Amarogentin). Sie werden daher arzneilich als Bittermittel, z. B. als appetitanregender "Magenbitter", und für Schnaps ("Enzian") verwendet.

Gentiana pneumonanthe L., Lungen-Enzian: Pflanze wechselfeuchter Moorwiesen, vielerorts sehr zurückgegangen. "Große Trichterblumen". Tüpfelsaftmale grünlich.

Gentiana verna L., Frühlings-Enzian: Niedrige, ausdauernde Halbrosettenpflanze. Kalkmagerrasenpflanze der Gebirge. "Stieltellerblumen". Kronröhre 2-2,5 cm lang, eng, am Eingang durch die zweilappig-papillösen Narben verschlossen. Bestäubung u. a. durch Falter der Gattung *Macroglossum* (Taubenschwänzchen).

Gentianella ciliata (L.) Borkh. (= *Gentiana ciliata* L.), Fransen-Enzian, Gefranster Enzian

– Gentianaceae (= Enziangewächse)

Zweijähriger bis ausdauernder Hemikryptophyt: Schaftpflanze. Rhizom kriechend. Flachwurzler.

Vorkommen: Magerrasen und Trockenwaldsäume, auf kalkreichen, lockeren Boden. Ebene bis Gebirge (Alpen bis 2240 m). Gefährdet (alle Arten der Gattung). - **Geschützt**! (alle Arten).

Blüten: VIII-X. "Große Trichterblumen". Erhöhung der Anlockung durch Veilchenduft, starke UV-Reflexion und gefranste (Name!) Kronblätter. Bestäuber: Hummeln und Tagfalter.

Früchte: Kapseln. Kelch als Windfang, Stengel und Fruchtstiele elastisch, nach der Blüte stark verlängert: Wind- und Tierstreuer.

Weitere Art:

Gentianella germanica (WILLD.) BÖRNER, Deutscher Enzian: ähnlich wie vorige Art. Verschiedengrifflig (Heterostylie). Kronröhre durch Haargitter verschlossen. Nektar ist nur langrüsseligen Insekten zugänglich (Stieltellerblume?). "Einbruch" in die Kronröhre durch seitliches Anbeißen nicht selten. Die Blätter enthalten den Bitterstoff Gentianopicrin (= "Enzianbitter", vgl. oben bei *Gentiana lutea*).

Geranium robertianum L., Stinkender Storchschnabel, Ruprechtskraut

– Geraniaceae (= Storchschnabelgewächse)

Einjährig (sommerannuell) oder winterannuelle Halbrosettenpflanze. - Blätter durch ätherische Öle unangenehm riechend. - Sehr schattenverträglich und noch bei 1/25-1/40 des normalen Tageslichts (bei Keimpflanzen noch weniger) lebensfähig. Mit Hilfe der Blattgelenke ist eine genaue Ausrichtung der Blattfläche zum größten Lichteinfall hin möglich. Höhlenpflanze! Andererseits kann die Pflanze auch im vollen Sonnenlicht wachsen.

Vorkommen: krautreiche Wälder, Säume und Ruderalstellen, auf frischen, nährstoffreichen Lehmböden, in luftfeuchter Lage. Wächst auch als Epiphyt i. w. S., d. h. als "Überpflanze", z. B. auf Kopfweiden. Ebene bis Hochgebirge (Alpen bis 1700 m).

Blüten: V-IX. Vormännliche, "kleine Trichterblumen". Bestäuber: vor allem Bienenverwandte. Selbstbestäubung erfolgreich.

Früchte: 5fächerige Kapseln bzw. Spaltfrüchte. Zur Reife lösen sich die einsamigen, nußartigen Fruchtklappen durch Austrocknung von der Mittelsäule plötzlich ab und werden als ganzes bis zu 6 m weit fortgeschleudert: Austrocknungsstreuer. Durch zwei lange Haarstränge ist auch Klettverbreitung möglich. Fruchtreife: VII-X.

Verwendung: Die Pflanze wurde früher als vielseitige Heilpflanze, z. B. gegen Blutungen, sehr geschätzt und auch gegen Motten eingesetzt. Empfehlenswert für Wildpflanzengärten.

Weitere Arten:

Zur Gattung gehören zahlreiche weitere kleinblütige, meist ruderale Arten, die sich blüten- und verbreitungsökologisch meist ähnlich verhalten wie vorige Art. Daneben gibt es die im folgenden getrennt besprochenen großblütigen Arten. - Die als Balkonpflanzen beliebten "Geranien" gehören in die verwandte Gattung *Pelargonium*.

Geranium pusillum Burm. fil., Kleiner Storchschnabel: Sommerannuell. Ruderalstellen und Äcker. Teilfrüchte mit dicht anliegenden Haaren, die begierig Wasser aufnehmen und z. B. an einer nassen Präpariernadel gut haften. Daher auch Verbreitung als Anhafter.

Geranium pratense L., Wiesen-Storchschnabel

– Geraniaceae (= Storchschnabelgewächse)

Ausdauernder Hemikryptophyt: Halbrosettenpflanze. Rhizom kräftig. Blätter mit Gelenken. Pflanze reich drüsig-zottig durch Köpfchenhaare mit ätherischen Ölen. Blätter breitlappig, hahnenfußartig (aber Stiel ohne Rinne).

Vorkommen: Fettwiesen, vor allem der Stromtäler, auf frischen, nährstoff- und basenreichen, tiefgründigen Böden. Nährstoffzeiger. Lichtpflanze. Im Norden selten.

Blüten: streng vormännliche, "nektarführende Scheibenblumen". Nektar durch Haarkranz ("Saftdecke") geschützt. Zuerst spreizen die inneren, dann die äußeren Staubblätter und schließlich die Narbenäste. Neben zwittrigen Pflanzen finden sich nicht selten auch rein weibliche Pflanzen mit kleineren Blüten. Die drüsige Behaarung des Blütenstengels soll aufkriechende Insekten (als unerwünschte Besucher) abhalten. Lebensdauer der Blüten: 2 Tage. Bestäuber: besonders Bienenverwandte und Schwebfliegen. Bienenweide!

Früchte: Austrocknungsstreuer. Im Unterschied zu *G. robertianum* liegt der Samen lose im becherförmigen unteren Teil des Fruchtfaches. Sein vorzeitiges Herausfallen wird durch Vorsprünge oder Haare verhindert. Lösen sich dann plötzlich die Fruchtfächer von der Mittelsäule, werden die Samen katapultartig bis über 2 m fortgeschleudert.

Verwendung: Alle großblütigen *Geranium*-Arten sind für Wildpflanzengärten zu empfehlen.

Weitere Arten:

Geranium sylvaticum L., Wald-Storchschnabel: Sickerfeuchte Bergwiesen, Hochstaudenfluren und Schluchtwälder, vor allem der Hochgebirge und Mittelgebirge. Verhält sich blüten- und verbreitungsökologisch ähnlich wie vorige Art. Schleuderweite der Samen bis 2,7 m.

Geranium sanguineum L., Blutroter Storchschnabel: als großblütige Art ähnlich wie die beiden vorigen, aber nicht drüsig und Blätter fein zerteilt (Standortanpassung). Wächst vor allem am Rande sonniger Trockengebüsche und trockener Wälder, auf warmen, meist kalkreichen Böden. Selbstbestäubung erfolgreich. Zierpflanze.

Geranium pyrenaicum Burm. fil., Pyrenäen- oder Anger-Storchschnabel: Halbrosettenpflanze. Rosettenblattstiele mit Stützfunktion für die Pflanze. Wegsäume und Böschungen. Neophyt seit 1800. Kleinblütiger als die übrigen ausdauernden Arten. Für Wildpflanzengärten gut geeignet.

Geum urbanum L., Echte Nelkenwurz

– Rosaceae (= Rosengewächse)

Wintergrüner Hemikryptophyt (Rosettenpflanze), mit dickem Rhizom. Blätter unterbrochen unpaarig gefiedert, mit großen Nebenblättern.

Vorkommen: nährstoffreiche, grundfrische Laubwälder, Gebüsche und ruderale Plätze. Etwas wärmeliebend (Alpen bis 1000 m).

Blüten: V-VIII. Schwach vorweibliche, "nektarführende Scheibenblumen". Insektenbesuch spärlich. Schließlich spontane Selbstbestäubung durch gleichzeitiges Reifen der innersten Staubblätter und der äußeren Griffel. Auch dreihäusig.

Früchte: Aus jeder Blüte gehen zahlreiche freie Nüßchen hervor. Diese sind flach und behaart und werden durch den bleibenden, an der Spitze hakig gekrümmten Griffel als Klett- und Bohrfrüchte verbreitet. Fruchtreife: VII-IX.

Verwendung: Junge Blätter für Mischgemüse und Salat verwendbar. Das Rhizom wird wegen des Gehalts an Nelkenöl (Name!) arzneilich, vor allem in der Volksheilkunde als stopfendes Mittel und als Gurgelmittel bei Zahnfleischentzündungen, verwendet und dient auch als Gewürznelkenersatz. Alle *Geum*-Arten sind für Wildpflanzengärten zu empfehlen, namentlich die beiden folgenden.

Weitere Arten:

Geum rivale L. Bach-Nelkenwurz: Naßwiesen und Hochstaudenfluren. Von den anderen Arten der Gattung durch "Glockenblumen mit klebrigem Pollen" unterschieden. Bestäubung vor allem durch Bienenverwandte. Durch Entwässerung und Düngung besonders in der Ebene sehr im Rückgang.

Geum montanum L., Berg-Nelkenwurz: Magerrasen und Zwergstrauchheiden der subalpinen und alpinen Stufe. Die Früchte sind durch die dichte Behaarung des nach der Blüte stark verlängerten, aber nicht hakenförmig gekrümmten Griffels typische "Federschweifflieger".

Glechoma hederacea L., Gundermann, Gundelrebe

– Lamiaceae (= Lippenblütler)

Wintergrüner, kriechender Hemikryptophyt (Schaftpflanze) oder Rhizom-Geophyt. - Schwach **giftig** durch den Bitterstoff Glechomin, der allerdings bei Pferden schon zu tödlichen Vergiftungen geführt haben soll.

Vorkommen: Wälder, Waldränder und Wiesen, auf frischen, nährstoff- und basenreichen, humosen Lehmböden. Nährstoffzeiger. Ebene bis mittlere Gebirgslagen (Alpen bis 1380 m). Deckt oft große Flächen an Waldwegrändern sowie unter Hecken und Zäunen und wird daher in der Eifel "Kräutchen unter dem Zaun" genannt.

Blüten: IV-VI. Vormännliche, "eigentliche Lippenblumen", in lichtwendigen Halbquirlen. Neben zwittrigen Blüten kommen häufig auch rein weibliche Blüten (mit kurzer Kronröhre und kürzerer Unterlippe) vor. Auch rein weibliche Pflanzen wurden beobachtet. Unterlippe mit Tüpfelsaftmalen. Zwitterblüten mit 1,6 cm langer Kronröhre, deshalb Nektar nur langrüsseligen Insekten zugänglich. Schwebfliegen sammeln nur den Pollen.

Früchte: Klausen. Ameisenverbreitung. Fruchtreife: VI-VII.

Vegetative Vermehrung sehr lebhaft durch unterirdische Ausläufer und vor allem durch oberirdische Ausläufer, die an den Knoten wurzeln, eine Länge von 1,3 m erreichen können und besonders mit Ende der Blütezeit stark wachsen.

Verwendung: junge Blätter und Triebe wegen des würzigen Geschmacks als Beimischung zu Gemüsen, Salaten oder Quark geeignet. Früher arzneilich gegen schlecht heilende Wunden, Verdauungsstörungen usw. verwendet. Im Wildpflanzengarten ein schöner, frühblühender Bodendecker. Eignet sich auch als Ampelpflanze, z. B. zur Mauerbegrünung.

Glyceria maxima (HARTM.) HOLMB., Wasser-Schwaden, Großes Mannagras

– Poaceae (= Süßgräser)

Über 1 m hohe Sumpfpflanze, Schlammwurzler bzw. Schaftpflanze, mit weit kriechendem Rhizom.

Vorkommen: Ufer- und Verlandungsgras nährstoffreicher, lichter Standorte. Überdüngungs- und Verschmutzungszeiger. Verdrängt bei zu großem Nährstoffangebot die übrigen Uferpflanzen. Wärmeliebend (fehlt in den Alpen). Kennart des Glycerietum maximae (= Wasserschwadenröhricht). Zirkumpolar verbreitet.

Blüten: VII-VIII. Windblütig: "langstaubfädiger Typ". Zellsaftdruckschwankungen in den Gelenken der Rispenäste sorgen dafür, daß diese vor und nach der Blüte anliegen.

Früchte: Karyopsen frei, unbenetzbar: Schwimmverbreitung. Dazu Klebverbreitung (mit Teichschlamm) über Wasservögel und Viehtränkenbesucher.

Vegetative Vermehrung durch Ausläufer sowie gelegentlich durch Pseudoviviparie.

Verwendung: Streugras. Auch angepflanzt. Viehvergiftungen (vor allem Blähungen) bei Befall durch den Rostpilz *Uredo longissima* (als feine rosarote Streifen am Blatt). Als "Reet" zum Dachdecken.

Weitere Art:

Glyceria fluitans (L.) R. BR. (Sammelart), Flutender Schwaden, Manna-Schwaden: Amphibische Pflanze der Bäche, Gräben und Quellen. Bildet ggf. flutende, d. h. in Strömungsrichtung orientierte Schwimmblätter aus. Vegetative Vermehrung durch weit kriechende Rhizome und durch die sich bewurzelnden niederliegenden Stengel. Die Früchte aller Arten schmecken süß (Name!: griech. glykeros = süß) und wurden früher, und zwar schon seit der Steinzeit, vor allem in Ostdeutschland, als "Schwaden-Grütze" bzw. "Manna"-Ersatz (Name!) gegessen.

Gnaphalium uliginosum L., Sumpf-Ruhrkraut

– Asteraceae (= Korbblütler)

Einjährige, kriechende oder aufrechte Pflanze.

Vorkommen: krumenfeuchte Äcker, vernäßte Wege, feuchte Ruderalstellen und Ufer, auf offenen, feuchten oder zeitweise überschwemmten Böden. Auf Äckern Krumenfeuchte- bzw. Oberflächenverdichtungszeiger. Deshalb besonders typisch für die gestörten

Maisanbauböden. Ebene bis mittlere Gebirgslagen (Alpen bis 1000 m).

Blüten: VII-IX. Unscheinbare "Körbchenblumen", zu knäueligen, zymösen Gesamtblütenständen vereint, die von weißhaarigen, strahlenden Hochblättern umgeben sind, ähnlich wie beim verwandten Edelweiß (*Leontopodium*). Randblüten fadenförmig, weiblich. Bestäuber: Bienenverwandte.

Früchte: Achänen kurz anliegend behaart: Schirmchenflieger. Bei Nässe treten aus den Haaren klebrige Viszinfäden aus: Klebhafter und Wasserhafter.

Verwendung: die Ruhrkrautarten wurden früher wegen ihres Gerbstoffgehaltes als Mittel gegen Durchfallerkrankungen, z. B. die Ruhr (Name!), verwendet.

Weitere Art:

> **Gnaphalium sylvaticum** L., Wald-Ruhrkraut: Halbrosettenpflanze. Pionierpflanze der Waldschläge und -säume, auch in Magerrasen. Stickstoffzeiger. Ebene bis Hochgebirge (Alpen bis 1700 m). Blüten- und verbreitungsökologisch ähnlich voriger Art. Früchte mit kurzen, trocken anliegenden, feucht schräg abstehenden Haaren besetzt. Pappus trocken spreizend, feucht zusammenneigend.

Gymnadenia conopsea (L.) R. Brown, Große oder Mücken-Händelwurz

– Orchidaceae (= Orchideen, Knabenkrautgewächse)

Knollen-Geophyt. Knollen dick, abgeplattet, zweispaltig, mit handförmig (Name!) geteilten, kurzen Lappen. Endotrophe Mykorrhiza.

Vorkommen: Moorwiesen, Kalkmagerrasen und lichte Wälder, auf frischen, basenreichen Böden. Wechselfeuchtezeiger. Ebene bis Gebirge (Alpen bis 2120 m). Im Norden selten. Vielfach in starkem Rückgang durch "Kultivierung" der Feuchtgebiete. - **Geschützt!**

Blüten: VI-VII. Blütenstand bis 20 cm lang. Blütenbau ähnlich wie bei *Platanthera*. Perigonblätter helmförmig zusammenneigend. Sporn 13-14 mm lang, der reichlich vorhandene Nektar im Gegenlicht sichtbar. Sporneingang weniger als 1 mm weit, Nektar daher nur Tagfaltern zugänglich ("Tagfalterblume"). Pollinien von kleinen Beutelchen bedeckt. Klebkörper schmal, abwärts gerichtet. Geruch ± angenehm oder fehlend.

Früchte: Die Kapseln öffnen sich mit Spalten: Windstreuer. Winzige Samen: Ballonflieger. Das Samengewicht ist wie bei den übrigen Orchideen sehr niedrig (0,008 mg).

Hedera helix L., Gemeiner Efeu

– Araliaceae (= Efeugewächse)

Immergrüner Kletterstrauch (Liane; Name!: lat. helix = windend), bis maximal 20 m Länge und über 10 cm Stammdurchmesser. Wurzelkletterer: Die sproßbürtigen Luftwurzeln dienen als Kletterwurzeln der Haftung am Substrat (Bäume, Felsen oder Mauern), vermögen allerdings bei Kontakt mit Humus zu Nährwurzeln auszuwachsen. Obwohl der Efeu im eigentlichen Sinne kein Schmarotzer ist, kann er doch den Wirt durch Lichtkonkurrenz schädigen. Zuweilen wächst er nach Absterben des Trägerbaumes selber als Baum weiter. - Verschiedenblättrigkeit (Heterophyllie): Die Blätter der sterilen, im Schatten wachsenden Zweige sind gelappt (Abb. 37 a, S. 198), die der zum Licht hin wachsenden Blütenzweige ungelappt, spitz-eiförmig (Abb. 37 b). Als Stecklinge vermehrte Blütenzweige behalten den Wuchstyp bei (= Dauermodifikation). Diese Tatsache wird z. B. bei der Verwendung als Spalierstrauch für Blumenkästen genutzt. - Wurzelpilz. - Einziger mitteleuropäischer Vertreter der vorwiegend tropisch verbreiteten Familie Araliaceae. - **Giftig** in allen Teilen durch Saponine. Als besonders giftig gelten die Beeren, doch verhindert der unangenehm bittere Geschmack gewöhnlich die Aufnahme gefährlicher Mengen. Soll für Pferde besonders giftig sein. - Nach Berühren der Pflanze kann es zu Hautreizungen, gelegentlich auch zu Allergien kommen.

Vorkommen: krautreiche Laubwälder, Parkanlagen, an Felsen und Mauern, auf frischen, nährstoffreichen, lockeren, humosen Lehmböden. Ebene bis mittlere Gebirgslagen (Alpen bis 1230 m). Blüht aber nur in tieferen, luftfeuchten, milden Lagen.

Blüten: VIII-XII, Herbst- und Winterblüher. Homogame, "nektarführende Scheibenblumen", in halbkugeligen echten Dolden. Lichtblüher, bleibt im Schatten steril. Die Nektarabscheidung ist so reichlich, so daß man in den Blüten manchmal auskristallisierten Zucker finden kann. Reicher Blütenbesuch vor allem durch Fliegen und Hautflügler. Daneben aber auch wichtige Pollenquelle für Bienen im Herbst.

Früchte: schwarzblaue, dünnfächerige Beeren; Verdauungsverbreitung, besonders durch Vögel. Fruchtreife erst im Frühjahr (III-IV) des folgenden Jahres.

Verwendung: Seit dem Altertum bekannte und bewährte Zierpflanze zur Hausbegrünung, vorzugsweise in Nordlage. Sie schützt die Mauern und wirkt wärmeisolierend (vgl. *Parthenocissus*). Einfache vegetative Vermehrung durch genügend tief (1/3) eingegrabene Stecklinge. Im Schatten ein bewährter Bodendecker. - Als Arzneipflanze ebenfalls schon im Altertum verwendet, heute noch in Präparaten gegen Keuchhusten und vor allem in der Homöopathie.

Helianthemum nummularium (L.) Miller (Sammelart), Gemeines Sonnenröschen

– Cistaceae (= Zistrosengewächse)

Chamaephyt: kriechender (bis aufsteigender) Halbstrauch mit immergrünen Lederblättern. Blattrand umgerollt, Oberseite glänzend (= Standortanpassungen). - Wurzelpilz.

Vorkommen: sonnige Kalkmagerrasen und Säume, auf trockenen, basenreichen Böden. In der Ebene sehr im Rückgang. - Schützenswert.

Blüten: VI-X. Sonnenwendige, homogame "Pollen-Scheibenblumen", in wenigblütigen Wickeln. Die weit über 100 Staubblätter sind sekundär durch Vervielfachung entstanden (1 Büschel entspricht 1 Staubblatt). Blüten nur bei Temperaturen über 20 °C geöffnet (Name!; vgl. griech. helios = Sonne, anthemos = Blüte). Die äußeren Staubblätter reagieren auf Berührung ihrer Basis mit sofortigem, langsamem Abspreizen. Dies dient offensichtlich dazu, pollensammelnde Insekten mit Pollen zu bepudern. Der Vorgang ist reversibel. Kronblätter mit starker UV-Reflexion, daher für Bienen gut sichtbar. Spontane Selbstbestäubung erfolgt beim wärme- und lichtabhängigen Öffnen und Schließen der Blüten. Lebensdauer der Blüten: nur 1 Tag.

Früchte: fachspaltige Trockenkapseln. Samen winzig, durch den Wind ausgestreut und verweht: Ballonflieger. Lichtkeimer.

Verwendung: wird neuerdings als Steingartenpflanze verkauft. Auch für Wildpflanzengärten sehr zu empfehlen, doch sollten dazu nur Pflanzen aus gärtnerischer Kultur genommen werden.

Helianthus annuus L., Einjährige Sonnenblume

– Asteraceae (= Korbblütler)

Mit maximal 4 m Höhe und bis zu 2 m tief reichenden Wurzeln größte hier kultivierte sommerannuelle Pflanze; 1991 wurde in Köln sogar ein Exemplar mit einer Höhe von 4,40 m und einem Körbchendurchmesser von 35 cm festgestellt. Entsprechend sehr photosyntheseaktiv: Eine große Pflanze bindet pro Tag das in einem Raum von 100 m^3 vorhandene Kohlendioxid. Allerdings sind die Pflanzen sehr lichtabhängig: Die Nettophotosyntheserate steht im direkten Verhältnis zum Logarithmus der Lichtintensität, deshalb bleiben bereits geringfügig schlechter besonnte Pflanzen wesentlich kleiner. Für Wärmepflanzen typisch: Wärmekeimer; maximales Wurzelwachstum bei 20 °C. Die Keimblätter legen sich nachts zusammen.

Vorkommen: Zier- und Nutzpflanze. Gelegentlich feldmäßig angebaut, besonders in sommerwarmen Gebieten. Nährstoff- und lichtliebend. Heimat: subtropisches Mittelamerika. In Europa seit dem 16. Jh. kultiviert. Oft verwildert, aber nur unbeständig.

Blüten: VII-IX. "Körbchenblumen", bis 40 cm Durchmesser und oft aus über 15 000 Einzelblüten bestehend. Zungenförmige Randblüten steril, mit hoher UV-Reflexion. Scheibenblüten braun, zwittrig. Besucher: verschiedene Insekten. Der Nektar hat zur Zeit der Hauptproduktion auch den höchsten Zuckergehalt (35 %). Die Blütenköpfe richten sich auf "Mittag" ein (Name!), Sonnenblumen sind also Kompaßpflanzen.

Früchte: Achänen nackt (ohne Pappus), dafür reichlich Spreublätter und so katapultartige Verbreitung der Früchte, besonders bei Bearbeitung durch Vögel. Dazu Versteckverbreitung durch Mäuse usw., auch Regenschwemmling.

Verwendung: Die Samen werden gegessen und vor allem zu Sonnenblumenöl verarbeitet. Sie enthalten bis 53 % fettes Öl und reichlich Eiweiß. Maximaler Ertrag 1,5 Tonnen Früchte je Hektar. Anbau bei uns vor allem als Zwischenfrucht zur Gründüngung. Vogelfutterpflanze. Die Blätter geben ein gutes Viehfutter.

Weitere Art:

Helianthus tuberosus L., Topinambur: Knollen-Geophyt. Sproßknollen bis faustgroß, reich an Inulin und daher als Viehfutter, für Diabetikermehl, als Kartoffelersatz und für Branntwein genutzt, sowie auch als (etwas süßliches) Gemüse gegessen. Wird vor allem auf Sandböden, so am mittleren Oberrhein und in Nordostdeutschland, kultiviert. Heimat: Nordamerika. Häufig verwildert und eingebürgert, vor allem an Ufern stark eutrophierter Gewässer. Spät blühend. Die Früchte reifen bei uns nicht aus. Vegetative Vermehrung durch Sproßknollen; auch Schwimmverbreitung.

Helichrysum arenarium (L.) Moench, Sand-Strohblume – Asteraceae (= Korbblütler)

Hemikryptophyt (Halbrosettenpflanze) mit weißwolliger Behaarung als Strahlungs- und Austrocknungsschutz. - Im Mittelmeergebiet mehrere immergrüne Zwergstrauch- und Halbstraucharten.

Vorkommen: Sandrasen, Dünen und lichte Kiefernwälder, auf sommerwarmen, mageren, aber basenreichen Sandböden. Vor allem im

Nordosten des Gebietes. In Westdeutschland stark gefährdet. - **Geschützt!**

Blüten: VII-VIII. "Körbchenblumen". Die Hüllblätter sind durch Flavone gelb gefärbt, die hier in die Zellwand eingelagert sind (Ausnahme). Reif sind sie abgestorben und glänzen und dienen dann als Schauorgan (Name!: griech. chrysos = gold, anthos = Blüte) und über hygroskopische Bewegungen dem Schutz der reifenden Früchte. Randliche Blüten weiblich, übrige männlich. Besucher: verschiedene Insekten.

Früchte: Achänen mit rauhem Pappus: Schirmchenflieger und Klettverbreitung.

Verwendung: Blütenkörbchen (= "Katzenpfötchenblüten") vor allem früher arzneilich verwendet. Im Volk als gutes harntreibendes Mittel bekannt.

Weitere Art:

Helichrysum bracteatum L., Immortelle: Beliebte sommerannuelle Zierpflanze für Trockensträuße (Name!: lat. immortellus = unsterblich). Heimat: australische Trockenzone.

Helleborus niger L., Christrose, Schwarze Nieswurz

– Ranunculaceae (= Hahnenfußgewächse)

Immergrüne Rosettenpflanze mit Rhizom. Blätter fußförmig geteilt, fast ledrig, frostempfindlich (am natürlichen Standort durch Schnee geschützt). - Wegen ihrer festen Konsistenz lassen sich die Blätter gut schneiden und sind daher ein beliebtes Praktikumsobjekt. - Stark **giftig** durch Saponine und Protoanemonin. In der Gattung kommen außerdem starke Herzgifte vor. Die Giftwirkung der *Helleborus*-Arten war schon im Altertum bekannt (Name!: griech. helein = töten, bora = Nahrung). So wird berichtet, daß Solon im Jahre 600 v. Chr. als Kriegslist einen Bach mit zerkleinerten *Helleborus*-Rhizomen vergiftete und damit den Feind, der aus dem Bach trank, kampfunfähig machte.

Vorkommen: subalpine Bergwälder, auf frischen, kalkhaltigen Böden. Wild nur in den Alpen. Durch Ausgraben gefährdet! - Als Zierpflanze häufig in Gärten kultiviert. - **Geschützt!** (alle Arten der Gattung).

Blüten: XII-III, Winter- bzw. Schneeblüher. Große, vorweibliche, "nektarführende Scheibenblumen", meist einzeln stehend. Blütenhülle weiß bis rosa, später vergrünend. Fruchtknoten frei. Zahlreiche trichterförmige, gelbliche Nektarblätter sondern reichlich Nektar ab. Sie duften stärker und anders als die Blütenhülle. Staubblätter ebenfalls zahlreich, spiralig angeordnet. Besucher: pollenfressende Insekten sowie als Nektarsammler Bienenverwandte und Schmetterlinge.

Früchte: Pro Blüte entwickeln sich etwa 7 Balgfrüchte. Samen mit Ölkörper (Elaiosom) zur Ameisenverbreitung.

Verwendung: Das gepulverte Rhizom verursacht heftiges Niesen (Name!). Es wurde früher arzneilich verwendet und war Bestandteil des "Schneeberger Schnupftabaks". - Im Aberglauben galt die Pflanze wegen ihrer Blüte zur "Heiligen Zeit" (= Christfest, Name!) als heilig. Man schrieb ihr besondere Kräfte zu, z. B. böse Geister auszutreiben bzw. die Pest zu heilen.

Weitere Art:

Helleborus foetidus L., Stinkende Nieswurz: Immergrüner Halbstrauch (Chamaephyt). Bekanntes Lehrbuchbeispiel für gleitende Übergänge von normalen Laubblättern über Hochblätter bis zu Blütenhüllblättern (= Perigonblättern). Subozeanische Waldpflanze der westlichen Mittelgebirge. Blüten hängend: "Glockenblumen mit klebrigem Pollen". Bestäuber: Bienenverwandte. Bestäubungsmechanismus ähnlich wie bei *Pulsatilla*.

Hepatica nobilis Miller (= *Anemone hepatica* L.), Leberblümchen

– Ranunculaceae (= Hahnenfußgewächse)

Wintergrüner Hemikryptophyt: Rosettenpflanze. Erneuerungsknospen in den Achseln und im Schutz der überdauernden Blätter. Tiefwurzler (bis 50 cm tief). Rhizom schräg im Boden liegend, mit schuppenförmigen Niederblättern besetzt. Die Blätter entfalten sich erst nach der Blüte. - **Giftig** im frischen Zustand durch Protoanemonin.

Vorkommen: krautreiche Wälder, auf sommerwarmen, meist kalkhaltigen Lehmböden. Vor allem im Gebirge. Im Westen fehlend. Zum Teil durch Ausgraben gefährdet. - **Geschützt**!

Blüten: III-IV, Frühblüher. Vorweibliche bis homogame "Pollen-Scheibenblumen", einzeln, blattachselständig. Blütenhülle einfach (= Perigon), lebhaft blau gefärbt. Wenige mm unterhalb der Perigonblätter befinden sich 3 quirlig zusammenstehende, kelchblattartige Hochblätter (= in dieser ausgeprägten Form einziges heimisches Beispiel; man kann die Hochblätter aber auch als Kelch auffassen, dann wäre die Blütenhülle doppelt). Die Blüten öffnen und schließen sich durch wärmeabhängige Wachstumsbewegungen, wobei sie ihre Länge verdoppeln können. Bestäuber: verschiedene Insekten. Lebensdauer der Blüten etwa 8 Tage.

Früchte: Je Blüte entstehen mehrere einsamige Nüßchen. Fruchtstiele zur Reife zu Boden neigend: Selbstaussäer. Nüßchen mit ölhaltigem Gewebe: Ameisenverbreitung. Embryo ungegliedert. Anfangsentwicklung sehr langsam, Blühreife erst nach Jahren.

Verwendung: Zierpflanze. Wegen der entfernt einer Leber ähnelnden Blattform wurden die Blätter nach der Signaturenlehre als Mittel gegen Leberleiden verwendet (Name!, vgl. griech. hepatikos = die Leber betreffend). Entsprechende Anwendungen finden sich noch heute gelegentlich in der Volksmedizin und in der Homöopathie.

Heracleum sphondylium L., Gemeiner Bärenklau, Wiesen-Bärenklau

– Apiaceae (= Doldenblütler)

Ausdauernde oder zweijährige Halbrosettenpflanze, bis ca. 1,5 m hoch. Blätter mit großer, als Knospenschutz dienender Blattscheide (= Ochrea). Tiefwurzler. Pflanze reich an ätherischen Ölen. - **Giftig**: Nach Berührung der Pflanze können unangenehme Rötungen und Schwellungen auf der Haut auftreten ("Wiesendermatitis"). Sie werden durch die lichtempfindlich machenden Furokumarine verursacht.

Vorkommen: frische, nährstoffreiche Fettwiesen, Wegränder und Hochstaudenfluren. Überdüngungszeiger. Verdrängt bei Überdüngung andere Arten und führt damit zur Verminderung der Artenvielfalt.

Blüten (Abb. 40 a, b): VI-IX. "Nektarführende Scheibenblumen", in zusammengesetzten Dolden. Randblüten "strahlend". Namengebende Art des "*Heracleum*-Typs": Die Blüten der Hauptdolde sind meist zwittrig, die übrigen besitzen neben zwittrigen Blüten oft noch männliche und weibliche. Vormännlich: Die Staubblätter strecken sich nach ihrer Entfaltung nach außen und entladen den Pollen. Die Griffel mit der kopfigen Narbe entwickeln sich meist erst später. Sie sind von einem grünlichen, reichlich Nektar absondernden Griffelpolster (Diskus) umgeben. Bestäubung meist zufällig durch verschiedenste herumlaufende und sich sonnende Insekten.

Früchte: geflügelte Doppelachänen: "Scheibenflieger". Hauptverbreitung durch Wasserhaft- und Zufallsverbreitung durch Weidetiere und Stallmist. Fruchtreife: VIII-IX.

Verwendung: Junge Blätter sind ein gutes Viehfutter. Außerdem sollen sie gekocht ein mildes Gemüse ergeben. Früher wurde die Pflanze arzneilich gegen Durchfall und als Wurmmittel verwendet. Die Heilwirkung soll angeblich von dem griech. Helden Herkules = Herakles (Name!) entdeckt worden sein.

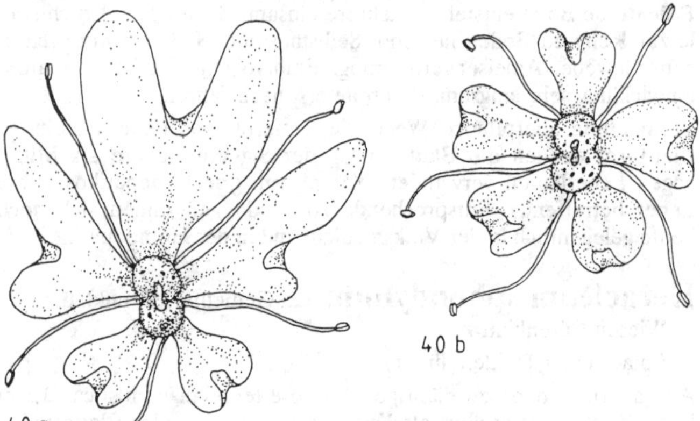

40 a

40 b

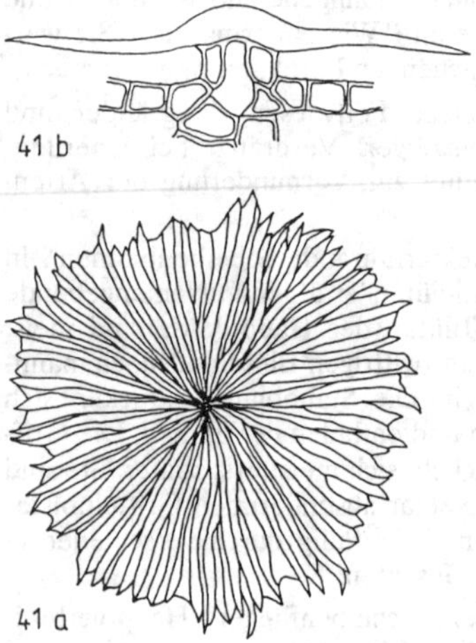

41 b

41 a

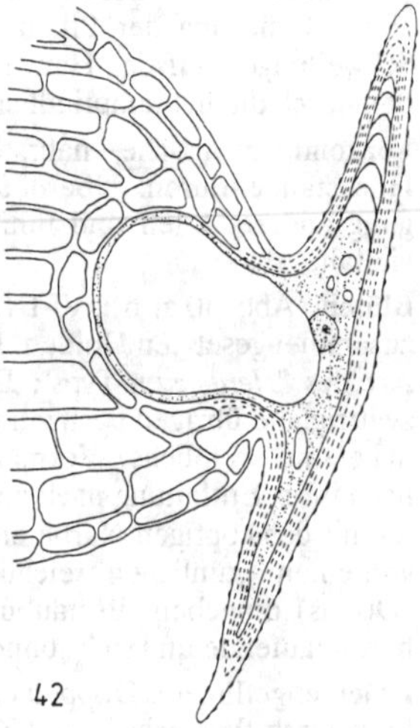

42

Abb. 40: Heracleum sphondylium: **a** strahlende Randblüte. **b** zentrale Blüte des Blütenstandes. (Nach KUGLER).
Abb. 41: Hippophae rhamnoides: Schuppenhaar. **a** in Aufsicht, **b** quer.
Abb. 42: Humulus lupulus: Klimmhaar längs. (Nach v. GUTTENBERG).

Weitere Art:

Heracleum mantegazzianum SOMM. et LEV., Riesen-Bärenklau, Herkulesstaude: Mit bis über 3 m Höhe und 1 m langen Blattspreiten ist sie neben dem Hopfen (*Humulus*) die größte bei uns wildwachsende Staude. Neubürger (Industriophyt): Ursprünglich als Zierpflanze für größere Gartenanlagen eingeführt (Heimat: Kaukasus), hat sie sich in den letzten Jahren stark ausgebreitet und verdrängt zunehmend an Straßenrändern und vor allem im Uferbereich der Fließgewässer die heimische Vegetation. Die Art muß daher dringend durch geeignete Maßnahmen reduziert und sollte auf keinen Fall mehr in Gärten gezogen werden. Die Giftwirkung auf der Haut ist wesentlich stärker als bei vorheriger Art. So können durch Berührung oder durch austretenden Stengelsaft nach mehreren Stunden bis Tagen Geschwüre oder Brandblasen auftreten. Im Sonnenlicht ist die Giftwirkung besonders stark. Es kam in letzter Zeit vor, daß Kinder bis zu 2 Wochen im Krankenhaus behandelt werden mußten. Verbreitungsökologie ähnlich wie bei voriger Art, aber besonders auch Schwimmverbreitung.

Hieracium pilosella L., Kleines Habichtskraut

– Asteraceae (= Korbblütler)

Ausdauernde Rosettenpflanze mit Ausläufern. Trockenheitsanpassungen: Blattoberseite mit langen Borstenhaaren, unterseits weißfilzig; bei Trockenheit erfolgt Einrollung, wobei die weiße, lichtreflektierende Unterseite (geringere Erwärmung!) nach außen weist. - Die Gattung ist bei uns sehr artenreich. Viele Arten vermehren sich apomiktisch, d. h. die Samenbildung erfolgt ohne Befruchtung.

Vorkommen: kurzgrasige, magere Wiesen, Trockenrasen, auf Mauern usw.

Blüten: V-X. "Körbchenblumen vom *Leontodon*-Typ", mit bis zu 64 Zungenblüten je Kopf. Wärmeabhängige Schließbewegungen durch Wachstum der Hüllblätter. Körbchen im Gegensatz zu *H. sylvaticum* im Randbereich mit hoher UV-Reflexion und deshalb den Bestäubern zweifarbig erscheinend. Blüten bei Sonne von 8-15 Uhr geöffnet. Hauptbesucher: Trugbienen (*Panurgus*), die den Pollen mit den ganzen Beinen durch Krümmen und Strecken des Körpers auskämmen. Spontane Selbstbestäubung erfolgreich, jedoch meist Jungfernzeugung (Apomixis)

Früchte: Achänen ungeschnäbelt mit Haarkelch. Schirmchenflieger. Sinkgeschwindigkeit 20 cm pro Sekunde, damit Flugweiten über

10 km möglich. Hauptverbreitung wohl als Wasserhafter. Fruchtreife VII-IX.

Vegetative Vermehrung durch bis 30 cm lange Ausläufer mit endständiger Rosette.

Verwendung: Schöne Wildgartenpflanze für sonnige Mauern und andere Trockenstandorte.

Weitere Art:

> **Hieracium sylvaticum** L. (= *H. murorum* HUDS.), Wald-Habichtskraut: Halbrosettenpflanze. Wälder, Säume, Wiesen, Felsen und Mauern. Blütenköpfe zu 2-15 in Doldenrispen. Hüllblätter und Stengel oberwärts drüsig: Schutz gegen aufkriechende Insekten. Bestäuber: Bienenverwandte.

Hippophae rhamnoides L., Sanddorn

– Elaeagnaceae (= Ölweidengewächse)

Sommergrüner, bis maximal 5 m hoher Strauch mit Sproßdornen. Trockenheitsanpassungen: Tiefwurzler (z. T. salzfest), Blätter unterseits dicht mit Schildhaaren (Mikroskop!) bedeckt (Abb. 41 a, b). - Wurzelknöllchen ("Actinorhiza") mit stickstoffbindenden Fadenbakterien (= "Strahlenpilze").

Vorkommen: Pioniergehölz kalkhaltiger Küstendünen und Schotterauen. Häufig angepflanzt und auch eingebürgert (Neophyt). - Teilweise schützenswert.

Blüten: III-V, vor Entfaltung der Blätter. Windblütig: "unbeweglicher Typ". Zweihäusig. Der Pollen wird in den Kelchblättern der kugeligen Blütenstände gespeichert, getrocknet und erst dann verweht. Weibliche Blütenstände unscheinbar, kurz ährenförmig.

Früchte: Saftreiche, leuchtend orangerote Steinfrüchte. Wintersteher. Darmverbreitung durch Vögel, besonders Fasanen. Fruchtreife: VIII-IX.

Verwendung: Zierstrauch der Gärten und Anlagen, auch für Wildpflanzengärten zu empfehlen. Entlaubte Fruchtzweige als Wintersträuße schön, aber später unangenehm nach Buttersäure riechend. Die vollreifen Früchte werden wegen des mit 0,2-1,2 % höchsten Vitamin C-Gehaltes als Saft oder Marmelade genutzt (Vitaminspender!). Der orangenartig schmeckende Preßsaft wird mit Hilfe von "Holzquetschen" am Zweig gewonnen. Ehemals Augenheilmittel für Pferde (Name!: griech. hippos = Pferd, phaos = Licht).

Hippuris vulgaris L., Tannwedel

– Hippuridaceae (= Tannwedelgewächse)

Wasserpflanze, z. T. flutend, oder Sumpfpflanze (amphibisch), mit am Grunde der Gewässer bzw. im feuchten Boden wurzelndem, sympodial verzweigtem Rhizom. Stengel mit Durchlüftungsgewebe, Blätter nadelförmig, in Quirlen zu 6-12 (Name!). Submerse Blätter schlaff, über dem Wasser stehende Blätter steif. - Der Vegetationskegel mit seinen zahlreichen Blattanlagen ist wegen seiner relativen Größe ein beliebtes Objekt für mikroskopische Untersuchungen. Er ist leicht zugänglich, während bei typischen Landpflanzen die den Vegetationskegel schützenden Blätter schwierig abzupräparieren sind. Allerdings stellt er mit seiner 5schichtigen Tunica einen seltenen Sonderfall gegenüber dem zweischichtigen Standardtyp dar. - Einzige Art der Familie.

Vorkommen: in Wasserpflanzengesellschaften oder im Röhricht stehender bis langsam fließender, nährstoffreicher, vorwiegend kalkhaltiger, klarer Gewässer von 0,2-5 m Tiefe. Ebene bis Gebirge (Alpen bis 1600 m). - Wird auch künstlich ausgebracht (angesalbt).

Blüten: VI-VIII. Unscheinbare, vorweibliche Blüten mit ganzrandigem Kelchsaum, einzeln blattachselständig an den aus dem Wasser herausragenden Sproßteilen. Windblütig: "unbeweglicher Typ".

Früchte: Verdauungsverbreitung, z. B. durch Vögel, sowie Schwimmverbreitung.

Vegetative Vermehrung durch Ausläufer und Turionen (= Winterknospen).

Verwendung: Für Wildpflanzengärten zu empfehlen.

Holcus lanatus L., Wolliges Honiggras

– Poaceae (= Süßgräser)

Hemikryptophyt: Horstpflanze, 20-100 cm hoch, dichte Horste bildend, z. T. wintergrün. Frostempfindlich. Humuswurzler mit Wurzelpilz. Blattscheiden dicht und weich behaart. Halme süßschmeckend (Name!).

Vorkommen: bestandbildend in feuchten Wiesen und Weiden, auf kühlen, humosen, mäßig nährstoffreichen Lehm- und Torfböden. Von der Ebene bis in mittlere Gebirgslagen, Alpen bis 900 m.

Blüten: V-VIII. Windblütig: "hängeblütiger Typ". Ährchen zur Blütezeit in lockerer Rispe, sonst zusammengezogen. Ährchen 2blütig, untere Blüte zwittrig, obere meist männlich. Schwellkörper (Lodiculae) groß. Selbststeril.

Früchte: Verbreitungseinheit sind die bei der Reife als Ganzes abfallenden Ährchen: Ballonflieger, Windstreuer, Schwimmer, Regenschwemmlinge, Wasserhafter. Hüllspelzen an den Kielen steif behaart, obere Deckspelze mit bis 2 mm langer Granne, die sich im trockenen Zustand wie ein Angelhaken krümmt: Kletthafter. Außerdem Zufallsverbreitung durch Weidetiere.

Verwendung: als Futtergras wertlos.

Weitere Art:

Holcus mollis L., Weiches Honiggras: Rhizomgeophyt und Wurzelknospengeophyt, lockere Rasen bildend. An den Halmknoten bärtig behaart, sonst kahl. Heiden, artenarme Eichenwälder, Äcker und Umbruchwiesen. Säure-, Sand- und Magerkeitszeiger. Bodenfestiger. Verbandskennart des Quercion robori-petraeae (= Eichen-Birkenwälder). Granne der oberen Deckspelze nicht angelhakenförmig. Lebhafte vegetative Vermehrung durch die Rhizome. Kleine Rhizomstücke können wieder zu neuen Pflanzen auswachsen. 1 m^2 Sandboden kann bis zu 300 m an Rhizomen enthalten.

Hordeum vulgare L., Sechszeilige Gerste

– Poaceae (= Süßgräser)

Einjährig, winterannuell ("Wintergerste"), seltener sommerannuell. Bis 2,60 m tief wurzelnd.

Vorkommen: Kulturpflanze seit der jüngeren Steinzeit. Heimat: Vorderasien. Braucht guten Boden und ist auch klimatisch anspruchsvoll, wird im Norden aber bis zum Polarkreis angebaut.

Blüten: VI. Windblütig: "langstaubfädiger Typ". Oft Selbstbestäubung in geschlossen bleibenden Blüten.

Früchte: Karyopsen mit den Deck- und Hüllspelzen etwas verwachsen und eine Scheinfrucht bildend. - Verbreitung der Wildarten als "Bodenkriecher" (auch als "Bohrfrucht") und als Klettfrucht. Wasserverbreitung als Regenschwemmling (Luft zwischen Spelze und Frucht!) wie bei vielen Steppenpflanzen.

Verwendung: Futterpflanze sowie für Graupen, Gries usw. Die Früchte enthalten bis zu 70 % Stärke, bis zu 15 % Schleime und bis zu 12 % hochwertiges Eiweiß. Im Norden und im Süden Hauptbrotfrucht (für "Fladenbrot"). Im Keimling ist ein Alkaloid (Hordenin) enthalten, das in sehr hoher Dosis tödlich wirken kann.

Weitere Arten:

Hordeum distichon L., Zweizeilige Gerste: Überwiegend als Sommerfrucht gebaut, vor allem als Braugerste. Noch empfindlicher als vorige Art. Ebenfalls seit der jüngeren Steinzeit im Gebiet. Entstanden aus der Kreuzung *H. vulgare* L. x *H. spontaneum* KOCH. Heimat: Südosteuropa bis Vorderasien.

Hordeum murinum L., Mäuse-Gerste: Sommer- oder winterannuelle Ruderalpflanze. Licht- und wärmeliebend, deshalb typische "Stadtpflanze". Kennart des Hordeetum murini (= Mäusegerstenflur). Vermutlich Alteinwanderer (Archäophyt). Blüten- und Verbreitungsökologie ähnlich wie bei *H. vulgare*, jedoch zerbrechen die "Ähren" in Teilfruchtstände (wie bei den Stammformen der Saatgersten). Der Name (vgl. lat. mus = Maus) bezieht sich auf die für die Nutzung durch den Menschen zu kleinen Körner. Für Wildpflanzengärten zu empfehlen.

Hottonia palustris L., Wasserfeder, Wasserprimel

– Primulaceae (= Primelgewächse)

Wasserpflanze, unter Wasser wurzelnd, seltener Sumpfpflanze in trockenfallenden Gewässern. Blätter stark zerteilt (Name!): Oberflächenvergrößerung zur besseren Aufnahme von Nährsalzen sowie von Sauerstoff und Kohlendioxid. Überdauert als grüne Pflanze und übersteht auch das Einfrieren von Gewässern recht gut. - Wissenschaftlicher Name nach dem holländischen Botaniker HOTTON.

Vorkommen: in Schwimmblattgesellschaften flacher, stehender bis langsam fließender, mesotropher, oft saurer Gewässer, über torfigen Schlammböden. Licht- bis Halbschattenpflanze. Vor allem in Tieflagen im Norden des Gebietes. Stromtalpflanze, z. B. am Rhein. Kennart des Hottonietum palustris (= Wasserfedergesellschaft). Gefährdet! - **Geschützt!**

Blüten: V-VI. "Nektarführende Scheibenblumen", in Trauben mit 3-6blütigen Quirlen, oberhalb der Wasseroberfläche. Blüten blaßrosa bis weiß mit gelbem zentralem Saftmal. Verschiedengrifflig. Bestäuber: Zweiflügler, besonders Schwebfliegen und andere kurzrüsselige Insekten. Zuweilen geschlossenblütig.

Früchte: kugelige Kapseln, die sich an der Spitze durch 5 Klappen öffnen. Schwimmverbreitung sowie Anhafter an Wasservögeln.

Vegetative Vermehrung über Verzweigung im Wasser.

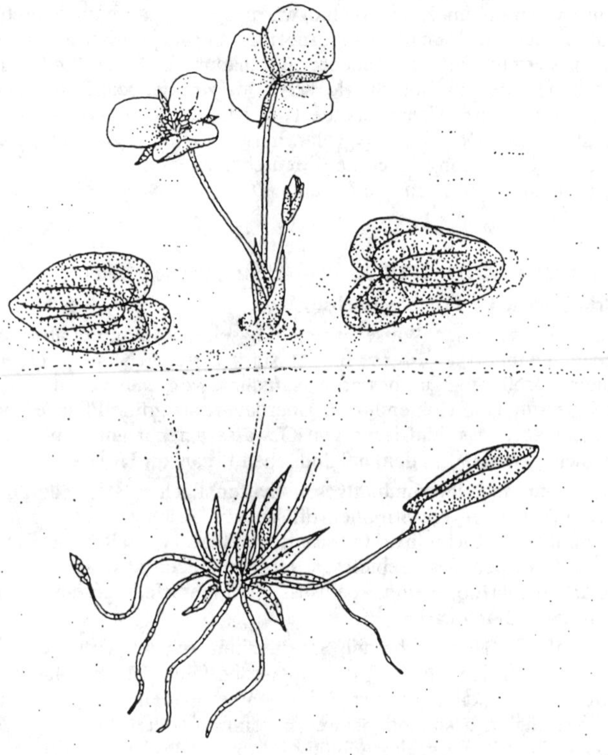

Abb. 43: Hydrocharis morsus-ranae: Habitus.

Humulus lupulus L., Gemeiner Hopfen
– Cannabaceae (= Hanfgewächse)

Sommergrüner Hemikryptophyt: Schaftpflanze. Kletterstaude, d. h. die bis über 6 m langen, mit feinen Widerhaken (= Kletterhaaren, Abb. 42) besetzten Sprosse werden jedes Jahr neu gebildet. Eine erstaunliche Leistung. Im Gegensatz zu den meisten übrigen Windepflanzen Rechtswinder. Die untersten Internodien wachsen aufrecht, die Sproßspitze ist geneigt und führt autonome, kreisende Bewegungen (Nutationen) im Uhrzeigersinn durch. Ein Umgang dauert etwa 2 Stunden. Bei Berührung geeigneter Unterlagen wird das Wachstum der gegenüberliegenden Stengelseite gefördert, so daß sich die Pflanze um die Stütze herumwindet. Die teilweise verwachsenen Nebenblätter dienen als Knospenschutz.

Vorkommen: wild in Auwäldern und Gehölzsäumen, auf frischen bis nassen, nährstoffreichen, tiefgründigen Böden wärmerer Lagen (deutsche Alpen bis 810 m, Tirol bis 1150 m). Außerdem Kulturpflanze. Der Anbau lohnt nur auf guten Böden in sommerwarmer Lage. Solche Bedingungen sind z. B. in Böhmen (Saazer Hopfen), aber auch in verschiedenen Gegenden Deutschlands gegeben.

Blüten: VII-VIII. Windblütig: "langstaubfädiger Typ". Zweihäusig. Männliche Blüten in blattachselständigen Trauben. Weibliche Blüten in zapfenartigen Blütenständen.

Früchte: kleine in Fruchtzapfen untergebrachte Nüsse. Zur Reife wachsen die Hochblätter (= paarweise verwachsene Nebenblätter) stark heran und dienen als Flugorgan: Flügelflieger. Fruchtreife: IX.

Verwendung: Die an den Zapfenschuppen reichlich vorhandenen, gelben, kurzgestielten Drüsen werden abgelöst und sind als "Hopfenmehl" das wichtigste Produkt der Pflanze. Sie enthalten eine harzige Masse, die als Wirksubstanzen die Bitterstoffe Humulon und Lupulon enthalten. Letztere gehen bei der Lagerung in einschläfernd wirkende Substanzen über. Hopfen ist nicht nur Bierwürze, sondern auch Konservierungsmittel. Stark gehopftes Bier macht müde. Guten Ertrag gibt nur der Kulturhopfen. Es werden allein weibliche Pflanzen kultiviert. Samenansatz ist als ertragsmindernd unerwünscht. Entsprechend erfolgt die Vermehrung vegetativ über "Fechser", das sind überdauernde Sproßteile mit 4-5 Augen. - In der Medizin wird Hopfen für Beruhigungsmittel verwendet. Spoerl: "Bier macht gut bürgerlich" (beruhigt). In der Volksmedizin gilt er zusätzlich als appetitanregendes und magenstärkendes Mittel. - Die Frühjahrstriebe können roh oder gekocht gegessen werden ("Hopfenspargel"). - Die faserreichen Stengel lassen sich zu Stricken, Seilen und groben Geweben verarbeiten.

Hydrocharis morsus-ranae L., Froschbiß

– Hydrocharitaceae (= Froschbißgewächse)

Frei auf dem Wasser schwimmende Pflanze (Abb. 43). Schwimmblätter rosettig angeordnet mit stark entwickeltem Durchlüftungsgewebe, oberseits mit Spaltöffnungen und unbenetzbar. Die kleinen Wurzeln dienen der Wasser- und Nährsalzaufnahme und zur Aufrechterhaltung des Gleichgewichts. Lebhafte Ausläuferbildung aus den Blattachseln. - Der Gattungsname bezieht sich auf den Lebensraum (griech. hydor = Wasser, charein = sich freuen), der Artname (vgl. lat. morsus = Biß, rana = Frosch) auf die Einkerbung der Blätter, von der man annahm, sie sei von Fröschen ausgebissen, weil man beobachtete, daß Frösche Kleintiere von den Blättern wegschnappten.

Vorkommen: Schwimmblattgesellschaften mit *Lemna*-Arten auf stehenden oder langsam fließenden, nährstoff- und basenreichen, oft kalkarmen Gewässern in windgeschützten Uferbuchten von Seen und Altwassern. Sommerwärmeliebend. In Moorgebieten Eutrophierungszeiger. Vor allem in den Tieflagen, bis ca. 600 m aufsteigend. Gefährdet!

Blüten: VI-VIII. "Scheibenblumen". Zweihäusig, selten einhäusig. Männliche Pflanzen meist mit 3 Blüten (Abb. 43), weibliche gewöhnlich mit nur einer Blüte. Die 3 äußeren Perigonblätter schmal, kelchartig, die 3 inneren weiß mit gelbem Saftmal am Grunde. Staubblätter 12, je einfächerig. Bestäuber: Schwebfliegen usw.

Früchte: ca. 1 cm große kugelige Beeren, die durch Quellung unregelmäßig aufplatzen. Die zahlreichen schleimigen Samen sinken auf den Grund des Gewässers und quellen dort: Klebverbreitung durch Wasservögel, Schwimmverbreitung. Die Samen keimen im nächsten Frühjahr, und nach der Blattentwicklung steigen die Jungpflanzen zur Wasseroberfläche auf.

Vegetative Vermehrung sehr reichlich durch 10(-20) cm lange schwimmende Ausläufer und durch Turionen (= Winterknospen) mit reservestoffreichen Hüllblättern, die im Herbst am Ende der Sprosse entstehen, sich dann ablösen und auf den Grund des Gewässers sinken. Im Frühjahr wachsen sie zunächst am Boden aus und steigen dann mit Hilfe der lufterfüllten Blätter empor.

Hydrocotyle vulgaris L., Gemeiner Wassernabel

– Apiaceae (= Doldenblütler) bzw. Hydrocotylaceae (= Wassernabelgewächse)

Hemikryptophyt bzw. Sumpfpflanze. Stengel fädlich kriechend, an den Knoten wurzelnd. Blätter kreisrund, schildförmig, mit zentralem

Stiel (Name!, vgl. griech. hydor = Wasser, kotyle = Nabel). - Von den übrigen Doldenblütlern etwas isoliert stehend, daher manchmal auch als eigene Familie aufgefaßt.

Vorkommen: Sumpfwiesen und Flachmoore, auf nassen, kalkarmen, oft offenen Böden. Vor allem in den Tieflagen Norddeutschlands, im Süden selten. Wegen Entwässerung stellenweise im Rückgang.

Blüten: VI-VIII. Unscheinbare, weißliche Zwitterblüten, nur etwa 1 mm breit, zu 3-5 in kurzgestielter, kopfiger Dolde. Selbstbestäubung.

Früchte: Nußfrüchte flach, warzig, gefügelt.

Vegetative Vermehrung durch Ausläufer.

Hyoscyamus niger L., Bilsenkraut, Schwarzes Bilsenkraut – Solanaceae (= Nachtschattengewächse)

Einjährig, sommerannuell (in Südeuropa auch zweijährig). Bis 0,8 m hoch, bis 0,5 m tief wurzelnd. Pflanze durch klebrige Drüsenhaare stinkend. - Stark **giftig**: Alle Teile, am meisten die Samen, enthalten die Alkaloide Hyoscyamin (stinkend), Atropin, Scopolamin usw. Symptome ähnlich wie bei *Atropa* (Tollkirsche) und *Datura* (Stechapfel): u. a. sinnestäuschend und stark einschläfernd. Dazu kommt die Wirkung von Cholin, das die vegetativen Funktionen wie Speichelsekretion und Peristaltik anregt. Hauptvergiftungen bei Mißbrauch als halluzinogene Droge, früher auch durch Verwechslungen mit den Wurzeln von Pastinak und Schwarzwurzel sowie mit Mohnsamen.

Vorkommen: sonnige Ruderalstandorte, vor allem Müllplätze, und z. B. auch ehemalige Gräberfelder, auf sehr nährstoffreichen Lehmböden. Stickstoffzeiger. Wärmeliebend. Kulturbegleiter: Alteinwanderer (Archäophyt). Heimat: Mittelmeergebiet. Vorwiegend in Tieflagen, in den Alpen noch bis 1650 m. In gemäßigten Zonen heute weltweit. Im Gebiet oft unbeständig und zurückgegangen. Gefährdet.

Blüten: Homogame, "große Trichterblumen", in dichten ährenförmigen Wickeln. Langtagpflanze: zum Blühen benötigte Tageslänge mindestens 10 Stunden. Krone trichterig, blaßgelb mit dunkelvioletten Strichsaftmalen, an der Basis ebenfalls violett. Die Narbe überragt die Staubbeutel. Die Staubfäden sind am Grunde behaart und schränken dadurch den Zugang zum Nektar ein (= Saftdecke), lassen aber 3 spaltenförmige Eingänge zum Nektar frei. Dieser wird von den unteren Fruchtknotenhälften abgeschieden und im unteren Teil der Kronröhre gesammelt. Bestäuber: Hummeln. Selbstbestäubung durch besuchende Insekten möglich. Pollen giftig.

Früchte: Deckelkapseln mit kurzem, nach der Blüte starrem Stiel. Reichsamig: 300-400 Samen pro Kapsel. Kelch zur Samenreife vergrößert und steif (= Windfang): Windstreuer (bei starkem Wind). Kelch klebrig-drüsig und Kelchzipfel stachelspitzig: Tierstreuer. Regentropfenwanderer? Menschenverbreitung (Kulturbegleiter und -relikt). Wärmekeimer.

Verwendung: Blätter und Samen wurden arzneilich als schmerzstillendes und beruhigendes Mittel (z. B. gegen das Zittern bei alten Leuten) verwendet. Auch in der Volksmedizin spielte die Pflanze eine Rolle, vor allem in Form eines Ölauszuges zum Einreiben bei Rheuma. Wegen der Giftigkeit sollte man aber die Pflanze unbedingt meiden. Im Mittelalter gebrauchte man die Pflanze - ähnlich wie *Datura* - für Liebestränke und Hexensalben (erotisierende und berauschende Wirkung mit Halluzinationen). Wegen letzterer Wirkung wurden mancherorts Samen dem Bier zugesetzt, um dessen Wirkung zu verstärken (gefährlich!). Zu diesem Zweck wurde noch bis ins 17. Jh. Bilsenkraut von einigen Brauereien angebaut. Das Pilsener Bier geht auf die tschechische Stadt Pilsen zurück. Da dort im Mittelalter wahrscheinlich Bilsenkraut als Bierzusatz angebaut wurde, besteht möglicherweise eine Namensbeziehung zwischen Bilsenkraut und Pilsener Bier. - Der Name Zigeunerpflanze bezieht sich auf die Verbreitung der Rauschdroge durch Zigeuner.

Hypericum perforatum L., Tüpfel-Johanniskraut, Tüpfel-Hartheu

– Hypericaceae (= Johanniskrautgewächse)

Sommergrüne Schaftpflanze. Bis 50 cm tief wurzelnd. Blätter durch zahlreiche (schizogene) Ölbehälter punktiert ("perforiert", "getüpfelt").

Vorkommen: Säume, Wegränder, Magerwiesen, Heiden (Name!: griech. hyper = über, ereike = Heidekraut), Schläge und Ruderalstellen, auf meist trockenen Böden. Magerkeitszeiger. Ebene bis Gebirge (Deutschland bis 1000 m, im Wallis bis 2000 m).

Blüten: (VI-)VII-VIII (vom Johannistag an = 24. Juni; Name!). Homogame "Pollen-Scheibenblumen", in zusammengesetzten Dichasien mit (zur Fruchtreife gut erkennbaren) Schraubeln. Staubblätter zahlreich, in 3 Büscheln zusammenstehend. Statt Nektar anbohrbares Gewebe von unsicherer ökologischer Bedeutung. Fremdbestäubung durch pollensammelnde Insekten. Selbstbestäubung beim Schließen der Blüten, wenn die schrumpfenden Kronblätter die Blüte wieder einhüllen.

Früchte: bei Trockenheit geöffnete wandspaltige Kapseln. Wind- und Tierstreuer. Samen: Ballonflieger. Auch Speicherverbreitung durch Wiesen-Ameisen.

Vegetative Vermehrung durch Wurzelsprosse.

Verwendung: wegen des Gehaltes an ätherischen Ölen, Gerbstoffen und vor allem dem blutroten Hypericin altes Volksheilmittel. Hypericin wirkt entzündungshemmend, führt aber nach Aufnahme größerer Mengen der Pflanze, z. B. bei Pferden, zur "Lichtkrankheit" der Haut (photosensibilisierend), d. h. es kann im Licht zu brandblasenähnlichen Hauterkrankungen kommen. Früher als Mittel bei Stichwunden verwendet (Merkhilfe nach der Signaturenlehre: durchstochene Blätter; die "Stiche" sind die durchscheinenden Öldrüsen). In den letzten Jahren ist Johanniskraut als Mittel gegen Verstimmungszustände wiederentdeckt worden und wird vor allem bei Altersdepressionen eingesetzt. Da die Droge auch beim Menschen eine gewisse Lichtempfindlichkeit hervorrufen kann, sollte man während der Behandlungszeit die pralle Sonne meiden. - Für Wildpflanzengärten zu empfehlen.

Weitere Arten:

Hypericum maculatum CRANTZ, Geflecktes oder Kantiges Johanniskraut: Silikatmagerrasen, vor allem der Gebirge, Waldränder, Staudenfluren und Moorwiesen, auf feuchten, basenreichen, sauren Böden. Ebene bis Gebirge (Alpen bis 1940 m). Zeiger für ± extensive Bewirtschaftung. Die den Kronblättern aufsitzenden Drüsen sollen evtl. aufkriechende Insekten abhalten.

Hypericum humifusum L., Niederliegendes Johanniskraut: Einjährige (winter- oder sommerannuelle), im milden Klima auch ausdauernde Kriechpflanze. 5-15 cm hoch. Lückige Zwergpflanzenstandorte. Feuchtezeiger. Blüten klein, relativ wenige Staubblätter. Meist Selbstbestäubung, z. T. auch geschlossenblütig (kleistogam). Verbreitung der Samen vermutlich als Regenschwemmlinge und durch Tritt.

Iberis umbellata L., Doldige Schleifenblume

– Brassicaceae (= Kreuzblütler)

Einjährig, sommerannuell, 30-50 cm hoch. Nah verwandt mit dem Hellerkraut (*Thlaspi*).

Vorkommen: Häufige Gartenzierpflanze. Oft mit Gartenerde verschleppt, aber fast immer nur vorübergehend (unbeständig). Neuerdings im Ruhrgebiet auf sonnenexponierten Hängen von Kohlehalden eingebürgert. Heimat: Mittelmeergebiet.

Blüten: Randblüten der Doldentraube vergrößert (strahlend und entsprechend asymmetrisch), so daß der Blütenstand - ähnlich wie bei Korbblütlern - den Eindruck einer Einzelblüte erweckt.

Früchte: Typisches Beispiel für einen Regenballisten: Die reifen Fruchtstiele sind hygroskopisch, bei Trockenheit einwärts gekrümmt und bei Feuchte spreizend (bei *Thlaspi perfoliatum* ist es umgekehrt); die Schötchen besitzen eine hohle, waagrechte Aufschlagfläche; beim Auftreffen der Regentropfen zerspringt das Schötchen und die Samen werden bis zu 80 cm weit fortgeschleudert.

Verwendung: Zierpflanze.

Weitere Arten:

Iberis amara L., Bittere Schleifenblume: seltene und unbeständige Art der Getreideäcker, auf warmen, basenreichen Böden. Akut vom Aussterben bedroht. Auch als Zierpflanze kultiviert.

Iberis sempervirens L., Immergrüne Schleifenblume: immergrüner Halbstrauch. Frühblüher. Weißblühend. Zierpflanze der Steingärten. Heimat: Gebirge des östlichen Mittelmeergebietes.

Ilex aquifolium L., Stechpalme, Hülse

– Aquifoliaceae (= Stechpalmengewächse)

Wintergrüner Laubstrauch von meist 1-5 m Höhe, selten und nur im wintermilden Klima baumförmig und dann bis maximal 10 m hoch und 300 Jahre alt werdend. In den Alpen meist nicht über 2 m hoch, da die nicht schneebedeckten Zweige im Winter erfrieren. Ähnlich als Strauch an frostgefährdeten Standorten. Lebensdauer der Blätter: 2-4 Jahre. Blätter ledrig, Epidermis mehrschichtig, glänzend (= Erwärmungs- und Verdunstungsschutz durch Reflexion), ziemlich trockenresistent, nicht selten von Miniermotten befallen. Blätter deutlich verschieden (Heterophyllie): an den unteren, nichtblühenden Ästen meist buchtig-dornig (= Fraßschutz?), an den oberen, blühenden Zweigen schwach dornig bis ganzrandig. Sehr ausschlagfähig (z. B. nach Erfrieren). - Wurzelpilz. - **Giftig**: Blätter und Früchte enthalten noch unbekannte Wirkstoffe. 20-30 Früchte sollen für Erwachsene tödlich sein, doch ist das Ausmaß der Giftigkeit umstritten.

Vorkommen: Laubwälder und Buchen-Tannenwälder, auf meist frischen, milden bis mäßig sauren Lehmböden mit Mull- oder Moderhumus in wintermilder, humider Klimalage. Atlantisch-submediterran verbreitet, vom Mittelmeer- und atlantischen Gebiet bis Westdeutschland und Küstengebiet der Ostsee bis Westmecklenburg. Ebene bis Gebirge (Alpen bis 1800 m). Schatten- oder Halbschattenpflanze. Durch Kahlschlagwirtschaft in einigen Gegenden gefährdet. - **Geschützt!**

Blüten: V-VI. Zweihäusig. Honigduftende, "nektarführende Scheibenblumen", in büscheligen Dichasien. Blüten vierzählig, weiß, mit zentralem hellkarminrotem Saftmal. Kron- und Staubblätter an der Basis miteinander verwachsen, als Ganzes abfallend. Bestäuber: besonders Bienen.

Früchte: lebhaft rote, mehrsamige Steinfrüchte. Verdauungsverbreitung durch Vögel. Wintersteher. Anlockungseffekt durch Kontrast zwischen grünen Blättern und roten Früchten.

Verwendung: beliebte Zierpflanze ("Ilex"). Blätter früher arzneilich bei Bronchitis, Rheuma und Gicht, Früchte gegen Epilepsie verwendet. Liefert gutes Drechslerholz. - Wie alle immergrünen Pflanzen war auch die Hülse Sinnbild des ewigen Lebens und wurde deshalb zur Weihnachtszeit als Schmuck verwendet (so noch heute in England).

Impatiens noli-tangere L., Großes Springkraut, Rührmichnichtan

– Balsaminaceae (= Balsaminengewächse)

Einjährig, bis 1 m hoch (sehr produktiv). Flachwurzler. Ausgesprochene Schattenpflanze: Blattrand mit Wasserspalten (Hydathoden), an denen vor allem morgens tauartige Tropfen zu finden sind (Guttation); Stengel saftig, durchscheinend, Leitbündel gut sichtbar. Blätter mit extrafloralen Nektarien. Pflanze mit Oxalatkristallen ("Drusen"): Fraßschutz? - Die Gattung *Impatiens* ist mit 500 Arten sehr formenreich. - Alle Arten sind im frischen Zustand schwach **giftig**.

Vorkommen: feuchte Wälder, auf nährstoffreichen, sickerfeuchten oder -nassen, gut durchlüfteten Böden. Ebene bis Gebirge (Alpen bis 1300 m).

Blüten: VI-VIII. Vormännliche, hängende "Rachenblumen", in wenigblütigen Trauben. Das obere Kelchblatt ist - wie die Krone - gelb gefärbt, hat rote Tüpfelsaftmale und trägt einen Sporn mit Nektarium. Der Sporn dient als Safthalter. Staubblätter zur Röhre verwachsen. Narbenentwicklung erst nach Abfallen der Staubblätter. Gleichzeitig spontane Selbstbestäubung in winzigen geschlossen bleibenden Blüten (= Kleistogamie).

Früchte: Kapseln durch Zellsaftdruck gespannt, bei Berührung an vorgebildeten Nähten blitzschnell aufreißend (Name!, vgl. lat. impatiens = ungeduldig, noli-tangere = rühre nicht an). Dabei rollen sich die Fruchtklappen ein (Abb. 44), und die Samen werden bis über 3 m

44

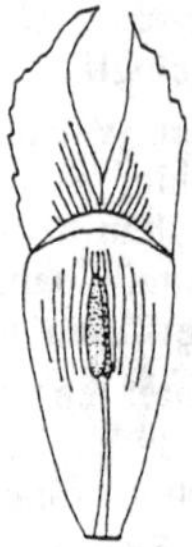

45 c

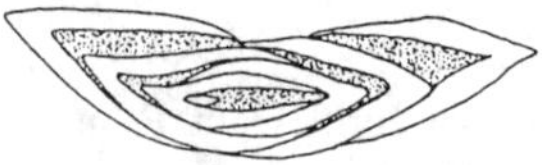

45 a

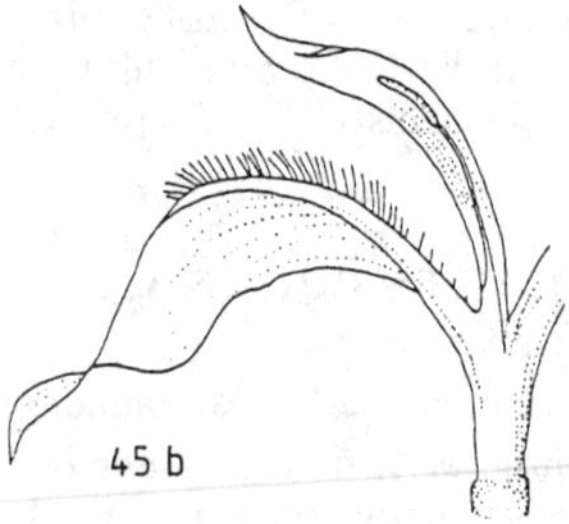

45 b

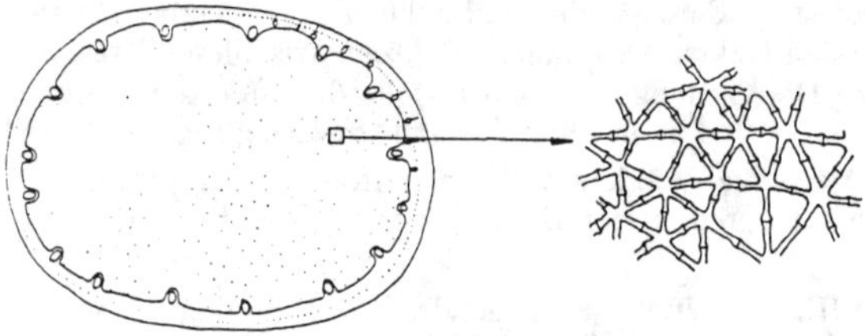

46 a

46 b

Abb. 44: **Impatiens noli-tangere**: junge und alte Frucht, die Samen ausschleudernd.
Abb. 45: **Iris germanica**: **a** beblätterter Sproß, quer. **b** äußeres Perigonblatt, das darüberstehende Staubblatt und ein Griffelschenkel mit Narbenlappen, **c** dasselbe von unten. (a nach Troll, b, c nach Kirchner).
Abb. 46: **Juncus effusus**: **a** Stengel quer. **b** Durchlüftungsgewebe.

weit fortgeschleudert (= Schlagmechanismus, Saftdruckstreuer, Selbstausstreuer, Explosionsfrüchte).

Weitere Arten:

Impatiens parviflora DC., Kleinblütiges Springkraut: ähnlich wie vorige Art. Bis 60 cm hoch. Laubwälder, Gebüsche und Parks, auf frischen, nährstoffreichen, meist kalkarmen Lehmböden in luftfeuchter Lage. Stickstoffzeiger. Oft in Siedlungsnähe. 1837 aus dem Berliner Botanischen Garten verwildert und heute über fast ganz Mitteleuropa verbreitet. Heimat: Nordostasien. Bereichert einerseits die Krautflora von Forsten und Parks, verdrängt aber an natürlichen Standorten die spontane Vegetation. Blüten nur 1 cm lang, hellgelb, ± aufrecht. Spontane Selbstbestäubung erfolgreich, aber nicht kleistogam. Streuweite bis 3,4 m. Vermutlich auch Klebverbreitung der Samen (Schleimhafter). Die stärkereichen Stengel wurden früher in Notzeiten getrocknet und gegessen.

Impatiens glandulifera Royle (= *I. roylei* Walp.), Drüsiges oder Indisches Springkraut: ebenfalls einjährig, aber Stengel bis 2,5 m hoch und bis 5 cm im Durchmesser! Blüten unangenehm riechend. Gartenzierpflanze ("Bauernorchidee"). Heimat: Ostindien. Oft verwildert und seit einigen Jahrzehnten stellenweise völlig eingebürgert, vor allem in Auwäldern und an Ufern, in luftfeuchter Klimalage. Zum Teil noch in Ausbreitung (subozeanisch). Verdrängt die einheimische Vegetation und sollte daher nicht noch durch Aussaat in Gärten gefördert werden. Blüten karminrot bis blaßrot, 2-4 cm lang. Hummelblume, aber Bedeutung für Wildbienen gering. Streuweiten bis 6,3 m. Auch Klebverbreitung und Wasserverbreitung durch wandernden Flußsand und Flußkies.

Iris pseudacorus L., Wasser-Schwertlilie

– Iridaceae (= Schwertliliengewachse)

Sumpfpflanze und Wasserpflanze (Schlammwurzler). Speicherrhizom kräftig, dichasial verzweigt. Der jährliche Zuwachs ist gut daran zu erkennen, daß die Jahresabschnitte in der Mitte dick und an den Enden auffällig verjüngt sind. Blätter zweizeilig (vgl. Abb. 45 a), "reitend", unifazial (d. h. Blattober- und Blattunterseite gleich), im oberen Teil schwertförmig (deutscher Name!). Wissenschaftlicher Name von griech. iris – Regenbogen, wegen des großen Farbenreichtums der Blüten verschiedener *Iris*-Arten. - **Giftig**: Alle Teile der Pflanze enthalten noch unerforschte, scharf schmeckende Giftstoffe, die beim

Trocknen erhalten bleiben. Beim Vieh wurden nach dem Fressen von Blättern schwere blutige Durchfälle beobachtet.

Vorkommen: Wald- und Wiesensümpfe, Verlandungsröhrichte und Großseggenbestände, auf nassen, zeitweilig überschwemmten, nährstoffreichen, sauren Sumpfhumusböden. Etwas wärmeliebend. Ebene bis mittlere Gebirgslagen (nur bis Alpenvorland). - **Geschützt**! (alle Arten der Gattung).

Blüten: V-VI. Streng selbststerile, kurzlebige "Dreier-Rachenblumen", d. h. Blüten scheinbar aus 3 Einzelblüten bestehend. Fruchtknoten unterständig. Blütenhülle aus zwei Kreisen: innen 3 aufrechte (hier schmale) Perigonblätter ("Domblätter"), außen 3 breite, herabgebogene Perigonblätter ("Hängeblätter") mit Strichsaftmalen. Außerdem befinden sich in der Blütenmitte 3 über den äußeren Perigonblättern liegende kronblattartige Griffeläste (vgl. Abb. 45 b, c) mit lippenartiger, auf ihrer Oberseite empfängnisfähiger Schuppe auf der Unterseite. Perigonblätter unten verwachsen, 3 enge Röhren bildend. Nektar in der Röhre verborgen und nur langrüsseligen Bestäubern, besonders Hummeln zugänglich ("Einkriechblume" oder "Kraftblume"); nur sie allein streifen auch die Narbe.

Früchte: fachspaltige Kapseln. Stengel des Fruchtstands elastisch: Windstreuer. Samen flach, mit hornartigem Nährgewebe, geldrollenartig in den drei Fruchtfächern gestapelt, unbenetzbar, dazu Samenschale mit Hohlräumen: Schwimmverbreitung (12 Monate und länger schwimmfähig). Außerdem Wasserhafter. Fruchtreife: IX-X.

Vegetative Vermehrung durch Verzweigung des Rhizoms sowie durch sich ablösende und dann schwimmende Rhizomteile.

Verwendung: Die gerbstoffreichen Rhizome wurden zum Gerben und mit Eisensalzen zum Schwarzfärben benutzt. Für Wildpflanzengärten zu empfehlen, aber Naturschutz beachten!

Weitere Art:

Iris germanica L., Deutsche Schwertlilie: durch Bastardierung entstandene, sterile Zierpflanze. Eltern unbekannt. Herkunft: östliches Mittelmeergebiet. Alte Bauerngartenpflanze, öfters verwildert und in Deutschland bereits seit dem Mittelalter eingebürgert an Weinbergmauern und in grasigen Böschungen, auf warmen, meist kalkhaltigen Böden. Blüten blau, duftend. Äußere Perigonblätter mit andersfarbigem Haarbesatz (= Farbflecksaftmal), innere groß, auffällig. Vermehrung nur vegetativ. Das geschälte, veilchenartig riechende Rhizom ("Veilchenwurzel") war früher ein beliebtes Mittel gegen Erkältungskrankheiten (schwach auswurffördernd) und wird auch für Zahnpulver und in der Parfümerie verwendet. Gedrechselte Rhizomstücke wurden (bzw. werden zum

Teil noch) in der Volksmedizin zahnenden Kindern zum Kauen gegeben, wovon aber abzuraten ist, da die befeuchteten Flächen einen Nährboden für Mikroorganismen darstellen.

Isatis tinctoria L., Färber-Waid

– Brassicaceae (= Kreuzblütler)

Zweijährige Halbrosettenpflanze. Anpassung an trockene Standorte: Blätter durch dünnen Wachsüberzug blau bereift, z. T. am Rande umgerollt; ausgedehntes Wurzelwerk.

Vorkommen: Ruderalstellen, lückige Magerrasen, Böschungen und Mauern, auf sommerwarmen, trockenen, nährstoff- und basenreichen, meist kalkhaltigen Böden. Vor allem im Süden und im Rheingebiet. Neubürger seit dem 13. Jh. (Kulturflüchter). Heimat: Westasien.

Blüten: V-VI. Homogame, "nektarführende Scheibenblumen", in zusammengesetzter Doldentraube. Staubblätter weit nach außen gebogen, daher meist Fremdbestäubung. Am Grunde der 6 Staubblätter je 1 Nektarium. Besucher: verschiedene Insekten.

Früchte: Die Schoten weichen stark von den Früchten anderer Kreuzblütler ab. Es sind abgeflachte, 1samige Schließfrüchte (Nüsse) mit langem, gedrehtem Flügelrand: Flügelflieger. Diese Verbreitungsart setzt entweder eine große Höhe, wie sie in der heimischen Flora fast nur bei Waldbäumen vorkommt (z. B. *Fraxinus* = Esche), oder aber starken Wind voraus und ist sicher eine Anpassung an die Steppenwinde des östlichen Mittelmeergebietes. Auch Menschenverbreitung.

Verwendung: Färber-Waid wird als Lieferant des blauen Farbstoffs Indigo seit dem Altertum kultiviert (Isatis ist der griech. Name der Pflanze). In Deutschland wurde er seit dem 9. Jh. angebaut. Die Blätter enthalten das farblose Glykosid Indican, das enzymatisch in Zucker und Indoxyl gespalten und zu Indigo oxidiert wird. Die Ausbeute ist nur gering. Bis etwa ins 16. Jh. spielte die Pflanze bei uns eine große Rolle für die Herstellung von blauem Leinen. Hauptanbaugebiete waren u. a. der Niederrhein, Thüringen und Brandenburg. Die Pflanze wurde dann aber durch die Einfuhr von Indigo, das aus dem tropischen Schmetterlingsblütler *Indigofera tinctoria* gewonnen wurde, allmählich zurückgedrängt. Mit der synthetischen Herstellung von Indigo im Jahre 1880 verschwand schließlich auch der natürliche Indigo vom Markt.

Jasione montana L., Berg-Sandglöckchen, Berg-Jasione oder Sandrapunzel

– Campanulaceae (= Glockenblumengewächse)

Zweijährige oder einjährig überwinternde Halbrosettenpflanze (selten sommerannuell?). Bis 1 m tief wurzelnd (Sandpflanze).

Vorkommen: lückige Sandmagerrasen, Dünen, Felsen, Dämme, Wege und Brachen, auf sommerwarmen, trockenen, kalkarmen, sauren bis mäßig sauren, feinerdearmen Sand- und Steingrusböden. Konkurrenzschwache Pionierpflanze. Ebene bis mittlere Gebirgslagen. In den Alpen fehlend. Mit dem Standort oft im Rückgang.

Blüten: VI-X. Vormännliche "Körbchenblumen", sehr ähnlich denen der Korbblütler. Einzelblüten bis zum Grunde gespalten. Öffnung von unten nach oben. Staubbeutel an der Basis verwachsen. Sie versperren dadurch den Weg zum Nektar und dienen so als Saftdecke. Der Pollen wird schon in der Blütenknospe auf die Griffelbürste entleert. Später breiten sich die Staubbeutel aus, der Griffel verlängert sich stark, und die zweilappige Narbe entfaltet sich. Bestäuber: viele Zweiflügler, Bienenverwandte, Falter und Käfer. Keine Selbstbestäubung.

Früchte: kleine, zweifächerige, abstehende, an der Spitze mit 2 Poren aufspringende Kapseln. Kelchblätter krallig. Samen klein: Tierstreuer, Windstreuer? Heranreifende Samen zum Studium der Embryonalentwicklung gut geeignet.

Verwendung: Für Wildpflanzengärten zu empfehlen. Die Pflanzen sollten aber nicht vom Wildstandort genommen werden.

Juglans regia L., Walnuß, Echte Walnuß

– Juglandaceae (= Walnußgewächse)

Winterkahler Laubbaum bis etwa 25-30 m Höhe und über 0,5 m Stammdurchmesser. Selten auch strauchig (vor allem in Kulturrassen). Ziemlich schnellwüchsig, aber frostempfindlich. An Keimpflanzen und älteren Zweigen seriale Beiknospen. - Wurzelpilz. - Name "Juglans" schon bei Cicero (von "Jovis glans" = Eichel des Jupiter). Der Artname (lat. regius = königlich) spielt auf den stattlichen Wuchs an. "Walnuß" leitet sich von "Welsche Nuß" ab.

Vorkommen: Kulturpflanze seit der jüngeren Steinzeit. Heimat: östliches Mittelmeergebiet bis Himalaja. Vor der Eiszeit auch in Mitteleuropa einheimisch. Anbau vor allem in den Weinbaugebieten. - Verwildert und eingebürgert in Auwäldern und Hangwäldern, auf warmen, sickerfeuchten, nährstoff- und kalkreichen, tiefgründigen

Böden in milder Klimalage, z. B. im Schwäbischen Jura. Ebene bis ca. 700 m.

Blüten: V. Blütezeit mit der Laubentfaltung. Einhäusig. Windblütig: "Kätzchenblütentyp". Weibliche Blüten zu 2-3 endständig, mit unscheinbarer Blütenhülle, 2fächerigem, unterständigem Fruchtknoten und 2 langpapillösen Narbenlappen. Männliche Blüten in hängenden Kätzchen. Diese einzeln in den Achseln vorjähriger, abgefallener Laubblätter. Pollenkitt fehlt. Selbstfertil.

Früchte: Steinfrüchte. Äußerer Teil der Fruchtwand (Meso- und Exokarp) grün, gerbstoffreich, unregelmäßig aufspringend. Innerer Teil der Fruchtwand (Endokarp, Steinkern) holzig. Die bekannten netzartigen Strukturen darauf stammen von ehemaligen Leitbündeln. Verbreitung der Früchte zunächst durch Herabfallen ("Plumpsfrüchte"). Die äußere Schale dämpft den Aufprall. In Hanglage auch Fortrollen der Früchte. Als Uferbaum auch mit Schwimmverbreitung. Da die Keimung nur nach Abbau von Hemmstoffen durch winterliche Feuchtlagerung unter Laubbedeckung bzw. im feuchten Waldboden möglich ist (= Stratifikation), ist Versteckverbreitung wichtig: Eichhörnchen und andere Tiere verschleppen die Steinkerne bei der Anlage von Vorratskammern. - Der 1samige Steinkern wird durch eine echte und eine falsche Scheidewand unvollständig in 4 Fächer geteilt. Die Keimblätter sind fleischig, gefaltet und sehr nährstoffreich (= Speicherkeimblätter, enthalten über 60 % Nußöl). Bei der Keimung öffnet sich der Steinkern an der Verwachsungsnaht der beiden Fruchtblätter.

Verwendung: Nüsse zum Rohverzehr, zum Backen usw. Größte Walnußrassen mit bis zu 10 x 7 cm messenden Steinkernen. Nußöl wurde früher für die Ölmalerei gebraucht. Sehr schönes, hartes, leicht spaltbares Holz für Möbel, aber auch für Gewehrschäfte beliebt. Extrakte der grünen Fruchtschale für künstliche Hautbräune und zum Haarfärben. Die Blätter werden als Gerbstoffdroge, vor allem äußerlich bei Hautleiden angewandt, sind aber auch zum Braunfärben von Haaren sowie von Wolle geeignet. In der Volksmedizin wurden Auszüge der Samen auch gegen Spulwürmer eingesetzt. Am Niederrhein pflanzte man den Baum gerne vor die Bauernhöfe, da man glaubte, der herbe Geruch würde Mücken und Fliegen vertreiben.

Juncus effusus L., Flatter-Binse

– Juncaceae (= Binsengewächse)

Immergrüne Horstpflanze und Sumpfpflanze mit Rhizom, 30-120 cm hoch. Blätter reduziert. Die Photosynthese erfolgt in den dicken, rundlichen Stengeln (Abb. 46 a). Alle Pflanzenteile mit weißem

Durchlüftungsgewebe (Aerenchym) aus abgestorbenen sternförmigen Zellen (Abb. 46 b) als Anpassung an den schlecht durchlüfteten Standort. Nach Entfernen der grünen Rinde des Stengels kann man das schaumgummiartige Durchlüftungsgewebe (Mark) leicht mit dem Fingernagel herausschieben.

Vorkommen: nasse Wiesen, Weiden, Wege, Quellmoore und Waldschläge, auf sicker- und staunassen, nährstoffreichen, meist kalkarmen Lehm- oder Torfböden. Stör- und Nässezeiger. Ebene bis Gebirge (Alpen bis 1300 m).

Blüten: VI-VIII. Windblütig: "unbeweglicher Typ" (Übergang zum langstaubfädigen Typ). Schwach vorweiblich. Zahlreiche Blüten öffnen sich gleichzeitig in "Pulsen". Blütenstand locker (Name!, lat effusus = flatterig), rispenartig (Spirre), überwinternd. Dadurch, daß das stengelartige Tragblatt den Stengel direkt fortsetzt, steht der Blütenstand scheinbar seitenständig.

Früchte: fachspaltige Kapseln mit winzigen Samen: Ballonflieger. Ausbreitung als Wind- oder Tierstreuer, auch Klebverbreitung der naß gut haftenden Samen möglich.

Vegetative Vermehrung durch Verzweigung des weit hinkriechenden Rhizoms.

Verwendung: Die Art diente früher als Flechtmaterial (Name!: lat. jungere = binden) für Matten, Körbe, Fischreusen usw. Das weiße Mark wurde als Lampendocht gebraucht. Die Asche ist reich an Kieselsäure (35 %). Die Rhizome wurden in der Volksmedizin für Blutreinigungskuren verwendet. - Ungesundes Futtergras.

Weitere Arten:

Juncus conglomeratus L., Knäuel-Binse: ähnlich wie vorige Art, aber mit geringerer ökologischer Amplitude und daher auf weniger eutrophierten, extensiver bewirtschafteten Standorten zu finden. Blütenstand kopfig gestaucht. Formen von *J. effusus* mit ebenfalls gestauchter Spirre unterscheiden sich durch den glatten Stengel.

Juncus bufonius L., Kröten-Binse: einjährig, sommerannuell. Pflanze von Grund an büschelig verzweigt, nur 5-25 cm hoch. Stengel dünn. Blätter flach, relativ lang. Offene feuchte Wege, Gräben, Äcker usw. Auf Äckern Vernässung bzw. oberflächliche Bodenverdichtung anzeigend. Gipfelblüten meist geschlossen bleibend (kleistogam). Samen durch die bei Nässe schleimig aufgequollene Schale krötenlaichartig (Name!). Typische Trittverbreitung: Die Klebsamen bleiben besonders an Füßen kleben. Dazu kommt die Verbreitung mit Erde durch Wasservögel.

Juncus tenuis WILLD., Zarte Binse: Horstpflanze, 15-40 cm hoch. Stengel und Blätter ähnlich wie bei *J. bufonius*. Waldwege und Trittrasen, auf frischen bis nährstoffreichen Böden. In Europa seit 1824 (Deutschland 1834) aus Nordamerika eingeschleppt und heute allgemein eingebürgert (Industriophyt). Der erste Ausbreitungsschub erfolgte wegen der Klebsamen entlang der Waldwege durch Trittverbreitung und die an den Wagenrädern anhaftende Erde. Kulturbegleiter.

Juncus articulatus L., Glieder-Binse: Blätter quergefächert (= gegliedert). Naßwiesen und Flachmoore. Pionierpflanze an Sumpfstandorten.

Juniperus communis L., Gemeiner Wacholder

– Cupressaceae (= Zypressengewächse)

Immergrüner Strauch oder kleiner Baum bis 3 m Höhe (sehr selten bis 12 m Höhe und 0,9 m Stammdurchmesser). Wuchs meist säulenförmig, seltener breit strauchig oder niederliegend. Angeblich bis 2000 Jahre alt werdend. Blätter nadelförmig, mit oberseitigen Spaltöffnungsreihen und Wachsstreifen, scharf gespitzt (Fraßschutz, Kondensationspunkt, Trockenheitsanpassung). Nadeln am Zweig mit Gelenk ansitzend. Nur zwei Keimblätter. Tiefwurzler. Wurzelpilz. - Schwach **giftig**: Der Verzehr von wenigen Beeren ist in der Regel unbedenklich, doch kann es bei Überdosierung zu Reizungen der Niere kommen. Der Gemeine Wacholder ist weit weniger giftig als andere Arten der Gattung.

Vorkommen: sonnige Magerweiden, Heiden, Felsgebüsche und lichte Wälder, auf milden bis sauren, mageren Böden. Oft Zeiger ehemaliger Beweidung. Ebene bis Hochgebirge (Alpen bis 2300 m). In der Krummholzstufe durch den niedrigen Zwerg-Wacholder (subsp. *alpina* (NEILR.) CELAK. = *J. sibirica* BURGSD.) vertreten. Zirkumpolar verbreitet. Durch Rückgang der Schafweide oft stark zurückgegangen. - Schützenswert.

Blüten: V-VI. Windblütig: "unbeweglicher Typ". Der Pollen wird aus den Deckschuppen ausgeweht. Zweihäusig, selten einhäusig. Blüten im Herbst angelegt. Weibliche Blütenstände (Blütenzapfen) dreischuppig. Jede Deckschuppe mit nur 1 Samenanlage. Zugang zu den Samenanlagen nur von oben.

Samen: Die Samenschuppen verwachsen später und werden fleischig. Die Entwicklung zum reifen "Beerenzapfen" dauert drei Jahre. Im ersten Jahr nach der Bestäubung ist er noch grün, im dritten Jahr wird er schließlich schwarzbraun, bläulich bereift (abwischbare Wachsschicht). Samen holzig mit knochenharter Schale. Verdauungsverbreitung durch Wacholderdrosseln (= Krammetsvögel), Amseln, Birkhühner usw.

Verwendung: Zierstrauch und Nutzpflanze. "Wacholderbeeren" enthalten ätherische Öle, vor allem Pinen und Terpinol (in Mitteleuropa bis 1 %, in Südeuropa bis 2 %), 9 % Harz, 30 % Zucker usw. Sie sind ein beliebtes Gewürz, z. B. für Sauerkraut. Es macht die Speisen bekömmlicher, doch sollten nicht mehr als drei "Beeren" pro Portion verwendet werden. Vergoren bzw. als Auszug liefern sie Wacholderschnaps (z. B. Gin, Genever, Köhm, Kranewitter). Noch 1880 wurden 90 Tonnen Wacholderbeeren nach Frankreich exportiert. Arzneilich werden die "Beeren" als wassertreibendes Mittel verwendet (Vorsicht bei Überdosierung, nicht während einer Schwangerschaft einnehmen!). Früher auch äußerlich gegen Hautflechte usw. angewendet. Das Holz ist für Drechslerarbeiten, Peitschenstiele usw. wertvoll.

Weitere Art:

Juniperus sabina L., Sadebaum, Stink-Wacholder: Niederliegender oder aufsteigender, bis 2(-3) m hoher Strauch oder Baum. Nadelblätter bei jungen Pflanzen nadelförmig, bei älteren Pflanzen schuppenförmig. Sprosse beim Zerreiben stark unangenehm riechend. Alle Pflanzenteile, vor allem die jungen Zweigspitzen, stark giftig: z. B. Krämpfe, Atemlähmung, Nierenschädigung, Gebärmutterkrämpfe. Früher wurde die Pflanze häufig als Abtreibungsmittel mißbraucht (daher im Volk auch "Mägdebaum" oder "Jungfernrosmarin" genannt); dabei kamen nicht selten tödliche Vergiftungen vor. Schon wenige Tropfen des ätherischen Öles sind für den Menschen tödlich, bereits durch Einreiben sind Vergiftungen möglich. Alte Bauerngarten- und Friedhofspflanze. Die jungen Zweigspitzen wurden arzneilich gegen Warzen verwendet. Einheimisch ist die Pflanze vor allem an sonnigen Trockenhängen der Zentralalpen. In Deutschland ist sie potentiell gefährdet.

Knautia arvensis (L.) Coulter, Acker-Witwenblume, Acker-Knautie

– Dipsacaceae (= Kardengewächse)

Sommergrüne Halbrosettenpflanze mit Rhizom. - Meist verschiedenblättrig: Stengelblätter fiederteilig, Grundblätter einfach. Name *Knautia* nach dem Arzt und Botaniker Christian Knaut (1654-1716) in Halle oder evtl. nach dessen Vater Christoph Knaut. - Die Herkunft des Namens "Witwenblume" ist unklar.

Vorkommen: Wiesen und Raine, auf nährstoff- und basenreichen Böden. Lehmzeiger. Etwas wärmeliebend (Alpen nur bis 1000 m).

Blüten: VII-VIII. Blütenkörbchen mit ca. 50 Blüten, Randblüten etwas "strahlend" (vergrößert). "Körbchenblumentyp" (Konvergenz zu Korbblütlern). Neben Pflanzen mit zwittrigen Blüten auch rein weibliche Pflanzen. Vormännliche, duftende Blüten mit bis 9 mm langer Kronröhre. Zuerst öffnen und strecken sich nacheinander die Staubblätter, dann die Griffel. Nektar durch Saftdecke geschützt. Bestäuber: Bienenverwandte und Falter. Manchmal Selbstbestäubung.

Früchte: Achänen mit behaartem Außenkelch und weißen, borstenförmigen Kelchblättern sowie mit Ölkörper: Ameisenverbreitung. Körbchenboden steif behaart: Ausstreuschleudern bei Verbreitung als Tierstreuer. Fruchtreife: IX.

Laburnum anagyroides MEDIKUS (= *L. vulgare* GRISEBACH), Gemeiner Goldregen

– Fabaceae (= Schmetterlingsblütler)

Winterkahler Strauch oder Baum, selten bis 7 m hoch. Wurzelpilz. - Stark **giftig** in allen Teilen durch das Alkaloid Cytisin, bisweilen tödlich. Besonders Kinder sind durch Lutschen der auffälligen Blüten sowie Kauen und Schlucken der erbsenähnlichen Samen gefährdet. Es erscheint aber unsinnig, deshalb allen Goldregen ausrotten zu wollen, wie das nach Vergiftungen im Ruhrgebiet versucht wurde. Es wäre schlimm, wenn wir das mit allen Giftpflanzen tun wollten. Wichtiger ist es, den Kindern beizubringen, in der Natur nur das zu essen, was sie genau kennen.

Vorkommen: Zierbaum (mindestens seit dem 16. Jh.), selten verwildert und eingebürgert (Neubürger) in sonnigen Trockenwäldern auf kalkreichen Lehmböden. Heimat: Südeuropa bis Südwestasien.

Blüten: V-VI. Vormännliche "Pollen-Schmetterlingsblumen mit Klappmechanismus". Da kein Nektar angeboten wird, sind alle Staubblätter zu einer Röhre verwachsen. Blüten mit anbohrbarem Gewebe. In der hängenden Traube gelangen die Blüten erst durch Drehung in die waagerechte Lage. Selbststeril. Bestäuber: Bienenverwandte und Käfer.

Früchte: Hülsen bei Trockenheit aufspringend (xerochas): Selbststreuer. Streuweite mehrere Meter. Fruchtreife: IX.

Lactuca sativa L., Grüner Salat

– Asteraceae (= Korbblütler)

Einjährige Rosettenpflanze. Milchsaftführend (Name: lat. lac = Milch). - Typische Langtagpflanze: An langen, feucht-warmen

Sommertagen kommt es durch schnelles Längenwachstum des Blütenstengels zum sog. "Schießen" des Salates.

Vorkommen: Kulturpflanze.

Blüten: VI-VIII. "Körbchenblumen vom *Cichorium*-Typ" (siehe dort). Bestäuber: verschiedene Insekten. Spontane Selbstbestäubung erfolgreich (selbstfertil).

Früchte: geschnäbelte Achänen mit Pappus: Schirmchenflieger. Fruchtreife: VIII-X. Samen enthalten bis zu 35 % fettes Öl. Lichtkeimer. Keimblätter mit vertikaler "Schlafstellung".

Verwendung: in mehreren Kultursorten angebaut (Name!: lat. sativus = angepflanzt), z. B. auch der aus Nepal stammende "Eissalat". Salat enthält viel Eisensalze und zahlreiche Vitamine, z. B. Vitamin C. Kopfsalat aus heute üblichem Anbau kann allerdings auch übermäßig nitratreich (und sonst weniger gehaltvoll) und damit ungesund sein. Als Empfehlung: Ergänzen Sie Ihren Grünen Salat durch Löwenzahn aus dem Garten.

Weitere Art:

Lactuca serriola L. (= *L. scariola* L.), Kompaß-Lattich: Gilt als Stammpflanze des Grünen Salates. Ursprünglich südeuropäisch-westasiatische Steppenpflanze, bei uns als Ruderalpflanze eingebürgert und vor allem in Stadtgebieten zum Teil noch in Ausbreitung. Einjährig überwinternd bis zweijährig. Ausgeprägte Anpassungen an Trockenheit und Sonneneinstrahlung: Blätter in "Kompaßstellung", d. h. Spreite senkrecht, ihre Schmalseite in Nord-Süd-Richtung ausgerichtet, parallel zur Sonneneinstrahlung. Wurzeln bis 2 m tief reichend.

Lamium maculatum L., Gefleckte Taubnessel

– Lamiaceae (= Lippenblütler)

Ausdauernder, oft wintergrüner Hemikryptophyt (Schaftpflanze, selten auch Spreizklimmer), schon im ersten Jahr blühfähig, seltener einjährige Sommerpflanze. Bei allen Arten sind die Stengelkanten durch Kollenchym versteift (beliebtes Kursobjekt). Ausläufer ober- und unterirdisch, im letzteren Falle bleich. Untere Blätter länger gestielt als obere: gute Lichtausnutzung.

Vorkommen: Ruderale Säume, Hecken, Waldränder und Laubwälder, auf frischen bis feuchten, nährstoffreichen, lockeren Böden. Stickstoffzeiger. Halbschattenpflanze. Von der Ebene bis zur alpinen Stufe (bis 2000 m).

Blüten: IV-IX(-XII). Homogame, "eigentliche Lippenblumen" (vgl. Abb. 47 a, b). Die Oberlippe weicht beim Einkriechen gelenkartig zurück, der Besucher wird rückenseitig zuerst von der (etwas reizbaren) Narbe, dann von den Staubbeuteln berührt. Der zuckerreiche (42 %) Nektar wird von der Basis der Kronröhre abgegeben und ist daher nur "Großbienen", besonders Hummeln, zugänglich. Erdhummeln beißen die Kronröhre seitlich an. Danach können dann auch Honigbienen als "Hehler" den Nektar entnehmen. Die Unterlippe besitzt deutliche Strichsaftmale und duftet stärker als die Oberlippe.

Früchte: Klausen mit basalem Ölkörper (vgl. Abb. 47 c) zur Ameisenverbreitung. Zur Reife schrumpft der Kelch: Selbstausstreuer. Fruchtreife: VI-IX.

Vegetative Vermehrung durch Ausläufer (siehe oben).

Verwendung: Die jungen Sprosse und Blätter der Taubnesseln sind als Gemüse, vor allem gemischt mit Spinat oder Brennesseln, sehr gut geeignet und gehören zu den gehaltvollsten Kräutern überhaupt. - Für Wildpflanzengärten zu empfehlen.

Weitere Arten/Verwandte:

Lamium album L., Weiße Taubnessel: Ruderalpflanze mit ähnlichen Bodenansprüchen. Altbürger (Heimat: Sibirien?). Sehr lange Blütezeit (IV-X), bei mildem Klima sogar Winterblüher. Die Blüten werden volksmedizinisch bei Erkrankungen der Atemwege und bei Frauenkrankheiten angewandt. Ebenfalls für Wildpflanzengärten geeignet.

Lamium purpureum L., Purpurrote Taubnessel: Einjährige Sommerpflanze. Schnellwüchsig, benötigt oft nur wenige Wochen von der Keimung bis zur Samenreife. Äcker und Ruderalstellen. Die relativ kleinen Blüten oft geschlossen bleibend (kleistogam), z. T. auch Winterblüher.

Lamium amplexicaule L., Stengelumfassende Taubnessel: ähnlich voriger, aber z. T. auch winterannuelle Halbrosettenpflanze. Äcker und Ruderalstellen. Neben normalen Blüten werden bei schlechtem Wetter auch kleinere, geschlossen bleibende Blüten gebildet (Abb. 48), die einen guten Fruchtansatz liefern (Kleistogamie).

Lamiastrum galeobdolon (L.) Ehrend. et Polatschek (Sammelart) (= *Lamium galeobdolon* (L.) L., *Galeobdolon luteum* Huds.), Goldnessel: Unterlippe im Gegensatz zu *Lamium* dreilappig. Die Abgrenzung von *Lamium* als eigene Gattung wurde in der jüngsten Monographie (Mennema) wieder aufgegeben. Chamaephyt (Kriechstaude), oft wintergrün, erst ab zweitem oder drittem Jahr blühfähig. Charakteristisch sind die der vegetativen Vermehrung

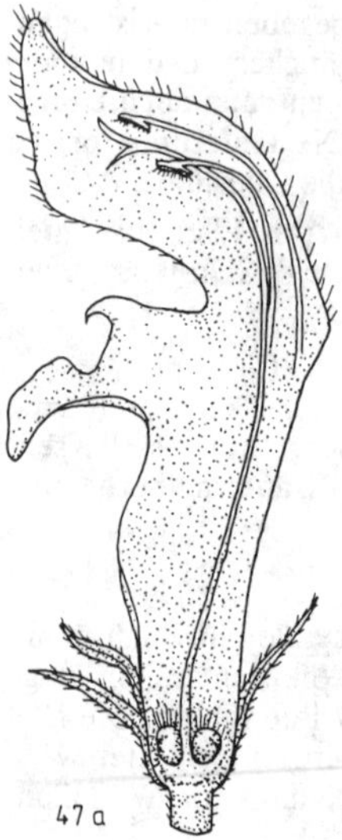

47 a

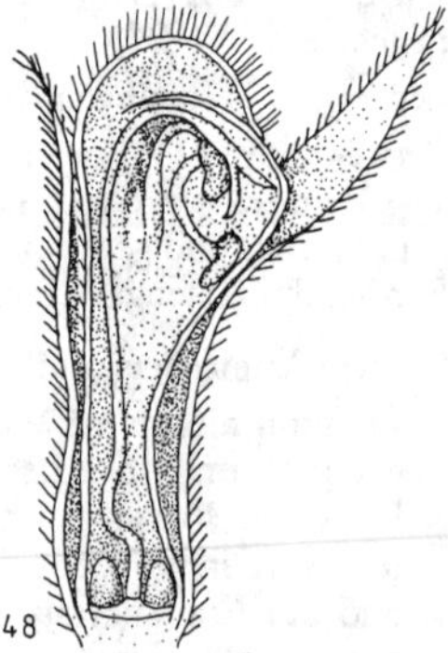

48

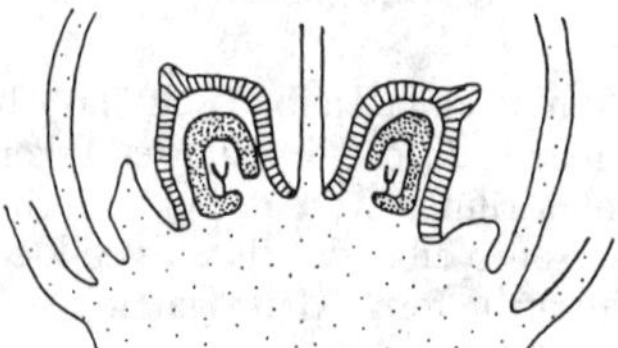

47 b

47 c

Abb. 47: Lamium album: a Blüte längs. **b** Fruchtknoten. **c** Kelch mit den 4 Klausenfrüchten.
Abb. 48: Lamium amplexicaule: geschlossen bleibende (= kleistogame) Blüte. (Nach KIRCHNER).

dienenden langen oberirdischen Ausläufer, die allerdings bei der Kleinart *G. flavidum* (F. HERM.) EHREND. fehlen. Krautreiche Laubwälder, auf basenreichen, lockeren Böden. Schattenpflanze. Ökologisch ähnlich der Gefleckten Taubnessel, wegen der kleineren Blüten kommen auch Honigbienen als Bestäuber in Frage. Besonders für Wildpflanzengärten empfehlenswerter, sehr dekorativer Bodendecker für schattige Standorte, der außerdem ein gutes Gemüse liefert. - Angepflanzt wird vor allem *Lamiastrum argentatum* (SMEJKAL) MELZER (= *Lamium galeobdolon* subsp. *galeobdolon* f. *argentatum* (SMEJKAL) MENNEMA), die Silberblättrige Goldnessel, mit weißgefleckten Blättern. Diese Sippe tritt zunehmend verwildert auf und hat sich in den letzten Jahren vielfach eingebürgert. Als "Ampelpflanze" kann man sie auch gut im Zimmer kultivieren.

Lapsana communis L., Gemeiner Rainkohl

– Asteraceae (= Korbblütler)

Ausdauernde Halbrosettenpflanze, selten einjährig.

Vorkommen: Wald- und Wegränder, auf offenen, frischen Böden in milder Klimalage. Nährstoffzeiger. Kulturbegleiter seit der jüngeren Steinzeit.

Blüten: VII-IX. "Körbchenblumen vom *Cichorium*-Typ". Köpfchen wenigblütig. Blüten bei hellem Wetter nur vormittags geöffnet. Spärlicher Blütenbesuch durch Bienenverwandte und Schwebfliegen. Spontane Selbstbestäubung durch Krümmen der Randblüten über die inneren, so z. B. bei schlechtem Wetter.

Früchte: Achänen ohne Pappus. Spreublätter fehlen, Hüllblätter reif fast aufrecht und elastisch: Selbstausstreuer sowie Wind- und Tierstreuer, dazu Ameisenverbreitung.

Verwendung: Als Wildgemüse und Salat nutzbar (Name!).

Larix decidua MILLER (= *L. europaea* DC.), Europäische Lärche

– Pinaceae (= Kieferngewächse)

Winterkahler Nadelbaum von maximal 54 m Höhe. Bis 600 Jahre alt werdend. Forstwirtschaftliche Umtriebszeit 100-140 Jahre. Borke grau. Nadeln im Gegensatz zu anderen Nadelbäumen gewöhnlich einjährig, ausnahmsweise bis zu 4 Jahren überwinterungsfähig, im Herbst goldgelb. Zu mehreren an Kurztrieben sowie einzeln an Langtrieben. - Als Wurzelpilze z. B. Lärchenröhrling und Fliegenpilz.

Vorkommen: in den Zentral- und Ostalpen die obere Baumgrenze bildend und bis 2500 m aufsteigend. Bei uns aufgeforstet oder auch eingebürgert. In Reinkultur wegen der enormen Rohhumusbildung Bodenzerstörer. Eiszeiteinwanderer aus Sibirien, entsprechend nächst verwandt mit *L. sibirica* (MUENCHH.) LEDEB.

Blüten: IV-V. Windblütig: "unbeweglicher Typ". Einhäusig. Männliche Blüten gelb, nach unten gerichtet, weibliche Blütenzapfen rot, nach oben gerichtet. Pollen im Gegensatz zu anderen Pinaceen ohne Luftsäcke. Er wird bei der Bestäubung durch ein narbenartiges Gebilde festgehalten und dann durch Schrumpfung zur Samenanlage gezogen.

Samen: Samenzapfen im 1. Jahr reifend, bleibend. Zapfen eiförmig, Schuppen vorwärts gerichtet. Samen geflügelt: Drehflieger. Außerdem Bearbeitungsverbreitung durch Vögel und Wasserhaftverbreitung.

Verwendung: zuckerhaltige Ausscheidungen der Blätter früher als "Manna von Briançon" im Gebrauch. Nadeln giftig, enthalten ca. 0,2 % ätherische Öle. Aus dem verletzten Stamm fließt als Balsam das "Venezianische Terpentin" mit 10-25 % Terpentin aus. Die Lärche ist schnellwüchsig und liefert gutes Bauholz und anderes Nutzholz. Spezif. Gewicht 0,55.

Weitere Art:

Larix kaempferi (LAMB.) CARR. (= *L. leptolepis* (SIEB. et ZUCC.) GORD.), Japanische Lärche: wird neuerdings nicht selten als Forstbaum ausgebracht, zum Teil sicher mehr als *L. europaea*, für die sie oft gehalten wird. Unterscheidet sich von dieser durch die blaugrünen Nadeln, die fast kugeligen, 2-3 cm langen Zapfen mit bei Trockenheit am Rand zurückgebogenen Zapfenschuppen und die rotbraune Borke. In Gebieten mit hoher Luftfeuchtigkeit den anderen Arten überlegen.

Lathraea squamaria L., Schuppenwurz

– Scrophulariaceae (= Rachenblütler, Braunwurzgewächse)

Fast chlorophyllfreier Vollschmarotzer: Rhizom-Geophyt. Rhizom mit fleischigen, stärkereichen Schuppen (Name!) besetzt = Niederblätter mit Speicherfunktion. Wurzeln mit ziemlich kleinen Haustorien (= Saugorganen): Blutungssaftschmarotzer (Xylemparasit) auf Wurzeln vor allem der Hasel, aber auch von Erle, Pappel, Weide usw., selten sogar Fichte. Stengel mit häutigen Schuppenblättern besetzt; diese mit Wasserdrüsen (Hydathoden), die aktiv Wasser ausscheiden, um das nötige Wasserpotential zwischen Wirt und Parasit aufrecht zu erhalten, da der Transpirationssog der Blätter fehlt. Ältere Angaben, wonach in den hohlen Schuppen des Rhizoms kleine Insekten gefangen würden, erwiesen sich als falsch. Pflanze oft weitgehend im Boden verborgen (Name!: griech. lathraios = verborgen). - Schwach **giftig** durch Gehalt an Aucubin.

Vorkommen: Laubwälder auf frischen, basenreichen, meist kalkhaltigen Böden, im Norden selten. - Schützenswert.

Blüten: III-IV. Die Blütezeit fällt mit dem Hauptsaftstrom der Wirtsgehölze zusammen. "Rachenblumen" in dichter, einseitswendiger, von Anfang an nickender Traube. Besucher werden bei Berührung der Haare und der Staubbeutelanhängsel mit trockenem Pollen bepudert. Vorweiblich. Besucher sind vor allem Hummeln. In kühlen Jahren unterirdisch blühend (geophil) und geschlossenblütig (kleistogam).

Früchte: Kapseln sich zweiklappig öffnend. Samen klein und zahlreich wie bei den meisten Schmarotzerpflanzen, da wenig Aussicht besteht, in die Nähe der Wurzeln einer Wirtspflanze zu gelangen. Die Samen müssen näher als 1 cm an der Wirtswurzel liegen, um auskeimen zu können. Verbreitung der Samen durch Wind (Ballonflieger), Wasser und Ameisen.

Lathyrus pratensis L., Wiesen-Platterbse

– Fabaceae (= Schmetterlingsblütler)

Hemikryptophyt: Kletterstaude. Blätter unpaarig gefiedert, die Endfieder als Ranke ausgebildet. Wurzelknöllchen mit stickstoffbindenden Bakterien. - Schwach **giftig**: Die Samen einiger *Lathyrus*-Arten können verschiedene Erkrankungen hervorrufen ("Lathyrismus").

Vorkommen: Nährstoffreiche, frische Wiesen und Säume.

Blüten: VI-VII. "Schmetterlingsblumen" mit Klappmechanismus, in Trauben. Der Pollen wird an der Griffelbürste abgelagert. Als "Kraftblumen" können sie nur von kräftigen Großbienen, besonders Hummeln, geöffnet werden.

Früchte: Die Hülsen sind im Gegensatz zur Erbse abgeflacht (Name!). Typische Austrocknungsstreuer (xerochas): Hülsen können aufgrund der Schwarzfärbung besonders intensiv Wärme aufnehmen. Samen kugelig: Bodenroller. Dazu oft Zufallsverbreitung durch Heu usw. Fruchtreife: VIII-IX.

Vegetative Vermehrung durch unterirdische Ausläufer.

Weitere Arten:

Lathyrus aphaca L., Ranken-Platterbse: Die gesamte Spreite ist als Ranke ausgebildet, dafür übernehmen laubblattartige Nebenblätter die Photosynthese (Abb. 49). Selten auf sommerwarmen Äckern und an Wegrändern. Gefährdet.

Lathyrus tuberosus L., Knollen-Platterbse: Wurzelknollen eßbar, süß, früher feldmäßig angebaut. Basenreiche Äcker und Wegränder. Kulturrelikt.

Lathyrus sylvestris L., Wald-Platterbse: Stengel und Blattstiel geflügelt. Sonnige Wald- und Wegränder. Blüten durch Drehung von Griffel und Schiffchen asymmetrisch, daher Nektar nicht allgemein zugänglich ("Intelligenzblume").

Lathyrus odoratus L., Gartenwicke, Wohlriechende Platterbse: einjährige Kletterpflanze. Als "Wicke" beliebte Zierpflanze, seit dem 18. Jh. in Kultur. Heimat: Süditalien, Sizilien.

Lathyrus linifolius (Reich.) Bässl. (= *L. montanus* Bernh.), Berg-Platterbse: wie die folgende Art Vertreter der rankenlosen Untergattung *Orobus*. Rhizom-Geophyt und Hemikryptophyt. Rhizom abschnittweise knollig verdickt. Blätter durch Reduktion der Endfieder paarig gefiedert, parallelnervig. Fiedern elliptisch; interessant sind Formen mit schmal-linealischen Fiedern. Lichte Wälder, Magerrasen, Heiden. Säurezeiger. Frühblüher. Blüten mit auffälligem Farbwechsel von rosarot über violett nach schmutzigbraun bei gleichzeitigem Rückgang der Nektarproduktion. Man nahm früher an, lernfähige Insekten würden den Zusammenhang erkennen und deshalb ältere Blüten meiden, doch könnte dies auch mit dem zunehmend leichteren Abfallen der Blütenkrone in Zusammenhang stehen. In kühlen Frühjahren werden unterirdisch kleistogame Blüten angelegt: dann geokarp.

Lathyrus vernus (L.) Bernh., Frühlings-Platterbse: ähnlich wie *L. linifolius*, aber Rhizom und Pflanze kräftiger. Fiedern eiförmig-lanzettlich. Krautreiche, meist kalkhaltige Mischwälder der Gebirge. Frühblüher: III-V.

Ledum palustre L., Sumpf-Porst

– Ericaceae (= Heidekrautgewächse)

Immergrüner Strauch, 0,6-1,5 m hoch. Lederblätter am Rande umgerollt, unterseits dicht rostfilzig. Wurzelpilz (endotrophe Mykorrhiza). - Verwandt mit *Rhododendron*. - **Giftig** in allen Teilen durch ätherische Öle, die Rausch, Krämpfe und Lähmung bewirken.

Vorkommen: Kiefernbrüche und Hochmoore, vor allem im Norden. Kennart des Ledo-Sphagnetum (= Porst-Torfmoor). Wächst im Elbsandsteingebirge auch als Felsstrauch ("Sächsische Alpenrose"). Durch Trockenlegung der Moore sehr selten geworden. Stark gefährdet. - **Geschützt**!

Blüten: V-VI. Vorweibliche, aromatisch duftende, "nektarführende Scheibenblumen vom *Veronica*-Typ", in endständigen, reichblütigen Doldentrauben. Krone fast bis zum Grunde geteilt. Pollen in Tetraden. Bestäuber: Zweiflügler. Spontane Selbstbestäubung durch Einkrümmen der Staubfäden.

Früchte: Die unscheinbaren, von unten her aufspringenden Kapseln entlassen zahlreiche längliche, durch Lufteinschluß leichte Samen: Windverbreitung (Ballonflieger).

Verwendung: Blätter wegen des durchdringenden Geruches früher als Motten- und Wanzenmittel sowie arzneilich und als Bierzusatz verwendet. Die berauschende Wirkung des Porstbieres soll Ursache der sprichwörtlichen "Berserkerwut" der Wikinger gewesen sein.

Verwandte:

Ledum groenlandicum OEDER, Grönländischer Porst: Blätter breiter als bei voriger Art. Im Gebiet selten eingebürgert. Heimat: Nordamerika.

Lemna minor L., Kleine Wasserlinse, Entengrütze

– Lemnaceae (= Wasserlinsengewächse)

Freischwimmende Wasserpflanze, ausdauernd, mit extremen Anpassungen: Der linsenförmige (Name!), im Durchmesser nur wenige mm große Vegetationskörper besteht aus blattartigen Gliedern, die sich durch Sprossung vermehren. Es ist unklar, ob diese nur Sprossen oder sowohl Blättern als auch Sprossen entsprechen. Spaltöffnungen auf der Oberseite. Alle Wurzeln sproßbürtig, je Glied eine Wurzel. Schwimmfähigkeit durch Durchlüftungsgewebe (Aerenchym) in den Gliedern. Die relativ schweren Wurzeln wirken wie Bootskiele. Spezialzellen (Idioblasten) sind reich an Oxalatnadeln, die evtl. dem Schutz vor Schneckenfraß dienen.

Vorkommen: stehende oder kaum fließende, eutrophe Gewässer. (Name!: griech. limne = Sumpf). Kennart der Lemnetea (= Wasserlinsendecken). Bei Nährstoffüberschuß erfolgt im Sommer starke Vermehrung (Verdopplung der Biomasse in zwei Tagen) bis zur völligen Abdeckung der Wasseroberfläche. Dem folgt schließlich der Zusammenbruch des Ökosystems durch Sauerstoffmangel. - Fast weltweit verbreitet, bei uns bis 1200 m Meereshöhe.

Blüten: V-VI. "Pollen-Scheibenblumen". Wasserbestäubung. Nur sehr selten blühend: Überwasserblüher. Zufallsbestäubung durch Wasserläufer, Spinnen und Schnecken. Blüten stark reduziert: männliche aus 1 Staubblatt, weibliche nur aus 1 Stempel mit trichterförmiger Narbe bestehend.

Früchte: ein- bis mehrsamige Nüßchen. Samen ca. 1 mm lang: Schwimmverbreitung.

Vegetative Vermehrung durch Sprossung absolut vorherrschend (Schwimmverbreitung) sowie Verschleppung ganzer Pflanzen als Wasserhafter (Adhäsion) an Wassertieren, vor allem Enten.

Verwendung: Beliebtes Entenfutter (Name!), auch Fischfutter, durch den hohen Nährstoffgehalt wachstumsfördernd. Hohe Speicherfähigkeit für Radium: Konzentration 100-600 mal so hoch wie im umgebenden Wasser. Wenn z. B. Enten überwiegend solche Wasserlinsen fressen, wird ihr - eventuell später vom Menschen verzehrtes - Fleisch nach den Regeln der Nahrungskette eine noch weiter erhöhte Radium-Konzentration (etwa das 10fache) aufweisen.

Weitere Arten/Verwandte:

Lemna trisulca L., Untergetauchte oder Dreifurchige Wasserlinse: Glieder meist untergetaucht (schwebend), kreuzweise zusammenhängend, 4-10 mm lang. In weniger eutrophen Gewässern.

Spirodela polyrrhiza (L.) SCHLEID., Teichlinse, Vielwurzlige Wasserlinse: ausdauernd. Blattartige Glieder relativ groß (3-5 mm), dicklich, unterseits meist rot, stets mit einem Büschel von Wurzeln. Im Herbst sinken taschenförmige Turionen (Winterknospen), die Reservestärke enthalten, auf den Gewässergrund. Im Frühjahr bilden sich an den Turionen Knospen und damit gaserfüllte Hohlräume, so daß die Gebilde schließlich nach oben steigen. Blüten- und Ausbreitungsökologie wie bei *Lemna*. Auch Wasserhaftverbreitung durch Wasservögel usw.

Wolffia arrhiza (L.) HORKEL ex WIMMER, Zwergwasserlinse: die kleinste Blütenpflanze überhaupt, kaum stecknadelkopfgroß, völlig wurzellos. Wurde noch nicht blühend beobachtet. Weltweit verbreitet, vor allem in den Tropen. Bei uns sehr selten und sporadisch, stark gefährdet. Verschleppung durch Wasservögel als Wasserhafter. Name nach dem deutschen Arzt J. F. WOLFF.

Leontodon autumnalis L., Gemeiner Herbstlöwenzahn

– Asteraceae (= Korbblütler)

Hemikryptophyt: Halbrosettenpflanze, 15-40 cm hoch. Stengel meist ästig, Blätter meist kahl.

Vorkommen: Fettweiden und Trittstellen, auf frischen, nährstoffreichen, dichten Böden. Von der Enene bis ins Gebirge (Alpen bis 1850 m).

Blüten: VII-IX. Als Vertreter der Unterfamilie Cichorioideae (= Zungenblütige) nur mit Zungenblüten. Namengebende Art der "Körbchenblumen vom *Leontodon*-Typ.": zahlreiche Einzelblüten je Köpfchen; Zungen gelb und nach innen zu kleiner werdend; UV-Reflexion nur im oberen Teil der Randblüten, Körbchen daher für den Besucher innen dunkel und am Rande hell erscheinend; Kronröhre kurz, so daß verschiedenste Insekten als Bestäuber in Frage kommen.

Früchte: Achänen mit Haarkranz, der im Gegensatz zu *Taraxacum* ungestielt ist. Pappusstrahlen gefiedert, bei Nässe nach außen gespreizt (hygrochas): Schirmchenflieger.

Weitere Art:

> **Leontodon hispidus** L., Rauher Herbstlöwenzahn: Blätter meist mit Gabelhaaren. Stengel einfach. Formenreich. Fettwiesen, Naßwiesen und Halbtrockenrasen. Von der Ebene bis in die alpine Stufe. Lichtpflanze: Blüten von 5-15 Uhr geöffnet. Pappus bei Trockenheit gespreizt.

Leontopodium alpinum Cassini, Edelweiß

– Asteraceae (= Korbblütler)

Ausdauernder Hemikryptophyt: Schaftpflanze. Dichtfilzige, weiße Behaarung (Name!, vgl. griech. leon = Löwe, podion = Füßchen) als UV-Schutz (= Anpassung an das Hochgebirge) oder/und Transpirationsschutz. Im Tiefland wachsende Pflanzen werden großer und erscheinen wegen der weniger dichten Behaarung grünlich. - Nahe verwandt mit dem Ruhrkraut (*Gnaphalium*)

Vorkommen: Sonnige, sommerwarme Steinrasen und erdige Felsspalten der alpinen Stufe, meist auf Kalk. Selten mit den Flüssen herabgeschwemmt und die Früchte auch in die Täler geweht. Stark gefährdet. - **Geschützt!**

Blüten: VII-IX. 5-6 Körbchen zu einem endständigen knäueligen (zymösen) Gesamtblütenstand vereint. Schaufunktion durch die dicht weißfilzigen Hochblätter. Randblüten fadenförmig, weiblich, Scheibenblüten männlich. Bestäuber: Bienenverwandte.

Früchte: Verbreitung der Achänen als Schirmchenflieger, bei Nässe auch als Anhafter an Tieren.

Verwendung: Wird trotz der berechtigten Naturschutzbestimmungen immer wieder als Mitbringsel von alpinen Klettertouren für Trockensträuße usw. mitgebracht. Für den Garten gibt es im Handel aus dem Himalaja stammende Arten, die im Gegensatz zu unserer Art auch im Tiefland ihre weiße Farbe behalten.

Lepidium campestre (L.) R. Brown, Feld-Kresse

– Brassicaceae (= Kreuzblütler)

Einjährig, winterannuell, (5-)20-50 cm hoch. Stengel einfach oder über der Mitte verzweigt. Blätter mit pfeilförmigem Spreitengrund stengelumfassend.

Vorkommen: Lückige Ruderalstellen und Äcker, auf nährstoff- und basenreichen Lehmböden. Im Norden selten.

Blüten: IV-VI. Unscheinbare, weiße Blüten, in kurzen, endständigen Trauben.

Früchte: Die Schötchen stehen bei der Reife horizontal, sind hohl und geflügelt. Daher werden die Samen durch aufprallenden Regen ausgeschleudert: Regenballist. Details siehe bei *Thlaspi perfoliatum*. Jedes Fruchtfach mit nur 1 Samen.

Weitere Arten:

Lepidium ruderale L., Weg-Kresse: Pflanze kleiner als vorige Art, mit strauchförmigem Wuchs und scharfem Kressegeruch. Wärmeliebende Ruderalpflanze, vor allem der Trittstellen. Kann auch als ganze Pflanze verbreitet werden.

Lepidium sativum L., Garten-Kresse: Kulturpflanze seit dem frühen Mittelalter. Heimat: Vorderasien. Die jungen Pflänzchen werden als ganze zum Würzen von Salaten verwendet. Wegen der guten Keimfähigkeit beliebte Versuchspflanze für Keimungsversuche und auch für "Geburtstagsaussaaten", d. h. man sät im Sommer in der Anordnung der Zahl des Geburtstages aus, die dann nach etwa 2 Tagen grün erscheint.

Leucanthemum vulgare Lamarck (= *Chrysanthemum leucanthemum* L.) (Sammelart), Wiesen-Margerite, Gemeine Wucherblume

– Asteraceae (= Korbblütler)

Hemikryptophyt: Schaftpflanze; später rasenbildend. Tiefwurzler. Verschiedene Ökotypen, d. h. Pflanzen z. B. der Wiesen sind anders gestaltet als die der Brachäcker. - Allergische Reaktionen sind nicht selten.

Vorkommen: Nährstoffreiche Wiesen, Weiden, Ruderalstandorte und Äcker. Oft im Bereich von Wiesen-Neusaaten, z. B. an Autobahnen. Pionierpflanze. Von der Ebene bis ins Hochgebirge.

Blüten: V-X. "Körbchenblumentyp". Kontrast zwischen 20-25 weißen, weiblichen Zungenblüten (Name!: griech. leukos = weiß, anthemos = Blüte) und 400-500 goldgelben, zwittrigen Röhrenblüten (gynomonözisch). Besucher sind verschiedene Insekten. Spontane Selbstbestäubung ist möglich.

Früchte: Spreublätter fehlen, Achänen mit bleibendem Kronrest: Wind- und Tierstreuer, dazu Wasserhaft- und Zufallsverbreitung durch Huftiere usw. Fruchtreife: IX-X.

Verwendung: Für Wildpflanzengärten zu empfehlen. Großblumige Kleinarten sind als Zierpflanzen beliebt, z. B. die Große Margerite, *Leucanthemum maximum* (RAM.) DC.

Verwandte:

In vielen Kultursorten werden die Gärtner-Chrysanthemen gezogen. Es sind Hybriden, die auf **Dendranthemum indicum** (L.) DESM. (= *Chrysanthemum indicum* L.) zurückgehen. Oft verursachen sie Kontaktallergien. In Ostasien, wo die Pflanzen gegessen werden, treten keine Allergien auf. Da die hochgradig polyploiden und überzüchteten Pflanzen gewöhnlich unter sehr hohem Einsatz von chemischen Spritzmitteln angezogen werden, stellen sie eine Belastung für die Umwelt dar. Daher sollte man den weiteren Anbau nicht noch durch den Kauf dieser Schnittblumen fördern.

Leucojum vernum L., Frühlings-Knotenblume, Märzenbecher

– Amaryllidaceae (= Narzissengewächse, Amaryllisgewächse)

Zwiebel-Geophyt, 10-30 cm hoch. Zwiebel ca. 2 cm dick, etwa 20 cm tief liegend, vom scheidenförmigen Blattgrund gebildet. - **Giftig** durch herzwirksame Glykoside.

Vorkommen: feuchte Wälder, Wiesen und Ufer auf nährstoffreichen, sauren Böden. Gefährdet. - **Geschützt**!

Blüten: II-IV, Frühblüher (Name!). Fruchtknoten unterständig als auffälliger Knoten unter der eigentlichen Blüte (Name!). Im Unterschied zu *Galanthus* sind alle 6 Perigonblätter gleich lang. Homogame "Glockenblumen mit Streueinrichtung". Nektarabsonderung gering und ökologisch wertlos, aber Diskuszellen saftreich, dünnwandig und von Insekten anbohrbar. Geruch veilchenartig (Name!: griech. leukos = weiß, ion = Veilchen), am Saftmal intensiver als am übrigen Perigon. Bestäuber sind Bienen und Tagfalter. Spontane Selbstbestäubung beim Schließen der Blüten erfolgreich.

Früchte: Kapseln fachspaltig. Samen kugelig, ohne Anhängsel. Ameisenverbreitung, Selbstaussäer durch den bald erschlaffenden Fruchtstengel sowie Gartenflüchter.

Verwendung: Zierpflanze.

Ligustrum vulgare L., Rainweide, Liguster

– Oleaceae (= Ölbaumgewächse)

Sommergrüner, in milder Lage auch wintergrüner (zum neuen Laubaustrieb laubabwerfender, in strengen Wintern oft zurückfrierender) Strauch, seltener kleiner Baum bis 5 m Höhe. - Wurzelpilz. - Futterpflanze der Raupen des prächtigen Ligusterschwärmers (*Sphinx ligustri*). - **Giftig** in allen Teilen. Beeren durch unbekannten Wirkstoff angeblich auch tödlich giftig, aber evtl. weniger gefährlich als oft angegeben. Dennoch sollten Anpflanzungen des Strauches an Kinderspielplätzen und Schulen vermieden werden.

Vorkommen: sonnige Gebüsche, lichte Wälder und Säume auf meist kalkreichen Böden. Wärmeliebend (Jura bis 950 m).

Blüten: VI-VII. Homogame "kleine Trichterblumen", in dichten Rispen. Die Staubblätter überragen die zweilappige Narbe. Nektar am Grunde der ca. 3 mm langen Kronröhre abgeschieden. Bestäuber: verschiedene Insekten. Später auch Selbstbestäubung (selbstfertil). Regelmäßig beschnittene Hecken kommen kaum zum Blühen.

Früchte: Durch hohe Anthocyankonzentration schwarze, innen grüne, 2samige Beeren. Fruchtreife ab IX, aber Früchte lange bleibend: Wintersteher. Verdauungsverbreitung durch Vögel. Auch Kulturflüchter.

Vegetative Vermehrung durch unterirdische Ausläufer.

Verwendung: häufig als schnittfeste Heckenpflanze kultiviert. Zweige früher wie die der Weiden (Name!) als Flechtwerk (vgl. auch lat. ligare = binden) benutzt.

Weitere Art:

Ligustrum ovalifolium HASSKARL, Japanische oder Eiblättrige Rainweide: Vorwiegend wintergrün, frostempfindlich. Blätter breiter als bei voriger Art. Als Heckenpflanze bei uns häufiger kultiviert als *L. vulgare*.

Lilium martagon L., Türkenbund, Türkenbund-Lilie – Liliaceae (= Liliengewächse)

Zwiebel-Geophyt. "Schuppenzwiebel" aus zahlreichen dachziegelig angeordneten Niederblättern. Blätter in Scheinquirlen. - Name Türkenbund wegen der turbanähnlichen Form der Blüte.

Vorkommen: artenreiche, wärmeliebende Wälder und alpine Hochstaudenfluren, auf sickerfrischen, basenreichen Böden, vor allem auf Kalk. - **Geschützt**! Schädigung durch Sammler, durch Wildverbiß und durch das Lilienhähnchen (*Crioceris* = *Lilioceris lilii*) einem roten Blattkäfer), der die Blütenstände durchtrennt.

Blüten: VI-VII. Ökologisch ähnlich den "Glockenblumen mit klebrigem Pollen". Homogam. Nachtschwärmerblume mit nächtlichem Hauptduft. Nektarabscheidung innen, unten auf den Perigonblättern in einer von Haaren überdeckten Rinne. "Großbienen" können sich an den warzigen Vorsprüngen der Blüte festhalten. Im übrigen ist das Perigon durch einen öligen Überzug so glatt, daß nur frei vor der Blüte schwirrende Schwärmer (z. B. *Sphinx*) oder "Eulen" an den Nektar gelangen können. Nahe verwandte Arten werden in Kalifornien gern von Kolibris aufgesucht. Selbstbestäubung durch herabfallenden Pollen (selbstfertil!). Die Blütenstiele reagieren positiv auf die Schwerkraft, die Fruchtstiele jedoch wieder negativ.

Früchte: fachspaltige Kapseln: Wind- und Tierstreuer. Fruchtreife: IX. Samen geflügelt, flach: Scheibenflieger, sowie Wasserhaftverbreitung.

Verwendung: In Sibirien werden die gekochten Zwiebeln gegessen. Vielblütige Formen (bis 40 Blüten) auch als Zierpflanzen.

Weitere Arten:

Lilium bulbiferum L., Feuer-Lilie: In Mittel- und Süddeutschland wild, gefährdet und geschützt! Außerdem häufige Zierpflanze. Tagfalterblume mit großen, aufrechten "Trichterblumen". Gewöhnlich vegetative Vermehrung durch achselständige Brutzwiebeln. Meist schon nach 3 Jahren blühfähig.

Lilium candidum L., Weiße Lilie: Zierpflanze, die schon den Römern und Griechen bekannt war. Heimat: Vorderasien. Blütenökologisch ähnlich wie *L. martagon*, aber "große Trichterblume". Mit ihren weißen Blüten, die abends und nachts ihren Duft ausströmen, ist sie eine typische Nachtfalterblume.

Limonium vulgare MILLER (= *Statice limonium* L.), Strandflieder, Strandnelke

– Plumbaginaceae (= Strandnelkengewächse, Bleiwurzgewächse)

Ausdauernder Hemikryptophyt: Rosettenpflanze. Salzpflanze, an den Blättern werden Salzkristalle ausgeschieden. Blätter etwas ledrig. Pflanze enthält Jodsalze sowie Chlor- und Fluorsalze.

Vorkommen: Strandpflanze auf salzhaltigen, sandigen, tonigen oder felsigen Böden. Kennart des Plantagini-Limonietum (= Strandfliederwiese). - **Geschützt**!

Blüten: VIII-IX. "Kleine Trichterblumen", in einseitswendigen, doldenrispig angeordneten Ähren. Verschiedengrifflig. Insektenblütig.

Früchte: kleine, einsamige Nüsse. Windverbreitung: Flugapparat vom trockenhäutigen, bleibenden Kelchsaum gebildet.

Verwendung: Die getrockneten Blütenstände werden häufig als Trockensträuße verkauft. Am Wildstandort sollte die Art unbedingt geschont werden!

Linaria vulgaris MILLER, Gemeines Leinkraut, Frauenflachs

– Scrophulariaceae (= Rachenblütler, Braunwurzgewächse)

Wurzelknospen-Geophyt, bis 1 m tief verwurzelt. In Wuchs und Beblätterung dem Lein ähnlich (Name!; vgl. Frauenflachs = "Unser lieben Frauen Flachs").

Vorkommen: sonnige Ruderalstellen und Schläge, auf basenreichen Böden, etwas wärmeliebend. Alpen bis 1100 m.

Blüten: VI-X. "Echte Maskenblumen" in zuweilen einseitswendiger Traube, reich an Flavonen. Die Unterlippe ist durch ein federndes Gelenk an die Oberlippe gepreßt und so nur von größeren Bienenverwandten zu öffnen: "Kraftblume". Die Haarwülste der Unterlippe sind eine Abdichtung und Führungslinie zum Nektar im Kronblattsporn (= Safthalter). Blüten homogam, aber selbststeril. Besucher sind besonders Hummeln und langrüsselige Bienen.

Früchte: Porenkapseln. Wind- und Tierstreuer. Samen flach, hautrandig: Segelflieger, auch Wasserhaftverbreitung. Fruchtreife: VII-IX.

Vegetative Vermehrung durch Ausläufer und Wurzelsprosse.

Verwendung: Wird volksmedizinisch angewandt, doch ist die Wirkung kaum erforscht. Früher auch als Insektizid benutzt sowie zum Blondieren der Haare. Für Wildpflanzengärten zu empfehlen.

Linnaea borealis L., Moosglöckchen

– Caprifoliaceae (= Geißblattgewächse)

Wintergrüner Halbstrauch (Chamaephyt) mit fadenförmig dünnen, etwas verholzenden Kriechsprossen und aufrechten, krautigen Blütensprossen. Lieblingspflanze von LINNÉ, 1737 von GRONOVIUS zu dessen Ehren als "Linnaea" beschrieben, aber erst 1753 in LINNÉS "Species Plantarum" gültig veröffentlicht. (Seit der Veröffentlichung dieses grundlegenden Werkes gelten nur noch binäre, d. h. allein aus einer Gattungs- und Artbezeichnung bestehende wissenschaftliche Namen in der Botanik.)

Vorkommen: Lichte, moosreiche Nadelwälder, auf frischen, nährstoffarmen, sauren Rohhumusböden. In Deutschland selten und potentiell gefährdet. In Nordeuropa und stellenweise auch in den Zentralalpen noch verbreitet. - **Geschützt**!

Blüten: VI-VIII. Kleine, nickende "Glockenblumen mit klebrigem Pollen". Narbe vor den Staubbeuteln liegend. Blüten blaßrosa bis weißlich, innen mit blutroten oder orangefarbenen Strichsaftmalen. Abwärts gerichtete Haare in der Blüte sowie die drüsig-klebrige Behaarung des Blütenstandes schützen vor "unerwünschten" Insekten. Bestäuber: vor allem Schwebfliegen, seltener andere Zweiflügler.

Früchte: Schließfrüchte mitsamt den klebrigen Vorblättern abfallend und vermutlich durch Vögel weiter verbreitet (Klebhafter).

Vegetative Vermehrung durch die bis 1 m langen Kriechsprosse.

Linum usitatissimum L., Saat-Lein, Flachs

– Linaceae (= Leingewächse)

Meist einjährig ("Sommerlein"). - Die Zellen der Bastfasern sind 4-6 cm lang und damit etwa 1000 mal so lang wie eine normale Zelle.

Vorkommen: Kulturpflanze aus dem östlichen Mittelmeergebiet, in Mitteleuropa seit der Jungsteinzeit angebaut. Zuweilen auf nährstoffreichen, sauren Böden vorübergehend eingebürgert (= Kulturflüchter) sowie nicht selten unbeständig aus Vogelfutter.

Blüten: VI-VII. Homogame, "nektarführende Scheibenblumen", in Wickeln. Bei den nächtlichen Schließbewegungen ist spontane Selbstbestäubung möglich. Bestäuber sind vor allem Bienenverwandte, die durch die blaue Blütenfarbe angelockt werden.

Früchte: Kapseln durch 5 echte und 5 falsche Wände gefächert. Bei der ursprünglichen Form, dem "Spring Lein", sind es elastisch aufspringende Kapseln: Selbstverbreitung! Außerdem Klebverbreitung mit Hilfe der bei Feuchtigkeit schleimig aufquellenden Samenschale.

Verwendung: Früher wichtigster Faserlieferant ("Leinwand"). Die unversponnenen Fasern heißen Flachs. Die reifen, dürren Stengel wurden in Wasserlöchern (= "Flachskuhlen") der Fäulnis ausgesetzt, wobei sich die Fasern vom übrigen Gewebe lösten. Danach erfolgte das Brechen und das Auskämmen zum blonden Flachs. Wegen des intensiven Gestanks der Flachskuhlen wurden diese weit außerhalb der Siedlungen angelegt. Viele Flurnamen weisen noch heute auf ehemalige Vorkommen hin. - Leinsamen werden meist vom "Schließ-Lein" gewonnen, bei dem die Kapseln geschlossen bleiben. Sie enthalten 33 % Leinöl, das ungesättigt ist und deshalb bei Sauerstoffaufnahme trocknet, d. h. verharzt. Leinöl war früher Grundsubstanz aller Malerfarben und ist wegen seiner Umweltverträglichkeit inzwischen wieder im Kommen. Kalt gepreßtes Leinöl gilt als Vorbeugungsmittel gegen Arteriosklerose. Die unzerkleinerten Samen werden wegen der Schleimstoffe der Samenschale gerne als mildes Abführmittel verwendet. Zerkleinerte ("geschrotete") Samen haben einen hohen Nährwert. Sie enthalten zwar Blausäureglykoside, doch ist der Verzehr nicht allzu großer Mengen unbedenklich.

Weitere Art:

Linum catharticum L., Purgier-Lein, Wiesen-Lein: ein- bis zweijährige Pionierpflanze, mit Wurzelpilz! Feuchtere Kalkmagerrasen und Moorwiesen. Tonzeiger. Kleine, weiße, etwas trichterige "nektarführende Scheibenblumen". Blütenökologie ähnlich wie bei voriger Art, aber Bestäubung vor allem durch kleinere Zweiflügler. Blätter volksmedizinisch als Brech- und Abführmittel (Name!, vgl. lat. catharticus = abführend, purgierend), bei Überdosierung stark giftig.

Listera ovata (L.) R. BROWN, Großes Zweiblatt

– Orchidaceae (= Orchideen, Knabenkrautgewächse)

Rhizom-Geophyt mit kurzem, walzlichem, aus mehreren Jahresabschnitten gebildetem Rhizom. Tiefwurzler. Halbschmarotzer auf endotrophem Wurzelpilz. - Name nach dem englischen Arzt M. LISTER.

Vorkommen: feuchte Wälder, Gebüsche, Bergwiesen, auf meist wechselfrischen, basenreichen, oft kalkhaltigen Böden. Ebene bis Gebirge. Im Norden seltener. Eine der wenigen Orchideen, die mindestens stellenweise ungefährdet ist. - **Geschützt**!

Blüten: VI-VII, "Lippenblumen vom *Orchis*-Typ", ähnlich denen der Nestwurz (*Neottia*). Blütenhülle grünlich, nach der Bestäubung völlig vergrünend. Blüten ohne Sporn, Nektarabsonderung auf der rinnigen Unterlippe. Blütenstengel mit klebrigen Drüsenhaaren gegen aufkriechende Insekten. Aus der Rostellumspitze (= Haftorgan für die Pollinien, also den gesamten Inhalt eines Staubbeutelfaches) quillt bei Berührung explosionsartig zäher Schleim, der die Pollinien an die Besucher (Schlupfwespen und Käfer) heftet. Selbstbestäubung möglich.

Früchte: Kapseln mit zahlreichen, winzigen Samen: Windstreuer und Ballonflieger.

Vegetative Vermehrung durch den ungewöhnlichen Vorgang der Umbildung von Wurzeln zu Sprossen.

Loiseleuria procumbens (L.) Desvaux, Alpenazalee, Gemsheide

– Ericaceae (= Heidekrautgewächse)

Zwergstrauch mit immergrünen, fast nadelförmigen, am Rande umgerollten Lederblättern (= Anpassung an verdunstungsfördernde windexponierte Standorte). Effektives Wurzelsystem. Meist typischer Spalierstrauch, d. h. Pflanze dem Boden dicht aufliegend (Teppichstrauch). Wurzelpilz (endotrophe Mykorrhiza). Wasseraufnahme durch Blätter möglich: unterseits 2 behaarte, schwach kutinisierte, in eine Kapillarspitze auslaufende Rinnen. Wasseraufnahme z. B. im Sommer aus dem Tauniederschlag, im Winter durch zeitweiliges Auftauen des Schnees bzw. der obersten Bodenschichten. Anpassung an die durch den Standort oft schneefreie Lage und die dadurch bedingte fehlende Wärmeisolation durch im Winter stark erhöhte osmotische Werte des Zellsaftes. Ausgleich der Atmungsverluste an solchen Stellen durch reichliche Fettspeicherung (Energiereserve). - Name nach dem franz. Botaniker Loiseleur-Deslongchamps.

Vorkommen: alpine Spalier- und Zwergstrauchheiden, oft in windgefegter Exposition oberhalb der Knieholzstufe. - Rohhumuswurzler und -bildner.

Blüten: VI-VII. Vorweibliche "Glockenblumen mit offenem Streukegel". Fruchtknoten oberständig. Krone zu 1/2 bis 2/3 verwachsen. Pollen in Tetraden, ohne Fäden. Bestäuber: vor allem Hautflügler.

Früchte erst im folgenden Jahr ausreifend: kleine, fachspaltige, sich von oben öffnende Kapseln (mit zahlreichen kleinen Samen) auf starrem Stiel: Windstreuer Wintersteher.

Lolium perenne L., Deutsches Weidelgras, Englisches Raigras (Raygras)

– Poaceae (= Süßgräser)

Ausdauernder, wintergrüner Hemikryptophyt, rasenbildend. - Die Gattung *Lolium* ist durch Bastardierung eng mit der Gattung *Festuca* (Schwingel) verbunden.

Vorkommen: nährstoffreiche, frische Fettwiesen und Trittstellen. Schnittfest. Frostempfindlich (Alpen nur bis 1100 m). Kennart des Lolio-Cynosuretum (= Weidelgrasweide). Häufig auch für "künstliche" Wiesen ausgesät, die dann leider meist sehr artenarm sind.

Blüten: V-VI. Windblütig: "langstaubfädiger Typ". Häufiger Heuschnupfenerreger. Ährengras, schwach vorweiblich, selbststeril.

Früchte: Karyopsen mit den (unbegrannten) Spelzen als Verbreitungseinheit (Scheinfrucht). Menschenverbreitung (Kulturflüchter) sowie Wasserhaft- und Trittverbreitung.

Vegetative Vermehrung durch kurze Ausläufer, durch die auch die horstartigen Pflanzen netzartig verbunden sind.

Verwendung: in England (Name!) schon seit über 300 Jahren kultiviert ("large lawn"). Wichtigstes Weide- und Parkrasengras sowie Futterpflanze. - Hinweis: die übermäßige Pflege (Düngung, Berieselung und oft wöchentlicher Schnitt) der so beliebten kurzen und möglichst artenarmen "Gartenrasen" ist ein Musterbeispiel unökologischen Handelns und trägt zur Gefährdung unserer Umwelt bei.

Weitere Arten:

Lolium multiflorum Lamarck, Vielblütiges oder Italienisches Raigras: ausdauernd oder auch einjährig, überwinternd. Häufig angebaut und oft an Ruderalstellen eingebürgert. Gutes Futtergras. Frostempfindlicher, dafür produktiver als vorige Art. Äcker mit diesem Gras ersetzen immer mehr die kraut- und artenreicheren subspontanen Wiesen und tragen so dazu bei, unsere Umwelt minderwertiger zu machen. Ährchen begrannt, daher auch Klettverbreitung.

Lolium temulentum L., Taumel-Lolch: früher als einjähriges Ackerwildkraut, vor allem im Sommergetreide, nicht selten; inzwischen in Deutschland verschollen. Archäophyt. Samen durch fast regelmäßige Infektion mit dem Pilz *Endoconidium temulentum* stark giftig. Der Pilz produziert ein Alkaloid, das Schwindel erregt (Name!). Früher waren Vergiftungen nicht selten, vor allem auf dem Weg über Brot und Bier.

Lonicera periclymenum L., Wald-Geißblatt

– Caprifoliaceae (= Geißblattgewächse)

Winterkahle Kletterpflanze mit verholztem Stamm (= Liane, Schlingstrauch). Im Gegensatz zu den meisten übrigen Windepflanzen gewöhnlich Rechtswinder, d. h. im Uhrzeigersinn. - Name nach dem Frankfurter Arzt und Botaniker A. LONITZER (1528-1586). - **Giftig**, vor allem die Beeren. Angaben über den Grad der Giftigkeit der Gattung sind widersprüchlich. Außerdem ist unklar, welches Wirkprinzip vorliegt, und ob neben giftigen Arten auch ungiftige vorkommen. Symptome sind z. B. Erbrechen und Durchfall. Die bei vielen Arten johannisbeerähnlichen Früchte, z. B. bei der Tatarischen Heckenkirsche (siehe unten), reizen immer wieder Kinder zum Verzehr.

Vorkommen: Laubwälder, vor allem Eichen-Birkenwälder, sowie Schläge und Säume, auf frischen, kalkarmen, sauren Böden. Schattenverträglich, aber Lichtblüher.

Blüten: VI-VIII. In gestielten, kopfigen Zymen. "Eigentliche Lippenblumen", aber bauchseitige Berührung der Besucher durch Staubbeutel und Narbe. Streng vormännlich. Erste Öffnung abends mit starkem Duft, dazu ölig glatte Lippen und bis 4 cm lange Kronröhre: typische Nachtschwärmerblume. Nektar bei reichlicher Absonderung evtl. langrüsseligen Hummeln zugänglich. Pollen der herausgestreckten Staubbeutel auch für Schwebfliegen erreichbar.

Früchte: Rote, kopfig dicht stehende Beeren: Verdauungsverbreitung. Fruchtreife: VIII-IX.

Verwendung: Für Wildpflanzengärten zu empfehlen, z. B. auch für Gartenlauben. - In der Eifel werden Haselzweige, die vom Wald-Geißblatt umschlungen wurden und deshalb periodisch verjüngt sind, als "Knotenstöcke" verkauft.

Weitere Arten:

Lonicera caprifolium L., Jelängerjelieber, Echtes Geißblatt: Gartenpflanze, früher - wohl wegen des Duftes und des dichten Wuchses - sehr beliebt für "Liebeslauben". Hochblätter paarweise verwachsen. Blüht etwa 3 Wochen früher als *L. periclymenum*.

Lonicera xylosteum L., Rote oder Gemeine Heckenkirsche: als "Heckenkirsche" im Unterschied zum "Geißblatt" nicht windend und mit zu zweit auf einem gemeinsamen, blattachselständigen Stiel stehenden Beeren. Früchte etwas miteinander verwachsen (Doppelbeeren). Laub- und Nadelwälder und Gebüsche sommerwarmer, meist kalkhaltiger Standorte. - Bestäubung durch Hummeln, Bienen usw.

Lonicera tatarica L., Tatarische Heckenkirsche: häufig in Anlagen angepflanzt. Bestäubung durch Schwebfliegen und Bienenverwandte.

Lotus corniculatus L., Gemeiner Hornklee

– Fabaceae (= Schmetterlingsblütler)

Ausdauernder Hemikryptophyt: kriechende bis aufrechte Schaftpflanze. - Wurzelknöllchen mit stickstoffbindenden Bakterien. Tiefwurzler bis 1 m Tiefe: Anpassung an Trockenheit. Blätter 5zählig gefiedert, das unterste Paar nebenblattartig dicht am Stengel als Knospenschutz, Nebenblätter borstlich. Nächtliche "Schlafbewegungen" der Fiedern und der Keimblätter mit Hilfe von Blattgelenken.

Vorkommen: basenreiche, arme Fettwiesen und Halbtrockenrasen, Wegsäume usw. Ebene bis alpine Stufe.

Blüten: VI-VIII. Vormännliche "Schmetterlingsblumen mit Pumpmechanismus" in köpfchenartigen Dolden. Auf dem hornförmigen (Name!) Schiffchen aufsitzende Bienenverwandte bewirken durch ihre Last Herausquetschen des Pollens bzw. später des Griffels aus der Schiffchenspitze (Bleistiftversuch!): beides wird an den Besucherbauch gedrückt! Das freie Staubblatt der Staubblattröhre läßt eine "Nektarlücke" frei.

Früchte: schwarzglänzende Hülsen = Austrocknungsstreuer; Streuweite bis 2 m: Selbstverbreitung. Vollreif Trennung von Bauch- und Rückennaht, Einrollung der Fruchtklappen durch Zugspannung wegen überkreuzter Zelluloselagerung. Fruchtreife: VII-IX.

Verwendung: zuweilen als Futterpflanze gesät.

Lunaria rediviva L., Wildes oder Ausdauerndes Silberblatt, Wilde Mondviole

– Brassicaceae (= Kreuzblütler)

Ausdauernder Hemikryptophyt: Halbrosettenpflanze.

Vorkommen: schattige Schlucht- und Hangwälder, auf sickerfrischen Steinschuttböden, in luftfeuchter Lage.

Blüten: V-VII. Große "Stieltellerblumen", aber mit herausragenden Staubbeuteln. Wohlriechend. Kelchröhre ziemlich lang. Bestäuber: Nachtfalter und Bienen, dazu Pollensammler.

Früchte: Schoten (Schötchen) länglich-elliptisch, zugespitzt, 4-8 cm lang, werfen zur Reife die Fruchtklappen ab. Es bleibt neben dem samentragenden Rahmen als auffälliges Gebilde vor allem die wie ein "Silbermond" (Name!) glänzende, falsche Scheidewand zurück. Diese dient als Windfang und fördert so die Verbreitung als Windstreuer.

Weitere Art:

Lunaria annua L., Einjähriges Silberblatt, Judaspfennig: Winterannuelle bis (entgegen dem Namen!) zweijährige Gartenpflanze. Heimat: östliches Mittelmeergebiet. Auch verwildert. Schoten oval bis fast kreisrund. Beliebt wegen der hübschen violetten, duftenden Blüten. Die Fruchtstände der abgestorbenen Pflanzen werden wegen der dekorativen Wirkung der bei der Reife stehenbleibenden, häutigen Scheidewände, die an Geldstücke erinnern (Name!), gerne für Trockensträuße genommen.

Lupinus polyphyllus Lindley, Vielblättrige Lupine, Wolfsbohne

– Fabaceae (= Schmetterlingsblütler)

Ausdauernder Hemikryptophyt (Halbrosettenpflanze), zuweilen schon im ersten Jahr blühend. Fiederblätter schildförmig (= peltat), d. h. Blattstiel nicht am Rande der Spreite, sondern etwas entfernt davon an deren Unterseite ansitzend. - Rohbodenpionier und Stickstoffsammler durch relativ große Wurzelknöllchen mit symbiotischen, stickstoffbindenden Bakterien. - **Giftig**: Vor allem die Samen der *Lupinus*-Arten sind durch bittere Alkaloide stark giftig. Auch Tiervergiftungen sind seit langem bekannt.

Vorkommen: meist angepflanzt, aber bereits seit dem 19. Jh. teilweise voll eingebürgert in Waldsäumen und -schlägen, auf frischen, nährstoffreichen, kalkarmen Böden, vor allem der Gebirge. Oft die heimische Vegetation verdrängend. Heimat: Nordamerika.

Blüten (Abb. 50): VI-VIII. Vormännliche "Pollen-Schmetterlingsblumen mit Pumpmechanismus", in oft mehr als 50 cm langen Trauben. Der Mechanismus wird durch Herabdrücken des Schiffchens durch schwere Insekten ausgelöst (im Demonstrationsversuch durch einen Bleistift): Bei den jüngeren Blüten quillt der ockerfarbene Pollen aus der Schiffchenspitze, bei den älteren erscheint der Griffel mit dem Narbenköpfchen (Abb. 50 a). Da die Blüte keinen Nektar darbietet, braucht (anders als beim Hornklee = *Lotus*) keine "Nektarlücke" frei zu bleiben, d. h. es sind alle 10 Staubblätter im unteren Teil zu einer Röhre verwachsen (Abb. 50 b). Staubblätter in 2 Reihen: Die längeren entleeren sich in der Blütenknospe, die kürzeren wachsen weiter und wirken wie Kolben, indem sie bei Druck auf

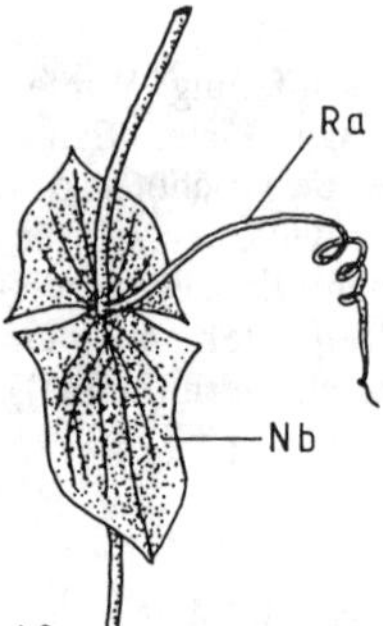

49

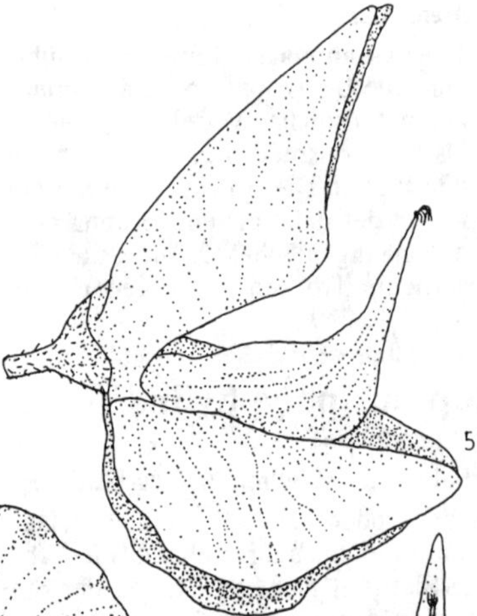

50 a

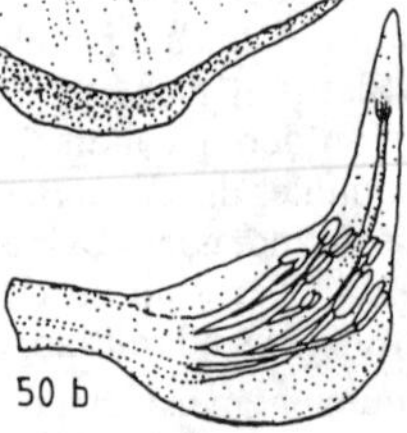

50 b

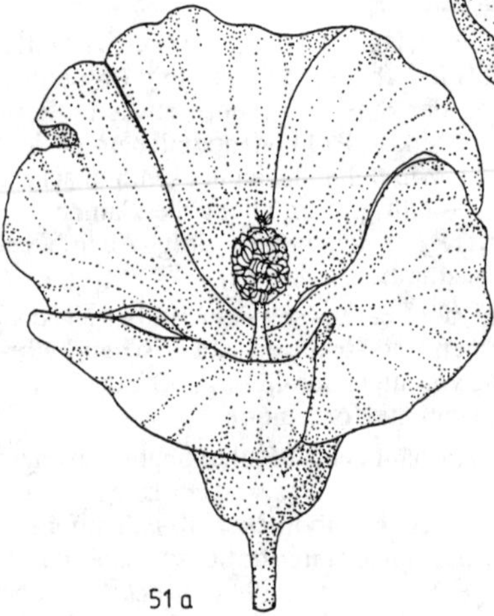

51 a

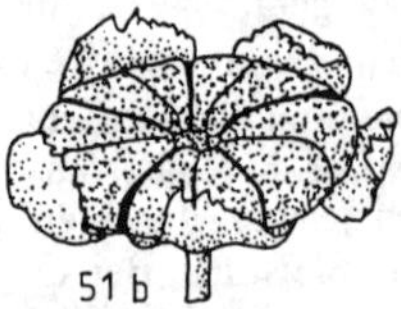

51 b

Abb. 49: Lathyrus aphaca: Blatt (Nb Nebenblatt, Ra als Ranke ausgebildete Spreite).
Abb. 50: Lupinus polyphyllus: a Blüte von der Seite. **b** Schiffchen längs.
Abb. 51: Malva: a Blüte. **b** Frucht. (Nach STRASBURGER).

das Schiffchen den Pollen nach außen pressen. Bestäuber: Hummeln und andere Bienenverwandte. Selbstbestäubung wird durch einen Haarkranz an der Narbenbasis verhindert.

Früchte: Die Fruchtklappen der Hülsen reißen beim Austrocknen explosionsartig auseinander, rollen sich aufgrund der Zugspannung durch überkreuzte Zelluloselagerung spiralig ein und schleudern die Samen mit großer Kraft über mehrere Meter hinweg: Austrocknungsstreuer. Fruchtreife: VII-X. Samen kugelig, daher auch Bodenroller. Durch feste Schale und Reservestoffe der Keimblätter sind unsere Arten über 50 Jahre keimfähig. Den Altersrekord hält bisher *Lupinus arcticus*, dessen Samen im Eis - wahrscheinlich durch Lemminge verschleppt - 10 000 Jahre überstanden haben. Die gefundenen Samen wurden innerhalb einer Woche zum Keimen gebracht.

Verwendung: sehr viel ausgesät zur Böschungsbefestigung, zur Stickstoffanreicherung des Bodens (z. B. in Waldschlägen), als Wildfutter (bitterstoffarme Sorten) und als Zierpflanze.

Weitere Art:

Lupinus luteus L., Gelbe Lupine: einjährige Sommerpflanze. Heimat: Südwesteuropa. Wegen der Wurzelknöllchen wichtige Gründüngerpflanze, z. B. auf Sandboden und in neu angelegten Gärten. Seit der Züchtung bitterstoffarmer, d. h. ungiftiger Sorten ("Süßlupinen") wegen der sehr eiweißreichen Samen auch wertvolle Futterpflanze.

Luzula pilosa (L.) WILLDENOW, Haar-Hainsimse

– Juncaceae (= Binsengewächse)

Ausdauernder Hemikryptophyt: Halbrosetten- bzw. immergrüne Horstpflanze, im Habitus grasähnlich. Blattrandbehaarung durch Randstreifenablösung. Blätter scheidig, zisternenartige Rosetten bildend (Wassersammler).

Vorkommen: krautreiche, mäßig nährstoffreiche Wälder und Schläge.

Blüten: III-V, Frühblüher. Windblütig: Übergang zum "langstaubfädigen Typ". 6 freie, spelzenartige Perigonblätter. Schöne Federnarbe! Vorweiblich. Öffnung der Blüten erst im männlichen Stadium. Der Blütenstand ist eine doldenähnliche Spirre. Einzelblüten voneinander entfernt.

Früchte: fachspaltige Kapseln, Fruchtstengel reif zu Boden sinkend: Selbstaussäer. Samen glänzend, mit "Ölkörpern" (hier zuckerhaltig) zur Ameisenverbreitung. Fruchtreife: VI-VII.

Weitere Arten:

Luzula campestris (L.) DC., Gemeine oder Feld-Hainsimse, Hasenbrot: Lichtpflanze in Magerrasen. Versauerungs- und Magerkeitszeiger. Blüten- und Ausbreitungsökologie ähnlich voriger Art, dazu Ausläufervermehrung. Für Magerrasen in Wildpflanzengärten zu empfehlen.

Luzula multiflora (EHRH. ex RETZ) LEJEUNE, Vielblütige Hainsimse: Von *L. campestris* u. a. durch das Fehlen von Ausläufern unterschieden. Magerrasen und lichte Wälder. Magerkeitszeiger, wird durch Düngung verdrängt.

Luzula luzuloides (LAM.) DANDY et WILLMOTT (= *Luzula albida* (HOFFM.) DC.), Schmalblättrige oder Weiße Hainsimse: verbreitet in artenarmen, bodensauren Wäldern. Kennart des Luzulo-Fagetum (= Hainsimsen-Buchenwald). Ökologisch ähnlich den vorigen Arten. Blütenstand locker, Perigonblätter weiß (Name!: lat. albidus = weißlich) bis rötlich. Samenanhängsel undeutlich. Bestandteil von "Waldgrasmischungen" des Handels.

Luzula sylvatica (HUDS.) GAUDIN, Wald-Hainsimse: Sehr ähnlich wie *L. luzuloides* und auch an ähnlichen Standorten, aber mehr im Gebirge. Blätter breiter, Hochblätter kürzer als der Blütenstand, Perigonblätter braun. Wird gerne als dekorative Zierpflanze in Anlagen kultiviert und ist auch für Wildpflanzengärten zu empfehlen, vor allem für Nordlagen.

Lychnis flos-cuculi L., Kuckucks-Lichtnelke

– Caryophyllaceae (= Nelkengewächse)

Ausdauernder Hemikryptophyt: wintergrüne Halbrosettenpflanze. An den Stengeln findet man öfter weiße, schaumige Massen mit Larven der Schaumzikade, im Volksmund "Kuckucksspeichel" genannt (Name!) - Eventuell **giftig**, enthält Saponine.

Vorkommen: Feuchte bis nasse, nährstoffreiche Wiesen. Auch Pionierpflanze.

Blüten: V-VII. Vormännliche "Stieltellerblumen", in lockeren Trugdolden (Dichasien). Blütenstengel unter dem Knoten klebrig: Aufkriechschutz gegen kleinere Insekten. Dreihäusig: neben Pflanzen mit Zwitterblüten und weiblichen (selten männlichen) Blüten kommen rein weibliche und rein männliche Pflanzen vor. Erhöhte Anlockung durch zerteilte Kronblätter. Nebenkrone ("Krönchen") als Verlängerung der "Kronröhre" (die Kronblätter sind frei, werden aber durch die Kelchröhre zu einer Art Röhre zusammengeschlossen). Bestäuber: Falter und langrüsselige Bienenverwandte. Selbstbestäubung möglich.

Früchte: Kapseln mit 5, bei Trockenheit nach außen gebogenen Zähnen aufspringend: Wind- und Tierstreuer. Fruchtreife: VII-X.

Verwendung: Für Wildpflanzengärten zu empfehlen.

Weitere Arten:

Lychnis coronaria (L.) DESR., Kranz- oder Kronen-Lichtnelke: weißfilzig behaart. Blüten dunkelkarminrot mit auffälligem Krönchen (Name!). Bauerngartenpflanze, gelegentlich verwildert. Verbreitungsschwerpunkt in Eichentrockenwäldern Südosteuropas.

Lychnis viscaria L. (= *Viscaria vulgaris* BERNH.), Gemeine Pechnelke: Klebring deutlich ausgebildet (Name!, lat. viscum = Vogelleim). Kronblätter zweiteilig. Magerrasen und Säume, auf kalkarmen Böden, im Norden und Südwesten selten. Blüten- und Ausbreitungsökologie ähnlich wie bei *L. flos-cuculi*. Auch als Zierpflanze angebaut.

Lycopersicon esculentum MILLER (= *Solanum lycopersicum* L.), Tomate

– Solanaceae (= Nachtschattengewächse)

Einjährig, bis 1,5 m hoch. Frostempfindlich. Keimblätter sich nachts zusammenlegend = "Schlafbewegung". - Schwach **giftig**: Alle Teile enthalten kleinere Mengen an Alkaloiden (Solanine). Daher sind unreife Früchte frisch ungenießbar. Bei der Reife verschwinden in den Früchten die Alkaloide. Kraut mit örtlich stark reizenden ätherischen Ölen: halten Fliegen ab und sind evtl. Ursache einer bei Gärtnern beobachteten Hautkrankheit.

Vorkommen: Kulturpflanze reicher, frischer Böden in warmfeuchter Klimalage. Nicht selten verwildert ("unbeständig") an Ufern verunreinigter Fließgewässer, auf Rieselfeldern, auf Klärschlamm, an Müllplätzen usw. Wildpflanzen selten ausreifend, vielmehr werden die Bestände immer wieder über häusliche Abwässer und Küchenabfälle ergänzt: Verschmutzungszeiger. An Ufern Anzeiger für die Einleitung ungeklärter Kloaken, so z. B. auch am Niederrhein. Dort wachsende Tomaten sind wegen ihres Phenolgehaltes ungenießbar. - Heimat: wahrscheinlich Mittelamerika.

Blüten: VII-X. Homogame "Pollen-Glockenblumen mit Streukegel", d. h. der fast trockene Pollen rieselt auf den Besucher (z. B. Schwebfliegen und Bienenverwandte) herab. Selbstbestäubung möglich.

Früchte: durch Karotinoide, also Chromoplastenfarbstoffe, vor allem Lycopin, rot gefärbte Beeren: Verdauungsverbreitung. Dazu Ausbreitung der einzelnen Samen wegen der schleimigen (trocken stacheligen) Schalen als Anhafter (Klebverbreitung) sowie Schwimmverbreitung (daher das Vorkommen an Ufern). Wärmekeimer. Samen 3-6 Jahre keimfähig.

Verwendung: obwohl schon den Indianern Mexikos und Perus als Nutzpflanze bekannt, in Europa lange Zeit nur als Zierpflanze angebaut und erst seit etwa 100 Jahren als Nutzpflanze wiederentdeckt; aber noch um die Jahrhundertwende kam man ins Gerede, wenn man diese "Liebesäpfel" anbaute. Früchte reich an Vitamin C und Provitamin A.

Lycopodium clavatum L., Keulen-Bärlapp

– Lycopodiaceae (= Bärlappgewächse)

Immergrüner Chamaephyt (Kriechstaude). Blätter nadelförmig (= Mikrophylle), in Haarspitze auslaufend. - Endotrophe Mykorrhiza, Wurzelhaare fehlend. - Sprosse und Wurzeln der Lycopodiaceae sind im Gegensatz zu fast allen anderen Gefäßpflanzen gabelig verzweigt (echt dichotom). Das Wachstum erfolgt nicht wie bei den meisten übrigen Farnpflanzen durch Scheitelzellen, sondern durch Gruppen von Initialzellen. - **Giftig** in allen Teilen durch Alkaloide (Lycopodin) mit Curare-ähnlicher, lähmender Wirkung.

Vorkommen: Heiden, Magerrasen, Waldränder und Nadelwälder, auf frischen, armen, sauren Böden und Rohhumus. Auch an nährstoffarmen Sekundärstandorten. Ebene bis subalpine Stufe (bis 2300 m). Zirkumpolar verbreitet. Gefährdet. - **Geschützt**! (wie alle Arten der Familie).

Fortpflanzung: Vorkeim rübenförmig, mehrjährig, unterirdisch, Vollschmarotzer auf dem Wurzelpilz! - Sporenblätter (= Sporophylle) mit je 1 nierenförmigen Sporenbehälter zu endständigen Sporophyllständen ("Sporenähren") zusammengesetzt. Bei *L. clavatum* stehen diese auf einem langen, mit Schuppenblättern besetzten Stiel. Die Sporenpflanze ist entgegen Literaturangaben schon wenige Jahre nach der Sporenkeimung entwickelt. Sinkgeschwindigkeit der Sporen ca. 2 cm/s und somit Flugweiten von 300 km und mehr möglich: Ballonflieger. Sporenreife: X. - Vermehrung hauptsächlich vegetativ durch über 1 m lange Ausläufer.

Verwendung: Bärlappsporen werden arzneilich als Wundpuder und zum Bestreuen der vom Apotheker hergestellten Pillen verwendet. Sie sind stark wasserabstoßend und schwimmen auf dem Wasser.

Wegen des hohen Ölgehaltes waren sie früher als Blitzlichtpulver wichtig. Bärlappkraut in der Volksmedizin als harntreibendes Mittel bei Nieren- und Blasenleiden. - Im Aberglauben galten die Bärlappe als Schutz vor Hexen usw.

Weitere Arten/Verwandte:

Lycopodium annotinum L., Sprossender oder Wald-Bärlapp: Blätter haarlos als Feuchtigkeitsanpassung. Fichtenwälder, Kiefern- und Birkenmoore, vor allem der Gebirge. Schattenpflanze. Vielerorts gefährdet. Geschützt! Sporenähre ungestielt.

Lycopodiella inundata (L.) HOLUB (= *Lycopodium inundatum* L., *Lepidotis inundata* (L.) BOERNER), Sumpfbärlapp: niedrige, im Boden wurzelnde Sproßachse. Pflanze sommergrün, jährlich nur 1 ungestielte, endständige Sporenähre. Vorkeim mit grünen, assimilierenden Lappen. Lichtpflanze der Zwischen- und Hochmoore. Stark gefährdet. Geschützt!

Diphasium alpinum (L.) ROTHM. (= *Lycopodium alpinum* L., *Diphasiastrum alpinum* (L.) HOLUB), Alpen-Flachbärlapp: Blätter schuppenförmig, wachsüberzogen, ungleich gestaltet, so daß die Kriechsprosse flach erscheinen (Name!). Kurzgrasige Gebirgswiesen bis in die alpine Stufe. Sporenähren sitzend. Geschützt!

Huperzia selago (L.) BERNH. ex SCHRANK et MART. (= *Lycopodium selago* L.), Tannenbärlapp, Teufelsklaue: Fichtenwälder und Blockhalden, vor allem im Gebirge. In den Zentralalpen bis 3000 m ansteigend. Stark gefährdet. Geschützt! Stark giftig, daher auch der Name "Teufelsklaue". Früher als Abführmittel verwendet. Sporangien nicht zu Sporenähren vereinigt, sondern einzeln in den Achseln von Tragblättern. Einige Autoren haben daher die Gattung als eigene Familie Huperziaceae von den Lycopodiaceae abgegrenzt, was aber durch neuere Untersuchungen nicht bestätigt werden konnte. Vegetative Vermehrung durch die reichlich an den Sproßspitzen gebildeten Brutknospen (Wasserhafter) sowie durch Bildung von Tochtersprossen an älteren oder beschädigten Sprossen.

Lycopus europaeus L., Ufer-Wolfstrapp

– Lamiaceae (= Lippenblütler)

Hemikryptophyt (Schaftpflanze) oder Sumpfpflanze. Verschiedenblättrig: untergetauchte Blätter tief fiederspaltig, übrige buchtig gezähnt bzw. (nach unten zu) etwas fiederspaltig. Rhizom im Wasser mit fein zerteilten Wasserblättern, im Boden oft mit zerteilten Niederblättern. - Im Kraut unerforschter Bitterstoff Lycopin.

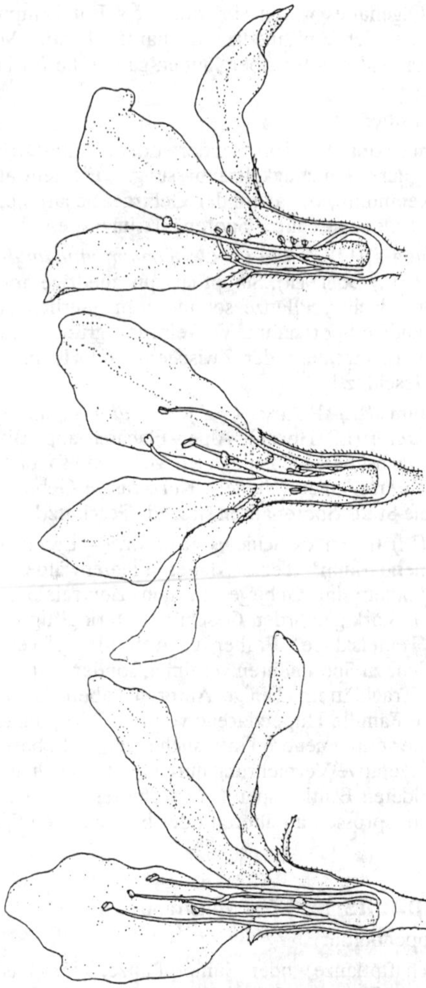

Abb. 52: **Lythrum salicaria: a** langgrifflige, **b** mittelgrifflige, **c** kurzgrifflige Blüte im Längsschnitt. (Nach KIRCHNER).

Vorkommen: zeitweilig überschwemmte Ufer, Röhrichte und Erlenbrüche.

Blüten: VII-VIII. "Eigentliche Lippenblumen" in vielblütigen, blattachselständigen Scheinquirlen (Zymen), diese zu Thyrsen als Gesamtblütenstand vereint. Krone weiß mit purpurnen Tüpfelsaftmalen, ca. 3 mm lang, schwach dorsiventral, trichterig, innen durch derbe Querhaare versperrt. Nur 2 Staubbeutel entwickelt, die wie der Griffel etwas aus der Blüte herausragen. Vormännlich. Dreihäusig. Weibliche Blüten viel kleiner als die männlichen. Nektar vom Diskus abgeschieden. Besucher: Wespen und Fliegen, vor allem Schwebfliegen. Spontane Selbstbestäubung bei Zwitterblüten durch Einkrümmen der Staubfäden nach der Reife.

Früchte: Die 4 Klausen sind keilförmig und anfangs noch am Grunde verbunden und bilden somit eine tassenförmige Verbreitungseinheit, die - auf das Wasser gefallen - im Hohlraum eine Luftblase behält und daher schwimmfähig ist: Schwimmverbreitung. Der Viererverband (Spaltfrucht) zerbricht leicht, und die kleinen, kugeligen Klebdrüsen auf der gewölbten Innenseite der Klausen treten deutlich hervor: Klebhafter an Wasservögeln. Vermutlich auch Tierstreuer.

Vegetative Vermehrung als Wurzelkriecher durch unterirdische Ausläufer bis 20 cm Länge.

Verwendung: arzneilich bei Schilddrüsenüberfunktion, früher auch bei Malaria, in der Volksmedizin gegen Nervosität verwendet.

Lysimachia vulgaris L., Gemeiner Gilbweiderich

– Primulaceae (= Primelgewächse)

Hemikryptophyt (Schaftpflanze) oder Sumpfpflanze, 50-150 cm hoch. Tiefwurzler. Blätter meist in Scheinquirlen.

Vorkommen: nasse, meist basenreiche, lichte Wald- und Wiesenstandorte sowie in Ufernähe. Lehmzeiger. Ebene bis Hochgebirge (bis 1840 m).

Blüten: VI-VII. Homogame "Scheibenblumen", in endständigen, zusammengesetzten traubig-rispigen Thyrsen. Einziges Beispiel der heimischen Flora für eine Ölblume; statt Nektar wird Öl dargeboten (VOGEL). Die Bestäubung erfolgt ausschließlich durch die Wildbiene *Macropis vulvipes*. Blüten je nach Belichtung verschieden (Photodimorphismus); Lichtblüten: Kronblätter dunkelgelb, an der Basis rot, Griffel deutlich länger als die Staubblätter, Fremdbestäubung; Schattenblüten: heller und kleiner, Griffel nur so lang wie die Staubblätter, nur spontane Selbstbestäubung; außerdem Übergänge zwischen beiden Blütentypen.

Früchte: 5klappige Kapseln: Wind- und Tierstreuer. Auch Schwimmverbreitung der Samen. Wintersteher.

Vegetative Vermehrung durch unterirdische Ausläufer.

Verwendung: Für Wildpflanzengärten geeignet.

Weitere Arten:

Lysimachia punctata L., Drüsiger Gilbweiderich, Tüpfelstern: sehr ähnlich wie vorige Art. Kronblätter drüsig bewimpert. Bauerngarten- und Zierpflanze, oft verwildert und stellenweise in Uferstaudenfluren eingebürgert. Wild vor allem im Balkan, evtl. auch bei Berchtesgaden.

Lysimachia nummularia L., Pfennigkraut, Pfennig-Gilbweiderich: Kriechstaude feuchter, nährstoffreicher Stellen. Zum Teil auch aus Kultur verwildert. Name wegen der pfennigförmigen Blätter. Blüten streng selbststeril. Fruchtansatz ist selten, da die oft in großen Rasen auftretenden "Bestände" (= Klone) meist aus einer einzigen Pflanze hervorgegangen sind. Hauptvermehrung erfolgt durch die bis 0,5 m langen Ausläufer. Beliebt als bodendeckende Zierpflanze der Gärten und auch für Wildpflanzengärten zu empfehlen. Wird auch als untergetauchte (!) Aquarienpflanze verwendet. In der Volksmedizin als Hustenmittel.

Lythrum salicaria L., Gemeiner Blutweiderich

– Lythraceae (= Blutweiderichgewächse)

Hemikryptophyt (Schaftpflanze) und Sumpfpflanze.

Vorkommen: staudenreiche Naßwiesen, vor allem tiefer Lagen. Lichtpflanze und Lichtkeimer.

Blüten: VI-IX. Homogame "Trichterblumen", in Zymen und diese zu ährenartigem Gesamtblütenstand (Thyrsus) vereinigt. Drei verschiedene Blütentypen (auf verschiedenen Pflanzen) (Abb. 52): 1. Langgrifflige Blüten mit einem Kreis mittellanger und einem Kreis kurzfädiger Staubblätter. 2. Blüten mit mittellangem Griffel, einem langfädigen und einem kurzfädigen Staubblattkreis. 3. Kurzgrifflige Blüten mit langen und mittellangen Staubblättern. Der Pollen ist bei den langgestielten Staubblättern grün und groß, bei den übrigen gelb und kleiner. Fremdbestäubung wird dadurch sichergestellt, daß die Narben der langen Griffel die längsten, die der kurzen die kürzesten Narbenpapillen haben. Schon DARWIN wies nach, daß von 18 möglichen Kombinationen nur 6 eine volle Samenproduktion herbeiführen ("legitime Bestäubung"); dabei ist legitime Bestäubung 7 mal erfolgreicher als illegitime. Besucher sind vor allem Schwebfliegen, aber auch Bienen und Schmetterlinge.

Früchte: 2fächerige Kapseln: Wind- und Tierstreuer. Dazu Wasserhaft- und Schwimmverbreitung der Samen.

Verwendung: die gerbstoffreichen Wurzeln selten arzneilich bei Durchfällen, Typhus und Ruhr sowie in der Volksmedizin als blutstillendes Mittel benutzt.

Magnolia x soulangiana Soul.-Bod., Garten-Magnolie

– Magnoliaceae (= Magnoliengewächse)

Winterkahler Laubbaum. Bastard aus der Kreuzung *M. denudata* Desr. x *M. liliiflora* Desr. Nebenblätter tütenförmig verwachsen und jung die Sproßspitze umschließend. - Name nach dem franz. Botaniker P. Magnol (1638-1715). - Die Magnoliaceen waren im Tertiär weltweit verbreitet, sind aber heute fast nur noch in Nordamerika und Ostasien anzutreffen. Wegen der spiraligen Anordnung der Fruchtblätter und anderer Merkmale werden sie allgemein als ursprünglich angesehen.

Vorkommen: Zierpflanze.

Blüten: "Nektarführende Scheibenblumen", einzeln, endständig, vor den Blättern erscheinend. Kelch- und Kronblätter wirtelig, speziell bei *M. x soulangiana* gleichgestaltet, 9zählig, 8-10 cm lang. Staub- und Fruchtblätter spiralig, einer verlängerten Blütenachse ansitzend. Nektar wird von der gesamten freien Fläche der Fruchtblätter abgesondert. Besucher sind u. a. Bienenverwandte. Die Temperatur kann abends in den Blüten bis 10 °C über der Außentemperatur liegen, was wohl als thermische Anlockung zu deuten ist.

Früchte: Bei den Wildarten entstehen je Blüte zahlreiche 1-2samige Hülsen (Trennung der Frucht an Bauch- und Rückennaht). Samen mit lebhaft rotem Samenmantel (Arillus), zuletzt an einem Arillusfaden aus der Frucht herausragend. Vogelverbreitung. Die Kulturformen sind oft steril.

Verwendung: Mehrere Arten und Bastarde werden bei uns gerne als Zierpflanzen in Gärten und Anlagen kultiviert. In ihrer Heimat werden die aromatischen Teile für Heilzwecke genutzt.

Verwandte:

Liriodendron tulipifera L., Tulpenbaum: Blätter an der Spitze wie abgeschnitten. Zierbaum und wegen der hohen Produktivität auch als Forstbaum geeignet. Heimat: nordöstliches Nordamerika; dort wichtiger Waldbaum. Die Samen werden als Schraubenflieger verbreitet.

Maianthemum bifolium (L.) F. W. SCHMIDT,

Schattenblümchen, Zweiblättrige Schattenblume

– Liliaceae s. l. (= Liliengewächse i. w. S.) bzw. Convallariaceae (= Maiglöckchengewächse)

Rhizom-Geophyt mit dünnem, kriechendem Rhizom, 5-15 cm hoch. Blätter trocken mit schwachem Cumarinduft. - **Giftig** in allen Teilen, vor allem in den Beeren, vermutlich durch Saponine, aber nicht - wie früher angenommen - durch Digitalis-Glykoside.

Vorkommen: artenarme Laub- und Nadelwälder, auf nährstoff- und kalkarmen Böden. Schattenpflanze (Name!), im Hochgebirge auch Lichtpflanze.

Blüten: V-VI (Name!: lat. majus = Mai, griech. anthemon = Blume). Kleine, vorweibliche, wohlriechende, "nektarführende Scheibenblumen", zu 1-3 in traubenartigem Gesamtblütenstand. Einzelblüte vierzählig, erst schwach trichterig, dann flach. Bestäuber sind vor allem kleinere Fliegen. Spontane Selbstbestäubung bei ausbleibendem Insektenbesuch.

Früchte: rote, erbsengroße, meist 1samige Beeren. Samen kugelig. Verdauungsverbreitung. Fruchtreife: IX-X. Wintersteher.

Vegetative Vermehrung durch unterirdische Ausläufer.

Verwendung: manchmal in der Volksmedizin als harntreibendes Mittel verwendet.

Malus domestica BORKHAUSEN (= *Pyrus malus* L., p. p.),

Kultur-Apfel

– Rosaceae (= Rosengewächse)

Winterkahler Laubbaum bis 10 m Höhe, heute meist nur als kleiner Stamm gezogen. Wurzelpilz. - Kreuzungsprodukt südwestasiatischer Wildäpfel.

Vorkommen: Obstbaum in zahlreichen Kultursorten, gelegentlich auch verwildert. - Die traditionelle Form des Obstanbaus sind die Streuobstwiesen, bei denen Hochstämme verschiedener Obstarten auf Grünland stehen und wie zufällig "gestreut" erscheinen. Solche Wiesen sind landschaftlich besonders reizvoll und bieten vielen seltenen und auch gefährdeten Pflanzen- und Tierarten Lebensraum und sollten daher unbedingt geschützt werden.

Blüten: IV-V. Vorweibliche, duftende, "nektarführende Scheibenblumen", in wenigblütigen Doldentrauben. Kronblätter außen rosa. Staubbeutel gelb. Besonders reicher Bienenbesuch. Nektar wird vom

Blütenbecher abgegeben und ist mit 75 % extrem zuckerreich. Fremdbestäubung vorherrschend, oft obligat. Einige Apfelsorten lassen sich untereinander nicht kreuzen (= Intersterilität).

Früchte: Apfelfrüchte = Verwachsungsprodukt aus den 5 balgfruchtartigen, 2samigen Einzelfrüchten (pergamentartiges Gehäuse) und dem Blütenbecher. Letzterer wächst zu dem bei der Reife mächtig entwickelten, zuckerreichen (ca. 13 %) "Fruchtfleisch" heran. Verdauungsverbreitung, vor allem durch den Menschen, dazu Schwimmverbreitung ganzer Äpfel, Bearbeitungsverbreitung durch Nager usw. Samenruhe: Die Samen sind erst nach Abbau der unter der Samenschale befindlichen Hemmstoffe im feuchtem Substrat keimfähig. Fruchtreife: je nach Sorte VII-XI.

Vegetative Vermehrung: Da die Kultursorten nicht samenbeständig sind, erfolgt die Vermehrung überwiegend vegetativ durch Stecklinge. Gewöhnlich werden die gewünschten Sorten auf eine gutwüchsige Unterlage gepfropft.

Verwendung: wichtigster Obstlieferant im gemäßigten Klima. Früchte reich an gelierenden Pektinen. Das bekannte Geliermittel "Opekta" wird aus Preßrückständen der Apfelsaftherstellung gewonnen. Anbau seit dem Altertum. Der Apfel war Sinnbild unumschränkter Herrschaft ("Reichsapfel"). Im Gegensatz zu einer verbreiteten Ansicht ist im Paradiesbericht nur allgemein von einer Frucht, nicht aber speziell von einem Apfel die Rede. - Kulturäpfel sind auch als Zierbäume sehr dekorativ.

Weitere Arten:

Malus sylvestris (L.) MILLER, Wilder Apfel, Holz-Apfel: von voriger Art durch die kleineren, herben Früchte, das Vorkommen von Sproßdornen und das Fehlen der filzigen Behaarung an Blättern und Blütenbecher unterschieden. Lichte Wälder und sonnige Abhänge. Holzäpfel wurden schon in den Pfahlbaukulturen gegessen.

Malva neglecta WALLROTH, Weg-Malve, Gänse-Malve, Kleine Käsepappel

– Malvaceae (= Malvengewächse)

Einjährige bis ausdauernde, kriechende Halbrosettenpflanze.

Vorkommen: frische, meist sehr nährstoffreiche Ruderalstellen, vor allem an Wegen und in Dorfnähe, auch an Jaucherinnen (Ammoniakpflanze). Stickstoffzeiger. Wärmeliebend. Gebirge nur bis 900 m. Kulturfolger: Archäophyt.

Blüten: VI-IX. Vormännliche, "nektarführende Scheibenblumen" mit Strichsaftmalen. Nektar verdeckt, im Gegensatz zu den meisten übrigen Blütenpflanzen wird er von der Oberseite der Kelchblätter abgeschieden. Außenkelch aus Vorblättern. Staubblätter zahlreich, mit je nur 1 Theke, ihre Fäden zu einer den Griffel umgebenden hohlen Säule (Columna) verwachsen (Abb. 51 a). Sie krümmen sich nach dem Verstäuben nach außen. Pollenkörner stachelig: interessantes Mikroskopierobjekt. Insektenbesuch spärlich. Spontane Selbstbestäubung möglich.

Früchte: scheibenförmige Spaltfrüchte (Abb. 51 b), bei der Reife entlang der Scheidewände (= wandspaltig) in zahlreiche 1samige Teilfrüchte (= Nüßchen) zerfallend, bei feuchtem Wetter schleimig-klebrig: Klebverbreitung. Außerdem Zufallsverbreitung durch Huftiere. Fruchtreife: ab VII.

Verwendung: Die unreifen, in der Form an Hartkäse (Name!) erinnernden, kohlartig schmeckenden Früchte der Malven-Arten werden von Kindern gern roh gegessen. Junge Blätter und Triebe dieser und der folgenden Arten sind als Salat und Gemüse geeignet. "Malventee" wird aus *M. sylvestris*, z. T. auch von *Althaea rosea*, überwiegend aber vom Hibiscus (*Hibiscus sabdariffa* L.) gewonnen.

Weitere Arten/Verwandte:

Malva sylvestris L., Wilde Malve: zweijährig bis ausdauernd, meist aufrecht. Ökologisch ähnlich voriger Art. Insektenbesuch reichlich. Ohne Selbstbestäubung. Blätter und Blüten wegen des hohen Schleimstoffgehaltes (ca. 8 %) arzneilich als Hustenmittel angewandt sowie in der Volksmedizin auch äußerlich bei Entzündungen. Malvenblüten sind außerdem als hustenlindernde und farbgebende Komponente für Teemischungen beliebt ("roter Tee") und können auch zum Färben von Lebensmitteln verwendet werden. Sie stammen entweder von der subsp. *sylvestris* oder von der südeuropäischen subsp. *mauritiana*. - Für Wildpflanzengärten zu empfehlen.

Malva alcea L., Rosen-Malve, Siegmarswurz: ähnlich der Wilden Malve. Blätter fein zerteilt. An sonnigen, meist kalkhaltigen Standorten. Verbreitung der zarten Teilfrüchte als Flügelflieger und bei feuchtem Wetter als Anhafter an Wirbeltieren. Auch als Gartenzierpflanze sowie als Arzneipflanze angebaut.

Althaea rosea (L.) Cav. (= *Alcea rosea* L.), Stockrose, Bauern-Eibisch, Stockmalve: alte Bauerngartenpflanze. Die Blüten wurden zum Färben von Wein usw. verwendet. Teepflanze.

Althaea officinalis L., Echter Eibisch: graufilzig. Seltene Pflanze der Binsenröhrichte und Salzwiesen, vor allem in Küstennähe.

Salzzeiger. Stark gefährdet. Geschützt! Pollen violett. Seit altersher bekannte Heilpflanze, als solche auch kultiviert. Die Wurzel wird wegen ihrer beruhigenden Wirkung als Bestandteil von Hustenmitteln verwendet.

Matricaria chamomilla L., Echte Kamille

– Asteraceae (= Korbblütler)

Einjährig: sommerannuell oder winterannuelle Halbrosettenpflanze.

Vorkommen: Äcker, vor allem Getreidefelder und Ruderalstellen, auf frischen, nährstoffreichen, meist kalkarmen Böden. Lehmzeiger. Etwas wärmeliebend (Alpen bis 1050 m). Alteinwanderer (Archäophyt): Kulturbegleiter seit der jüngeren Steinzeit.

Blüten: V-VII. "Körbchenblumentyp". Kontrast zwischen weißen, weiblichen Strahlblüten (Zungenblüten) und gelben, zwittrigen Röhrenblüten. Korbboden hohl, ohne Spreublätter. Besucher: verschiedene Insekten.

Früchte: Achänen mit bleibender, trockener Blütenkrone als Flugapparat und Klettorgan: Windverbreitung und Anhafter. Dazu Menschenverbreitung über Saatgut, Mutterbodentransport usw. sowie Zufallsverbreitung durch Huftiere. Die Früchte scheinen im Boden mindestens 100 Jahre überdauern zu können. Fruchtreife: VI-IX.

Verwendung: Der aus den Blütenkörbchen bereitete Kamillentee ist ein allbekanntes und bewährtes Heilmittel bei innerer und äußerer Anwendung. Durch das Zusammenspiel mehrer Komponenten der ätherischen Öle wirkt er entzündungshemmend und krampflösend. Der Jahresverbrauch ist in den letzten Jahren stark angestiegen. 1986 betrug die Einfuhr 4000 t. Die Droge stammt fast ausschließlich aus Kultur. Kamille wird vor allem bei Magenverstimmungen und Entzündungen der oberen Atemwege angewandt. Trotz aller Vorzüge wird die Pflanze aber zu unrecht als "Allheilmittel" bezeichnet. Altes Mittel bei Frauenkrankheiten (Name!: lat. matrix = Gebärmutter). Für Wildpflanzengärten zu empfehlen.

Weitere Arten/Verwandte:

Matricaria discoidea DC., Strahlenlose Kamille: Strahlblüten fehlen, Scheibenblüten zwittrig. Typische Trittpflanze und entsprechend mit Klebverbreitung. Erstmals 1852 als Gartenflüchter aus dem Berliner Botanischen Garten in Schöneberg beobachtet, danach sehr schnelle Ausbreitung, namentlich entlang der Schienenwege (Neophyt bzw. Industriophyt). Ebenfalls mit Kamillengeruch, aber kein Ersatz für die Echte Kamille. Die in Nordamerika eingeschleppte Form riecht nach Äpfeln.

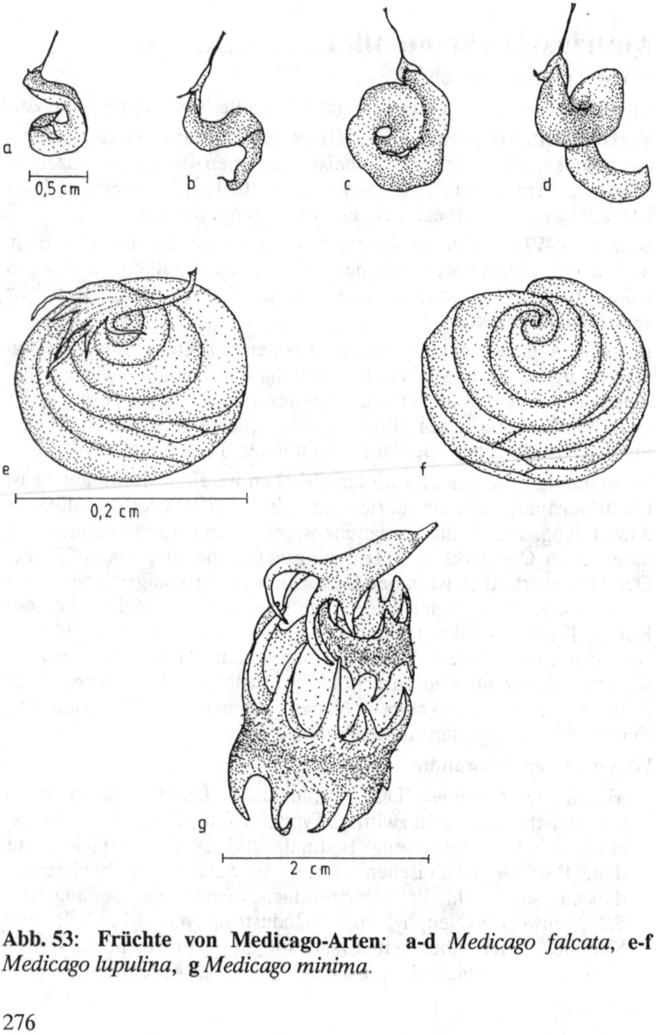

Abb. 53: Früchte von Medicago-Arten: a-d *Medicago falcata*, **e-f** *Medicago lupulina*, **g** *Medicago minima*.

Tripleurospermum inodorum SCHULTZ-BIP. (= *Matricaria inodora* L.), Geruchlose Kamille: Im Aussehen und in der Ökologie sehr ähnlich wie vorige Art, aber nicht duftend. Korbboden markig. Neophyt, z. T. in Ausbreitung. Blüht bis in den Spätherbst.

Anthemis arvensis L., Acker-Hundskamille: Ebenfalls sehr ähnlich wie die Echte Kamille. Wurde bereits oben besprochen. Korbboden mit schuppenförmigen Spreublättern.

Matteuccia struthiopteris (L.) TODARO, Straußenfarn, Straußfarn

– Polypodiaceae s. l. (= Tüpfelfarngewächse i. w. S.) bzw. Athyriaceae (= Frauenfarngewächse)

Sommergrüne Rosettenpflanze mit Rhizom, 50-150(-200) cm hoch. Blätter hellgrün, in der Art der Fiederung an den Gemeinen Wurmfarn erinnernd, aber auffällig trichterförmig angeordnet. Heterophyllie: äußere Blätter zur Photosynthese (Trophophylle), innere vor allem zur Fortpflanzung (Sporophylle). - Name nach dem ital. Naturforscher C. MATTEUCCI (1800-1868). - Einzige europäische Art der Gattung.

Vorkommen: Auwälder, Gebirgsbachränder und Quellmulden der Gebirge, auf sickernassen, nährstoff- und basenreichen Tonböden. Zerstreut, fehlt im Nordwesten. Zuweilen auch aus Kultur verwildert. Gefährdet. - **Geschützt**!

Fortpflanzung: Sporenreife VII-VIII. Sporophylle zuerst grün, später braun, an Straußenfedern erinnernd (Name!, vgl. griech. struthion = Strauß, pteris = Feder). - Lebhafte vegetative Vermehrung durch unterirdische Ausläufer.

Verwendung: Beliebte Zierpflanze, auch für Wildpflanzengärten sehr zu empfehlen. Die Pflanze braucht aber einen ausreichend feuchten Boden.

Medicago sativa L., Saat-Luzerne

– Fabaceae (= Schmetterlingsblütler)

Hemikryptophyt (Schaftpflanze), zuweilen Chamaephyt (Halbstrauch). Ausgeprägter Tiefwurzler (bis 5 m Tiefe): Trockenheitsanpassung. Durch Blattgelenke sind nächtliche Schlafbewegungen möglich, wobei sich die Fiedern zum Schutz vor nächtlichem Wärmeverlust nach oben zusammenlegen. Wurzelknöllchen mit stickstoffbindenden Bakterien.

Vorkommen: als Futterpflanze seit der Antike angebaut, vor allem in den Kalkgebieten, gewöhnlich als Bastard (*Medicago x varia* MARTYN) mit *M. falcata*. Heimat: Westasien (Name!: lat. medicus = aus Medien). Häufig verwildert und fest eingebürgert in sonnigen Magerrasen, an Wegen und Böschungen, auf warmen, basenreichen Böden. Ebene bis mittlere Gebirgslagen, nur im Jura bis ca. 1000 m.

Blüten: VII-IX. Vormännliche, "nektarführende Schmetterlingsblumen mit Schnellmechanismus", in köpfchenförmigen Trauben. Die Spannung zwischen Schiffchen und Geschlechtssäule wird durch ein Schwellgewebe unterhalb der Staubblattröhre hervorgerufen. Der Pollen wird bereits vor Öffnung der Blüte entleert und den Besuchern beim Aufsitzen an den Bauch geschleudert. Fast selbststeril, Samenbildung gehemmt.

Früchte: mehrsamige, spiralige Hülsen. Windverbreitung als Bodenläufer (Rollfrüchte), meist Zufallsverbreitung durch Huftiere.

Vegetative Vermehrung durch Verzweigung des Rhizoms.

Verwendung: eine der verbreitetsten Futterpflanzen der Welt, als Vor- und Dauerfrucht. Angepflanzt zur Bodenverbesserung und Böschungsbefestigung. Beim Fressen zu großer Mengen können beim Vieh Vergiftungserscheinungen auftreten.

Weitere Arten:

Medicago falcata L., Sichelklee, Gelbe Luzerne: sehr ähnlich wie *M. sativa*. Wildpflanze der Magerrasen und sonnigen Gebüschsäume. Blütentrauben gelb, kugelig. Früchte sichelförmig (Abb. 53 a-d).

Medicago lupulina L., Hopfenklee, Gelbklee: einjährige Sommerpflanze bis ausdauernder Hemikryptophyt. Häufige Wiesen- und Ruderalpflanze, auf warmen, basenreichen Lehmböden. Blüten gelb, nur 2 mm lang. Im Habitus an *Trifolium*-Arten erinnernd, aber von diesen durch die hinfällige Krone und die eigenartigen, stark gekrümmten Hülsen (1samige Nüsse; Abb. 53 e-f) unterschieden: Zufallsverbreitung und Regenschwemmlinge. Wurde vor allem früher auch angebaut.

Medicago minima (L.) BARTAL., Zwerg-Schneckenklee: einjährige Pflanze sonniger Magerrasen und Ruderalstellen, auf warmen, trockenen, meist kalkhaltigen Böden. Im Nordwesten fehlend. Dicht zottige Behaarung als Lichtschutz. Frühblüher. Hülsen (Abb. 53 g) flach, schneckenförmig gewunden (Name!) und 2reihig stachelig, dadurch wirkungsvolle Verbreitung als Kletthafter. - Hafteinrichtungen besitzen auch viele Arten des Mittelmeergebietes, die oft ausgesprochen hübsche Früchte haben.

Melampyrum pratense L., Wiesen-Wachtelweizen

– Scrophulariaceae (= Braunwurzgewächse, Rachenblütler)

Einjähriger Halbschmarotzer, der mit knotigen Saugorganen auf den Wurzeln anderer Pflanzen, z. B. Fichten, parasitiert. Um Wasser und gelöste Nährsalze gegen die Saugkräfte des Wirtes bekommen zu können, hat die Pflanze eine besonders hohe Transpirationsrate und welkt daher nach dem Abpflücken sehr schnell. Keimblätter als Assimilationsorgane lange erhalten bleibend. - Schwach **giftig** in allen Teilen durch Gehalt an Aucubin (so bei allen Arten). Vergiftungen bei Pflanzenfressern. Samen z. B. für Mäuse tödlich.

Vorkommen: lichte Wälder, Säume, Heiden und Hochmmoore (der Artname ist also in Mitteleuropa meist irreführend), auf nährstoffarmen, sauren, humosen Böden. Kalkmeidend. Von der Ebene bis ins Gebirge, in den Alpen bis 1900 m. Stellenweise im Rückgang.

Blüten: VI-VIII. "Maskenblumen" (Übergang zur "Rachenblume"), in lichtwendigen, ährenförmigen Trauben. Pollen glatt, trocken, wird bei Berührung der Staubblattanhängsel ausgestreut. Wegen der bis 15 mm langen Röhre nur Hummeln als Bestäuber. Kurzrüßlige Bienenverwandte verüben "Einbruch". Dazu spontane Selbstbestäubung. - Neuerdings wurde nachgewiesen, daß sich an der Blütenaußenseite überdimensionale Staubbeutelattrappen befinden.

Früchte: fachspaltige, 2fächerige Kapseln. Windstreuer und Tierstreuer (2 abstehende Kelchzähne). Ameisenverbreitung: Anlockung durch extraflorale Nektarien an den Hochblättern bis zur Fruchtreife. Die Samen sind Ameisenpuppen täuschend ähnlich und keimen in den "Ameisennestern". Fruchtreife: VII-IX.

Weitere Arten:

Melampyrum sylvaticum L., Wald-Wachtelweizen: ähnlich voriger Art, aber Krone nur 6-9 mm lang, dunkelgelb, mit offenem Schlund = "Rachenblume". Vor allem in höheren Lagen in Fichten- und Fichten-Tannenwäldern. Halbschmarotzer auf Fichte und Heidelbeere.

Melampyrum arvense L., Acker-Wachtelweizen: Halbschmarotzer auf Getreide und anderen Gräsern. Stark im Rückgang. Blüten in allseitswendigen Ähren mit purpurrot gefärbten Hochblättern als Farbkontrast. Typische "Maskenblumen". Früher konnte es durch Verunreinigung mit Wachtelweizensamen zu Mehlvergiftungen und zur Schwarzfärbung des Brotes (Name!: griech. melas = schwarz, pyros = Weizen) kommen.

Melica nutans L., Nickendes Perlgras

– Poaceae (= Süßgräser)

Rhizom-Geophyt.

Vorkommen: reiche Wälder, Gebüsche und Schläge. Kennart des Melico-Fagetum (= Perlgras-Buchenwald).

Blüten: V-VI. Ährchen nickend (Name!), 1-2blütig, in einseitswendigen, traubenförmigen Rispen. Windbestäubung: "langstaubfädiger Typ".

Früchte: glänzende, längliche Karyopsen von Spelzen locker umhüllt (Scheinfrucht). Zuckerreiche, aus sterilen Blüten entstandene "Ölkörper" (Elaiosomen) zur Ameisenverbreitung. Ährchen zur Reife als Ganzes abfallend. Fruchtreife: VI-VII.

Vegetative Vermehrung durch die bis zu mehreren Dezimeter langen Ausläufer.

Verwendung: Sehr dekoratives Gras, auch für Wildpflanzengärten zu empfehlen, aber nur im Schatten konkurrenzfähig.

Weitere Arten:

Melica uniflora Retz., Einblütiges Perlgras: ökologisch voriger Art ähnlich. Ährchen gewöhnlich mit nur einer (Name!) fertilen Blüte, aufrecht in lockerer Rispe. Frische, reiche Laubwälder, vor allem Buchenwälder der Tieflagen. Lehmzeiger. Sehr hübsches Gras für Wildpflanzengärten.

Melica ciliata L., Wimper-Perlgras: Hemikryptophyt. Wärmeliebende Trockenrasenpflanze. Durch die langhaarigen Deckspelzen werden die Scheinfrüchte als Schirmchenflieger verbreitet (= Anpassung an den Standort). Ährchen in aufgelockerten, walzlichen, zuletzt einseitswendigen Ährenrispen.

Melilotus officinalis (L.) Pallas, Echter oder Gelber Steinklee

– Fabaceae (= Schmetterlingsblütler)

Zweijähriger bis ausdauernder Hemikryptophyt: Schaftpflanze, bis über 1 m hoch. Tiefwurzler bis 90 cm. Wurzelknöllchen mit stickstoffbindenden Bakterien. Fiederblätter durch Blattgelenke sich nachts zusammenlegend (Nyktinastie). - Schwach **giftig** in allen Pflanzenteilen, z. B. auch den Blüten, durch Cumarin, das bei Überdosierung eine leicht narkotisierende Wirkung ausübt.

Vorkommen: sonnige Ruderalstellen, an Bahndämmen usw., auf sommerwarmen, nährstoffreichen Böden. Rohbodenpionier. Kulturbegleiter. Kennart des Echio-Melilotetum (= Natterkopfflur); so auch *M. albus*.

Blüten: VI-IX. "Nektarführende Schmetterlingsblumen mit Klappmechanismus", in langen Trauben. Flügel an der Basis mit dem Schiffchen verwachsen. Sehr nektarreich und nach Honig duftend (Name!, vgl. griech. meli = Honig, lotos = Klee). Wegen der nur 2 mm langen Kronröhre ist der Nektar auch kurzrüsseligen Insekten zugänglich. Bestäuber sind Bienenverwandte und Schwebfliegen. Kronblätter durch Karotinoide gelb gefärbt.

Früchte: kurze, 1samige Hülsen, geschlossen bleibend (Nüsse). Windverbreitung.

Verwendung: wichtige Bienenweide, daher auch gerne von Imkern ausgesät. Blätter der blühenden Pflanze arzneilich sowie als Hausmittel bei Venenleiden angewendet. Wegen des Cumaringehaltes als Futterpflanze kaum geeignet, aber früher als Mottenmittel sowie in Notzeiten als Tabakersatz ("Bahndamm, letzter Hieb") geraucht. Junge Blätter und Sprosse sollen als Gemüse geeignet sein.

Weitere Art:

Melilotus albus MEDIKUS, Weißer Steinklee, Bokharaklee: ökologisch ähnlich wie vorige Art und oft mit dieser zusammen. Auch in der Verwendung ähnlich. Blüten weiß, im Wuchs noch höher. Wird gelegentlich zur Gründüngung angepflanzt.

Mentha aquatica L., Wasser-Minze

– Lamiaceae (= Lippenblütler)

Hemikryptophyt (Schaftpflanze) oder Sumpfpflanze. Kriechwurzelpionier. Blätter reich an ätherischen Ölen.

Vorkommen: Röhrichte, Gräben, Naßwiesen und Bruchwälder, auf nassen, zeitweise überschwemmten, nährstoff- und basenreichen Böden.

Blüten: VII-IX. Unscheinbare, schwach dorsiventrale, vormännliche "Trichterblumen", in endständigen (seltener achselständigen), aus dichtstehenden Scheinquirlen zusammengesetzten, kopfigen Gesamtblütenständen. Der Nektar wird am Grunde der Blüte von einer großen Nektardrüse abgesondert und durch lange Innenhaare der Krone ("Saftdecke") geschützt. Meist gynodiözisch, d. h. neben zwittrigen Pflanzen auch weibliche mit kleineren Blüten. Blüten duftend, deshalb guter Besuch durch verschiedene Insekten, z. B. Bienenverwandte, Schwebfliegen und viele andere.

Früchte: Spaltfrüchte, in vier oben warzige Klausen zerfallend. Schwimmverbreitung.

Vegetative Vermehrung bei allen Arten durch ober- und unterirdische Ausläufer.

Verwendung: kann wie die Pfeffer-Minze für Tee verwendet werden. Blätter und Blüten sollen ein vielseitiges Gemüse ergeben.

Weitere Arten/Bastarde:

Mentha x piperita L., Echte Pfeffer-Minze: Kulturpflanze, zuweilen auch verwildert an frischen, nährstoffreichen Ruderalstellen (als Kulturrelikt oder mit Gartenmüll verschleppt). Steriler Bastard, entstanden aus der Kreuzung *M. aquatica* L. x *M. spicata* L. em. Huds., evtl. sogar Tripelbastard unter Beteiligung von *M. longifolia* L. Blüten ähnlich wie bei voriger Art. Bestäubung durch Fliegen. Kein Fruchtansatz, daher nur vegetative Vermehrung über Rhizomteile bzw. Ausläufer. - Offenbar werden andere Pflanzen desselben Standorts durch die ätherischen Öle geschädigt, daher sollten Minzen im Garten getrennt kultiviert werden. - Allbekannte Tee-, Arznei- und Gewürzpflanze. Besonders geeignet bei Magen- und Darmbeschwerden, vor allem bei Koliken und Blähungen. Bei Dauergebrauch sollten nicht zu große Mengen Tee getrunken werden! Für Kleinkinder ungeeignet. Das Hauptwirkprinzip liegt im Gemisch der ätherischen Öle (1-4 %, z. B. Menthol und Menthon), dazu 6-12 % Gerbstoffe. Das für Pfefferminz typische Kältegefühl wird durch Reizung der kälteempfindlichen Nervenenden erzeugt. Überwiegen jedoch wärmeempfindliche Nervenenden (z. B. an den Augenlidern), entsteht ein Wärmegefühl.

Mentha x villosa Hudson, Zottige Minze: Vorkommen und Verwendung wie bei der Echten Pfeffer-Minze, diese gebietsweise ersetzend. Ebenfalls steriler Bastard, und zwar aus der Kreuzung von *M. spicata* mit *M. suaveolens* Ehrh. Blätter rundlich, dicht behaart und ungestielt.

Mentha arvensis L., Acker-Minze: feuchte Äcker und Naßwiesen, heute meist nur noch außerhalb des Ackerlandes. Tiefwurzler (bis 40 cm tief). Vernässungszeiger. Blütenökologisch ähnlich wie *M. aquatica*, aber Scheinquirle nicht in endständigen Köpfen, sondern in den Achseln von Laubblättern. Bestäuber: Schwebfliegen und andere Fliegen. Klausen oben ziemlich glatt. Verbreitung wahrscheinlich als Regenschwemmling sowie mit Ackerboden.

Menyanthes trifoliata L., Fieberklee, Bitterklee

– Gentianaceae s. l. (= Enziangewächse i. w. S.) bzw. Menyanthaceae (= Fieberkleegewächse)

Wasserpflanze (Wasserwurzler) oder Sumpfpflanze. Dreizählige (Name!, lat. tres = drei, folia = Blatt), kleeblattähnliche, bis 10 cm lang gestielte Blätter. Anpassung an den Sumpfstandort: Stengel und Blattstiele hohl, dienen der Durchlüftung (Sauerstoffarmut am Sumpfstandort), sowie Gerbstoffgehalt bis 7 % (Fäulnishemmung). - Schwach **giftig** in allen Teilen durch Bitterstoffglykoside.

Vorkommen: Verlandungssümpfe (Schwingrasen) und Moore, auf nassen, zeitweise überschwemmten, mäßig nährstoffreichen Torf-Schlammböden. Lichtpflanze. Ebene bis Hochgebirge (bis 1830 m). Zirkumpolar. Gefährdet, Rückgang durch Entwässerung und Eutrophierung. - **Geschützt**!

Blüten: V-VI. Homogame, "große Trichterblumen", in langgestielten Trauben. Kronblätter mit Fransen (= haarförmige Emergenzen), die als Sperrhaare für kleine Insekten dienen und zugleich die Schauwirkung erhöhen. Verschiedengrifflig. Nektarabsonderung am Grunde der Fruchtknoten. Blüten auf Berührungs- und Temperaturreize reagierend. Bestäuber: Bienenverwandte, z. B. Hummeln. Selbstbestäubung möglich, aber selbststeril.

Früchte: vielsamige, 1fächerige, sich 2klappig öffnende Kapseln: Windstreuer. Samen mit Schwimmverbreitung. Fruchtreife: VII-VIII.

Verwendung: Blätter arzneilich als appetitanregendes und die Magensaftproduktion förderndes Bittermittel (Name!) verwendet (ähnlich wie der Gelbe Enzian), auch bei Gallen- und Leberleiden. Galt früher als fiebersenkend (Name!), doch konnte eine solche Wirkung nicht nachgewiesen werden. - Die Rhizome wurden in Lappland gemahlen und in den Brotteig gemischt.

Mercurialis annua L., Einjähriges Bingelkraut

– Euphorbiaceae (= Wolfsmilchgewächse)

Einjährig, bei uns nicht selten 2 Generationen pro Jahr bildend. Frostempfindlich. Geschlechter deutlich unterschieden (Geschlechtsdimorphismus): weibliche Pflanzen mit schmaleren Blättern als die männlichen. - Im Gegensatz zu *Euphorbia* ohne Milchsaft. - Schwach **giftig** in allen frischen Pflanzenteilen durch Saponine usw. (so auch bei folgender Art). Weidetiere sind besonders empfindlich: Blaufärbung der Milch und Rotfärbung des Urins.

Vorkommen: Gärten, Äcker und Ruderalstellen, auf meist frischen, nährstoffreichen, lockeren Lehmböden. Stickstoffzeiger. Neueinwanderer (Neophyt) aus dem Mittelmeergebiet: Kulturfolger seit dem 16. Jh. Wärmeliebend (nur bis 500 m!). Wärmekeimer.

Blüten: V-X. Windbestäubung (auch Insektenbestäubung?). Meist zweihäusig, weibliche Blüten zu 1-3, achselständig, männliche Blüten in knäueligen, zymösen Blütenständen, diese zu unterbrochenen, gestielten Scheinähren vereint. "Explosionstyp": Kelchblätter mit innerem Schwellgewebe, bei plötzlicher Öffnung reißen die Staubbeutel ab und werden fortgeschleudert. Pro Pflanze wurde die beachtliche Zahl von 1,3 Milliarden Pollenkörnern berechnet.

Früchte: Die Kapseln öffnen sich wie bei *Euphorbia* durch einen "Stoßmechanismus": Austrocknungsstreuer. Dabei werden die Samen bis 4 m weit fortgeschleudert. Weitere Verbreitung der Samen durch Ameisen. Fruchtreife: ab VII.

Verwendung: früher in der Volksmedizin als Abführmittel gebraucht, aber wegen der Giftigkeit nicht zu empfehlen. Der Name Bingelkraut bezieht sich wahrscheinlich auf die harntreibende Wirkung (bingeln = pinkeln).

Weitere Art:

> **Mercurialis perennis** L., Ausdauerndes Bingelkraut: Rhizom-Geophyt, im atlantischen Klima evtl. wintergrün. Krautreiche Wälder, auf sickerfrischen, basenreichen, oft kalkhaltigen, lockeren Lehmböden. Streng zweihäusig. Blüten- und Ausbreitungsökologie ähnlich wie bei voriger Art. Blüten durch Amine stinkend. Reiche vegetative Vermehrung durch verzweigte Ausläufer, weswegen männliche und weibliche Pflanzen oft weit getrennt stehen. Entwicklung von Samen auch bei ausbleibender Bestäubung möglich (Parthenogenese = Jungfernzeugung). - Beim Trocknen (z. B. im Herbar) nimmt die Pflanze gewöhnlich durch Bildung von Indigo einen blauschwarzen Metallglanz an. Daher war die Pflanze im Mittelalter Bestandteil des "Steins der Weisen", von dem man annahm, mit seiner Hilfe Quecksilber (Name!: lat. mercurium = Quecksilber) in Silber und Gold umwandeln zu können.

Mespilus germanica L., Mispel

– Rosaceae (= Rosengewächse)

Dorniger Strauch, in Kultur meist dornloser Baum, bis 5 m Höhe.

Vorkommen: sonnige Hänge, Gebüsche und lichte Laubwälder, auf basenreichen, lockeren Lehmböden. Oft in der Nähe menschlicher Siedlungen. Vor allem in der Ebene und Hügelstufe. Erst von den Römern nach Deutschland eingeführt. Der Name *germanica* ist also irreführend; er rührt daher, daß LINNÉ die Pflanze zuerst aus Deutschland kennenlernte. Heute ist die Art bei uns nicht selten verwildert und stellenweise eingebürgert. Heimat: Balkan und Südwestasien.

Blüten: V-VI (als letzter unserer Obstbäume). "Nektarführende Scheibenblumen", einzeln, endständig an Kurztrieben, fast duftlos. Selbstbestäubung möglich. Kelchblätter laubblattartig, am Rande drüsig, an der Frucht erhalten bleibend.

Früchte: große "Apfelfrüchte", 5fächerig. Fruchtfächer 1samig, reif verhärtet. Verdauungs- und Versteckverbreitung, vorwiegend durch Säuger. Fruchtreife: X-XI.

Vegetative Vermehrung durch Wurzelsprosse. In Kultur wird die Mispel gewöhnlich auf Weißdorn gepfropft.

Verwendung: ehemals wichtiger Obstbaum, heute nur noch wenig bekannt. Die zuckerreichen (9-11 %), etwas säuerlichen Früchte sind nach den ersten Frösten roh eßbar, werden aber am besten zu Marmelade oder Mus verarbeitet. Auch als Zierpflanze geeignet. Das Holz ist sehr widerstandsfähig und daher bei Drechslern begehrt.

Milium effusum L., Flattergras

– Poaceae (= Süßgräser)

Ausdauernder Hemikryptophyt: wintergrüne Horstpflanze mit kriechendem Rhizom und unterirdischen Ausläufern.

Vorkommen: krautreiche Wälder, auf frischen, nährstoffreichen, meist kalkarmen mittel- bis tiefgründigen Lehmböden. Ebene bis Gebirge.

Blüten: V-VII. Windblütig. "Langstaubfädiger Typ", schwach vorweiblich. Einblütige Ährchen in lockeren, von der Blütezeit an durch Schwellkörper in den Achseln der Zweige (!) spreizenden Rispen.

Früchte: Karyopsen von der knorpelig verhärteten, unbegrannten Deckspelze dicht umschlossen: kleine Scheinfrüchte. Windverbreitung: Flieger und Windstreuer. Vermutlich auch Ameisenverbreitung.

Vegetative Vermehrung durch kurze, unterirdische Ausläufer.

Verwendung: Früher wurden die winzigen Früchte als Getreideersatz gesammelt. Daher auch der Name "Waldhirse". Für Wildpflanzengärten zu empfehlen.

Mimulus guttatus DC., Gelbe Gauklerblume

– Scrophulariaceae (= Rachenblütler, Braunwurzgewächse)

Ausdauernder Hemikryptophyt (Halbrosetten- oder Schaftpflanze) oder Sumpfpflanze.

Vorkommen: Zierpflanze. Gelegentlich verwildert und in Ufergesellschaften von Bächen und Flüssen völlig eingebürgert, auf nassen, zeitweise flach überschwemmten, nährstoffreichen, meist kalkarmen, kiesig-sandigen Tonböden. Einbürgerungen vor allem in den Mittelgebirgen Süddeutschlands. Heimat: Nordamerika.

Blüten: VII-VIII. Große, 3-4 cm lange, ausgeprägt zweilippige, "unvollkommene Maskenblumen" (Name!; die Blüte trägt wie ein Gaukler eine Maske, vgl. mimulus = kleiner Gaukler): Kroneingang bis auf schmalen Spalt durch die Lippen verschlossen. Die zweilappigen Narben sind seismonastisch reizbar und klappen innerhalb weniger Sekunden zusammen. Falls kein Pollen abgelegt wird, ist die Bewegung reversibel. Erholungsphase: ½-1 Stunde. Bestäuber: Bienen.

Früchte: 2fächerige Kapseln. Windstreuer und Schwimmverbreitung. Dazu Menschenverbreitung (Kulturflüchter).

Verwendung: Die *Mimulus*-Arten sind beliebte Zierpflanzen.

Moehringia trinervia (L.) CLAIRVILLE, Dreinervige Nabelmiere

– Caryophyllaceae (= Nelkengewächse)

Winterannueller bis ausdauernder Hemikryptophyt. Von den ähnlichen Sternmieren (*Stellaria*) unter anderem durch dreinervige Blätter (Name!) und ungeteilte Kronblätter unterschieden. Name nach dem Arzt und Biologen P. H. MOEHRING (1720-1792) in Danzig. Blätter mit durchscheinenden Punkten durch große, morgensternartige Calciumoxalatkristalle (Drusen).

Vorkommen: krautreiche Wälder und Schläge, auf frischen, vorwiegend sauren, humosen, lockeren Lehmböden. Ebene bis Gebirge.

Blüten: V-VII. Unscheinbare, schwach vormännliche, "nektarführende Scheibenblumen", blattachselständig oder in lockeren, beblätterten Trugdolden. Blütenstiel aufrecht, nach der Blüte waagerecht und bei der jungen Frucht nach unten abgebogen. Besucher: kleine Zweiflügler und Bienen. Spontane Selbstbestäubung möglich.

Früchte: Kapseln fast kugelig, sich mit 6-8 nach unten umrollenden Zähnen öffnend. Samen glänzend, mit kleinen, weißen, ölhaltigen Anhängseln (= Elaiosomen) zur Ameisenverbreitung.

Molinia caerulea (L.) MOENCH (Sammelart), Pfeifengras, Benthalm, Besenried

– Poaceae (= Süßgräser)

Sommer- bis wintergrüne Horstpflanze. Untere Stengelknoten nahe am Boden, darunter kurze Internodien, das darüber liegende Internodium fast die Gesamtlänge des bis 1(-2) m hohen Halmes ausmachend. Halme daher scheinbar knotenlos. An den Knoten bilden sich neue Pflanzen ("Bestockungsknoten"). Einzelne der kurzen Internodien schwellen an und dienen als Speicherorgane (Reservezellulose!). Trockenheitsanpassungen: Wurzel bis 1 m Tiefe und Einrollung der Blätter bei Wassermangel. Endotropher Wurzelpilz (selten bei Gräsern!). - Name nach dem spanischen Jesuiten und Naturforscher J. I. MOLINA (1740-1829).

Vorkommen: Moorwiesen, Heiden und lichte Wälder, auf wechselfeuchten bis nassen, nährstoffarmen, meist basenreichen, mäßig sauren Böden. Magerkeitszeiger. Ebene bis Gebirge.

Blüten: VI-VIII, Spätblüher. Windblütig: "langstaubfädiger Typ". Rispe bis 40 cm lang. Selbststeril.

Früchte: Karyopsen locker von den unbegrannten Spelzen umgeben (Scheinfrüchte mit Lufteinschluß), dadurch Windverbreitung (Ballonflieger und Windstreuer) und auch Schwimmverbreitung. Fruchtreife: VIII-IX.

Vegetative Vermehrung durch unterirdische Ausläufer (?) sowie zuweilen durch in Laubsprosse umgewandelte Ährchenanlagen (= Pseudoviviparie).

Verwendung: wertvolle Streu-, aber schlechte Futterpflanze. Hochwüchsige Sippen werden neuerdings auch als Zierpflanzen für Gärten angeboten. - Früher wurden die langen, knotenlosen Halme zum Reinigen der langen Tabakpfeifen verwendet (Name!).

Monotropa hypopitys L. (Sammelart), Fichtenspargel

– Pyrolaceae s. l. (= Wintergrüngewächse i. w. S.) bzw. Monotropaceae (= Fichtenspargelgewächse)

Ausdauernder Vollschmarotzer (Geophyt), mit 10-20 cm hohem, bleichgelbem, von schuppenförmigen Niederblättern bedecktem Stengel und bis 50 cm tiefer Wurzel. Diese ist dicht von Pilzhyphen überzogen (= ektotrophe Mykorrhiza), die haustorienartige Fortsätze in die Wurzelzellen hineinsenden. *Monotropa* lebt rein parasitisch auf dem Pilz (mykotroph). Da der Pilz gleichzeitig Verbindung zu Baumwurzeln hat, wird die Pflanze also indirekt von Waldbäumen versorgt. Die oft gewählte Bezeichnung "Saprophyt" (= Fäulniszehrer) ist falsch, da nicht die Sproßpflanze, sondern der Pilz die organischen Substanzen des Bodens aufschließt. - Die Keimpflanzen sind kleine, praktisch nur aus Wurzel bestehende, oft verzweigte Gebilde.

Vorkommen: Nadelwälder und artenarme Laubwälder, auf basenreichen, moderig humosen Böden. Schatten- bis Halbschattenpflanze. Von der Ebene bis ins Gebirge. - Da die Pflanze kein Licht zur Entwicklung benötigt, findet man sie oft als einzige Blütenpflanze in tiefschattigen Wäldern. Darauf bezieht sich der Gattungsname, der so viel wie "Einsiedler" bedeutet, während sich der Artname auf das häufige Vorkommen "unter Fichten" bezieht.

Blüten: VI-VII. Glockenförmig bis trichterig, homogam, in nickender Traube. Endblüten 5zählig, Seitenblüten 4zählig. Nektar am Grunde der Staubblätter abgesondert und in darunter liegender Aussackung ("Safthalter") gesammelt. Der Narbenkopf verschließt den engen Kroneingang fast völlig, so daß nur Insekten mit einem mindestens 1 cm langen Rüssel eindringen können. Hierbei wird der Rüssel durch Sekrete einer Klebdrüse beschmiert und deshalb beim Herausziehen mit Pollen bedeckt. Bestäuber: Bienen und Bienenverwandte. Meist Selbstbestäubung.

Früchte: 4-5klappig aufspringende Kapseln, zur Fruchtzeit aufrecht. Stengel trocken elastisch: Selbstausstreuer. Samen zahlreich, sehr klein, mit relativ großem Anhängsel (= Flugorgan?): Ballonflieger. Außerdem Menschenverbreitung, indem die Pflanze durch Aufforstungen mit Fichte verschleppt wird.

Vegetative Vermehrung durch Wurzelsprosse.

Muscari comosum (L.) MILL., Schopfige Traubenhyazinthe

– Liliaceae s. l. (= Liliengewächse i. w. S.) bzw. Hyacinthaceae (= Hyazinthengewächse)

Zwiebel-Geophyt. Blätter grundständig, schmal lineal, fleischig, glänzend (Lichtreflexion), Trockenheit ertragend.

Vorkommen: lückige Kalkmagerrasen, Wegränder und Äcker, auf basenreichen Böden. Wärmeliebend. Vor allem in den Weinbaugebieten, im Norden fehlend. Stark gefährdet. - **Geschützt**! (alle Arten der Gattung).

Blüten: IV-V, Frühblüher. Blütentrauben locker; an der Spitze ein Schopf (Name!) aufrechter, lang gestielter, steriler Blüten mit Schaufunktion; darunter olivbraune, hängende "Glockenblumen mit klebrigem Pollen", mit weißen Zipfeln, nektarführend sowie mit "anbohrbarem Gewebe" am Grunde des Fruchtknotens. Bestäuber (und Besucher der sterilen Blüten) sind Bienenverwandte und Hummelschweber (= Fliegen); sie werden von den violetten Blüten angelockt.

Früchte: scharf 3kantige, fast geflügelte, fachspaltige Kapseln. Je Fach 1-2 runzlige, bis 2 mm große Samen: Selbstausstreuer, vermutlich auch Tierstreuer.

Vegetative Vermehrung durch Brutzwiebeln.

Weitere Arten/Verwandte:

Muscari racemosum (L.) MILL., Große Traubenhyazinthe: Trauben wie bei den folgenden Arten dicht und ohne den endständigen Schopf steriler Blüten. Blätter schmal, schlaff, oberseits rinnig, im Herbst erscheinend. Blüten blau, duftend. Weinberge und sonnige Böschungen, meist auf Kalk. Gefährdet.

Muscari botryoides (L.) MILL., Kleine Traubenhyazinthe: Blätter lanzettlich, steif aufrecht, fast so lang wie der Stengel. Frische Magerrasen und Eichenwälder. Gefährdet. Auch Zierpflanze und zuweilen verwildert. Blüten hellblau, geruchlos.

Muscari armeniacum BAKER, Armenische Traubenhyazinthe: früher mit letzterer zusammengefaßt, aber weit häufiger als diese als Zierpflanze in Gärten kultiviert. Blätter länger als der Stengel.

Hyacinthus orientalis L., Hyazinthe: bekannte Zierpflanze.

Myosotis palustris (L.) L. (= *M. scorpioides* L.) (Sammelart), Sumpf-Vergißmeinnicht

– Boraginaceae (= Rauhblattgewächse)

Ausdauernde Halbrosetten- und Sumpfpflanze. Stengel von herablaufenden Blättern kantig (= Rekauleszenz). - *Myosotis*-Arten enthalten in geringen Mengen curareartig wirkende Alkaloide, sind aber kaum giftig.

Vorkommen: nasse, nährstoffreiche Wiesen, Bruchwälder und Ufersäume. Fast zirkumpolar. Ebene bis Hochgebirge (bis 1690 m). Durch Entwässerung im Rückgang.

Blüten: IV-X. Kleine, homogame "Stieltellerblumen", mit eingeschlossenem Geschlechtsapparat, in blattlosen Wickeln. Blüteneingang durch 5 gelbe Schlundschuppen verengt: Sperre für kleinere, bestäubungsunfähige Besucher und zugleich Saftmalring und vor allem auch Staubbeutelattrappen. Die Wirkung der letzteren wird noch durch die benachbarten, aufgefalteten Bereiche der Kronzipfel erhöht, die als Staubfadenattrappen dienen. Kronröhre ca. 3 mm lang. Nektar für Bienenverwandte, Falter und langrüsselige Fliegen, z. B. auch Tanzfliegen, erreichbar. Narben und Staubbeutel stehen in gleicher Höhe, daher zum Schluß spontane Selbstbestäubung möglich. - Die Pollenkörner sind mit einem ø von nur 0,003 mm die kleinsten der heimischen Flora.

Früchte: Spaltfrüchte in 4 Klausen zerfallend: Schwimmverbreitung sowie Windstreuer. Fruchtreife: VI-VIII.

Vegetative Vermehrung durch kurze Ausläufer.

Weitere Arten:

Myosotis arvensis (L.) Hill, Acker-Vergißmeinnicht: einjährig (sommerannuell), seltener winterannuelle bis zweijährige Halbrosettenpflanze. Frische Äcker, Ruderalstellen und Schläge. Blütenstand kurz, dichtblütig. Krone klein, etwas trichterig. Blütenbesuch spärlich, vor allem durch Fliegen. Kelch widerhakig (Klettverbreitung): Vorbeistreifende Tiere bleiben hängen und fördern somit das Ausstreuen der Samen (Tierstreuer), oder sie reißen den Kelch samt Klausenfrüchten an einer "Sollbruchstelle" ab und verschleppen diese (Kletthafter).

Myosotis alpestris F. W. Schmidt, Alpen-Vergißmeinnicht: Ausdauernde Halbrosettenpflanze alpiner und subalpiner Steinrasen. Besucher: Zweiflügler, Bienenverwandte und Schmetterlinge. Krone flach ausgebreitet, dunkelblau. Kelchhaare gerade: Selbst- und Tierstreuer. Als Zierpflanze relativ selten; was in Gartenkatalogen unter diesem Namen geführt wird, dürfte zum Teil zu folgender Art gehören.

Myosotis sylvatica (Ehrh.) Hoffm., Wald-Vergißmeinnicht: voriger Art nächst verwandt. Allbekannt als (zweijährig kultivierte) Gartenzierpflanze und häufig verwildert. Ursprünglich in Hochstaudenfluren und auf Waldschlägen, vor allem in den Gebirgen Süddeutschlands.

Myrica gale L., Gagel, Gagelstrauch

– Myricaceae (= Gagelgewächse)

Winterkahler Laubstrauch. Pflanze dicht mit sitzenden, goldglänzenden Drüsen besetzt, die stark aromatisch duftende, ätherische Öle absondern. Seitenwurzeln mit knöllchenförmigen Verdickungen, die stickstoffbindende Fadenbakterien ("Strahlenpilze") beherbergen, ähnlich wie bei der Erle. Frühere Angaben über das Vorkommen eines Wurzelpilzes (Mykorrhiza) wurden nicht bestätigt. - *Myrica* ist die einzige europäische Art der Familie Myricaceae. - Alle Teile wahrscheinlich durch Flavonglykoside **giftig**.

Vorkommen: gebüschbildend in atlantischen Feuchtheide- und Moorgebieten der Ebene. Oft stark zurückgegangen. Gefährdet!

Blüten: IV-V. Windblütig: "unbeweglicher Typ". Zweihäusig. Weibliche Blüten in kurzen, männliche in längeren, abstehenden Ähren (Kätzchen). Blütenhülle fehlend.

Früchte: 1samige, winzige Steinfrüchte. Speicherkeimblätter. Wind- und Tierstreuer. Flug- und Schwimmverbreitung.

Verwendung: früher vielseitig genutzt: Blätter anstelle von Hopfen zum Konservieren und Würzen des Bieres, wodurch dieses besonders berauschend wurde, und als Arznei; Blätter und Früchte als Würze für Likör; Rinde zum Gerben; Blütenknospen zum Gelbfärben. Am Niederrhein hießen Leute, die Gagel ("Grut") ernteten und verwerteten, "Grüter".

Myriophyllum spicatum L., Ähriges Tausendblatt

– Haloragaceae (= Seebeerengewächse)

Untergetauchte, bis 3 m lange Wasserpflanze: freischwimmend oder mit Rhizom im Schlamm verankert (= Schlammwurzler). Stengel wie bei allen Wasserpflanzen mit ausgeprägtem Durchlüftunggewebe (= Aerenchym) zum Gasaustausch und Auftrieb. Echte, meist 4zählige Blattquirle, mit einer insgesamt großen Zahl von Blattzipfeln (Name!, vgl. griech. myrios = unzählig, phyllon = Blatt). An den Blättern oft Kalkabscheidungen. - Überwinterung meist als Turionen (= Winterknospen), das sind durch Kälte im Wachstum gehemmte, endständige Sproßteile, die im Herbst auf den Grund des Gewässers sinken und im Frühjahr mit Hilfe der mit ansteigender Wassertemperatur und damit erhöhten Atmungsintensität verbundenen Gasentwicklung wieder nach oben steigen. Genügend Wärme läßt sie dort zu normalen Pflanzen heranwachsen.

Vorkommen: stehende bis langsam fließende, nährstoffreiche Gewässer bis 5 m Tiefe. Wärmeliebend (nur bis ca. 800 m Meereshöhe), bis ins subtropische Afrika verbreitet. - Nützlich als Laichpflanze und als Sauerstoffproduzent.

Blüten: VI-VIII. Windblütig: "unbeweglicher Typ". Eingeschlechtlich, in endständigen, senkrecht aus dem Wasser ragenden Blütenähren. Weibliche Blüten über den männlichen stehend.

Früchte: Spaltfrüchte, in 4 sehr kleine Nüsse zerfallend: Schwimmverbreitung. Fruchtreife: X.

Vegetative Vermehrung über Verzweigung und Winterknospen.

Verwendung: Für Wildpflanzengärten zu empfehlen.

Narcissus pseudo-narcissus L., Osterglocke, Gelbe Narzisse

– Amaryllidaceae (= Amaryllis- oder Narzissengewächse)

Zwiebel-Geophyt. Zwiebel aus fleischig verdickten Blattscheiden gebildet. Blätter mit bläulichem Wachsüberzug. - **Giftig** in allen Teilen durch verschiedene Alkaloide, so auch bei den anderen Arten. Wird vom Vieh gemieden.

Vorkommen: Als Wildpflanze bei uns selten und gefährdet, aber gesellig in Hunsrück, Eifel und Vogesen, auf feuchten, kalkarmen Bergwiesen. Als Zierpflanze weit verbreitet (seit 1500 in Kultur), oft verwildert. - **Geschützt**!

Blüten: III-V, Frühblüher. Homogame, große "Glockenblumen", einzeln aus häutiger Hochblattscheide (Knospenschutz) entspringend. Hummelblumen ("Einkriechblumen"). Fruchtknoten unterständig. Nebenkrone verwachsen, weitröhrig, von gleicher Farbe wie die Krone, bei Gartenformen bis 7 cm lang. Gelbfärbung durch Karotinoide. Eigentliche Kronröhre nur bis 1,5 cm lang. Geruch der Narzissen sehr intensiv (Name!: griech. narkao = betäuben). Nektar wird am Grunde der Nebenkrone abgesondert. Spontane Selbstbestäubung möglich.

Früchte: Fachspaltige Kapseln mit fast kugeligen Samen. Reifer Schaft zur Erde sinkend: Selbstverbreitung (Selbstaussäer). Dazu Verbreitung der Samen durch Ameisen. Fruchtreife: V-VI.

Vegetative Vermehrung durch Brutzwiebeln, daher oft große Bestände bildend.

Weitere Art:

Narcissus poeticus L., Weiße oder Dichter-Narzisse: Zierpflanze, selten verwildert. Nebenkrone kurz, durch Karotinkristalle orangerot gefärbt: Farbflecksaftmal, mit anderem und intensiverem Duft als die Krone. Kronröhre weiß, bis 3 cm lang: "Falterblume".

Nardus stricta L., Borstgras

– Poaceae (= Süßgräser)

Ausdauernd, dichte feste Horste bildend. Blätter borstlich (Hungermorphose), gefaltet, mit rauhem Rand. Halme am Grunde mit auffälligen, dicht stehenden Resten der Blattscheiden besetzt ("Strohtunica"). Bis 80 cm tief wurzelnd. Rhizom kurz kriechend, ein an den Jahresabschnitten zickzackförmig gebogenes, brettförmiges Sympodium bildend. Endotrophe Mykorrhiza: Rohhumuszehrer.

Vorkommen: bestandbildend in Magerrasen und Heiden, auf frischen, kalkarmen, sauren, humosen Böden. Vor allem im Gebirge, in den deutschen Alpen bis 2600 m. Kennart der Nardetalia (= Borstgrasrasen). Wird durch Dauerbeweidung gefördert. Durch Düngung und Entwässerung allgemein im Rückgang und vor allem in niederen Lagen oft selten geworden.

Blüten: V-VI. Windblütig, vorweiblich. Ährchen violett, eingesenkt, ausgeprägt einseitswendig, begrannt, zuletzt auffallend kammförmig abstehend. Schwellkörper fehlen, nur 1 Narbe vorhanden, die vor den Staubbeuteln aus der Blüte herausgeschoben wird.

Früchte: von den bleibenden Deck- und Vorspelzen umhüllte (Luftraum!) Karyopsen: Regenschwemmling. Wegen der rauhen Deckspelzen auch Klettverbreitung (z. B. als Wasserhafter). Zufallsverbreitung durch Huftiere.

Vegetative Vermehrung durch die kriechenden, bis 5 cm langen Rhizome.

Verwendung: Schlechtes Futtergras (Weide-"Unkraut"). Allenfalls sind Jungpflanzen in höheren Lagen als Weidefutter brauchbar. Die alten, sehr zähen Blätter werden vom Vieh verschmäht, oft ausgerissen und wieder ausgespieen.

Nasturtium officinale R. Brown (= *Rorippa nasturtium-aquaticum* (L.) Hayek) (Sammelart), Brunnenkresse – Brassicaceae (= Kreuzblütler)

Sumpfpflanze oder Wasserpflanze (Wasserwurzler) mit typischen Anpassungen: Stengel hohl, Blätter kahl und saftreich. Verwechslungsmöglichkeit mit *Cardamine amara*, die aber einen markigen Stengel und violette Staubbeutel hat. Blätter durch Senföle und Bitterstoffe von etwas scharfem, bitterem Geschmack.

Vorkommen: lichte Röhrichte, Bachufersäume und Quellfluren mit vornehmlich kühlem, schnell fließendem Wasser, gerne zusammen mit *Glyceria*-Arten. (Im Yellowstone-Park/USA jedoch am Ufer von über 40 °C heißen Thermen beobachtet.) Ebene bis Gebirge, stellenweise fehlend.

Blüten: V-IX. "Nektarführende Scheibenblumen", ähnlich denen von *Cardamine*. Staubbeutel gelb. Nektar nur Bienenverwandten und Faltern zugänglich. Bei schlechtem Wetter spontane Selbstbestäubung in den geschlossen bleibenden Blüten.

Früchte: langgestielte, im Querschnitt rundliche Schoten. Samen an Wasservögeln anhaftend und dadurch verschleppt (Wasserhafter).

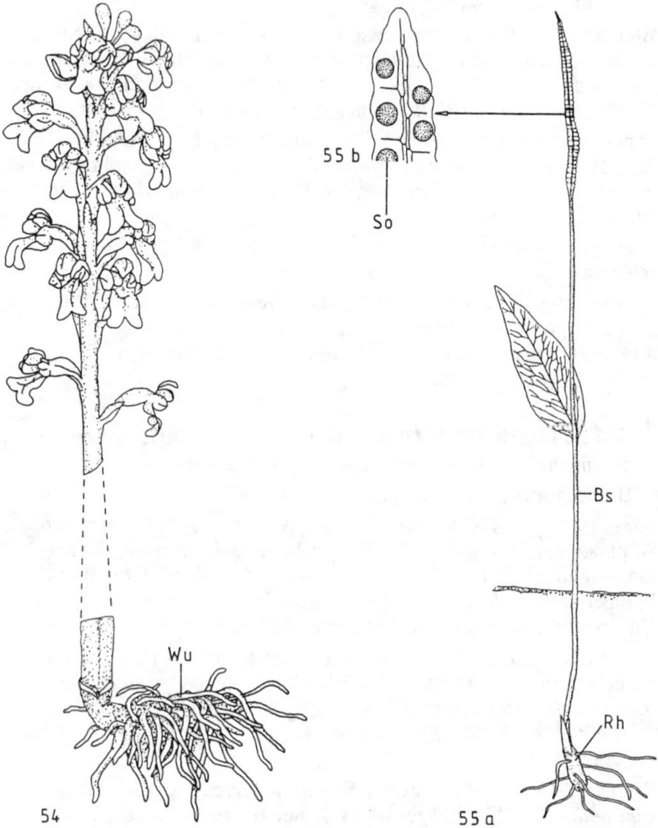

Abb. 54: **Neottia nidus-avis**: Habitus (Wu Wurzel mit Mykorrhiza).
Abb. 55: **Ophioglossum vulgatum**: **a** Habitus. **b** fertiler Blattabschnitt (Rh Rhizom, Bs Blattstiel, So Sorus).

Vegetative Vermehrung durch Ableger, besonders durch abgerissene und mit dem fließenden Wasser transportierte Teile, sowie durch Blattknospen, d. h. sich am Ansatz von Blattfiedern entwickelnde Tochterpflanzen (Blattembryonie).

Verwendung: Junge Pflanzen werden vom Vorfrühling an bis vor der Blütezeit seit altersher als Salat und Gemüse gegessen, wegen des scharfen Geschmackes vor allem in Mischung mit anderen Wildgemüsen; besonders schmackhaft mit rohem Spinat. Hierzu wurden sie zum Teil in Wasserbecken kultiviert. Wegen der stoffwechselfördernden und harntreibenden Wirkung arzneilich verwendet, vor allem in der Volksheilkunde zu Frühjahrskuren, z. B. bei rheumatischen Erkrankungen. Ehemals wichtiger Vitamin C-Lieferant durch die schon vom Winter an mögliche Ernte.

Neottia nidus-avis (L.) Rich., Nestwurz

– Orchidaceae (= Orchideen, Knabenkrautgewächse)

Geophyt: ausdauernder Vollschmarotzer auf endotrophem Wurzelpilz (Abb. 54). Stengel nur mit Schuppenblättern, gelbbraun, fast ohne Chlorophyll, Spaltöffnungen spärlich und funktionslos. Rhizom kräftig, mit zahlreichen, nestartig (Name!, vgl. griech. neotteia = Nest, lat. nidus-avis = Vogelnest) verflochtenen, fleischigen Wurzeln. Wurzelhaare fehlen. Stattdessen versorgt der Pilz die Pflanze vollständig, also auch mit Assimilaten (Mykotrophie): äußere Schichten der Wurzelrinde mit Pilzhyphen im Zellinneren, in den weiter innen gelegenen Schichten werden diese verdaut. Die Pflanze ist also (wie *Monotropa*) kein Saprophyt (= Humuszehrer), sondern Parasit auf dem (saprophytischen) Pilz.

Vorkommen: Laub- und Kiefernmischwälder auf frischen, meist kalkhaltigen, humosen Lehmböden. Schattenpflanze! Ebene bis Gebirge (Alpen bis 1400 m). - **Geschützt!**

Blüten: V-VI. Unscheinbare, bräunliche, honigduftende "Lippenblumen" vom *Orchis*-Typ, in reichblütiger Ähre (Abb. 54). Nektarium in sackförmiger Ausbuchtung des hinteren Teils der Lippe (Sporn fehlt). Vormännlich. Pollen pulverig, wenig zusammenhängend. Durch die vom Rostellum abgegebene Klebmasse wird der Pollen an die Bestäuber, besonders Fliegen, geheftet. Selbstbestäubung durch herabfallenden Pollen, daneben auch geschlossenblütig (kleistogam).

Früchte: Kapseln trocken durch Längsspalten offen: Wind- und Tierstreuer. Vertrocknete Fruchtstengel oft jahrelang erhalten bleibend. Samen: Winzige Ballonflieger. Fruchtreife: VIII-X.

Vegetative Vermehrung durch an den Enden der Wurzeln entstehende Sprosse.

Nicotiana tabacum L., Virginischer Tabak

– Solanaceae (= Nachtschattengewächse)

Einjährig, 75-150 (-200) cm hoch. Stengel, Blätter und Krone durch Drüsenhaare klebrig; besonders bei heißem Wetter werden nicotinhaltige Sekrete abgegeben, die an der Luft verharzen. - Name nach dem franz. Diplomaten in Portugal J. Nicot, der 1560 erstmals (heimlich) Samen nach Paris brachte. "Tabak" ist eine Bezeichnung der Eingeborenen für Tabakrollen zur Zeit des Columbus. - **Stark giftig**, vor allem durch das Alkaloid Nicotin mit der bekannten narkotisierenden Wirkung. Es wird in den Wurzeln gebildet und von dort in die Blätter transportiert. Der Gehalt schwankt zwischen 0,5 und 18 % vom Trockengewicht. Beim Rauchen entstehen Teerstoffe und andere Schadstoffe, die Krebs fördern. Nicotin wird intensiv von der Haut aufgenommen. Reines Nicotin ist ein äußerst starkes Gift, bereits 40-60 mg sind für einen Erwachsenen tödlich. Der Extrakt einer einzigen Zigarre oder von 5 (oder weniger) Zigaretten ist tödlich. Geringe Mengen führen zu Schwindel und Zittern, höhere Mengen zu Herzstillstand und Atemlähmung.

Vorkommen: Kulturpflanze, selten verwildert. Anbau in warmen, luftfeuchten Lagen. Heimat: Bolivien, Peru (heute nur noch in Kultur bekannt).

Blüten: VI-IX. Kurztagpflanze. Vorweibliche bis homogame, fleischrote, "große Trichterblumen", in rispenartigem Blütenstand. Nektar ist im unteren Teil der Kronröhre reichlich vorhanden, aber nur für langrüsselige Falter zugänglich. Hauptbestäuber ist der Taubenschwanz *Macroglossum stellatarum*. Selbstbestäubung erfolgreich. In der Heimat des Tabaks werden die Blüten durch Vögel bestäubt.

Früchte: 2fächerige, 2klappig aufspringende Kapseln mit bleibendem Kelch: Windstreuer. Verbreitung der sehr kleinen Samen durch den Wind. Wärmekeimer.

Verwendung: Genußpflanze, in Europa erstmals im 16. Jh. angebaut. 1986 betrug die Welternte 6 Mio t Tabak. Reines Nicotin oder Tabakbrühe werden als hochtoxische Insektenbekämpfungsmittel (Kontaktgift) verwendet.

Weitere Art:

Nicotiana rustica L., Bauern-Tabak, Machorka: Weniger kultiviert als vorige Art, alte Bauerngartenpflanze. Heimat: Mittelamerika und nördliches Südamerika. Untere Blätter gestielt. Blüten gelblichgrün, mit kurzbauchiger Kronröhre. Die Blätter wurden grob zerkleinert geraucht.

Nuphar lutea (L.) SM., Gelbe Teichrose, Mummel

– Nymphaeaceae (= Seerosengewächse)

Ausdauernde Wasserpflanze (Schwimmblattpflanze), sehr ähnlich wie die nahe verwandte, unten näher beschriebene Seerose (*Nymphaea*). Bis maximal 6 m Wassertiefe vorkommend, dann oft auch in einer untergetauchten, flutenden Form ohne Schwimmblätter. - Schwach **giftig** durch Alkaloide.

Vorkommen: Bevorzugt im Vergleich zu *Nymphaea alba* eher Fließgewässer. - **Geschützt**!

Blüten: VI-VIII. "Nektarführende Scheibenblumen", bis 4 cm breit, stark und angenehm duftend, gewöhnlich über die Wasseroberfläche erhoben. 5 goldgelbe Perigonblätter mit Kelchblattfunktion und zahlreiche spatelige, ebenfalls goldgelbe Nektarblätter mit Kronblattfunktion. Nektarien rückenständig. Bestäubung durch Käfer sowie (anders als bei *Nymphaea*) auch durch Schwebfliegen.

Früchte: Die Sammelfrüchte zerfallen durch Ablösung des umgebenden Achsengewebes in halbmondförmige, vielsamige Einzelfrüchte. Die Samen sind aufgrund von lufthaltigem Schleim schwimmfähig.

Vegetative Vermehrung durch verzweigte oder abgerissene Rhizome.

Verwendung: Zierpflanze. Die stärkereichen Rhizome und die Samen sind eßbar (Naturschutz beachten).

Nymphaea alba L., Weiße Seerose

– Nymphaeaceae (= Seerosengewächse)

Ausdauernde Wasserpflanze (Schwimmblattpflanze): "Schlammwurzler" mit Speicher-Rhizom (im Herbst stärkereich) und Schwimmblättern. Sproßachse auf das fast armdicke, im Schlammboden befindliche Rhizom beschränkt (Abb. 56 g). Vom Rhizom gehen die hohlen Wurzeln sowie die elastischen und somit den Wasserstandsschwankungen angepaßten Blatt- und Blütenstiele aus, deren Ansatzstellen an älteren Rhizomabschnitten an charakteristischen Narben erkennbar sind. Blatt- und Blütenstiele maximal 3 m lang und damit die längsten der heimischen Flora. Alle Teile der Pflanze einschließlich Rhizom mit Durchlüftungsgewebe (Aerenchym) als Anpassung an die Sauerstoffarmut des Schlammbodens bzw. für den Auftrieb; z. B. haben die Blattstiele vier auffällige Durchlüftungskanäle (Abb. 56 f).

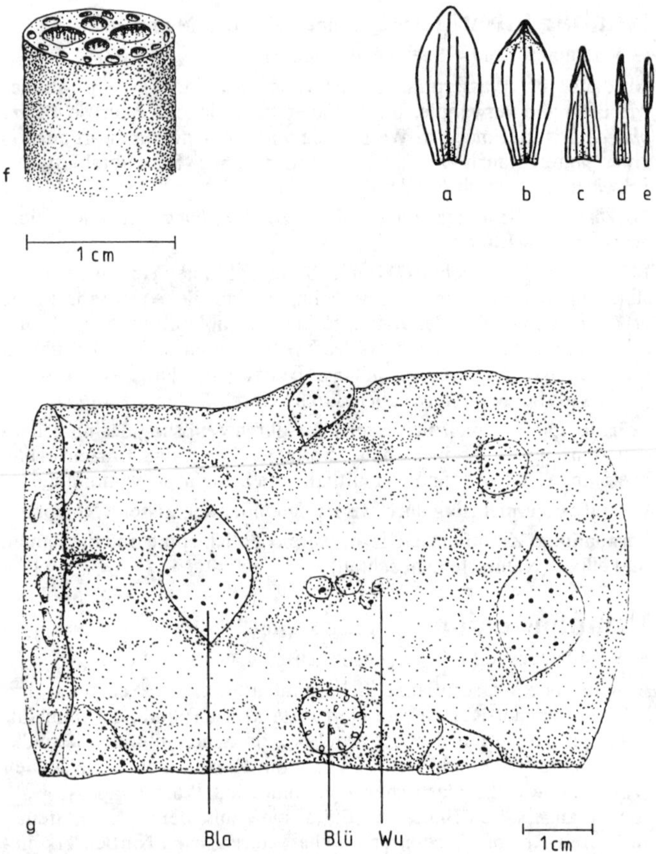

Abb. 56: **Nymphaea alba**: **a-e** Übergänge vom Kronblatt zum Staubblatt. **f** Blattstiel. **g** Rhizom (Bla Blattstielnarben, Blü Blütenstielnarben, Wu Wurzelnarbe).

Schwimmblattoberseite mit Spaltöffnungen sowie wasserabstoßender Wachsschicht gegen Behinderung des Gasaustausches. Im Winter und in Fließgewässern bilden sich oft spaltöffnungsfreie, salatblattartige Unterwasserblätter. - Bemerkenswert ist die systematische Stellung: Die für fast alle Bedecktsamer typischen Tracheen fehlen (es sind nur nur Tracheiden vorhanden); die Samenanlagen stehen nicht wie üblich am Rande der Fruchtblätter, sondern auf deren Fläche (laminale Plazentation); die Leitbündel sind wie bei den Einkeimblättrigen zerstreut angeordnet. - Name der Gattung in Anlehnung an die wasserbewohnenden Nymphen. - Hauptverbreitung der Gattung in den Tropen. Verwandt ist die Teichrose (*Nuphar lutea*), siehe dort. - Schwach **giftig** in allen Teilen durch Alkaloide und Glykoside.

Vorkommen: mäßig nährstoffreiche (meso- bis eutrophe), stehende bis langsam fließende Gewässer von geringer Tiefe (bis 3 m) mit schlammigem Grund. Reiche Bestände zeigen Eutrophierung an. Manche Angler meinen dann, die Seerosen mit Kalk bekämpfen zu müssen, wodurch aber das Übel noch verschlimmert wird. Auch aus Kultur eingebürgert und auch im Freien ausgebracht (angesalbt). Wärmeliebend (im Gebirge bis etwa 1000 m). - **Geschützt**!

Blüten: VI-VIII. Die bis zu 8 cm breiten "Pollen-Scheibenblumen" sind unsere größten Blüten! Sie werden von 4 außen grünen, innen weißen Perigonblättern ("Kelchblättern") umhüllt. Nach innen folgen zahlreiche, spiralig angeordnete, zunächst mit grünem Mittelstreifen versehene, dann rein weiße "Kronblätter", anschließend alle Übergänge bis zu den normalen, lebhaft gelb gefärbten Staubblättern (Abb. 56 a-e). Die Narbenstrahlen scheiden eine zuckerhaltige Flüssigkeit ab. Die zwischen 7 Uhr morgens und 16 Uhr geöffneten Blüten werden vor allem von Käfern besucht, die den Pollen fressen oder die Blüte als Herberge benutzen.

Früchte: Die freien Fruchtblätter sind von Achsengewebe umwuchert, so daß zur Reife eine beerenartige Sammelfrucht vorliegt, die sich als ganzes von der Pflanze ablöst. Durch Verwesung lösen sich die Fruchtwände auf und geben Samenklumpen frei. Samen aufgrund eines lufthaltigen, sackartigen Samenmantels (Arillus) schwimmfähig. Allmählich wird auch der Samenmantel zersetzt und die schweren Samen sinken auf den Grund des Gewässers. Dazu Klebverbreitung durch Wasservögel. Fruchtreife: VIII-X.

Vegetative Vermehrung durch abgelöste Rhizomteile: Schwimmverbreitung.

Verwendung: *Nymphaea*-Arten, so vor allem auch rotblühende, sind beliebte Zierpflanzen für Gartenteiche. - Die Rhizome wurden früher arzneilich verwendet sowie in Notzeiten zu Mehl verarbeitet, das mit Getreidemehl vermischt zum Brotbacken diente (vgl. aber Giftigkeit und Naturschutz). Auch die stärkereichen Samen sollen eßbar sein.

Nymphoides peltata (S. G. GMELIN) O. KUNTZE

(= *Limnanthemum nymphoides* (L.) HOFFGG. et LINK), Seekanne

– Gentianaceae s. l. (= Enziangewächse i. w. S.) bzw. Menyanthaceae (= Fieberkleegewächse)

Ausdauernde Schwimmblattpflanze mit kriechendem Rhizom und flutendem Stengel (= Unterschied zur Seerose). Schwimmblätter denen von *Nymphaea* ähnlich (Name!), aber viel kleiner und unterseits drüsig punktiert.

Vorkommen: stehende bis langsam fließende, flache, sommerwarme, nährstoffreiche (eutrophe) Gewässer über humosen Schlammböden, in wintermilder Klimalage. Optimum bei 0,5-1,5 m Wassertiefe. Vor allem im Norden und Westen in den Tieflagen, im Süden nur in den Stromtälern. Gefährdet! - **Geschützt**!

Blüten: VII-VIII. Gelbe, bis 3 cm breite, bis 7 cm lang gestielte, "große Trichterblumen", zu 2-5 in achselständigen Büscheln, über die Wasseroberfläche ragend. Kronrand innen lang gewimpert (bärtig): Erhöhung der Schauwirkung. Bestäuber: verschiedene Insekten.

Früchte: eiförmige, sich unregelmäßig öffende Kapseln. Samen sehr flach: Wasserschwimmer sowie Wasserhafter am Gefieder von Wasservögeln.

Oenanthe aquatica (L.) POIR. (= *Phellandrium aquaticum* L.), Großer Wasserfenchel, Wasser-Pferdesaat, Roßkümmel, Rebendolde

– Apiaceae (= Doldenblütler)

Einjährige bis mehrjährige, nur 1x blühende Wasserpflanze bzw. Halbrosettenpflanze. Verschiedenblättrig: Unterwasserblätter haarfein zerteilt. Stengelbasis bis 8 cm dick, und zwar - wie sonst meist nur bei Einkeimblättrigen - aufgrund von primärem Dickenwachstum. Primärwurzel kurzlebig, bald durch dünne, büschelig angeordnete, sproßbürtige Wurzeln ersetzt. - **Giftverdächtig**, da die süd- und westeuropäische Art *O. crocata* (= Safran-Rebendolde) als äußerst gefährliche Giftpflanze bekannt ist. (Diese Art ist durch fingerartig verdickte Nebenwurzeln gekennzeichnet, daher auch der Name "dead men's fingers", und enthält wie der Wasserschierling als giftige Wirkstoffe Polyine).

Vorkommen: Verlandungsgesellschaften flacher, sommerwarmer, stehender Gewässer, auf flach überschwemmten, zeitweise trockenfallenden, nährstoff- und oft kalkreichen Schlickböden, mit stark schwankendem Wasserstand bis etwa 0,5-1,5 m Wassertiefe. Vor allem in den Tieflagen. Stellenweise im Rückgang.

Blüten: VI-VIII. "Scheibenblumen", in scheinbar blattgegenständigen Doppeldolden.

Früchte: Schwimmverbreitung mit Hilfe eines Schwimmgewebes.

Vegetative Vermehrung durch Ausläufer.

Verwendung: Früchte früher gerne arzneilich verwendet ("Fructus Phellandri"), z. B. gegen Husten, Blähungen und als harntreibendes Mittel. Hierauf beziehen sich offenbar die mit "Kümmel" bzw. "Fenchel" zusammengesetzten deutschen Namen.

Weitere Arten:

> **Oenanthe fistulosa** L., Röhriger Wasserfenchel: Wurzeln z. T. knollig verdickt. Doppeldolden endständig und mittlere Blüten fast ungestielt. Stengel und Blattstiele röhrig. Gefährdet! - Andere Arten der Gattung sind sogar stark gefährdet bzw. bereits verschollen!

Oenothera biennis L. (Sammelart), Gemeine Nachtkerze

– Onagraceae (= Oenotheraceae) (= Nachtkerzengewächse)

Zweijährige Halbrosettenpflanze, d. h. im ersten Jahr mit Blattrosette, im zweiten Jahr blühend. Tiefwurzler (bis 1,6 m Tiefe). Langtagpflanze, d. h. erst von bestimmter Tageslänge an blühfähig. - Seit ihrer Einschleppung aus Nordamerika (ab 1619) haben sich die meisten mitteleuropäischen Arten erst hier entwickelt, sind also mit den ursprünglich eingeführten Arten nicht identisch. - Viele Nachtkerzen-Arten sind dadurch gekennzeichnet, daß die vom Vater stammenden Chromosomen von den mütterlichen grundsätzlich verschieden sind und sich gewöhnlich unvermischt wieder trennen (Komplexheterozygotie). Die leichte Kreuzbarkeit, die erbliche Verschiedenheit der Plastiden verschiedener Arten, die sonst offenbar seltene Situation der Übertragung von Plastiden auch durch den Vater (= Pollenelter) sowie die weitgehend ausbleibende MENDELsche Rekombination führten dazu, daß *Oenothera* zum Standardobjekt der Plastidengenetik wurde.

Vorkommen: trockene, sandige oder kiesige Ruderalstellen, z. B. charakteristisch an Bahndämmen.

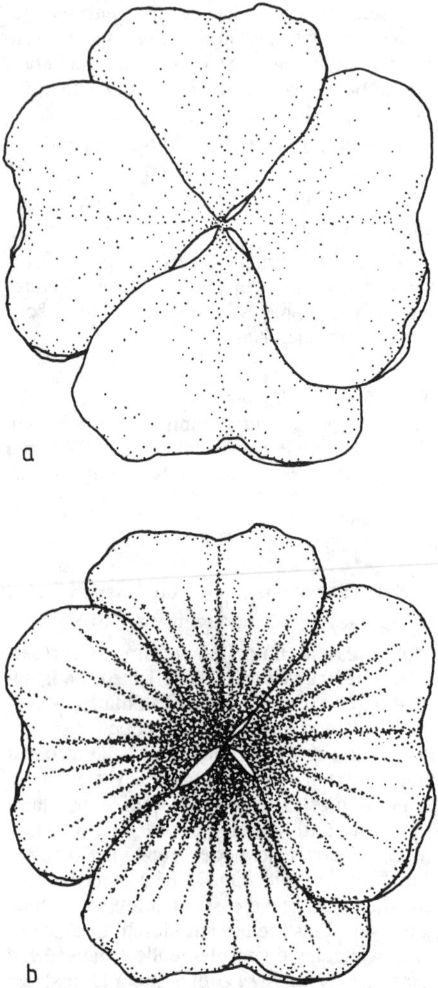

Abb. 57: Oenothera: Kronblätter. **a** im Normallicht gesehen, **b** im UV-Licht.

Blüten: VI-VIII. Streng vormännliche "Stieltellerblumen mit herausragenden Staubbeuteln", in traubenförmigen Ähren. Der unterständige Fruchtknoten sitzt ungestielt in der Achsel eines Tragblattes. Darüber befindet sich eine mehrere cm lange, den Griffel umgebende Blütenröhre (= Hypanthium), in der der Nektar kapillar aufsteigt und von langrüsseligen Insekten aufgenommen wird. Die leuchtend gelben Kronblätter haben eine hohe UV-Reflexion und zeigen in dem für den Menschen unsichtbaren UV-Bereich deutliche Strichsaftmale (Abb. 57 b). Die Blüten öffnen sich in der Dämmerung mit deutlichem Knistern durch Aufreißen der zunächst verwachsenen Kelchblätter und Entfaltung der eingerollten Kronblätter. Der sehenswerte Vorgang dauert an warmen Sommerabenden nur wenige Minuten und läßt sich bei Bedarf durch Erwärmen der Blüten mit der warmen Hand beschleunigen. Der Hauptduft ist nachts, daher typische Nachtfalterblume. Am nächsten Tag entfalten sich die großen, vierlappigen Narben und bis zum Mittag sind die Blüten meist verblüht. Tagsüber erfolgt auch reicher Besuch durch Bienen, Hummeln und Tagfalter. Zweiflügler bestäuben beim Sammeln des Pollens. Dazu Selbstbestäubung. - Wegen des durch klebrige Fäden verbundenen Pollens als Bienenweide nicht beliebt. Die Pollenkörner gehören mit einem ø von etwa 0,12 mm zu den größten überhaupt und sind mit bloßem Auge gerade noch erkennbar. Im Umriß sind sie dreieckig und besitzen Ecklappen. Beachtenswert ist der von den Pollenschläuchen zurückzulegende, mehrere cm lange Weg (bei ausländischen Arten bis zu 25 cm).

Früchte: Kapseln mit zahlreichen Samen, aufgesprungen sparrig: Wind- und Tierstreuer. Fruchtreife: VIII-X. Wintersteher.

Verwendung: Die fleischigen Wurzeln waren früher als Gemüse beliebt ("Gelbe Rapunzel, Rapontika, Schinkenwurzel", letzterer Name wegen der rötlichen Färbung) und werden auch neuerdings wieder sehr empfohlen. Am besten bereitet man sie wie Schwarzwurzeln zu und mischt sie mit anderen Wurzelgemüsen. - Die arzneiliche Verwendung der Nachtkerzen war schon den Indianern bekannt, spielte aber in Europa eine völlig untergeordnete Rolle. Erst in den letzten Jahren wurde in den fettreichen Samen der ungewöhnlich hohe Anteil von 8-10 % der stoffwechselphysiologisch bedeutsamen Gamma-Linolensäure entdeckt. Inzwischen wird Nachtkerzenöl arzneilich bei Beschwerden vor und nach den Wechseljahren und auch als Grundlage für Kosmetika verwendet. Für Wildpflanzengärten zu empfehlen (vor allem die Kleinart *O. erythrosepala* Borb.).

Onobrychis viciifolia Scop. (= *O. sativa* Lamk., *O. viciaefolia* Scop.), Saat- oder Futter-Esparsette

– Fabaceae (= Schmetterlingsblütler)

Hemikryptophyt: Schaftpflanze. Tiefwurzler bis 4 m Tiefe (= Trockenheitsanpassung). Wurzelknöllchen mit stickstoffbindenden Bakterien.

Vorkommen: sonnige Kalkmagerrasen, Wege und Böschungen, auf warmen, kalkhaltigen Lehmböden. Kulturpflanze, vor allem der Kalkgebiete. Heimat: Südosteuropa. Seit dem 16. Jh. angebaut (anstelle von Klee) und seither häufig verwildert und eingebürgert (Neophyt). Ebene bis mittlere Gebirgslagen (Jura bis 900 m).

Blüten: V-VII. Vormännliche (?) "Schmetterlingsblumen mit Klappeinrichtung", in langgestielten Trauben. Flügel mit purpurner Aderung (= Strichsaftmale). Beim Aufsitzen schwerer Insekten klappt das Schiffchen herab, und ihr Bauch wird mit Pollen bedeckt bzw. später von der Narbe berührt. Nektar reichlich, auch kurzrüsseligen Bienen zugänglich. Bienenweide.

Früchte: Die Hülsen sind als 1samige und stachelige Schließfrüchte (Nüßchen) ausgebildet: Klettverbreitung. Fruchtreife: VII-IX.

Verwendung: wertvolle Trockenfutterpflanze (Name!: griech. onos = Esel, brychein = verschlingen). Bodenverbesserer.

Ononis spinosa L., Dornige Hauhechel

– Fabaceae (= Schmetterlingsblütler)

Winterkahler, dorniger Halbstrauch (Chamaephyt). Trockenheitsanpassungen: Sproßdornen, obere Blätter auf die Endfieder reduziert (dafür Blattgrund erweitert) und Tiefwurzler. Pflanze reich an ätherischen Ölen. Knöllchen mit stickstoffbindenden Bakterien. Wurzelpilz.

Vorkommen: sonnige Halbtrockenrasen, Wegränder und Moorwiesen, auf warmen, meist kalkhaltigen Lehmböden. Magerkeitszeiger. Ebene bis mittlere Gebirgslagen, vor allem Kalkgebiete, Jura bis 980 m.

Blüten: VI-VIII. "Pollen-Schmetterlingsblumen mit Pumpmechanismus", ähnlich wie bei *Lotus* und *Lupinus*, meist einzeln achselständig. Später entsteht durch Abnutzung ein Klappmechanismus. Blüten mit schönen Strichsaftmalen. Nektar wird nicht angeboten, deshalb alle 10 Staubblätter zu einer Röhre verwachsen. Daher ist erstaunlich, daß Bienen die Hauptbesucher sind.

Früchte: wenigsamige Hülsen mit Austrocknungsmechanismus: Selbststreuer und Tierstreuer; dazu Zufallsverbreitung. Fruchtreife: VIII-IX.

Verwendung: seit dem Altertum bekanntes, mildes harntreibendes Mittel. Wurzel auch heute noch arzneilich verwendet, außerdem in der Volksmedizin bei rheumatischen Beschwerden und Hautleiden. Als Futterpflanze wertlos.

Weitere Art:

Ononis repens L., Kriechende Hauhechel: ähnlich wie vorige Art. Reich zottig-drüsig (Transpirationsschutz) und dornenlos oder zerstreut dornig.

Ophioglossum vulgatum L., Gemeine Natternzunge

– Ophioglossaceae (= Natternzungengewächse, Natternfarne)

Rhizom-Geophyt (Abb. 55, S. 294). Sproßachse kurz, unterirdisch, d. h. auf das Rhizom beschränkt. Blätter einzeln stehend, langgestielt, aus einem eiförmigen, gelbgrünen, Photosynthese treibenden Teil (= "Querfieder") und einem senkrecht dazu stehenden, natternzungenartigen (Name!, vgl. griech. ophis = Natter, glossa = Zunge) Teil bestehend, der die ährenartig angeordneten Sporangien trägt. Die Blätter sind also dreidimensional und bestehen aus einem sterilen und einem fertilen Teil, wobei letzterer oft fehlt. Pro Jahr entfaltet sich gewöhnlich nur 1 Blatt, das bis zu seiner Entwicklung 3 Jahre benötigt und an seiner Spitze nicht eingerollt ist. - Endotropher Wurzelpilz: mindestens der Vorkeim parasitiert auf dem Mykorrhiza-Pilz (= Mykotrophie), möglicherweise aber auch noch die eigentliche Pflanze. - Die Chromosomenzahl ist mit 2n = 480 (32-ploid?) extrem hoch. Nächst verwandt mit der Mondraute (*Botrychium*). Wie diese unterscheidet sie sich von den übrigen Farnen (Filicatae) durch die mehrschichtigen Sporangienwände ("eusporangiat") sowie das Wachstum mittels Initialzellgruppen (statt mit Scheitelzellen). In die Verwandtschaft gehört auch ein Teil der tropischen Baumfarne.

Vorkommen: Moorwiesen und feuchte, lückige Magerwiesen, auf wechselnassen, milden bis sauren, basenreichen, dichten Tonböden. Lichtpflanze. Ebene bis mittlere Gebirgslagen, deutsche Alpen bis 940 m (Tirol bis 1400 m). Salzertragend, düngerfeindlich. Allgemein im Rückgang. Stark gefährdet! - Schützenswert!

Vermehrung: Vorkeim (= Prothallium) unterirdisch, wenige mm lang, knöllchenförmig. Sporangien zweizeilig angeordnet (Abb. 55 b). Sie öffnen sich 2klappig durch einen Querriß. Im Gegensatz zu den meisten übrigen Farnen fehlt ein Ring (Anulus) mit Kohäsionsmechanismus, so daß die Sporen nicht ausgeschleudert werden: Windstreuer. Sporenreife: VI-VIII. - Hauptsächliche Vermehrung vegetativ durch Wurzelsprosse ("Wurzelbrut").

Verwendung: Ehemals beliebtes Wundheilmittel, heute nicht mehr im Gebrauch.

Ophrys insectifera L. (= *O. muscifera* Hudson), Fliegen-Ragwurz, Fliege

– Orchidaceae (= Orchideen, Knabenkrautgewächse)

Knollen-Geophyt. Knolle klein, länglich bis kugelig, in ihrem oberen Teil Nebenwurzeln tragend. Sie besteht zur Hauptsache aus einer verdickten Wurzel (Wurzelknolle), trägt aber an ihrer Spitze einen kleinen Sproßanteil, der im folgenden Jahr zum oberirdischen Sproß auswächst (vgl. Abb. 58). Wechselknolle: pro Jahr entsteht eine Knolle als Seitenorgan aus der Achsel des untersten Niederblattes und durchbricht dieses. Wurzelpilz (endotrophe Mykorrhiza).

Vorkommen: Magerrasen und lichte Kieferntrockenwälder, auf sommerwarmen, kalkreichen Böden. Ebene bis Hochgebirge (Alpen bis 1620 m). Im Norden selten. Im Rückgang. Gefährdet! - **Geschützt**! (alle Arten der Gattung).

Blüten: V-VI. "Lippenblumen vom *Orchis*-Typ", in einseitswendiger Ähre. Nektar fehlt, dafür "anbohrbares Gewebe". An der Basis der Lippe glänzende Höcker (= "Scheinnektarien"), die aber vermutlich blütenökologisch unbedeutend sind. "Insektentäuschblume" bzw. "Fetischblume": Männchen von Grabwespen (vor allem *Gorytes mystaceus* L.) führen auf der Lippe Begattungsbewegungen aus, wobei die Pollinien übertragen werden. Dieses Verhalten hört nach dem Schlüpfen der Weibchen auf. Fernanlockung durch Ähnlichkeit der Lippe mit den Weibchen, Nahanlockung durch spezifischen Duft und Berührungsreize. Andere Hautflügler werden meist abgeschreckt, da eine "Besetzung" vorgetäuscht wird. Insektenbestäubung insgesamt spärlich. Im Gebiet meist Selbstbestäubung. Samenbildung z. T. apomiktisch (= Jungfernzeugung).

Früchte: Kapseln trocken durch Längsspalten geöffnet: Wind- und Tierstreuer. Winzige Samen: Ballonflieger. Fruchtreife: VIII-X. Jedoch Samenansatz meist unter 10 %.

Weitere Art:

Ophrys apifera Hudson, Bienen-Ragwurz, Biene: ähnlich wie vorige Art. Stark gefährdet. Blüte viel größer. Fremdbestäubung bei uns selten beobachtet, offenbar weil hier außerhalb des eigentlichen Verbreitungsgebietes geeignete Bestäuber fehlen. Vorwiegend Selbstbestäubung: Staubbeutel mit gebogenem Fortsatz; die Pollinien hängen an langen, dünnen Stielchen bald nach dem Aufblühen aus den Pollenfächern heraus und senken sich schließlich auf die Narbe herab (selbstfertil). - Formenreich (polymorph): Am gleichen Standort können bei einigen *Ophrys*-Arten und bei verwandten Gattungen erblich verschiedene Formen mit unterschiedlichen Blütenmustern nebeneinander vorkommen.

Orchis militaris L., Helm-Knabenkraut

– Orchidaceae (= Orchideen, Knabenkrautgewächse)

Knollen-Geophyt. Wechselknolle (Abb. 58 a, b) eiförmig, wie bei *Ophrys* beschrieben. Bei den in Blüte stehenden Pflanzen liegen die alte und die neu gebildete Knolle nebeneinander (vgl. Abb. 58 c) und erinnern somit an Hoden (Name!, vgl. griech. orchis = Hoden). - Die oberirdischen Teile sind schwach **giftig** und werden im frischen Zustand vom Vieh gemieden.

Vorkommen: Magerrasen, Moorwiesen und lichte Gebüsche, auf kalkreichen, tiefgründigen Böden. Kalkzeiger. Etwas wärmeliebend: Ebene bis mittlere Gebirgslagen, Alpen bis 950 m. Im Rückgang, vor allem durch veränderte Wirtschaftsweisen. Gefährdet! - **Geschützt**! (alle Arten).

Blüten: V-VI. "Lippenblumen vom *Orchis*-Typ", wie bei *Dactylorhiza* beschrieben. Perigonblätter helmartig zusammenneigend (Name!). Lippe hellrot, mit behaarten, dunkelvioletten Papillen als Tüpfelsaftmalen. Bestäuber: vor allem Hummeln. Spontane Selbstbestäubung ist nicht möglich.

Früchte: Kapseln mit winzigen Samen: Windstreuer bzw. Ballonflieger.

Verwendung: Die Knollen der *Orchis*-Arten und vieler anderer Orchideen werden als wertvolle Schleimdroge ("Tubera Salep"), besonders in der Kinderheilkunde bei Reizerscheinungen des Magen-Darmtraktes, angewandt. Schleimstoffgehalt bis 55 % (Reservepolysaccharide), außerdem 25 % Stärke und bis 15 % Eiweiß. Die Droge stammt vor allem aus Griechenland und der Türkei. - Im Mittelalter galten die Knollen nach der Signaturenlehre, "wonach man jedem Ding ansehen könne, wozu es gut sei", als Aphrodisiacum.

Weitere Art:

Orchis mascula L., Stattliches, Männliches oder Manns-Knabenkraut: ähnlich wie vorige Art. Blüten purpurn, die seitlichen Perigonblätter abstehend. Auch in Laubwäldern. In den Alpen bis 1750 m. Im Norden selten. Gefährdet!

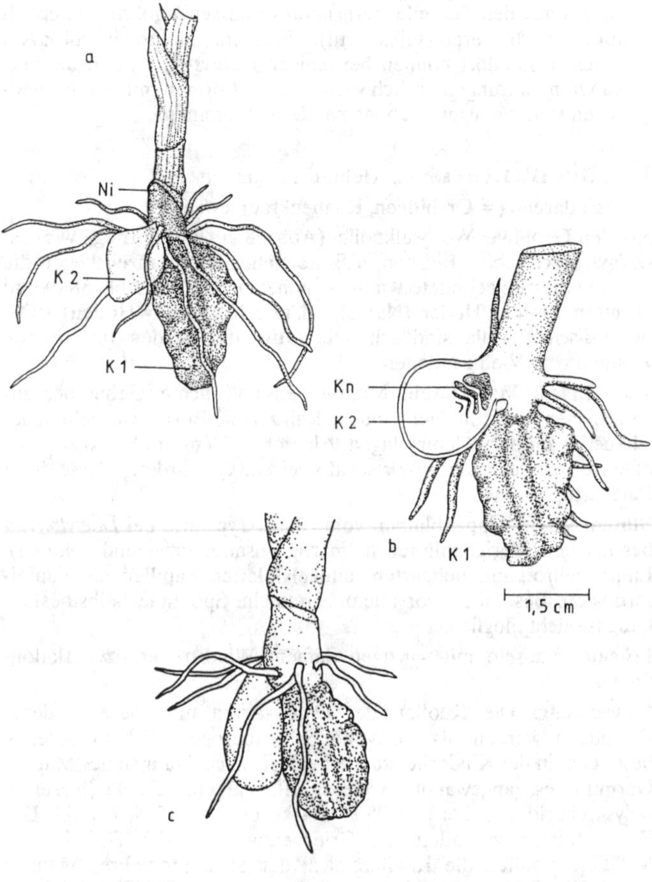

Abb. 58: **Orchis**: Sproßbasis mit Wurzelknollen. **a-b** *O. militaris* a Seitenansicht, b längs geschnitten. **c** *O. morio* Stadium, in dem die junge und alte Knolle etwa gleich groß sind (Ni Niederblatt, K1 vorjährige, K2 diesjährige Knolle, Kn Knospe des nächstjährigen Achselsprosses). (a, b nach v. Wettstein, c nach Troll).

Origanum vulgare L., Echter Dost, Origanum

– Lamiaceae (= Lippenblütler)

Hemikryptophyt (Schaftpflanze) oder Chamaephyt. Blätter unterseits durch Ölbehälter drüsig punktiert: reich an ätherischen Ölen (Transpirationsschutz) und stark aromatisch riechend. Blätter scharf bitter und herb schmeckend.

Vorkommen: sonnige Wald- und Gebüschränder, lichte Wälder und Magerrasen, auf sommerwarmen, basenreichen Böden, vor allem der Kalkgebiete. Pionierpflanze. Ebene bis mittlere Gebirgslagen, Alpen bis 1800 m. In fast ganz Europa verbreitet.

Blüten: VII-X. Kleine, "echte Lippenblumen", zu sehr vielen in kugelig gedrängter Scheinrispe (Thyrse). Neben großen zwittrigen auch kleine weibliche Blüten (gynomonözisch oder gynodiözisch). Wohlriechend. Nektar reichlich abgesondert, sehr zuckerreich (bis 76 %), von "Saftdecke" (= Haaren) geschützt. Die Blüten werden besonders reichlich von Honigbienen besucht, als Bestäuber kommen aber auch zahlreiche weitere Insektenarten in Frage. Maximaler Blütenbesuch gegen 13 Uhr. Keine Selbstbestäubung.

Früchte: durch den bleibenden Kelch Windverbreitung. Ballonflieger!

Vegetative Vermehrung durch unterirdische Ausläufer.

Verwendung: Kraut der blühenden Pflanze beliebtes Gewürz, ähnlich wie der nahe verwandte Majoran (*Majorana hortensis* Moench = *Origanum majorana* L.) zu verwenden. In letzter Zeit als Pizzagewürz ("Oregano") allgemein bekannt geworden, aber auch für andere Speisen geeignet. Für Wildpflanzengärten zu empfehlen. - Als Heilpflanze (bis 4 % ätherische Öle, Bitterstoffe und Gerbstoffe), vor allem in der Volksmedizin sehr vielseitig angewandt, auch als Badezusatz, in der Parfümerie und in der Homöophathie.

Ornithogalum umbellatum L., Doldiger Milchstern

– Liliaceae s. l. (= Liliengewächse i. w. S.) bzw. Hyacinthaceae (= Hyazinthengewächse)

Zwiebel-Geophyt. Zwiebel kugelig, bis 3 cm breit, aus dem fleischig verdickten Blattgrund gebildet. Blätter zu 6-9 grundständig, fleischigrinnig, mit weißem Mittelstreifen. - Chromosomenzahl sehr verschieden: 18, 27, 28 oder 54.

Vorkommen: Weinberge, trockenere Wiesen, Parkrasen und Gebüsche, auf nährstoffreichen, tiefgründigen Lehmböden. Oft gesellig.

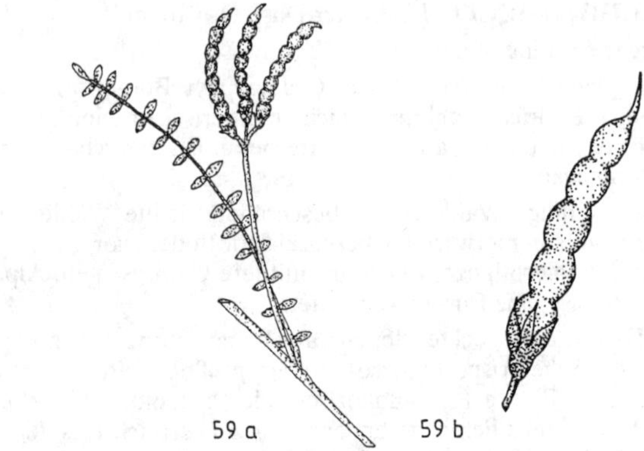

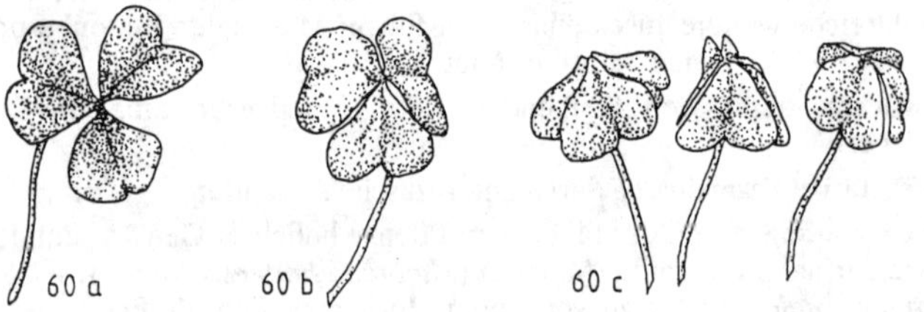

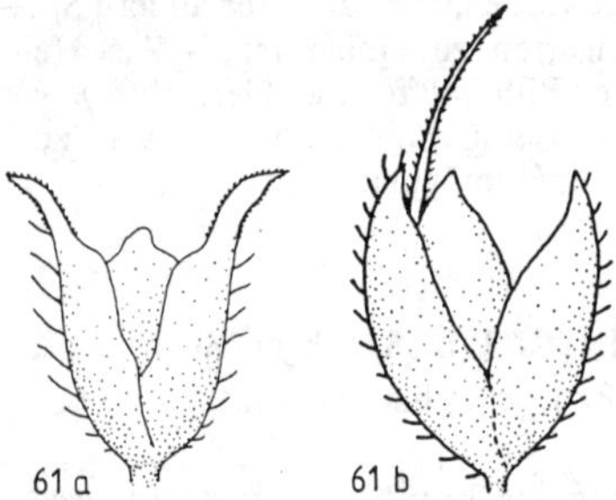

Abb. 59: Ornithopus perpusillus: a fruchtender Zweig. **b** Frucht.
Abb. 60: Oxalis acetosella: a Blattfiedern entfaltet, **b** halb gesenkt, **c** gesenkt.
Abb. 61: Ährchen von: a *Phleum*, **b** *Alopecurus*.

Ebene bis mittlere Gebirgslagen (bis 710 m). Neubürger (Neophyt)? Heimat: Mittelmeergebiet. Auch als Zierpflanze kultiviert und verwildert.

Blüten: IV-VI, Frühblüher. Vorweibliche, "nektarführende Scheibenblumen", in traubenähnlicher, aufrechter Scheindolde. Bei uns oft steril. Blüten bei Sonnenschein geöffnet, sternförmig (Name!). Perigonblätter milchig weiß (Name!), außen mit grünem Streifen. Nektar am Rande der Fruchtblätter abgeschieden (Septalnektarien), an deren Außenfurchen herablaufend. Von den Staubbeuteln öffnen sich zuerst die 3 äußeren, dann die 3 inneren. Neben zwittrigen Pflanzen kommen auch solche mit sich nicht öffnenden Staubbeuteln vor (gynodiözisch). Bestäuber: verschiedene Insekten. Spontane Selbstbestäubung verbreitet, z. B. wenn sich die Blüten bei trübem Wetter oder nachmittags schließen oder sich die Staubbeutel gegen Ende der Blütezeit zur Narbe hin bewegen.

Früchte: keulenförmige, fachspaltige Kapseln, mit 4-6 Samen je Fach, am reifen Fruchtstand waagerecht abstehend: Schwerkraftverbreitung. Samen runzelig und mit Ölkörper: Ameisenverbreitung.

Vegetative Vermehrung durch kleine, nur spärlich gebildete Brutzwiebeln, die z. B. durch Wühlmäuse verschleppt werden.

Verwendung: Zierpflanze der Bauerngärten, auch für Wildpflanzengärten zu empfehlen. Die nährstoffreichen Zwiebeln wurden früher roh oder gekocht gegessen und vor allem in Südosteuropa gerne wie Eß-Kastanien geröstet.

Ornithopus perpusillus L., Kleiner Vogelfuß, Mäusewicke

– Fabaceae (= Schmetterlingsblütler)

Einjährig (sommer- und winterannuell). Stengel niederliegend in Anpassung an den leicht beweglichen, sandigen Untergrund.

Vorkommen: magere Sandfelder, Brachen, Äcker und Dünen, auf kalkarmen, sauren, lockeren Sandböden. Vor allem im Nordwesten.

Blüten: V-VI. Kleine, nur 3-4 mm lange "Schmetterlingsblumen", zu 3-7 in Dolden oder Köpfchen. Im Aufbau ähnlich den Blüten der Kronwicke (*Coronilla*). Krone weißlich, mit gelblichem Schiffchen und rotgestreifter Fahne. Meist Selbstbestäubung.

Früchte: gebogene, 1-2 cm lange Glieder- bzw. Bruchhülsen, bei der Reife in 4-7 einsamige Teilfrüchte zerfallend. Die zu mehreren zusammenstehenden Früchte (Abb. 59) sehen Vogelfüßen sehr ähnlich (Name!, vgl. griech. ornis = Vogel, pous = Fuß).

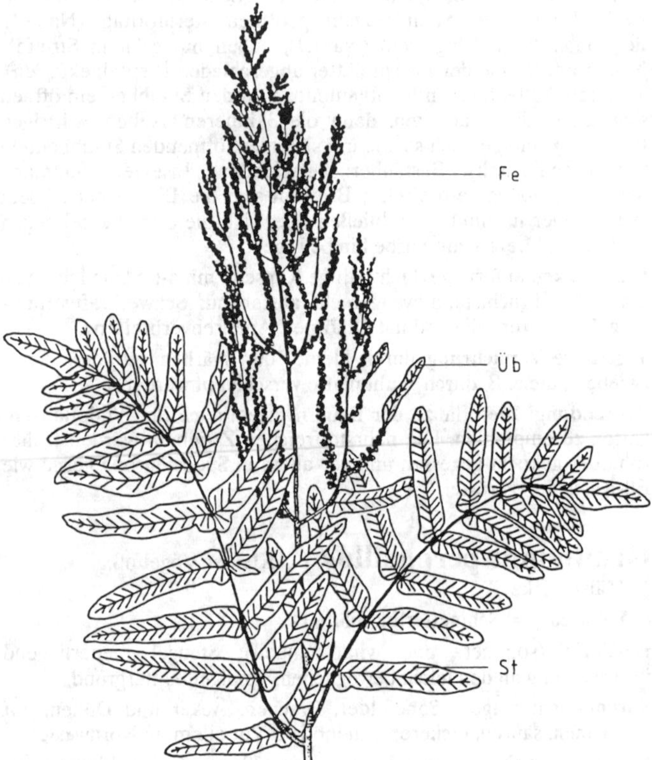

Abb. 62: Osmunda regalis: oberer Teil eines Blattes (Fe Fertiler Blattabschnitt, St steriler Blattabschnitt, Üb Übergangsbereich).

Weitere Art:

Ornithopus sativus Brot., Serradella: einjährig, seltener zweijährig. Stengel aufsteigend. Blüten 4-8 mm lang, rosa. Als Futterpflanze bei uns nur noch selten auf sauren, möglichst nährstoffreichen Sandböden angebaut, und gelegentlich in Sandtrockenrasen verwildert. Heimat: westliches Mittelmeergebiet. Dort als Zwischenfrucht noch häufiger anzutreffen.

Orobanche caryophyllacea Smith (= *O. vulgaris* Poiret), Gemeine oder Nelken-Sommerwurz – Orobanchaceae (= Sommerwurzgewächse)

Rhizom-Geophyt: chlorophyllfreier Vollschmarotzer auf Labkraut-Arten, z. B. dem Echten Labkraut (*Galium verum*). Die winzigen, keimblattlosen Samen keimen erst nach Berührung der Wirtspflanze und wachsen zu einem Keimfaden heran, der nach dem Auftreffen auf die Nährwurzel bis in den Siebteil (Phloem) eindringt und dort mittels eines Saugorgans (= Haustorium) Wasser und Assimilate entzieht. Zunächst entsteht ein kleines, knöllchenartiges Gebilde an der Wirtswurzel, das erst nach einigen Jahren zur blühenden Pflanze auswächst, die nach der Samenreife abstirbt. - Schwach **giftig** durch Gehalt an Aucubin, doch sind Vergiftungsfälle nicht bekannt.

Vorkommen: sommerwarme, mäßig trockene Kalkmagerrasen. Von der Ebene bis in mittlere Gebirgslagen (Jura bis 970 m). Im nordwestdeutschen Tiefland fehlend. Oft im Rückgang. Gefährdet! - Schützenswert!

Blüten: VI-VII. Homogame "Rachenblumen", in endständiger Traube. Duft nach Nelken (Name!, vgl. caryophyllaceus = nelkenartig). Hauptduft abends. Staubbeutel mit geschwänzten Fortsätzen, Pollen wenig klebrig: Streumechanismus. Da die Staubbeutel vom Kopf der Narbe überragt werden, erfolgt stets Fremdbestäubung. Besucher: besonders Hummeln.

Früchte: fachspaltige, 1fächerige, 2klappig aufspringende Kapseln: Wind- und Tierstreuer. Samen wie bei den meisten Parasiten sehr klein und zahlreich: Ballonflieger. Das Samengewicht von nur 0,001 mg ist das niedrigste der heimischen Flora. Das Nährgewebe ist ölhaltig.

Vegetative Vermehrung auf ausdauernden Wirtspflanzen durch Bildung von unterirdischen Sprossen, an deren Kontaktstellen mit den Wirtswurzeln neue Blütensprosse entstehen.

Weitere Art:

Orobanche minor Sm. (= *O. barbata* Poir.), Kleewürger, Kleine Sommerwurz, Kleeteufel: einjährig bis ausdauernd. Parasitiert auf Schmetterlingsblütlern, vor allem auf *Trifolium pratense*. Neubürger (Neophyt). War früher gefürchteter Schädling von Kleekulturen und Fettwiesen, ist aber sehr zurückgegangen und wie die meisten Sommerwurz-Arten heute sogar gefährdet.

Osmunda regalis L., Königsfarn, Königs-Rispenfarn

– Osmundaceae (= Rispenfarngewächse)

Hemikryptophyt (Schaftpflanze) oder Sumpfpflanze. Sproßachse kurz, unterirdisch (= Rhizom), verholzt. Die bis 180 cm langen, aufrecht stehenden, doppelt gefiederten Wedel (Abb. 62) tragen neben den Photosynthese treibenden Abschnitten oft im oberen Drittel sporangientragende Abschnitte (Sporenrispe) ohne flächige Spreitenausbildung. - Wurzelpilz. - Sehr alte Gattung (Reliktpflanze). Familie schon aus dem Karbon fossil bekannt und entsprechend weltweit verbreitet.

Vorkommen: Bruchwälder und Waldquellmoore, seltener Feuchtheiden, auf nassen, kalkarmen, sauren Böden, in luftfeuchter, wintermilder Klimalage: ozeanische Art. Durch Entwässerung und durch Ausgraben (z. B. als Orchideensubstrat) vielerorts im Rückgang. Stark gefährdet! - **Geschützt**!

Vermehrung: Vorkeim (= Prothallium), grün, fleischig, oberirdisch. - Die Sporenbehälter öffnen sich an der Spitze, aber ohne den von anderen Farnen bekannten Kohäsionsmechanismus. Sporen grün. Typische Ballonflieger. Sporenreife: VI-VII.

Verwendung: Zierpflanze. Die unterirdischen Teile sind ein beliebtes Substrat für Orchideen (Import meist aus Nordamerika). Früher wegen der Gerbstoffe gerne als Wundheilmittel verwendet.

Oxalis acetosella L., Wald-Sauerklee

– Oxalidaceae (= Sauerkleegewächse)

Wintergrüne Rosettenpflanze oder Rhizom-Geophyt. Reservespeicherung vor allem im fleischig verdickten Blattgrund an den dünnen Rhizomen (Rhizomzwiebel). (Echte Zwiebeln hat der aus Mexiko stammende "Glücksklee" der Gärten, *O. deppei* Lodd.). - Laubblätter (Abb. 60) 3zählig gefiedert, kleeblattähnlich (Name!), peltat (d. h. Blattstiel in der Mitte ansitzend). - An der Basis der Fiedern befinden sich Gelenke mit Zelldruckmechanismus: Die Normalstellung ist waagerecht, bei kühleren Temperaturen und bei Dunkelheit sowie bei Überbelichtung klappen die Fiedern nach unten ("Schlafstellung"), und zwar durch Turgorabnahme auf der Gelenkunterseite und Rippenoberseite. Der Vorgang dient der Transpirationsminderung, da sich dabei die spaltöffnungstragenden Blattunterseiten aneinanderlegen. Als "Meßgeräte" dienen wahrscheinlich linsenförmige Zellen der Blattoberseite. Besonders bei warmem Wetter sind die Blätter auch schlagempfindlich: Die Fiedern senken sich bereits nach 1 bis 3 Minuten. Es sind also nebeneinander mehrere Typen von Nastien (= Bewegungen nach vorgegebenem Muster) zu beobachten. Für die Steuerung sind nach neuesten Untersuchungen Turgorine verantwortlich. - Bei hoher Luftfeuchtigkeit ist aktive Wasserabscheidung (= Guttation) möglich. - Endotropher Wurzelpilz. - Reliktart. Sehr artenreiche Gattung. Die meisten der etwa 800 Arten sind tropisch oder subtropisch verbreitet. - Schwach **giftig** durch Oxalsäure und Kleesalz. Pflanze deshalb von saurem Geschmack (Name!, vgl. griech. oxys = sauer).

Vorkommen: krautreiche Wälder, auf sauren, humosen, mäßig nährstoffreichen, frischen Böden. Schattenverträglichste heimische Blütenpflanze: Minimum bei 1/160 des Tageslichtes. In höheren Lagen auch an sonnigen Stellen. - Ebene bis Krummholzstufe (bis 1940 m).

Blüten: IV-V, Frühblüher. Homogame, "nektarführende Scheibenblumen", einzeln an langen Stielen. Nur bei Sonne mittags geöffnet. Blüten innen mit schwacher, außen mit starker UV-Reflexion, daher den Bestäubern zweifarbig erscheinend. Strichsaftmale und gelbe Fleckensaftmale am Grunde der Blüte. Nektar wird am Grunde der Kronblätter abgeschieden. Griffellänge unterschiedlich. Bestäuber: besonders kleinere Zweiflügler und Käfer. Jedoch erfolgt der Samenansatz meist in später (noch bis in den August hinein) erscheinenden, stecknadelkopfgroßen und geschlossen bleibenden Blüten (Kleistogamie), was man bei Pflanzen mit Reliktcharakter (siehe oben) häufiger findet.

Früchte: saftige, 5spaltig aufspringende Kapseln: Schleuderfrüchte mit Quetschmechanismus (Saftdruckstreuer). Bei Berührung werden die Samen mit 16-17 at (zum Vergleich: PKW-Reifen haben nur ca. 2-3 at) herausgequetscht. Streuweite: 2,3 m. Die Längsriefen der Samen dienen als Führungslinien. Außerdem sind die Samen noch von einem stark turgeszenten Samenmantel umgeben, aus dem sie durch einen nochmaligen Quetschmechanismus herausgedrückt werden. Weitere Verbreitung der anfangs klebrigen Samen durch Ameisen. Fruchtreife: VI-VIII.

Vegetative Vermehrung durch Ausläufer ("Wandersprosse"), deren Internodien z. T. später absterben.

Verwendung: Das Kraut kann abgekocht als Gemüse gegessen werden, doch sollte man wegen des Oxalsäuregehaltes zurückhaltend sein. Früher auch Heilpflanze, z. B. gegen Skorbut. Das Kleesalz wurde zum Bleichen benutzt.

Weitere Arten:

Oxalis fontana Bunge (= *O. europaea* Jordan, *O. stricta* auct.), Europäischer Sauerklee: meist einjährig, seltener Rhizom-Geophyt. Gelbblütig. Gehackte Äcker und Gärten, auf nährstoffreichen Böden. Neueinwanderer (Neophyt) seit 1807. Heimat: vermutlich Nordamerika. Die Art ist außergewöhnlich trockenresistent: ausgerissene Pflanzen bewurzeln sich wieder, einzelne Blätter bilden im Wasserglas Wurzeln. Die Blätter sind wie bei der vorigen Art schlagempfindlich. Sie nehmen bereits bei Mondschein Tagstellung ein. Blüten meist mit spontaner Selbstbestäubung.

Oxalis corniculata L., Gehörnter Sauerklee: einjährig oder Rhizom-Geophyt, dann mit ± oberirdischen Ausläufern und mit Pfahlwurzel überwinternd. Stengel niederliegend, an den Knoten wurzelnd. Pflanze oft rot überlaufen. Vorkommen ähnlich wie bei voriger Art. Neueinwanderer aus dem Mittelmeergebiet. Frostempfindlich. Spaltöffnungen an der Ober- und Unterseite. Blüten intensiv gelb gefärbt. Wird relativ oft durch Ameisen auf Bäume verschleppt, z. B. im Mittelmeergebiet auf Palmen. Dunkelrot beblätterte Formen werden in Gärten auch gerne als Teppichbeetpflanzen kultiviert.

Oxycoccus palustris Persoon (= *Vaccinium oxycoccos* L.), Gemeine Moosbeere

– Ericaceae (= Heidekrautgewächse)

Chamaephyt: immergrüner Halbstrauch mit fadenförmigen, 10-80 cm langen, niederliegenden Zweigen. Lederblätter klein, bis 8 mm lang, am Rande umgebogen, unterseits weiß. - Wurzelpilz (endotrophe Mykorrhiza).

Vorkommen: Hochmoorbulte, zwischen Torfmoosen, auf nassen, nährstoffarmen, sauren Torfböden. Als "Überkriecher" mit den Torfmoosen konkurrenzfähig. Ordnungskennart der Sphagnetalia (= Hochmoor-Torfmoos-Gesellschaften). Vor allem in Norddeutschland, im Süden mehr im Gebirge (Alpen bis 1300 m). Eiszeitrelikt.

Blüten: VI-VIII. "Glockenblumen mit Streukegel", einzeln, lang gestielt. Kronzipfel zurückgeschlagen. Streukegel völlig offen. Bestäuber: Hummeln und Bienen. Die Lebensdauer der Blüten gehört mit etwa 18 Tagen zu den längsten der heimischen Flora.

Früchte: Beeren kugelig, rot, oft dem Moos direkt aufliegend (Name!). Verdauungsverbreitung der nach dem Frost weichen, bis in den nächsten Sommer überdauernden Früchte, besonders durch Vögel. Lichtkeimer.

Vegetative Vermehrung durch die wurzelnden Kriechsprosse.

Verwendung: Die Beeren ergeben wegen des Gehaltes an antibiotischen Inhaltsstoffen eine gute, haltbare Marmelade.

Paeonia officinalis L., Garten-Pfingstrose

– Paeoniaceae (= Pfingstrosengewächse)

Rhizom-Geophyt mit Wurzelknollen. - Am Stengel gleitender Übergang von den grundständigen, gestielten, geteilten Laubblättern über ungestielte Stengelblätter bis zu typischen Kelchblättern, an denen sich z. T. noch Spreitenreste befinden. - Systematik: Die früher zu den Ranunculaceen gestellte Gattung zeigt verschiedene für ursprünglich gehaltene Merkmale: Im Sekundärholz fehlen Tracheen; Kronblätter und Staubblätter sind spiralig angeordnet; die Embryonalentwicklung beginnt mit einem nukleären Stadium und weicht damit von allen übrigen Bedecktsamern ab. - **Giftig** in allen Teilen durch noch unbekannten Wirkstoff, der Erbrechen und Durchfall bewirkt.

Vorkommen: Zierpflanze. Heimat: Südalpen, Apennin. In Weinbaulagen auch aus alter Kultur eingebürgert. - **Geschützt**!

Blüten: V-VI. Große "Pollen-Scheibenblumen". Kronblätter rot, 4-8 cm lang, duftend. Mit 3,6 Mio höchst bekannte Pollenkornzahl je Blüte. Bestäuber sind Pollensammler aller Art.

Früchte: Je Blüte entwickeln sich 2 oder mehr derbe Balgfrüchte. Die geöffneten Früchte zeigen neben den normalen, schwarz glänzenden Samen noch rote Samen mit Schaufunktion. Verbreitung durch größere Ameisen und wohl auch Bearbeitungsverbreitung durch Vögel. Samen ölreich.

Verwendung: Gartenzierpflanze. Die Wurzelknollen wurden früher arzneilich verwendet, besonders gegen Epilepsie und Gicht ("Gichtrose"). Heute spielt die Pflanze nur noch in der Homöopathie eine Rolle. *Paeonia* war im Altertum eine geschätzte Heilpflanze und wurde entsprechend nach dem griechischen Götterarzt Paion benannt. Wegen ihrer Duftstoffe werden die Kronblätter auch heute noch gelegentlich als Füllmaterial für Riechkissen bzw. in der pharmazeutischen Industrie verwendet. Deshalb früher, z. B. in Thüringen, im Großen angebaut. Mancherorts wurden den Kindern die Samen als angebliches Mittel gegen Zahnschmerzen ("Zahnkorallen") um den Hals gehängt, was aber unsinnig und gefährlich ist.

Weitere Art:

Paeonia suffruticosa ANDREWS (= *P. moutan* SIMS), Strauch-Pfingstrose: Kleiner Zierstrauch. Heimat: Ostasien. Krone weiß bis rosarot.

Papaver rhoeas L., Klatsch-Mohn

– Papaveraceae (= Mohngewächse)

Einjährig (sommerannuell) oder winterannuelle Halbrosettenpflanze, 20-80 cm hoch. Tiefwurzler (bis 1 m Tiefe). - Milchsaftröhren gegliedert, netzartig verbunden. - Schwach **giftig**; außer den Samen enthalten alle Pflanzenteile, besonders der Milchsaft, zahlreiche Alkaloide, vor allem das opiumverwandte Rhoeadin.

Vorkommen: Getreidefelder, seltener Ruderalstellen, auf sommerwarmen, basenreichen, oft kalkhaltigen Lehmböden. Ebene bis Gebirge (Jura bis 990 m). Alteinwanderer (Archäophyt) seit der Steinzeit: Kulturbegleiter. Durch übermäßige Herbizidanwendung oft sehr zurückgegangen.

Blüten: V-VII. Vormännliche "Pollen-Scheibenblumen". Kelch früh abfallend. Die durch Anthocyane rot gefärbte Krone wird von den rotblinden, dafür aber UV-Licht wahrnehmenden Bienen wegen ihrer starken UV-Reflexion wahrscheinlich blauviolett gesehen. Schwarze Fleckensaftmale durch Überlagerung von blauen und roten Farbzellen (Subtraktionsfarbe). 164 Staubblätter; je Blüte etwa 2,5 Mio Pollenkörner; diese ungewöhnlich hohe Zahl wird nur noch von der Pfingstrose (*Paeonia*) übertroffen. Die Pollendarbietung unterliegt einer Tagesrhythmik. Am reichlichsten ist sie zur Zeit des Hauptbesuchs bis 10 Uhr morgens. Die streifenförmigen Narben liegen einer Scheibe auf dem Fruchtknoten auf, die als Anflugplatz für verschiedene Insekten dient. Auch Windbestäubung ist möglich. Selbststeril.

Früchte: Porenkapseln, durch zahlreiche Scheidewände (= Wucherungen der Samenleisten) unvollständig gefächert. Samen winzig, je Kapsel ca. 5000. Die unmittelbar über den Poren liegende dachige Verbreiterung dient als Windfang, so daß die Samen beschleunigt ausgeblasen werden: "Fliehkraft-Windstreuer". Flugweite bis 4 m, bei starkem Wind wesentlich weiter. Borstenhaare des Stengels und Kapseldach als Klettorgane: Tierstreuer. Menschenverbreitung (Kulturbegleiter). Fruchtreife: VII-VIII. Samen mit ölreichem

Nährgewebe: typisch für Windverbreitung, da bei gleichem Gewicht Fette doppelt so energiereich sind wie Kohlenhydrate.

Verwendung: Kronblätter und Samen früher arzneilich genutzt. Alle Arten für Wildpflanzengärten zu empfehlen.

Weitere Arten:

Papaver dubium L., Saat-Mohn: sehr ähnlich wie vorige Art. Vorzugsweise an kalkarmen Standorten. Kapsel keulenförmig (statt kugelig-eiförmig), Narbenstrahlen 4-10 (statt 8-18). Blüten besonders kurzlebig. Sie sind oft schon bis zum Mittag verblüht und werfen bis dahin bereits ihre Kronblätter ab.

Papaver argemone L., Sand-Mohn: winterannuell. Ackerwildkraut kalkfreier Sandböden (Name!). Kennart des Papaveretum argemone (= Sandmohngesellschaft). Windstreuer und wegen der zur Reifezeit abstehenden Borstenhaare der Kapsel auch Tierstreuer.

Papaver somniferum L., Schlaf-Mohn: seit der jüngeren Steinzeit angebaute Kulturpflanze. Blätter graugrün, mit Wachsüberzug. Gelegentlich auf Schuttplätzen verwildert (unbeständig). Langtagpflanze. Samen ca. 0,5 g schwer, etwa 2000 je Kapsel. 40-50 % des Trockengewichts entfällt auf Öl, das zur Herstellung von Speiseöl (vor allem in Asien) und von hochwertigen Malerfarben verwendet wird. Der Preßkuchen ergibt eiweiß- und fettreiches Viehfutter. Die alkaloidfreien reifen Samen werden bei uns vor allem für Mohngebäck verwendet. - Opium wird aus den unreifen Kapseln gewonnen. Neben zahlreichen anderen Alkaloiden ist wohl das Morphin der wichtigste Bestandteil. Die schon den alten Griechen bekannte Droge gilt noch heute als wirksamstes Mittel gegen starke Schmerzen. Die Wirkung ist euphorisch und einschläfernd (Name!, vgl. lat. somniferum = schlafbringend). Doch ist der Gebrauch problematisch, da er zur Sucht führt. Der Mißbrauch als Rauschgift geht wohl bis ins Mittelalter zurück. Heroin ist ein acetylierter Abkömmling des Morphins. Es wird halbsynthetisch hergestellt. Der Name "Papaver" leitet sich von einer mittelalterlichen Sitte ab, Kleinkindern zur Beruhigung einen Absud von Mohnköpfen zu verabreichen (lat. papa = Kinderbrei).

Paris quadrifolia L., Einbeere

– Liliaceae s. l. (= Liliengewächse i. w. S.) bzw. Trilliaceae (= Einbeerengewächse)

Rhizom-Geophyt (Abb. 63 a). Blätter meist zu viert (Name!: lat. quadrifolia = vierblättrig) in einem Scheinquirl stehend. Hin und wieder auch 5blättrig. Stengelbasis mit Niederblättern. Rhizom monopodial,

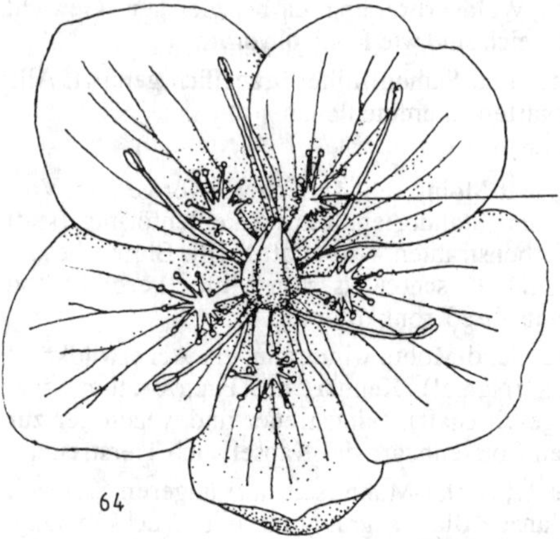

64

63 b

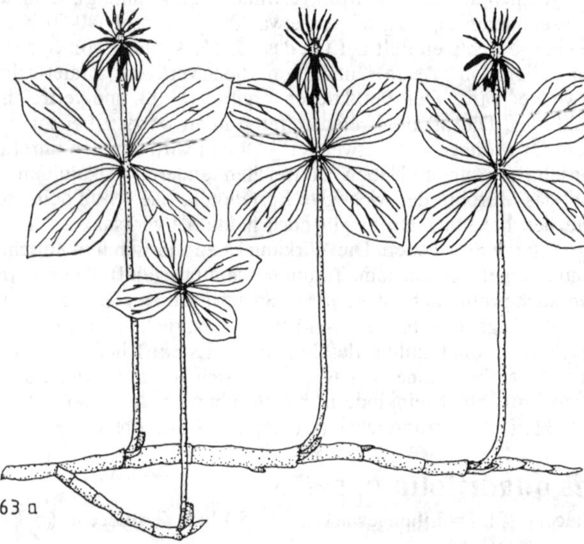

63 a

Abb. 63: Paris quadrifolia: a Habitus. **b** junge Frucht.
Abb. 64: Parnassia palustris: Blüte (St Staminodium).

d. h. die Luftsprosse sind Seitensprosse. Man fand bis zu 17 Jahre alte Rhizome. - Wurzelpilz. - Der Name "Paris" bezieht sich entweder auf die Gleichzahl (durchgehend 4zählig) aller Teile (lat. par = gleich) oder - nach anderer Deutung - auf den Trojaner Paris aus der griechischen Sage. - Systematik: von den meisten Einkeimblättrigen durch die Netznervatur der Blätter sowie die Vierzähligkeit der Blüten abweichend. Nahe verwandt ist die in Nordamerika mit vielen Arten vertretene Gattung *Trillium*. Wird heute meist in die von den Liliaceae abgegrenzte Familie der Trilliaceae gestellt. - **Giftig** in allen Teilen, besonders in den Beeren, durch Saponine. Wird nach der älteren Literatur meist als stark giftig angegeben, möglicherweise ist die Giftwirkung für Säuger aber nur schwach. Das Rhizom soll für Gliedertiere und Fische allerdings tödlich giftig sein.

Vorkommen: krautreiche, frische Laubwälder und Gebüsche. Mullbodenwurzler. Grund- und Sickerwasserzeiger. Ebene bis Krummholzstufe (Alpen bis 1870 m). - Im Norden schutzbedürftig.

Blüten: IV-VI, Frühblüher. Vorweibliche "Pollen-Scheibenblumen". Blütenhülle grün, wenig auffällig. Schauwirkung vermutlich eher durch die Staubblätter (Abb. 63 a) und den glänzend-schwarzvioletten Fruchtknoten. Griffel frei. Narben langlebig. Die kaum klebrigen, länglichen Pollenkörner werden z. T. auch durch den Wind verbreitet. Angeblich "Fliegentäuschblume": Der Fruchtknoten soll Fleisch vortäuschen; Fliegen können jedoch nur schwarz-weiß sehen.

Früchte: 4fächerige, vielsamige, stahlblaue Beeren (Abb. 63 b), bis 1 cm dick, einzeln stehend (Name!). Verdauungsverbreitung. Fruchtreife: VII-IX.

Verwendung: ganze Pflanze mit Rhizom früher in der Volksmedizin als Mittel gegen ansteckende Krankheiten angewandt ("Pestbeere"). Heute nur noch in der Homöopathie genutzt.

Parnassia palustris L., Sumpf-Herzblatt

– Saxifragaceae s. l. (= Steinbrechgewächse i. w. S.) bzw. Parnassiaceae (= Herzblattgewächse)

Hemikryptophyt: Rosettenpflanze. Grundständige Blätter lang gestielt. Stengel mit nur einem sitzenden, herzförmigen Blatt (Name!). Tiefwurzler. - Name nach dem Berg Parnassos in Griechenland, dem Sitz der Musen, wegen der Anmut der Blüten.

Vorkommen: Flach- und Quellmoore sowie Kalkmagerrasen, auf sickernassen bis grundfeuchten Böden. Zirkumpolar. Ebene (dort selten) bis Hochgebirge (Alpen bis 2500 m). Vor allem im Norden stark zurückgegangen. Gefährdet! - **Geschützt!**

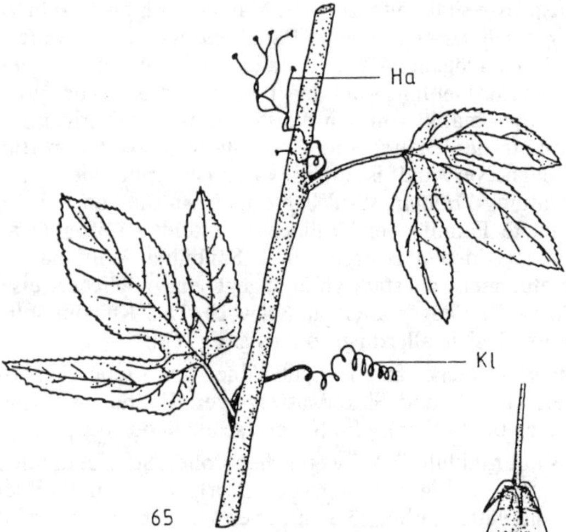

65

66

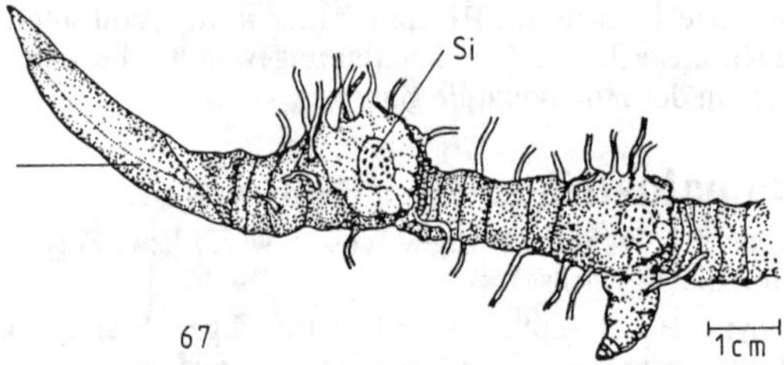

67

Abb. 65: Parthenocissus tricuspidata: Zweig mit 2 Typen von Sproßranken (Ha Haftranke, Kl Kletterranke).
Abb. 66: Plantago major: reife Frucht.
Abb. 67: Polygonatum multiflorum: Rhizom (Ni Niederblatt, Si Abnabelungsstelle des vorjährigen Luftsprosses = "Siegel").

Blüten: VII-IX. "Nektarführende Scheibenblumen", einzeln stehend (Abb. 64). Kronblätter mit Strichsaftmalen. Äußerer Staubblattkreis aus 5 Staubblättern, von denen jeden Tag 1 heranreift, innerer aus 5 gelbgrünen Staubblattresten bestehend (= Staminodien bzw. Nektarschuppen), die unten den duftenden Nektar, oben aber zuckerfreie glänzende Wassertröpfchen an 7-13 Stieldrüsen (= Scheinnektarien) absondern. Letztere dienen der Anlockung, aber nur "dumme" Insekten, z. B. Fliegen, begnügen sich mit diesen ("Fliegentäuschblume"). Neuerdings konnte gezeigt werden, daß die Staminodien auch als Staubbeutelattrappen dienen. Streng vormännlich: Die Staubbeutel legen sich nacheinander auf den Fruchtknoten, danach werden die sitzenden Narben empfängnisbereit. - Offenbar sammeln und fokussieren die parabolspiegelartigen, weißen Kronblätter das Sonnenlicht, so daß die Blüten an kalten Tagen gern von Insekten als Platz zum Aufwärmen aufgesucht werden, die dabei die Bestäubung durchführen. In Griffelnähe (also etwa im Brennpunkt) wurden 1,4-2,9 °C höhere Temperaturen gefunden als in der umgebenden Luft. Selbstbestäubung ist erfolgreich; sie erfolgt u. a. durch die ungeflügelten Männchen von Blasenfüßen (Thysanopteren), die sich aus den in die Blüten gelegten Eiern entwickeln.

Früchte: fachspaltig sich öffnende Kapseln: Wind- und Tierstreuer. Samen winzig, mit breitem Flügelrand, ohne Nährgewebe (vermutlich mykotroph, d. h. vom Pilz ernährt): Ballonflieger.

Verwendung: Das Kraut wird gelegentlich in der Volksmedizin verwendet.

Parthenocissus quinquefolia (L.) Planchon,

Selbstkletternde Zaunrebe, S. Wilder Wein, S. Jungfernrebe

– Vitaceae (= Weingewächse, Weinrebengewächse)

Winterkahler Kletterstrauch, bis über 15 m hoch. Blätter 5-7zählig gefingert, im Herbst intensiv rot gefärbt. In vielfacher Hinsicht ähnlich dem nahe verwandten Echten Wein (*Vitis vinifera*), z. B. wie dieser mit Sproßranken, die den Blättern gegenüberstehen (Sympodium). Als wohl einzige Pflanze bildet der Wilde Wein 2 Typen von Ranken aus: Neben den normalen 5-12teiligen Kletterranken werden bei Kontakt mit geeigneten Unterlagen, z. B. Borke und Mauern, an den Rankenenden Haftscheiben ausgebildet (Haftranken, vgl. Abb. 65). – Name Jungfernrebe (vgl. griech. parthenos = Jungfrau, kissos = Efeu) wegen der im Vergleich zum Wein kaum nutzbaren Früchte. - Schwach **giftig** in allen Teilen (z. B. Beeren), vermutlich durch Oxalsäure und ihre Salze.

Vorkommen: Zierpflanze. Heimat: östliches Nordamerika.

Blüten: VII-IX. "Nektarführende Scheibenblumen", ähnlich denen von *Vitis*, aber streng vormännlich. Kronblätter nicht verwachsen, bei Empfängnisfähigkeit der Narben abfallend. Reicher Besuch durch Insekten, vor allem von Honigbienen, die durch den angenehmen Duft angelockt werden.

Früchte: blauschwarze Beeren mit hartschaligen Samen: Verdauungsverbreitung.

Verwendung: Der Nutzen dieser schönen Kletterpflanze für die Haus- und Dachbegrünung ist unbestreitbar. Die dachziegelig geneigten Blätter schützen das Mauerwerk vor Prallregen und Sonne und wirken temperaturausgleichend. Das Pflanzengeflecht bietet zahlreichen Tieren Lebensraum, besonders auch Vögeln. In Städten ist die Wandverkleidung von Betonmauern und Hauswänden mit Wildem Wein besonders zu empfehlen, da dadurch die Luftfeuchtigkeit erhöht und der Staubgehalt der Luft wesentlich herabgesetzt wird. - Alle Arten lassen sich vor Laubausbruch leicht über Stecklinge vermehren. Dabei ist wichtig, daß 2/3 des Stecklings in die Erde kommen.

Weitere Arten:

Parthenocissus inserta (KERNER) FRITSCH, Gemeine Zaunrebe: voriger Art nächst verwandt und oft auch mit dieser zusammengefaßt. Ranken nur 3-5teilig. Haftscheiben fehlen (höchstens Rankenenden etwas verdickt), weswegen die Pflanze nur an Gittern oder sehr rauher Maueroberfläche emporklettern kann. Wird häufiger kultiviert als vorige und ist an Flußufern und in Waldsäumen, auf frischen, nährstoffreichen Böden gelegentlich ± fest eingebürgert (Neophyt).

Parthenocissus tricuspidata (SIEB. et ZUCC.) PLANCH., Dreispitz-Zaunrebe, Kletterwein: Blätter dreilappig (Abb. 65) oder ungeteilt oder dreizählig. Haftscheiben deutlich ausgebildet . Bei uns besonders häufig angepflanzt. Heimat: Japan.

Pastinaca sativa L., Pastinak

– Apiaceae (= Doldenblütler)

Zweijährige Halbrosettenpflanze mit fleischiger Wurzelrübe, im Bau der Möhre (*Daucus*) entsprechend. Formenreich.

Vorkommen: Ruderalstellen (vor allem Wegränder) und Wiesen auf frischen, nährstoff- und basenreichen, vorzugsweise kalkhaltigen Böden. Lehmzeiger. Wärmeliebend (Jura nur bis 990 m, Alpen bis

630 m). Wahrscheinlich Kulturflüchter (Alteinwanderer bzw. in Nordwestdeutschland Neueinwanderer!). Heute weltweit verschleppt.

Blüten: VII-IX. "Nektarführende Scheibenblumen vom *Heracleum*-Typ". Besucher: Insekten aller Art.

Früchte: Doppelachänen in schmal geflügelte Teilfrüchte zerfallend: Segelflieger und Wasserhaftverbreitung. Zufallsverbreitung durch Grasfresser. Menschenverbreitung.

Verwendung: seit dem Altertum bekannte und noch bis ins 18. Jh. allgemein angebaute Kulturpflanze. Heute nur noch in Südeuropa, besonders Jugoslawien, kultiviert. Auf Moorböden ist es die ertragreichste Hackfrucht überhaupt. Die bis 1,5 kg schweren Wurzelrüben wurden als Gemüse, Viehfutter, für Kaffee-Ersatz usw. verwendet. Sie übertreffen Möhre und Steckrübe an Nährwert und enthalten z. B. neben relativ reichlich fettem Öl vor allem Rohr- und Traubenzucker. Auch die Wurzeln der Wildpflanzen können gegessen werden, am besten nach dem Frost. Die sehr würzigen jungen Blätter und Sprosse eignen sich für Mischgemüse. - Die Früchte werden in der Volksmedizin und als Gewürz verwendet.

Pedicularis palustris L., Sumpf-Läusekraut

– Scrophulariaceae (= Rachenblütler, Braunwurzgewächse)

Einjährig (winterannuell) oder zweijähriger bis ausdauernder Hemikryptophyt (Schaftpflanze) oder Sumpfpflanze. Halbschmarotzer: Haustorien ähnlich wie bei *Melampyrum*. Stengel einzeln, aufrecht. - Die Gattung *Pedicularis* umfaßt weltweit etwa 600 Arten. - Alle Teile, vor allem die Samen, sind durch Aucubin **giftig**. Auch Tiervergiftungen sind vorgekommen. Das Kraut schmeckt brennend scharf.

Vorkommen: Flach- und Zwischenmoore, auf nassen, meist kalkarmen Sumpfhumusböden. Ebene bis Gebirge (Alpen bis 1560 m). - Gefährdet! - **Geschützt**! (alle Arten der Gattung).

Blüten: V-VII. Homogame, "eigentliche Lippenblumen". Kelchblätter zweispaltig, teilweise laubig. Blüten horizontal ausgerichtet, aber schief stehend, daher ist für den richtigen Anflug eine hohe Lernfähigkeit nötig: "Intelligenzblume". - Um an den vom Diskus abgesonderten Nektar zu gelangen, muß die Hummel die nur 0,5 mm breite Öffnung der Kronröhre auseinanderdrücken: "Kraftblume". Zuerst wird die Narbe berührt. Wenn der Kopf tiefer in die Blüte eindringt, wird der trockene Pollen ausgestreut. Erdhummeln können nur durch seitliches Aufbeißen der Kronröhre an den Nektar gelangen, da ihr Rüssel mit nur 7-9 mm Länge zu kurz ist.

Früchte: 2fächerige, mehrsamige Kapseln. Windstreuer: Stengel trocken elastisch und Kelchblätter als Windfang. Seltener Tierstreuer: der Kelch bleibt an vorbeistreifenden Tieren hängen.

Verwendung: Die *Pedicularis*-Arten wurden früher arzneilich gebraucht, jedoch Hauptverwendung als Insektenmittel gegen Läuse und anderes Ungeziefer (Name!, vgl. lat. pediculus = Laus).

Weitere Art:

Pedicularis sylvatica L., Wald-Läusekraut: ähnlich wie vorige Art, aber mit normalen Kelchblättern. Pflanze mit mehreren niederliegend-aufsteigenden Stengeln. Flach- und Quellmoore, Binsen- und Borstgraswiesen, auf wechselfeuchten, sauren Böden. Nur bis mittlere Gebirgslagen. Blüten nach unten geneigt. Eingangsspalt 2 mm breit.

Petasites hybridus L. (= *P. officinalis* Moench), Gemeine Pestwurz

– Asteraceae (= Korbblütler)

Hemikryptophyt (Rosettenpflanze) oder Rhizom-Geophyt. Das Rhizom ist oben knollig verdickt und enthält, wie die übrigen Korbblütler, statt Stärke Inulin und andere Kohlenhydrate als Reservestoffe. Die Pflanze ist - ähnlich wie der nahe verwandte Huflattich - vorlaufend (= vorziehend), d. h. die Laubblätter sind zur Blütezeit kaum entwickelt. Im ausgewachsenen Zustand sind die herzförmigen, 30-60(-100) cm breiten Blätter die breitesten der heimischen Flora (Name!: griech. petasos = breitkrempiger Hut). Sie sehen denen der Kletten *(Arctium)* sehr ähnlich. Spielende Kinder benutzen sie gerne als Kopfbedeckung.

Vorkommen: bestandbildend an Ufern von Fließgewässern, an Quellhängen, in Naßwiesen und Bruchwäldern, auf nährstoff- und basenreichen Tonböden. Ebene bis mittlere Gebirgslage (Alpen bis 1440 m).

Blüten: III-IV, Frühblüher. Zahlreiche Körbchen in walzlich-ährenförmigem Gesamtblütenstand. Unvollständig zweihäusig, d. h. jeweils das andere Geschlecht ± verkümmert. Nur Röhrenblüten vorhanden. Wohlriechend. Bestäuber: Bienenverwandte und Fliegen.

Früchte: Achänen mit Haarkelch (Pappus): Schirmchenflieger. Außerdem Schwimm- und Wasserhaftverbreitung. Fruchtreife: VIII. - Nach der Blüte wächst der Fruchtstengel von ca. 10-40 cm auf ca. 100 cm Länge heran.

Vegetative Vermehrung erfolgt reichlich durch unterirdische Ausläufer (Wurzelkriechpionier).

Verwendung: Die Pflanze wird in der Volkmedizin vielseitig eingesetzt, z. B. wegen des Schleimstoffgehalts als Hustenmittel. Früher dienten die Blätter auch als Wurmmittel sowie zur Behandlung von Wunden und Hauterkrankungen. Im Mittelalter glaubte man, der durch die ätherischen Öle verursachte, starke und unangenehme Geruch könne die Pest, die man als Person ansah, austreiben (Name!). - In jüngster Zeit wurde die Pflanze als Arzneimittel neu entdeckt, und zwar wegen des Gehaltes an Petasin, einem Sesquiterpenester, der eine krampflösende und beruhigende Wirkung hat.

Phacelia tanacetifolia BENTHAM, Büschelschön, Rainfarn-Phacelie

– Hydrophyllaceae (= Wasserblattgewächse)

Einjährig, 30-70 cm hoch, bis 40 cm tief wurzelnd. Blätter fiederschnittig, rainfarnähnlich (Name!: *Tanacetum* = Rainfarn). - Der Kontakt mit den Blättern kann zu sehr unangenehmen Hautausschlägen führen.

Vorkommen: Kulturpflanze. Wird von Imkern usw. auch außerhalb der Siedlungen ausgesät. In den letzten Jahren zunehmend verwildert anzutreffen, vor allem in wärmeliebenden Ruderalfluren. Heimat: Kalifornien.

Blüten: VI-IX. Kronblätter verwachsen, violettblau, Staubbeutel weit herausragend. Die Blütenstände sind schneckenförmig eingerollte, büschelige (Name!, vgl. griech. phakelos = büschelig) Wickel. Wichtige Bienenweide.

Früchte: 2spaltige, leicht aufspringende Kapseln. Samen sehr leicht, apfelsinenähnlich mit warziger Oberfläche.

Verwendung: Lange Zeit überwiegend als Bienenfutter- und Zierpflanze ausgesät, gewinnt die Art mehr und mehr Bedeutung als Zwischenfrucht und zur Hangbefestigung.

Phalaris arundinacea L. (= *Typhoides arundinacea* (L.) MOENCH), Rohr-Glanzgras

– Poaceae (= Süßgräser)

Rhizom-Geophyt, 50-200 cm hoch, bis 3,5 m tief wurzelnd. Vom ähnlichen Schilf (*Phragmites*) auch steril leicht durch das als Hautsaum (statt als Wimpernkranz) ausgebildete Blatthäutchen zu unterscheiden.

Vorkommen: bestandbildend im Uferröhricht von Fließgewässern und Seen, auf nährstoff- und basenreichen Böden. Wechselnässezeiger. Benötigt bewegtes und daher sauerstoffreiches Wasser im Untergrund. Kennart des Phalaridetum (= Rohrglanzgrasröhricht). Zirkumpolar verbreitet.

Blüten: VI-VII. Windblütig: "langstaubfädiger Typ". Deckspelzen glänzend (Name!, vgl. griech. phalaros = glänzend).

Früchte: Die von den Spelzen umgebenen Karyopsen fallen frühzeitig als Ganzes ab.

Vegetative Vermehrung sehr lebhaft durch die langen unterirdischen Ausläufer. Ähnlich wie beim Schilf entsprechen oft ganze "Bestände" einer einzigen Pflanze.

Verwendung: Gutes und ertragreiches Futtergras. Bei genügend Platz für Wildpflanzengärten geeignet, kann sich allerdings sehr aggressiv ausbreiten. Wird bereits seit etwa 1600 als Zierpflanze kultiviert, z. B. auch in der weißgestreiften var. *picta* L.

Weitere Art:

Phalaris canariensis L., Kanariengras: einjährig, 15-40 cm hoch. Zierpflanze und wegen der Samen Vogelfutterpflanze. Heimat: westliches Mittelmeergebiet. Ährchen in einer kurzen, eiförmigen Ährenrispe. Zuweilen verwildert anzutreffen, aber immer nur unbeständig. Die Samen werden z. B. mit weggeworfenem Vogelsand ausgebracht.

Phaseolus vulgaris L., Garten-Bohne

– Fabaceae (= Schmetterlingsblütler)

Einjährige Kletterpflanze. Linkswinder. Stengel bis 4 m lang. - Neben der "Stangenbohne" gibt es als besonderes Züchtungsprodukt noch die "Buschbohne", die nicht windet, sondern niedrig bleibt und einen buschigen Wuchs hat. - Schlafbewegungen der Blätter werden durch Zellsaftdruckschwankungen in den Blatt- und Fiedergelenken ermöglicht. Bei der Buschbohne beginnt die Schlafstellung, einem inneren Rhythmus folgend, um 6 Uhr abends. Morgens um 6 Uhr heben sich die Blätter wieder: Anpassung an den äquatorialen, tropischen Kurztag der Heimat. - Wurzelknöllchen mit stickstoffbindenden Bakterien. - Bohnen sind beliebte Objekte für Keim- und Wachstumsversuche. - Stark **giftig**; die rohen Früchte aller Bohnen-Arten enthalten den Giftstoff Phasin, der erst durch Kochen zerstört wird. Schon nach dem Verzehr weniger roher Samen oder Fruchtschalen kommt es zu schweren Vergiftungssymptomen mit Übelkeit und Erbrechen und später auch mit kolikartigen Bauchschmerzen und Kreislaufkollaps.

Vorkommen: Kulturpflanze, die im 16. Jh. aus Südamerika nach Europa gebracht wurde.

Blüten: VI-IX. "Pollen-Schmetterlingsblumen mit Griffelbürsten-Klappeinrichtung", in Trauben. Nur kräftige Hummeln vermögen die Blüten zu öffnen. Selbstbestäubung möglich.

Früchte: Hülsen. Der Name *Phaseolus* soll sich auf deren Gestalt beziehen (griech. phaseolos = Kahn). Bei den Kulturformen bleiben die Früchte gewöhnlich geschlossen, sonst sind es Austrocknungsstreuer. - Keimblätter als Nährstoffspeicher.

Verwendung: Der Hauptnutzen der Bohnen liegt darin, daß die Samen einen hohen Eiweißgehalt haben (ca. 21 %) und daneben noch Stärke und Fett enthalten. Sie sollen alle essentiellen Aminosäuren liefern und können damit Fleischkost ersetzen. - In der Volksmedizin werden die getrockneten, leeren Fruchthüllen als harntreibendes Mittel verwendet ("Bohnenschalentee").

Weitere Art:

Phaseolus coccineus L., Feuer-Bohne oder Prunk-Bohne: sommerannuelle Windepflanze, jedoch im milden Klima auch mit dicken Speicherwurzeln mehrere Winter überdauernd. Heimat: Mittelamerika. Gemüsepflanze, wegen der hübschen Blüten aber auch Zierpflanze. Feuerrote "Vogelblumen". Keine Selbstbestäubung. Samen violett mit schwarzem Muster. Die Keimblätter bleiben im Boden, ergrünen also nicht (= hypogäische Keimung). Schlafstellung der Blätter bei Eintritt der Dunkelheit.

Phleum pratense L., Wiesen-Lieschgras, Timothe

– Poaceae (= Süßgräser)

Hemikryptophyt (Horstgras). Pflanzen einzeln stehend. - Name nach TIMOTHY HANSEN, der die Pflanze 1720 in den Vereinigten Staaten einführte.

Vorkommen: Fettwiesen, Parkrasen und Wegränder, auf frischen, nährstoffreichen Lehm- und Tonböden. Tritt- und weidefest. Auch kultiviert und verschleppt. Ebene bis mittlere Gebirgslagen (Alpen bis 1650 m).

Blüten: VI-VII(-IX). Langtagpflanze, kritische Tageslänge unter 12 Stunden. Windblütig: "langstaubfädiger Typ". Ährenrispengras mit rauher Spindel ("Haardreher"). Ährchen einblütig, vorweiblich, abgeflacht, stiefelknechtartig (Abb. 61 a).

Früchte: Karyopsen gemeinsam mit den bleibenden Hüllspelzen verbreitet: Windstreuer. Hüllspelzen auf dem Rücken (= Kiel) steifhaarig gewimpert: Kletthafter, Wasserhafter und Tierstreuer.

Vegetative Vermehrung durch unterirdische Ausläufer.

Verwendung: gutes, nährstoffreiches Futtergras.

Phragmites australis (CAV.) TRIN. ex STEUD. (= *P. communis* TRIN.), Gemeines Schilfrohr, Schilf

– Poaceae (= Süßgräser)

Rhizom-Geophyt und Sumpfpflanze. Normalform maximal 4 m hoch, das "Riesen-Schilf" (= var. *pseudodonax* ASCH.) bis 8(-12) m hoch und damit höchste mitteleuropäische Staude. In der Hauptwachstumsperiode verlängern sich die Rhizome an der Spitze täglich bis zu 3 cm. Die ältesten Rhizomteile sterben jeweils ab. Im Donaudelta fand man Pflanzen, deren Alter auf ca. 8000 Jahre geschätzt wurde. - Interessant ist, daß die oft riesige Flächen bedeckenden "natürlichen Monokulturen" des Schilfrohres ihre Schädlinge selbst regulieren: Die Raupen der Schilfeule klettern fressend in den Internodien nach oben und zerstören auch den Vegetationskegel. Wegen der damit verbundenen Ausdünnung des Bestandes werden in den Folgejahren zahlreiche dünne Halme gebildet, die für die in den Halmen stattfindende Verpuppung zu eng sind, so daß die Schilfeulenpopulation an diesen Stellen zugrundegeht (M. VOGEL). - Die Blätter haben statt eines Blatthäutchens (Ligula) einen Haarkranz.

Vorkommen: meist bestandbildend im Röhricht stehender und langsam fließender Gewässer oder an anderen nassen, zeitweise überschwemmten, nährstoff- und basenreichen Standorten. Grundwasserzeiger. Verlandungspionier. Etwas wärmeliebend. Ebene bis mittlere Gebirgslagen (bis 1150 m). Wirkt durch die große Oberfläche auch wasserreinigend. Verdrängt bei Nährstoffüberschuß als Verlandungspflanze die übrige Vegetation. - Weltweit verbreitet bis in die Arktis und Tropen.

Blüten: VII-IX. Rispengras. Rispe bis 50 cm lang. Windblütig: "langstaubfädiger Typ". Ährchen am Grunde mit männlichen, darüber mit zwittrigen Blüten.

Früchte: Ährchenachse lang behaart. Verbreitung der winzigen Fruchtährchen als Schirmchenflieger sowie durch Schwimm- und Wasserhaftverbreitung.

Vegetative Vermehrung sehr ausgeprägt durch die bis zu 20 m langen Ausläufer sowie durch bis 4 m lange, liegende, sich an den Knoten bewurzelnde Halme (= Legehalme). "Schilfbestände" stellen oft eine einzelne Pflanze dar.

Verwendung: Der Nutzen für den Menschen ist sehr vielseitig. Die Rhizome können zu Mehl verarbeitet, die jungen Triebe gekocht gegessen werden. Rhizome steriler Pflanzen enthalten 3-5 % Rohrzucker. In der Asche liegt der Anteil von Kieselsäure bei 77 %. Nutzung der Pflanze als Zelluloselieferant (z. B. im Donaudelta). Der Ertrag ist beachtlich: Pro Flächeneinheit wird mehr Zellulose produziert als von einer gleichgroßen Fichtenwaldparzelle. Hauptbelag der "Reetdächer" (Strohdächer), besonders in Norddeutschland, oder zum Flechten von Zäunen (Name!: griech. phragma = Zaun). Außerdem als Uferbefestigung bzw. im Frühsommer als Grünfutter. Bei der Rekultivierung der Uferbereiche von Baggerseen und anderen künstlichen Gewässern kann Schilf eine wichtige Rolle spielen: Die Schilfbestände gewähren zahlreichen Vögeln Schutz und tragen - über die Sauerstoffabgabe der im Wasser befindlichen Stengelteile - wesentlich zur Selbstreinigung der Gewässer bei. Für die Vermehrung muß man im Sommer Halmstücke (mit 1-3 Knoten) schneiden und in wenige cm tiefen Rinnen im nassen Uferbereich begraben. Nach einigen Wochen werden an den Stengelknoten Wurzeln und Tochtersprosse gebildet.

Phyllitis scolopendrium (L.) Newm. (= *Asplenium scolopendrium* L.), Hirschzunge, Hirschzungenfarn

– Polypodiaceae s. l. (= Tüpfelfarngewächse i. w. S.) bzw. Aspleniaceae (= Streifenfarngewächse)

Wintergrüner, frostempfindlicher Hemikryptophyt (Rosettenpflanze). Blätter im Gegensatz zu den meisten übrigen Farnen ungeteilt, aber jung an der Spitze eingerollt. Unregelmäßig zerteilte Wedel haben die "cristata"-Formen (Mutanten) der Gärtner; man kann sie als Rückschläge zum Blattyp der Vorfahren ansehen. - Nächst verwandt mit *Asplenium* (siehe dort).

Vorkommen: Schluchtwälder, schattige Mauern und Felsen sowie Brunnenschächte, auf sickerfeuchten, meist kalkhaltigen Fels und Steinböden in luftfeuchter, wintermilder Klimalage. Schattenpflanze. In den Kalkalpen verbreitet. Reiche Vorkommen in Kalktuffen der postglazialen (nacheiszeitlichen) Wärmezeit und anderen wärmeren Klimaperioden deuten auf einen allgemeinen Rückgang der Art. - Bedroht durch Ausgraben und Kahlschläge. - **Geschützt**!

Vermehrung: ähnlich wie bei *Dryopteris* beschrieben. Die Sporen sind Ballonflieger.

Verwendung: Zierpflanze (auch im Zimmer) - Blätter früher als Wurmmittel und in der Volksheilkunde gegen Tuberkulose verwendet.

Physalis alkekengi L., Wilde Judenkirsche, Blasenkirsche

– Solanaceae (= Nachtschattengewächse)

Hemikryptophyt mit Rhizom, 20-80 cm hoch. Blätter durch basale Verwachsung mit der Sproßachse (Rekonkauleszenz) scheinbar den Seitenachsen gegenüberstehend. - **Giftig**: Alle Teile außer der Frucht enthalten Bitterstoffe (Steroide), das Rhizom außerdem Alkaloide. Die angenehm säuerlich schmeckenden Früchte sind im reifen Zustand ungiftig.

Vorkommen: Gartenzierpflanze, in warmen Lagen zuweilen verwildert und zum Teil auch eingebürgert.

Blüten: V-VIII. Vorweibliche, radförmige "Glockenblumen", mit Andeutung einer Streukegeleinrichtung, einzeln stehend. Krone grünlich-weiß. Nektar wird spärlich von der gelben Fruchtknotenbasis abgegeben. Haare schützen als Saftdecke den Nektar. Insektenbestäubung. Spontane Selbstbestäubung leicht möglich.

Früchte: Der Kelch vergrößert sich bis zur Fruchtreife auf mehr als das 10fache und wird zu einem blasenartigen (Name!: griech. physalis = Blase), ziegelroten, die rote Beerenfrucht einschließenden, hängenden Gebilde: Bodenroller. Weiterverbreitung der eßbaren Beeren durch Vögel usw. Samen zahlreich, gelblich-weiß, nierenförmig.

Vegetative Vermehrung durch Verzweigung der langen unterirdischen Ausläufer.

Verwendung: Wurde früher bei Blasenleiden usw. arzneilich verwendet; der Gebrauch dürfte auf die Signaturenlehre zurückgehen (Pflanze mit blasenförmigem Kelch).

Phyteuma spicatum L., Ährige Teufelskralle oder Rapunzel

– Campanulaceae (= Glockenblumengewächse)

Ausdauernder Hemikryptophyt (Halbrosettenpflanze), mit fleischig verdicktem, rübenförmigem Rhizom. Erneuerungsknospen am knolligen Wurzelhals. Keimung epigäisch (= über dem Erdboden).

Vorkommen: krautreiche Wälder und Bergwiesen, auf frischen, nährstoff- und basenreichen, mittel- bis tiefgründigen Lehmböden. Ebene bis Hochgebirge, Alpen bis 2100 m.

Blüten: V-VI. Blütenstand walzlich: "Körbchenblumentyp", d. h. ähnlich wie bei den verwandten Korbblütlern. An den vormännlichen Blüten reißt die Kronröhre mit 5 Längsrissen von unten nach oben auf, bis nur noch die Spitzen der Kronblätter verbunden sind. Diese drücken die Staubbeutel an die Griffelbürste, wo der Pollen entleert wird. Erst nach völliger Trennung der Kronblätter erfolgt auch die Entfaltung der Narbenäste. Besucher: Bienen, Falter und Käfer. Zuweilen Selbstbestäubung.

Früchte: 2fächerige Porenkapseln, an der Spitze mit 2 Poren aufspringend. Samen klein: Wind- und Tierstreuer (die dürren Griffel als Widerhaken).

Vegetative Vermehrung durch Wurzelsprosse.

Verwendung: Die Blätter werden als Wildgemüse gegessen ("Waldspinat"). Auch die Rhizome sind eßbar, daher auch der Name Rapunzel (= kleine Wurzel; vgl. *Campanula rapunculus*). Ein aus dem Rhizom bereiteter Tee wird gegen Gallensteine empfohlen.

Weitere Art:

Phyteuma nigrum F. W. Schmidt, Schwarze Teufelskralle: ähnlich wie vorige Art. Blüten schwarzblau, mit dem dunkelroten Pollen kontrastierend. Bestäuber: Bienen und Schwebfliegen. Auf kalkarmen Standorten, vor allem in den Mittelgebirgen. Lehmzeiger.

Picea abies (L.) Karst. (= *P. excelsa* (Lam.) Link), Gemeine Fichte, Rottanne

– Pinaceae (= Kieferngewächse)

Immergrüner Nadelbaum. Mit bis zu 50 m, maximal bis 62 m Höhe und bis 2 m Stammdurchmesser größter europäischer Baum (neben der Tanne). Bis 600 Jahre alt werdend; forstwirtschaftliche Umtriebszeit aber nur 80-120 Jahre. Flachwurzler. Schnellwüchsig, größte Produktivität unterhalb der natürlichen Fichtenstufe, dafür dort stärker durch Rotfäule und Sommerdürre gefährdet. - Borke älterer Bäume im Gegensatz zur Weißtanne rotbraun (Name!). - Zweige hängend: Anpassung gegen Schneebruch. - Die Nadeln stehen ausschließlich an Langtrieben. Sie sind spitz und im Querschnitt vierkantig, im Schatten etwas abgeflacht. Alter der Nadeln bei gesunden Bäumen 4-7 Jahre, im Hochgebirge auch älter. Besonders empfindlich gegenüber Luftverunreinigungen: Bei geschädigten Pflanzen bleiben die Nadeln oft nur noch 1-3 Jahre an den Zweigen hängen (Möglichkeit zur Bioindikation). Ältere Zweige - im Gegensatz zur Weißtanne (*Abies*) - rauh, da die abgefallenen Nadeln jeweils den mit der Sproßachse verwachsenen Blattgrund zurücklassen (Blattkissen). - Während der kalten Jahreszeit werden Photosynthese und Atmung praktisch eingestellt (Winterruhe). - Ausgeprägte Frostresistenz, die mit den kürzer werdenden Tagen zunimmt. Zur Zeit der ersten Fröste sind die Fichten bereits gegen Minustemperaturen von -20 °C gewappnet. Im tiefen Winter wurde noch Frostresistenz bis unter -60 °C beobachtet. Der Frostschutz wird durch die Anreicherung von Kohlenhydraten (Gefrierpunktserniedrigung) bewirkt. Im Frühjahr nimmt mit zunehmender Tageslänge die Frostresistenz ab, so daß die Pflanzen gegen Spätfröste empfindlich sind. - Gut mit Stickstoffverbindungen versorgte Pflanzen zeigen eine besonders hohe Kohlendioxidaufnahme. - Pilzwurzel.

Vorkommen: Von Natur aus bestandbildend ist die Fichte bei uns nur in den Mittelgebirgen und in den Alpen über 800-900 m Höhe. Als Einzelbaum noch bis ca. 2000 m. Sie siedelt auf frischen, lockeren Lehm- und Tonböden, in feucht-kalter Klimalage. Durch Pflanzung heute überall verbreitet, aber z. B. in der Ebene nicht zu empfehlen. Leider wurden ganze Landschaften durch einseitige Aufforstungsmaßnahmen auch noch in den vergangenen Jahrzehnten in Fichtenmonokulturen umgewandelt. Der Schaden ist seit langem bekannt. Schon im vorigen Jahrhundert polemisierte ein elsässischer Forstmeister: "Die Zahl der Fichten in einem Revier ist umgekehrt proportional zur Intelligenz des Revierförsters". Die durch Fichtenmonokulturen erwachsenden Schäden sind vielfältig. Im Gegensatz zu den natürlichen, lichten Fichtenbeständen unterdrücken sie das Aufkommen der Krautschicht bzw. natürlicher Waldverjüngung oft völlig. Durch die saure, kaum verwesliche Nadelstreu fördern sie die Rohhumusbildung und verschlechtern den Boden. Dichte Fichtenanpflanzungen können Kaltluftstau bewirken und dadurch Nebelbildung verursachen.

Blüten: V-VI. Windblütig: "unbeweglicher Typ". Männliche Blüten ± aufrecht. Pollenkörner mit je 2 Luftsäcken. Zur Hauptblütezeit werden - wie bei anderen Nadelbäumen - riesige Pollenmengen ausgeschüttet ("Schwefelregen"). Dabei können die Narben gleichzeitig blühender Obstbäume durch Fichtenpollen "sterilisiert" werden. Weibliche Blütenstände (= Zapfen) zunächst aufrecht, nach der Blüte hängend. Die Rotfärbung der Samenschuppen dient möglicherweise der besseren Wärmeabstrahlung (= Austrocknungsschutz). Beginn der Blühfähigkeit mit 30-60 Jahren. Relativ junge Pflanzen besitzen zunächst nur weibliche Blüten.

Samen: Samenreife innerhalb eines Jahres, aber nur alle 3-4 Jahre reiche Samenproduktion. Samen nur 5-8 mg schwer, enthalten Öl als Reservestoff (typisch für Windverbreitung). Samenflügel hautartig, schwach gedreht: typische Dreh- oder Schraubenflieger. Flugweite schon bei Windstille mehr als 300 m. Die Samen können auch bei der Bearbeitung der Zapfen durch Spechte und Eichhörnchen verbreitet werden. Samenzapfen hängend. Bei Trockenheit spreizen die Samenschuppen, so daß die Samen herausfallen können. Schließlich fallen die Zapfen (im Gegensatz zur Tanne) als Ganzes ab. Überreiche Zapfenproduktion kann ein Symptom für Schädigung durch sauren Regen sein.

Vegetative Vermehrung ist durch Bewurzelung herabgesenkter Zweige möglich.

Verwendung: Wichtiger Forst- und Zierbaum. Das leichte, gut bearbeitbare, aber wenig dauerhafte Holz wird vielseitig angewandt, z. B. als Bauholz. Spezif. Gewicht 0,45. Außerdem stellt es den wichtigsten Rohstoff der deutschen Papierindustrie dar und ist wichtiger Zellstofflieferant. Die bis 18 % Gerbstoffe enthaltende Borke ist ein bedeutendes Gerbmittel. - Aus dem Harz wurde früher künstliches Vanillin hergestellt (abgeschlagene Stämme duften nach Besonnung nach Vanille). - Samen für Speiseöl nutzbar. - Extrakte junger Fichtenzweige sind Bestandteile von Hustenmitteln, alkoholische Auszüge dienen zum Einreiben bei rheumatischen Beschwerden. Die zartgrünen Frühjahrstriebe sind reich an Vitamin C. Sie können im Mai gesammelt und zu "Fichtenhonig" verarbeitet werden; zum Sammeln ist allerdings die Genehmigung der Forstbehörde notwendig. - Ebenfalls als "Fichtenhonig" bzw. "Tannenhonig" bezeichnet wird ein besonders dunkler und etwas harziger Bienenhonig, der nicht von Blütennektar stammt, sondern von den Ausscheidungsprodukten der an den Nadeln saugenden Blattläuse. - Aus dem Holzteer wurde ehemals Pech gewonnen (Name!: lat. pix = Pech).

Weitere Arten:

Picea omorika (Pancic) Purkyne, Serbische Fichte: von den meisten übrigen Fichten durch die flachen, unterseits durch 4-6 Wachsstreifen hellen Nadeln unterschieden. Wegen späterer Drehung entspricht die Blattunterseite der morphologischen Oberseite. Beheimatet in einem eng begrenzten Areal Serbiens (Balkan), dort Tertiärrelikt; fossile Nachweise z. B. in Italien. Sehr wüchsig. Der schlanke Umriß stellt eine Anpassung an schneereiche Hochgebirgslagen dar. Sehr hübsches Ziergehölz, doch sollte man aus ökologischen Gründen im Garten fruchttragende Laubgehölze bevorzugen. Unempfindlicher gegen Luftverschmutzung und trockene Sommer als *P. abies*.

Picea pungens Engelm., Blau- oder Stech-Fichte: Nadeln kurz und sehr spitz, dunkelmattgrün bis silbergrau oder blauweiß, spiralig angeordnet. Besonders die blaugrauen Formen sind als Gartenpflanzen beliebt und werden dann oft als Blau-Tanne bezeichnet. Heimat: Nordamerika. Zapfen 2 Jahre am Baum bleibend.

Pimpinella major (L.) Hudson, Große Bibernelle

– Apiaceae (= Doldenblütler)

Ausdauernder Hemikryptophyt (Halbrosettenpflanze).

Vorkommen: Fettwiesen und Staudenfluren, auf frischen, nährstoff- und basenreichen, humosen, tiefgründigen Lehmböden, in feuchter Klimalage, vor allem im Gebirge. Nährstoffzeiger.

Blüten: VI-IX. "Nektarführende Scheibenblumen vom *Heracleum*-Typ". Neben zwittrigen Blüten kommen männliche, seltener auch weibliche Blüten vor. Bestäuber: Fliegen, Käfer und andere Insekten.

Früchte: kleine, kahle, ungeflügelte Doppelachänen. Zufallsverbreitung.

Verwendung: Die jungen Blätter können als Gemüse und Salat gegessen werden. Die scharf schmeckende, durch Capronsäure etwas nach Böcken riechende Wurzel wird arzneilich als Hustenmittel oder auch zum Würzen verwendet. Sie enthält u. a. ätherische Öle und Bitterstoffe. In der Volksmedizin spielt sie eine große Rolle als Gurgelmittel bei Halsentzündungen.

Weitere Arten:

Pimpinella saxifraga L., Kleine Bibernelle: voriger Art ähnlich und auch genauso verwendet. Sonnige Magerrasen und Kieferntrockenwälder.

Pimpinella anisum L., Anis: einjährige Kulturpflanze. Heimat: östliches Mittelmeergebiet. Grundblätter ungeteilt. Eine schon im Altertum bekannte Gewürz- und Arzneipflanze. Die Früchte enthalten 2-5 % ätherische Öle (Anisöl) mit Anethol als geruchsgebender Hauptkomponente. Sie sind wichtig für die Herstellung von Likören und für Gebäck (z. B. Anisplätzchen). Anis ist auch Bestandteil von Teemischungen, meist gemeinsam mit Kümmel und Fenchel. - Früher benutzte man die Früchte auch zur Bekämpfung von Krätz-Milben und Läusen.

Pinguicula vulgaris L., Gemeines Fettkraut

– Lentibulariaceae (= Wasserschlauchgewächse)

Hemikryptophyt: sommergrüne Rosettenpflanze, die als stärkespeichernde, dem Boden aufliegende Zwiebel (Winterknospe, Hibernakel) überwintert. - Fleischfressende Pflanze (karnivor); Blätter oberseits durch Drüsensekrete fettglänzend (Name!, vgl. lat. pinguis = fettig): Kleinere Gliedertiere werden bei Berührung der Blattoberfläche durch die gestielten, kopfigen Klebdrüsen festgehalten. Daraufhin scheiden zahlreiche kleine, der Blattoberfläche dicht aufsitzende Drüsen Verdauungssekrete (eiweißspaltende Enzyme, z. B. Labenzym) ab und absorbieren später die Verdauungsprodukte. Beim Verdauungsvorgang rollen sich die Blätter allmählich vom Rand her ein, vor allem im Bereich der Beute. Hierdurch werden die Tiere mit mehr Drüsen in Kontakt gebracht; außerdem werden die Verdauungsprodukte besser auf dem Blatt festgehalten.

Vorkommen: überrieselte Felsen, Quell- und Flachmoore, auf nassen, meist nährstoffarmen, basenreichen Sumpfhumusböden. Ebene bis Hochgebirge (Alpen bis 1620 m, weltweit bis 2300 m), heute vorwiegend in der Bergstufe. Zirkumpolar verbreitet. Gefährdet, vor allem durch Düngung und Entwässerung. - **Geschützt**! (alle Arten der Gattung).

Blüten: V-VIII. Kleine, durch Überkrümmung des Blütenstiels auf dem Kopf stehende "Rachenblumen", einzeln, endständig. Oft werden die Blüten als "Fliegenklemmfallenblumen" gedeutet: Rückwärts gerichtete Sperrhaare des Blütenschlunds zwingen die Besucher, besonders Fliegen, sich hochzustemmen, wobei sie den Rücken gegen die Narbe und Staubbeutel drücken. Zu große Fliegen klemmen sich fest und verhungern. Statt Nektar befinden sich im Sporn Schleimhaare, die aber wohl nur der Täuschung der Besucher dienen.

Früchte: 2klappig aufspringende Kapseln auf starrem Stiel: Wind- und Tierstreuer. Samen winzig, ohne Nährgewebe: Ballonflieger.

Vegetative Vermehrung durch Brutzwiebeln. Außerdem können die Winterknospen durch Schnee oder Tiere von der Stelle bewegt werden.

Verwendung: Wegen des Labenzyms wurden die Blätter zum Eindicken der Milch genutzt. Das Kraut wird selten in der Volksmedizin angewandt, z. B. bei starkem Husten und Krämpfen.

Weitere Art:

Pinguicula alpina L., Alpen-Fettkraut: an ähnlichen Standorten in den Alpen, meist auf Kalk. Krone gelblich-weiß. Autökologie wie bei voriger Art. Gefährdet.

Pinus sylvestris L., Wald-Kiefer, Föhre

– Pinaceae (= Kieferngewächse)

Immergrüner Nadelbaum bis maximal 48 m Höhe und 1 m Stammdurchmesser. Pfahlwurzel bis 5 m Tiefe. Schnellwüchsig. Bis 600 Jahre alt werdend, forstwirtschaftliche Umtriebszeit aber nur 100-120 Jahre. Wurzelpilz (z. B. Fliegenpilz, Reizker-Arten und Butterröhrling). - Nadeln (außer an Keimpflanzen) ausschließlich an Kurztrieben, und zwar jeweils zu zweien; jung von häutigen, Niederblättern geschützt. Alle Zweige verlängern sich jährlich um einen Langtrieb (wodurch eine Altersabschätzung leicht möglich ist). Die Nadelspitzen wirken als Kondensationspunkte, d. h. sie fördern die Taubildung und dienen so der zusätzlichen Wassergewinnung. Die Nadeln fallen gemeinsam mit dem zugehörigen Kurztrieb ab, gewöhnlich nach 3-4 Jahren, in Gebieten mit hoher Luftverschmutzung auch schon im 2. Jahr; außerdem werden die Nadeln bei Luftverunreinigung kürzer. Der Bau der Nadelblätter zeigt ausgesprochene Trockenheitsanpassungen, besonders gegen Frosttrocknis: ledrig-derber Bau durch Festigungsgewebe in der Epidermis und Hypodermis, Spaltöffnungen eingesenkt (= Transpirationsschutz). Zum Teil ist der Bau aber auch als Anpassung an die Nährsalzarmut des Bodens zu verstehen (= Peinomorphose).

Vorkommen: auf armen, laubholzfeindlichen Standorten (z. B. Dünen und Moore) bestandbildend, auf nährstoffreicheren Böden auch in Mischwäldern. Licht- oder Halbschattenholz. Ebene bis Gebirge (Alpen bis 1600 m). Frosthart (erträgt in Sibirien Temperaturen von -40 °C). - Durch häufige Aufforstung einer der verbreitetsten Waldbäume Deutschlands. - Schöne und alte Bäume schützenswert. Kiefernmonokulturen sind aber oft biotopschädigend!

Blüten: V. Windblütig: "unbeweglicher Typ". Pollen mit Luftsäcken, mehrere km weit fliegend. Einhäusig. Vormännlich. Beginn der Blüte mit etwa 30-70 Jahren. Männliche Blüten büschelig gedrängt in der unteren Hälfte diesjähriger Langtriebe. Staubblätter zahlreich, spiralig angeordnet, auf je 2 Pollensäcke reduziert. Wegen der überreichen Pollenproduktion kommt es zur Hauptblütezeit oft zum Phänomen des "Schwefelregens"; selbst in Großstädten wie Berlin kann man große Flächen des gelben, staubartigen Niederschlags finden, besonders auf Regenpfützen. Ungeachtet der Windblütigkeit stellt Kiefernpollen eine wichtige Nahrungsquelle für Bienen dar. - Die roten (vgl. bei *Picea*) weiblichen Blütenstände (= Zapfen) stehen seitlich an der Spitze von Langtrieben. Sie bestehen aus zahlreichen, spiralig angeordneten Deckschuppen und in deren Achseln jeweils einer Samenschuppe mit 2 zur Achse gerichteten Samenanlagen. - Nach der Bestäubung erfolgt nur sehr langsames Pollenschlauchwachstum, so daß die Befruchtung erst im folgenden Jahr in den inzwischen etwas herangewachsenen, noch grünen und völlig geschlossenen Zapfen stattfindet.

Samen: Die Samen reifen im Herbst des zweiten Jahres und verlassen die Zapfen erst im dritten Jahr. Die Samenschuppen sind dann verholzt und haben die Deckschuppen überwachsen. Bei Trockenheit spreizen sie (= xerochas) und entlassen die geflügelten Samen: Drehflieger. Die Samen liegen in zwei Formen vor: die kurzflügelige hat Mindestflugweiten von 150 m, die langflügelige solche von ca. 1000 m. Daneben kommt Bearbeitungsverbreitung durch Spechte und Eichhörnchen sowie auch Wasserhaftverbreitung vor. Die Samen speichern fettes Öl. Bei feuchtem Wetter quillt die Unterseite (= Außenseite) der Samenschuppen stärker als die Oberseite: der Zapfen schließt sich wieder. - Lichtkeimer.

Verwendung: wichtiger Forst- und Zierbaum. Wertvolles Nutzholz, z. B. für Möbel. Sehr leicht, spezif. Gewicht 0,5. Aus dem Harz wird Terpentin gewonnen. Das Harz selbst diente früher auch als Zahnersatz. Die harzreichen Kienspäne waren ehemals oft einziges Beleuchtungsmittel. "Kiefer" bedeutet so viel wie "Kien tragender Baum". Aus dem Holzteer wurde Kienöl (für Lampen) sowie Schusterpech gewonnen. Die Nadeln wurden als "Waldwolle" (Stopf- und Füllmaterial) genutzt. - Manchmal wurden die jungen Zweigspitzen wegen ihres hohen Vitamin C-Gehaltes gegessen. Das an ätherischen Ölen reiche Kiefernnadelöl wird noch heute arzneilich als Inhalationsmittel bei Bronchitis verwendet. - "Bernstein" ist fossiles Harz, das oft von Kiefern stammt.

Weitere Arten:

Pinus mugo Turra, Berg-Kiefer: relativ selten baumförmig (= "Spirke"), viel häufiger als niederliegender Strauch (= "Latsche" oder "Legföhre"). Letztere bildet oberhalb der Waldgrenze ausgedehnte Bestände im subalpinen Krummholzgürtel. In den Mittelgebirgen nur Reliktvorkommen. Die elastischen Äste sind vorzüglich dem winterlichen Schneedruck der Hochlagen angepaßt. In Nordlagen, bei zu langer Schneebedeckung, wird die Latsche sehr durch den Pilz *Herpotrichia nigra* (Schwarzer Schneeschimmel) geschädigt und von der Grünerle (*Alnus viridis*) ersetzt. Verwendung ähnlich wie bei voriger Art. Wegen des Harzreichtums der Pflanze spielt Latschenkiefernöl eine besondere Rolle und wird auch als Badezusatz verwendet. Auch Zierstrauch.

Pinus cembra L., Zirbel-Kiefer, Zirbe, Arve: bis 25 m hoher Baum der Hochlagen und der Waldgrenze. Vor allem in den Zentralalpen verbreitet. Nadeln zu 5 an den Kurztrieben, steif. Zapfen bis 10 cm lang, eiförmig. Samenschuppen bläulich mit brauner Spitze. Samen nußartig, hartschalig, ungeflügelt, etwas harzig, aber wohlschmeckend. Verbreitung durch Tannenhäher, Spechte und Nager. Anpassung an den Standort mit oft nur dreimonatiger Vegetationszeit und oft extrem niedrigen Temperaturen z. B. durch den Jahresgang der Frostresistenz und die im Winter grundsätzlich geschlossenen Spaltöffnungen. Jahreszuwachs im Holz minimal.

Alter mancher Bäume mehr als 1000 Jahre. Vorzügliches, schön gemasertes Holz, das viele Tiroler Stuben ziert.

Pinus nigra ARNOLD (= *P. nigricans* HOST), Schwarz-Kiefer: Nadeln zu zweit, 8-15 cm lang, starr, 4-5 Jahre am Baum. Stamm schwarzgrau (Name!) bis graubraun. Zier- und Forstbaum. Heimat: Mittelmeergebiet bis Österreich; dort in Kalk-Kiefernwäldern. Zapfen dick, 4-8 cm lang, harzig.

Pinus strobus L., Weymouth-Kiefer, Strobe: Nadeln zu 5, 5-14 cm lang, dünn und biegsam. Sehr frosthart; vermag bei Abkühlung und Erwärmung von weniger als 10 °C pro Stunde Temperaturen von unter -100 °C zu überstehen. Zier- und Forstbaum. Zapfen schlank, 9-20 cm lang, sehr harzreich.

Pisum sativum L., Kultur-Erbse, Garten-Erbse

– Fabaceae (= Schmetterlingsblütler)

Einjährige Kletterpflanze, 30-100 cm hoch, bis 2 m tief wurzelnd. Blätter unpaarig gefiedert, mit großen, halbkreisförmigen Nebenblättern, 2-3 Paaren von laubigen Fiedern und endständigen Fiederranken. Spaltöffnungen an Ober- und Unterseite. Wurzelknöllchen mit Stickstoff-bindenden Bakterien. - Klassisches Objekt der Mutationsforschung (2n = 14). Besonders auffällig sind doppelt gefiederte Mutanten, bei denen alle Fiedern zu Ranken umgebildet sind, so daß wie bei der Ranken-Platterbse (*Lathyrus aphaca*) die Photosynthese fast nur von den großen Nebenblättern übernommen wird.

Vorkommen: Kulturpflanze, gelegentlich verwildert, aber nur unbeständig. Heimat: östliches Mittelmeergebiet bis Indien.

Blüten: V-VII. "Nektarführende Schmetterlingsblumen", in 1-3zähligen, traubigen Blütenständen. Übergang zwischen Griffelbürsten und Pumpmechanismus. Krone weiß oder purpurn. Die Kronblätter sind eng miteinander verbunden, so daß nur kräftige Hummeln zum Nektar gelangen können, aber selbst diese besuchen die Blüten wenig. Der Samenansatz erfolgt daher überwiegend über Selbstbestäubung.

Früchte: aufgeblähte Hülsen, mit bis zu 8 Samen: Selbstausstreuer. Typische Rollsamen. Samenschale durchscheinend, daher sind einige Merkmale der Folgegeneration bereits auf der Mutterpflanze zu erkennen.

Verwendung: seit der jüngeren Steinzeit nachgewiesene Kulturpflanze. Gemüse- und Futterpflanze. Reife Samen mit etwa 50 % Kohlenhydraten und dem relativ hohen Eiweißgehalt von 23 %. Da sie alle essentiellen Aminosäuren enthalten, sind sie ein wertvoller

Bestandteil der Ernährung und vor allem als Ergänzung einer fleischarmen Kost empfehlenswert. Die Weltproduktion an Erbsensamen belief sich 1986 auf 20 Mio t.

Plantago major L., Breit-Wegerich

– Plantaginaceae (= Wegerichgewächse)

Sommergrüner Hemikryptophyt: Rosettenpflanze mit blattachselständigen Blütensprossen und Zugwurzeln. Tiefwurzler (bis 80 cm Tiefe). - Die Blätter sind parallelnervig wie sonst bei Einkeimblättrigen, weshalb Wegerich-Arten manchmal mit Gräsern verwechselt werden.

Vorkommen: Trittpflanze der Wege (Name!), Plätze, Ufer, Weiden und kurzgrasigen Parkrasen, auf frischen, nährstoffreichen, dichten Ton- und Lehmböden, auch in Pflasterritzen. Salzertragend, z. T. Vernässungszeiger. Weltweit verschleppt (bei den Indianern "Fußstapfen des Weißen Mannes"). Ebene bis Hochgebirge (Alpen bis 2375 m).

Blüten: VI-X. Windblütig: "langstaubfädiger Typ". Ausgeprägt vorweiblich. Pollen mit Kittresten (vgl. das Vorkommen von Insektenblütigkeit in derselben Gattung!). Narben lang, fast fiederig behaart. Krone trockenhäutig. Pollensäcke bei feuchtem Wetter geschlossen. Blütenstand ährig. Wichtiger Heuschnupfenerreger.

Früchte: 6-12samige Deckelkapseln (Abb. 66, S. 322): Wind- und Tierstreuer. Hauptsächlich aber Klebverbreitung: Samen bei Nässe mit quellender, klebriger Samenschale (Trittverbreitung!). Lichtkeimer. Dazu Bearbeitungsverbreitung, z. B. durch Körnerfresser. Fruchtreife: VII-IX.

Verwendung: Die jungen Blätter der Wegerich-Arten können nach Entfernung der "Fäden" (= Leitbündel) roh oder als Gemüse gegessen werden. Vogelfutterpflanzen. Arzneilich ähnlich wie die folgende Art verwendet, doch in der Heilwirkung von dieser übertroffen.

Weitere Arten:

Plantago lanceolata L., Spitz-Wegerich: Fettwiesen, Wege und Äcker. Bestäubung vor allem durch den Wind, daneben aber auch durch pollensammelnde Insekten. Samen weniger quellfähig als bei voriger Art. Vegetative Vermehrung durch Wurzelsprosse. Bewährtes Hustenmittel. Das Aufträufeln des Preßsaftes oder Auflegen gequetschter Blätter auf Insektenstiche lindert den Juckreiz und wirkt abschwellend; ähnliche Anwendungen auch bei Prellungen und anderen Schwellungen. Der Saft ist (vermutlich wegen des Aucubingehaltes) antibiotisch wirksam und schimmelt daher im Gegensatz zu den meisten anderen Pflanzensäften nicht. Wirkstoffe der Pflanze sind Schleim- und Bitterstoffe, Gerbstoffe, Kieselsäure (über 1 %) und ein Aucubin-Glykosid. Vielseitige Anwendung auch in der Homöopathie.

Plantago media L., Mittlerer Wegerich: Trockenrasenpflanze. Blüten wohlriechend, insektenblütig! Besucher sind Pollensammler wie Honigbienen, Schwebfliegen und Käfer. Daneben kommt Geschlossenblütigkeit (Kleistogamie) und wohl auch Windblütigkeit vor. Verschiedengriffig. Pollen glatt und trocken. Vegetative Vermehrung durch Wurzelsprosse.

Platanthera bifolia (L.) Richard, Weiße Waldhyazinthe, Zweiblättrige Kuckucksblume oder Kuckucksstendel

– Orchidaceae (= Orchideen, Knabenkrautgewächse)

Knollen-Geophyt (vgl. *Ophrys*). Knollen ziemlich groß, ungeteilt, im unteren Teil fast rübenförmig. Laubblätter grundständig, meist zu zweit (Name!).

Vorkommen: lichte Eichen- und Kiefernwälder, Heiden und Magerrasen, auf basenreichen Böden. Mull- und Moderpflanze. Oft Wechselfrischezeiger. Ebene bis Gebirge (Alpen bis 1860 m). - Gefährdet! - **Geschützt**!

Blüten: VI. Weiße "Lippenblumen vom *Orchis*-Typ". Typische Nachtfalterblumen: Hauptduft nachts, etwas nach Maiglöckchen riechend. Sporn sehr lang (20-25 mm), meist sehr nektarreich, sein Eingang so eng, daß nur Falterrüssel eindringen können. Davor liegt die papillöse Narbe, auf der sich später durch Verschleimung eine dick-zähflüssige Masse bildet, die als Klebmittel dient. Der Pollen wird durch den Falterrüssel übertragen. Die seitlich der Staubbeutel sitzenden Gewebepolster tragen eine raphidenreiche Epidermis, die ebenfalls verschleimt. Die Pollinien stehen parallel und sind vollständig miteinander verbunden.

Früchte: Kapseln mit winzigen Samen (Ballonflieger).

Verwendung: Aus den Knollen wurde "Salep" gewonnen (vgl. *Orchis*).

Platanus x hybrida Brot. (= *P. acerifolia* auct.), Bastard-Platane

– Platanaceae (= Platanengewächse)

Winterkahler Laubbaum. Blätter ahornähnlich (vgl. den wechselseitigen Verweis zwischen *Platanus acerifolia* und *Acer platanoides* bzw. *pseudoplatanus*). Erbkonstanter, voll fertiler Bastard aus einer Kreuzung der winterharten, nordamerikanischen *P. occidentalis* L. und der dekorativeren balkanisch-westasiatischen *P. orientalis* L. Dieser Bastard trat um 1670 spontan im Botanischen Garten in Oxford auf. - Schuppenborke; durch ein Abtrennungsgewebe wird die jeweils äußerste Borkenschicht in relativ großen Platten abgesprengt. - Wurzelpilz. - Die Gattung ist bereits seit der Kreidezeit bekannt.

Vorkommen: anspruchsloser Park- und Alleebaum, optimal auf frischen, tiefgründigen Böden. - Galt lange Zeit als relativ rauchhart, doch sind besonders Stadtbäume neuerdings durch Pilzinfektion gefährdet.

Blüten: V. Windblütig: "hängeblütiger Typ". Einhäusig. Weibliche und männliche Blütenköpfchen sitzen an derselben Hauptachse. Die Blütenhülle ist degeneriert und fehlt den männlichen Blüten fast ganz.

Früchte: Aus den freien Fruchtblättern entwickeln sich einsamige Nüßchen mit hakigem Griffelrest und basalem Haarbüschel. Fruchtreife: XI-XII (Wintersteher). Im Winter vermorschen die steifen Fruchtstandstiele und werden dann leicht beweglich. Danach zerfallen die kugeligen Fruchtstände. Die Einzelfrüchte werden als Schirmchenflieger (Flugweite sehr gering), sowie als Klett-, Bohr- und Tretfrüchte ("Triangel") verbreitet. - Für Hunde sind die Tretfrüchte sehr unangenehm, da die spitzästigen Gliederhaare (vor allem der jungen Teile) zu Schleimhautreizungen führen können.

Verwendung: Zierbaum. Das Holz ist ähnlich wie das des Ahorns verwertbar.

Weitere Art:

Platanus orientalis L., Orientalische oder Türkische Platane: einzige europäische Art der Gattung = Tertiärrelikt. Da etwas frostempfindlich, wird die reine Art bei uns viel seltener als der Bastard gepflanzt. Bildet in ihrer Heimat in Flußauen schöne Galeriewälder. - Zu dieser Art gehören mit die ältesten bekannten Bäume (etwa 2000, evtl. sogar 4000 Jahre alt) sowie die - neben der Sumpfzypresse *(Taxodium)* - dicksten bekannten Stämme überhaupt (Durchmesser bis 15,4 m). Höhe nur 30-40 m.

Poa annua L., Einjähriges Rispengras

– Poaceae (= Süßgräser)

Einjährig (sommerannuell) oder winterannuelle bis ausdauernde Horstpflanze. Flachwurzler. Ohne Wachstums- und Blühperiodizität, daher auch Schneeblüher.

Vorkommen: Trittrasen, Ruderalstellen aller Art, Äcker und Gärten, auf frischen, nährstoffreichen Böden, in humider Lage. Überdüngungszeiger. Kulturbegleiter. Heute weltweit verschleppt. Ebene bis Hochgebirge (Alpen bis 2400 m).

Blüten: I-XII. Windblütig: "langstaubfädiger Typ". Ährchen und Rispenachseln mit Schwellkörpern.

Früchte: Karyopsen ganzjährig reifend, von den bleibenden Spelzen umgeben (= Scheinfrucht). Meist Trittverbreitung (Wasserhafter), dazu Menschen-, Zufalls- und Windverbreitung (Ballonflieger).

Weitere Arten:

Poa pratensis L., Wiesen-Rispengras: Rhizom-Geophyt mit langen unterirdischen Ausläufern und Hemikryptophyt (Horstpflanze). Scheinfrüchte mit Klebzotten: Anhafter. Eines unserer besten Futtergräser: auch trockenheits- und schneeverträglich.

Poa trivialis L., Gemeines Rispengras: Horstpflanze. Blatthäutchen bis 7 mm lang. Feuchte, nährstoffreiche Wiesen und Äcker. Scheinfrüchte ebenfalls mit Klebzotten: Anhafter. Vegetative Vermehrung durch Bewurzelung niederliegender Triebe. Gutes Futtergras.

Poa nemoralis L., Hain-Rispengras: Horstpflanze. Blattspreiten auffällig abstehend. Blatthäutchen sehr kurz oder fehlend. Laubmischwälder und Schläge. Durch Befall mit dem Pilz (Ascomycet) *Epichloe typhina* Pers. entstehen bei dieser Art, zuweilen auch bei anderen Arten, oft weiße, später muffartige Hüllen um den Stengel.

Poa alpina L., Alpen-Rispengras: Horstpflanze. Alpine und subalpine Fettwiesen. Verbandskennart des Poion alpinae (= Alpen-Fettweiden). Im Gebiet vor allem in der var. *vivipara* L., die sich vegetativ durch Brutpflanzen (= Bulbillen) am Fruchtstand vermehrt. Gutes Futtergras.

Poa chaixii Vill., Wald- oder Berg-Rispengras: Blätter breit (4-15 mm), wintergrün, aber nicht ganz frosthart. Rispe lang (15-30 cm). Laubwälder und Wiesen der Gebirge, kalkmeidend. Als Bodendecker für schattige Stellen der Wildpflanzengärten sehr zu empfehlen.

Polygala vulgaris L., Gemeine Kreuzblume
– Polygalaceae (= Kreuzblumengewächse)

Hemikryptophyt: Schaftpflanze. - Die Gattung *Polygala* umfaßt weltweit etwa 600 Arten und gehört somit zu den formenreichsten Gattungen überhaupt. - Der Name *Polygala* (griech. polys = viel, gala = Milch) geht auf die unbewiesene, alte Vorstellung zurück, die Pflanze würde die Milchproduktion beim Vieh steigern.

Vorkommen: Magerrasen, Heiden, Wegränder, auf armen, sauren Böden. Magerkeitszeiger. Ebene bis Gebirge (Alpen bis 1850 m).

Blüten: V-VIII. Kleine, homogame "Schmetterlingsblumen", in endständiger Traube. Blütenfarbe meist blau, seltener weiß oder rosa. Von den 5 Kelchblättern sind die 2 seitlichen groß und wie die Kronblätter gefärbt, sie bilden die "Flügel" und hüllen fast die ganze Blüte ein. Das größere, untere Kronblatt (= "Schiffchen") ist an der Spitze gefranst und dient den Insekten als Anflugstange. Auf seiner Oberseite besitzt es in der Blüte eine zweiklappige Tasche, die die Staub- und Fruchtblätter umschließt. Von den 8 Staubblättern sind je 4 untereinander verwachsen. Der Griffel endet in einer löffelartigen Bildung, in die die an der Spitze mit Loch aufspringenden Staubbeutel den Pollen entleeren. Unterhalb davon befindet sich die Narbe als klebriger, zu einer Spitze ausgezogener Vorsprung. Der Nektar wird am Grunde der Blüte abgeschieden. Bestäuber sind Bienenverwandte und Schmetterlinge. Sie können nur dadurch an den Nektar gelangen, daß sie den Rüssel zwischen den beiden Klappen sowie am "Pollenlöffel" und an der Narbe vorbei hindurchstecken. Dort streifen sie den mitgebrachten Pollen ab und beschmieren gleichzeitig ihren Rüssel mit der Klebmasse, an der dann beim Zurückziehen des Rüssels neuer Pollen hängenbleibt. Auf diese Weise soll Fremdbestäubung sichergestellt werden. Jedoch ist spontane Selbstbestäubung häufig.

Früchte: 2klappige, 2samige Kapseln. Samen mit gezähntem Samenmantel. Windstreuer, Zufalls- und Ameisenverbreitung.

Weitere Art:

Polygala chamaebuxus L., Zwergbuchs, Buchsblättrige Kreuzblume: Chamaephyt: immergrüner, niederliegender bis aufsteigender Halbstrauch mit Lederblättern. Trockenwälder und Kalkmagerrasen, auf basenreichen, meist kalkreichen, humosen Böden. Gebirgspflanze. Krone groß. Kelchblätter weiß, kronblattartig. Bestäuber sind ausschließlich Hummeln. Wind- und Wasserhaftverbreitung. Vegetative Vermehrung durch Ausläufer.

Polygonatum multiflorum (L.) ALL., Vielblütige Weißwurz oder Salomonssiegel

– Liliaceae s. l. (= Liliengewächse i. w. S.) bzw. Convallariaceae (= Maiglöckchengewächse)

Rhizom-Geophyt. Das auffällige, weiße (Name!) Rhizom (Abb. 67, S. 322) ist knotig verdickt (wiss. Name!: griech. polys = viel, gony = Knoten). Die Knoten entsprechen jeweils einem Jahreszuwachs. Sie entstehen als seitliche Verzweigungen aus der Achsel von schuppenförmigen Niederblättern, während sich die Rhizomspitze jeweils in den aufrechten Blütensproß verlängert. Das Rhizom stellt also ein Sympodium dar. Es wurden bis zu 17 Jahresabschnitte hintereinander gezählt. Die scheibenförmigen Vertiefungen auf der Oberseite der Knoten sind die Abnarbungsstellen der Blütensprosse. Mit den zahlreichen Leitbündelnarben erinnern sie an Siegel (Name!). - **Giftig**: Alle Teile der *Polygonatum*-Arten, vor allem die Beeren, enthalten Saponine und andere Giftstoffe. Das Vorkommen von herzwirksamen Digitalis-Glykosiden wird neuerdings bezweifelt.

Vorkommen: krautreiche Laub- und Mischwälder und Säume, auf nährstoff- und basenreichen, lockeren Lehmböden. Ebene bis Gebirge (Alpen bis 1800 m).

Blüten: V-VI. Homogame "Glockenblumen mit klebrigem Pollen", jeweils zu 3-5 blattachselständig. Blütenhülle geruchlos, röhrig verwachsen. Gewöhnlich zweihäusig. Männliche Blüten 2 cm lang, weibliche und zwittrige kleiner. Nektar nur von langrüsseligen Hummeln erreichbar bzw. von Faltern, die aber nur selten die Blüten aufsuchen. Selbstbestäubung ist häufig.

Früchte: bläulich bereifte Beeren, widerlich süß schmeckend: Verdauungsverbreitung. Fruchtreife: VIII-IX.

Vegetative Vermehrung durch Verzweigung des Rhizoms.

Verwendung: Nach der Signaturenlehre galten die Weißwurz-Arten als Mittel gegen Hühneraugen! Nach der Sage ist das Rhizom die geheimnisvolle Springwurz, die nur der Specht zu finden weiß, und vor dessen Besitzer sich verschlossene Türen wie durch Zauberschlag öffnen. - Als Wildgartenpflanze geeignet.

Weitere Arten:

Polygonatum odoratum (MILL.) DRUCE (= *P. officinale* ALL.), Salomonssiegel, Echte oder Duftende Weißwurz: ähnlich wie vorige Art. Stengel kantig statt rund. Blüten nur zu je 1-2. Sonnige, meist kalkhaltige Standorte. Oft wird der Name Salomonssiegel nur auf diese Art bezogen. Das Rhizom wurde früher arzneilich bei Quetschungen und Entzündungen verwendet.

Polygonatum verticillatum (L.) ALL., Quirl-Weißwurz: Blätter zu 3-6 in Scheinquirlen. Stengel durch Unterdrückung der Endknospe mit Blattschopf endend. Subalpine und montane Bergmischwälder und Hochstaudenfluren. Wegen der relativ kurzen Kronröhre erfolgt die Bestäubung außer durch Hummeln auch durch langrüsselige Bienen und kleinere Falter.

Polygonum bistorta L., Wiesen-Knöterich, Schlangen-Knöterich

– Polygonaceae (= Knöterichgewächse)

Halbrosettenpflanze mit kräftigem Rhizom. Stengel (aller Arten) mit auffälligen Knoten (Name!, vgl. griech. polys = viel, gony = Knie, Knoten). Rhizom S-förmig gebogen (Name!: lat. bistorta = zweimal gebogen). - Blattstiel der unteren Blätter (speziell bei dieser Art) unregelmäßig geflügelt. - Im weitgefaßten Sinne umfaßt die Gattung weltweit etwa 300 Arten. Neuerdings werden die Gattungen *Fallopia* (= Windenknöterich) und *Reynoutria* (= Staudenknöterich) von *Polygonum* abgegrenzt.

Vorkommen: feuchte Wiesen, vor allem des Gebirges, Hochstaudenfluren und Auwälder, auf kühlen, nassen, nährstoffreichen, mäßig sauren Böden. Ebene bis Hochgebirge (Alpen bis 1790 m). Zirkumpolar verbreitet. Örtlich im Rückgang.

Blüten: V-VII. Streng vormännliche "Glockenblumen mit klebrigem Pollen", in endständigem, ährenförmigem, aus büscheligen Wickeln zusammengesetztem Gesamtblütenstand (im Volk "Zahnbürsten" genannt). Blütenhülle einfach (Perigon), rötlich-weiß. Blütenduft vermutlich durch Pollenkitt. Reicher Insektenbesuch, besonders durch Bienen. Selbstbestäubung weitgehend ausgeschlossen.

Früchte: Die kleinen Nüsse werden mitsamt der bleibenden Blütenhülle verbreitet: Wind- und Tierstreuer. Schwimmverbreitung (wegen der lufthaltigen Hülle). Zufallsverbreitung durch Huftiere.

Verwendung: Gutes Viehfutter. Bienenweide. Die jungen Blätter und Stengel sollen ein ausgezeichnetes Gemüse liefern. Wegen der schlangenartig gebogenen Rhizome (Name!) galt die Pflanze als Mittel gegen Schlangenbiß! Arzneilich wurde das Rhizom ähnlich wie das des Tormentills (*Potentilla erecta*) lange Zeit als Gerbstoffdroge verwendet. - Für Wildpflanzengärten zu empfehlen.

Weitere Arten:

Polygonum amphibium L., Wasser-Knöterich: Als amphibische Pflanze kann diese Art bei ausreichender Grundfeuchtigkeit sowohl auf dem Land (z. B. an trockenen Wegrändern) als auch im Wasser vorkommen. Landform: Schaftpflanze, klebrig behaart, schmalblättrig, Stengel markig. Wasserform: Schlammwurzler, kahl, breite Schwimmblätter mit oberseitigen Spaltöffnungen, Stengel mit weiten Luftgängen. Als Unterrichtsobjekt kann diese Art anstelle der bekannteren, aber unter Naturschutz stehenden See- und Teichrose empfohlen werden. Angenehm duftende, verschiedengrifflige "Scheibenblumen". An trockeneren Standorten bleibt der Samenansatz aus, dafür erfolgt eine intensive, vom Rhizom ausgehende vegetative Vermehrung.

Polygonum aviculare L. (Sammelart), Vogel-Knöterich: einjährige, trittfeste Kriechpflanze. Blüten einzeln, achselständig. Übergang zwischen "Glockenblumen" und "Scheibenblumen". Selbstbestäubung vorherrschend. Verbreitung der umhüllten Nüsse als Regenschwemmlinge und Anhafter (Trittverbreitung). Alte Vogelfutterpflanze (Name!). Wegen des Gehaltes an Kieselsäure, Gerbstoffen und Flavonoiden früher arzneilich gegen Tuberkulose, Lungenleiden und Husten angewendet; heute nur noch in der Volksmedizin. Junge Stengel und Blätter werden seit langem als Gemüse geschätzt.

Polygonum lapathifolium L. (= *P. nodosum* Pers.), Ampfer-Knöterich: einjährig, sommerannuell. Sehr nährstoffreiche, feuchte oder nasse Äcker und Ruderalstellen. Scheinähre dicht, walzlich. Ährenstiele und Blüten drüsig. Wegen geringer Nektarproduktion spärlicher Blütenbesuch und meist Selbstbestäubung. - Beim Verwesen der Perigonblätter bleiben die an der Spitze hakenförmig gekrümmten Leitbündel als Ankerhaken stehen, so daß "Klettfrüchte" entstehen (verbreitungshemmend).

Polygonum persicaria L., Floh-Knöterich, Pfirsichblättriger Knöterich: sehr ähnlich wie *P. lapathifolium*, aber ohne Drüsen. Frische Äcker, Ufer und Ruderalstellen. Ordnungskennart der Polygono-Chenopodietalia (= Wildkrautgesellschaften der Hackfruchtäcker). Nutzpflanze der Steinzeit.

Polygonum hydropiper L., Wasserpfeffer: Einjährig. Blätter mit durchscheinenden Öldrüsen, von pfefferartigem Geschmack (Name!). Der schwach giftige Scharfstoff ist der gleiche wie in dem Lebermoos *Porella arboris-vitae.* Ufer und nasse Waldwege. Scheinähren sehr schmal. Blüten sehr unscheinbar, Nektarien verkümmert. Regelmäßig spontane Selbstbestäubung (Kleistogamie).

Polygonum viviparum L., Knöllchen- oder Lebendgebärender Knöterich: Halbrosettenpflanze. Alpine Magerrasen. Vegetative Vermehrung im Blütenstandsbereich durch Brutknospen

(= Pseudoviviparie), die z. B. "zufällig" über den Kropf von Schneehühnern verbreitet werden.

Polypodium vulgare L. (Sammelart), Gemeiner Tüpfelfarn, Engelsüß

– Polypodiaceae (= Tüpfelfarngewächse)

Wintergrüner Rhizom-Geophyt oder kriechender Chamaephyt (vgl. Abb. der Einbandvorderseite), zweizeilig beblättert. Bei hoher Luftfeuchtigkeit als einzige heimische Sproßpflanze echter Epiphyt. Blätter ziemlich austrocknungs- und frostresistent (poikilohydrisch). Rhizom dicht mit den trocken glänzenden, als Licht- und Wärmeschutz dienenden Spreuschuppen besetzt. - Wurzelpilz.

Vorkommen: lichte Eichen- und Birkenwälder, kalkarme Felsen und Mauern sowie selten epiphytisch auf bemoosten Baumstämmen. Im Berner Oberland bis 2780 m Höhe. Zirkumpolar. Hauptverbreitung der Gattung in den Tropen und dort meist epiphytisch.

Vermehrung: Geschlechtspflanze (Prothallium) und Sporenbehälter wie bei *Dryopteris* beschrieben. Sori groß und rund, Schleier (Indusium) fehlend. Sporenreife: VIII-IX. Vegetative Vermehrung durch die bis 30 cm langen Rhizome.

Verwendung: Das Rhizom schmeckt durch Zucker und das für Süßholz charakteristische Glycyrrhizin intensiv süß (Name!). Außerdem enthält es Schleimstoffe und einen für Darmwürmer sehr giftigen Bitterstoff. Früher wurde das Rhizom arzneilich bei Husten, Leberleiden, Gicht usw. verwendet.

Populus nigra L., Schwarz-Pappel

– Salicaceae (= Weidengewächse)

Winterkahler, bis über 30 m hoher Baum. Maximal bis 300, gewöhnlich aber nicht über 100 Jahre alt werdend. Forstwirtschaftliche Umtriebszeit: 30-50 Jahre. Sehr schnellwüchsig; der jährliche Zuwachs von Pappeln kann in der Länge über 1 m und im Stammumfang über 2 cm betragen. Entsprechend ist das Holz sehr leicht, spezif. Gewicht 0,5. Splintholzart, d. h. die inneren Teile des Holzkörpers werden nicht mit Gerbstoffen imprägniert und können deshalb leicht faulen (Kernfäule). - Blattstiele seitlich zusammengedrückt und daher die Blattspreite sehr labil; schon kleinste Luftbewegungen "kippen" sie aus ihrer horizontalen Stellung, aber der elastische Blattstiel bringt sie danach sofort in die "Normallage" zurück. Die so erzeugte, fast ständige Blattbewegung wirkt stark transpirationsfördernd. Mehr Transpiration bedeutet zum einen bessere Nährsalzversorgung und damit mehr Wachstum; zum anderen erklärt sie die hohe Pumpkraft der Pappeln (s. u.). - Blattzähne junger Blätter mit extrafloralen Nektarien. - Sehr regenerationsfähig: Abgesägte Pappeln bestocken sich schon im ersten Jahr mit meterlangen Trieben, die sich oft durch (über 30 cm breite) Riesenblätter auszeichnen. - Wurzelpilz.

Vorkommen: wild in Auwäldern und an Altwässern, auf feuchten, periodisch überschwemmten, tiefgründigen Böden. Pionierpflanze. Als Wildart gefährdet! - Viel seltener gepflanzt als die Bastarde (z. B. *P. x canadensis*). Flächenhafte Pappelaufforstungen sind ökologisch wenig wertvoll. Durch Beschattung und Grundwasserabsenkung (bis über 1 m) wird die meist reichere Vorvegetation verdrängt. Reihenpflanzungen an Wiesenwegen und Gräben sind jedoch empfehlenswert, schon weil sie das Landschaftsbild bereichern.

Blüten: III-IV. Windblütig: "Kätzchenblütentyp". Wie alle Weidengewächse zweihäusig.

Früchte: 2klappig aufspringende Kapseln. Samen zahlreich, ohne Nährgewebe und entsprechend kurzlebig (1-2 Wochen), am Grunde mit Haarschopf: Schirmchenflieger. Flugweiten von mehr als 15 km möglich. Auch Wasserhaftverbreitung. Fruchtzeit: (VI-)VII-VIII. In der Nähe von Pappelbeständen findet man oft große Mengen der miteinander verbundenen Flugsamen als "Pappelwolle". Die jährliche Produktion von etwa 26 Mio Samen pro Pflanze stellt den höchsten Wert der heimischen Flora dar.

Vegetative Vermehrung durch Wurzelsprosse der bis 35 m weit reichenden Wurzeln.

Verwendung: Park- und Forstbaum. Pappelholz für Kisten, Streichhölzer usw. sowie für die Zellulosefabrikation: enthält nur etwa 20 % Holzstoff (= Lignin). Blätter als Viehfutter geeignet. Aus den klebrigen Blattknospen ("Gemmae Populi") wird "Pappelsalbe" hergestellt, die z. B. als Wundsalbe dient. Aus Rinde und Blättern wurden früher grüne und gelbe Farben gewonnen. Pappelwolle wurde in Notzeiten als Zelluloselieferant genutzt. Als Straßenbaum ist die Pappel wegen der relativ hohen Sturmanfälligkeit der Äste nicht brauchbar. Als wüchsiger Einzelbaum in Wiesen und Parks oft eine Schönheit.

Weitere Arten/Bastarde:

Populus nigra L. var. **italica** Duroi, Pyramidenpappel: Wuchsform mit fast senkrecht stehenden Ästen. Sie wurde angeblich zuerst von Napoleon aus Südeuropa eingeführt, der sie entlang seiner Heerstraßen anpflanzen ließ, damit diese auch noch bei hohem Schnee zu erkennen seien. Tatsächlich ist die Varietät aber schon im frühen Mittelalter nachgewiesen (Knörzer). Die Pflanzen werden wie alle Pappeln (durch gesteckte Zweige oder Aststücke) rein vegetativ vermehrt. Pyramidenpappeln lassen aber inzwischen "Alterserscheinungen" erkennen. Ein Beweis dafür, daß rein vegetative Vermehrung zeitlich begrenzt ist. Man findet überwiegend männliche Pflanzen.

Populus tremula L., Zitterpappel, Espe: Wälder, Waldränder und Gebüsche. Pionierpflanze ("Vorholz"). Die zitternde Blattbewegung (vgl. oben) ist hier besonders auffällig (Name!). Extraflorale Nektarien am Ansatz des Blattstiels. Typische Lichtholzart: kann sich in ihrem eigenen Schatten nicht mehr verjüngen.

Populus alba L., Silber-Pappel: Blätter unterseits weißfilzig, am Rande buchtig gelappt. Stamm mit weißgrauer Borke. Heimisch in Auwäldern der Stromtäler, am Rhein nördlich bis in den Kölner Raum. Sonst häufig als Zierbaum angepflanzt und verwildert.

Populus x canadensis Moench (Sammelart), Kanadische- oder Bastard-Pappel: Bastarde zwischen *P. nigra* und der nordamerikanischen *P. deltoides* Marsh. Besonders nach dem Kriege hat man ertragreiche Rassen für die Zelluloseindustrie gezüchtet. Das ligninarme Holz ist hierfür wesentlich umweltfreundlicher als etwa Buchen- oder Nadelholz. Der Handelswert des Holzes soll inzwischen allerdings nur noch sehr gering sein.

Potamogeton crispus L., Krauses Laichkraut

– Potamogetonaceae (= Laichkrautgewächse)

Untergetauchte, freischwimmende oder wurzelnde Wasserpflanze bis maximal 2 m Länge. Unterwasserblätter starr, gewellt (Name!).

Vorkommen: basen- und nährstoffreiche, oft verschmutzte, stehende oder langsam fließende Gewässer (Name!: griech. potamos = Fluß, geiton = Nachbar), von 0,4-3,0 m Wassertiefe. Wärmeliebend (nur bis ca. 800 m). Klassenkennart der Potametea (= Schwimmblattgesellschaften). Fast weltweit verbreitet. Als Sauerstoffproduzent und Laichplatz ökologisch wertvoll.

Blüten: VI-VIII. Blütenähren senkrecht aus dem Wasser ragend: Windbestäubung ("unbeweglicher Typ"), Überwasserbestäubung (wenn der unbenetzbare Pollen durch Wasser an die Narben getragen wird) oder Tierbestäubung (durch Wasserläufer, Wasserspinnen oder Wasserschnecken). Blüten zwittrig, vorweiblich. Blütenhülle fehlend, stattdessen 4 perigonartige Staubblattanhängsel.

Früchte: kleine steinfruchtartige Nüsse: Schwimmverbreitung sowie Verdauungs- und Klettverbreitung durch Wasservögel.

Vegetative Vermehrung durch die leicht abbrechenden Stengelglieder (Selbst-, Klett- und Schwimmverbreitung) sowie durch die im Spätherbst gebildeten Turionen (Winterknospen).

Verwendung: früher als Dünger und Viehfutter verwendet.

Weitere Arten:

Potamogeton natans L., Schwimmendes Laichkraut: Rhizom mit knollig verdickten Gliedern, stärkereich, am Gewässergrund kriechend. Schwimmblätter durch Öltröpfchen wasserabstoßend und mit oberseitigen Spaltöffnungen. Schwimmdauer der Früchte bis 12 Monate. Rhizome früher zur Schweinemast verwendet.

Potamogeton pectinatus L., Kamm-Laichkraut: Blätter sehr schmal, binsenförmig, untergetaucht. Verträgt noch relativ starke Verschmutzung. Rhizom im Neusiedler See ringförmige "Atolle" bildend.

Potentilla anserina L., Gänse-Fingerkraut

– Rosaceae (= Rosengewächse)

Ausdauernde Rosettenpflanze. Trittfeste Kriechpflanze. Blätter unterbrochen gefiedert, unterseits silbrig weiß, bei Trockenheit aufgebogen, dadurch Licht (und Wärme) reflektierend. - Der Gattungsname "Fingerkraut" bezieht sich auf die fingerförmige Blattfiederung der meisten übrigen Arten.

Vorkommen: Pionier-Standorte und Ruderalstellen, besonders auf Wegen, in Trittrasen und auf Gänseweiden (Name!), auf frischen, oft verdichteten, nährstoff-, nitrat- (Gänsekot!) und basenreichen Böden. Salzertragend. Wärmeliebend (Jura bis 990 m). Durch Verschleppung weltweit verbreitet (Kulturfolger).

Blüten: VI-VIII. Homogame, "nektarführende Scheibenblumen", einzeln stehend. Nur bei Sonne völlig geöffnet. Kronblätter innen mit auffälligen Saftmalen im UV-Bereich, die für das menschliche Auge nicht erkennbar sind. Besucher: verschiedene Insekten. Bei Blütenschluß auch Selbstbestäubung.

Früchte: Je Blüte entstehen zahlreiche 1samige Nüßchen, die sich bei der Reife vom kegeligen Blütenboden ablösen: Selbstverbreitung. Häufig auch Zufallsverbreitung durch Huftiere und Klebverbreitung (mit Schlamm) durch Gänse, Menschen usw.

Vegetative Vermehrung durch bis 1,1 m lange Ausläufer vom Erdbeer-Typ sowie bei Verletzung durch Wurzelsprosse.

Verwendung: Blätter arzneilich, vor allem in der Volks- und Tiermedizin, als krampflösendes Mittel verwendet. Junge Blätter und

Wurzeln als Gemüse geeignet. Die Blätter wurden früher als Sohlenersatz in die Holzschuhe gelegt. Alle Arten für Wildpflanzengärten zu empfehlen.

Weitere Arten:

Potentilla erecta (L.) Räuschel, Blutwurz, Tormentill: Schaftpflanze. Rhizom dick, angeschnitten sich rot färbend (Name!). Magerrasen, Heiden und lichte Wälder, auf mageren, sauren Böden. Wind- und Tierstreuer sowie Zufallsverbreitung. Das Rhizom wurde früher zum Rotfärben benutzt. Noch heute wegen seines sehr hohen Gerbstoffgehaltes (15-20 %) als Magenmittel arzneilich verwendet. Auf die angenommene Heilkraft dürfte sich auch der Gattungsname beziehen (lat. potentia = Kraft).

Potentilla neumanniana Rchb. (= *P. verna* auct., *P. tabernaemontani* Asch.), Frühlings-Fingerkraut: Halbrosettenpflanze, durch blütenlose Rosettentriebe lockere Polster bildend. Warme Magerrasen, Sandtrockenrasen, lichte Kiefern-Steppenwälder, Mauerkronen. Frühblüher. Die Nüßchen werden von Ameisen verbreitet. Vegetative Vermehrung durch Verzweigung der Rhizome.

Potentilla palustris (L.) Scop. (= *Comarum palustre* L.), Sumpf-Blutauge: krautiger Chamaephyt mit Rhizom. Moore und Sümpfe. Blüten vormännlich. Krone blutrot. Als eigentliches Schauorgan dient der innen ebenfalls rot gefärbte Kelch! Erdbeerähnliche, aber nicht fleischige Sammelfrucht. Nüßchen mit Schwimmgewebe. Schwimmdauer bis 12 Monate. Vegetative Vermehrung durch abgerissene Stengel- oder Rhizomteile, die sich leicht bewurzeln.

Potentilla reptans L., Kriechendes Fingerkraut: Rosettenpflanze. Kriechpionier lichter Ruderalstandorte, vor allem der Wegsäume. Ameisen- und Zufallsverbreitung. Ausläufer bis 1,5 m lang. Wie *P. neumanniana* zur Mauerbepflanzung geeignet.

Potentilla sterilis (L.) Garcke, Erdbeer-Fingerkraut: Die Pflanze ist der Wald-Erdbeere täuschend ähnlich und wie diese auch weißblütig, setzt jedoch nicht die von der Erdbeere gewohnten "Früchte" an. Linné (und vorher schon Bauhin) nannte sie daher *Fragaria sterilis*. Die Pflanze ist aber nicht steril, vielmehr sind nur die Nüßchen unauffällig, weil sie nicht wie bei der Erdbeere vom fleischig werdenden Blütenboden emporgehoben werden. Frühblüher. Blüten vorweiblich. Krautreiche Laubwälder, Gebüsche und Grasraine, etwas wärmeliebend. Ameisenverbreitung. Vegetative Vermehrung durch kurze, 5-10 cm lange, fast fleischige, oberirdische Ausläufer.

68
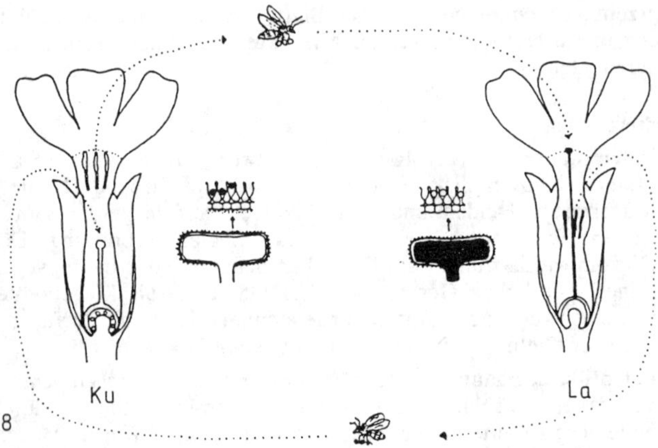

69
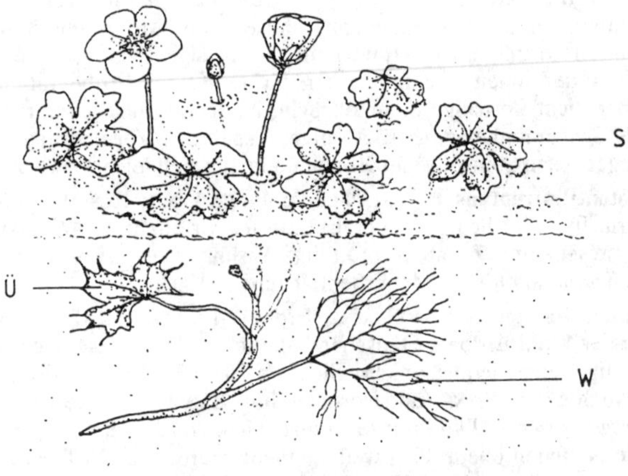

Abb. 68: **Primula veris**: Schema der Fremdbestäubung (Ku kurzgrifflige Blüte, La langgrifflige Blüte).
Abb. 69: **Ranunculus aquatilis** s. l.: Heterophyllie (W Wasser-, Ü Übergangs-, S Schwimmblätter).

Primula veris L. (= *P. officinalis* (L.) HILL), Wiesen-Schlüsselblume, Wiesen-Primel
– Primulaceae (= Primelgewächse)

Rosettenpflanze, mit zwiebelförmigen Erneuerungsknospen. Speicher-Rhizom kräftig, ziemlich senkrecht stehend, sich evtl. schon vom zweiten Jahr an verzweigend.

Vorkommen: Magerrasen und lichte, krautreiche Wälder, auf grundfrischen, basenreichen, oft kalkhaltigen Böden. Ebene bis Hochgebirge. Vielerorts zurückgegangen. - Schützenswert; wegen der absoluten Selbststerilität sind Primeln auch durch Pflücken gefährdet.

Blüten: IV-VI, Frühblüher (Name!: lat. prima = die erste). Homogame "Stieltellerblumen mit eingeschlossenen Staubbeuteln und Narben", in endständiger Trugdolde, z. T. hängend. Krone durch Flavone gelb gefärbt, mit orangefarbenen, duftenden Saftmalen. Verschiedengrifflig (Abb. 68): langgrifflige Form mit Narbe am Blüteneingang und Staubbeuteln in der Kronröhrenmitte, Narbenpapillen lang und Pollen feinkörnig. Kurzgrifflige Form umgekehrt, Staubbeutel am Kronröhreneingang. Nur Pollen der anderen Form paßt und keimt auf der Narbe (vgl. auch *Forsythia*). Selbststeril. Bestäuber: Falter, Hummeln, Hummelschweber (= Zweiflügler) usw.

Früchte: Die Kapseln öffnen sich trocken mit 5 Zähnen, der Kelch ist vergrößert (= Windfang), der Fruchtstengel elastisch: Windstreuer.

Verwendung: Wegen des Saponingehaltes werden die Rhizome einschließlich der Wurzeln arzneilich als auswurfförderndes Mittel bei Bronchitis verwendet (Name!: lat. vera = echt). Volksmedizinisch kommen auch die Blüten für ähnliche Zwecke zur Anwendung. Rhizome früher auch für Niespulver verwendet. Diese und die folgende Art für Wildpflanzengärten geeignet; dazu sollten aber unbedingt Pflanzen aus gärtnerischer Anzucht genommen werden.

Weitere Arten:

Primula elatior (L.) HILL, Hohe Schlüsselblume, Wald-Primel: ähnlich voriger Art. Laubwälder und Wiesen, auf meist feuchten, nährstoffreichen Lehmböden. Frühblüher: III-V. Kapsel aus dem Kelch herausragend, deshalb auch Tierstreuer.

Primula vulgaris HUDS. (= *P. acaulis* (L.) HILL), Stengellose Schlüsselblume: selten in krautreichen Wäldern und auf Wiesen. Frühblüher. Blüten grundständig. Fruchtstiel zur Reifezeit schlaff niederliegend: Selbstaussäer. Ameisenverbreitung: Samen mit weißen Ölkörpern (Elaiosomen). Gefährdet! Geschützt! In Deutschland mit begrenzter Verbreitung. Stammpflanze bunter Gartenprimeln.

Primula obconica HANCE, Becher-Primel: Bekannte Zierpflanze. Kann eine Kontaktallergie verursachen.

Primula x hortensis WETTSTEIN, Garten-Aurikel: Züchtungsprodukt aus der Kreuzung *P. auricula* x *P. hirsuta.*

Prunella vulgaris L., Gemeine oder Echte Braunelle

– Lamiaceae (= Lippenblütler)

Hemikryptophyt (Halbrosettenpflanze), seltener kriechender Chamaephyt. Flachwurzler, bis 15 cm tief wurzelnd.

Vorkommen: Fettwiesen (auch in Zierrasen) und Wegränder, auf frischen, nährstoffreichen Böden. Kulturbegleiter. Ebene bis Hochgebirge (Alpen bis 2200 m). In gemäßigten Zonen jetzt weltweit verbreitet.

Blüten: VI-IX. Vormännliche bis homogame, "eigentliche Lippenblumen", in endständigen Köpfchen (= Thyrsen). Kronröhre innen mit Haarring (Saftdecke). Die längeren Staubblätter unterhalb des Staubbeutels mit Zahn. Auch rein weibliche Blüten kommen vor. Sie sind kleiner als die Zwitterblüten. Bestäuber: Hummeln. Selbstbestäubung erfolgreich.

Früchte: Klausen klebrig, vom Fruchtkelch umschlossen, der sich nur bei feuchtem Wetter öffnet (hygrochas): Regenballist (auf die verlängerte, untere Kelchlippe fallende Tropfen schleudern die Klausen aus dem elastischen Kelch heraus), Klebhafter sowie Zufallsverbreitung durch Huftiere.

Vegetative Vermehrung durch die oberirdischen Ausläufer.

Verwendung: Blätter früher arzneilich verwendet. Mittlerer Futterwert. Die jungen Pflanzenteile vor der Blüte können für Kräutersuppen und Salat genommen werden. Diese und vor allem die folgende Art sind für Wildpflanzengärten zu empfehlen.

Weitere Art:

Prunella grandiflora (L.) SCHOLLER, Großblütige Braunelle: ähnlich wie vorige Art, aber insgesamt größer. Halbtrockenrasen und Trockenwaldsäume, auf sommerwarmen, meist kalkhaltigen Böden. Im Norden selten. Oberlippe der Blüte 2-3 mal so lang wie der Kelch. Die vorderen Staubfäden bilden ungleiche Hebel, deren längere Arme den nektarsammelnden Hummeln den Pollen auf den Rücken schlagen (= nototrib). Zufallsverbreitung.

Prunus avium L. (= *Cerasus avium* (L.) MOENCH), Vogel-Kirsche, Süß-Kirsche
– Rosaceae (= Rosengewächse)

Winterkahler Laubbaum bis maximal 25 m Höhe und über 0,5 m Stammdurchmesser. Ringelborke; Korkwarzen breit ausgezogen. Die Knospenschuppen entsprechen dem Blattgrund; besonders an Blütenknospen findet man - durch Übergänge verbunden - an den innersten Schuppen Spreitenreste. An der Basis der Laubblattspreiten (Abb. 70) befindet sich 1 Paar roter, extrafloraler Nektarien, an denen Zucker abgegeben wird. Ihre Funktion ist unklar; evtl. dienen sie zur Stabilisierung des Zelldruckes, aber wohl kaum (wie früher angenommen) als "Polizistenfutter" für Ameisen. - Wurzelpilz. - Am 4. Dezember (Barbaratag!) im warmen Zimmer in die Vase gestellte Zweige erblühen noch vor Weihnachten ("Barbarazweige"). Am besten legt man sie über Nacht in die Badewanne mit lauwarmem Wasser. Die Zweige haben zu dieser Zeit gewöhnlich die für Gehölze unserer Breiten zum Austreiben nötige Mindestzeit von 1 Monat mit Temperaturen unter 10 °C durchlebt, die für den Abbau der Blüh-Hemmstoffe nötig ist. - Zur Gattung *Prunus* gehören mehr als 600 Arten. Einige Autoren teilen die Gattung in kleinere Gattungen wie *Amygdalus, Cerasus, Padus* usw. auf. - *Prunus* ist der lat. Name der Pflaume. - **Giftig**: Alle *Prunus*-Arten enthalten in den Samen Blausäure abspaltende Glykoside (Amygdalin). Für Kinder sind z. B. bereits 6-10 bittere Mandeln tödlich. Manche Arten (vgl. unten) enthalten auch in den übrigen Pflanzenteilen Blausäure-Glykoside (Prunasin).

Vorkommen: Wildform in krautreichen Wäldern, an Waldrändern und in Hecken, auf frischen, nährstoff- und basenreichen, mittel- bis tiefgründigen Lehmböden. Auch Pionierholz in Waldschlägen. Ebene bis mittlere Gebirgslagen (Alpen bis 1700 m). - Außerdem kultiviert und eingebürgert.

Blüten: IV, Frühblüher. Homogame, "nektarführende Scheibenblumen", in wenigblütigen Dolden, fast glöckchenförmig herabhängend. Fruchtknoten 1fächrig, mittelständig, d. h. nicht mit dem Blütenbecher verwachsen (seltener Fall). Nektar vom Blütenbecher abgesondert, stärker duftend als die Kronblätter; leicht zugänglich, daher Besuch durch verschiedene Insekten. Für die Bienen spielt auch das Sammeln des Pollens eine große Rolle; auf dem Körper einer Biene fand man bis zu 1 Mio Pollenkörner. Selbstbestäubung erfolgreich. - Nach dem Abblühen wird der Blütenbecher aufgrund eines ringförmigen Abtrennungsgewebes abgeworfen.

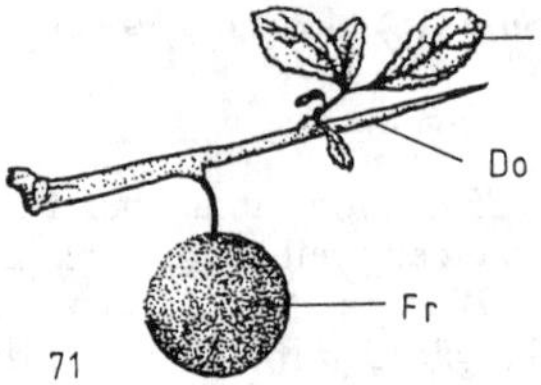

71

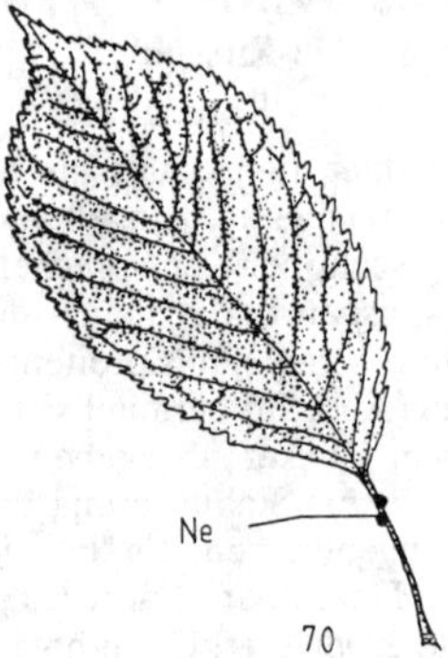

70

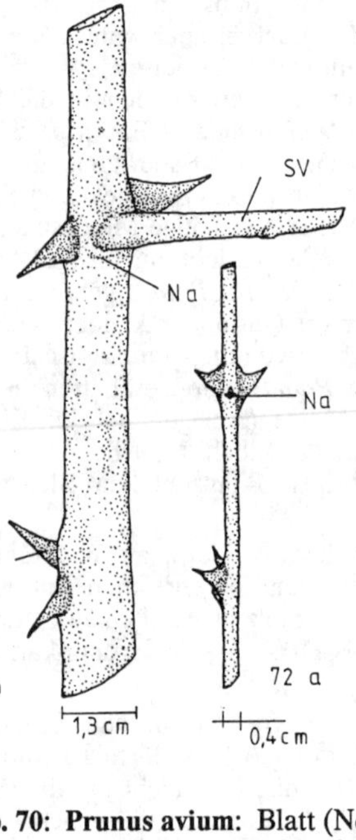

72 b
72 a

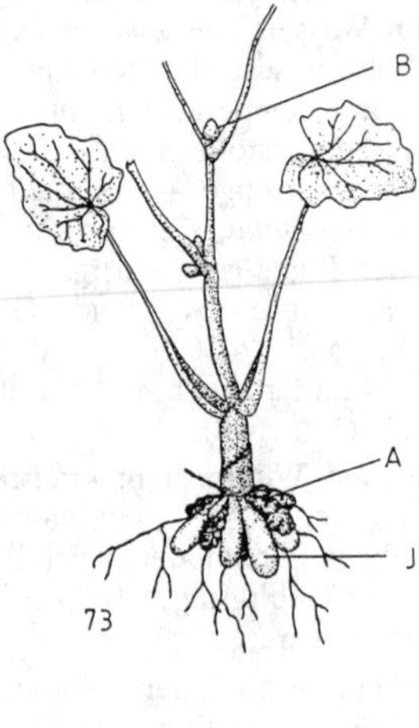

73

Abb. 70: Prunus avium: Blatt (Ne extraflorales Nektarium).
Abb. 71: Prunus spinosa: Sproßdorn (Fr Frucht, Ku belaubter Kurztrieb, Do Dornspitze).
Abb. 72: Robinia pseudacacia: **a** junger Zweig, **b** älterer Zweig (Nd Nebenblattdornen, Na Narbe des Blattstiels, SV seitliche Verzweigung).
Abb. 73: Ranunculus ficaria: Habitus (J junge Wurzelknolle, A alte Knolle, B Bulbille).

Früchte: Steinfrüchte. Verdauungsverbreitung, "Mundwanderer" beim Abschälen des Fruchtfleisches durch Vögel sowie Speicherverbreitung durch Eichhörnchen und Mäuse, die die Steinkerne verstecken. Fruchtreife: VII. Die Keimblätter bleiben im Boden (hypogäische Keimung), dienen also nur als Speicherorgan.

Vegetative Vermehrung erfolgt sehr reichlich durch Wurzelsprosse.

Verwendung: in verschiedenen Kultursorten angebaut. Die "Edelkirschen" wurden von den Römern eingeführt. Das Fruchtfleisch enthält ca. 10 % Zucker. Samen mit 25-35 % fettem Öl. Wertvolles, schön gemasertes Werkholz und Möbelholz, spezif. Gewicht: 0, 66. Der aus Kohlenhydraten (Pentosanen) bestehende, dem Wundverschluß dienende "Kirschgummi" wird in der Kattun-Druckerei verwendet.

Weitere Arten:

Prunus cerasus L. (= *Cerasus vulgaris* MILL.), Sauer-Kirsche, Weichsel, Schattenmorelle: voriger Art nahestehend. Kulturpflanze, ebenfalls seit der Römerzeit gezogen.

Prunus domestica L., Zwetschge bzw. Pflaume: verschiedene durch Züchtung und Kreuzung aus Wildarten hervorgegangene Kultursorten. Die Pflaume (von manchen als eigene Art *P. insititia* JUSL. aufgefaßt) wird seit der jüngeren Steinzeit, die Zwetschge seit der Römerzeit bei uns kultiviert.

Prunus spinosa L., Schlehe, Schwarzdorn: Strauch mit Sproßdornen (Abb. 71). Sonnige Hecken und Waldränder, auf nährstoffreichen Böden. Licht- und wärmeliebend (kaum über 1000 m aufsteigend). Kennart der Ordnung Prunetalia spinosae (= Schlehengebüsche). Verdrängt als Pioniergehölz auf Trockenhängen die krautige Vegetation, deshalb Problempflanze für die Erhaltung dieser wertvollen Biotope. Blüten vorlaufend, d. h. vor dem Laubaustrieb blühend. Steinfrüchte mit Wachsüberzug. Wintersteher. Die sehr herben Früchte schmecken nach den ersten Frösten etwas milder. Sie werden zu Marmelade, Kompott und Schnaps verarbeitet. Blüten und Früchte in der Volksmedizin für verschiedene Zwecke verwendet.

Prunus dulcis (MILL.) WEBB. (= *Amygdalus communis* L.), Mandelbaum: Aus Turkmenien und dem Tien-Schan stammende, zuerst in China und Persien, später in Südeuropa und heute auch in sehr milden Lagen Südwestdeutschlands kultivierter Baum. Blüten vorweiblich, fast sitzend. Nektar von "Saftdecke" aus Wollhaaren geschützt. Der äußere Teil der Steinfrucht ist zur Reife vertrocknet und zerreißt unregelmäßig 2klappig. Die "Bitteren Mandeln" enthalten ca. 5 % Amygdalin im Samen, das leicht in Bittermandelöl (Geruch!) und die stark giftige Blausäure aufspaltet. Für die kosmetische Industrie wichtig ist die Mandelmilch. "Süße Mandeln" enthalten fast kein Amygdalin.

Prunus padus L. (= *Padus avium* MILL.), Gemeine Traubenkirsche: Strauch oder Baum in feuchten, reichen Wäldern. Grundwasserzeiger. Blüten in hängenden Trauben. Betäubender Amingeruch: Dipteren als Bestäuber. Besonders giftig, da Blausäure in allen Teilen, z. B. auch in der "faulig" riechenden Borke, vorkommt. Fruchtfleisch aber kaum giftig.

Prunus serotina EHRH. (= *Padus serotina* BORKH.), Späte Traubenkirsche: sehr ähnlich wie vorige Art. Häufiges Zier- und Forstgehölz. Heimat: Nordamerika. Hat sich in den letzten Jahren überwiegend durch vegetative Vermehrung stark ausgebreitet, bildet stellenweise einen dichten Unterwuchs der Wälder und unterdrückt dadurch die heimische Vegetation. Dadurch ist die Pflanze mancherorts zur ökologischen Problemart geworden.

Prunus persica (L.) BATSCH (= *Persica vulgaris* MILL.), Pfirsich: in milden Lagen als Obstbaum kultiviert. Heimat: China; d. h. der Name *persica* (davon abgeleitet Pfirsich) ist unrichtig. Die Pflanze wurde bei uns durch die Römer eingeführt.

Pseudotsuga menziesii (MIRB.) FRANCO, Douglasie, Douglastanne

– Pinaceae (= Kieferngewächse)

Immergrüner Nadelbaum, 30-60 m hoch, schattenfest, schnellwüchsiger als die Fichte. Bis etwa 400 Jahre alt werdend; forstwirtschaftliche Umtriebszeit 60-100 Jahre. In ihrer Heimat fand man 800 Jahre alte Bäume von fast 100 m Höhe und einem Stammdurchmesser von 2 m, die damit zu den größten und dicksten Bäumen der Welt gehören. Nadeln einzeln, flach, zerrieben nach Orangen oder Kalmus duftend, unterseits mit Wachsstreifen. - Nahe verwandt mit der Fichte (*Picea*).

Vorkommen: Als Forstbaum vor allem im Bergland angepflanzt. Heimat: westliches Nordamerika. Im Tertiär auch in Europa.

Blüten: Windblütig. Pollen ohne Luftsäcke.

Samen: Zapfen 6-10 cm lang, zur Reifezeit hängend und als Ganzes abfallend wie bei der Fichte, Deckschuppen lang und über die Samenschuppen herausragend wie bei der Tanne, hier an der Spitze dreizipfelig. Schraubenflieger.

Verwendung: Wichtiger Zier- und Forstbaum.

Pteridium aquilinum (L.) Kuhn, Adlerfarn

– Polypodiaceae s. l. (= Tüpfelfarngewächse) bzw. Dennstaedtiaceae oder Hypolepidaceae (= Adlerfarngewächse)

Rhizom-Geophyt. Frostempfindlich. Als Spreizklimmer größter heimischer Farn: Wedel maximal 4 m lang, jung an der Spitze eingerollt zum Schutze des dort liegenden Scheitelzellenmeristems. - Wurzelpilz. - Einzige Art der Gattung, weltweit verbreitet: Zeichen für hohes stammesgeschichtliches Alter. - Blattfiedern 1. und 2. Ordnung jung an der Basis mit extrafloralen Nektarien. - Der Name der Pflanze dürfte sich eher auf die schwingenartige Stellung der Fiedern beziehen als darauf, daß sich bei schräger Führung eines Querschnittes des untersten, im Boden befindlichen Blattstielabschnittes eine Leitbündelanordnung in Form eines Doppeladlers zeigt. - Schwach **giftig** und bei regelmäßigem Verzehr vermutlich krebsauslösend. Besonders giftig für Weidevieh.

Vorkommen: Waldränder und Schläge, artenarme Eichen- und Kiefernwälder, seltener in anderen Wäldern. Vorwiegend auf basenarmen, sauren, in der Tiefe wasserzügigen Sandböden. Tiefwurzler, Magerkeitszeiger. Oft in Massenvorkommen, daher verjüngungshemmend. Nach Entwässerungsmaßnahmen häufig Vernichter der übrigen Krautflora. Etwas wärmeliebend. Ebene bis mittlere Gebirgslagen (bis 1200 m; im Himalaja bis 2500 m).

Vermehrung: Vorkeim (Prothallium) grün, blattförmig. Wasserbefruchtung. - Sporangien (abweichend von den übrigen heimischen Farnen) unter dem umgerollten Blattrand, keine getrennten Sori bildend. Sporenbildung nur in sonnigen, milden Klimalagen häufig. Sporentragende Blattabschnitte schmaler als die übrigen. Sporenreife: X. Ballonflieger. - Vegetative Vermehrung durch die langen unterirdischen Kriechsprosse (Rhizome).

Verwendung: mancherorts als "Streufarn" genutzt. Insektengift. Die Asche ist reich an Kieselsäure (ca. 70 %) und Kalium und wird zuweilen arzneilich verwendet. Die stärkereichen Rhizome werden in Neuseeland und Afrika, die abgekochten jungen Triebe in Asien als Gemüse gegessen.

Pulmonaria officinalis L., Echtes Lungenkraut

– Boraginaceae (= Rauhblattgewächse, Borretschgewächse)

Hemikryptophyt (Halbrosettenpflanze) mit ziemlich dünnem Rhizom.

Vorkommen: krautreiche Laubwälder, auf frischen, nährstoff- und basenreichen, meist kalkhaltigen und steinigen Lehmböden. Ebene bis Hochgebirge (Alpen bis 1700 m).

Blüten: III-V, Frühblüher. Meist homogame "Stieltellerblumen mit eingeschlossenen Staubbeuteln und Narben", anfangs purpurn, später violettblau. Hohe UV-Reflexion. Nach KIRCHNER werden die blauen Blüten von den Besuchern gemieden, da sie angeblich nektarlos sind; auf jeden Fall fallen sie leicht ab. Wir konnten aber Hummeln sowohl auf roten wie auf blauen Blüten finden. Nektar durch Haarsaum unterhalb des Schlundes geschützt und wegen der ca. 1 cm langen Kronröhre nur Hummeln und Faltern zugänglich. Schwebfliegen sammeln den Pollen. Verschiedengrifflig (vgl. *Primula veris*). Selbststeril.

Früchte: Klausen mit Ölkörper, Fruchtstengel reif zur Erde neigend: Selbstaussäer, Ameisenverbreitung. Fruchtreife: V-VI.

Verwendung: junge Rosettenblätter für Suppen, Spinat und Mischsalat geeignet. Wegen der oft gefleckten und daher etwas an die menschliche Lunge erinnernden Blätter wurden die krautigen Teile nach der Signaturenlehre (die vermutlich auch hier "Merkhilfe" war!) gegen Krankheiten der Lunge und der Atemwege zu recht verwendet (Name!, vgl. lat. pulmo = Lunge). Sie enthalten Kieselsäure (bis 35 %) sowie Schleim- und Gerbstoffe und Saponine. In der Volksmedizin noch angewandt.

Pulsatilla vulgaris MILLER (= *Anemone pulsatilla* L.),

Gemeine Küchenschelle oder Kuhschelle

– Ranunculaceae (= Hahnenfußgewächse)

Hemikryptophyt (winterkahle Rosettenpflanze) mit fast schräg stehendem Rhizom. Die Knospen überdauern im Schutze der abgestorbenen Rosettenblätter an der Erdoberfläche. Trockenpflanze: Tiefwurzler (über 1 m), junge Triebe dicht behaart. Der aus 3 laubigen, sitzenden Hochblättern gebildete Scheinquirl dient der jungen Blüte als Knospenschutz. - **Giftig**: Frisch führen alle Teile durch das Alkaloid Protoanemonin und weitere Wirkstoffe zu heftigen örtlichen Reizungen sowie zu Kreislauf- und Atemlähmungen, evtl. tödlich giftig, besonders für Hunde.

Vorkommen: Magerrasen und Kalk-Kiefernwälder, auf warmen, trockenen, basenreichen Böden. Nässeempfindlich. Wärmeliebend (nur im Jura bis 1000 m). Ordnungskennart der Brometalia (= submediterrane Trocken- und Halbtrockenrasen). Gefährdet, vor allem durch Rückgang der Schafweide. - **Geschützt**! (alle Arten der Gattung).

Blüten: IV-V, Frühblüher. Vorweibliche, durch Anthocyan blauviolette "Glockenblumen mit klebrigem Pollen" (Name!: Schelle = Glocke, vgl. lat. pulsare = schlagen, läuten). Nektar von Nektarblättern und vom Konnektiv (= Zwischenstück des Staubbeutels) abgeschieden.

Früchte: Je Blüte entstehen mehrere Nüßchen. Stengel zur Fruchtzeit stark verlängert ("Hexenbesen"). Die bleibenden Narben ebenfalls verlängert und stark behaart (hygroskopisch: Haare trocken spreizend). Federschweifflieger (ähnlich wie *Clematis*), Klettverbreitung (Bohrfrüchte), Selbstverbreitung (Bodenkriecher) und Wasserhafter. Fruchtreife: VI-VII.

Verwendung: Steingartenpflanze. Kraut früher arzneilich gegen Gicht, Grippe usw. verwendet, heute nur noch in der Homöopathie.

Weitere Arten:

Pulsatilla alpina (L.) Del., Alpen-Küchenschelle, Alpen-Anemone: Halbrosettenpflanze. Blätter des Scheinquirls gestielt. Alpine Rasen, auf Kalk. "Scheibenblumen". Nektar meist fehlend. Blüten durch Totalreflexion weiß, außen z. T. violett überlaufen.

Pulsatilla apiifolia (Scop.) Schult. (= *P. sulphurea* auct.), Gelbe Alpen-Küchenschelle, Schwefelgelbe Anemone: ähnlich voriger Art und oft mit dieser zusammengefaßt. Blüten durch Flavone intensiv gelb gefärbt. Silikat-Magerrasen der Alpen, auf basenreichen, sauren Böden. In Deutschland gefährdet.

Pyracantha coccinea Roemer, Feuerdorn

– Rosaceae (= Rosengewächse)

Wintergrüner Laubstrauch, bis 2(-5) m hoch, mit kräftigen Sproßdornen (Name!, vgl. griech. akanthos = Dorn), diese teils blattlos, teils beblättert und evtl. sogar mit seitlichen Blütentrieben. - Steht *Cotoneaster* und *Crataegus* nahe.

Vorkommen: als Zierstrauch angepflanzt, nur selten verwildert. Friert in strengen Wintern evtl. stark zurück. Heimat: östliches Mittelmeergebiet bis Vorderasien. Im Tertiär auch in Mitteleuropa.

Blüten: V-VI. "Nektarführende Scheibenblumen", in aufrechten, dichten Doldenrispen, sehr reich blühend und fruchtend. Fruchtblätter 5, ihre Wände bei der Reife steinig verhärtend.

Früchte: erbsengroße Apfelfrüchte (Steinäpfel), durch Karotinoide lebhaft feuerrot (Name!, vgl. griech. pyros = Feuer, lat, coccineus

= scharlachrot), bei der var. *xanthocarpa* gelb. Samen, nicht aber das Fruchtfleisch, mit Blausäure abspaltenden Verbindungen. Fruchtreife: IX. Wintersteher.

Vegetative Vermehrung durch Wurzelsprosse.

Verwendung: häufiger Zierstrauch der Gärten und Anlagen. Die Früchte können zu Marmelade verarbeitet werden.

Pyrola minor L., Kleines Wintergrün

– Pyrolaceae (= Wintergrüngewächse)

Immergrüner Hemikryptophyt (Rosettenpflanze) oder Chamaephyt (Halbstrauch). Wurzelpilz: Wurzel dicht von Pilzhyphen überzogen, die auch die Rindenzellen umspinnen, in diese eindringen, und schließlich dort verdaut werden (= Zwischenform zwischen endotropher und ektotropher Mykorrhiza).

Vorkommen: Nadelwälder, Birkenmoore und arme Laubwälder, auf frischen, basenreichen, humosen Böden. Ebene bis Hochgebirge (Alpen bis 2120 m). Zirkumpolar verbreitet. Ehemals durch Nadelholzaufforstung gefördert, sind die meisten Arten heute außerhalb der Gebirge im Rückgang. - Schützenswert.

Blüten: VI-VII. Homogame, nektarlose "Glockenblumen mit Streueinrichtung", in Trauben. Kronblätter nicht verwachsen. Pollen mehlig, in Tetraden (= Anpassung an die zahlreichen Samenanlagen), aus Staubbeutelporen herabrieselnd. Narbe tiefer gelegen, schleimig, daher spontane Selbstbestäubung häufiger als Fremdbestäubung. Besuch spärlich: besonders Käfer und Fliegen.

Früchte: 5fächerige, 5klappig mit Längsspalten aufspringende Kapseln: Windstreuer. Samen winzig, mit aufgeblasener Samenschale: Ballonflieger. Keimling ohne Keimblätter, Keimung nur mit Hilfe des Wurzelpilzes. Samengewicht ähnlich wie bei anderen Ernährungsspezialisten mit nur 0,004 mg extrem niedrig.

Vegetative Vermehrung durch kurze Ausläufer.

Verwendung: Die *Pyrola*-Arten und ihre Verwandten enthalten das (giftige) Glykosid Aucubin, das im Harn das desinfizierende Hydrochinon bildet. Sie werden daher in der Volksmedizin bei Blasenleiden verwendet.

Weitere Arten/Verwandte:

Pyrola rotundifolia L., Rundblättriges Wintergrün: Nadelwälder und bodensaure Laubwälder. Im Norden selten. Blüten schwach duftend, sonst ökologisch wie vorige Art.

Moneses uniflora (L.) A. GRAY (= *Pyrola uniflora* L.), Moosauge, Einblütiges Wintergrün: Moosreiche Nadelwälder. Im Norden selten. Außerhalb der Alpen auch Ausbreitung durch Nadelholzaufforstungen. Blüten einzeln, ausgebreitet, nickend (daher in Tirol auch "Gschamigs Maderle" genannt).

Orthilia secunda (L.) HOUSE (= *Pyrola secunda* L.), Birngrün, Nickendes Wintergrün: Chamaephyt. Blätter im unteren Drittel des Stengels (nicht als Rosette), eiförmig, zugespitzt, birnblattähnlich (Name!, vgl. pirus = Birne). Nadelwälder, auf bemoosten, mageren Böden. Blüten zahlreich, in einseitswendigen, anfänglich nickenden Trauben, nektarreich. Pollenkörner einzeln. Vegetative Vermehrung durch lange unterirdische Ausläufer und Wurzelsprosse.

Pyrus communis L., Kultur-Birne
– Rosaceae (= Rosengewächse)

Winterkahler Laubbaum. Schuppenborke. Tiefreichende Pfahlwurzel. Kreuzungsprodukt der heimischen Wild-Birne und verschiedener südosteuropäisch/westasiatischer Wildarten.

Vorkommen: in zahlreichen Kultursorten angepflanzt. Zuweilen verwildert und an geeigneten Standorten auch eingebürgert, wobei die sortentypischen Eigenschaften verloren gehen.

Blüten: IV-V, Frühblüher. Vorweibliche, "nektarführende Scheibenblumen", in doldenartigen Trauben. Bei Öffnung der Blüten sind die Narben bereits empfängnisfähig. Unangenehmer Duft nach Trimethylamin, ähnlich wie Heringslake. Das Narbengewebe duftet anders und stärker als die Kronblätter. Meist selbststeril. Besucher: Honigbienen (die besonders den Pollen sammeln), Käfer, Zweiflügler usw.

Früchte: Apfelfrüchte (vgl. *Malus*). Fruchtfleisch mit grießkornartigen Gruppen von Steinzellen. Verdauungs- und Speicherverbreitung durch Vögel, Säugetiere und Mensch.

Vegetative Vermehrung durch Wurzelsprosse. Zur Pfropfung vgl. bei *Malus*.

Verwendung: Als Obstbaum steht die Birne an zweiter Stelle der Weltproduktion. Die Früchte enthalten ca. 8 % Zucker. "Mostbirnen" sind reich an Gerbstoffen und werden zum Klären von Most und Wein verwendet. Das Holz des Birnbaums ist dauerhaft und sehr wertvoll, spezif. Gewicht 0,7. Der Birnbaum ist auch eine hübsche Zierpflanze.

Weitere Art:

Pyrus pyraster (L.) Burgsd., Wild-Birne, Holz-Birne: Baum oder Strauch mit Sproßdornen (= Fraßschutz gegen Weidetiere). Sonnige Hänge, Gebüsche, Felsen oder Laubmischwälder und Auwälder, auf sommerwarmen, sickerfeuchten, nährstoff- und basenreichen, meist kalkhaltigen Böden. Ebene bis mittlere Gebirgslagen (meist nicht über 950 m).

Quercus robur L., Stiel-Eiche

– Fagaceae (= Buchengewächse)

Winterkahler Laubbaum, bis ca. 40-50 m Höhe und 3 m (angeblich sogar 7 m) Stammdurchmesser. Langsamwüchsig, daher Holz schwer, spezif. Gewicht 1,0. Gewöhnlich bis etwa 700 Jahre alt werdend. Die forstwirtschaftliche Umtriebszeit ist mit 180-300 Jahren die längste unserer Forstbäume. Die älteste deutsche Eiche ist etwa 1000-1400 Jahre alt und steht in Erle/Westfalen. Markstrahlen auffällig breit (bis 0,3 mm), am gefällten Stamm mit bloßem Auge gut erkennbar. Die Breite der Tracheen von ebenfalls bis 0,3 mm wird nur noch von Lianen übertroffen. Entsprechend stellt die Wasserleitung von mehr als 40 m pro Stunde den höchsten Wert aller heimischen Bäume dar. - Wurzelpilz (z. B. Steinpilz). - Eichen werden von zahlreichen Schädlingen befallen. Besonders auffällig sind die fast kirschgroßen "Galläpfel", Gewebewucherungen, die von der Pflanze nach dem Einstich von Gallwespen in die Rinde produziert werden und als "Kinderstube" für die Wespenlarven dienen. Ähnliche Gallbildungen auch an den Blättern.

Vorkommen: bestandbildend oder in Laubmischwäldern des sommerwarmen Klimas, auf meist frischen, tiefgründigen Böden. Ebene bis Bergstufe (bis nur ca. 1000 m). Alte Exemplare werden als "Naturdenkmale" geschützt.

Blüten: IV-V, Frühblüher. Windblütig: "Kätzchenblütentyp". Einhäusig, Blüten mit den Blättern erscheinend, männliche und weibliche Blüten am selben Zweig. Weibliche Blütenstände an der Spitze beblätterter Langtriebe, schräg aufwärts gerichtet, unscheinbar. Männliche Blütenstände hängend, am Grunde der Langtriebe sowie zu je mehreren an unbeblätterten Kurztrieben. Selbststeril.

Früchte: Aus dem 3fächerigen Fruchtknoten entwickelt sich eine 1samige Nuß, die Eichel, die von einem gestielten (Name!) Fruchtbecher (= Cupula, vgl. *Fagus*) umgeben ist. Verbreitung der Früchte durch die Schwerkraft (typische "Plumpsfrüchte" und "Rollfrüchte"), vor allem aber als "Versteckfrucht": Eichhörnchen und besonders Eichelhäher legen Vorratskammern an, in denen die Eicheln z. T. keimen können. So trugen etwa 65 Häher aus 37 Hektar Wald in ihrem Kropf ca. 300 000 Eicheln in einem Monat heraus. Die Bedeutung der Versteckverbreitung liegt u. a. darin, daß die Samen nur in oder auf feuchtem Substrat, am besten im Boden, keimen. Nur dort können die unter der Schale gelagerten keimungshemmenden Stoffe abgebaut werden.

Verwendung: Das Holz ist fest und dauerhaft und wird in der Bau- und Möbelindustrie sehr geschätzt. Aus der jungen Borke werden Gerbstoffe gewonnen, mit deren Hilfe man z. B. Textilien braunrot färben kann. Aus der Gallussäure der Galläpfel und Eisensalzen stellte man urkundenfeste "Eisengallustinte" her. Eichenwälder waren ehemals für die Schweinemast wichtig. Heute verwendet man Eicheln nur für die Wildfütterung. In Hungerjahren wurden Eicheln auch als Mehlersatz genommen. - Arzneiliche Verwendung findet die junge Rinde (vor der Borkenbildung) als wohl wichtigste Gerbstoffdroge, z. B. bei Bindehautentzündungen: zusammenziehende und entzündungshemmende Wirkung. - Eichen wurden besonders verehrt. Möglicherweise leitet sich das Wort Eiche von altindisch "ighja" = Verehrung ab. Bei den Germanen war der Baum dem Gott Thor geweiht. Unter "Mahleichen" wurde Gericht gehalten. Eichenlaubkränze schmückten die Sieger (Name!: lat. robur = Stärke).

Weitere Arten:

Quercus petraea (MATT.) LIEBL. (= *Q. sessiliflora* SALISB.), Trauben-Eiche: mehr westlich verbreitet und weniger in der Ebene anzutreffen. Fehlt z. B. im kontinentalen Osteuropa. Grundwassermeidend. Etwas frostempfindlich.

Quercus pubescens WILLD., Flaum-Eiche: Kennart der Eichenbuschwälder sonniger Hänge, auf warmen, trockenen, meist kalkhaltigen Böden (Quercetalia pubescentis). Wärmezeitrelikt. Ausgewachsene Blätter unterseits mit Sternhaaren.

Quercus ilex L., Stein-Eiche: immergrüne Charakterart der Hartlaubwälder und -gebüsche des Mittelmeergebietes. Blätter ledrig, unterseits weißfilzig.

Quercus suber L., Kork-Eiche: ähnlich voriger Art. Aus der Borke wird der Flaschenkork gewonnen.

Quercus rubra L. (= *Q. borealis* MICHX. fil.), Rot-Eiche: wegen des relativ schnellen Wuchses seit dem vorigen Jahrhundert häufig angepflanzter Forstbaum. Heimat: Nordamerika. Oft verwildert und eingebürgert. Blätter groß, spitzlappig, winterkahl, besonders anfällig gegenüber Luftverschmutzung. Scheint sich als besonders empfindlich gegenüber "saurem Regen" zu erweisen. Die Früchte reifen wie bei den immergrünen Eichen erst im zweiten Jahr.

Ranunculus aquatilis L. (= *Batrachium aquatile* (L.) DUM.) (Sammelart), Wasser-Hahnenfuß – Ranunculaceae (= Hahnenfußgewächse)

Wasserpflanze (Schlammwurzler) oder Sumpfpflanze. Bekanntes Beispiel für umweltbedingte (modifikative) Verschiedenblättrigkeit (Heterophyllie, Abb. 69, S. 354): fadenförmig zerteilte Unterwasserblätter (Oberflächenvergrößerung fördert Nährsalzaufnahme und Gasaustausch), gelappte Schwimmblätter (mit oberseitigen Spaltöffnungen) und eventuell ± tief geteilte Überwasser- bzw. Landblätter. Manche Verwandte besitzen nur Unterwasserblätter. Stengel mit reichlich Durchlüftungsgewebe. - Die Gattung *Ranunculus* umfaßt weltweit etwa 400 Arten und ist auch bei uns sehr formenreich, weswegen hier abweichend von den übrigen Gattungen drei Arten ausführlich besprochen werden. - Alle Arten sind im frischen Zustand **giftig** durch Protoanemonin.

Vorkommen: stehende oder fließende, überwiegend nährstoffreiche, meist kalkarme Gewässer bis etwa 2 m Tiefe. Ebene bis mittlere Gebirgslagen. Kennart des Verbandes Nymphaeion albae (= Seerosendecken). In der gemäßigten Zone weltweit verbreitet. Sehr zurückgegangen und vielerorts stark gefährdet. - Schützenswert!

Blüten: V-IX. Weiße, senkrecht aus dem Wasser herausragende, wohlriechende, "nektarführende Scheibenblumen". Blütenhülle (Perigon) kelchartig, Schauwirkung durch die kronblattartigen Nektarblätter mit am Grunde gelbem Saftmal und unbedeckter Nektardrüse. Homogam oder vorweiblich. Bestäuber: verschiedene Insekten. Neben spontaner Selbstbestäubung kommt bei hohem Wasserstand auch Geschlossenblütigkeit vor.

Früchte: Die Fruchtstiele krümmen sich bei der Reife zurück. Die meist flachen Nüßchen werden als Schwimmfrüchte oder als Wasserhafter durch Wasservögel usw. verbreitet. Fruchtreife: VII-IX.

Vegetative Vermehrung durch sich abtrennende, schwimmende Teile der Pflanze.

Weitere Art:

Ranunculus fluitans L., Flutender Hahnenfuß: untergetauchte, bis 5 m lange, flutende Pflanze der Fließgewässer. Verbandskennart des Ranunculion fluitantis (= Fluthahnenfußgesellschaften). Ökologisch wichtig als Sauerstoffproduzent und Laichpflanze.

Ranunculus ficaria L. (= *Ficaria verna* Hudson), Scharbockskraut, Feigwurz – Ranunculaceae (Hahnenfußgewächse)

Hemikryptophyt (Halbrosettenpflanze) mit jährlich neu gebildeten, etwa 1-2 cm langen, feigwarzenähnlichen (Name!) Wurzelknollen (Abb. 73, S. 358) als Stärkespeicher. Frühjahrspflanze, die bereits im Mai/Juni wieder "einzieht", d. h. zu diesem Zeitpunkt sind die neuen Knollen fertig ausgebildet und das Kraut beginnt zu welken. - Die für unser Gebiet typische subsp. *bulbifer* (Marsd.-J.) Law. ist tetraploid und vermehrt sich fast ausschließlich vegetativ durch Bulbillen, das sind weiße, etwa getreidekorngroße Knöllchen (Abb. 73 B), die aus gehemmten Seitentrieben vor allem in den Achseln der unteren Blätter entstehen, später zu Boden fallen und zu neuen Pflanzen auswachsen. Der diploiden, südwesteuropäischen Stammform (subsp. *nudicaulis* (Kerner) Hegi) fehlen gewöhnlich die Bulbillen, sie vermehrt sich über Samen.

Vorkommen: krautreiche Laubwälder (vor allem Auwälder) und Säume, auf feuchten bis frischen, nährstoff- und basenreichen, meist tiefgründigen Lehmböden. Etwas wärmeliebend. Stromtalpflanze. Ebene bis mittlere Gebirgslagen (Alpen bis 1450 m).

Blüten: III-V, Frühblüher. "Nektarführende Scheibenblumen", mit kelchartigem Perigon und kronblattartigen Nektarblättern (wie bei allen Hahnenfuß-Arten). Einige Autoren fassen allerdings die *Ranunculus*-Blüte als in Kelch und Krone gegliedert auf, wobei dann die Kronblätter durch das Tragen der Nektardrüsen gekennzeichnet sind. Blüten mit temperaturabhängigen Wachstums-Schließbewegungen.

Früchte: trotz reichen Insektenbesuchs fast kein Fruchtansatz.

Vegetative Vermehrung durch Bulbillen (siehe oben): Selbstverbreitung sowie Schwimm-, Ameisen- und Speicherverbreitung.

Verwendung: Die Blätter wurden früher - als erstes Frühlingsgrün - wegen des Gehalts an Vitamin C gegen Skorbut (= Scharbock) angewendet (Name!). Sie sollen als Beimischung zu Spinat oder Salat geeignet sein; größere Mengen können allerdings zu Vergiftungen führen. Die Knollen wurden nach der Signaturenlehre gegen Feigwarzen verwendet. In Notzeiten verarbeitete man sie zu Mehl. Mit Essig behandelte Blütenknospen können wie Kapern gegessen werden. Die nach der Blüte oft in Menge am Boden liegenden Bulbillen ("Himmelsbrot", "Himmelsgerste") sollen die Sage vom Getreideregen veranlaßt haben; auch sie können - eingelegt in Salz und Essig gegessen werden. Für Wildpflanzengärten zu empfehlen.

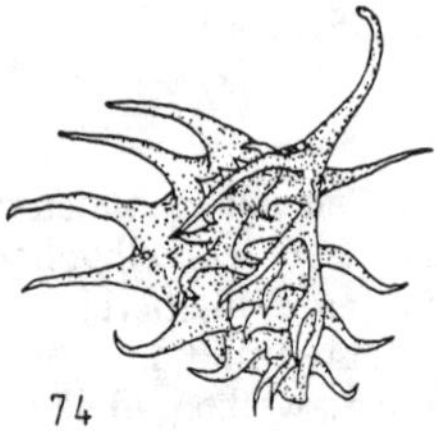

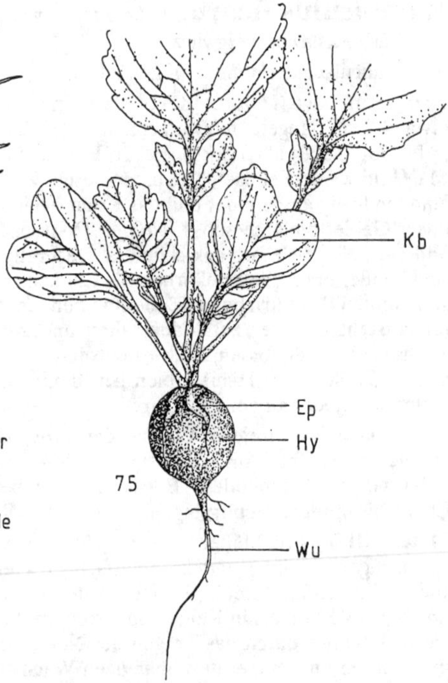

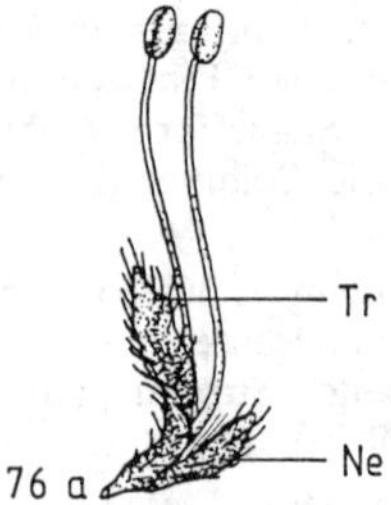

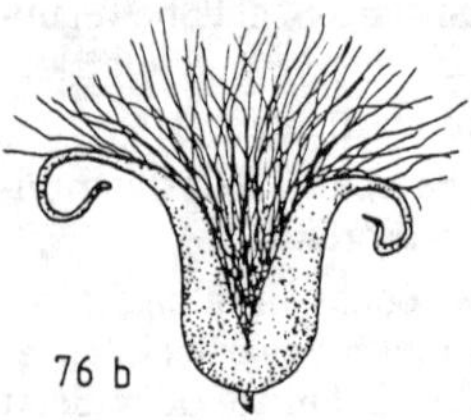

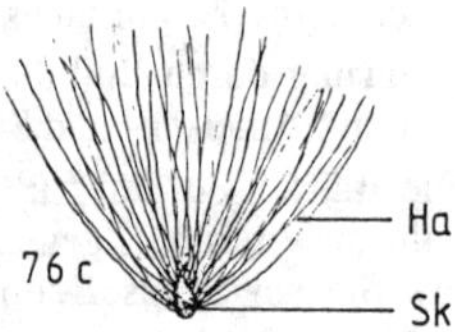

Abb. 74: Ranunculus arvensis: Klettfrucht.
Abb. 75: Raphanus sativus: Habitus einer jungen Radieschenpflanze (Kb Keimblatt, Ep Reste der Epidermis, Hy Hypokotylknolle, Wu Wurzel).
Abb. 76: Salix: **a** männliche Blüte (Tr Tragblatt, Ne Nektardrüse). **b** aufspringende Kapsel. **c** Samen (Ha Samenhaare, Sk Samenkorn).

Ranunculus repens L., Kriechender Hahnenfuß

– Ranunculaceae (= Hahnenfußgewächse)

Hemikryptophyt (Halbrosettenpflanze) mit Ausläufern, oft wintergrün. Bis 50 cm tief wurzelnd. - **Giftig**: Alle Hahnenfußarten sind in frischem Zustand durch Protonanemonin giftig und können zu Viehvergiftungen führen. Abgeschnittene Stengel können Hautreizungen hervorrufen (Wiesendermatitis).

Vorkommen: Pionierpflanze der Äcker, Gärten, Ufer, Wiesen, Wälder und Ruderalstellen, auf grundfrischen, nährstoffreichen Böden. Lehm- und Bodenverdichtungszeiger. - Ebene bis Hochgebirge (Alpen bis 2375 m).

Blüten: V-VII. Homogame bis vormännliche, "nektarführende Scheibenblumen" aus 5 kelchartigen Perigonblättern und 5 kronblattartigen Nektarblättern mit basaler Schuppe (darunter die Nektardrüse). Nektarblätter mit Fettglanz: Oberhaut (Epidermis) durch Karotinoide lebhaft gelb gefärbt, darunter als Reflektor eine weiße, stärkeführende Schicht. Die Basis glänzt nicht und reflektiert auch kaum UV und dient daher als Flecksaftmal. Neben Pflanzen mit zwittrigen Blüten kommen rein weibliche Pflanzen vor (= gynodiözisch). Bestäuber: verschiedene Insekten. - Bei Regen bleiben die schüsselförmigen Blüten geöffnet, so daß sich darin Wasser sammelt und schließlich der Pollen zu den Narben schwimmen kann. Es wurde experimentell nachgewiesen, daß solche Regenwasserbestäubung zu Samenansatz führt.

Früchte: Pro Blüte entstehen zahlreiche Nüßchen: Wind- und Tierstreuer, Wasserhaft- sowie Zufallsverbreitung durch Grasfresser.

Vegetative Vermehrung durch lange, oberirdische Ausläufer vom Erdbeertyp.

Weitere Arten (vgl. auch S. 368 und 369):

Ranunculus acris L. Scharfer Hahnenfuß: Schaftpflanze. Feuchte Wiesen, auf nährstoffreichen Böden. Für Wildpflanzengärten geeignet.

Ranunculus bulbosus L., Knolliger Hahnenfuß: KnollenGeophyt mit Sproß-Wechselknolle. Mäßig trockene Magerrasen, etwas wärmeliebend. Lehmzeiger. Ebenfalls für Wildpflanzengärten zu empfehlen.

Ranunculus auricomus L., Gold-Hahnenfuß: formenreiche Sammelart, deren Kleinarten sich ähnlich wie bei den Brombeeren apomiktisch vermehren, d. h. die Samenbildung erfolgt ohne Befruchtung. Krautreiche Laubmischwälder und Bergwiesen. Hochblätter linealisch.

Ranunculus flammula L., Brennender Hahnenfuß: Blätter ungeteilt, ganzrandig. Erstbesiedler und Kriechpionier in Sumpfwiesen und an Ufern. Stengel niederliegend, an den Knoten wurzelnd. Insekten- und Regenbestäubung.

Ranunculus lingua L., Zungen-Hahnenfuß: Stengel 50-150 cm hoch. Unterirdische Ausläufer. Seltene Art der Röhrichte. Geschützt! Fliegenblume.

Ranunculus sceleratus L., Gift-Hahnenfuß: einjährige, aufrechte Sumpfpflanze. Pionierpflanze auf trockenfallenden Schlammböden. Amphibisch: im Wasser mit typischen Schwimmblättern. Blütenökologisch von den vorigen Arten durch unbedeckte Nektarien ("Fliegenblume") und die zylindrische Blütenachse unterschieden. Nüßchen mit Schwimmgewebe: Schwimmverbreitung! Stark giftig (Name!). Bereits durch Kontakt mit dem Saft der Pflanze entstehen Hautausschläge, weswegen sich manche Bettler damit an sichtbaren Körperstellen einrieben, um mitleiderregende Wunden hervorzurufen.

Ranunculus arvensis L., Acker-Hahnenfuß: einjähriges Ackerwildkraut basenreicher, lehmiger Getreideäcker. Heute nur noch selten. Stark gefährdet. Die Nüßchen sind typische Klettfrüchte (Abb. 74).

Raphanus raphanistrum L., Hederich, Acker-Rettich

– Brassicaceae (= Kreuzblütler)

Einjährig, sommerannuell. Tiefwurzler (bis über 1 m Tiefe).

Vorkommen: Äcker und Ruderalstellen, auf meist frischen, nährstoff- und basenreichen, kalkarmen Böden. Versauerungszeiger. Kulturbegleiter seit der jüngeren Steinzeit. Ebene bis Gebirge (Alpen bis 1300 m). In gemäßigten Zonen heute weltweit verbreitet. - Wächst, offenbar konkurrenzbedingt, vorzugsweise auf mäßig sauren Böden. Im Gegensatz dazu haben Reinkulturen dieser Art ihr Wachstumsoptimum im alkalischen Bereich.

Blüten: V-VI. "Nektarführende Scheibenblumen", in Trauben. Kronblätter weiß (so überwiegend im Süden des Gebietes) oder hellgelb, mit violetten Adern (= Strichsaftmalen) und hoher UV-Reflexion. Schwebfliegen bevorzugen eindeutig die gelben Formen. Kelch aufrecht, den zuckerreichen (55 %) Nektar verdeckend (bekannte Eselsbrücke: "Hederich hebt, Senf senkt den Kelch"). Bienenweide. Selbststeril.

Früchte: zwischen den Samen eingeschnürte Schoten (Gliederfrüchte), die in 1samige, nußartige Teilfrüchte zerfallen. Selbst- und Menschenverbreitung. Samen ölreich (40-45 %).

Verwendung: Die jungen Blätter und Sprosse sind in Salzwasser gekocht wie Spinat verwendbar. Die Samen können zur Herstellung von Senf verwendet werden.

Weitere Art:

Raphanus sativus L., Garten-Rettich, Radieschen: Kulturpflanze, vermutlich von mediterranen Wildarten abzuleiten. Wichtige Kultursorten sind der schwarze Winterrettich und der weiße Sommerrettich, bei denen Wurzel und Hypokotyl als Speicherorgan ausgebildet sind (morphologisch als "Holzrübe" bezeichnet, da der Hauptanteil der Verdickung vom Holzkörper stammt), sowie das Radieschen (Abb. 75), bei dem nur das Hypokotyl verdickt ist ("Hypokotylknolle"). Der scharfe Geschmack stammt von dem hohen Gehalt an Senfölen, die Rotfärbung von Anthocyanen. Reife Schoten kaum gegliedert, aufgeblasen, mit schwammigem Zwischengewebe: Regenschwemmling? Durch Bestreuen von Radieschen oder Rettich mit Zucker kann man einen guten Hustensaft herstellen, ähnlich wie bei der Küchen-Zwiebel.

Reseda luteola L., Färber-Resede, Färber-Wau

– Resedaceae (= Resedengewächse)

Zweijährige Halbrosettenpflanze. Blätter, Stengel und Blüten enthalten den gelben, zu den Flavonen zählenden Farbstoff Luteolin.

Vorkommen: lückige Ruderalstellen, auf warmen, trockenen, nährstoff- und basenreichen Böden. Rohbodenpionier. Kulturbegleiter seit der jüngeren Steinzeit (Archäophyt, Heimat: Mittelmeergebiet). Ebene bis mittlere Gebirgslagen. Fehlt in den Alpen.

Blüten: VI-IX. Unauffällige, homogame, "nektarführende Scheibenblumen", zu auffälligen, ährigen Blütenständen vereinigt. Die schwach dorsiventralen Blüten erhalten durch die 4 im oberen Teil zerschlitzten Kronblätter ein eigenartiges Aussehen. Selbstfertil. Nektarium überdeckt. Bestäuber: vor allem kleinere Bienenverwandte.

Früchte: Kapseln. Wind- und Tierstreuer sowie Ameisen(?)- und Menschenverbreitung.

Verwendung: Das Kraut kann zum Färben von Textilien verwendet werden (gelb, gelbgrün, braun; vgl. "resedagrün"). Zu diesem Zweck wurde die Art bei uns noch bis ins 19. Jh. angebaut. Kurz nach der Blüte werden die Pflanzen aus dem Boden gerissen und der Farbstoff durch Kochen in Wasser extrahiert. "Wau" ist eine alte Bezeichnung für gelbfärbende Pflanzen. - Die Pflanze wurde auch arzneilich als Beruhigungsmittel (Name!: lat. resedere = beruhigen) verwendet. Die Samen enthalten bis zu 35 % technisch verwertbares Öl.

Weitere Arten:

Reseda lutea L., Gelbe oder Wilde Resede, Gelber Wau: sehr ähnlich voriger Art. Einjährig (winterannuell) oder zweijährig. Kronblätter 6. Die Staubblätter öffnen sich nacheinander und führen Wachstumsbewegungen aus.

Reseda odorata L., Duftende oder Garten-Resede: sommerannuell. Wegen des Duftes der rötlichen Blüten früher beliebte Bauerngartenpflanze.

Reynoutria japonica Houttuyn (= *Polygonum cuspidatum* Sieb. et Zucc.), Japanischer Staudenknöterich, Spitzblättriger Knöterich

– Polygonaceae (= Knöterichgewächse)

Rhizom-Geophyt mit sehr hoher Produktionskraft, 100-300 cm hoch. Stengel hohl. Blätter 10-15 cm lang. Junge Triebe stark frostempfindlich. Blattstellung spiralig, auf 2 Umdrehungen kommen 5 Blätter, entsprechend einem Divergenzwinkel von 144°. - Die Art ist in Japan wesentlich variabler als bei uns und besiedelt dort sehr unterschiedliche Standorte.

Vorkommen: häufig gepflanzt, oft verwildert und zunehmend eingebürgert an Ufern und Waldrändern sowie auf Ruderalstandorten, auf feuchten, nährstoffreichen Böden. Heimat: Ostasien. Unterdrückt oft die ursprüngliche Vegetation und ist daher in den letzten Jahren zur ökologischen Problempflanze geworden. Bekämpfung nur durch regelmäßiges Abmähen möglich. Natürliche Feinde fehlen der Pflanze bei uns weitgehend. Man fand nur 4 Insektenarten, die sich von *Reynoutria* ernähren, während es bei heimischen Pflanzen bis zu 100 oder mehr sein können.

Blüten: VII-IX. Reich blühend.

Früchte: Bei uns erfolgt fast kein Fruchtansatz.

Vegetative Vermehrung durch Verzweigung des Rhizoms und durch Verschleppung abgerissener Rhizomteile im Zusammenhang mit Hochwasser, durch Tiere oder durch den Menschen mit Verlagerung von Erde.

Verwendung: Zierstaude. Das Rhizom gilt volksmedizinisch als gutes Abführmittel. In Japan werden die jungen, säuerlich schmeckenden Rhizome gegessen.

Rhamnus catharticus L., Echter oder Purgier-Kreuzdorn

– Rhamnaceae (= Kreuzdorngewächse)

Winterkahler Strauch (oder kleiner Baum) bis über 3 m Höhe und über 0,1 m Stammdurchmesser. Zweige oft in Dornspitzen auslaufend (Name!, vgl. griech. rhamnos = Dornstrauch). - Zwischenwirt des Hafer-Kronenrostes. - **Giftig**: siehe Verwendung.

Vorkommen: sonnige Hecken, Magerweiden, Böschungen und Waldränder, auf sommerwarmen, mäßig trockenen, basenreichen Böden. Ebene bis mittlere Gebirgslagen (Kalk- und Lehmgebiete, Alpen bis 1310 m), im Norden selten.

Blüten: V-VI. Unscheinbare, 4zählige, "nektarführende Scheibenblumen", ähnlich denen von *Euonymus*. Kronblätter sehr klein. Einhäusig. In den Blüten finden sich aber jeweils Rudimente des anderen Geschlechtes. Die männlichen Blüten sind größer. Die Griffel werden in zwei verschiedenen Längen ausgebildet (Heterostylie). Der Nektar wird offen von einem Diskus abgesondert. Bestäuber: besonders Fliegen und Hautflügler.

Früchte: mehrsamige, schwarze Steinfrüchte. Verdauungsverbreitung durch Vögel. Fruchtreife: IX-X. Keimung der Samen auf dem Erdboden (epigäisch).

Vegetative Vermehrung durch Wurzelsprosse.

Verwendung: Die Pflanze hat eine stark abführende (Name!, vgl. lat. catharticus = abführend, purgierend) Wirkung, die am Dickdarm angreift. Vor allem die Früchte werden seit langem hierzu verwendet, doch sollte man wegen der stark giftigen, evtl. sogar tödlichen Wirkung, davon Abstand nehmen. - Das harte, im Kern orangerote Holz wird zu Drechslerarbeiten benutzt. Aus den unreifen Beeren wird "Saftgrün" gewonnen, das im alkalischen Milieu in Gelb ("Gelbbeere"), in saurem Milieu in Rot umschlägt. Entsprechend ist Kreuzdorn eine alte, auch heute noch genutzte Färbepflanze für Textilien. - Empfehlenswert für Wildpflanzengärten und als Heckenpflanze.

Rhinanthus alectorolophus (Scopoli) Pollich, Zottiger Klappertopf

– Scrophulariaceae (= Rachenblütler, Braunwurzgewächse)

Einjährig (sommerannuell). Halbschmarotzer auf verschiedenen Blütenpflanzen. Kleine Saugfortsätze (Haustorien) dringen zu den Wasserleitungsbahnen der Wirtswurzeln vor (vgl. auch *Melampyrum*). Formenreich: im Frühsommer blühende Rassen haben oft unverzweigte, Herbstrassen stark verzweigte Stengel. - Zum Schwarzwerden der Pflanzen beim Herbarisieren vgl. die Angaben bei *Cytisus nigricans*. - Schwach **giftig** durch Aucubin. Pferde gelten als besonders empfindlich. Früher kam es gelegentlich zu Vergiftungen, wenn das Brotgetreide mit Klappertopfsamen verunreinigt war.

Vorkommen: Halbtrockenrasen, arme Fettwiesen und Getreidefelder, auf nährstoff- und basenreichen, meist kalkhaltigen Böden. Lehmzeiger. Wärmeliebend. Ebene bis Hochgebirge (Alpen bis 2300 m). Oft im Rückgang durch Herbizide und Intensivnutzung.

Blüten: V-IX. Homogame, "eigentliche Lippenblumen", in einseitswendiger, ährenförmiger Traube. Schauorgane sind neben den Blüten auch die bleichgelben Hochblätter. Streumechanismus mit kaum klebrigem Pollen. Kelch zottig behaart (Name!). Kronröhre 9-10 mm lang, gebogen.

Früchte: fachspaltige, von dem als Windfang dienenden, blasigen Kelch umgebene Kapseln: Wind- und Tierstreuer. Auffällig ist das Klappern der Samen in den reifen Früchten (Name!). Samen flach, geflügelt: Wasserhafter und Segelflieger. - WAGGERL formuliert es so: "Was hat der Klappertopf in seinem hohlen Kopf? Nur wieder Klappertöpfe, ihr Plapperköpfe!"

Verwendung: Das Kraut wurde früher gegen Läuse und andere Schädlinge angewendet.

Weitere Arten:

Rhinanthus minor L., Kleiner Klappertopf: ähnlich wie vorige Art. Kalkarme Magerrasen. Kronröhre nur 7-8 mm lang, gerade.

Rhododendron hirsutum L., Rauhblättrige oder Bewimperte Alpenrose oder Almenrausch – Ericaceae (= Heidekrautgewächse)

0,5-1 m hoher Strauch mit immergrünen Lederblättern. Blätter locker behaart mit umgebogenen Rändern. Wurzelpilz (endotrophe Mykorrhiza). - Unsere Alpenrosen haben einen Jahreszuwachs von nur 1/25 normaler Laubbäume. Spaltöffnungsbewegungen schon bei Winden unter 1 m/s. Die Spaltöffnungen schließen sich selbst bei guter Wasserversorgung schon bei Winden über 1,5 m/s. Der Jahresgang der Frosthärte erfolgt wie bei den Nadelbäumen über die Anpassung der osmotischen Werte. Meist überdauern die Pflanzen allerdings im praktisch wasserdampfgesättigten Zustand unter dem Schnee. Im Flachland, wo sowohl eine so ausgeprägte Frostanpassung als auch der Schneeschutz fehlen, erfrieren sie oft, ebenso wie an rasch ausapernden Standorten der Alpen. - Die Gattung *Rhododendron* umfaßt weltweit etwa 600 Arten. Einige davon werden gerne als Zierpflanzen gezogen, so auch die sommergrünen Azaleen. - **Giftig**:

Viele *Rhododendron*-Arten enthalten in ihren Blüten (einschließlich Nektar), Früchten, Blättern und Sproßachsen das stark giftige Andromedotoxin (Acetylandromedol). Besonders gefährdet sind Wiederkäuer, bei denen jährlich bei der eingeschränkten Futterwahl im Winter Vergiftungen auftreten. Schon seit dem Altertum sind immer wieder Vergiftungsfälle durch Honig von *Rhododendron*-Arten (und anderen Ericaceen) beschrieben worden. Der unangenehm bittere Geschmack dieser meist aus Kleinasien oder Japan stammenden Erzeugnisse scheint keineswegs alle Menschen vom Verzehr schädlicher Mengen abzuhalten.

Vorkommen: Legföhrenbestände und lichte Kiefernwälder, auf basenreichen, meist kalkhaltigen Böden. Kennart des Erico-Rhododendretum (= Schneeheide-Alpenrosen-Gebüsch). Alpen von etwa 1400 bis 2350 m. - **Geschützt**! (alle Arten der Gattung).

Blüten: VI-VIII. Waagerechte bis schräg abwärts gerichtete, vormännliche "Glockenblumen mit Streueinrichtung". Pollen mehlig, in Tetraden. Narben sehr schleimig. Nektar unterhalb des Fruchtknotens reichlich abgeschieden, von den Staubfadenhaaren bedeckt. Bestäuber sind vor allem Hummeln. Selbstbestäubung ist möglich.

Früchte: oberständige, wandspaltige, 5fächerige Kapseln: Wind- und Tierstreuer. Samen zahlreich, sehr klein, flach, geflügelt, mit lockerer Samenschale: Ballonflieger.

Weitere Arten:

Rhododendron ferrugineum L., Rostblättrige Alpenrose oder Almenrausch: ähnlich voriger Art. Blätter unterseits rostbraun, nicht bewimpert. Auf basenarmen, sauren Böden in humider Klimalage. Kennart des Rhododendro-Vaccinietum (= bodensaures Alpenrosengebüsch). Alpenvorland und Alpen (bis 2030 m; in Tirol bis 2450 m).

Rhododendron ponticum L., Pontische Alpenrose: Zierstrauch in wintermilden, sommerkühlen Lagen. Violett blühend. Heimat: Tertiärrelikt im Strandza (Südostbulgarien), in Kleinasien und Portugal.

Ribes uva-crispa L., Stachelbeere

– Saxifragaceae s. l. (= Steinbrechgewächse i. w. S.) bzw. Grossulariaceae (= Stachelbeergewächse)

Winterkahler Strauch mit 3(oder 1)zackigen Stacheln. Wurzelpilz.

Vorkommen: Gebüsche, Waldsäume und reiche Laubwälder, auf frischen, nährstoff- und basenreichen Böden. Nicht selten epiphytisch auf alten Kopfweiden. Wärmeliebend. Ebene bis mittlere Gebirgslagen (bis etwa 1000 m). Außerdem seit dem 16. Jh. in Kultur und häufig verschleppt (Neubürger). Gartenformen sind oft Bastarde mit amerikanischen Arten.

Blüten: IV-V. Vormännliche "Glockenblumen mit klebrigem Pollen", in 1-3blütigen Trauben. Zugang zum Nektar durch Griffelhaare versperrt. Narbe reif klebrig. Bestäuber: Bienenverwandte und Fliegen.

Früchte: Beeren aus Fruchtknoten und Achsenbecher gebildet. Samen chlorophyllhaltig, vom schleimigen Samenmantel umgeben: Verdauungs- und Klebverbreitung.

Vegetative Vermehrung durch Absenker von laubbedeckten Seitenzweigen.

Weitere Arten:

Ribes rubrum L. (Sammelart), Rote Johannisbeere: Stacheln fehlen. "Nektarführende Scheibenblumen", in reichblütigen, hängenden Trauben. Nektar wird offen dargeboten. Bestäuber: besonders Hautflügler. Wild in Auwäldern. Kultur seit dem 15. Jh. In vielen Sorten und Bastarden angebaut, die sich teilweise eingebürgert haben.

Ribes nigrum L., Schwarze Johannisbeere: voriger Art sehr ähnlich, doch durch die von Drüsen der Blattunterseite und der Früchte abgegebenen ätherischen Öle von eigenartigem Geruch und Geschmack. Wild in Erlenbruch- und Auwäldern; gefährdet. Kultiviert seit dem 16. Jh. und, wie die vorigen Arten, ebenfalls verwildert und eingebürgert. Sehr wertvolles Obst. Die Beeren sind besonders reich an Vitamin C. Getrocknete Blätter ergeben einen sehr wohlschmeckenden Tee, den man z. B. auch gut mit schwarzem Tee mischen kann.

Ribes sanguineum Pursh, Blutrote Johannisbeere: Zierstrauch seit 1826. Heimat: westliches Nordamerika. Frühblüher. Kelch- und Kronblätter rot. Beeren schwarz, genießbar. Geruch ähnlich wie bei *R. nigrum*. Die Blüten werden in Kalifornien gern von Kolibris besucht.

Robinia pseudacacia L., Robinie, Falsche Akazie, Schein-Akazie

– Fabaceae (= Schmetterlingsblütler)

Winterkahler Laubbaum, bis 25 m hoch, schnellwüchsig. Nebenblattdornen (Abb. 72) als Fraßschutz und Kondensationspunkte. Borke grob längsrissig wie bei *Quercus*. Wasserleitungsgefäße (Tracheen) bis 0,4 mm weit und entsprechend sehr gute Wasserleitung von bis zu 30 m pro Stunde. Dieser Wert wird bei uns nur noch von der Eiche sowie von Lianen übertroffen. Ausgeprägte tagesperiodische Blattbewegungen, die durch Saftgelenke der Blattstiele und Fiedern ermöglicht werden; nachts sind sie nach unten gesenkt ("Schlafstellung"), tagsüber horizontal. Zu diesen endogen bedingten Schlafbewegungen kommt bei intensiver Sonneneinstrahlung eine photonastische Bewegung, bei der die Fiedern schräg nach oben gestellt werden (Lichtschutz). Für die Steuerung der Bewegung sind die auch bei *Mimosa* vorkommenden Turgorine verantwortlich (Schildknecht). Waagerecht stehende Fiedern können nach Erschütterung innerhalb einer Minute um 45° und innerhalb von 4 Minuten um 90° gesenkt werden. - Wurzelpilz sowie Wurzelknöllchen mit stickstoffbindenden Bakterien. - Der Gattungsname geht auf den franz. Gärtner J. Robin zurück, der den Baum 1601 aus Nordamerika nach Paris brachte. - Im Volksmund werden die (weißblühenden) Robinien fälschlich als "Akazien" bezeichnet, dafür aber die echten (gelbblühenden) *Acacia*-Arten im Blumenladen als "Mimosen" verkauft. - Alle Teile, vor allem die Rinde, sind durch Peptide (Toxalbumine) und andere Substanzen stark **giftig**, z. B. auch für Pferde.

Vorkommen: angepflanzt und stellenweise, vor allem in Trockengebieten, verwildert und fest eingebürgert. Rohbodenpionier. Bevorzugt frische bis mäßig trockene, ± tiefgründige Böden. Wärmeliebend, frostempfindlich. Ebene bis mittlere Gebirgslagen (Alpen bis 700 m). - Aufgrund der Stickstoffanreicherung vermögen Robinien auch auf ärmeren Böden einen ertragreichen Wald aufzubauen. Andererseits werden im Unterwuchs der Robinienforsten stickstoffliebende Arten gefördert, die schließlich die artenreiche Vorvegetation völlig verdrängen.

kalkfliehend!

Blüten: V-VI. Homogame, stark duftende, nektarreiche "Schmetterlingsblumen", in vielblütigen, hängenden Trauben. Die Blüten gelangen erst durch Drehung um 180° (Resupination) in die für die Bestäubung richtige Lage. Pumpmechanismus mit Bürsteneinrichtung; bei Beschwerung tritt zuerst die Narbe, dann der Pollen aus der Spitze des Schiffchens. Bestäuber: besonders Bienenverwandte. Fremdbestäubung wird durch Anflug von unten gefördert.

Früchte: Die flachen Hülsen bleiben bei uns lange geschlossen und hängen oft noch im Winter (Wintersteher). Austrocknungsstreuer. Außerdem Zufalls- und Bearbeitungsverbreitung durch Vögel usw. sowie Menschenverbreitung als Kulturflüchter. Fruchtreife: (IX)-X.

Vegetative Vermehrung durch Wurzelsprosse.

Verwendung: Das sehr harte, feste Holz wird z. B. zu Holznägeln verarbeitet. Bienenfutterpflanze. Die Blätter werden als Ziegenfutter verwendet. Auch beliebt als Epiphytenstämme in Gewächshäusern.

Rosa canina L., Hunds-Rose
– Rosaceae (= Rosengewächse)

Winterkahler Dornstrauch mit assimilierenden Zweigen. Spreizklimmer bis über 3 m Höhe. Die sprichwörtlichen "Dornen" der Rose sind in Wirklichkeit Stacheln (= Bildungen der Epidermis und Hypodermis). Sie dienen als Kletterorgane, Fraßschutz und evtl. Kondensationspunkte. Blätter mit verlängertem und verbreitertem Blattgrund mit Nebenblattzipfeln. - Wurzelpilz. - Nicht selten findet man an Rosen Gallbildungen ("Rosenäpfel" oder "Schlafäpfel"), das sind Gewebewucherungen, die nach dem Einstich durch die Rosen-Gallwespe erfolgen und in mehreren kleinen Kammern deren Larven beherbergen. - Der Name "Hagebutte" für die Früchte weist auf das Vorkommen der Pflanze an Hecken (altdeutsch Hag) hin.

Vorkommen: Hecken, Säume und lichte Wälder, auf warmen, frischen bis mäßig trockenen, basenreichen, meist tiefgründigen Lehmböden. Ebene bis mittlere Gebirgslagen (Alpen bis 1330 m).

Blüten VI. Homogame "Pollen-Scheibenblumen". Farbkontrast zwischen gelben Staubbeuteln und rosa Kronblättern. Blütenfärbung durch Anthocyane. Der Pollen steht nur vormittags zur Verfügung. Duft zum Blütengrund hin zunehmend. Die Bestäuber - Insekten aller Art (außer Faltern) - setzen sich in die Mitte der Blüte und bewirken so Fremdbestäubung. Auch Selbstbestäubung ist z. T. von Erfolg. Außerdem entwickeln sich die Samen z. T. apomiktisch, d. h. ohne Befruchtung. - Die untersten (ältesten) Kelchblätter sind weitgehend laubig, nach oben zu werden sie fortschreitend vereinfacht.

Früchte: Die freistehenden, zu Nüßchen (= "Kerne") heranwachsenden Fruchtknoten werden von dem zur Reife fleischigen Blütenbecher umgeben: Sammelnußfrüchte (= Hagebutten). Orangefärbung des Bechers durch Karotinoide, besonders Lycopin. Verdauungs-, Versteck- und Verarbeitungsverbreitung.

Vegetative Vermehrung durch Wurzelsprosse und herabgesenkte, sich bewurzelnde Zweige.

Verwendung: Hagebutten sind wegen des hohen Gehaltes an Vitamin C und anderen Vitaminen ein bewährtes Mittel bei Erkältungskrankheiten. Sie werden z. B. zu einem herzhaft säuerlich schmeckenden Tee, zu Mus (= Hagebutten- oder Hiefenmark), zu Suppen, Wein usw. verarbeitet. Die Hunds-Rose dient auch als wüchsige Unterlagen für Zierrosen und ist auch für Wildpflanzengärten zu empfehlen. Die Rosengallen spielten wegen ihrer merkwürdigen Erscheinung in Aberglauben und Volksheilkunde eine Rolle. - Unsere Gartenrosen sind von verschiedenen Wildarten und ihren Bastarden abzuleiten. Die Gartenrosen liefern das als Parfüm geschätzte

"Rosenöl", das seit dem Altertum aus den Kronblättern gewonnen wird. - Den Griechen war die Rose Symbol der Liebe, der Anmut und der Lebensfreude, den Germanen hingegen Sinnbild des Feuers und des Weltuntergangs.

Weitere Arten:

Rosa gallica L., Essig-Rose: Stengel mit gekrümmten und geraden Stacheln. Blüten tiefrot. Stammart der "Centifolien".

Rosa rugosa L., Runzelblättrige oder Kartoffel-Rose: häufig angepflanzt, stellenweise auch fest eingebürgert. Früchte bis über 2 cm groß, eßbar.

Rubus fruticosus L. (Sammelart), Echte Brombeere – Rosaceae (= Rosengewächse)

Winterkahler, teilweise wintergrüner (und dann im Frühjahr laubwerfender) Strauch (Name!: lat. fruticosus = strauchig), bzw., genaugenommen, holzige Staude mit zweijährigen Trieben: Die überwinternden Triebe lassen aus ihren Knospen ausschließlich Blütenstände hervorgehen und sterben nach dem Fruchten ab. Häufig kletternd: Dünne und derbe Stacheln (vgl. *Rosa*) dienen als Kletterhaken und wohl auch als Fraßschutz. Oft typischer Spreizklimmer: Die wachsenden Zweige mit den rückwärts gerichteten Stacheln schieben sich über die Unterlage und verhakeln sich, wenn sie schließlich wegen ihres Gewichtes zurücksinken. Steigt an günstigen Standorten bis 5 m hoch in die Bäume und kann dann wieder bis zum Boden herunterhängen. Die Zweigachsen sind meist immergrün und photosynthetisch aktiv. - Einziges heimisches Gehölz, an dem fingerförmig-vielzahlige Blätter vorkommen. - Wurzelpilz. - Jungfernzeugung (Apomixis) ist verbreitet, was in Verbindung mit häufiger Bastardierung zu einer großen Zahl von Arten ("Kleinarten") geführt hat. In Mitteleuropa sind es bei enger Artauffassung ca. 200. Eine diploide Art ist *R. canescens* mit durch Sternhaare filzigen Blättern. - Spezialisten, die sich mit dieser interessanten Pflanzengruppe beschäftigen, heißen Batologen (griech. batos = Brombeere).

Vorkommen: Wälder, Hecken, Schläge, Säume, Heiden, Böschungen usw., auf meist nährstoff- und basenreichen, oft kalkarmen Lehmböden. Vor allem im luftfeuchten, wintermilden Klima. In Wäldern oft nur steril (wenn auch z. T. bestandbildend). Ebene bis mittlere Gebirgslagen, bis nahe an die Baumgrenze (Alpen bis 1650 m) - Brombeerhecken sind als ideale Refugien für zahlreiche Tiere und insbesondere als günstiger Nistplatz ökologisch wertvoll. Allerdings dehnen sie sich mancherorts aufgrund einseitiger menschlicher Eingriffe, besonders als Folge von Eutrophierung und Entwässerung, zu sehr aus und können dann eine artenreichere Vorvegetation verdrängen.

Blüten: V-VIII. Vorweibliche, "nektarführende Scheibenblumen", in Trauben oder Rispen. Besucher: Bienenverwandte (auch kurzrüsselige), die neben Fremd- auch Selbstbestäubung ermöglichen.

Früchte: Je Blüte entwickeln sich zahlreiche Steinfrüchtchen, die zu einer Sammelfrucht verwachsen. Früchte durch Traubenzucker und Fruchtsäuren süßsäuerlich. Verdauungsverbreitung, besonders durch Vögel, aber z. B. auch durch Schnecken. Fruchtreife: VIII-IX(-X).

Vegetative Vermehrung durch lange Ausläufer (bei manchen Kleinarten bis 6 m), durch Wurzelsprosse und vor allem durch sich bogig niedersenkende Zweige, die sich bei Bodenkontakt bewurzeln.

Verwendung: wegen der Früchte in zahlreichen Kultursorten angepflanzt. Neuerdings sind sogar stachellose Züchtungen auf dem Markt. Aus dem Saft läßt sich guter Wein und Brombeerschnaps herstellen. Die Blätter geben einen beliebten Tee, der wegen des Gerbstoffgehaltes auch arzneiliche Verwendung findet. Tee aus fermentierten Blättern schmeckt ähnlich wie schwarzer Tee.

Weitere Arten:

Rubus caesius L., Kratz- oder Kroatzbeere, Bereifte Brombeere: voriger ähnlich, bevorzugt aber feuchtere und nährstoffreichere Böden. Blüten homogam, weiß. Früchte durch Wachsüberzug bläulich bereift. Liefert den "Kroatzbeeren-Likör".

Rubus idaeus L., Himbeere: sommergrüner, aufrechter Strauch mit dünnen Stacheln. Blätter 5zählig, unterseits weiß. Lichtpflanze auch weniger milder Klimalagen. Stickstoffzeiger. Homogame "Glockenblumen mit klebrigem Pollen", nektarreich, daher guter Besuch durch Bienen und ihre Verwandten sowie Falter. Nektar zuckerreich (46 %). Bienenweide. Wildobst, und in zahlreichen Kultursorten angebaut.

Rubus chamaemorus L., Moltebeere: Arktische Reliktpflanze. Aktuelle Vorkommen nur noch in Niedersachsen. Stark gefährdet. Geschützt! Blüten durch frühzeitigen Abwurf des einen Geschlechts eingeschlechtlich. Die Pflanze vermag in der arktischen Mitternachtssonne noch eine positive Photosynthesebilanz zu erzielen. Früchte anfangs rot, reif gelb.

Rumex acetosa L., Wiesen-Sauerampfer

– Polygonaceae (= Knöterichgewächse)

Ausdauernde, meist wintergrüne Halbrosettenpflanze. Blattscheiden tütenförmig (= Ochrea), durch Verwachsung der Nebenblätter entstanden: Knospenschutz. - Schwach **giftig** durch den hohen Gehalt an Oxalsäure und deren löslichen Salzen, vor allem Kleesalz (Kalium-Hydrogen-Oxalat). Vom Verzehr größerer Mengen ist abzuraten. Bei Kindern sind sogar schon tödliche Vergiftungen vorgekommen. Viehvergiftungen sind bei Massenauftreten der Pflanze möglich.

Vorkommen: Wiesen aller Art, auf frischen bis feuchten, nährstoffreichen, meist kalkarmen Böden. Stickstoffzeiger. Ebene bis Gebirge (Alpen bis ca. 1700 m). Zirkumpolar verbreitet.

Blüten: V-VI. Windblütig: "langstaubfädiger Typ". Zweihäusig; weibliche Pflanzen mit 2 X-Chromosomen, männliche mit 1 X- und 2 Y-Chromosomen. Blütenstände rispenartig (Thyrsen), Teilblütenstände dichasial, wickelig. Hohe Pollenproduktion: 30 000 Pollenkörner je Staubblatt und 300 Mio je Blütenstand.

Früchte: Die inneren 3 Perigonblätter wachsen nach der Blüten weiter und hüllen dann als "Valven" die kleinen Nußfrüchte ein. Valven dienen durch eine lufthaltige Schwiele und durch Einschließen von Luft sowie durch die Flügelbildung als Verbreitungsorgan. Verbreitung als Segelflieger (bei starkem Wind) und als Wasserhafter. Zufallsverbreitung durch Grasfresser. Schwimmverbreitung. Fruchtreife: VI-VIII.

Vegetative Vermehrung durch Wurzelsprosse, besonders nach Verletzung.

Verwendung: Blätter am besten im Frühjahr, aber selbst noch bis in den Herbst hinein als Suppengewürz und Spinatbeimischung geeignet. Nierenkranke und zum Sodbrennen Veranlagte sollten Sauerampfer meiden.

Weitere Arten:

Rumex acetosella L. (Sammelart), Kleiner Sauerampfer: Silikatmagerrasen, Heiden, Brachen usw., meist auf sauren Sandböden. Magerkeitszeiger. Durch weithinziehendes Wurzelwerk und durch Bildung von Wurzelsprossen wichtiger Bodenfestiger der Sanddünen und Pionierpflanze auf ärmsten Böden.

Rumex scutatus L., Schild-Ampfer: ursprünglich in basenreichen Steinschutt- und Geröllfluren der Alpen (bis 2050 m). Außerdem früher als "französischer (oder römischer) Spinat" angepflanzt und zuweilen auch in tieferen Lagen an Mauern usw. eingebürgert. Nur Windverbreitung: mehrflügelige Drehflieger.

Rumex obtusifolius L., Stumpfblättriger Ampfer: von den vorigen Arten u. a. durch die am Grunde nicht pfeilförmigen Blätter und das Fehlen des sauren Geschmacks unterschieden. Schaftpflanze. Bis 2 m tief wurzelnder Intensivwurzler. Ruderalstellen, Waldschläge, Wiesen usw., auf grundfrischen, nährstoffreichen Böden. Stickstoff- und Überdüngungszeiger. Dreihäusig. Zwitterblüten vormännlich.

Rumex alpinus L., Alpen-Ampfer: ähnlich voriger Art, aber noch kräftiger. Lägerfluren der subalpinen Stufe, vorzüglich in Siedlungsnähe bzw. Zeiger ehemaliger Siedlungen. Stickstoffzeiger. Kennart des Rumicetum alpini (= Alpenampfer-Läger). Gefürchtetes "Unkraut" der Weiden (Überweidungszeiger). Viehfutterpflanze (als solche vor allem früher sehr wichtig). In den Almhütten nahm man die Blätter zum Einwickeln von Käse oder verarbeitete sie wie Sauerkraut. Zu diesem Zweck wurden die Pflanzen zum Teil gefördert, was einen Übergang zur Kultivierung darstellt. Außerdem waren die Blätter in den Alpenländern ein beliebtes Abführmittel.

Rumus crispus L., Krauser Ampfer: ähnlich wie *R. obtusifolius*, von diesem u. a. durch die am Rande gewellten Stengelblätter und die ungezähnten inneren Perigonblätter unterschieden. Feuchte Ruderalstellen, Äcker und gestörte Wiesen.

Ruta graveolens L., Wein-Raute

– Rutaceae (= Weinrautengewächse)

Halbstrauch, 30-80 cm hoch, nur am Grunde schwach verholzend. Ganze Pflanze, wie alle Vertreter der Familie, mit zahlreichen Öldrüsen und wegen der ätherischen Öle von unangenehmem, sehr intensivem Geruch (Name!: lat. graveolens = stark duftend). Die etwas dicklichen, bläulichgrünen Blätter lassen im durchscheinenden Licht die Öldrüsen gut erkennen. Sie schmecken etwas bitter. - Zur gleichen Familie gehört die artenreiche Gattung *Citrus*. - Das Öl ist bei zu hoher Dosierung **giftig** und kann Hautentzündungen hervorrufen (photosensibilisierend).

Vorkommen: Zierpflanze, in wärmeren Lagen nicht selten verwildert und in Weinbaugebieten stellenweise eingebürgert. In sonnigen Lagen leicht zu kultivieren. Heimat: Mittelmeergebiet.

Blüten: VI-IX. Gelbe, streng vormännliche, "nektarführende Scheibenblumen", in rispenartigen Pleiochasien (= mehrstrahlig, sympodial verzweigt). Nektar offen zugänglich, zuckerreich (55 %), vom gut sichtbaren Diskus abgesondert. Zugleich Pollenblume; die auffälligen autonomen Bewegungen der Staubblätter hängen offenbar mit deren Schaufunktion zusammen. Seitliche Blüten 4zählig, endständige 5zählig. Besucher sind vor allem Zweiflügler und Hautflügler. Spontane Selbstbestäubung möglich.

Früchte: 4-5fächerige Kapseln. Austrocknungsstreuer.

Verwendung: alte Bauerngartenpflanze. Schon die Römer benutzten die Blätter als Gewürz. Man kann sie gut dem Wein zusetzen, um dessen Aroma zu verfeinern (Name!), oder auch zum Aromatisieren von Salat und Rohkost verwenden; wegen der gefäßwirksamen Inhaltsstoffe sollte man aber immer nur wenige Blättchen nehmen. Auch für Duftkissen und Duftsträuße geeignet. Wird zuweilen arzneilich als beruhigendes und krampflösendes Mittel verwendet.

Sagina procumbens L., Niederliegendes Mastkraut

– Caryophyllaceae (= Nelkengewächse)

Kriechender, krautiger Chamaephyt. Pflanze klein, moosähnlich und oft für ein Moos gehalten, dichtrasig, mit nichtblühender Mittelrosette und bis 15 cm langen Seitentrieben. Stengelblätter fast fädlich, mit Stachelspitze. - Der Name "Mastkraut" (vgl. lat. sagina = Mästung) bezieht sich auf den entfernt ähnlichen, heute nicht mehr zu dieser Gattung gestellten Acker-Spark (*Spergula arvensis*), der früher als Futterpflanze, z. B. zur Schweinemast, angebaut wurde.

Vorkommen: Wege, Pflasterfugen, Äcker usw., auf frischen, nährstoffreichen, meist kalkarmen Böden. Trittfest, salzverträglich. Nährstoffzeiger, auf Äckern Feuchte- und Verdichtungszeiger. Da die Pflanze zu den wenigen Arten gehört, die auch selbst noch in stark überbauten Gebieten vorkommen, ist sie ökologisch wertvoll. Wächst z. B. in Pflasterritzen oft gemeinsam mit dem Silbermoos (*Bryum argenteum*).

Blüten: V-IX. Unscheinbare, "nektarführende Scheibenblumen". Blüten meist 4zählig (= Ausnahme in der Familie), Kronblätter winzig, halb so lang wie die Kelchblätter. Nektar halb verborgen, am Grunde der Staubfäden abgeschieden. Bestäuber: kleine Zweiflügler und Bienenverwandte. Bei ungünstigem Wetter geschlossenblütig (kleistogam).

Früchte: längliche, bis zum Grund durch 4 stumpfliche Klappen aufspringende Kapseln. Fruchtstiel nach der Blüte zunächst hakig nach unten gekrümmt, zur Reife wieder aufrecht. Samen sehr klein, durch regelmäßige Papillenreihen gezähnt. Verbreitung als Wasserhafter (Trittverbreitung) und Regentropfenwanderer/Regenschwemmling.

Vegetative Vermehrung durch Ausläufer.

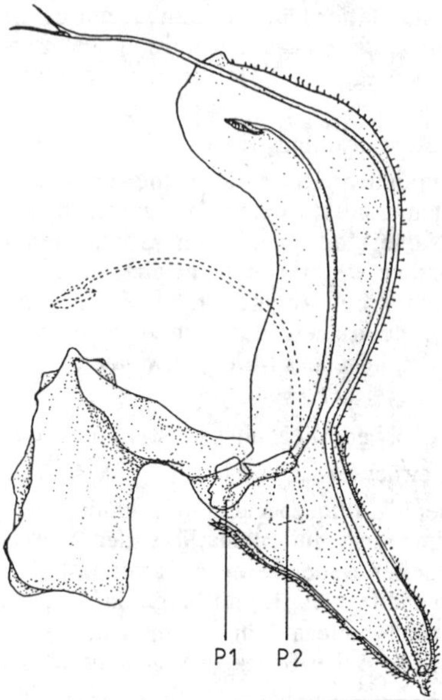

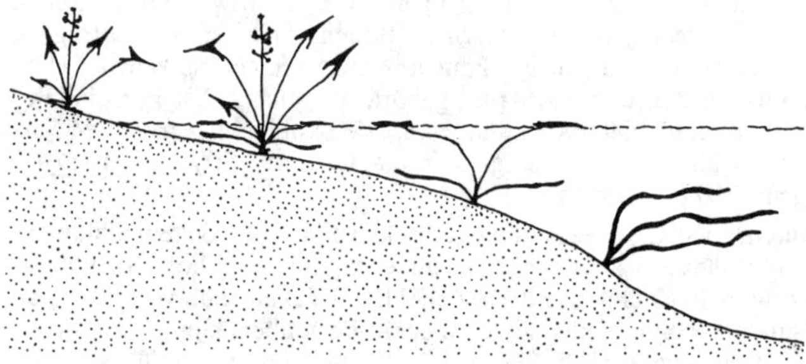

Abb. 77: **Salvia pratensis**: Blüte im männlichen Zustand, längs (P1 zur Platte umgebildete Staubbeutelhälfte, P2 dieselbe nach der Verschiebung).
Abb. 78: **Sagittaria sagittifolia**: Modifikationen: **a** Landform. **b** halbuntergetauchte Form. **c** Schwimmblattform. **d** Unterwasserform. (Nach H. E. Weber).

Weitere Arten:

Sagina subulata (Sw.) Presl, Pfriemen-Mastkraut (sowie vor allem **Sagina x normaniana** Lagerh. (= *S. procumbens* L. x *S. saginoides* (L.) Karsten): Wegen der kleinen, dekorativen Polsterrasen nicht selten in Gärten, vor allem Steingärten, und auf Friedhöfen gepflanzt und bisweilen auch verwildert. Wegen des sehr moosähnlichen Aussehens in Gartenkatalogen als "Sternmoos" bezeichnet. Blüten 5zählig. Kronblätter fast so lang wie der Kelch. Am natürlichen Standort selten und stark gefährdet.

Sagittaria sagittifolia L., Pfeilkraut

– Alismataceae (= Froschlöffelgewächse)

Sumpf- oder Wasserpflanze (Schlammwurzler). Verschiedenblättrig (Heterophyllie): Unterwasserblätter bandförmig, lang flutend, Schwimmblätter kreisförmig, dem Wasser aufliegend, Überwasserblätter tief pfeilförmig (Name!, vgl. lat. sagitta = Pfeil). Als amphibische Pflanze kann sie sowohl im Wasser leben als auch auf dem Land und stellt somit ein anschauliches Beispiel für umschlagende Modifikationen dar (Abb. 78). Kompaßpflanze: An sonnigen Standorten weisen die basalen Blattzipfel nach Norden.

Vorkommen: lichte Röhrichte und Ufer. Vorwiegend in langsam fließenden, basen- und nährstoffreichen (meso- bis eutrophen) Gewässern bis 2 m Tiefe. Ebene bis mittlere Gebirgslagen (Alpen bis 700 m). Durch Gewässerverschmutzung und Entwässerung z. T. im Rückgang.

Blüten: VI-VIII. "Pollen-Scheibenblumen", in quirlig-traubigen Blütenständen. Perigonblätter 6, weiß mit purpurrotem Saftmal am Grund. Staubblätter zahlreich, spiralig angeordnet. Fruchtblätter ebenfalls zahlreich, frei, auf gewölbtem Blütenboden. Einhäusig, selten zweihäusig. Blüten durch Fehlschlagen eines Geschlechts meist eingeschlechtlich. Besucher: Schwebfliegen und andere Insekten. Bei hohem Wasserstand auch geschlossenblutig (kleistogam).

Früchte: zahlreiche 1samige, an Rücken- und Bauchnaht geflügelte, abgeflachte Nüßchen mit Schwimmgewebe: Schwimmverbreitung sowie Anhafter an Wasservögeln. Schwimmdauer bis 12 Monate. Fruchtreife ab VIII-IX.

Vegetative Vermehrung durch stärkereiche, walnußgroße Knollen, die im Herbst am Ende dünner, leicht abbrechender Ausläufer gebildet werden: Überwinterungs- und Verbreitungsorgan. Die Knollen sind von einem Blatt umhüllt und durch dessen starre Spitze bespitzt, mit deren Hilfe sie in den Schlamm gedrückt werden.

Verwendung: Diese und verwandte Arten sind beliebte Pflanzen für Gartenteiche und Aquarien und auch für Wildpflanzengärten zu empfehlen. Die frisch nußartig schmeckenden Knollen sind nahrhaft und werden wie Erbsen gekocht. In China wird Pfeilkraut deshalb als Nahrungspflanze angebaut.

Salicornia europaea L. (Sammelart), Queller

– Chenopodiaceae (= Gänsefußgewächse)

Einjährige stammsukkulente Pflanze. Salzpflanze (= Halophyt; Name!: lat. sal = Salz). Die Sukkulenz ist hier die Folge der Plasmaquellung durch Kochsalz, dient also nicht wie sonst zur Wasserspeicherung. Extrem hohe Saugkraft von maximal 50-60 at als Anpassung an die hohe Salzkonzentration der Bodenlösung von 2,5-3 %. - Die häutigen Scheiden der Stengelglieder sind Blattreste.

Vorkommen: Erstbesiedler offener Salzschlickstellen des Watts der Nord- und Ostsee, seltener an Salzstellen des Binnenlandes. Ordnungskennart der Salicornietelia (= Kurzlebige Wattfluren).

Blüten: VIII-X. Windblütig: "unbeweglicher Typ". Schwach vormännliche Zwitterblüten in zapfenförmigen Scheinähren, eingesenkt in die Zweigenden. Staubbeutel herausragend, Narben fast federig. Selbstbestäubung möglich.

Früchte: vom sackförmigen, schwammigen Perigon eingehüllte Kapseln. Die Fruchtwand wird zuletzt aufgelöst, so daß die winzigen, mit Hakenhaaren besetzten, fast nährgewebelosen Samen frei werden: Schwimm- und Klettverbreitung, auch Ballonflieger.

Verwendung: Die Asche enthält bis 75 % Kochsalz, 10 % Kalium, Jod, Brom usw. und wurde daher früher der Glasmasse zur Herabsetzung des Schmelzpunktes beigesetzt (daher auch der Name "Glasschmalz"). Die Pflanze kann zur Salzgewinnung genutzt und auch als Gemüse gegessen werden.

Salix caprea L., Sal-Weide

– Salicaceae (= Weidengewächse)

Winterkahler Strauch oder kleiner Baum von maximal 9 m Höhe. Schnellwüchsig (vgl. auch *S. alba*): eine dreijährige Pflanze war z. B. 4 m hoch und hatte in 1 m Höhe einen Stammdurchmesser von 5 cm. *S. caprea* ist wie viele andere Weiden sehr regenerationsfähig: Abgeschnittene Ruten bewurzeln sich in kurzer Zeit (Schulversuch). Auch die zur Hangbefestigung gesteckten Zweige wachsen evtl. zu neuen Pflanzen heran. - Wurzelpilz. - "Sal" ist ein altdeutscher Name für Weide. - Die Gattung *Salix* umfaßt weltweit etwa 500 Arten. Bastardierung ist besonders häufig.

Vorkommen: Pionierpflanze auf Waldschlägen, an Waldrändern sowie auf Ruderalplätzen (z. B. Trümmergrundstücken) usw., auf grundfrischen bis feuchten, nährstoffreichen Lehmböden. Ebene bis Gebirge (Alpen bis 1730 m).

Blüten: III-IV. Zweihäusig. Blütenstände ährenartig = Kätzchen. Die weiblichen Kätzchen gehören zum "Köpfchenblumentyp"; die männlichen Kätzchen sind wegen der herausragenden, leuchtend gelben Staubbeutel auffälliger als die graugrünen, weiblichen Kätzchen und lassen sich blütenökologisch dem von den echten Akazien her bekannten "Pinselblumentyp" ("Bürstentyp") zuordnen. Die Kätzchen entwickeln sich aus Seitenknospen vorjähriger Langtriebe. Blüten ohne Blütenhülle (nackt) in den Achseln lang behaarter Tragblätter. Die Stempelblüten zeichnen sich durch eine große Narbe aus. Die männlichen Blüten (Abb. 76 a, S. 370) bestehen aus 2 Staubblättern. Bei beiden Geschlechtern produziert die goldgelbe Nektardrüse reichlich Nahrung für die verschiedenen Besucher. Es sind vor allem Bienen, die Nektar und Pollen sammeln. Für sie und andere Verwandte bieten Weiden im Frühjahr mit die erste Nahrung. Früher standen deshalb blühende Zweige unter Naturschutz. Sie sollten nach wie vor geschont werden! Wegen des klebrigen Pollens ist trotz reicher Produktion Windbestäubung - außer bei gewissen Krautweiden - selten.

Früchte: Einfächerige Trockenkapseln (Abb. 76 b). Samen (Abb. 76 c) sehr klein, ohne Nährgewebe, kurzlebige Lichtkeimer. Samenschale mit langem Haarschopf: Schirmchenflieger und Wasserhafter. Sinkgeschwindigkeit 20-30 cm/s, daher Flugweiten von über 10 km möglich. Fruchtreife: V.

Vegetative Vermehrung durch Stecklinge.

Verwendung: Die männlichen Blütenzweige wurden früher an Palmsonntag als "Palmzweige" oder "Palmweiden" feilgeboten. Als Flechtmaterial bevorzugt man besonders *S. viminalis*. - Die gerbstoffreiche Rinde benötigt man neben Birkenteer zum Gerben des Juchtenleders. Außerdem kann man mit ihrer Hilfe Wolle gelb bis braunrot färben. Früher wurde sie wegen des hohen Gehaltes an Salicylsäure bzw. Salicin arzneilich als Fiebermittel verwendet, hat aber seit der synthetischen Darstellung der Salicylsäure (z. B. für Aspirin) erheblich an Bedeutung verloren. - Die Zweige wurden früher als Ziegenfutter verwendet (Name!: lat. capra = Ziege).

Weitere Arten:

Salix cinerea L., Grau-Weide: ökologisch ähnlich voriger Art. Pionierpflanze auf vernäßten Böden, z. B. in Moorwiesen und lichten Erlenbrüchen. Bei mangelnder Pflege von Feuchtgebieten kann sie die artenreiche Vorvegetation schnell überwuchern und ist entsprechend unerwünscht.

Salix alba L., Silber- oder Weiß-Weide: Baum oder Strauch. Mit bis 20(-25) m Höhe unsere größte Weide. Blätter schmal-lanzettlich, unterseits dünn weiß-haarig (Name!), mit Nektarien an der Basis der Spreite. Sehr schnellwüchsig (Weichholz), jährlicher Längenzuwachs bis über 2 m. "Splintholz", d. h. die inneren, nicht mehr der Wasserleitung dienenden Teile des Holzkörpers sind nicht durch Gerbstoffe vor Fäulnis geschützt und verwittern bald. Daher sind alte Weidenbäume innen oft hohl. Diese Eigenart zeigen besonders "Kopfweiden". Sie entstehen dadurch, daß man die Zweige regelmäßig bis fast zum Stamm zurückschneidet, um sie wirtschaftlich zu nutzen. Meist werden Silber- und auch Korbweiden so behandelt. Kopfweiden können z. B. am Niederrhein landschaftsbestimmend sein. Neben ihrem ästhetischen Wert haben sie zudem eine große ökologische Bedeutung als Unterschlupf für zahlreiche selten gewordene Tiere und als Nistplätze für Fledermäuse und Eulen. Oft wachsen auf ihnen andere Pflanzen (z. B. Holunder und Stachelbeere) als "Überpflanzen". Im Gegensatz zu den echten Epiphyten haften sie nicht direkt am Baum, sondern wurzeln normal in Humusresten und Humusansammlungen in Astgabeln und Höhlungen. Dorthin gelangen die Samen durch Vögel, Ameisen und Kleinsäuger. Weil vielen Landwirten das Zurückschneiden der Kopfweiden zu mühsam bzw. zu unrentabel wurde, war ihre Existenz eine Zeitlang sehr bedroht. Dankenswerterweise haben inzwischen einige engagierte Naturschützer die verdienstvolle Aufgabe der Kopfweidenpflege übernommen. - Der natürliche Standort der Silberweide sind Ufer und Auwälder, besonders der Flüsse. Sie gedeiht auf nassen, periodisch überschwemmten, nährstoff- und basenreichen, meist kalkhaltigen Tonböden. Kennart des Salicetum albae (= Silberweiden-Auwald). Blüten- und verbreitungsökologisch ist sie der Sal-Weide ähnlich. Die Kätzchen erscheinen später, fast gleichzeitig mit den Blättern. Verwendung des Baumes u. a. als Brennholz und für Holzschuhe ("Holzpantinen" oder "Klotschen"), der Zweige zur Ufer- und Hangbefestigung. - Eine beliebte Varietät ist die Trauer-Weide (= subsp. *vitellina* 'Tristis').

Salix viminalis L., Korb-Weide: der Sal-Weide ähnlich. Blätter schmal-lanzettlich mit etwas umgerolltem Rand. Wild vor allem an Ufern der Flüsse und Bäche. Außerdem vielfach angepflanzt (z. B. als Kopfweide) und wegen der elastischen Zweige für Flechtwerk aller Art, vor allem Körbe, genutzt. Noch zu Beginn dieses Jahrhunderts wurden jährlich für mehrere Mio Goldmark Flechtkörbe in die USA ausgeführt.

Salix herbacea L., Kraut-Weide: nur 2-10 cm hoher, niederliegender Zwergstrauch mit unterirdisch kriechendem, verholztem Stamm. Der Zuwachs ist mit weniger als 0,5 mm pro Jahr äußerst gering. Nordeuropa und Alpen. Eiszeitrelikt. Typisch für kalkarme Schneetälchen: Kennart des Salicetum herbaceae. Anpassungen an den insektenarmen Standort und die lange Schneebedeckung: (sekundär) windblütig: "unbeweglicher Typ"; Pollen trocken; Kätzchen am Ende diesjähriger, beblätterter Zweige; Samen im kalten Boden lange keimfähig.

Salix retusa L., Stumpfblättrige Weide: Verbreitung und Biologie ähnlich voriger Art, aber weniger extrem angepaßt. 5-30 cm hoher Zwerg- oder Spalierstrauch. Zweige oberirdisch kriechend und überall wurzelnd.

Salvia pratensis L., Wiesen-Salbei

– Lamiaceae (= Lippenblütler)

Ausdauernde Halbrosettenpflanze mit bis 1 m langer Pfahlwurzel. Lichtpflanze, die bei weniger als 20 % des normalen Lichtgenusses steril bleibt. Runzelblätter und ätherische Öle wirken transpirationshemmend. - *Salvia* gehört mit etwa 700 Arten zu den artenreichsten Gattungen der Welt. In Deutschland gibt es etwa 4 Arten, im Mittelmeergebiet etwa 20, in Europa 36.

Vorkommen: Magerrasen, Halbtrockenrasen, warme Fettwiesen und Böschungen, auf sommerwarmen, basenreichen, vor allem kalkhaltigen Lehmböden. Von der Ebene bis ca. 1000 m.

Blüten: V-VIII. Vormännliche, "echte Lippenblumen", in Scheinquirlen (Thyrsen). Hebelmechanismus (Abb. 77, S. 386): Die Unterlippe dient als Sitz, die helmförmige Oberlippe verbirgt die 2 Staubblätter und den Griffel und ist leicht zurückklappbar. Durch starkes Wachstum des Konnektivs (= Staubbeutel-Zwischenstück) sind die Staubbeutelhälften weit auseinandergerückt. Außerdem ist eine der beiden zur "Platte" umgewandelt und wirkt als Hebel. Insekten, die auf die den Schlund versperrende Platte drucken, schlagen sich den verlängerten Staubbeutelarm auf den Rücken. Neben den zwittrigen kommen auch kleinere weibliche Blüten vor. Der Nektar ist nur langrüsseligen Insekten zugänglich, der Hebelmechanismus kann nur von Hummeln (seltener von Bienen) betätigt werden. Drückt man eine Bleistiftspitze oder ähnliches in den Blütenschlund, kann man die Tätigkeit der Bestäuber nachahmen.

Früchte: Spaltfrüchte, in 4 nußartige Klausen zerfallend: Tier- und Windstreuer. Fruchtreife: VII-VIII.

Verwendung: Für Wildpflanzengärten zu empfehlen.

Weitere Arten:

Salvia officinalis L., Echter (oder Echte) Salbei, Garten-Salbei: Halbstrauch (Stengelbasis verholzt) mit immergrünen, runzligen und filzigen Blättern. Heilpflanze (Name!: lat. salvus = gesund) und Gewürzpflanze der Bauerngärten, selten und nur in wärmsten Lagen verwildert. Heimat: Mittelmeergebiet. Wird vor allem für Gurgelwasser bei Entzündungen im Mund- und Rachenraum benutzt.

Salvia splendens L., Pracht- oder Feuer-Salbei oder Salvie: einjährige Gartenzierpflanze. Heimat: Südamerika. Kelch und Krone durch Anthocyane (vor allem Pelargonidin) lebhaft rot gefärbt. Wird in ihrer Heimat durch Kolibris bestäubt. Durch kurzes Erhitzen der Blüten schlägt die Farbe sofort von Rot nach Blau um; der Vorgang ist reversibel.

Salvinia natans (L.) ALLIONI, Schwimmfarn

– Salviniaceae (= Schwimmfarngewächse)

Vorwiegend einjährige Schwimmpflanze, bis 20 cm lang, verzweigt. Systematisch zu den Wasserfarnen (Hydropterides) gehörend. Verschiedenblättrig: Blätter in 3zähligen Quirlen, jeweils die beiden oberen als Schwimmblätter ausgebildet und das unterste, dem Wasser zugewandte fein zerteilt ("Wasserblatt"), die einzelnen Abschnitte wurzelartig. Echte Wurzeln fehlen. Schwimmblätter innen mit großen Luftkammern, auf der Oberseite mit aufrecht stehenden langen Haaren und dadurch wasserabstoßend: Wassertropfen bleiben als "Perlen" auf dem Haar-Luftpolster liegen. Auf diese Weise werden wohl die Spaltöffnungen vor einer den Gasaustausch behindernden Benetzung mit Wasser geschützt. - Name nach nach dem ital. Botaniker SALVINI (1633-1720). - Verwandt ist der Algenfarn, *Azolla*, (siehe dort).

Vorkommen: ruhige, windgeschützte, nährstoffreiche, z. T. kalkarme Gewässer: z. B. am Oberrhein. Akut vom Aussterben bedroht! - **Geschützt**!

Vermehrung: Die Fortpflanzungsverhältnisse sind recht kompliziert. Sporen verschieden (Heterosporie). Mikro- bzw. Megasporangiengruppen (Sori) jeweils von einer sterilen Hülle (Indusium) fest eingeschlossen und so Sporokarpien bildend. Im Megasporangium entwickelt sich eine einzige Megaspore, die von der Sporangienwand umgeben ist, sich später mit dieser von der Mutterpflanze löst und auf der Wasseroberfläche schwimmt. In der Megaspore wächst das vielzellige weibliche Prothallium heran und darin nach der Befruchtung der Embryo.

Verwendung: *Salvinia*-Arten werden gelegentlich als Aquarienpflanzen kultiviert.

Sambucus nigra L., Schwarzer Holunder

– Caprifoliaceae s. l. (= Geißblattgewächse i. w. S.) bzw. Sambucaceae (= Holundergewächse)

Winterkahler Strauch oder kleiner Baum bis maximal 9 m Höhe. An einem 9 m hohen Baum in der Eifel bei Mayen wurde am Boden ein Stammumfang von 1,5 m gemessen. Winterknospen ohne schützende Knospenschuppen. Blätter unpaarig gefiedert, am Grunde mit stäbchenförmigen, aus Nebenblättern abzuleitenden Nektarien. Zweige mit auffälligen, pustelartigen, dem Gasaustausch dienenden Rindenporen (= Lenticellen). Mark interzellularenreich, weiß. Das für die Anfertigung mikroskopischer Schnitte verwendete "Holundermark" nimmt man von "Wassertrieben", das sind senkrecht nach oben wachsende Sprosse mit sehr langen Internodien. Sie haben ein besonders dickes Mark, und die vertrocknete Rinde läßt sich leicht entfernen. - Wurzelpilz. - Alle Teile der *Sambucus*-Arten sind roh **giftig** durch harzartige Stoffe, die Brechreiz erregen und abführend wirken.

Vorkommen: feuchte Wälder, Hecken, Schläge, Säume und Schuttplätze, auf frischen, nährstoffreichen, tiefgründigen Böden. Oft in der Nähe von Siedlungen (Kulturbegleiter). Stickstoff- und Mullzeiger. Ebene bis mittlere Gebirgslagen (Alpen bis 1600 m).

Blüten: V-VI. Homogame "Pollen-Scheibenblumen", in zymösen Doldenrispen. Betäubend duftend (u. a. durch Ammoniak). Entsprechend erfolgt die Bestäubung vor allem durch Fliegen und Käfer, die auf den Blüten herumlaufen. Selbstbestäubung erfolgreich. - Da Holunderpollen in den Pollenflugkalendern als Heuschnupfenerreger geführt wird, ist auch Windbestäubung anzunehmen.

Früchte: schwarze Steinfrüchte mit 3 knorpeligen Steinkernen. Samen mit hornartigem Nährgewebe. Fruchtfleisch reich an Vitamin C,

Zucker, Anthocyanen, Gerbstoff usw. Fruchtstand hängend. Verdauungsverbreitung besonders durch Vögel. Fruchtreife: VIII-IX.

Verwendung: Wegen seiner frühzeitig erkannten großen Heilwirkung, war der Baum den alten Germanen heilig und Frau Holle (Freya) geweiht, deren Name er noch heute trägt. Der aus den Blüten zubereitete Tee ("Fliederblütentee") ist ein ausgezeichnetes Hausmittel zur Vorbeugung von Erkältungskrankheiten. Er wirkt schweißtreibend und regt die körpereigene Abwehr an. Die Blütenstände können auch gut in Pfannkuchenteig eingebacken bzw. zu weinartigen Getränken verarbeitet werden. Aus den reifen Früchten läßt sich nach Entfernen der Steinkerne Sirup oder Gelee bereiten. Beide sind wohlschmeckend und haben eine ähnliche Wirkung wie die Blüten. Die Giftwirkung der rohen Teile verschwindet beim Kochen. - Das harte, feste Holz wurde von Drechslern und Kammachern benutzt. Die leicht auszuhöhlenden Wassersprosse liefern der Jugend Blasrohre. - Für Wildpflanzengärten sehr zu empfehlen. Besonders dekorativ ist der Schlitzblättrige Holunder, eine Form mit doppelt gefiederten Blättern und lanzettlichen Blattabschnitten (fo. *laciniata*). Man trifft diese Form bzw. Bastarde mit der Normalform nicht selten auch verwildert an.

Weitere Arten:

Sambucus racemosa L., Trauben-, Berg- oder Roter Holunder: Lichte Wälder, Schläge und Steinschutthalden, auf frischen, nährstoff- und stickstoffreichen Böden. Kennart des Senecioni fuchsii-Sambucetum racemosi (= Traubenholunder-Vorwaldgesellschaft). Vor allem im Gebirge, im Tiefland seltener. Blütenstand eiförmig, rispenartig (Thyrse), also im botanischen Sinne keine Traube. Knospenschuppen vorhanden. Früchte rot, reich an Karotinoiden (u.a. Provitamin A), Vitamin C und fettem Öl (trocken bis zu 35 %). Letzteres gibt, von dem harzartigen Wirkstoff gereinigt, ein gutes Speiseöl. Verwendung der reifen Früchte wie bei voriger Art, doch sind sie nicht jedem zuträglich. Roh und unreif sind sie giftig (Brechdurchfall).

Sambucus ebulus L., Zwerg-Holunder, Attich: 0,5 bis 1,5 m hohe Staude. Öfter aus alter Kultur eingebürgert. Früchte schwarz, wurden früher als harn- und schweißtreibendes Mittel sowie zum Färben von Textilien (hellblau) und Wein benutzt. Auch nach Abkochen noch giftig!

Sanguisorba minor Scopoli (= *Poterium sanguisorba* L.), Kleiner Wiesenknopf, Kleine Bibernelle

– Rosaceae (= Rosengewächse)

Ausdauernde, oft wintergrüne Halbrosettenpflanze. - Wurzelpilz (Rohbodenpionier).

Vorkommen: sonnige, oft lückige Mager- und Halbtrockenrasen, auf mäßig trockenen, meist kalkhaltigen, lockeren Lehmböden. Magerkeitszeiger. Etwas wärmeliebend. Ebene bis mittlere Gebirgslagen (Alpen bis 1220 m). - Neuerdings sind an grasigen Wegrändern verschiedentlich unbeständige bis eingebürgerte Vorkommen der aus Südeuropa stammenden subsp. *muricata* Briquet anzutreffen (Kelch zur Fruchtzeit vertieft runzelig).

Blüten: V-VIII. Windblütig (= Ausnahme bei den Rosengewächsen): "langstaubfädiger Typ". Blüten nur mit grünem Kelch, in kugeligen Köpfchen. An diesen oben die weiblichen Blüten mit roten, pinselförmigen Narben. Darunter zwittrige und praktischerweise zuunterst - Förderung der Fremdbestäubung - die zuerst reifenden männlichen Blüten mit langgestielten, leicht beweglichen Staubbeuteln.

Früchte: Nüßchen vom bleibenden Kelch umschlossen. Dieser dient sowohl als Flug- wie auch als Schwimmapparat: Ballonflieger, Regenschwemmlinge; evtl. auch Wasserhaft- und Zufallsverbreitung.

Vegetative Vermehrung durch unterirdische Ausläufer.

Verwendung: alte Salat- und Gewürzpflanze der Bauerngärten. Man beachte dabei, daß die ebenfalls als Hausmittel (gegen Husten) genutzten *Pimpinella*-Arten im Volksmund genauso Bibernelle oder Pimpinelle genannt werden wie *Sanguisorba minor*. Arzneilich früher ähnlich wie die folgende Art verwendet. Gute Futterpflanze.

Weitere Art:

Sanguisorba officinalis L., Großer Wiesenknopf: Feucht- und Moorwiesen. Ordnungskennart der Molinietalia (= Feuchtwiesen). Nächst verwandt mit voriger Art, aber insektenblütig! Homogame, "nektarführende Scheibenblumen", mit dunkelkarminrotem Kelch, kurzstieligen Staubbeuteln und kopfiger Narbe. Insektenbesuch reichlich. Spontane Selbstbestäubung möglich. Junge Blätter und Triebe als Beigabe zu Salat, Kräutersuppen und Gemüse. Früher arzneilich bei Blutungen und Entzündungen, vor allem im Mund- und Rachenraum verwendet (Name!: lat. sanguis = Blut, sorbere = aufsaugen). Der Gebrauch geht auf die Signaturenlehre zurück (Blütenköpfchen blutrot). Blätter für Salat und als Gewürz geeignet.

Sanicula europaea L., Sanikel, Wald-Sanikel

– Apiaceae (= Doldenblütler)

Sommer- oder wintergrüne ausdauernde Halbrosettenpflanze. Grundständige Blätter handförmig geteilt.

Vorkommen: krautreiche Wälder, auf frischen, nährstoff- und basenreichen, vor allem kalkhaltigen, humosen, lockeren Böden. Lehm- und Basenzeiger. Schatten- bis Halbschattenpflanze. Tertiärrelikt. Hauptverbreitung der Gattung in Nordamerika und Ostasien, in Europa nur 1 Art. - Ebene bis Gebirge (Alpen bis 1300 m).

Blüten: V-VII. Kleine, weiße oder rosa "nektarführende Scheibenblumen", in einer endständigen zusammengesetzten Dolde mit kopfigen Döldchen. Je 1-3 zentrale, vormännliche Zwitterblüten sind im Köpfchen von je 10-20 männlichen, sich später entwickelnden Randblüten umgeben (andromonözisch).

Früchte: hakig bestachelte, fast kugelige Doppelachänen, die sich ohne Fruchtträger in die beiden Teilfrüchte trennen: Klettverbreitung durch Waldtiere.

Verwendung: Sanikel wurde früher als Allheilmittel betrachtet (Name!: lat. sanare = heilen) und entsprechend im Volke "Heilkraut" oder "Heil aller Schäden" genannt, ist aber heute nur noch gelegentlich als blähungstreibender Bestandteil von Teemischungen (z. B. "Schweizertee") im Gebrauch.

Saponaria officinalis L., Echtes Seifenkraut

– Caryophyllaceae (= Nelkengewächse)

Hemikryptophyt (Schaftpflanze) mit stark verzweigtem, bis fingerdickem Rhizom.

Vorkommen: Ruderalstellen und Uferstaudenfluren, auf nährstoffreichen, meist frischen Stein-, Sand- oder Kiesböden. Stromtalpflanze. Wärmeliebend. Ebene bis mittlere Gebirgslagen (kaum über 700 m). Kulturbegleiter (seit der Jungsteinzeit gepflanzt; Alteinwanderer?).

Blüten: VII-VIII. Vormännliche "Stieltellerblumen mit (wenig) herausragenden Staubbeuteln und Narben" in dichter Trugdolde (Dichasium). Blütenduft am Abend am stärksten. Besucher: besonders Nachtfalter, außerdem pollensammelnde Bienenverwandte und Schwebfliegen. Nektar am Grunde der 2 cm langen, durch den Kelch eingeschlossenen Kronblattnägel.

Früchte: Kapseln trocken 4zähnig aufspringend: Wind- und Tierstreuer. Kelch als Windfang. Fruchtreife: IX-X.

Vegetative Vermehrung durch die kriechenden Rhizome.

Verwendung: Aufgrund des Saponingehaltes (im Rhizom 2-5 %) wird die Pflanze arzneilich als schleimlösendes Mittel bei Husten, in der Volksmedizin darüberhinaus bei Hautleiden angewandt. Bei Überdosierung giftig. Auszüge von Rhizom und Wurzel dienten früher als Seifenersatz (Name!, vgl. lat. sapo = Seife). Wurde noch bis zum Beginn des 20. Jh. angebaut. Für Wildpflanzengärten zu empfehlen. In Gärten auch eine Form mit gefüllten Blüten.

Saxifraga paniculata MILLER (= *S. aizoon* JACQUIN), Trauben-Steinbrech

– Saxifragaceae (= Steinbrechgewächse)

Immergrüner krautiger Chamaephyt mit halbsukkulenten Rosettenblättern. Polsterbildung durch zahlreiche, an kurzen Ausläufern stehende Blattrosetten. Winkel der Blattzähne mit Wasserspalten (Hydathoden), die aktiv (kalkreiches) Wasser abscheiden. Nach Verdunstung des Wassers bleiben dort kleine "Kalkschüppchen" zurück. - Die Gattung *Saxifraga* umfaßt etwa 400 Arten, ganz überwiegend Gebirgspflanzen.

Vorkommen: sonnige bis halbschattige Felsspalten sowie auf Steinschutt und Mauern, auf basenreichen, meist kalkhaltigen Steinböden. - Der Name der Gattung geht auf PLINIUS zurück ("quia saxa frangit" = weil er die Felsen bricht). - Gebirgspflanze der montanen bis alpinen Stufe (Alpen bis über 2500 m). Verbreitung arktisch-alpin, z. T. Eiszeitrelikt. - **Geschützt**! (alle Arten der Gattung außer *S. tridactylites*).

Blüten: V-VII. "Nektarführende Scheibenblumen", in traubenartiger Rispe. Ausgeprägt vormännlich: Die Griffel entwickeln sich erst nach dem Verstäuben der Staubbeutel. Der zweiblättrige Fruchtknoten endet in 2 freien Griffeln. Die gelben Flecken an der Basis der Kronblätter verstärken die Signalwirkung der Staubblätter und ersetzen diese nach Abwurf der Staubbeutel.

Früchte: fachspaltige Kapseln. Samen sehr klein: Ballonflieger. Fruchtreife: ab IX.

Vegetative Vermehrung durch bis 4 cm lange Ausläufer.

Verwendung: Steinbrech-Arten sind beliebte Zierpflanzen der Steingärten. Früher wurden sie - nach der Signaturenlehre - auch als Mittel gegen Blasensteine (!) verwendet.

Weitere Arten:

Saxifraga granulata L., Knöllchen-Steinbrech: wintergrüne Halbrosettenpflanze mit Zugwurzeln. Brutknöllchen im Boden in den Achseln abgestorbener Rosettenblätter zur vegetativen Vermehrung. Wächst vor allem in kalkarmen Magerrasen der Tieflagen. Blüten- und verbreitungsökologisch ähnlich wie vorige Art, jedoch wegen der bleibenden, hornförmigen Griffel auch Tierstreuer. Für Wildpflanzengärten zu empfehlen.

Saxifraga rotundifolia L., Rundblättriger Steinbrech: Blätter groß, relativ dünnfleischig. Feuchtluftpflanze der subalpinen und hochmontanen Bergmischwälder, auch an feuchtschattigen Standorten des Mittelmeergebietes. Präalpine Reliktpflanze.

Saxifraga tridactylites L., Finger- oder Dreifinger-Steinbrech: einziger einjähriger Vertreter der Gattung bei uns. In der Größe sehr variabel: 1-20 cm hoch. Reich drüsig. Blätter klein, dreilappig (Name!) oder ungeteilt. Wächst in offenen, warmen, sommertrockenen, meist sandigen Pionierrasen, auch an Bahndämmen, auf alten Mauern usw. Hat sich in den letzten Jahren auf Bahngelände oft stark ausgebreitet. Frühblüher. Nach KIRCHNER sollen die Drüsenhaare angeblich die Fähigkeit haben, kleinere aufkriechende Insekten festzuhalten und deren stickstoffhaltige Zersetzungsprodukte aufzunehmen (fleischfressende Pflanze). Blüten vorweiblich oder vormännlich. Oft spontane Selbstbestäubung (selbstfertil). Ballonflieger, Regenschwemmling (Samen ziemlich unbenetzbar) sowie Verbreitung der ganzen Pflanze als Klebhafter.

Scabiosa columbaria L., Tauben-Skabiose

– Dipsacaceae (= Kardengewächse)

Ausdauernde Halbrosettenpflanze. Tiefwurzler (bis 1,5 m Tiefe). Verschiedenblättrig: Stengelblätter fein zerteilt, Grundblätter oft nur gekerbt.

Vorkommen: sonnige Magerrasen und wechselfeuchte Wiesen, auf mäßig nährstoffreichen, meist kalkhaltigen Lehmböden. Düngerfeindlich. Ebene bis Hochgebirge (Alpen bis 1510 m). Vor allem im Süden des Gebietes. Durch Düngung und Verbuschung stellenweise im Rückgang.

Blüten: VI-X. "Körbchenblumen", analog denen der Korbblütler, mit strahlenden Randblüten. Vormännlich. Neben Pflanzen mit zwittrigen Blüten auch rein weibliche Pflanzen. Krone 5zipfelig (bei der ähnlichen Witwenblume, *Knautia*, 4zipfelig). Spreublätter (= Tragblätter der Einzelblüten) vorhanden. Selbststeril (und daher auch durch den Rückgang der Insekten gefährdet). Besucher: verschiedene Insekten, z. B. Bienenverwandte und Falter.

Früchte: Achänen vom häutig verlängerten Außenkelch eingeschlossen und mit 5 langen, schwarzen, hygroskopischen Kelchborsten. Fruchtköpfe kugelig. Zur Reife werden die Einzelfrüchte durch den Druck der Spreublätter emporgehoben und dadurch flugfähig: Schirmchenflieger (bei starkem Wind) sowie Klett- und Wasserhafter. Fruchtreife: ab VIII.

Vegetative Vermehrung durch Wurzelsprosse.

Verwendung: früher als Mittel gegen Hautausschläge verwendet (Name!: lat. scabies = Krätze).

Scandix pecten-veneris L., Venuskamm, Nadelkerbel

– Apiaceae (= Doldenblütler)

Einjährig (sommerannuell). Größe sehr variabel, 10-30 cm hoch. Bis 40 cm tief wurzelnd.

Vorkommen: Getreidefelder, Brachen und Ruderalplätze, auf sommerwarmen, nährstoff- und basenreichen, meist kalkhaltigen und humusarmen Tonböden. Alteinwanderer? Wärmeliebend. Ebene bis Hügelstufe. Im Norden selten. Früher in den Kalkgebieten häufig, inzwischen meist nur noch selten und gebietsweise ausgestorben. In der Bundesrepublik insgesamt stark gefährdet. Im Mittelmeergebiet noch häufig.

Blüten: V-VII. Kleine, weiße "nektarführende Scheibenblumen". Neben Zwitterblüten auch langgestielte männliche Blüten, oft in der Mitte der Dolden. Selbstbestäubung erfolgreich. Beim Heranwachsen der Früchte bleiben an deren Spitze die übrigen Blütenteile noch lange erhalten.

Früchte. Doppelachänen lang geschnäbelt, bis 80 mm lang! Die parallel zueinander senkrecht stehenden (negativ geotropen) reifen Früchte der Pflanze wirken wie ein großer Kamm (lat. pecten Veneris = Kamm der Venus). Bei der Fruchtreife springen die an den Seiten borstig behaarten Teilfrüchte elastisch vom Fruchtträger ab: Selbstverbreitung; Bohrfrüchte (im Fell von Säugern) und Klettfrüchte; Menschenverbreitung (Agrikultur- und Siedlungsbegleiter). Heterokarpie: im Zentrum des Fruchtstandes bleiben kleinere Früchte stehen und werden erst im Herbst mitsamt der ganzen, vom Wind ausgerissenen Pflanze verbreitet. Dieses Verbreitungsmerkmal ist, ebenso wie der z. T. "verbreitungshemmende" Charakter der Bohrfrucht, hauptsächlich für Wüstenpflanzen typisch.

Schoenoplectus lacustris (L.) PALLA (= *Scirpus lacustris* L.), Gemeine Teichbinse oder Teichsimse, See- oder Flechtbinse – Cyperaceae (= Riedgrasgewächse, Sauergräser)

Rhizom-Geophyt bzw. Sumpf- oder Wasserpflanze (Schlammwurzler), 1-3 m, selten bis 4 m hoch. Rhizom kräftig, sympodial. Stengel an der Basis mit scheidenförmigen Niederblättern, zuweilen auch mit flutenden, bandförmigen Wasserblättern. Rhizom und Stengel mit Durchlüftungsgewebe. - Binsenähnlich (Name!, vgl. griech. schoinos = Binse), aber nicht mit diesen verwandt.

Vorkommen: ähnlich wie Schilf, aber meist im Wasser stehend und noch bis maximal 6 m Wassertiefe. Verlandungspionier. Schmutzwasserreiniger. Wärmeliebend (Alpen nur bis 1060 m). Kennart des Scirpetum lacustri (= Teichbinsenröhricht). In der temperierten Zone fast weltweit verbreitet.

Blüten: VI-VII. Windblütig: "langstaubfädiger Typ". Die eiförmigen Ährchen sind zu einer Spirre vereint. Diese scheinbar seitenständig, indem das zugehörige, zylindrische Tragblatt den Stengel fortsetzt. Blüten zwittrig.

Früchte: Die kleinen Nüsse können mittels der bleibenden Perigonborsten als Klettfrüchte verbreitet werden, z. B. durch Vögel. Dazu Schwimmverbreitung.

Vegetative Vermehrung wie bei den meisten Sumpfpflanzen durch die weithin kriechenden Rhizome.

Verwendung: Die Pflanze wird zur Uferbefestigung, zur Neulandgewinnung und zur Gewässerreinigung eingesetzt. Stengel zur Zellulosegewinnung sowie als Flechtmaterial, z. B. für Stuhlsitze, geeignet (Name!, vgl. lat. plectere = flechten). Wurde früher auch für Lampendochte genutzt. Gute Futterpflanze. Das Rhizom kann als Gemüse verwendet werden.

Scirpus sylvaticus L., Wald-Simse, Waldbinse – Cyperaceae (= Riedgrasgewächse, Sauergräser)

Rhizom-Geophyt oder Sumpfpflanze, rasenbildend, 0,3-1,0 m hoch. Stengel dreikantig, seggenähnlich.

Vorkommen: Naßwiesen, Flachmoore und quellige Auwälder, auf nassen, nährstoffreichen, kühlen Böden. Wächst oft zusammen mit *Polygonum bistorta*. Ebene bis mittlere Gebirgslagen (Alpen bis 1000 m). Kennart des Scirpetum sylvatici (= Waldsimsenwiese).

Blüten: V-VIII. Windblütig: "langstaubfädiger Typ". Reichverzweigte, aus zahlreichen 3-5ährigen Köpfchen zusammengesetzte Spirren.

Blüten zwittrig.

Früchte: Windverbreitung? Klettverbreitung (Perigonborsten als Haftorgan) durch Sumpf- und Wasservögel.

Vegetative Vermehrung durch Verzweigung der Rhizome.

Verwendung: Gute Streupflanze. Früher als Flechtmaterial für Matten und Körbe genutzt (Name!: lat. scirpere = flechten; allerdings hauptsächlich bezogen auf die früher zu *Scirpus* gestellte Art *Schoenoplectus lacustris*).

Scrophularia nodosa L., Knoten-Braunwurz

– Scrophulariaceae (= Rachenblütler, Braunwurzgewächse)

Hemikryptophyt (Schaftpflanze) mit knolligem, bräunlichem, an der Oberfläche knotigem (Name!, vgl. lat. nodosus = knotig) Rhizom (Abb. 79).

Vorkommen: krautreiche Wälder, Säume, Gebüsche und Ruderalstandorte, auf frischen, nährstoffreichen, meist kalkarmen Böden. Ebene bis Gebirge (Alpen bis 1270 m).

Blüten: VI-VIII. Vorweibliche "Rachenblumen". Zahlreiche Wickel in den Achseln laubiger Tragblätter sind zu einem rispenartigen Gesamtblütenstand (Thyrsus) vereint. Fünftes Staubblatt steril (Staminodium). Blüten am Grunde mit einem gelben, ringförmigen Nektarium: Kontrastwirkung zur relativ weiten, braunen Kronröhre. Besucher: Bienenverwandte und Wespen, besonders Faltenwespen. Bestäubung bauchseitig. Zum Schluß ist Selbstbestäubung möglich. - In Nordamerika, wo die Art eingebürgert ist, wurden auch Kolibris als Bestäuber beobachtet.

Früchte: Kapseln wandspaltig, an der Spitze etwas hakig; Fruchtstengel elastisch, verholzt: Wind- und Tierstreuer. Fruchtreife ab IX.

Vegetative Vermehrung nach der Blüte durch unterirdische Ausläufer möglich.

Verwendung: früher wegen des Saponingehalts als Heilpflanze sehr geschätzt, z. B. gegen Drüsengeschwulste (Name!: lat. scrophula = Geschwulst). Der Gebrauch geht auf die Signaturenlehre zurück (Rhizom knotig geschwollen).

Weitere Art:

Scrophularia umbrosa Dum. (= *S. alata* Gilib.), Flügel- Braunwurz: Sumpfpflanze nährstoffreicher, oft kalkhaltiger Standorte. Stengel geflügelt. Blüten- und verbreitungsökologisch ähnlich voriger Art. Blütenkrone schmutzig grün, auf dem Rücken braun. Auch Schwimmverbreitung.

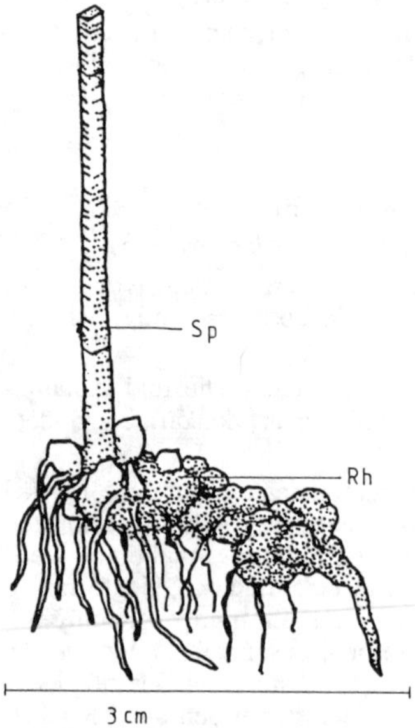

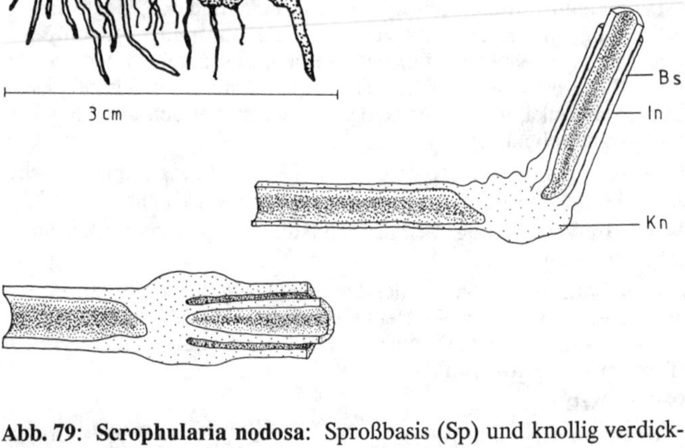

Abb. 79: Scrophularia nodosa: Sproßbasis (Sp) und knollig verdicktes Rhizom (Rh).
Abb. 80: Secale cereale: a liegender, **b** durch Wachstum der Knotenunterseite sich aufrichtender Halm (In Internodium, Kn Knoten = Nodium, Bs Blattscheide).

Scutellaria galericulata L., Sumpf-Helmkraut

– Lamiaceae (= Lippenblütler)

Hemikryptophyt (Schaftpflanze) oder Sumpfpflanze, schon im ersten Jahr blühfähig.

Vorkommen: Naßwiesen, Verlandungsgesellschaften und Erlenbrüche, auf nassen, zeitweise überschwemmten, modrig-humosen Böden. Licht- oder Halbschattenpflanze.

Blüten: VI-IX. Homogame bis vormännliche, "eigentliche Lippenblumen", einzeln, blattachselständig. Sie sind einseitswendig und stehen wegen der gegenständigen Blätter jeweils paarweise zusammen. Krone blauviolett, auf der Unterlippe mit weißem Fleck- und drei dunkelvioletten Strichsaftmalen. Nektar am Blütengrund abgeschieden. Bei Insektenbesuch, vor allem durch Bienenverwandte, erfolgt Fremd- und Selbstbestäubung.

Früchte: Die Klausen werden nacheinander aus dem zur Fruchtreife zu einem kapselartigen Behälter umgebildeten Kelch, dessen untere Hälfte eine nach vorn verlaufende Rinne bildet, herausgeschleudert: Selbstausstreuer, Tierstreuer. Auch Regenballist; das helmförmige (Name!) Anhängsel auf dem Kelchrücken dient als Tropfenfänger; Klausen unbenetzbar, Schwimmdauer ca. 12 Monate. Fruchtreife: ab VIII-IX.

Vegetative Vermehrung durch kurze unterirdische Ausläufer.

Secale cereale L., Roggen, Saat-Roggen

– Poaceae (= Süßgräser)

Einjährig, meist überwinternd ("Winterroggen"), seltener sommerannuell ("Sommerroggen"). Langtagpflanze. Maximal 2 m hoch, doch werden heute kurzhalmige Sorten bevorzugt. Wurzeln bis 1 m Tiefe (Intensivwurzler). Bei einer freistehenden Pflanze können die Wurzeln insgesamt eine Länge von 80 km und die Wurzelhaare eine Oberfläche von etwa 400 m² erreichen. - Niedergedrückte Halme vermögen sich - wie bei vielen anderen Gräsern - durch einseitiges Wachstum eines Knotens (Nodium) schnell wieder aufzurichten (Abb. 80 a, b).

Vorkommen: Kulturpflanze seit der Jungsteinzeit. Stammpflanze ist der westasiatische Berg-Roggen (*Secale montanum* Guss.). Möglicherweise war Roggen zunächst Wildart der Getreideäcker, wie es heute noch in Südostasien der Fall ist, und wurde dann erst in Kultur genommen, z. B. weil er sich als wesentlich winterhärter als Weizen erwies. Keimt schon bei Temperaturen von 1-2 °C, d. h. eher als alle anderen Getreidearten, und wird daher noch bis ca. 1100 m Höhe angebaut.

Blüten: V-VI. Windblütig: "langstaubfädiger Typ". Wichtiger Verursacher von Heuschnupfen. Ährengras. Ährchen zur Blütezeit durch Anstieg des Zellsaftdruckes (Turgor) in den Schwellkörpern geöffnet, danach innerhalb 1/2 Stunde durch Absinken des Turgors wieder geschlossen. Kurz vor der Blüte kann man das Öffnen evtl. auch durch Druckreize auslösen. Oft öffnen sich viele Ährchen gleichzeitig, d. h. in "Pulsen". Durch sehr schnelles Wachstum schieben sich zunächst die Staubfäden, nach Öffnung der Staubbeutel dann auch die federigen Narben aus der Blüte heraus. Selbststeril, aber Nachbarbestäubung möglich.

Früchte: Karyopsen von den begrannten Spelzen eingehüllt, daher Klett- und Selbstverbreitung (Bodenkriecher), auch Bohrfrucht sowie Speicher- und Bearbeitungsverbreitung. Fruchtreife: VII-VIII. Zeit von der Samenkeimung bis zur Fruchtreife beim Winterroggen ca. 280-320 Tage.

Verwendung: Brotgetreide; Kleie als Viehfutter. Der gesundheitsfördernde Wert des Schwarzbrotes kann nicht hoch genug eingeschätzt werden. Insbesondere die Fähigkeit, die Darmbewegungen (Peristaltik) anzuregen, fördert eine rechtzeitige und gründliche Entschlackung unseres Körpers. Roggen wird außerdem zur Herstellung von "Kornkaffee", Korn-Branntwein usw. verwendet. - Roggenfelder bedeckten 1951 16 %, 1978 nur noch 8 % der Ackerfläche Deutschlands. Ertrag pro Hektar 30-50 dt, dazu maximal 42 dt Stroh. Das Roggenkorn enthält etwa 53 % Stärke, 12 % Eiweiß und 2 % Fett.

Sedum acre L., Scharfer Mauerpfeffer

– Crassulaceae (= Dickblattgewächse)

Blattsukkulenter Chamaephyt. Zweijährig, also nach der Blüte absterbend. Blätter dick, 4 mm lang und 3 mm breit. Spaltöffnungen auf Oberseite und Unterseite (amphistomatisch), etwa 18 Spaltöffnungen pro mm^2. Blätter mit zentralem Wasserspeichergewebe. Austrocknungsfest: Pflanze wächst im Herbar weiter, wenn sie nicht vorher z. B. abgebrüht wird. Wirkungsvoller Verdunstungsschutz: die Spaltöffungen sind tagsüber geschlossen, nachts wird Kohlendioxid in Form von organischen Säuren gespeichert (CAM-Pflanze: Crassulacean acid metabolism = Säurestoffwechsel der Dickblattgewächse). - **Giftig** durch Alkaloide und unerforschte Scharfstoffe. Wirkung: örtlich reizend und narkotisierend. Pflanze frisch (meist) von pfefferartig scharfem Geschmack (Name!, vgl. lat. acer = scharf).

Vorkommen: Sandtrockenrasen, sonnige Felsfluren, Mauern, alte Dächer und lückige Pionierstandorte, auf warmen, trockenen, humus- und feinerdearmen Sand- und Steinböden. Ebene bis mittlere Gebirgslagen (im Jura noch bis 1000 m). Kennart der Klasse Sedo-Scleranthetea (= Sand- und Felsgrus-Trockenrasen).

Blüten: VI-VII. Unvollständig vormännliche, "nektarführende Scheibenblumen". Die Staubblätter biegen sich zum Verstäuben zur Mitte. Nektar leicht zugänglich. Besucher: Insekten aller Art. Spontane Selbstbestäubung erfolgreich.

Früchte: Je Blüte entwickeln sich mehrere, bei Nässe geöffnete Balgfrüchte (hygrochas). Typischer Regenballist: Regentropfen schleudern die feilspanförmigen Samen heraus, die dann als "Regenschwemmlinge" weiterverbreitet werden. Dazu Ameisenverbreitung. Fruchtreife: VII-VIII. Lichtkeimer.

Vegetative Vermehrung durch die sich leicht bewurzelnden Stengelteile.

Verwendung: Zierpflanze, z. B. zur Dachbegrünung sehr geeignet und auch für Wildpflanzengärten zu empfehlen. Ehemalige Heilpflanze; der Saft der Blätter wirkt kühlend und schmerzstillend (Name!: lat. sedare = beruhigen).

Weitere Art:

Sedum sexangulare L., Milder Mauerpfeffer: sehr ähnlich wie vorige Art und an ähnlichen Standorten. Blätter walzig, am Grunde gespornt, bis 6 mm lang, von mildem Geschmack.

Sedum maximum (L.) Hoffm., Große Fetthenne: Schaftpflanze mit fleischigen, flachen Blättern und Wurzelknollen. Steinschuttfluren, Magerrasen und trockene Böschungen, auf warmen, basenreichen, wenig humosen Böden. Blüten in doldenartigen, zymösen Blütenständen. Wind- und Tierstreuer, Regenschwemmling, Menschenverbreitung (Kulturrelikt). Alte Heil-, Zier- und Salatpflanze. Wurzelknollen und junge Blätter eßbar.

Sedum spurium M. B., Kaukasus-Fetthenne: ähnlich wie vorige Art. Stengel niederliegend, wurzelnd, mit rasenbildenden Rosetten, Blätter gegenständig, 5-20 cm hoch. Häufige Zierpflanze, auf trockenen, warmen Stein- und Sandböden nicht selten verwildert. Heimat: Kaukasus.

Sedum reflexum L. (= *S. rupestre* auct. p. p.), Felsen-Fetthenne, Tripmadam: Chamaephyt mit stielrunden Blättern. Felsen, Mauerkronen und Sandtrockenrasen. Alte Zier- und Gemüsepflanze: Die säuerlich schmeckenden Blätter und Spitzen nicht blühender Triebe können für Salat und Gemüse und zum Würzen

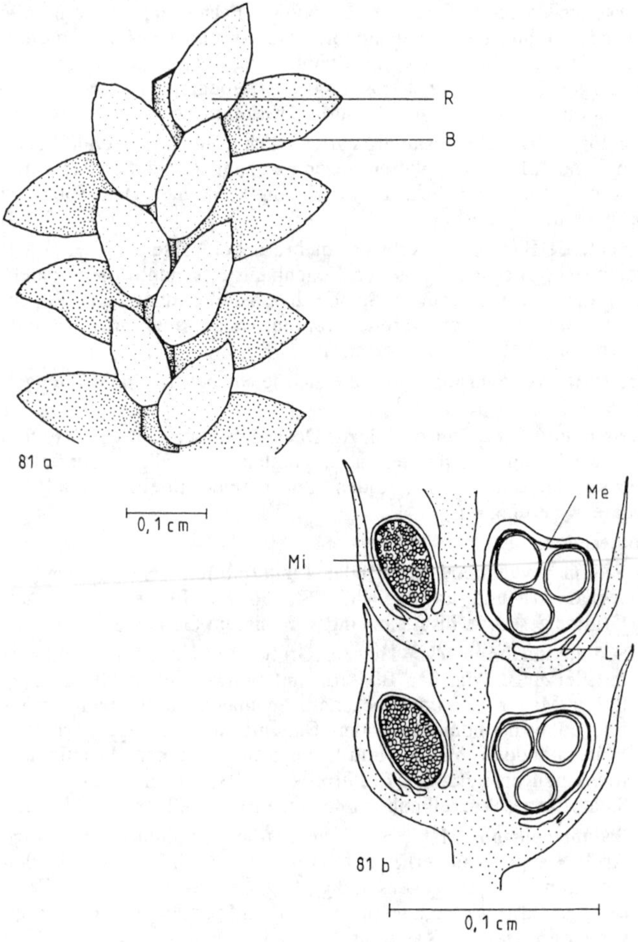

Abb. 81: **Selaginella helvetica**: **a** Niederliegender Sproß in Aufsicht mit Anisophyllie (B Bauchblatt, R Rückenblatt). **b** Sporophyllstand längs mit Heterosporie (Mi Mikrosporangium, Me Megasporangium, Li Ligula).

verwendet werden. Wurde früher in wärmeren Gegenden angebaut.

Selaginella selaginoides (L.) SCHRANK et MARTIUS, Dorniger Moosfarn

– Selaginellaceae (= Moosfarngewächse)

Krautiger Chamaephyt (Kriechstaude), einem kleinen Bärlapp ähnlich (Name!: selago war bei PLINIUS der Name für den Sadebaum und dann bei LINNÉ für den Tannenbärlapp = *Huperzia*). Blätter klein (Mikrophylle), mit schuppenförmigem Blatthäutchen (Ligula; vgl. Abb. 81 b) zur schnellen Wasseraufnahme. - Die Gattung *Selaginella* gehört mit weltweit etwa 700 Arten zu den formenreichsten Gattungen. Zu der Familie gehört nur diese eine Gattung.

Vorkommen: subalpine und alpine Magerrasen, Quellfluren, auf frischen bis feuchten, basenreichen, meist kalkhaltigen Böden. Lichtpflanze. In den höheren Mittelgebirgen selten, in den Alpen verbreitet bis 2400 m.

Vermehrung: Sporenähre sitzend. Sporangien einzeln, den Blättern aufsitzend. Heterosporie (vgl. Abb. 81 b): Mikrosporangien mit zahlreichen Mikrosporen; Megasporangien mit jeweils nur 4, die Sporangienwand ausbeulenden Megasporen (Lupe!). Windverbreitung der Sporen (Ballonflieger). Innerhalb der Sporenwand entwickeln sich die stark reduzierten männlichen bzw. weiblichen Vorkeime (Prothallien). Schwärmer (Spermatozoiden) zweigeißlig. Nach der Befruchtung entwickelt sich zunächst noch innerhalb der Megasporenwand der Embryo.

Weitere Art:

Selaginella helvetica (L.) SPRING, Schweizer Moosfarn: ähnlich wie vorige Art. Blätter paarweise ungleich (Anisophyllie; Abb. 81 a); an jedem Knoten steht jeweils auf der Unterseite ein relativ großes Bauchblatt (Ventralblatt) und auf der Oberseite ein kleines Rückenblatt (Dorsalblatt). Sporenähren gestielt, endständig. Lückige Kalkmagerrasen und erdige Böschungen, vor allem der Alpen.

Sempervivum tectorum L., Dach-Hauswurz

– Crassulaceae (= Dickblattgewächse)

Krautiger Chamaephyt mit sukkulenten Blättern. Polsterpflanze durch Bildung von Rosetten an Ausläufern. Blätter mit zentralem

Wasserspeichergewebe und Spaltöffnungen auf Ober- und Unterseite (vgl. *Sedum*). Austrocknungsresistent (Name!: lat. semper = immer, vivus = lebend). Wie bei *Aloe* stirbt die Hauptrosette nach der Fruchtreife ab und erfolgt die Überwinterung durch Tochterrosetten. Auf den Blättern wurden Temperaturen von fast 50 °C gemessen.

Vorkommen: meist angepflanzt auf Mauern und Dächern (Name!, vgl. lat. tectorum = auf Dächern wachsend). In Süd- und Südwestdeutschland auch wild in Felsritzen, auf warmen, trockenen, meist kalkarmen Böden. Eine alpine Unterart steigt im Gebiet bis 2000 m Höhe. Gefährdet durch Reinigung der alten Mauern. - **Geschützt**! (alle Arten der Gattung).

Blüten: VII-VIII. Unvollständig vormännliche, "nektarführende Scheibenblumen". Blütenstände vielstrahlig (übergipfelt). Nektar von zerschlitzten Drüsenschuppen am Fruchtknoten abgeschieden. Besucher: verschiedene Insekten. Auch Selbstbestäubung.

Früchte: Kapseln mit winzigen Samen. Wind- und Tierstreuer. Ballonflieger.

Vegetative Vermehrung durch bis 10 cm lang gestielte Tochterrosetten, die sich z. T. auch ablösen und wegen der ± kugeligen Form leicht bergab rollen: "Rollverbreitung".

Verwendung: alte Heilpflanze sowie Zierpflanze, für Dach- und Hausbegrünung geeignet. Soll angeblich gegen Blitzschlag schützen, weswegen Karl der Große die Anpflanzung auf allen Reichsgütern befahl.

Weitere Arten/Verwandte:

Sempervivum arachnoideum L., Spinnweb-Hauswurz: Blattrosette oben geschlossen, kugelig und daher Rollverbreitung möglich und evtl. auch als "Schneeläufer" verbreitet. Blätter lang spinnwebig behaart (= Strahlungsschutz). Silikatfelsspalten und -magerrasen der Alpen, vor allem der höheren Lagen der Zentral- und Südalpen. Potentiell gefährdet.

Jovibarba sobolifera (Sims) Opiz (= *Sempervivum soboliferum* Sims), Sprossende Hauswurz: mehrjährig, aber nur einmal blühend (plurienn, hapaxanth; diese Lebensform fehlt unseren heimischen Arten). Die kugeligen jungen Tochterrosetten lösen sich leicht von der Mutterpflanze ab und werden vom Regen verschwemmt oder als Bodenroller vom Wind fortgerollt. Seltene Art flachgründiger Steinböden. Osteuropäische Art, im Gebiet an der Westgrenze der Verbreitung. Zuweilen als Zierpflanze kultiviert und stellenweise auf alten Mauern eingebürgert. Wegen der Seltenheit bei uns potentiell gefährdet; aktuelle Gefahr durch Mauersanierung.

Geschützt! Kronblätter im Gegensatz zu *Sempervivum* zu 6, aufgerichtet und gefranst, stets gelb.

Senecio fuchsii C. C. GMELIN (= *S. nemorensis* L. subsp. *fuchsii* CELAK.), Fuchssches Greiskraut oder Kreuzkraut – Asteraceae (= Korbblütler)

Hemikryptophyt (Schaftpflanze) mit kurzem, ästigem Rhizom. - Artname nach Leonhard FUCHS, Tübingen 1501-1568, dem berühmten Kräuterbuchautor. - Die Gattung ist weltweit verbreitet und umfaßt etwa 2000 Arten mit einer sehr großen Formenmannigfaltigkeit, z. B. auch mit Blatt- und Stamm-Sukkulenten; vgl. auch die unten getrennt behandelten einjährigen Arten. - **Giftig**: Für die Gattung sind Pyrrolidizin-Alkaloide typisch, die zum großen Teil leberschädigend und krebsauslösend sind. Für *S. fuchsii* wurde außerdem eine mutagene Wirkung nachgewiesen. Die Vergiftungssymptome treten meist erst sehr spät, d. h. nach Wochen oder Monaten auf. Vergiftungen können auch über Honig und Kuhmilch erfolgen. Das Vieh meidet *Senecio*-Arten auf der Weide, jedoch nicht im Heu. Hohe Greiskrautanteile können deshalb starke Schäden beim Vieh verursachen. Sehr hohe Dosen führen auch zu sofortigen, zum Teil tödlichen Vergiftungen, besonders bei Kleinsäugern.

Vorkommen: krautreiche Laubwälder. Vor allem an lichten Stellen und auf Schlägen der montanen Stufe, auf frischen, nährstoffreichen, humosen Lehmböden. Stickstoffzeiger. Ebene bis Hochgebirge (Alpen bis 2000 m), in den warmen Tieflagen selten.

Blüten: VII-IX. "Körbchenblumen". Röhrenblüten (Scheibenblüten) zwittrig, Zungenblüten (Strahlblüten) weiblich. Die Körbchen der *Senecio*-Arten zeigen außer im Zentrum eine hohe UV-Reflexion, heben sich dadurch deutlich vom Hintergrund ab und erscheinen außerdem für die Bestäuber zweifarbig. Besucher sind verschiedene Insekten.

Früchte: Achänen mit Haarkelch (= Pappus). Dieser erinnert reif bei fast allen *Senecio*-Arten an ein Greisenhaupt (Name!, vgl. lat. senex = Greis). Schirmchenflieger und Wasserhafter. Fruchtreife: ab IX.

Vegetative Vermehrung durch kurze unterirdische Ausläufer.

Verwendung: Das Kraut dieser Art (sowie von *S. vulgaris*, selten auch anderer Arten) wurde lange Zeit als blutstillendes Mittel gebraucht; wegen der inzwischen erkannten Giftigkeit ist davon dringend abzuraten. - Für Wildpflanzengärten geeignet.

Weitere Art:

Senecio jacobaea L., Jakobs Greiskraut: ausdauernde oder zweijährige Halbrosettenpflanze ohne nichtblühende Sprosse. Wiesen, Säume und Wegränder. Blüten- und verbreitungsökologisch ähnlich wie vorige Art. Vegetative Vermehrung: von der Pflanze isolierte Nebenwurzeln bilden Wurzelsprosse, was an unbeschädigten Pflanzen selten geschieht. Der Artname bezieht sich auf den Blühtermin um Jacobi (25. Juli).

Senecio vulgaris L., Gemeines Greiskraut oder Kreuzkraut – Asteraceae (= Korbblütler)

Einjährig, sommer- oder winterannuell (dann Halbrosettenpflanze). Oft mehrere Generationen pro Jahr. - **Giftig**: vgl. bei *S. fuchsii.*

Vorkommen: Äcker (vor allem Hackfruchtäcker), Gärten, Ruderalstellen und Schläge, auf frischen, nährstoffreichen Böden. Stickstoff- und Garezeiger. Lichtpflanze. Kulturbegleiter. Ebene bis Hochgebirge (Alpen bis 1860 m). Weltweit verschleppt.

Blüten: I-XII, ohne Blühperiodizität, daher auch Winterblüher. "Körbchenblumen". Körbchen mit 60-80 zwittrigen Röhrenblüten. Zungenblüten nur ausnahmsweise vorhanden. Bestäuber: Bienenverwandte und Schwebfliegen. Spontane Selbstbestäubung erfolgreich.

Früchte: Achänen mit Pappus (vgl. *S. fuchsii*): Schirmchenflieger (Abb. 82, S. 416). Fruchtwand mit weichen Haaren, die bei Feuchtigkeit Schleimfäden absondern (wodurch auch die Frucht im Keimbett befestigt wird): Klebverbreitung. Versteckverbreitung durch Wiesen-Ameisen (*Tetramorium*). Menschenverbreitung (Ruderalpflanze). Fruchtreife: ab III.

Verwendung: früher als Heilmittel gegen Nasenbluten verwendet, was aber wegen der Giftigkeit nicht zu empfehlen ist.

Weitere Art:

Senecio viscosus L., Klebriges Greiskraut: ähnlich voriger Art, aber u. a. die ganze, viel kräftigere Pflanze drüsig-klebrig. Pionierpflanze der Steinschuttfluren, Waldschläge und steinigen Ruderalstellen, z. B. Bahnanlagen und Schutthalden. Blüten mit zahlreichen, bei sonnigem Wetter ausgebreiteten, sonst zurück gekrümmten Zungenblüten. Bestäuber: Bienenverwandte. Aufkriechende Insekten werden vermutlich vom klebrigen Stengel zurückgehalten. Früchte kahl, dennoch Wasserhaftverbreitung. Eine 75 cm hohe Pflanze produzierte an 426 Körbchen etwa 260 000 Einzelfrüchte.

Sesleria varia (JACQUIN) WETTSTEIN (= *S. coerulea* (L.) ARD.), Kalk-Blaugras

– Poaceae (= Süßgräser)

Hemikryptophyt (Horstpflanze), dichtrasig, mit meist kriechendem Rhizom. Wurzelsystem bis 80 cm tief gehend. Sprosse am Grunde von den alten verwelkten Blattscheiden umgeben (= "Strohtunica"): Schutz vor Austrocknen und Umknicken. Starre, stachelspitzige Faltblätter (= Trockenheitsanpassung): Spreite bei Feuchtigkeit (z. B. morgens) ± flach ausgebreitet, bei Trockenheit gefaltet. Die Bestände sind daher je nach Witterung unterschiedlich gefärbt. Die Faltbewegungen werden durch große lebende Gelenkzellen ermöglicht. Die Stengelblätter sind sehr kurz. - Name nach dem Arzt und Naturforscher SESLER in Venedig (18. Jh.).

Vorkommen: alpine und praealpine Stein- und Trockenrasen und lichte Wälder, auf frischen, kalkreichen, lockeren, steinigen Böden. Schuttstauer und Humusbildner. Hügelstufe bis Hochgebirge (Alpen bis 2560 m), im Norden selten. Außerhalb der Alpen oft Eiszeitrelikt.

Blüten: III-V, Frühblüher. Windblütig: Übergang zwischen "langstaubfädigem" und "unbeweglichem Typ". Vorweiblich. Zwittrige und männliche Blüten. Ährenrispengras. Ährchen mit Blauglanz (UV-Reflexion?), meist 2blütig. Öffnung der Blüten (wie bei den meisten Gräsern) durch Schwellkörper, die später wieder schrumpfen.

Früchte: Karyopsen länglich, runzlig, von den Hüll- und Deckspelzen lose umhüllt (= Scheinfrucht mit Luftzwischenraum). Deckspelzen an der Spitze kurzhaarig: Ballonflieger, Wasserhafter, Regenschwemmling sowie Zufallsverbreitung durch Weidetiere.

Vegetative Vermehrung durch zahlreiche Ausläufer.

Setaria viridis (L.) P. B., Grüne Borstenhirse

– Poaceae (= Süßgräser)

Einjährig, sommerannuell. Wärmekeimer.

Vorkommen: Äcker (vor allem Hackfruchtäcker), Gärten, Weinberge und Ruderalstellen, auf nährstoff- und stickstoffreichen Sandböden. Ebene bis mittlere Gebirgslagen (Alpen vereinzelt bis 800 m). Alteinwanderer (Archäophyt). Wird teilweise durch Maisherbizide gefördert.

Blüten: VII-X. Windblütig: "langstaubfädiger Typ". Ährenrispengras. Einzelne Rispenäste tragen keine Blüten, sondern sind zu zackigrauhen Borsten (Name!, vgl. lat. seta = Borste) umgewandelt.

Früchte: Karyopsen zur Reife mitsamt den Ährchen abfallend. Drei Hüllspelzen. Borsten rückwärts sehr rauh. Tierstreuer und Windstreuer. Menschenverbreitung (Kulturbegleiter). Auch Verbreitung über den Kropf von Tauben wurde beobachtet. Fruchtreife: ab VIII.

Silene alba (MILL.) KRAUSE (= *Silene pratensis* (RAFN) GODRON et GREN., *Melandrium album* (MILL.) GARCKE), Weiße Lichtnelke, Nachtlichtnelke oder Nachtnelke

– Caryophyllaceae (= Nelkengewächse)

Einjährig (sommer- oder winterannuell) oder zweijährige Halbrosettenpflanze. - Über Art und Umfang einer evtl. von *Silene* abzugrenzenden Gattung *Melandrium* besteht leider keine Einigkeit. Selbst bei engerer Fassung der Gattung gehören noch etwa 500 Arten zu *Silene*. In Europa gibt es (unter Einschluß von *Melandrium*) 166 Arten.

Vorkommen: nährstoffreiche, mäßig trockene Ruderalfluren aller Art. Wärmeliebend, kaum über 600 m aufsteigend. Alteinwanderer (Archäophyt), Kulturbegleiter seit der Jungsteinzeit.

Blüten: VI-IX. "Stieltellerblumen mit herausragenden Staubbeuteln und Griffeln", in armblütigen Dichasien. Zweihäusig bis dreihäusig. Verteilung der Geschlechtschromosomen wie beim Menschen (XX, XY). Kelch der männlichen Blüten 10nervig, der weiblichen 20nervig, nur bei letzteren und bei zwittrigen Blüten aufgeblasen. Typische Nachtfalterblume, erst abends bzw. bei schlechtem Wetter nachmittags öffnend und erst dann intensiv duftend. Zwitterblüten vormännlich. "Krönchen" (Nebenkrone) als Einkriechschutz gegen kleinere Insekten. Nektar vom fleischigen Blütenboden abgeschieden, bei weiblichen Blüten 2,0-2,5 cm, bei männlichen Blüten 1,5-1,8 cm tief verborgen. Bestäuber sind vor allem Nachtfalter der Familien Noctuidae und Sphingidae.

Früchte: Kapseln vom vergrößerten Kelch umgeben (= Windfang), Kapselzähne trocken nach außen zurückgekrümmt (= Klettorgan): Wind- und Tierstreuer. Fruchtreife: ab VIII.

Verwendung: Wurzeln früher wegen des Gehaltes an Saponinen als "Weiße Seifenwurz" arzneilich sowie zum Waschen benutzt (Name!, griech. sializein = schäumen).

Weitere Arten:

Silene dioica (L.) CLAIRV. (= *Melandrium rubrum* (WEIGEL) GARCKE), Rote oder Tag-Lichtnelke: voriger Art nahestehend. Zweijährige bis ausdauernde Halbrosettenpflanze. Wiesen und Wälder, auf feuchten, nährstoff- und basenreichen Böden. Ebene bis Hochgebirge (Alpen bis ca. 2400 m), vor allem Bergpflanze.

Dreihäusig (der Artname *dioica* ist also nicht ganz korrekt). Tagfalterblume: rot, geruchlos, tagsüber geöffnet. Bestäuber: Falter, langrüsselige Hummeln, Schwebfliegen usw. Trotz unterschiedlicher Bestäubungstypen ist dort, wo *S. alba* und *S. dioica* nebeneinander vorkommen, der durch seine rosa Blüten auffallende Bastard nicht selten. - Verbreitung der Samen wie bei voriger Art. Dazu Schwimmverbreitung (Bach- und Stromtalpflanze).

Silene vulgaris (Moench) Garcke (= *S. cucubalus* Wib., *S. inflata* Sm.), Gemeines oder Aufgeblasenes Leimkraut, Taubenkropf: Blätter blaugrün, meist kahl. Bis 1 m tief wurzelnd. Lückige Magerrasen und Böschungen. Rohbodenpionier. Blütenstand locker trugdoldig. Nachtfalter- und Bienenblume. Kelch eiförmig bis fast kugelig (aufgeblasen, "taubenkropfförmig"): Windfang. Blätter und junge Sprosse vor der Blüte für Mischsalat und Spinat verwendbar. Für Wildpflanzengärten zu empfehlen.

Silene nutans L., Nickendes Leimkraut: Magerrasen und lichte Wälder, auf flachgründigen Böden. Nachtfalterblume, abends mit intensivem Hyazinthenduft. Kronblätter tagsüber eingerollt. Blüten hängend. Die Bestäuber (kleine "Eulen") nutzen die Blüte als Brutstätte - eine z. B. von *Yucca* bekannte, in der heimischen Flora aber seltene Situation.

Silene acaulis (L.) Jacq., Stengelloses Leimkraut: niedrige, dichte Polsterpflanze mit lineal-pfriemlichen, lederigen, spitzen Blättern. Arktisch-alpin verbreitet. Alpen von 1500-2600 m. Stengel je einblütig. Dreihäusige Falterblume. Tierstreuer; der glockige Kelch dient als Windfang.

Sinapis arvensis L., Ackersenf, Acker- oder Wilder Senf – Brassicaceae (= Kreuzblütler)

Einjährig, sommerannuell, 20-60 cm hoch. Bis 1 m tief wurzelnd.

Vorkommen: Acker (besonders Hackfruchtäcker) und Ruderalstellen, vor allem Frischerdaufschüttungen, auf nährstoff- und basenreichen Böden. Lehmzeiger. Meidet saure Böden. Ebene bis Gebirge (bis 1000 m). Mit dem Ackerbau aus dem Mittelmeergebiet eingeschleppt (Archäophyt), in gemäßigten Zonen heute weltweit.

Blüten: V-X. Homogame bis vorweibliche, "nektarführende Scheibenblumen", in Trauben. Indem der Kelch an den geöffneten Blüten absteht (vgl. die Merkhilfe: "Hederich hebt, Senf senkt den Kelch"), wird der Nektar offen dargeboten. Die pollenspendende Seite der Staubbeutel weist zur Reife nach oben. Die gelben Kronblätter (ohne den zentralen Teil) zeichnen sich durch eine hohe UV-Reflexion aus.

Lebensdauer der Blüten: 2 Tage. Bestäuber: Käfer, Fliegen, Bienen und Falter. Bienenweide. Selbstbestäubung ist häufig.

Früchte: Schoten mit samenfreiem oberen Abschnitt, sich durch Austrocknung öffnend: Selbst-, Wind- und Tierstreuer. Menschenverbreitung (Kulturbegleiter). Samen kugelig, bei Feuchtigkeit mit schleimig aufquellender Samenschale: Klebverbreitung.

Verwendung: Samen als Beimischung zu echtem Senf. Feingehackte Blätter als Gewürz. Blütenknospen wie Brokkoli zuzubereiten. Krautige Teile nach längerem Kochen als Gemüse geeignet.

Weitere Art:

> **Sinapis alba** L., Weißer Senf: Kulturpflanze aus dem östlichen Mittelmeerraum, bisweilen verwildert, besonders im Süden. Futter- und Gründüngungspflanze sowie Senf- und Ölpflanze. Die gemahlenen Samen sind ebenso wie des Sarepta-Senfs, *Brassica juncea*, die Grundlage des Speisesenfs. Die bekannte Senfschärfe stammt von den durch die Thiocyanat-Gruppe (-SCN) ausgezeichneten Senfölglykosiden. Zur Senfherstellung verwendet man Importe aus wärmeren Anbaugebieten. Die wegen der örtlichen Durchblutungsförderung benutzten Senfpflaster sind wegen ihrer Nebenwirkungen nicht zu empfehlen.

Sisymbrium officinale (L.) Scopoli, Weg-Rauke

– Brassicaceae (= Kreuzblütler)

Einjährig, 30-60(-100) cm hoch. Äste sparrig abstehend.

Vorkommen: Ruderalstellen, auf nährstoffreichen, wenig humosen Böden. Stickstoffzeiger. Pionierpflanze. Namengebende Kennart des Verbandes Sisymbrion (= Kurzlebige Ruderalgesellschaften). Archäophyt. In kühl-gemäßigten Zonen heute weltweit verbreitet.

Blüten: V-VIII. Unscheinbare, gelbe, "nektarführende Scheibenblumen", in Trauben. Selbstbestäubung und Insektenbestäubung.

Früchte: Schoten aufrecht, dem Stengel dicht angedrückt, zugespitzt, 10-20 mm lang. Die Samen bleiben lange in den Hülsen und werden oft erst mit der ganzen sparrigen Pflanze verschleppt, sobald diese abgestorben ist (vgl. folgende Art).

Verwendung: ehemalige Heilpflanze (Name!: lat. officinalis = arzneilich). Junge Blätter sind nach Abbrühen eßbar. Die abgestorbenen Pflanzen können als Besen benutzt werden.

Weitere Art:

> **Sisymbrium altissimum** L., Hohe Rauke, Ungarische Rauke: Wuchshöhe stark umweltabhängig, 5-100 cm hoch. Stengel unten

abstehend steifhaarig. Sommerwarme, lückige Ruderalstellen, gebietsweise noch in Ausbreitung. Einwanderer aus dem kontinentalen Osteuropa. In Brandenburg seit etwa 1830. Besonders starke Ausbreitung zu Beginn dieses Jahrhunderts mit Eisenbahnen. Krone weißlich gelb. Die zur Fruchtzeit starre und leichte Pflanze kann als ganze aus dem Boden gerissen und dann als Steppenläufer verbreitet werden. Die Samen sind in Mulden der Schoten eingebettet und fallen bei Erschütterung nach und nach heraus.

Solanum dulcamara L., Bittersüßer Nachtschatten, Bittersüß

– Solanaceae (= Nachtschattengewächse)

Kletternder oder niederliegender bis aufrechter Halbstrauch, maximal 7 m lang. Untere Teile verholzt, obere krautig, grün und im Winter meist erfrierend. Im kontinentalen Klima auch Hemikryptophyt (Schaftpflanze), im subozeanischen Klima auch Kletterstrauch (= Liane) und somit wohl der einzige mitteleuropäische Vertreter der Familie, der auch Holzpflanze sein kann. Schwach links oder rechts windend, im Gebüsch auch Spreizklimmer, wobei die einseitigen Blatteinschnitte evtl. dem "Einhakeln" dienen. Junge Triebe mit Ansätzen von Luftwurzeln. - Die Gattung gehört mit etwa 1500-2000 Arten, die meisten davon tropisch, zu den artenreichsten Gattungen der Blütenpflanzen. - **Giftig**: Alle Pflanzenteile enthalten stark giftige Steroidalkaloide (Solanine) und mit diesen verwandte Saponine. Alkaloidgehalt je nach Rasse verschieden, in grünen Beeren am höchsten, niedriger in Blatt und Stengel und am niedrigsten (bis fast fehlend) in vollreifen Früchten. Für Kinder können 30-40 (evtl. sogar noch weniger) unreife Beeren tödlich sein (Krämpfe und Atemlähmung).

Vorkommen: Weidengebüsche, Schläge, Ufer und Ruderalstellen, auf feuchten, nährstoffreichen, humosen Böden. Stickstoffzeiger. Wurzelkriechpionier. Bodenfestiger. Ebene bis Gebirge (Alpen bis 1360 m).

Blüten: VI-VIII. Homogame "Pollen-Glockenblumen mit Streukegel", in rispenartigen Wickeln. Fliegentäuschblume: Blütengrund napfförmig, glänzend, dazu am Kronblattgrund weißgesäumte Höcker, die Nektarien vortäuschen. Bestäuber: verschiedene Insekten. Fliegen lecken an den Scheinnektarien. Selbstbestäubung erfolgreich.

Früchte: längliche, etwas gebogene, durch Karotinoide zuletzt rot gefärbte Beeren mit je ca. 30 Samen. Zuckerreich. Geschmack anfangs bitter, später süß (Name!, vgl. lat. dulcis = süß, amarus = bitter).

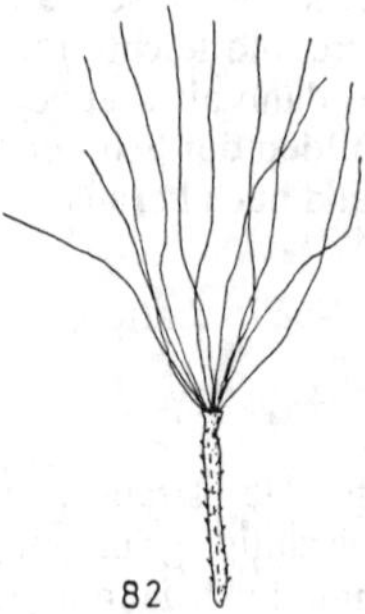

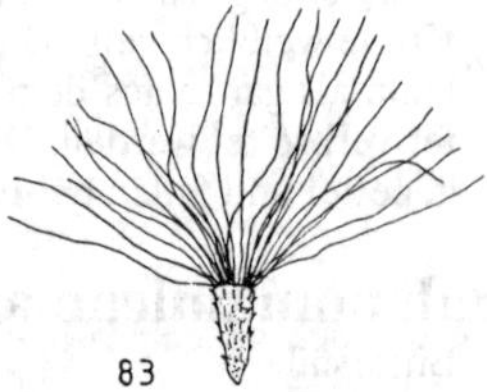

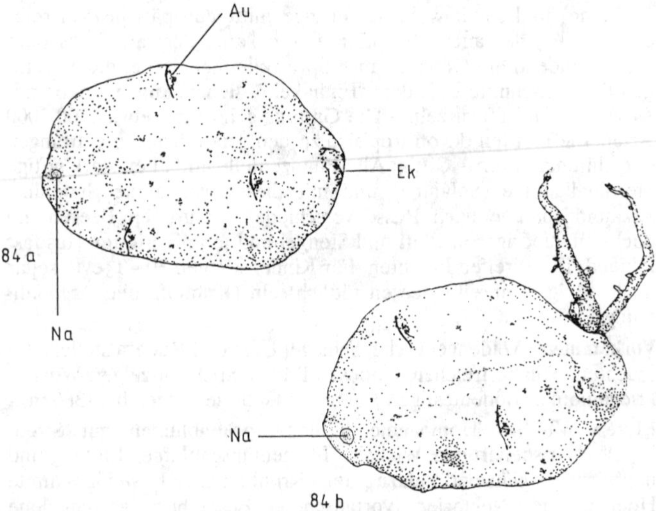

Abb. 82: Senecio vulgaris: Frucht (Schirmchenflieger).
Abb. 83: Solidago canadensis: Frucht (Schirmchenflieger).
Abb. 84: Solanum tuberosum: a ruhende Knolle. **b** austreibende Knolle (Na Nabel, Au Auge, Ek Endknospe).

Verdauungsverbreitung. Wintersteher. Vielleicht auch Anhafter, indem die schleimigen Samen aus den bei der Reife aufplatzenden Früchten auf vorbeistreifende Tiere geschleudert werden. Fruchtreife: VIII-X.

Vegetative Vermehrung: durch Wurzelsprosse.

Verwendung: Die 2-3jährigen, nach dem Blattfall gesammelten Stengelstücke wurden früher arzneilich bei Hautleiden sowie bei Asthma und chronischer Bronchitis verwendet. Wirkung: stoffwechselfördernd und schmerzlindernd (Name!: lat. solamen = Trost). Geschmack bittersüß. In der Volksmedizin als Blutreinigungsmittel usw. beliebt, aber wegen der Giftigkeit nicht zu empfehlen.

Weitere Arten:

Solanum nigrum L., Schwarzer Nachtschatten: einjährige Ruderalpflanze. Stickstoffzeiger. Alteinwanderer (Archäophyt). Blütentyp wie bei voriger, aber keine Fliegentäuschblume. Blüten nachts geschlossen. Bestäuber: Bienenverwandte und Schwebfliegen. Beeren schwarz, Fruchtfleisch grün. Auch Klebverbreitung (Samen schleimig). Je Beere etwa 50 Samen, je Pflanze oft bis 25 000. Giftgehalt je nach Herkunft und Reifezustand extrem verschieden. Mitteleuropäische Herkünfte sind gewöhnlich kaum giftig. Vollreife Beeren sind meist alkaloidfrei. Berichten über Vergiftungen bei Menschen und Tieren steht gegenüber, daß die Pflanze wegen der eßbaren Beeren bei uns noch bis ins 16. Jh., im Mittelmeergebiet und in Amerika noch bis ins 20. Jh. angebaut wurde. Auf Kreta wird das Kraut noch heute als Gemüse verkauft.

Solanum lycopersicum L., Tomate: siehe unter *Lycopersicon*.

Solanum tuberosum: siehe folgenden Abschnitt.

Solanum tuberosum L., Kartoffel

– Solanaceae (= Nachtschattengewächse)

Knollen-Geophyt. Sproßknollen (Abb. 84 a; lat. tuberosus = knollig) am Ende unterirdischer Ausläufer als Speicher- und Verbreitungsorgan gebildet. An der ausgewachsenen Knolle läßt sich die Abnabelungsstelle des Ausläufersprosses am hinteren Ende als "Nabel" erkennen. Die "Augen" sind Seitensproßanlagen mit zugehörigem Tragblatt (Niederblatt). Sie sind spiralig angeordnet und stehen am vorderen Ende der Knolle dicht zusammen. Unter Einfluß von Wärme und Licht treiben der endständige Hauptsproß und die Seitensprosse aus (Abb. 84 b); Im Volksmund spricht man vom "Keimen" der Kartoffeln. Die vor dem Austrocknen schützende "Pelle" ist Korkgewebe (Periderm). - Sehr geeignete Pflanze für Schulversuche (z. B.

Transpirationsschutz durch Kork; Stärkenachweis mit Jodlösung; Wachstum auf ein Lichtloch zu, wenn die Kartoffel in einen sonst geschlossenen Karton gesetzt wird; vegetative Vermehrung durch Teilung der Knolle; usw.). - Der Name "Kartoffel" ist über die ital. Bezeichnung "tartuffoli" (= Trüffel) entstanden. Weitere Namen sind Erdäpfel sowie Grundbirne oder Grumbiere. Das englische "potatoes" leitet sich von Batatas (eigentlich Süßkartoffel) ab. - **Giftig** (vgl. auch oben bei *S. dulcamara*); alle Teile der Pflanze außer den Knollen enthalten Alkaloide, meist zwischen 0,5 und 1 %. Nach Verzehr solcher Teile, vor allem der Beeren, wurden auch tödliche Vergiftungen beobachtet. In den ergrünenden Teilen der Knolle sowie in den austreibenden Knospen ("Keimen") steigt der Alkaloidgehalt bis zu 5 % an, so daß insgesamt die für den Menschen kritische Konzentration von 200-400 mg/kg Körpergewicht erreicht wird. Solche Kartoffeln sollten daher großzügig geschält werden!

Vorkommen: wichtige Kulturpflanze der gemäßigten Breiten, in über 1000 Sorten angebaut. Kartoffelsorten stellen Klone dar, d. h. sie sind vegetative Abkömmlinge jeweils einer einzigen Pflanze. - Anbau überwiegend auf frischen, nährstoffreichen, leichten Böden, im Gebirge bis ca. 1200 m (in Tirol noch bis 1600 m). Heimat: Hochanden Perus. Von PIZARRO um 1555 nach Spanien eingeführt und über Italien und England als Zierpflanze zu uns gelangt. Erst etwa 200 Jahre später befahl Friedrich II wegen der häufigen Hungersnöte in Preußen den Anbau als Grundnahrungsmittel.

Blüten: homogame, nektarlose "Glockenblumen mit Streukegel", in endständigen, gestielten Wickeln. Krone weiß oder violett als Kontrastfärbung zu den gelben Staubbeuteln. Abends faltet sich die Krone zusammen und der Blütenstand krümmt sich abwärts. Spärlicher Besuch durch Hummeln und Schwebfliegen. Spontane Selbstbestäubung ist häufig; Zuchtformen sind allerdings meist steril.

Früchte: Beeren reif gelblich grün, saftig. Bei uns selten ausreifend. Verdauungsverbreitung. - Es wurden 200 Jahre alte Samen gefunden, die noch keimfähig waren.

Vegetative Vermehrung durch die Knollen.

Verwendung: Kartoffeln gehören zu den Nahrungsmitteln mit den vielseitigsten Zubereitungsmöglichkeiten. Sie sind biologisch sehr wertvoll und für eine gesunde Ernährung zu empfehlen. In der obstarmen Zeit sind sie wichtigster Vitamin C-Lieferant. 500 g Kartoffeln decken den Tagesbedarf des Menschen an essentiellen Aminosäuren (Fleischersatz). Der Rückgang des Verbrauchs von 1936 mit 176 kg pro Kopf auf nur noch 100 kg 1972 ist daher eine ungute Entwicklung. Weitere Nutzungen sind die zur Viehfütterung sowie zur Stärke-, Kleister- (Dextrin-) und Alkolholherstellung (Industriekartoffeln). Das Kraut ist zur Papierherstellung brauchbar. - Der Ertrag liegt bei uns mit knapp 300 dt Knollen pro ha sehr hoch. Bei gleicher Fläche wird fast soviel Eiweiß und etwa doppelt soviel an Kohlenhydraten produziert wie beim Getreide. - Bemerkenswert ist der Wechsel des Kartoffelkäfers (früher Coloradokäfer genannt) von *S. rostratum* Dun. und anderen Wildarten auf die Kartoffel als Haupt-Wirtspflanze und seine anschließende weltweite Verschleppung in die Kartoffelanbaugebiete.

Solidago canadensis L., Kanadische Goldrute

– Asteraceae (= Korbblütler)

Hemikryptophyt (Halbrosettenpflanze), 50-250 cm hoch und damit eine der höchsten unserer wild wachsenden Stauden.

Vorkommen: bei uns ursprünglich Zierpflanze. Heimat: Nordamerika. Verwildert und seit einigen Jahrzehnten vielfach eingebürgert, vor allem an Ruderalstellen, in aufgelassenen Gärten und an Ufern, auf sommerwarmen, grundfrischen, nährstoff- und basenreichen Böden. Lehm- und Nährstoffzeiger. Wurzelkriechpionier. Ebene bis mittlere Gebirgslagen, vor allem in Auen und Stromtälern. - Verdrängt bei Massenvorkommen die Vorvegetation und kann dadurch das ökologische Gleichgewicht beeinträchtigen.

Blüten: VIII-IX. "Körbchenblumen". Scheibenblüten zwittrig, homogam, Zungenblüten weiblich. Korbboden ohne Spreublätter. Bestäuber: Fliegen.

Früchte: Achänen mit einreihiger Haarkrone (Pappus): Schirmchenflieger (Abb. 83). Bei feuchtem Wetter Wasserhafter. Menschenverbreitung (Gartenflüchter).

Vegetative Vermehrung sehr reichlich durch weithin kriechende unterirdische Ausläufer.

Verwendung: Die Blätter der *Solidago*-Arten enthalten bis zu 4 % Kautschuk und wurden zu dessen Gewinnung versuchsweise angebaut. Neuerdings wird das Kraut der *Solidago*-Arten arzneilich als harntreibendes Mittel verwendet. - Alle Arten sind für Wildpflanzengärten geeignet, breiten sich allerdings zum Teil sehr aggressiv aus.

Weitere Arten:

Solidago gigantea Ait., Riesen- oder Späte Goldrute: sehr ähnlich wie vorige Art und wie diese eingebürgert. Zungenblüten länger als die Scheibenblüten. Stengel kahl. - Die Artnamen sind insofern verwirrend, als *S. gigantea* sowohl früher blüht als auch kleiner bleibt als *S. canadensis*.

Solidago virgaurea L. Echte oder Gemeine Goldrute: 15-100 cm hoch, bis 100 cm tief wurzelnd, ohne unterirdische Ausläufer. - Der Name *virgaurea* bedeutet Goldrute (virga = Rute, wegen der langen, rutenförmigen Stengel; aureus = goldgelb, wegen der Blüten). Einheimisch. Lichte, krautreiche, meist magere Wälder, Schläge, Heiden und Magerweiden. Ebene bis Hochgebirge, oberhalb der Waldgrenze von der subsp. *minuta* (L.) Arc. (= *S. alpestris* W. et K.) abgelöst. Blütenstand aufrecht. Körbchen größer als bei den vorigen Arten. Bestäuber: Bienen, Hummeln, Schwebfliegen und Falter. Ebenfalls Schirmchenflieger, bei feuchtem Wetter sicher auch Adhäsionsverbreitung (Anhafter). Arzneilich als harntreibendes Mittel bei Blasen- und Nierenentzündungen, in der Volksmedizin außerdem bei schlecht heilenden Wunden gebraucht (Name!: lat. solidus = fest, agere = machen). Bestandteil sog. Blutreinigungstees.

Sonchus oleraceus L., Gemeine oder Kohl-Gänsedistel – Asteraceae (= Korbblütler)

Einjährig, sommerannuell, oder winterannuelle Halbrosettenpflanze. 30-80(-100) cm hoch und bis 100 cm tief wurzelnd.

Vorkommen: lückige Ruderalstellen, Äcker (vor allem Hackfruchtäcker) und Gärten, auf nährstoffreichen, humosen Böden aller Art. Stickstoffzeiger. Wärmeliebend (Alpen bis 920, Jura bis 980 m). Kulturbegleiter: Alteinwanderer (Archäophyt). Weltweit verschleppt.

Blüten: VI-X. "Körbchenblumen". Je Korb etwa 100-200 Blüten. Kronröhre bis 10 mm lang. Bestäuber: Falter und Schwebfliegen. Bei feuchtem Wetter biegen sich die äußeren Blüten über die inneren.

Früchte: Achänen ungeschnäbelt, flach, weichhaarig, ölreich. Schirmchenflieger. Sinkgeschwindigkeit 29 cm pro Sekunde und damit Flugweiten von über 10 km möglich. Wasserhaftverbreitung. Fruchtreife: V-X.

Verwendung: gutes Viehfutter, früher auch gegessen (Name!, vgl. lat. oleraceus = als Gemüse verwendet).

Weitere Arten:

Sonchus asper (L.) Hill, Rauhe Gänsedistel: sehr ähnlich voriger Art. Blätter derb, rauh (stachelig gezähnt). Auch Verbreitung durch Wiesen-Ameisen (*Tetramorium*). An einer 140 cm hohen Pflanze wurden 220 Körbchen mit je ca. 250 Früchten, also insgesamt etwa 55 000 Früchte festgestellt. Verwendung wie vorige Art.

Sonchus arvensis L., Acker-Gänsedistel: Schaftpflanze oder Wurzelknospen-Geophyt. Lehmzeiger. Neuerdings öfter an Rändern gesalzter Straßen. Blätter oft kompaßartig gestellt. Hüllkelch und Körbchenstiele mit auffälligen gelben gestielten Drüsen (Verdunstungsschutz?, Aufkriechschutz gegen unerwünschte Bestäuber?). Körbchen abends nickend.

Sorbus aucuparia L., Gemeine Eberesche, Vogelbeere – Rosaceae (= Rosengewächse)

Winterkahler Laubbaum bis maximal 16 m Höhe, ziemlich kurzlebig (nur etwa 80 Jahre alt werdend). An der Baumgrenze zum Teil auch strauchförmig. - Wurzelpilz. - Blätter unpaarig gefiedert (Abb. 85 a), mit meist früh abfallenden Nebenblättern. - Bemerkenswert ist in der Gattung *Sorbus* das Vorkommen konstanter Bastarde. Diese sind gewöhnlich polyploid und vermehren sich apomiktisch, d. h. sie erzeugen Samen ohne Befruchtung, und entsprechend sind die Nachkommen einer Pflanze untereinander gleich. Die Bastarde verhalten sich im übrigen wie normale Arten, haben also eigene Merkmalskombinationen und eigene Areale.

Vorkommen: lichte Wälder, Säume und Hecken, auf sauren, lockeren Lehmböden, in humider Klimalage. Vorholz auf Schlägen. Lichtpflanze. Ebene bis Hochgebirge (Alpen bis 2000 m), in den höheren Lagen der Gebirge oft durch subsp. *glabrata* (Wimm. et Grab.) Cajander vertreten. Außerdem häufig gepflanzt und verwildert.

Blüten: V-VI. Vorweibliche, "nektarführende Scheibenblumen", bis zu 300 in flachen Doldenrispen. Geruch nach Maikäfern (Trimethylamin). Nektar verdeckt. Besucher: Insekten aller Art, besonders Fliegen und Käfer (Duft). Bienenweide.

Früchte: 3fächerige, 9-10 mm lange Apfelfrüchte. Sie werden vor allem nach dem Frost von verschiedenen Vögeln sowie Eichhörnchen usw. gesammelt. Die grellroten, frischen Früchte (Warnfarbe) werden weniger angenommen. Verdauungs- und Speicherverbreitung: Samen nur nach längerer Feuchtlagerung keimfähig. Fruchtreife: ab IX. Wintersteher.

Vegetative Vermehrung durch Wurzelsprosse.

Verwendung: häufiger Zier- und Obstbaum. Aus den Vitamin C-reichen Früchten läßt sich eine gute Marmelade bereiten. Unreife Früchte sind roh durch Parasorbinsäure schwach giftig (abführend), doch verschwindet diese beim Kochen. In Baumschulen bekommt man heute oft die giftfreie Mährische oder Süße Eberesche, var. *moravica* Zengerling, bzw. andere parasorbinfreie Sorten. Wegen des

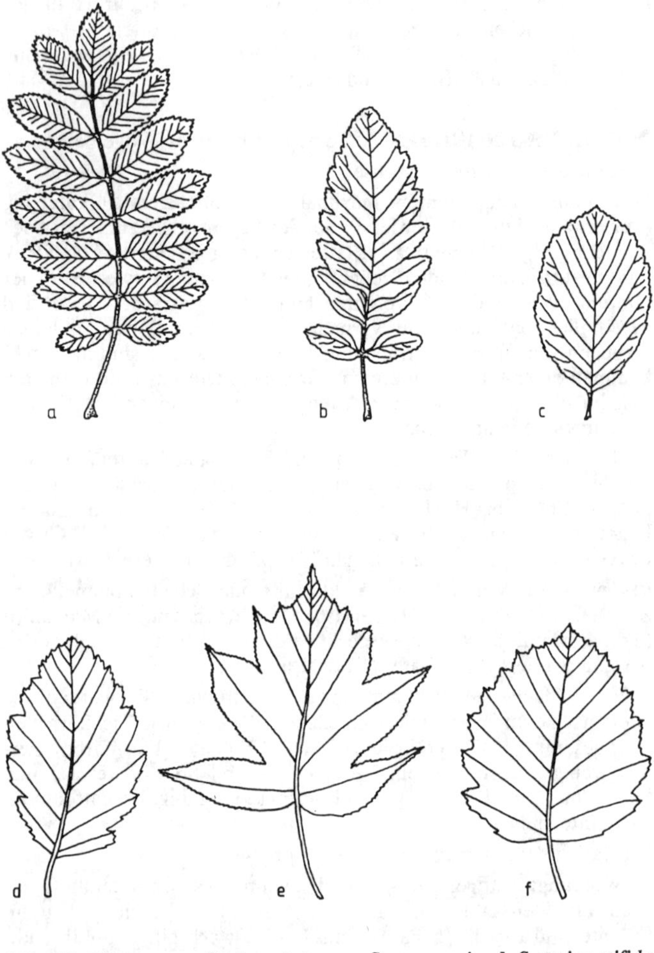

Abb. 85: Blätter von Sorbus-Arten: **a** *S. aucuparia*, **b** *S. x pinnatifida* (= *S. aria* x *S. aucuparia*). **c** *S. aria*. **d** *S. intermedia*. **e** *S. torminalis*. **f** *S. latifolia* (= *S. aria* x *S. torminalis*).

Gehaltes an Sorbit sind die Früchte auch für Diabetiker geeignet. Getrocknete Früchte wirken durch ihren Gerbstoffgehalt stopfend. Die Borke eignet sich zum Braun- und Rotfärben von Wolle. - Der Name "Vogelbeere" geht auf die frühere Verwendung zum Anlocken von Vögeln beim Vogelfang zurück, der Name "Eberesche" auf die frühere Nutzung zur Schweinemast; die übliche Deutung, Eber-Esche hieße soviel wie Falsche Esche (eber = aber) ist nicht richtig. Der Baum hat die hohe Zahl von etwa 150 verschiedene Volksnamen.

Weitere Arten/Bastarde:

Sorbus aria (L.) Crantz, Mehlbeere: Blätter ungeteilt (Abb. 85 c), unterseits weißfilzig (Transpirationsschutz). Sonnige Wälder und Trockengebüsche, auf sommerwarmen, oft kalkhaltigen Böden. Auch Zierbaum. Die zur Reife roten und innen mehligen Früchte wurden in Notzeiten getrocknet, wie Mehl gemahlen und als Brotzusatz verwendet (Name!). Sie können auch für Mischkompott verwendet werden.

Sorbus torminalis (L.) Crantz, Elsbeere: Blätter ahornartig gelappt (Abb. 85 e). Sommerwarme Trockenwälder und -gebüsche. Früchte braun, nach Frosteinwirkung angenehm süßsauer schmeckend. Hübscher Forstbaum. Das harte, zähe Holz ist sehr geschätzt und gehört zu den teuersten Hölzern überhaupt ("Schweizer Birnbaum").

Sorbus domestica L., Speierling: Blätter unpaarig gefiedert, denen von *S. aucuparia* sehr ähnlich. In den warmen Gebieten, besonders in Weinbaulagen, angepflanzt und dort z. T. seit langem eingebürgert (evtl. auch urwüchsig als Wärmezeitrelikt). Heimat: Mittelmeergebiet. Gefährdet und schützenswert. Doldenrispen wenigblütig. Früchte relativ groß (bis 3 cm lang), wie kleine Äpfel aussehend. Wegen ihres Gerbstoffreichtums werden sie für die Klärung von Wein, vor allem von Apfelwein und dort auch als geschmacksgebende Komponente (herb) verwendet. Vollreife Früchte sind wie Mispeln eßbar. Das Holz wird ebenfalls sehr geschätzt.

Sorbus chamaemespilus (L.) Crantz, Zwerg-Mehlbeere: niedriger Strauch. Blätter ungeteilt, am Rande fein gezähnt. Sonnige Gebüsche der Krummholz- und Zwergstrauchstufe, vor allem der Alpen. Blüten rosa, aufrecht, glockig.

Sorbus intermedia (Ehrh.) Persoon, Schwedische Mehlbeere: häufiger Zier- und Straßenbaum. Heimat: Südskandinavien. Blätter buchtig gezähnt (Abb. 85 d). Konstanter, tetraploider Tripelbastard (*S. aria* x *S. aucuparia* x *S. torminalis*).

Sorbus latifolia (LAM.) PERSOON (Sammelart), Breitblättrige Mehlbeere: Konstanter Bastard (Abb. 85 f) aus der Kreuzung *S. aria* x *S. torminalis*. Mehrere Kleinarten mit endemischen Vorkommen. Schwerpunkt in sonnigen Eichenwäldern von Franken, Baden und Thüringen. Auch als Zierpflanze kultiviert.

Sorbus x pinnatifida (SMITH) DÜLL (= *S. thuringiaca* (ILSE) FRITSCH), Deutsche Bastard-Eberesche: primärer Bastard aus der Kreuzung *S. aria* x *S. aucuparia*. Bemerkenswert wegen der zwischen der fiederblättrigen Eberesche (Abb. 85 a) und der Mehlbeere (Abb. 85 c) vermittelnden Blattform (Abb. 85 b). Wird nicht selten in Anlagen gepflanzt. Ähnlich sind die vor allem aus Nordeuropa bekannten, konstanten Kleinarten der *S. hybrida*-Gruppe.

Sparganium erectum L. (= *S. ramosum* HUDSON), Ästiger Igelkolben

– Sparganiaceae (= Igelkolbengewächse) bzw. Typhaceae (= Rohrkolbengewächse)

Sumpf- und Wasserpflanze (Schlammwurzler) mit Rhizom. Durchlüftungsgewebe. Grüne Teile reich an nadelförmigen Calciumoxalat-Kristallen (Raphiden): Fraßschutz. Formenreich.

Vorkommen: Uferröhrichte stehender, nährstoffreicher Gewässer, auf humosen, meist kalkhaltigen Schlammböden bis 0,5 m Wassertiefe. Verlandungspionier. Verschmutzungszeiger. Lichtpflanze. Etwas wärmeliebend. Ebene bis mittlere Gebirgslagen (bis 845 m).

Blüten: VII-IX. Windblütig: "unbeweglicher Typ". Einhäusig. Vormännlich. Blütenstand ästig, rispig; Blüten kugelig, untere weiblich, obere männlich. Selbstbestäubung erfolgreich.

Früchte: Je Blüte entstehen zahlreiche 1samige Nüßchen mit Steinkern und Schwimmgewebe: Schwimmverbreitung. Schwimmdauer bis 12 Monate. Früchte mit Griffelrest, deshalb auch Klettverbreitung als Bohrfrucht durch Wassertiere.

Vegetative Vermehrung durch Ausläufer.

Verwendung: Die unteren, saftigen Stengelteile werden von Kindern als "Speck" gegessen.

Spergula arvensis L., Acker-Spörgel, -Spergel oder -Spark

– Caryophyllaceae (= Nelkengewächse)

Einjährig, sommerannuell, bis 0,5 m tief wurzelnd. Blätter pfriemlich, etwas fleischig, unterseits gefurcht, in Scheinquirlen.

Vorkommen: Äcker (vor allem Hackfruchtäcker) und Ruderalstellen, auf frischen, nährstoffreichen, kalk- und basenarmen Böden. Versauerungs- und Garezeiger. Relativ widerstandsfähig gegen Herbizide. Ebene bis Gebirge (Alpen bis über 1200 m). Alteinwanderer (Archäophyt). In kühlgemäßigten Zonen heute weltweit verschleppt.

Blüten: VI-VIII. Weiße, "nektarführende Scheibenblumen", in endständigen, lockeren, dichasialen Blütenständen. Nektar halbverborgen, an der Basis der Staubblätter abgesondert. Blüten nur bei Sonnenschein geöffnet. Bestäuber: Zweiflügler und Hautflügler. Bei kaltem Wetter sowie beim Abblühen Selbstbestäubung, indem sich die Staubbeutel zur Narbe hin neigen. Blüten nach der Blütezeit abwärts gerichtet.

Früchte: aufrechte, 5klappige Kapseln. Klappen tief eingeschnitten, sich trocken und reif nach außen biegend. Samen schwarz, flach-linsenförmig (verbreitungshemmend), mit sehr schmalem Rand und keulenartigen Papillen (hygroskopisch?), reich an fettem Öl. Tierverbreitung (Wasserhafter), Windverbreitung (Scheibenflieger) und Menschenverbreitung (Kulturbegleiter). - Samen lange keimfähig.

Verwendung: in Kultursorten als Futterpflanze angebaut; früher auch zur Schweinemast. Samen in Lappland als Getreidebeimischung (LINNÉ).

Spiraea salicifolia L., Weiden-Spierstrauch

– Rosaceae (= Rosengewächse)

Sommergrüner Strauch. Blätter lanzettlich, 4-7 cm lang, vom Grunde an gesägt; wie bei allen Vertretern der Unterfamilie Spiraeoideae, aber im Gegensatz zu den übrigen Unterfamilien der Rosaceae ohne Nebenblätter. Laub sehr zeitig im Frühjahr austreibend.

Vorkommen: Zierpflanze, zuweilen verwildert.

Blüten: VI. Rosablühende, "nektarführende Scheibenblumen", in dichten, schmalen Rispen. Blütenbecher schüsselförmig. Nektarium als orangefarbener, ringförmiger Wulst entlang der inneren Kelchwand. Da die Blüten erst vorweiblich und dann homogam sind, vollziehen die Insekten zuerst Fremd- und dann Selbstbestäubung.

Früchte: Je Blüte sind mehrere freie Fruchtknoten vorhanden, die sich zur Reife zu mehrsamigen Balgfrüchten entwickeln.

Vegetative Vermehrung durch unterirdische Ausläufer.

Verwendung: Zierstrauch. Außer der besprochenen Art gibt es weitere Zierarten (z. B. *S. ulmifolia*) und Bastarde. Die genaue Zuordnung ist daher oft schwierig. Das gilt auch für verwilderte Formen.

Stachys palustris L., Sumpf-Ziest, Schweinsrübe – Lamiaceae (= Lippenblütler)

Knollen-Geophyt. Die an den Knoten rosenkranzartig verdickten rhizomartigen Knollen sind, wie bei der ähnlich aufgebauten Kartoffelknolle, Anschwellungen der Enden unterirdischer Ausläufer, die der Reservestoffspeicherung und Überdauerung dienen. Mark als Speichergewebe. Im Herbst stirbt die alte Pflanze ab, und im Folgejahr wachsen achselbürtige Knospen der Knolle zu neuen Pflanzen heran, wobei sich diese aufbraucht.

Vorkommen: Uferstaudenfluren, Naßwiesen, vernäßte Äcker und Wegränder, auf nassen bis wechselnassen, nährstoff- und basenreichen Böden. Kriechpionier. Licht- bis Halbschattenpflanze. Wärmeliebend (Alpen nur bis 820 m). Kulturbegleiter.

Blüten: VI-IX. Vormännliche, "eigentliche Lippenblumen vom *Satureja*-Typ", in ährenartigen (Name!: griech. stachys = Ähre) Blütenständen (Thyrsen). Kronröhre bis 9 mm lang, mit Haarring (= Saftdecke). Oberlippe kurz, Unterlippe mit hübschen Strich- und Tüpfelsaftmalen. Reichliche Nektarabsonderung und entsprechend guter Besuch durch Bienenverwandte, Falter und Schwebfliegen. Zum Schluß ist spontane Selbstbestäubung möglich.

Früchte: Klausen von langen Kelchzähnen umgeben: Tier- und Windstreuer. Evtl. auch Austrocknungsstreuer durch den zur Reife schrumpfenden Kelch. Schwimmverbreitung. Fruchtreife: ab VII.

Vegetative Vermehrung durch die Ausläufer.

Verwendung: Knollen durch den Gehalt an Stachyose, einem zuckerähnlichen Tetrasaccharid, sehr nährstoffreich, früher als Schweinefutter genutzt, in der Volksheilkunde auch als Gerbstoffdroge.

Weitere Arten/Verwandte:

Stachys recta L., Aufrechter Ziest: Schaftpflanze (und Rhizomgeophyt?). Stengel zu mehreren dem verzweigten Rhizom entspringend. Trockenheitsanpassungen: Runzelblätter und ausgesprochen tiefreichende Wurzeln (bis 2 m Tiefe). Gebüschsäume, lichte Wälder und Magerrasen, auf warmen, basenreichen Böden. Blüten gelblich-weiß.

Stachys germanica L., Deutscher oder Filziger Ziest: Pflanze mit dichtem weißen Haarfilz (Strahlungsschutz). Ein- bis mehrjährige, meist nur einmal blühende Halbrosettenpflanze. Steinige, oft kalkreiche und sonnige Weg- und Waldränder. In Nordrhein-Westfalen stark gefährdet. Krone hellpurpurn. Gynodiözisch.

Stachys sylvatica L., Wald-Ziest: Schaftpflanze frischer, nährstoffreicher Säume. Blüten- und verbreitungsökologisch ähnlich wie *S. palustris*. Kronröhre bis 11 mm lang. Für Wildpflanzengärten geeignet. Knollen eßbar.

Stachys lanata JACQ. (= *S. byzantina* C. KOCH), Zottiger oder Wolliger Ziest: Niedrige, besonders dicht filzig behaarte Steingartenpflanze. Heimat: Südosteuropa. Wichtige Bienenweide.

Stachys sieboldii MIQ., Japanische Kartoffel: selten als Gemüsepflanze kultiviert. Nahe verwandt mit voriger Art. Die Knollen enthalten trocken bis zu 70 % Stachyose und ergeben, wie Spargel zubereitet, ein blumenkohlartig schmeckendes Gemüse.

Betonica officinalis L. (= *Stachys officinalis* (L.) TREV.), Gemeiner Ziest, Betonie: Hemikryptophyt. Moorwiesen, Magerwiesen und Heiden. Wechselfeuchtigkeits- und Magerkeitszeiger. Verbandskennart des Molinion (= Pfeifengraswiesen). Ehemalige Arzneipflanze. Für Wildpflanzengärten zu empfehlen.

Stellaria holostea L., Große oder Echte Sternmiere

– Caryophyllaceae (= Nelkengewächse)

Meist wintergrüner krautiger Chamaephyt: an vorjährigen Trieben entstehen in den Achseln alter Blätter aufsteigende blühende und kurze nichtblühende Triebe. Falls in strengen Wintern die oberirdischen Teile erfrieren, können Wurzelknospen zu neuen Sprossen heranwachsen: Wurzelknospen-Geophyt. Die elastisch abstehenden Blätter können zum Klettern dienen: Spreizklimmer. Flachwurzler.

Vorkommen: lichte, krautreiche Wälder, Säume und Hecken, auf lockeren, meist sandigen Lehmböden. Ebene bis Gebirge (bis 1100 m), streckenweise fehlend, z. B. im Alpengebiet. Verbandskennart des Carpinion (= Eichen-Hainbuchen-Wälder).

Blüten: IV-V. Vormännliche, "kleine Trichterblumen", in bis dreifach gegabelten Dichasien. Tragblätter laubig. Neben zwittrigen Blüten finden sich z. T. kleinere weibliche Blüten (gynomonözisch, seltener gynodiözisch). Nektar halb verborgen. Reicher Blütenbesuch durch verschiedene Insekten (Zweiflügler, Bienenverwandte, Käfer, Falter). Selbstbestäubung erfolgreich.

Früchte: kugelige, trocken mit 5 Zähnen aufspringende Kapseln. Fruchtstiele jung herabgekrümmt, reif aufrecht. Kelch als Windfang: Wind- und Tierstreuer. Wohl auch Ameisenverbreitung

Verwendung: Für Wildpflanzengärten zu empfehlen.

Weitere Arten (vgl. auch weiter unten):

Stellaria graminea L., Gras-Sternmiere: Schaftpflanze und ebenfalls z. T. Spreizklimmer. Magere Wiesen und Wegränder. Versauerungszeiger. Blüten- und verbreitungsökologisch ähnlich wie vorige Art.

Stellaria alsine GRIMM (= *S. uliginosa* MURRAY), Quell- oder Bach-Sternmiere: voriger Art ähnlich, aber völlig kahl und etwas blaugrün. Quellfluren und nasse Waldwege.

Stellaria media (L.) VILLARS, Vogelmiere, Hühnerdarm

– Caryophyllaceae (= Nelkengewächse)

Einjähriger sommerannueller Kriechtherophyt oder winterannuelle, seltener zweijährige Halbrosettenpflanze. Ohne Blüh- und Wachstumsperiodizität. Flachwurzler. Keim- und Laubblätter mit Tag-/Nachtstellung (Schlafbewegungen). Formenreich.

Vorkommen: Äcker, Gärten, Wege und lückige Ruderalstellen, auf frischen, sehr nährstoffreichen Böden. Stickstoff- und Überdüngungszeiger. Ordnungskennart der Polygono-Chenopodietalia (= Wildkrautgesellschaften nährstoffreicher Äcker und Gärten). Alteinwanderer (Archäophyt). - Die Vogelmiere wird meist als "Unkraut" bezeichnet, doch ist ihr Nutzen gerade in Kulturen wie Weinbergen und Gärten recht groß, indem sie den Boden feucht hält, Erosion verhindert und auch im Winter den Boden deckt.

Blüten: III-X. Kleine, weiße, vormännliche, "nektarführende Scheibenblumen", in wenigblütigen doldenartigen Dichasien. Kronblätter fast bis zum Grunde geteilt oder fehlend. Nektar wird am Grunde der äußeren Staubblätter abgesondert, und zwar nur bei sonnigem Wetter. Insektenbesuch spärlich: Hautflügler, Zweiflügler und Blasenfüße (Thysanopteren). Meist Selbstbestäubung durch Hinkrümmen der Staubblätter zur Narbe.

Früchte: Kapseln gedunsen. Samen papillös (= keimungsfördernd, weil kapillar wasseranziehend?). Selbstausstreuer. Ameisenverbreitung. Menschenverbreitung, z. B. durch Tritt und mit Erde.

Verwendung: Volksheilmittel bei Lungenerkrankungen usw. (enthält Saponine und viel Kalium). Das Kraut und vor allem die Samen werden von Vögeln gern gefressen (Name!). Als Gemüse geeignet (mild). Wertvolle Kompostierungspflanze.

Stipa pennata L. (Sammelart), Federgras

– Poaceae (= Süßgräser)

Ausdauernder Hemikryptophyt (Horstgras), bis 1 m hoch. Trockenheitsanpassungen: zusammengefaltete rauhe Rollblätter und tiefreichende Wurzeln.

Vorkommen: Trockenrasen, sonnige Felshänge und Steppenrasen. Bei uns selten und potentiell gefährdet. Hauptverbreitung als kontinentale Steppenpflanze. - **Geschützt**! (alle Arten der Gattung).

Blüten: V-VII. Windblütig: "langstaubfädiger Typ". Ährchen 1blütig, vorweiblich, mit je 3 Schwellkörpern. Staubbeutel an der Spitze meist bärtig. Rispe armblütig.

Früchte: Karyopsen von den knorpelig verhärtenden Deckspelzen dicht umschlossen (Scheinfrucht). Hüllspelzen mit 3-5 cm langer Granne. Deckspelzen mit 20-30 cm langer federig behaarter Granne. Haare anfangs feucht anliegend, trocken abstehend. Federschweifflieger. Fakultativ auch Bodenkriecher (herpautochor): Bohrfrucht, die sich durch hygroskopische Bewegungen der Haare und der übrigen Granne in den Boden dreht (= verbreitungshemmende Einrichtung, wie sie für viele Steppen- und Wüstenpflanzen typisch ist). Bohrt sich als Klettfrucht aber z. B. auch in das Fell von Schafen ein und kann bis in deren Darm vordringen.

Weitere Art:

Stipa capillata L., Pfriemengras, Haar-Pfriemengras: voriger Art ähnlich und auch an ähnlichen Standorten. Ebenfalls stark gefährdet und geschützt. Deckspelzen-Granne nur 10-15 cm lang, nicht federig behaart, pfriemlich, oft gedreht. Zum Teil geschlossenblütig (kleistogam). Nur Bohrfrucht.

Stratiotes aloides L., Krebsschere, Wasser-Aloe

– Hydrocharitaceae (= Froschbißgewächse)

Frei schwimmende bzw. schwebende Wasserpflanze, 15-40 cm hoch, mit Ausläufern, rasenbildend. Blätter in dichter, trichterförmiger Blattrosette, dreikantig, schwertförmig (Name!, vgl. griech. stratiotes = Krieger), stachelig gesägt, an die Scheren eines Krebses erinnernd (Name!), zur Blütezeit im oberen Teil aus dem Wasser ragend, sonst unter Wasser (submers), im Herbst auf den Grund des Gewässers sinkend. - Zur Gattung *Stratiotes* gehört nur diese eine eurasiatisch verbreitete Art; im Tertiär gab es in Mitteleuropa weitere Arten.

Vorkommen: stehende oder langsam fließende, nährstoffreiche Gewässer bis 2 m Tiefe, über humosen Schlammböden, in windgeschützter Lage. Meist selten, so besonders im Süden, stellenweise aber in Massenvorkommen. Kennart des Hydrocharitetum morsus-ranae (= Froschbißgesellschaft). Auch angesalbt und verwildert. Gefährdet. - **Geschützt**!

Blüten: V-VII. Geruchlose, "nektarführende Scheibenblumen". Äußere Perigonblätter grün, innere weiß, 20 mm breit. Zweihäusig. Männliche Blüten gestielt, weibliche sitzend. Nektarium aus 15-30 hellgelben, drüsigen Fäden bestehend. Staubbeutel nur einfächerig. Bestäubung durch Insekten. Allerdings sollen in manchen Gegenden nur männliche Pflanzen, in anderen nur weibliche vorkommen.

Früchte: eiförmige Kapseln mit Widerhaken an 2 Kanten: Kletthafter. Samen schleimig verquellend und auf den Boden des Gewässers sinkend.

Vegetative Vermehrung durch Bildung von Brutpflänzchen an den Ausläufern.

Verwendung: Wo die Pflanze häufig ist, wird sie als Schweinefutter und wegen ihres hohen Phosphor- und Kaliumgehaltes zur Gründüngung benutzt.

Succisa pratensis MOENCH, Teufelsabbiß

– Dipsacaceae (= Kardengewächse)

Hemikryptophyt (Halbrosettenpflanze). Blätter meist ganzrandig. Hauptwurzel am unteren Ende wie abgebissen (Name!, vgl. lat. succidere = abschneiden; man nahm an, der Teufel hätte die Wurzel von unten abgebissen).

Vorkommen: Moor- und Magerwiesen, vor allem im Bergland, auf wechselfeuchten, basenreichen, mäßig sauren, humosen Böden. Magerkeitszeiger. Ebene bis Gebirge (Alpen bis 1040, Schwarzwald bis 1400 m). Durch Entwässerungen in der Ebene oft im Rückgang.

Blüten: VII-IX. "Körbchenblumen", analog denen der Korbblütler. Körbchen halbkugelig, mit je 50-80 Blüten. Randblüten nicht strahlend. Vormännlich. Gynodiözisch, d. h. es gibt weibliche Pflanzen und solche mit Zwitterblüten. Nektar mit Saftdecke. Kronröhre 3-4 mm lang. Besucher: Bienenverwandte, Zweiflügler, Falter. Keine Selbstbestäubung.

Früchte: Achänen zur Fruchtreife durch den Druck der Spreublätter emporgehoben. Tierstreuer; Windstreuer? Fruchtreife: ab VIII.

Verwendung: früher als Heilmittel in hohem Ansehen.

Symphoricarpos rivularis SUKSDORF (= *S. albus* (L.) S. F. BLAKE), Schneebeere

– Caprifoliaceae (= Geißblattgewächse)

Winterkahler Strauch von 1-2,5 m Höhe. - Eventuell **giftig**.

Vorkommen: Häufige Zierpflanze der Gärten und Anlagen. Gelegentlich verwildert. Heimat: Auwälder Nordamerikas.

Blüten: VI-VIII. Schwach dorsiventrale, homogame "Glockenblumen mit klebrigem Pollen". Nektar von ziemlich großen Papillen auf der Innenseite der Kronröhre abgesondert. Anbohrbares Gewebe vorhanden. Bestäuber: Wespen, Bienenverwandte und Schwebfliegen. Bienenweide. Selbstbestäubung möglich.

Früchte: weiße Beeren mit großzelligem Fruchtfleisch, meist 2samig, dicht gedrängt stehend (Name!: griech. sympherein = häufen, karpos = Frucht). Weißfärbung durch Totalreflexion an den Interzellularen. Fruchtreife: VII-XI.

Verwendung: Die Beeren sind bei Kindern sehr beliebt, weil sie mit einem leichten Knall zerplatzen, wenn man auf sie tritt oder sie gegen einen Stein wirft ("Knallerbse", "Knackbeere").

Symphytum officinale L., Gemeiner Beinwell

– Boraginaceae (= Rauhblattgewächse)

Ausdauernde Halbrosettenpflanze. Rhizom rübenförmig, enthält u. a. Inulin. Bis 1,8 m tief wurzelnd. Blätter herablaufend, Seitensprosse z. T. mit dem Stengel verwachsen: Kon- bzw. Rekauleszenz. Borstenhaare mit Kalkeinlagerungen im Fuß. Pflanze stachelig rauh.

Vorkommen: Naßwiesen, Bruchwälder, Ufer und feuchte Wegränder, auf nassen oder wechselnassen, nährstoff- und basenreichen Böden, vor allem tieferer Lagen. Nährstoffzeiger. Ebene bis mittlere Gebirgslagen (Alpen bis 1000 m).

Blüten: V-VII. Homogame "Glockenblumen mit Streueinrichtung", in beblätterten Wickeln. Schlundschuppen verschließen den Streukegel, so daß der Nektar nur langrüsseligen Bienenverwandten zugänglich ist. Die Besucher klammern sich an dem mit auffälligen Papillen ausgestatteten Rand der Krone fest und führen den Rüssel an die am Austritt des Griffels freibleibende Öffnung. Dabei rieselt der mehlige Pollen auf sie herab. Kurzrüsselige Arten verüben "Einbruch". Spontane Selbstbestäubung scheint möglich.

Früchte: In dem nach der Blüte vergrößerten, ± hängenden Kelch entwickeln sich 1-2(-4) Klausen: schwarzglänzend, am Grunde zuerst mit Ölkörper (Elaiosom), später hohl. Selbstverbreitung durch herausfallende Klausen. Ameisen- und Schwimmverbreitung (durch Luftblase in der Klausenhöhlung). Fruchtreife: VII-IX.

Vegetative Vermehrung durch Verzweigung des Rhizoms.

Verwendung: Rhizome vor allem früher bei schlecht heilenden Wunden, Knochenhautreizungen und Knochenbrüchen (Name!, vgl. griech. symphyein = zusammenwachsen lassen) arzneilich verwendet. Junge Sprosse können gedünstet als Gemüse, die Blätter als Salat gegessen werden. Doch soll der Verzehr zu großer Mengen zu Schädigungen der Leber führen.- Für Wildpflanzengärten geeignet.

Weitere Arten/Bastarde:

> **Symphytum asperum** Lep., Rauher Beinwell: zu Beginn des 19. Jh. als Futterpflanze eingeführt und bisweilen verwildert. Heimat: Kaukasus. - Bastarde mit voriger Art (*S. x uplandicum* Nym.) sind nicht selten. Auch als Futterpflanze werden heute überwiegend Zuchtformen des Bastards verwendet (= Futter-Beinwell oder Comfrey). Der Bastard ist nicht selten eingebürgert und stellt z. B. in England die häufigste *Symphytum*-Pflanze dar.

Syringa vulgaris L., Gemeiner Flieder

– Oleaceae (= Ölbaumgewächse)

Winterkahler Laubstrauch oder -baum bis 5 m Höhe. Blätter jung mit extrafloralen Nektarien. Verzweigung der Äste oft dichasial. - Wurzelpilz.

Vorkommen: Seit dem 16. Jh. in Mitteleuropa als Zierstrauch. Zuweilen eingebürgert (Neophyt). Heimisch in den Kalktrockenwäldern der Balkangebirge; Tertiärrelikt.

Blüten: IV-V. Meist homogame "Stieltellerblumen mit eingeschlossenen Narben und Staubbeuteln" in dichter aufrechter Ripse. Wohlriechend, u.a. durch das ätherische Öl Farnesol. Nektar wegen der bis 10 mm langen Kronröhre nur langrüsseligen Insekten (Bienenartigen und Faltern) zugänglich. Pollen von Schwebfliegen gesammelt; dieser bleibt nur an durch Nektar befeuchteten Rüsseln haften. Zum Schluß auch Selbstbestäubung.

Früchte: fachspaltige, 4samige Kapseln. Windverbreitung. Samen schmal geflügelt: Segelflieger und Wasserhafter.

Vegetative Vermehrung durch Wurzelsprosse.

Verwendung: Hauptnutzen durch Anzucht in Gewächshäusern (Treibflieder). Hartes, festes Drechslerholz. Die "Panflöten" sollen aus Fliederholz gefertigt worden sein (Name!: griech. syrinx = Röhre, Flöte).

Tanacetum vulgare L. (= *Chrysanthemum vulgare* (L.) BERNH.), Rainfarn

– Asteraceae (= Korbblütler)

Ausdauernde, wintergrüne Halbrosettenpflanze, 40-120 cm hoch. Blätter fein zerteilt, farnartig. Kompaßpflanze: Blätter im vollen Sonnenlicht ± senkrecht nach Süden gerichtet (= Anpassung an die Wärmestrahlung sonniger Ruderalstandorte). - **Giftig** in allen Teilen, vor allem durch das ätherische Öl Thujon.

Vorkommen: staudenreiche Ruderalstellen (z. B. "Raine") und Ufer, auf sommerwarmen, nicht zu trockenen, nährstoffreichen, neutralen, humosen Böden, vor allem in den Stromtälern. Kennart des Tanaceto-Artemisietum (= Rainfarn-Beifuß-Gestrüpp). Ebene bis Gebirge (Alpen bis 1000 m). In kühl-gemäßigten Zonen weltweit verschleppt.

Blüten: VII-IX. Vorweibliche, strahlenlose "Körbchenblumen", in dichter Doldenrispe. Je Körbchen ca. 100 Blüten. Alle Blüten zwittrig. Reicher Besuch durch Insekten aller Art.

Früchte: Achänen ohne Pappus, aber mit krönchenförmigem Saum. Fruchtkörbchen ohne Spreublätter. Wind- und Tierstreuer. Wasserhaftverbreitung möglich.

Vegetative Vermehrung reichlich durch unterirdische Ausläufer.

Verwendung: Blüten früher arzneilich verwendet, aber u. a. wegen der Giftigkeit (bei Überdosierung evtl. tödlich) nicht mehr im Gebrauch. Wegen des kampferartigen Geruchs wurde die Pflanze als Wurmmittel verwendet und gilt noch heute als wirksames Mittel gegen Motten und anderes Ungeziefer, z. B. als Bestandteil von Kräuterkissen. Der Name Rainfarn hat vermutlich außer mit der Ähnlichkeit der Blätter mit gewissen Farnen auch mit der gleichen Verwendbarkeit als wurmabweisende Streu für Rinder (= Farren) zu tun (vgl. *Dryopteris* = Wurmfarn). Aufgüsse der Blätter werden als Mittel gegen Blattläuse und Milben empfohlen. Soll eine gute Bier- und Backwürze sein. Schöne Wildgartenpflanze, breitet sich aber oft aggressiv aus.

Weitere Arten:

Tanacetum corymbosum (L.) SCHULTZ-BIP. (= *Chrysanthemum corymbosum* L.), Straußblütige Wucherblume, Ebensträußige Margerite: ähnlich wie vorige Art. Der Hinweis auf den Blütenstand im Artnamen (Schirmrispe = Doldenrispe, Ebenstrauß, Corymbus) ist im Vergleich zu anderen Arten der Gattung *Chrysanthemum* im Sinne von LINNÉ zu verstehen. Körbchen mit weißen, länglichen

Zungenblüten. Pflanze geruchlos. Waldsäume und lichte Wälder, auf sommerwarmen, basenreichen, oft kalkhaltigen Böden.

Tanacetum parthenium (L.) SCHULTZ-BIP. (= *Chrysanthemum parthenium* (L.) BERNH.), Mutterkraut, Römische Kamille: 30-60 cm hoch. Fiedern zu 3-5, eirundlich. Pflanze stark duftend. Strahlblüten weiß, rundlich. Alte Bauerngartenpflanze: Zierpflanze, ehemalige Heilplanze gegen Frauenkrankheiten (Name!, vgl. griech. parthenos = Jungfrau). Wegen abtreibender Wirkung ist aber Vorsicht geboten. Wird heute wegen des Gehaltes an Pyrethrinen überwiegend als Kontaktgift gegen Insekten gebraucht. Kann beim Menschen Kontaktallergien verursachen. Heimat: Mittelmeergebiet. Nicht selten verwildert, vor allem in der Nähe alter Gärten, auf frischen, nährstoffreichen Lehmböden. Neuerdings kommen Zuchtformen ohne Zungenblüten als "Knopfkamillen" auf den Markt.

Taraxacum officinale WEBER (Sammelart), Gemeiner oder Wiesen-Löwenzahn, Gemeine Kuhblume

– Asteraceae (= Korbblütler)

Ausdauernde Rosettenpflanze mit verdickter Pfahlwurzel (zugleich Zugwurzel). Blätter grob (schrot-sägeförmig) gezähnt (Name!: ähnlich wie der Zahn eines Löwen). Sehr formenreich. Tiefwurzler (bis ca. 2 m). Wurzel im Herbst mit bis zu 40 % Inulin, im Frühjahr nur 1-2 %, dafür reichlich Einfachzucker, vor allem Fruchtzucker (= Frostschutz?). Milchsaft mit 0,1 % Kautschuk; Zuchtformen des zentralasiatischen Kok-Saghyz (*Taraxacum bicorne* DAHLST. = *T. kok-saghyz* RODIN) sogar mit 6-10 %, weswegen diese Pflanze zeitweise eine große Rolle als Kautschuklieferant der gemäßigten Breiten spielte. - Löwenzahn galt früher - wohl zu unrecht - als giftig. - Sehr regenerationsfreudig. Daher auch das berühmte Modifikationsexperiment: Nach Längsteilung einer Pfahlwurzel beließ man den einen Teil im Flachland: er regenerierte zur normalen Form; die andere Hälfte wurde ins Hochland verpflanzt und wuchs dort zu einer kleinen, niedrigen Form heran. Andererseits ist zu beachten, daß beim Löwenzahn im allgemeinen die Unterschiede in Größe und Aussehen erblich bedingt sind, d. h. ökologisch spezialisierten Kleinarten (Ökotypen) und nicht, wie oft fälschlich angenommen, Modifikationen entsprechen. - Bekannt ist auch der physiologische Versuch zur Gewebespannung: Nach Spaltung des röhrigen Stengels rollen sich die Spaltteile bald um, vor allem, wenn man den Stengel in Wasser legt (dann innerhalb weniger Sekunden). Diese Bewegungen entstehen dadurch, daß sich die Zellen der Röhren-Innenwand jetzt stark dehnen können.

Vorkommen: Wiesen, Weiden, Ruderalstellen, Äcker und Gärten, auf frischen, nährstoffreichen, meist tiefgründigen Böden. Kulturbegleiter. Massenvorkommen z. B. auf Kuhweiden (Name Kuhblume!). Durch Überdüngung oft gefördert. Ebene bis Hochgebirge (Alpen noch bis 2590 m). In gemäßigten Zonen weltweit verschleppt.

Blüten: IV-VII(-IX). "Körbchenblumen vom *Leontodon*-Typ", mit bis 200 Blüten je Körbchen. Durch Xanthophylle Gelbfärbung und hohe UV-Reflexion. Da das Zentrum des Körbchens weit weniger UV reflektiert, erscheint das Körbchen den Bestäubern zweifarbig. Bei Sonne und bei hellem Wetter geöffnet, sonst durch stärkeres Wachstum der Hüllblattaußenseite geschlossen. Blüten reich besucht, besonders durch Bienen, Maximum um 9 Uhr. 125 000 Blütenköpfe ergeben 1 kg Honig. Zusätzlich stellt der dargebotene Pollen eine wichtige Nahrungsquelle für die Bienen dar. Selbst- und Nachbarbestäubung; allerdings erfolgt die Samenbildung weitgehend ohne Befruchtung durch Jungfernzeugung (Apomixis). - Da Löwenzahn-Pollen in den Pollenflugkalendern als Heuschnupfenerreger geführt wird, muß auch mit Windbestäubung gerechnet werden.

Früchte: Achänen schnell reifend, ölreich (bis 20 %). Oberwärts mit schuppigen Weichstacheln (= Landehaltung). Pappus kurz gestielt, Pappushaare bei Trockenheit spreizend und den bekannten "Fallschirm" der "Pusteblume" bildend; Fruchtstengel zur Reife 2-4 mal so lang wie zur Blütezeit; außerdem wölbt sich der Körbchenboden empor: Schirmchenflieger. Theoretische Flugweite ca. 10 km. Bei Sonnenwetter kann man in einem kleinen Experiment beobachten, wie die Früchte über festem Boden mit der Warmluft aufsteigen, während sie über der relativ kühleren Wiese absinken. Bei feuchtem Wetter erfolgt häufig auch Wasserhaftverbreitung. Hinzu kommen Trittverbreitung, Zufallsverbreitung durch Weidetiere, Speicherverbreitung durch Ameisen und Menschenverbreitung (Kulturbegleiter). Fruchtreife: ab V.

Verwendung: mittlere Bienenweide. Beliebtes Kaninchenfutter; sonst nur von mittelhohem Futterwert. Aus den jungen Blättern läßt sich ein etwas bitterer, aber schmackhafter Salat zubereiten. Frische Blätter können durch Wässern etwas entbittert werden. Auch als Zusatz zu Kopfsalat sehr zu empfehlen, u. a. appetitanregend. Anzucht und Nutzung der bleichen Rosettenblätter wie beim Chicorée. Junge Blütenkörbchen als Kapernersatz. Im Herbst gegrabene Wurzeln geröstet als Kaffee-Ersatz wie Zichorie. Arzneiliche Verwendung der Wurzel bei Lebererkrankungen (Bittermittel; fördert die Gallensekretion; wirkt ähnlich wie die Gallenflüssigkeit fettverteilend). Blätter in der Volksmedizin als harntreibendes Mittel (daher in Schwaben "Bettseicherle" genannt) und für Frühjahrskuren ("blutreinigend"). Blüten früher zum Färben der Butter verwendet (daher - wie verschiedene andere gelbblühende Pflanzen - auch "Butterblume" genannt). Aus den Blüten läßt sich ein wohlschmeckender Sirup bereiten. - Im Gartenrasen ist Löwenzahn wegen der für Rosettenpflanzen typischen "Überkriechstrategie" der Blätter als Graszerstörer gefürchtet, hat aber einen größeren ökologischen Nutzen als der Rasen.

Taxus baccata L., Eibe, Beereneibe

– Taxaceae (= Eibengewächse)

Immergrüner Nadelbaum, 2-5 m hoch, maximal bis zu 17 m hoch und bis 9 m Stammdurchmesser. Tiefwurzler. Die älteste Eibe (in Fortingall/Schottland) wird auf 3000, der älteste deutsche Baum (in Mönchshagen/Mecklenburg) auf 1500 Jahre geschätzt. Viele Exemplare sind aber wegen des reichen Stockausschlags - dessen Triebe nachträglich verschmelzen können - jünger als angenommen. Nadelblätter an Langtrieben, ohne Wachsstreifen auf der Unterseite, 6-8 Jahre alt werdend. Ganze Pflanze ohne Harzgänge. Wurzelpilz. - Einziger europäischer Vertreter einer mit den übrigen Nadelbäumen nicht verwandten Gruppe (Unterklasse Taxidae). Tertiärrelikt. - Stark **giftig**: Alle Teile der Pflanze - außer dem Samenmantel - enthalten das bittere und äußerst giftige Alkaloid Taxin. Schon der Verzehr einer Handvoll Nadeln kann zum Tode führen. Die tödliche Giftwirkung war schon im Altertum bekannt. So galt z. B. bei den alten Griechen die Eibe als Baum der Trauer und des Todes; den Germanen war der Baum heilig. - Taxin ist ein Herzgift, verursacht erst Brechdurchfall, dann Lähmung und schließlich Koma. Tödliche Vergiftungen auch bei Tieren. Pferde sind besonders empfindlich. - Der ungiftige, süße, wohlschmeckende Samenmantel kann, im Gegensatz zum Samen, ohne Bedenken verzehrt werden.

Vorkommen: oft angepflanzt. Spontan nur noch selten: im Unterstand reicher Laubmischwälder; fast nur noch im Gebirge (Alpen bis 1400 m). In den ersten nachchristlichen Jahrhunderten war der Baum bei uns noch verbreitet, ist aber seitdem selten geworden. Dazu hat wahrscheinlich der Raubbau durch den Menschen beigetragen. Heutige Vorkommen sind besonders durch Kahlschläge gefährdet, da das Laub die plötzliche Freistellung nicht verträgt. - **Geschützt!**

Blüten: III-IV, Frühblüher. Windblütig: "unbeweglicher Typ". Zweihäusig. Blüten einzeln in den Achseln von Nadeln. Männliche Blüten abwärts geneigt, bestehend aus 6-14 schildförmigen Staubblättern mit je 6-8 Pollensäcken auf der Unterseite (ähnlich den Sporophyllen von *Equisetum*). Weibliche Blüten mit einer in einem knospenförmigen Kurztrieb verborgenen Samenanlage. Seitliche kragenartige Auswüchse wachsen zum Samenmantel (Arillus) heran. Ein am Knospeneingang abgeschiedener "Bestäubungstropfen" dient als Pollenfänger und zieht beim Eintrocknen den Pollen zur Samenanlage. Oft schon im Alter von 15 Jahren blühfähig.

Samen: Je Blüte entsteht ein grüner, nur wenige mm großer Samen, der zur Reife rings von dem durch Karotinoide lebhaft rot gefärbten, saftigen Samenmantel umgeben ist. Diese Verbreitungseinheit hat den Charakter einer Steinfrucht, ist aber morphologisch betrachtet keine Frucht, da der Eibe als "Nacktsamer" ein die Samenanlagen umschließender Fruchtknoten fehlt. Mundwanderer sowie Verdauungsverbreitung (Darmwanderer) durch größere Vögel oder Kleinsäuger und auch Versteckverbreitung. Samenreife: IX-X.

Verwendung: Das Holz gehört neben dem des Buchsbaums zu härtesten heimischen Hölzern, spezif. Gewicht 0,7. Es war früher für Bogen und Armbrustbogen sowie für Wurfspieße sehr begehrt. Daher wurden Eiben häufig an Burgen gepflanzt. Auszüge der Pflanzen wurden auch als Pfeilgift verwendet. Die Zweige dienten als Ersatz für "Palmzweige". Schöne schnittfeste Heckenpflanze.

Teucrium chamaedrys L., Echter oder Edel-Gamander – Lamiaceae (= Lippenblütler)

Nur am Grunde verholzter, kriechender Halbstrauch. Trockenheitsanpassungen: bis 1,2 m tief wurzelnd, Blätter derb, Stengel zottig behaart, ganze Pflanze reich an ätherischen Ölen (transpirationshemmend).

Vorkommen: sonnige Magerrasen, lichte Eichen und Kiefernwälder und ihre Säume, auf trockenen, basenreichen, meist kalkhaltigen, steinigen Lehmböden. Vor allem im Süden. Wärmeliebend (Alpen bis 1100 m).

Blüten: VII-VIII. Vormännliche, "eigentliche Lippenblumen", in 4-6blütigen Scheinquirlen, in den Achseln der oberen Blätter. Kronröhre kurz, ohne Haarring. Krone hellrot mit kurzer, tief 2spaltiger Oberlippe, die mit der Unterlippe verbunden ist, so daß diese scheinbar 5spaltig ist. Schwach wohlriechend. Staubblätter anfangs nach vorn, später - wenn der Griffel nach vorn weist - nach oben gerichtet.

Bestäuber: Hummeln, Bienen und Schwebfliegen. Spontane Selbstbestäubung nur wenig erfolgreich.

Früchte: Klausen zur Reife vom aufgeblasenen Kelch (= Windfang) umgeben. Windstreuer, evtl. auch Tierstreuer.

Vegetative Vermehrung durch lange, sich nach der Blüte bildende Ausläufer.

Weitere Arten:

Teucrium botrys L., Trauben-Gamander: ein- bis zweijährig. Pflanze drüsig-klebrig, stark aromatisch duftend. Wärmeliebende Pionierpflanze in offenen Steinschutthalden und lückigen Trockenrasen, auf feinerdearmen Kalksteinböden, vor allem im Süden. Wind- und Tierstreuer (Pflanze wegen der klebrigen Behaarung an Tieren anhaftend).

Teucrium scorodonia L., Salbei-Gamander: krautiger Chamaephyt oder Hemikryptophyt (Schaftpflanze). Lichte Wälder, Säume und Heiden, auf nährstoffarmen, sauren Böden in wintermilder Klimalage. Verbandskennart des Quercion robori-petraeae (= bodensaure Eichen-Mischwälder). Blüten gelblichweiß. Kronröhre 9-10 mm lang, oft fast bis zur Hälfte mit Nektar gefüllt. Narben anfangs hinter den Staubbeuteln, später diese überragend. Sonst blüten- und verbreitungsökologisch ähnlich wie die beiden vorigen Arten.

Thalictrum aquilegifolium L., Akeleiblättrige Wiesenraute

– Ranunculaceae (= Hahnenfußgewächse)

Hemikryptophyt (Schaftpflanze), 40-120 cm hoch. Blätter dreifach gefiedert.

Vorkommen: subalpine Hochstaudenfluren, Gebüsche, selten in Auwäldern, auf sicker- und wechselnassen, nährstoffreichen, meist kalkhaltigen Böden. Nährstoff- und Nässezeiger. Vor allem im Süden in den Kalkgebieten (Alpen bis 2280 m).

Blüten: V-VII. Vormännliche "Pinselblumen" (in der deutschen Flora selten), in reichblütigen Rispen. Blütenhülle klein, hinfällig. Staubfäden hellviolett, selten weiß (Schauorgan), oben keulig verdickt. Sie stehen zunächst aufrecht und umhüllen die Narben, später spreizen sie ab und geben den Bestäubern die hakenförmigen Narben frei. Bienenfutterpflanze: den Besuchern wird Pollen dargeboten.

Früchte: Nüßchen lang gestielt, dreikantig geflügelt: Flügelflieger. Evtl. auch Tierverbreitung (Wasserhafter).

Verwendung: Gartenzierpflanze, auch für Wildpflanzengärten zu empfehlen.

Weitere Art:

Thalictrum minus L., Kleine Wiesenraute: Blätter 3-5fach gefiedert, Fiedern schmal. Sonnige Gebüsche und lichte Wälder, auf warmen, mäßig trockenen, meist kalkreichen Böden. Ebene bis Gebirge (Alpen bis 1880 m). Gefährdet. Windblütig (!): "hängeblütiger Typ". Vorweiblich. Staubfäden hängend, Staubbeutel gelb, ziemlich lang und leicht beweglich (= Anpassung an die Windbestäubung). Staubbeutel bei schlechtem Wetter geschlossen. Selbstbestäubung nicht selten. Nüßchen sitzend, spindelförmig, längs gerippt. Windstreuer, evtl. auch Bohrfrucht und Regenschwemmling.

Thesium pyrenaicum Pourret, Wiesen-Leinblatt, Wiesen- Bergflachs

– Santalaceae (= Sandelgewächse)

Hemikryptophyt. Halbschmarotzer.

Vorkommen: saure Magerrasen, magere Bergwiesen und Bergweiden, auf kalkarmen, modrig-humosen Lehmböden. Vor allem in der montanen Stufe, im norddeutschen Tiefland fehlend, im Gebirge bis zur Waldgrenze (Alpen bis 1950 m).

Blüten: VI-VII. Unscheinbare, "nektarführende Scheibenblumen", in allseitswendiger Rispe. Perigon weiß, 5zählig. Nektar wird reichlich vom Inneren des Blütenbechers abgegeben. Bienen- und Selbstbestäubung.

Früchte: Die Verbreitungseinheit besteht aus dem Nüßchen, dem aus dem Blütenstiel hervorgehenden Ölkörper (Elaiosom) und dem bleibenden Perigon: Ameisenverbreitung.

Thlaspi arvense L., Acker-Hellerkraut

– Brassicaceae (= Kreuzblütler)

Einjährig, sommer- oder winterannuell. Bis 50 cm tief wurzelnd und vielleicht deshalb relativ unempfindlich gegen Herbizide. - Verwandt mit der Schleifenblume (*Iberis*): siehe dort.

Vorkommen: Äcker und Ruderalstellen, auf frischen, nährstoff- und basenreichen Böden. Lehmzeiger. Etwas wärmeliebend. Ebene bis Gebirge (Alpen bis 1320 m). Kulturbegleiter seit der jüngeren Steinzeit: Alteinwanderer (Archäophyt). Jetzt zirkumpolar verbreitet.

Blüten: V-VI(-IX). Homogame bis vorweibliche, "nektarführende Scheibenblumen", in endständigen Trauben. Insektenbesuch spärlich. Meist spontane Selbstbestäubung.

Früchte: Schötchen rundlich, pfennigartig (Name!), breit gesäumt (= Windfang). Windstreuer und Tierstreuer. Menschenverbreitung (Trittverbreitung der Samen mit Ackererde). Samen ölreich. Fruchtreife: V-XI.

Verwendung: Blätter für Salat und Suppen geeignet. Aus den ölreichen Samen (ca. 33 %) läßt sich Speiseöl herstellen.

Weitere Art:

Thlaspi perfoliatum L., Stengelumfassendes Hellerkraut: einjährige Frühlingspflanze. Flachwurzler (nur bis 5 cm Tiefe). Stengel und Blätter mit bläulichem Wachsüberzug. Sonnige lückige Magerrasen, Weinberge, Wegsäume und Äcker, auf kalk- oder basenreichen Böden. Im Norden selten. Blüten ähnlich wie bei *T. arvense*, jedoch kelchförmig und nur eine 1 mm große Öffnung lassend. Regenballist: bei heftigen Regenschauern werden die Samen bis 80 cm weit geschleudert. Trifft ein Regentropfen in die Schötchenschüssel, so biegt sich der Fruchtstiel durch die Kraft des Aufschlags herab, und im Schötchen entsteht eine Spannung, die zum ruckartigen Ablösen beider Fruchtfächer vom Rahmen führt; die Frucht zerfällt und bei der Rückbewegung des Fruchtstiels werden die Samen fortgeschleudert.

Thymus pulegioides L., Gemeiner Thymian

– Lamiaceae (= Lippenblütler)

Kriechender Halbstrauch. Trockenheitsanpassungen: immergrüne Lederblätter; eingesenkte Drüsen mit ätherischen Ölen (transpirationshemmend); Tiefwurzler (bis 1 m Tiefe).

Vorkommen: Magerrasen und -weiden, erdige Felsen, Mauern, auf Ameisenhaufen usw., vor allem auf trockenen, basenreichen Böden. Magerkeitszeiger. Lichtpflanze. Wärmeliebend. Ebene bis Hochgebirge (Alpen bis 2270 m).

Blüten: VI-IX. Vormännliche, "eigentliche Lippenblumen", mit herausragenden Staubbeuteln und Narben. Neben Zwitterblüten auch weibliche Blüten, daneben auch rein weibliche Pflanzen. Nektar reichlich produziert, von würzigem Geschmack, von Haaren der Kronröhre geschützt (verdeckt). Blüten stark duftend. Reicher Blütenbesuch durch vielerlei Insekten. Keine Selbstbestäubung.

Früchte: Klausen mit Ölkörpern: Ameisenverbreitung. Fruchtkelch durch Haarkranz verschlossen. Fruchtreife: VIII-XI.

Vegetative Vermehrung durch bis über 30 cm lange Ausläufer (Kriechpionier).

Verwendung: ähnlich wie bei folgender Art. *Thymus*-Arten eignen sich als Steingartenpflanzen für Wildpflanzengärten.

Weitere Art:

Thymus vulgaris L., Echter Thymian: immergrüner Zwergstrauch. Zuweilen angepflanzt. Heimat: Mittelmeergebiet. Küchengewürz, das appetitanregend und verdauungsfördernd wirkt und besonders für fette Speisen empfohlen wird. Als Heilpflanze seit altersher für vielerlei Zwecke eingesetzt, vor allem als Hustenmittel. Die Wirkung ist auswurffördernd, krampflösend und desinfizierend. Hauptbestandteil ist das ätherische Öl Thymol. Es ist in den vorliegenden Mengen unbedenklich, kann aber in konzentrierter Form (z. B. im "Quendelöl") bei Überdosierung zu starken (bis tödlichen) Vergiftungen führen. Starkes Wurmmittel.

Tilia cordata MILLER (= *T. parvifolia* EHRH.), Winter-Linde – Tiliaceae (= Lindengewächse)

Winterkahler Laubbaum von 10-25, maximal 30 m Höhe, angeblich bis 1000 Jahre alt. Tiefwurzler. Monochasiale Verzweigung, d. h. jeweils ein Seitenast übergipfelt den Hauptast und übernimmt dessen Funktion. - "Fettbaum", d. h. nach Ablauf der Vegetationsperiode wird die Reservestärke in fettes Öl umgewandelt, im Frühjahr erfolgt die Rückwandlung in Kohlenhydrate. - Auf der Blattunterseite befinden sich in den Winkeln der Leitbündeläste bräunliche bis rostrote Haarbüschel, in denen man regelmäßig Milben antreffen kann. - Unter Linden parkende Autos sind im Sommer oft klebrig-schmutzig. Ursache davon ist der von Blattläusen abgeschiedene, leicht abwaschbare Zuckersaft. Ähnliches gilt auch für andere Bäume.

Vorkommen: Sommerwarme Laubmischwälder, auf basenreichen, meist tiefgründigen Böden. Ebene bis Gebirge (Alpen bis 1360 m). In Norddeutschland meist nur angepflanzt oder eingebürgert.

Blüten: VI-VII. Vormännliche, "nektarführende Scheibenblumen", in hängenden Doldentrauben. Honigduftend. Nektar auf den hohlen Kelchblättern, von Haaren überdeckt. Abscheidung maximal abends und nachts. Narbe schleimig. Hauptbesucher sind Bienen. Der Pollen soll für Bienen giftig sein. Er kann auch vom Wind übertragen werden und Heuschnupfen verursachen.

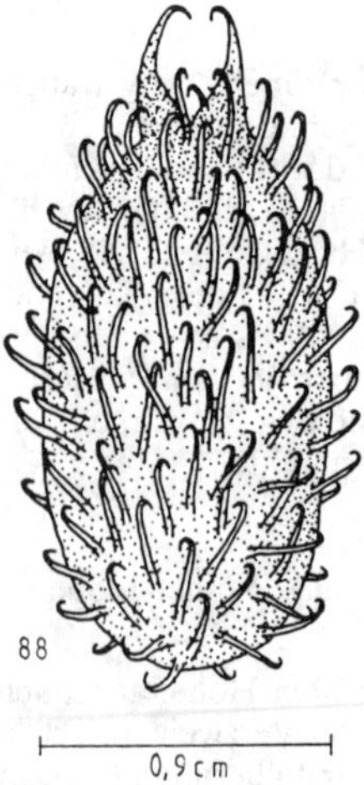

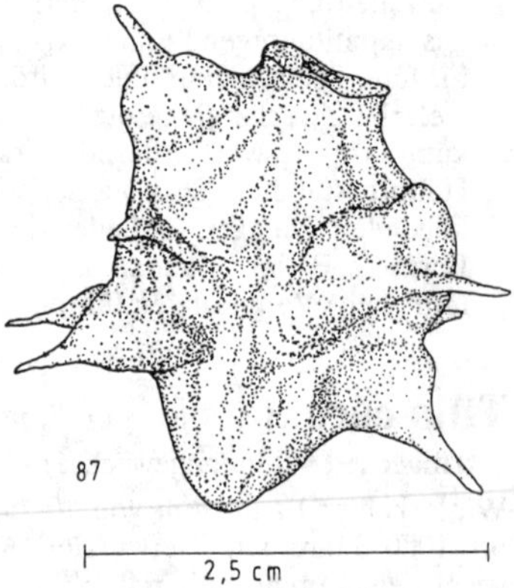

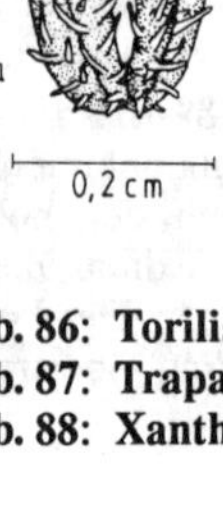

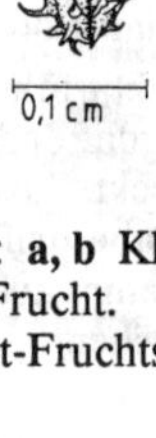

Abb. 86: Torilis japonica: a, b Klettfrüchte.
Abb. 87: Trapa natans: Frucht.
Abb. 88: Xanthium: Klett-Fruchtstand.

Früchte: Aus dem 5fächerigen Fruchtknoten entwickelt sich eine 1-2-samige, dünnschalige Nuß. Der Fruchtstandsstiel ist zur Hälfte mit dem zungenförmigen Vorblatt verwachsen (Rekauleszenz): Drehflieger. Fruchtreife: IX. Keimblätter gelappt (= Ausnahme).

Verwendung der Linden-Arten: Lindenblütentee ist wohlschmeckend und wird gern als schweißtreibendes Mittel bei Erkältungskrankheiten verwendet. Wirkstoffe sind ätherische Öle und Flavonoide. Lindenblütenhonig gilt als besonders wertvoll, nicht zu verwechseln mit dem "Lindenhonig", den die Bienen aus den Ausscheidungen der Blattläuse auf den Blattoberseiten erzeugen ("Honigtau"). Das aus den Blüten gewonnene ätherische Öl soll an Feinheit alle anderen Parfum-Öle übertreffen. - Das weiche, dichte Holz wird gerne zum Schnitzen genommen; spezif. Gewicht 0,5. Lindenkohle war für Schießpulver sehr begehrt. Lindenbast (= Sklerenchymstränge des sekundären Phloems) benutzte man früher zum Flechten von Matten, Schuhen usw. Auch heute noch verwendet man ihn als Gärtnerbast und zum "Basteln". - Linden galten als Sinnbild der Gerechtigkeit. Unter den alten "Dorflinden" wurde Gericht abgehalten, aber auch gefeiert.

Weitere Arten:

Tilia platyphyllos Scop., Sommer-Linde: sehr ähnlich wie vorige Art. Haarbüschel der Blattunterseite hell. Blüht 14 Tage früher als *T. cordata*. - Bastarde unterschiedlicher Herkunft werden heute oft häufiger angepflanzt als die beiden genannten Arten.

Tilia tomentosa Moench, Silber-Linde: wurde in der letzten Zeit viel in Anlagen gepflanzt. Inzwischen wurde festgestellt, daß sie zum Hummelsterben beiträgt, weil ihr Nektar den Zucker Mannose enthält, der für Hummeln tödlich wirken kann. Daher sollte diese Art nicht mehr gepflanzt werden! - Ähnliches gilt für die Krim-Linde (*Tilia euchlora*).

Torilis japonica (Houtt.) DC. (= *T. anthriscus* C. C. Gmel.), Gemeiner Klettenkerbel

– Apiaceae (= Doldenblütler)

Einjährig überwinternde bis zweijährige Halbrosettenpflanze.

Vorkommen: Waldränder, Schläge und beschattete Ruderalstellen, auf frischen, nährstoff- und basenreichen, humosen Lehmböden. Ebene bis Gebirge (Alpen bis 820, Jura bis 950 m). Einheimisch (trotz des Namens!).

Blüten: VII-VIII. Vormännliche, "nektarführende Scheibenblumen". Neben zwittrigen Blüten finden sich in der Doldenmitte noch männliche, kurz gestielte Blüten. Seltener sind rein männliche Dolden. Bestäuber: Fliegen.

Früchte: hakig bestachelte Klettfrüchte (Lupe!) mit borstigen Hauptrippen und Vertiefungen (Abb. 86 a, b). Durch Menschen und Hunde oft entlang der Wege verbreitet.

Tragopogon pratensis L. (Sammelart), Wiesen-Bocksbart – Asteraceae (= Korbblütler)

Meist zweijährige Halbrosettenpflanze, seltener einjährig überwinternd oder ausdauernd (dann evtl. Rhizom-Geophyt). Tiefreichende Pfahlwurzel.

Vorkommen: Fettwiesen und Wegränder, auf frischen, nährstoff- und basenreichen, lockeren Ton- und Lehmböden, Staunässe meidend. Sommerwärme liebend. Ebene bis Hochgebirge (Alpen bis 1690 m).

Blüten: V-VII. "Körbchenblumen vom *Leontodon*-Typ". Nur vormittags und nur bei sonnigem Wetter geöffnet. Je Körbchen 20-50 Blüten. Randständige Blüten mit 6-7, mittlere mit 5 mm langer Kronröhre. Besucher: Bienenverwandte, Falter, Schwebfliegen, Hummelschweber (= Zweiflügler). Spontane Selbstbestäubung wird dadurch möglich, daß sich die beiden Narbenäste zuletzt spiralig umkrümmen und dabei die Fegehaare berühren, an denen noch Pollen haften kann.

Früchte: Achänen mit bis 4 cm breiten "Fallschirmen": Schirmchenflieger. Schirm oben durch Verwebung der Pappushaare besonders dicht. Fußstück lang und verdünnt und damit Schwerpunkt tiefer gelegen (zum Ausbalancieren wichtig). Auch Wasserhafter und Klettthafter (5 Haupt-Pappusstrahlen rauh) und Zufallsverbreitung. Schirm leicht abbrechend. - Der noch geschlossene Fruchtstand erinnert an einen Bocksbart (Name!, vgl. griech. tragos = Bock, pogon = Bart).

Verwendung: Die Wurzelrübe ist wie die der nahe verwandten Schwarzwurzel (*Scorzonera*) eßbar. Stengelmark süßlich, milchartig schmeckend, roh eßbar. Junge Pflanzenteile als Gemüse geeignet.

Weitere Arten:

Tragopogon dubius Scop. (= *T. major* Jacq.), Großer Bocksbart: ähnlich wie vorige Art. Einjährig, sommerannuell. Körbchenstiele oben keulig verdickt, hohl. Sonnige und lückige Halbtrockenrasen und Wegränder.

Tragopogon sinuatus Avelall. (= *T. porrifolius* auct.), Haferwurz: früher als Wurzelgemüse gepflanzt und selten verwildert. Heimat: Mittelmeergebiet.

Trapa natans L., Wassernuß
– Trapaceae (= Wassernußgewächse)

Einjährig, sommerannuell. Wurzelnde Schwimmblattpflanze mit 1-2 m langem, durch die Frucht ankerartig im Schlamm befestigtem Stengel. Schwimmblattrosette aus 5-30 rautenförmigen, ledrigen, oberseits später oft roten Blättern. Blattstiel aufgeblasen (Schwimmgewebe). Spaltöffnungen oberseits. Daneben zipfelige untergetauchte Blätter ohne Spaltöffnungen. An der Blattunterseite wie am Stengel befinden sich säureabscheidende Drüsen, die als Fraßschutz gegen Wassertiere gedeutet werden. Nebenwurzeln paarig angeordnet, je mit 4 Reihen grüner, Photosynthese treibender Seitenwurzeln.

Vorkommen: Schwimmblattbestände sommerwarmer, nährstoffreicher, stehender, nicht zu seichter Gewässer über humosen Schlammböden. Vor allem in den Tieflagen in Altwassern der Flüsse. Kennart des Trapetum natantis (= Wassernußgesellschaft). In der Wärmezeit weit verbreitet. Heute nur noch selten und stark gefährdet. - **Geschützt**!

Blüten: VI-VII. Blütezeit nur kurz. Nektarführende, "kleine Trichterblumen". Blüten unscheinbar, weißlich, achselständig, kurz gestielt, 4zählig. Fruchtknoten mittelständig. Griffel walzlich mit kopfiger Narbe. Selbstbestäubung vorherrschend.

Früchte: 1samige, steinfruchtartige, zur Reife von der vergrößerten Blütenachse eingeschlossene Nüsse. Die klappenförmigen Kelchblätter werden zu 4 (selten 2) dornartigen, mit Widerhaken besetzten Fortsätzen, die später zur Verankerung im Boden dienen (Abb. 87). Schwimmverbreitung, Klettverbreitung durch Wasservögel, Menschenverbreitung (Kulturflüchter und -relikt). Fruchtreife: IX-X. Wärmekeimer. Samen ohne Nährgewebe. Von den beiden Keimblättern dient eines als Stärkespeicher und verbleibt in der Frucht, das andere ist schuppenförmig und tritt mit dem Keimstengel aus. In seiner Achsel entstehen neben einem Seitenspraß zwei sich später ablösende, der vegetativen Vermehrung dienende Beiknospen.

Verwendung: Die stärkereichen (50-60 %) Samen wurden roh oder gekocht gegessen oder zu Brotmehl verarbeitet. Die Nutzung läßt sich bis in die jungsteinzeitlichen Pfahlbauten zurückverfolgen. Früher auch angebaut. Die Früchte wurden noch zu Beginn des 20. Jh. auf Märkten angeboten. - Die gerbstoffreichen Früchte wurden zusammen mit eisenhaltigem Wasser zu Tinte verarbeitet.

Trifolium pratense L., Rot-Klee, Wiesen-Klee

– Fabaceae (= Schmetterlingsblütler)

Ausdauernde oder ein- bis zweijährige Schaftpflanze mit kräftigem Rhizom und Zugwurzeln. Tiefwurzler (bis 2 m Tiefe). Blätter 3zählig gefiedert (Name!: lat. tres = drei, folium = Blatt). Endfieder nur kurz gestielt. Schon die Keimblätter führen Tag-/Nachtbewegungen durch, indem sie sich nachts zusammenlegen (so auch bei den anderen Arten). - Wurzelknöllchen mit stickstoffbindenden Bakterien.

Vorkommen: Fettwiesen und - weiden und andere feuchte, nährstoffreiche Wiesen in humider, wintermilder Klimalage und dort seit dem 16. Jh. auch häufig kultiviert. Ebene bis Hochgebirge (Alpen bis 2270 m; dort eigene Sippe). In kühl-gemäßigten Zonen weltweit angebaut und verschleppt.

Blüten: VI-IX. Homogame "Schmetterlingsblumen mit Klappmechanismus", in Blütenköpfchen. Honigduftend. Kronröhre verwachsen, bis 10 mm lang, Nektar deshalb nur langrüsseligen Hummeln und Faltern zugänglich. Andere Bienenverwandte verüben "Einbruch" durch seitliches Anbeißen der Kronröhre. Selbststeril; Nachbarbestäubung von geringem Erfolg. Voraussetzung für guten Samenansatz ist reichlicher Hummelbesuch. DARWIN erkannte einen kausalen Zusammenhang zwischen Rot-Klee und den - Katzen besonders liebenden - unverheirateten Damen: Viele Katzen bedeuteten wenig Wühlmäuse und, da diese die Hauptfeinde der Hummeln sind, viele Hummeln und somit wiederum reichlich Kleesamen. Also: viel Katzenliebe = viele Kleesamen!

Früchte: Die winzigen, 1-2samigen Hülsen springen mit einem Deckel auf. Kelch behaart, bleibend, Kelchzipfel gewimpert; er dient gemeinsam mit der trockenen Blütenkrone als Flugorgan: Flugfrüchte (Schirmchenflieger). Dazu Zufallsverbreitung durch Grasfresser, Ameisenverbreitung und Verbreitung durch Regenwürmer (ein bisher zu wenig beachteter Typ). Fruchtreife: VIII-X. Die Samen bleiben, wie bei allen Hülsenfrüchtlern, lange keimfähig (unter günstigen Bedingungen länger als 100 Jahre).

Vegetative Vermehrung durch unterirdische Ausläufer.

Verwendung: hochwertige, auf tiefgründigen Böden in Mitteleuropa ertragreichste und wichtigste Futterpflanze. - Blätter wie Spinat verwendbar. Blüten von Rot- und Weiß-Klee als Gerbstoffdroge in der Volksmedizin sehr beliebt, z. B. als Hustenmittel. - Modifikative Abweichungen von Kleeblättern mit 4 Blättchen gelten wegen ihrer relativen Seltenheit als Glücksbringer. Für Wildpflanzengärten zu empfehlen.

Weitere Arten (gelbblühende Arten siehe weiter unten):

Trifolium repens L., Kriech-Klee, Weiß-Klee: Kriechstaude; an den Knoten wurzelnd. Flachwurzler. Durch häufigen Schnitt gefördert. Fettweiden, Parkrasen, Ruderalstellen, Äcker, auf nährstoffreichen, meist dichten Lehm- und Tonböden. Bodenverbesserer. Ökologisch wertvoll außerdem als Rasenpflanze und als oft wintergrüne Trittpflanze. Bemerkenswerte Höhenstufenamplitude: von der Ebene bis in die nivale Stufe (dort steril). Krone weiß, Kronröhre nur 3 mm lang. Bestäuber meist Honigbienen: Bienenweide. Hülsen mehrsamig, bei Trockenheit aufspringend. Sehr intensive vegetative Vermehrung durch Ausläufer. Neben Windverbreitung auch Wasserhafter.

Trifolium hybridum L., Schweden-Klee, Bastard-Klee: ähnlich wie *T. repens*, aber Stengel aufrecht, nicht wurzelnd. Blüten weiß, später weiß-rosa (zwischen Rot- und Weiß-Klee stehend, aber kein Bastard).

Trifolium medium L., Mittlerer oder Zickzack-Klee: ähnlich wie *T. pratense*. Stengel in kugeligen Blütenköpfchen endend, vom Seitentrieb übergipfelt (sympodial monochasial). Kelch kahl. Wärmeliebende Gebüsche und grasige Säume, auf basenreichen, oft kalkhaltigen, tiefgründigen Lehmböden. Klassenkennart der Trifolio-Geranietea (= wärmeliebende Saumgesellschaften). Hülsen mehrsamig, klappig aufspringend. Vegetative Vermehrung durch unterirdische Ausläufer. Hübsche Pflanze für Wildpflanzengärten.

Trifolium arvense L., Hasen-Klee: einjährig. Behaart. Blättchen länglich, blaugrün. Bodensaure Sandmagerrasen und sandige Äcker. Blütenköpfe eiförmig bis walzlich. Kelch länger als die unscheinbare weiße, später rote Krone. Kelchhaare auffällig lang (= Flugorgan): ausgeprägte Schirmchenflieger. Das blühende Kraut ist gerbstoffreich und ein ausgezeichnetes Hausmittel gegen Durchfall. - Ebenfalls für Wildpflanzengärten zu empfehlen.

Trifolium campestre SCHREBER, Feld-Klee

– Fabaceae (= Schmetterlingsblütler)

Einjährig. Blätter 3zählig gefiedert. Endfieder länger gestielt als die seitlichen. - Vgl. auch vorigen Abschnitt.

Vorkommen: Magerrasen, Sandfelder, Wege und Äcker, auf warmen, mäßig trockenen, basenreichen, sauren Böden. Magerkeitszeiger. Bodenfestiger. Ebene bis Gebirge (Alpen bis 1860 m).

Blüten: VI-IX. "Schmetterlingsblumen mit Klappmechanismus". Krone gelb. Köpfchen 20-50blütig, 7-10 mm lang, durch das Abwechseln von UV-reflektierenden und UV-absorbierenden Bereichen für den Besucher zweifarbig erscheinend. Besucher sind Bienen, kleinere Bienenverwandte, Fliegen und Falter. Spontane Selbstbestäubung erfolgreich.

Früchte: 1samige, nußartige Hülsen, von der bleibenden, bräunlichen, pergamentartigen Krone umgeben (= Flugorgan durch Lufteinschluß): Ballonflieger und Regenschwemmling. Zufallsverbreitung durch Huftiere. Fruchtreife: ab VII-VIII.

Verwendung: gute Futterpflanze, zuweilen angepflanzt. Wichtiger Bodenverbesserer durch Anreicherung magerer Böden mit Stickstoffverbindungen. Bienenweide. Bereicherung unserer Park- und Gartenrasen.

Weitere Arten (vgl. auch S. 446 und 447):

Trifolium dubium Schreber (= *T. minus* Smith), Kleiner Klee, Faden-Klee: ähnlich wie vorige Art, Blütenköpfe kleiner, nur 5-10-blütig und mit einheitlicher UV-Absorption. Fettwiesen und Ruderalstellen, vor allem der tieferen Lagen. Lehmzeiger. Oft mit *Medicago lupulina* (= Hopfenklee oder Gelbklee) verwechselt, von diesem u. a. durch die bleibende Krone und die fehlende Blättchenspitze zu unterscheiden.

Trifolium aureum Pollich, Gold-Klee: sehr ähnlich wie *T. campestre*. Blütenköpfe 10-15 mm lang. Kalkarme Magerrasen. Endfieder nicht länger gestielt als die seitlichen.

Trisetum flavescens (L.) P. B., Gemeiner Goldhafer

– Poaceae (= Süßgräser)

Hemikryptophyt, 30-80 cm hoch, lockere Horste bildend. Zahlreiche Erneuerungsknospen an kurzen, oberirdischen Kriechsprossen.

Vorkommen: Fettwiesen, auf nährstoff- und basenreichen, lockeren Böden. Bestandbildend in Gebirgswiesen. Alpen bis 2380 m. Kennart des Trisetetum flavescentis (= Goldhaferwiese).

Blüten: V-IX. Ährchen 2-3blütig. Blüten ähnlich wie die von *Arrhenatherum* und *Avenella* (siehe dort). Deckspelzen mit zentraler Granne und zwei seitlichen, grannenspitzigen Lappen, dadurch dreispitzig (Name!: lat. tres = drei, seta = Borste).

Früchte: Scheinfrüchte wie bei *Arrhenatherum*. Ährchen bis zur Reife goldgelb (Name!, vgl. lat. flavescens = gelb werdend).

Vegetative Vermehrung durch unterirdische Ausläufer.

Verwendung: wertvolles und in höheren Lagen wichtigstes Futtergras.

Triticum aestivum L. (= *T. vulgare* VILL.), Weizen, Saat-Weizen

– Poaceae (= Süßgräser)

Einjährig. Sommerweizen benötigt von der Aussaat bis zur Reife nur etwa 125-140 Tage, Winterweizen jedoch 280-350 Tage. Pflanzen bis 1,60 m hoch, bis 1 m tief wurzelnd. Heute werden kurzstrohige Sorten bevorzugt. Umgelegte Halme richten sich - wie bei allen Gräsern - durch verstärktes Wachstum der Stengelknotenunterseite wieder auf (vgl. Abb. 80, S. 402). - Langtagpflanze. - Chromosomenzahl: 2n (= 6x) = 42. Als Additionsbastard von *T. dicoccum* und dem Wildgras *T. tauschii* (= *Aegilops squarrosa*) in Südwestasien entstanden.

Vorkommen: in Mitteleuropa seit der Jungsteinzeit angebaut. Wärmeliebender und anspruchsvoller als der Roggen, deshalb Anbau nach Südosten zunehmend.

Blüten: VI. Windblütig: "langstaubfädiger Typ". Ährengras. Deckspelzen beim Bartweizen begrannt, beim Kolbenweizen unbegrannt. Selbstbestäubung vorherrschend, vor allem Geschlossenblütigkeit. Fremdbestäubung besonders in Trockengebieten. Hauptöffnung der Blüten nachmittags.

Früchte: Karyopsen ohne bleibende Spelzen. Wildformen mit Klettverbreitung (ähnlich wie bei *Hordeum murinum*), Regenschwemmlinge und Selbstverbreitung als "Kriechfrüchte". Fruchtreife: ab VII.

Verwendung: wichtigste Art der Weltgetreideproduktion. Weizenkörner enthalten ca. 12 % Eiweiß, 2 % Fett und 60 % Stärke. Die Asche ist reich an Phosphorsäure (47 %). Vorwiegend Brotgetreide. Ungeschälte Körner (Vollkorn) zwar weniger haltbar, aber viel gesünder. Z. B. in Bayern zu obergärigem Weizenbier verarbeitet. Weizenstärke wird in der Medizin zu Pudern verarbeitet oder als Bindemittel für Pillen verwendet.

Weitere Arten:

Triticum spelta L., Dinkel, Spelt: früher im Süden häufig, heute nur noch selten angebaut, allerdings im Rahmen der Reformkost wieder zunehmend. Vor allem als Wintergetreide, auf sommerwarmen, kalkhaltigen, schweren Böden. 2n = 42. Entstehung vermutlich in ähnlicher Weise wie *T. aestivum*. In Süddeutschland seit der Bronzezeit. Ährchen als ganze abfallend (Ährchenachse brüchig), daher reife Körner von Spelzen umgeben ("Spelzenweizen"). Die im milchreifen Zustand geernteten Körner liefern "Grünkern", der in Form von Graupen, Gries oder Mehl als Suppeneinlage usw. genutzt wird und wegen seines Kleberreichtums besonders wertvoll ist. Heute meist aus den USA importiert.

Triticum dicoccum SCHRANK, Emmer: Spelzenweizen. Ährchen zweikörnig. Älteste und wichtigste Getreideart der Frühgeschichte des Menschen, 2n (= 4x) = 28. Im Gebiet seit der Jungsteinzeit. Heimat: Vorderasien oder Nordostafrika. Heute praktisch nicht mehr angebaut.

Triticum monococcum L., Einkorn, Spelzenweizen: Ährchen einkörnig. Ebenfalls alte, bei uns seit der Jungsteinzeit nachgewiesene Kulturpflanze, 2n = 14.

Trollius europaeus L., Trollblume

– Ranunculaceae (= Hahnenfußgewächse)

Ausdauernde Schaftpflanze. - Durch Protoanemonin **giftig**. Wird vom Weidevieh gemieden.

Vorkommen: Flachmoore und Quellwiesen, vor allem des Gebirges, auf kühlen, sauren, humosen Lehmböden. Alpen bis 2330 m. In Norddeutschland selten. Gefährdet! - **Geschützt**!

Blüten: V-VI. Homogame bis vorweibliche, "nektarführende Scheibenblumen", zu 1-3 endständig. Kleine, gelbliche, tütenförmige Nektarblätter zwischen Perigon und Staubblättern. Perigonblätter durch Karotinoide goldgelb gefärbt, zu 5-15, sich kugelig zusammenschließend (Name!: altdeutsch troll = kugelig) und nur an der Spitze eine kleine Öffnung freilassend. Kleinere Insekten (besonders Zweiflügler) dringen dort ein (z. T. zwecks Eiablage) und vollziehen dabei die Fremdbestäubung. Größere Insekten drängen sich zwischen den Perigonblättern durch ("Kraftblume") bis zu dem am Grunde der Staminodien abgegebenen Nektar. Spontane Selbstbestäubung erfolgreich.

Früchte: Je Blüte entstehen mehrere wenigsamige Balgfrüchte: Windstreuer.

Verwendung: Gartenzierpflanze, auch für Wildpflanzengärten zu empfehlen.

Tropaeolum majus L., Kapuzinerkresse

– Tropaeolaceae (= Kapuzinerkressengewächse)

Bei uns einjährig gezogene Kletterpflanze, bis 50-300 cm hoch. Wächst in den Tropen auch als ausdauernde Pflanze (Chamaephyt). Als Kletterorgan dienen die Blattstiele. Blattspreite schildförmig (peltat), d. h. Blattstiel in der Mitte der Spreite ansitzend. Der Blattrand scheidet aus Wasserspalten (Hydathoden) aktiv Wasser aus (Guttation); das läßt sich besonders nachts und sonst bei hoher

Luftfeuchtigkeit beobachten. - Name *Tropaeolum* von lat. tropaeum = Siegeszeichen (wegen der schildartigen Blätter und der helmförmigen Blüten). - Einige tropische Verwandte sind vogelblütig.

Vorkommen: Zierpflanze. Heimat: Peru bis Kolumbien. Wurde 1884 eingeführt.

Blüten: VI-IX. Dorsiventrale, 5zählige "Glockenblumen mit klebrigem Pollen", zu "Trichterblumen" überleitend, einzeln, langgestielt. Krone mit Sporn und Saftmalen, die zugleich Duftmale sind. Maximale Nektarproduktion nachmittags bis abends. Der Nektar steigt in Kapillarleisten vom Sporn in die Blüte auf. Durch Karotinoide blaßgelb bis feuerrot, mit Saftmalen. Spontane Selbstbestäubung durch Bewegung der Staubblätter möglich.

Früchte: Spaltfrüchte, die in je 3 Teilfrüchte zerfallen. Samen mit großen Keimblättern als Nährstoffspeicher.

Verwendung: Sehr empfehlenswerte, vielseitig verwendbare Heil- und Speise- und Gewürzpflanze. Verwendet werden die frische Blätter, Blüten und Früchte. Der Verzehr zu großer Mengen kann evtl. zu Darmreizungen führen. Reich an Vitamin C. Angenehm scharfer Geschmack durch Senfölglykoside (Benzylsenföl). Die unreifen Früchte können, in Essig und Salz eingelegt, als Kapernersatz gegessen werden. Wegen der antibakteriellen Wirkung Bestandteil von Arzneimitteln bei Harnwegsinfektion und Bronchitis.

Tulipa gesneriana L., Garten-Tulpe

– Liliaceae (= Liliengewächse)

Zwiebel-Geophyt. Zwiebel (Abb. 89 a, b) aus fleischigen, sackförmigen Niederblättern zusammengesetzt. In deren Achseln werden Tochterzwiebeln gebildet. In der ausgewachsenen Zwiebel ist bereits die Blütenanlage zu erkennen! Laubblätter mit Wachsüberzug, bilden einen wassersammelnden Trichter: wie die Zwiebeln Trockenheitsanpassung (Steppenpflanze). Oberhaut (Epidermis) leicht abziehbar. - **Giftig**: Angaben über eine starke Giftigkeit der Pflanze durch eine Aconitin-ähnliche Verbindung sind unbestätigt. Jedoch kommt es bei Personen, die viel mit Tulpen zu hantieren haben, evtl. zu sehr unangenehmen allergischen Hautveränderungen, verursacht von antibiotischen Substanzen, die sich vor allem in den äußeren Schichten der Zwiebel befinden.

Vorkommen: Zierpflanze. "*Tulipa gesneriana*" ist eine Sammelbezeichnung für verschiedene Gartenformen. Die ersten Gartentulpen wurden durch Busbequius 1554 von Konstantinopel (Istanbul)

89 a

89 b

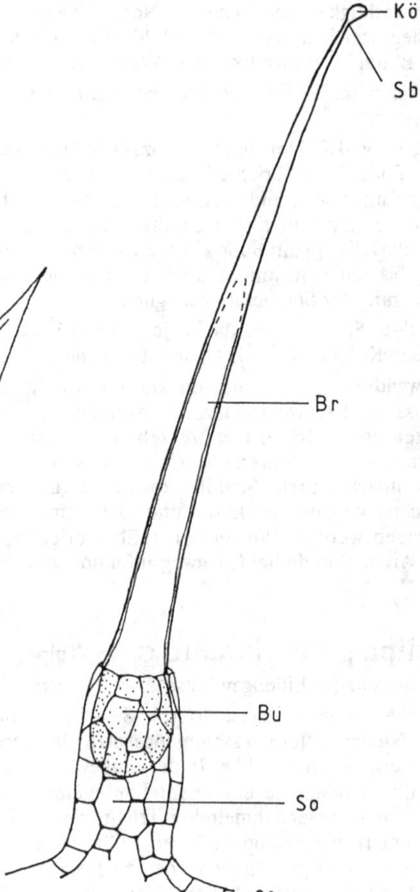

90

Abb. 89: **Tulipa gesneriana**: **a** ruhende, **b** austreibende Zwiebel. (Nach Sachs).

Abb. 90: **Urtica dioica**: Brennhaar (Br Brennhaar, Kö dessen Köpfchen, Bu dessen unterster Teil = Bulbus, Sb Sollbruchstelle, So Sockel).

nach Europa gebracht und erstmals 1559 von GESSNER beschrieben, weshalb sie von LINNÉ dessen Namen erhielten.

Blüten: IV-V. "Pollen-Scheibenblumen", mit wenig Nektar. Blütenhülle einfach (= Perigon). Schwarze Saftmale am Grunde der Perigonblätter durch Subtraktionsfärbung (Totalabsorption des Lichtes). Blüte mit temperaturabhängigen Wachstums-Schließbewegungen (Thermonastie): Bei Wärme wächst die Oberseite, bei Kühle die Unterseite der Perigonblätter stärker. Diese werden dadurch bei jedem Öffnen bis ca. 7 %, insgesamt bis ca. 100 % verlängert. Die Blüten sollen schon auf Temperaturschwankungen von 1 °C reagieren. Besucher: pollensammelnde Insekten, z. B. Bienen. Blüten gewöhnlich steril.

Früchte: fachspaltige Kapseln. Austrocknungs-, Wind- und Tierstreuer. Samen flach: Wasserhafter und Regenschwemmlinge. Entwicklungsdauer vom Samen bis zur blühenden Pflanze ca. 7 Jahre.

Vegetative Vermehrung ist vorherrschend. Die Tochterzwiebeln sind ungestielt oder seltener gestielt.

Weitere Art:

Tulipa sylvestris L., Wild-Tulpe: Neubürger seit dem 16. Jh. (Kulturflüchter bzw. - relikt). Heimat: Mittelmeergebiet. Eingebürgert besonders in Weingärten, aber vielerorts leider wieder verschwunden. Kennart des Geranio-Allietum (= Weinbergslauch-Gesellschaft). Gefährdet. Geschützt! Bei uns selten blühend und oft steril (Frühblüher). Perigon im Sonnenlicht zu einem 7-8 cm großen hellgelben Stern ausgebreitet. Narben papillös, mit zuckerhaltiger Flüssigkeit, die gelegentlich von Insekten aufgenommen wird. Vegetative Vermehrung durch oft lang gestielte Tochterzwiebeln.

Tussilago farfara L., Huflattich

– Asteraceae (= Korbblütler)

Ausdauernde Halbrosettenpflanze oder Rhizom-Geophyt. Bis 1 m tief wurzelnd.

Vorkommen: Pionierpflanze der Wegränder, Äcker, Erdanrisse und anderer Sekundärstandorte, auf offenen, lichten, grund- und sickerfeuchten, basenreichen Böden. Lehm- und Staunässezeiger. An Straßenrändern Verdichtungszeiger. Wichtiger Bodenfestiger. Ebene bis Hochgebirge (Alpen bis 2300 m).

Blüten: III-IV, Frühblüher. Blütenstengel mit Schuppenblättern. "Vorziehend", d. h. Blütenköpfe lange vor den Laubblättern im zeitigen Frühjahr erscheinend. "Körbchenblumen", einzeln, endständig.

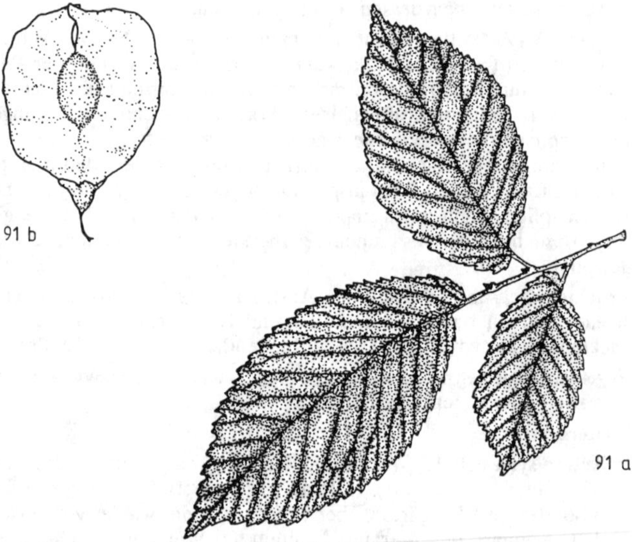

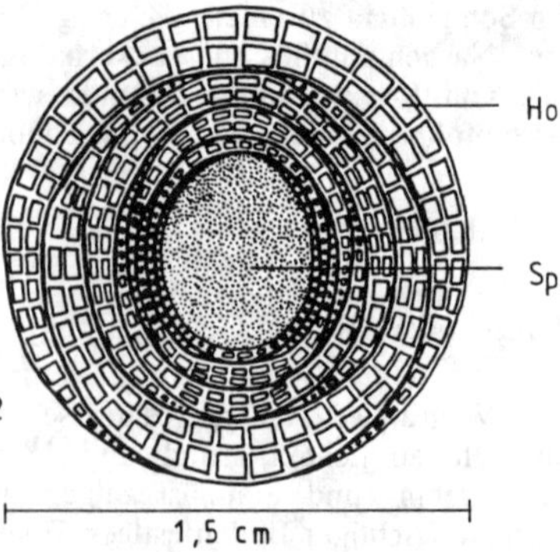

Abb. 91: Ulmus minor: a Zweig. **b** Frucht.
Abb. 92: Typha latifolia: Scheinstamm quer (Sp Sproßachse, Ho Hohlraum einer Blattscheide).

Vorweiblich. Die ca. 30-40 Scheibenblüten (= Röhrenblüten) sind männlich, die ca. 300 Randblüten (= Zungenblüten) weiblich (sonst ist die Geschlechtsverteilung bei Asteraceen anders). Körbchen bei Sonne geöffnet: Hüllblätter mit Wachstums-Schließbewegungen (Photonastie). Ohne Nektar. Pollen wird durch Einknicken der Staubfäden mit der Griffelbürste herausgeschoben. Besucher: Bienenverwandte, Käfer und Schwebfliegen. Bienenweide.

Früchte: Achänen mit Pappus. Körbchen abgeblüht hängend, zur Fruchtreife wieder aufrecht. Fruchtstandstengel nach der Blüte mehrfach verlängert. Die Pappushaare reagieren bei Feuchtigkeit schon nach wenigen Minuten. Schirmchenflieger sowie bei Nässe auch Wasserhafter. Fruchtreife: V-VI.

Vegetative Vermehrung: reichlich durch bis 2 m lange unterirdische Ausläufer.

Verwendung: Die schleimstoffreichen Blätter liefern ein bekanntes und bewährtes Hustenmittel, z. B. in Form von Tee (Name!: lat. tussis = Husten, agere = vertreiben). Vergiftungen bei Langzeitbehandlung mit Überdosis. Alle jungen Pflanzenteile sind für Gemüse, Salat und Kräutersuppen geeignet.

Typha latifolia L., Breitblättriger Rohrkolben

– Typhaceae (= Rohrkolbengewächse)

Sumpf- oder Wasserpflanze: Schlammwurzler mit Rhizom. Stengel 1-2 m, maximal 2,5 m hoch. Blätter 10-20 mm breit, zweizeilig, mit ihren Blattscheiden - ähnlich wie die Banane - einen Scheinstamm bildend (Abb. 92). Alle Teile (außer dem Kolben) mit Durchlüftungsgewebe.

Vorkommen: Ufer stehender oder langsam fließender, nährstoffreicher Gewässer, auf humosen Schlammböden. Verlandungspionier. Optimal bei 0,5 m, maximal bis 2 m Wassertiefe. Eutrophierungszeiger. Ebene bis Gebirge (Alpen bis 800 m). Fast weltweit verbreitet. - Schützenswert!

Blüten: VI-VII. Windblütig: "unbeweglicher Typ". Einhäusig. Vorweiblich. Blütenkolben unten mit Tausenden von nackten, weiblichen, oben mit etwa ebenso zahlreichen männlichen Blüten. Pollen in Tetraden zusammenbleibend.

Früchte: winzige Nüsse, zur Reife einen braunen Kolben bildend ("Schilfzigarre"). Fruchtstiel lang behaart: Schirmchenflieger. Dazu Wasserhaft- und Schwimmverbreitung. Fruchtreife: IX-X.

Vegetative Vermehrung durch Verzweigung des Rhizoms.

Verwendung: Die stärkereiche Rhizome dienten als Schweinefutter. In Notzeiten wurden sie zu Mehl verarbeitet, das mit Getreidemehl vermischt zum Brotbacken verwendet wurde. Stroh für Reetdächer und als Brennmaterial. Fruchtwolle früher als Bettfederersatz. Pflanze mit den hübschen Fruchtkolben beliebt als Trockenstrauß (doch sollte man sie, wo sie nicht sehr zahlreich vorkommt, besser stehen lassen!). Für Wildpflanzengärten zu empfehlen.

Weitere Art:

> **Typha angustifolia** L., Schmalblättriger Rohrkolben: ökologisch ähnlich voriger Art. Blätter nur 5-10 mm breit. Weibliche Blüten etwa 1-2 cm von den männlichen abgesetzt. Auch an weniger nährstoffreichen Stellen, etwas wärmeliebender, salzertragend.

Ulex europaeus L., Stechginster

– Fabaceae (= Schmetterlingsblütler)

Stark dorniger Strauch, 60-120 cm hoch, mit Sproßdornen und dornenartigen stechenden Blättern als Fraßschutz gegen Wiederkäuer, aber z. B. nicht gegen Kaninchen. Jugendblätter gefiedert, nicht dornig. Zweige grün, Photosynthese treibend, in strengen Wintern zurückfrierend. - Stark **giftig** durch Cytisin (in Früchten und Zweigen).

Vorkommen: in geschützten Lagen angepflanzt. Zuweilen eingebürgert an Waldrändern und Böschungen, auf kalkarmen Böden, in milden luftfeuchten Lagen (z. B. im Rheingebiet und südlichen Schwarzwald). In Westeuropa bedeutende Pionierpflanze der Brachen, Schläge und Heiden. In ozeanisch-gemäßigten Zonen heute weltweit. - Die Pflanze bietet ein Beispiel dafür, daß Eingriffe des Menschen in das ökologische Gleichgewicht unerwartete, kaum reparable Nachwirkungen haben können: Nachdem man in Teilen Englands erfolgreich die Kaninchen bekämpft hatte, wuchs der Stechginster, da er seinen stärksten Feind verloren hatte, zu so dichten Beständen heran, daß weite Gebiete unbegehbar wurden.

Blüten: IV-VI. Nektarlose "Schmetterlingsblumen mit Schnellmechanismus", von ähnlichem Aufbau wie bei *Genista*. Bestäuber: Hummeln.

Früchte: 15-20 mm lange, meist 2samige, stark behaarte, von der bleibenden Blütenkrone umhüllte Hülsen. Samen durch Ameisen verbreitet?

Verwendung: Futterpflanze für Wild und z. B. Pferde. Aus den Blüten kann ein gelber Farbstoff gewonnen werden.

Ulmus glabra Hudson (= *U. scabra* Miller), Berg-Ulme, Weiß-Rüster

– Ulmaceae (= Ulmengewächse)

Winterkahler Baum bis 30 m Höhe und 3 m Stammdurchmesser. Bis 400 Jahre alt werdend. Umtriebszeit in der Forstwirtschaft 120-140 Jahre. Tiefwurzler. Blätter an der Spreitenbasis asymmetrisch (vgl. Abb. 91 a). Stamm und Äste mit einfacher Übergipfelung durch Seitensprosse (sympodial monochasial). Blätter ebenso wie die Seitenzweige zweizeilig (= Lichtausnutzung). - Wurzelpilz. - Das bekannte "Ulmensterben" wird durch den Schlauchpilz (Ascomycet) *Ceratocystis* (= *Ophiostoma*, *Graphium ulmi*) verursacht, der aus Nordamerika eingeschleppt wurde. Er lebt in den Tracheen des jüngsten Jahrringes und regt zur Thyllenbildung an, die zur Verstopfung der Tracheen und damit zum Absterben des Baumes führt. Die Krankheit wird durch einen Borkenkäfer, den Ulmen-Splintkäfer, übertragen, vor allem wenn die Bäume - wie in Anpflanzungen an Autobahnen - auf Kontakt stehen. Erkrankte Äste (oder auch die ganzen Pflanzen) sollten sofort vernichtet werden. - Bemerkenswert ist bei den Ulmen, daß die Photosynthese im Frühjahr, bevor die Laubblätter erscheinen, von den blattartigen Flügeln der heranreifenden Früchte übernommen wird.

Vorkommen: Schluchtwälder und schattige Hangwälder, auf sickerfeuchten, nährstoff- und basenreichen, lockeren Lehm- und Tonböden in kühl-humider Klimalage. Frostharter Halbschattenbaum. Mittlere Gebirgslagen (Alpen bis 1380 m). Oft gepflanzt. Gefährdet! - Schutzbedürftig!

Blüten: III-IV, Frühblüher. Blütenknospen überwinternd. Blüten in blattlosen Kurztrieben. "Vorlaufend", d. h. vor Laubaustrieb erscheinend. Windblütig: "hängeblütiger Typ". Streng vormännliche Zwitterblüten mit 5spaltigem, meist rotem Perigon in kleinen, knäueligen Trugdolden. Reste von Pollenkitt, wie er für Insektenbestäubung typisch ist, vorhanden.

Früchte: Flügelnüsse (vgl. Abb. 91 b). Segelflieger mit Sinkgeschwindigkeit von 0,67 m/s; sie werden nur bei starkem Wind weit forttransportiert. Auch Wasserhaftverbreitung durch Tiere. Fruchtreife: IV-V. Samen nur wenige Tage keimfähig.

Vegetative Vermehrung durch Wurzelsprosse (Wurzelbrut).

Verwendung: Parkbaum. Wertvolles Möbelholz für Furniere ("Rüster"). - Ulmen waren im Altertum Symbol des Todes und der Trauer. In Südfrankreich hatten sie als Orte der Gerechtigkeit eine ähnliche Rolle wie bei uns die Linden. In den USA sind sie seit 1785 Symbol der Freiheit.

Weitere Art:

Ulmus minor MILLER (= *U. carpinifolia* SUCKOW), Feld-Ulme, Rot-Rüster: Auwälder und Hangwälder, auf sickerfrischen, meist kalkhaltigen Tonböden. Basen- und Nährstoffzeiger. Wärmeliebend. Lichtholz. Vor allem in den Stromtälern. Durch die Ulmenkrankheit besonders stark gefährdet. Oft angepflanzt, z. B. wegen der Schnittfestigkeit für Hecken. Um die Blätter (Abb. 91 a) als Schaffutter zu nutzen, wurden die Pflanzen früher stark beschnitten (geschneitelt). Borke ehemals als Gerbstoffdroge arzneilich genutzt. Blüten- und Verbreitungsökologie sowie Verwendung wie bei voriger Art. - Eine häufig auftretende Variante ist die Kork-Ulme (f. *suberosa* MOENCH), deren Zweige durch mehrere Korkleisten auffallen.

Urtica dioica L., Große Brennessel

– Urticaceae (= Brennesselgewächse)

Ausdauernder Hemikryptophyt (Schaftpflanze) mit Rhizom. Bis über 2 m hoch, bis über 70 cm tief wurzelnd. - Die Brennhaare (Name!: lat. urere = brennen) sind mehrere mm lang und daher mit bloßem Auge gut erkennbar (Abb. 90). Wegen der Beteiligung subepidermaler Schichten bei der Bildung des becherförmigen Fußes sind sie als Emergenzen zu bezeichnen. Die eigentliche Haarzelle besteht aus dem elastischen, in den Fuß einsenkten Bulbus, dem starren, verkieselten und verkalkten Mittelstück und einem winzigen Köpfchen. Bei zarter Berührung bricht das Köpfchen an einer Sollbruchstelle ab, so daß sich das in einer Art Kanüle endende Mittelstück in die Haut einbohrt und der flüssige Inhalt durch den Druck auf den Bulbus eingespritzt wird. Der Brennsaft wirkt durch Histamin, Acetylcholin und den in der Struktur noch nicht aufgeklärten eigentlichen Brennesssel-Giftstoff. Ameisensäure kommt nur wenig und nur als Salz vor. Bei kräftigem Zugriff brennt die Pflanze nicht, da dann die Haare an ihrem weichen Sockel umgebogen werden bzw. ihre Spitzen so abbrechen, daß sie nicht senkrecht, sondern im flachen Winkel in die oberen, nicht reizbaren Schichten der Haut eindringen. - Die Bastfaserzellen sind mit 5,0-7,5 cm Länge die längsten Zellen der heimischen Sproßpflanzen.

Vorkommen: feuchte Wälder, Säume, Ufer und Ruderalstellen, auf frischen bis feuchten, nährstoffreichen, lockeren, meist tiefgründigen Lehm- und Tonböden. Typischer Stickstoffzeiger. Ebene bis Hochgebirge (Alpen bis 2375 m). Zirkumpolar verbreitet. - Kriechpionier. Durch Eutrophierung und Entwässerung von Auwäldern usw. oft übermäßig stark gefördert und dann als Vernichter artenreicher Vorvegetation unerwünscht. Andererseits sind Brennesseln wichtig als Nährpflanzen von Kleinem Fuchs und Tagpfauenauge, zwei unserer wenigen noch häufigen Falter. - Falls Brennesseln sich in Gärten und Anlagen zu sehr ausbreiten, ist das die Folge zu starken Düngereintrags durch Abfall, Hundekot usw. Es empfiehlt sich dann allein regelmäßiges Ausreißen und Mähen. Chemische Brennesselvernichter schädigen andere Pflanzen und können Boden und Grundwasser mit vergiften.

Blüten: VI-IX. Pflanze zweihäusig (Name!: lat. dioicus = zweihäusig). Windblütig: "Explosionstyp". Die Staubblätter sind eingekrümmt und stehen unter Spannung. Reif genügen geringe Erschütterungen (z. B. Luftbewegungen), um die Blütenhülle - besonders bei Sonnenschein - aufplatzen und damit die Staubbeutel explodieren zu lassen, wobei kleine Pollenwolken entweichen. Weibliche Blüten mit weißer, pinselförmiger Narbe (= Anpassung an die Windbestäubung).

Früchte: kleine, von der bleibende Blütenhülle umgebene Nüsse (durch Lufteinschluß spezifisch leicht): Ballonflieger und Schwimmverbreitung. Bearbeitungsverbreitung durch Sperlinge. Auch Tierstreuer. Fruchtreife: IX-X.

Vegetative Vermehrung sehr reichlich durch Verzweigung des Rhizoms. Daher stehen in älteren Beständen gewöhnlich größere Gruppen von Pflanzen des gleichen Geschlechts zusammen.

Verwendung: bis ins 18. Jh. wegen der Bastfasern wichtige Faserpflanze. Vorzüglich geeignet für feste Stoffe, Netze, Stricke usw. "Nessel" ist noch heute der Name für ein ungebleichtes Gewebe. Nesselfaser ist fester als Leinfaser. Das Kraut eignet sich außerdem zum Gelbfärben von Textilien. - Die jungen Triebe der Brennessel-Arten ergeben ein nahrhaftes, wohlschmeckendes und vitaminreiches Gemüse ("Brennesselspinat"). Eine Brennwirkung fehlt dabei. - Arzneilich wird das Kraut als harntreibendes Mittel und darüberhinaus volksmedizinisch für vielerlei Zwecke eingesetzt. Früher nutzte man die starke Reizwirkung bei Rheuma usw., indem man die Haut mit frischen Brennesseln peitschte ("Urtikationen"), was allerdings nicht ungefährlich war (sehr selten tödlich). Brennesselsaft und -tee sind für Frühjahrs- und Herbstkuren sehr beliebt (stoffwechselanregend).

Brennesselabkochungen (Absud) sind ein gutes alternatives Bekämpfungsmittel gegen Blattläuse. Wertvolle Kompostpflanze.

Weitere Art:

Urtica urens L., Kleine Brennessel: einjährig, sommerannuell. Stärker brennend als *U. dioica*. Sehr nährstoffreiche, frische Ruderalstellen, Gemüsekulturen und Miststellen. Stickstoff- und Überdüngungszeiger. In gemäßigten und warmgemäßigten Zonen weltweit verschleppt. Kulturbegleiter. Einhäusig. Männliche und weibliche Blüten am gleichen Zweig. Von Mai an bis in den Herbst blühend. Blüten- und Verbreitungsökologie wie bei voriger Art.

Utricularia vulgaris L., Gemeiner Wasserschlauch

– Lentibulariaceae (= Wasserschlauchgewächse)

Untergetauchte, wurzellose, gewöhnlich frei schwebende Wasserpflanze. Nur zur Blüte an die Wasseroberfläche schwimmend. Stengel reich verzweigt, bis 3 m oder länger. Überdauerung durch kugelige, nußgroße Turionen (= Winterknospen). Fleischfressende Pflanze (Karnivore). Der Tierfang dient als zusätzliche Quelle für Stickstoffverbindungen. Blätter in haarfeine Zipfel zerteilt, von denen je 20, maximal 200, zu Fangblasen oder -schläuchen (Name!, vgl. lat. utriculus = kleiner Schlauch) umgebildet sind. Fangblasen 4-5 mm lang. An einer großen Pflanze haben wir über 26 000 gezählt. Durch eine mit Borsten versehene Klappe sind sie von innen fest verschlossen. Die Wand ist mit verschiedenen Drüsen besetzt, die Wasser nach außen pumpen, so daß ein Unterdruck entsteht. Vierstrahlige Drüsen auf der Innenwand geben eiweißspaltende Enzyme ab. Vielleicht haben auch Bakterien am Abbau der gefangenen Tiere Anteil. Berühren Kleintiere die Klappenborsten, z. B. beim Fressen der auf diesen anhaftenden Bakterienfäden, so schnappt die Klappe nach innen, und die Tiere werden in den Fangschlauch gesogen. Der Vorgang dauert nur 0,01-0,02 Sekunden. Anschließend erfolgt wieder Verdauung und Auspumpen. Nach etwa 0,5-2 Stunden ist die Falle wieder fangbereit. In 600 untersuchten Schläuchen waren insgesamt 2000 Tierchen gefangen (bis 14 je Schlauch), davon über die Hälfte Kleinkrebse, aber auch Insektenlarven, z. B. von Mücken. - Die Gattung *Utricularia* umfaßt weltweit etwa 300 Arten. Dazu gehören außerhalb Europas auch im Boden und auf Bäumen lebende Arten.

Vorkommen: stehende oder langsam fließende, wenig nährstoffreiche, vorzugsweise kalkarme, flachere (10-70 cm tiefe) Gewässer in sommerwarmem Klima. Vor allem in den Tieflagen, seltener im

Gebirge (Alpen bis 930 m?). Zirkumpolar verbreitet. - Alle Arten sind durch Entwässerung bzw. durch Verschmutzung, Kalkung und Verschlammung der Gewässer gefährdet. Werden die im Herbst auf den Gewässerboden gesunkenen Turionen mit Schlamm überdeckt, sind sie im nächsten Frühjahr nicht zur Gasentwicklung fähig und können entsprechend nicht wiederauftauchen. - **Geschützt**!

Blüten: VI-VIII. Große goldgelbe "Maskenblumen" (verwandt sind die Rachenblütler) in senkrecht aus dem Wasser ragender, 10-30 cm langer, wenigblütiger Traube. Blütenstengel im oberen Teil klebrig (= Aufkriechschutz gegen "unerwünschte" Blütenbesucher). Krone mit kurzem, kegelförmigem, 6-7 mm langem Sporn als Safthalter. Die zweilippige Narbe liegt der Oberlippe innen an und ist reizbar: Bei Berührung krümmt sich der untere Narbenlappen sofort nach oben. Staubbeutel einfächerig. Besucher: besonders Schwebfliegen (Maske weich), seltener Bienen.

Früchte: unregelmäßig aufreißende Kapseln. Samenansatz gering. Samen mit 2 "Luftrillen", dadurch wochenlang schwimmfähig: Schwimm- und Wasserhaftverbreitung durch Wasservögel. Fruchtreife: ab IX.

Vegetative Vermehrung durch abgebrochene - auch kleinste - Stengelteile und durch die Winterknospen.

Weitere Arten:

Utricularia australis R. Brown (= *U. neglecta* Lehm.), Südlicher oder Verkannter Wasserschlauch: voriger Art sehr ähnlich, daher oft mit dieser verwechselt, wahrscheinlich häufiger als diese. Gefährdet. Blätter mit weniger (8-75) und kleineren (bis 3 mm großen) Fangblasen. In weniger nährstoffarmen Gewässern, über Torfschlammboden. Blüten blaßgelb. Besucher: Bienen. Kein Samenansatz.

Utricularia intermedia Hayne, Mittlerer Wasserschlauch: Pflanze mit farblosen, im Boden verankerten Schlammsprossen und grünen Wassersprossen. Fangblasen nur an den Schlammsprossen, zu 1-5 pro Blatt. Stark gefährdet. Blüten selten. Sporn walzlich, 1 cm lang.

Vaccinium myrtillus L., Heidelbeere, Waldbeere, Blaubeere

- Ericaceae (= Heidekrautgewächse)

Meist winterkahler Zwergstrauch mit wintergrünen, Photosynthese treibenden Zweigen (Rutenstrauch). Bis 0,5 m, selten bis 1 m hoch; bis 1 m tief wurzelnd. - Wurzelpilz. Empfindlich gegenüber industriellen Immissionen, besonders Schwefeldioxid, wahrscheinlich durch Schädigung des Wurzelpilzes. - Im Hochgebirge haben *Vaccinium*-Arten mit etwa 5 kcal/g Trockengewicht einen vergleichsweise hohen Energiegehalt. Das ist die für die Überdauerung der langen Winterperiode nötige Energiereserve.

Vorkommen: lichte Laub- und Nadelwälder, Gebirgs-Fichtenwälder sowie Moor- und Bergheiden, auf frischen, nährstoff- und basenarmen, sauren Rohhumusböden in humider Klimalage. Spätfrostempfindlich. Im Gebirge in Schneelagen, schneeschutzbedürftig, in schneearmen Wintern großenteils oberirdisch erfrierend. Vermag auch bei tiefen Temperaturen und sogar aus Schnee über die Zweige Wasser aufzunehmen. Im Schneeschutz einer der am höchsten aufsteigenden Zwergsträucher: Ebene bis 2350 m. Zirkumpolar verbreitet.

Blüten: V-VII. Sehr nektarreiche, schwach vormännliche "Glockenblumen mit Streueinrichtung". Pollen trocken, in Tetraden. Staubbeutel mit Anhängsel, sich an der Spitze mit einem Loch öffnend. Griffel aus dem Streukegel herausragend. Die Besucher - langrüsselige Bienenverwandte, die sich an den zurückgekrümmten Kronblattzipfeln festklammern - werden überstäubt. Selbstbestäubung erfolgreich.

Früchte: durch Wachsüberzug blaubereifte Beeren. Verdauungsverbreitung durch Vögel (z. B. Drosseln, Häher, Tauben, Rebhühner), Schnecken, Füchse usw. Fruchtreife: VII-VIII.

Vegetative Vermehrung durch unterirdische Ausläufer (Wurzelkriecher). Eine Pflanze kann sich über 1 Hektar ausbreiten und dann über 1000 Jahre alt sein.

Verwendung: empfehlenswertes Wildobst, roh, als Kompott oder Marmelade. Auch zu Heidelbeergeist und -wein verarbeitet. Die Früchte enthalten bis zu 30 % Gelierstoffe (Pektine) sowie reichlich Zucker, Fruchtsäuren und Vitamine. Frisch sind sie abführend, getrocknet jedoch stopfend (Gerbstoffwirkung) und werden daher arzneilich gegen Durchfälle, vor allem bei Kleinkindern, verwendet. Hierfür werden auch die Blätter genommen, die aber wegen des Gehaltes an Arbutin und Hydrochinon (bis 1,5 %) schwach giftig sind. - Blätter der *Vaccinium*-Arten wurden auch anstelle der verwandten Bärentraube (*Arctostaphylos*) als harndesinfizierendes Mittel benutzt. Für Wildpflanzengärten zu empfehlen.

Weitere Arten:

Vaccinium uliginosum L., Rauschelbeere, Rauschbeere, Trunkelbeere, Moorbeere: sehr ähnlich voriger Art. Moorwälder und subalpine Zwergstrauchheiden. Oft im Rückgang. Ob der Verzehr der Beeren - wie die verschiedenen deutschen Namen besagen - tatsächlich Rauschzustände hervorbringt, ist umstritten. Vergiftungen sind erst bei größeren Mengen zu erwarten und vermutlich auf Infektion mit dem Pilz *Sclerotina megalospora* WOT. zurückzuführen.

Vaccinium vitis-idaea L., Preiselbeere: Blätter wintergrün, ledrig, am Rande umgerollt. Nadelwälder, Moore, alpine Zwergstrauchheiden. Blüten 4zählig (bei den anderen Arten meist 5zählig). Blütenökologisch ähnlich wie *V. myrtillus*, aber Staubbeutel ohne Anhängsel, dafür die Staubfäden lang behaart. Beeren rot, gekocht als Marmelade oder als Beilage zu Wildbraten. Nicht selten sind Gallwucherungen an den Blättern, verursacht durch den Pilz *Exobasidium vaccinii*. Für Wildpflanzengärten zu empfehlen.

Vaccinium oxycoccos: siehe *Oxycoccus palustris*.

Valeriana officinalis L. s. l. (Sammelart), Echter Baldrian – Valerianaceae (= Baldriangewächse)

Schaftpflanze bis 1,6 m Höhe. - Die kurzen Rhizome schwellen am Ende an und bilden dort sproßbürtige Wurzeln und Blattbüschel. Aus dem verdickten Abschnitt entsteht der nächstjährige Blühsproß, während das Verbindungsstück abstirbt.

Vorkommen (Kleinart *V. procurrens* WALLR. = *V. repens* HOST): Staudenfluren, Ufer und lichte Wälder, auf nassen, nährstoff- und basenreichen Böden. Ebene bis mittlere Gebirgslagen.

Blüten: VI-VII. Kleine asymmetrische, vormännliche "Trichterblumen" in rispenartigen Blütenständen. Neben zwittrigen Pflanzen kommen rein weibliche vor (gynodiözisch). Krone weiß, mit - später verblassenden - purpurnen Strichsaftmalen. Wohlriechend. Nektarium in Kronröhrenaussackung. Bestäuber: verschiedene Zweiflügler und Bienenverwandte. Selbstfertil. Keine spontane Selbstbestäubung.

Früchte: kleine Nüsse mit federigem, hygroskopischem, später abfallendem Haarkranz (Pappus): Schirmchenflieger; Wasserhafter und Schwimmverbreitung (durch die leeren Fruchtfächer, nach Abbruch des Haarkranzes). Fruchtreife: VIII.

Vegetative Vermehrung durch die kurzen Ausläufer (Kriechpionier).

Verwendung: Die unterirdischen Teile sind ein altbekanntes Heilmittel (Name!: lat. valere = gesund sein). Wirkung beruhigend, krampflösend; nicht einschläfernd, sondern eher erfrischend. Bei Überdosis zentral lähmend. Getrocknete Rhizome haben einen starken, schweißartigen Geruch (Isovaleriansäure), der eine stark anziehende

Wirkung auf Kater ausübt, da er dem Lockgeruch läufiger Katzen entspricht. Herbarisierte Pflanzen riechen noch nach Jahren unangenehm nach Schweiß. Als Arzneipflanze gelegentlich kultiviert. - Eignet sich auch für Wildpflanzengärten, ist allerdings sehr ausbreitungsintensiv.

Weitere Art:

Valeriana dioica L., Sumpf- oder Kleiner Baldrian: Halbrosetten- und Sumpfpflanze. Untere Stengelblätter einfach, obere fiederteilig (Heterophyllie). Naßwiesen, Moorwiesen und Ufer, auf Sumpfhumus- und Torfböden. Durch Entwässerung stellenweise im Rückgang. Zweihäusig. Männliche Blüten größer (ca. 3 mm lang) und deshalb von Insekten meist zuerst besucht. Weibliche Blüten ca. 1 mm lang. Alle Übergänge zwischen rein männlichen und rein weiblichen Blüten. Bestäuber: verschiedenste Insekten. Verbreitung der Früchte wie bei *V. officinalis*. Vegetative Vermehrung durch Ausläufer mit endständiger Blattrosette, aus der im folgenden Jahr der Blütenstengel hervorgeht.

Valerianella locusta (L.) Laterr., Gemeiner Feldsalat, Rapünzchen

– Valerianaceae (= Baldriangewächse)

Einjährig, winterannuell. Samenkeimung nach sommerlichem Abbau der Hemmstoffe im Herbst. Als Blattrosette überwinternd. Stengel dichasial verzweigt.

Vorkommen: Äcker, lückige Wegränder und Trockenrasen, auf frischen, nährstoff- und basenreichen, sandigen oder reinen Lehmböden in wintermilder, humider Klimalage. Ebene bis Gebirge (Jura bis 980 m, fehlt in den Alpen). Alteinwanderer (Kulturflüchter) aus dem Mittelmeergebiet. In Süddeutschland seit der jüngeren Steinzeit.

Blüten: IV-V, Frühblüher. Winzige homogame "Trichterblumen" in kleinen, gedrungenen Trugdolden (Dichasien). Nektar nur wenig, in der Kronröhre abgesondert. Bestäuber: Käfer, Zweiflügler, Bienenverwandte und Falter. Überwiegend spontane Selbstbestäubung, indem die Narben erst unterhalb, später auf gleicher Höhe stehen wie die Staubbeutel.

Früchte: kleine asymmetrische Nüsse mit einem einsamigen Fach mit schwammig verdickter Wand sowie 2 tauben Fruchtfächern als Schwimmeinrichtung. Regenschwemmling. Ballonflieger. Menschenverbreitung (Kulturbegleiter und -relikt).

Verwendung: sehr schmackhafte Salatpflanze, die in großblättrigen Kultursorten auch angebaut wird. Für Wildpflanzengärten zu empfehlen.

Weitere Art:

Valerianella dentata (L.) POLLICH, Gezähnter Feldsalat: sommerwarme Getreidefelder und Trockenrasen. Blüht ab Mai. Durch die 3 größeren, bleibenden Kelchzähne werden die Früchte als Klettfrüchte verbreitet. Als Ackerwildkraut stellenweise gefährdet. Wird ebenfalls als Salatpflanze gezogen.

Verbascum densiflorum BERTOL. (= *V. thapsiforme* SCHRADER), Großblütige Königskerze oder Wollblume

– Scrophulariaceae (= Rachenblütler, Braunwurzgewächse)

Zweijährige Halbrosettenpflanze, bis 3 m hoch (!), nur einmal blühend (= hapaxanth). Trockenheitsanpassungen: Blätter runzliggrubig, am Stengel herablaufend (= Regenableitung zur Wurzel); Pflanze von einem dichten Filz bäumchenförmiger Haare überzogen (Einstrahlungs- und Verdunstungsschutz). - Artenreiche Gattung mit weltweit etwa 300 Arten.

Vorkommen: sonnige Ruderalstellen und Waldschläge, auf mäßig trockenen, nährstoff- und basenreichen, oft kalkhaltigen Lehmböden. Etwas wärmeliebend. Ebene bis mittlere Gebirgslagen (Jura bis 850 m, Alpen fehlend).

Blüten: VII-IX. Schwach zweiseitig-symmetrische "Pollen-Scheibenblumen", in knäueligen Wickeln, diese zu ährigem Gesamtblütenstand vereinigt. Der Pollen steht nur morgens bis 10 Uhr zur Verfügung. Krone durch Flavonoide gelb und entsprechend mit hoher UV-Reflexion. Staubfäden ungleich: obere 3 dicht behaart, untere 2 kahl. Wollhaare früher als "Futterhaare", heute eher als Staubbeutelattrappen gedeutet. Vorweiblich; dadurch, daß Hautflügler ährige Blütenstände stets von unten nach oben anfliegen, wird Fremdbestäubung gefördert. Weitere Bestäuber: verschiedene andere Insekten.

Früchte: fachspaltige Kapseln mit je 300 winzigen Samen. Bei etwa 200 Blüten je Pflanze sind das ca. 60 000 Samen. Wind- und Tierstreuer. Samen als Ballonflieger. Fruchtreife: IX-X.

Verwendung: Wegen der Schleimstoffe und Saponine werden die Blüten ("Wollblumen") arzneilich bei Husten als auswurfförderndes und reizmilderndes Mittel gebraucht, darüberhinaus in der Volksmedizin bei Rheuma. Die durch die Saponine giftigen Samen wurden früher zum Fischfang benutzt. - Hübsche Gartenzierpflanze, auch für Wildpflanzengärten empfehlenswert.

Weitere Arten:

Verbascum thapsus L., Kleinblütige Königskerze oder Wollblume: sehr ähnlich voriger Art. Bis 1,80 m hoch. Steigt in den Alpen bis 1620 m. Lichtkeimer. Selbstfertil. Spontane Selbstbestäubung erfolgreich.

Verbascum nigrum L., Schwarze Königskerze: Blätter nur unterseits dünnfilzig. Bis 1,20 m hoch. Ökologisch den beiden vorigen Arten ähnlich. Homogam. Nektarabsonderung gering, vermutlich ohne ökologische Bedeutung. Krone an der Basis mit blutrotem Farbflecksaftmal. Im Kontrast dazu Staubbeutel orangefarben und Staubfäden dicht und lang violett behaart. Selbststeril. Ebenfalls für Wildpflanzengärten zu empfehlen.

Verbascum lychnitis L., Mehlige Königskerze: bis 1,30 m hoch. Blätter unterseits weißfilzig, nicht am Stengel herablaufend. Tiefwurzler. Trockengebüsche und Trockenwaldsäume, meist auf Kalk. Blüten weiß oder hellgelb. Staubfäden weißwollig. Selbstfertil.

Verbena officinalis L., Echtes oder Gemeines Eisenkraut – Verbenaceae (= Eisenkrautgewächse)

Ausdauernde Halbrosettenpflanze, seltener einjährig. 20-80 cm hoch, bis 60 cm tief wurzelnd. - Einziger heimischer Vertreter einer überwiegend tropisch verbreiteten Familie.

Vorkommen: Ruderalstellen und gestörte Weiden, auf frischen, nährstoffreichen Böden. Stickstoffzeiger. Lichtpflanze. Alteinwanderer (Archäophyt): Kulturbegleiter bzw. -relikt (z. B. in der Nähe von Burgen und alten Siedlungen) seit der jüngeren Steinzeit. Ebene bis Gebirge. Alpen bis 1100 m.

Blüten: VII-IX. Homogame "Lippenblumen", in traubig angeordneten Thyrsen. Kronröhre 3 mm lang, Kronsaum fast zweilippig, präsentiertellerförmig. Nektar vom Diskus abgesondert, von einem Haarring verdeckt. Pollenentleerung von 7-12 (selten bis 14) Uhr. Besucher: Bienenverwandte. Spontane Selbstbestäubung erfolgreich.

Früchte: Spaltfrüchte, in 4 Klausen zerfallend. Der schräg aufrecht stehende Kelch umschließt die Klausen (= Windfang) und fällt zur Reife mit diesen ab: Wind- und Tierstreuer. Klebverbreitung. Menschenverbreitung (Kulturrelikt und Trittverbreitung).

Verwendung: seit dem Altertum bekannte, universell eingesetzte, heute aber so gut wie nicht mehr gebräuchliche Heilpflanze (Gerbstoffe und Bitterstoffe). - Der Name leitet sich von dem ehemaligen Gebrauch bei der Eisenverhüttung ab: Die Pflanze wurde der Schmelze zugesetzt, der enthaltene Kohlenstoff wirkte (wie prinzipiell mit jeder anderen Pflanze) härtend.

Veronica chamaedrys L., Gamander-Ehrenpreis

– Scrophulariaceae (= Rachenblütler, Braunwurzgewächse)

Krautiger Chamaephyt, oft rasig wachsend. Flachwurzler. Stengel mit zwei auffälligen Haarleisten (= Wasserableitung?). - Im Volksmund werden die *Veronica*-Arten wegen der nach dem Abpflücken leicht abfallenden blauen Blüten auch "Männertreu" genannt. - Die Gattung ist mit etwa 300 Arten sehr formenreich.

Vorkommen: Wiesen, Säume, Wegränder und lichte Eichenwälder, auf meist frischen und nährstoffreichen Lehmböden. Ebene bis Hochgebirge (Alpen bis 2150 m).

Blüten (Abb. 93): V-VI. Homogame, "nektarführende Scheibenblumen", in achselständigen, gestielten Trauben. Im Gegensatz zu den meisten anderen Vertretern der Familie sind nur 4 Kronblätter und 2 Staubblätter vorhanden. Kronröhre kurz. Nektar von Haarkranz bedeckt. Schöne, zur Blütenmitte weisende, dunkelblaue Strichsaftmale sowie am Kroneingang ein weißes Ringsaftmal. Der abstehende Griffel, die beiden Staubblätter und das untere Kronblatt dienen als Anflugplatz. Bestäuber sind Fliegen, Bienenverwandte und kleine Tagfalter. Die meisten übrigen Ehrenpreis-Arten auch mit spontaner Selbstbestäubung.

Früchte: 2klappige, bei Nässe geöffnete Kapseln (hygrochas); Samen schüsselförmig: Regentropfenwanderer: Regenballist und Regenschwemmling. Dazu Windstreuer, Zufalls- und Ameisenverbreitung.

Vegetative Vermehrung durch unterirdische Ausläufer.

Verwendung: sehr schöne Wildrasenpflanze, aber auch für naturnahe, nicht zu stark gedüngte Gartenrasen sehr geeignet.

Weitere Arten:

Veronica arvensis L., Acker-Ehrenpreis: einjährig, sommer- oder winterannuell. Äcker und Ruderalstellen. Alteinwanderer. Blüten einzeln, achselständig. Fruchtklappen flach ausgebreitet; Samen schildförmig; Regentropfenballist und Regenschwemmling.

Veronica beccabunga L., Bachbungen-Ehrenpreis, Bachbunge: Ausdauernd. Pflanze etwas fleischig, kahl. Langsam fließende

Bäche, Quellen, Gräben. Blüten in gestielten Trauben, vorweiblich, nur bei Sonne ausgebreitet. Bestäuber: vor allem kleine Schwebfliegen. Verbreitung der Samen wie bei voriger Art. Vegetative Vermehrung durch oberirdische Ausläufer (Kriechpionier). Preßsaft früher arzneilich verwendet. Die vor der Blüte gesammelten Sprosse sind für Mischsalat geeignet. - Als gut wüchsige, lang blühende Uferpflanze für Gartenteiche zu empfehlen.

Veronica hederifolia L. (Sammelart), Efeublättriger Ehrenpreis: einjährig, sommer- oder winterannuell. Nährstoffliebend, sowohl in reicheren Laubwäldern und Gebüschen als auch als Wildkraut im Wintergetreide. Blüten einzeln, bei Regen geschlossen bleibend. Meist spontane Selbstbestäubung: Staubbeutel bereits in der Blüte geöffnet, die Narben umschließend. Fruchtstiele abwärts gekrümmt. Kapseln meist geschlossen bleibend. Samen schüsselförmig, Höhlung später mit Luftblase: Regenschwemmlinge. Elaiosom vorhanden: Ameisenverbreitung. Dunkelkeimer.

Veronica officinalis L., Echter oder Wald-Ehrenpreis: krautiger Chamaephyt, kriechend, bis 50 cm tief wurzelnd. Wälder, Magerrasen und Heiden, auf mäßig trockenen, nährstoffarmen, sauren Böden. Nässe- und düngerfeindlich. Blüten in Trauben. Vegetative Vermehrung durch die niederliegenden, wurzelnden Stengel. Ehemalige Heilpflanze (Gerbstoffe, Bitterstoff, Aucubin). Als Bodendecker für Wildpflanzengärten sehr zu empfehlen.

Veronica serpyllifolia L., Quendel-Ehrenpreis: Kriechstaude. Blätter kahl. Weiden, Wiesen und Trittstellen. Feuchtezeiger. Eine Bereicherung etwas lückiger, kurz gehaltener Garten- und Parkrasen. Blüten einzeln. Samen schildförmig. Wurzelkriechpionier.

Veronica teucrium L., Großer Ehrenpreis: Schaftpflanze. Sonnige Halbtrockenrasen und lichte sommerwarme Wälder, meist auf Kalk. Zum Teil gefährdet. Blüten ähnlich wie bei *V. chamaedrys*, in achselständigen Trauben, lebhaft himmelblau und sehr dekorativ. Reicher Besuch durch verschiedenste Insekten. Tierstreuer und Ameisenverbreitung. Das Rhizom bildet wenige aufsteigende oder aufrechte Stengel. An geeigneten Standorten eine prächtige Wildgartenpflanze.

Veronica persica Poiret, Persischer Ehrenpreis: Einjährig. Stengel niederliegend bis aufsteigend. Äcker, Gärten und Wegränder. In Europa seit 1805 eingebürgert. Heimat: Südwestasien. Früh- und Winterblüher: II-IX. Die Fruchtstiele wenden sich vom Licht ab (negativ phototrop). Vegetative Vermehrung durch bis 40 cm lange Ausläufer.

Veronica filiformis Smith, Faden-Ehrenpreis: Krautiger Chamaephyt und Hemikryptophyt, mit fadenförmigen, dicht dem Boden aufliegenden Kriechsprossen; daher ideal angepaßt an häufig gemähte Rasen. Neubürger (Industriophyt), in Deutschland seit 1930; hat sich in den letzten Jahren stark ausgebreitet. Heimat: Kaukasus. Die Einschleppung erfolgte vermutlich über die Anpflanzung als Zierpflanze auf Friedhöfen. Frühblüher: IV-V. Blüten ähnlich wie bei *V. persica*. Selbststeril, d. h. auf Fremdbestäubung eines anderen Genotyps angewiesen; da aber nur 1 Genotyp eingeschleppt wurde, kommt es bei uns nicht zum Fruchtansatz. Die rasche Ausbreitung geschieht ausschließlich vegetativ durch Brutknöllchen in den Achseln der Blätter sowie durch abgerissene und sich bewurzelnde Stengelstücke. Wesentlich an dieser Ausbreitung dürften Rasenmäher beteiligt sein.

Veronica spicata L. (= *Pseudolysimachion spicata* (L.) Opiz), Ähriger Ehrenpreis: Hemikryptophyt und krautiger Chamaephyt. Felsen und sonnige Trockenrasen. Klassenkennart der Festuco-Brometea (= Trocken- und Halbtrockenrasen). Gefährdet und geschützt. Blüten trichterförmig, mit langer Kronröhre, in endständiger, ährenartiger Traube. Wird auch als Zierpflanze kultiviert und ist besonders auch für Wildpflanzengärten zu empfehlen.

Veronica longifolia L., Langblättriger Ehrenpreis, Blauweiderich: ähnlich wie *V. spicata*. Sumpfstaudenfluren. Gefährdet und geschützt!

Viburnum opulus L., Gemeiner oder Gewöhnlicher Schneeball

– Caprifoliaceae s. l. (= Geißblattgewächse i. w. S.) bzw. Sambucaceae (= Holundergewächse)

Winterkahler Strauch von meist 2, maximal 4 m Höhe. Intensiv- und Flachwurzler. Blattspreiten an der Basis mit 2 extrafloralen Nektarien (und dadurch von den ähnlichen Blättern des Feld-Ahorns zu unterscheiden). Wurzelpilz. - **Giftig**: Rinde, Blätter und unreife Früchte enthalten verschiedene Giftstoffe, u. a. den Bitterstoff Viburnin. Die reifen Früchte sollen, in kleinen Mengen verzehrt, nach neueren Angaben ungiftig sein.

Vorkommen: Auwälder und -gebüsche, Hecken, Wald- und Bachränder. Auch öfter angepflanzt. Auf sickerfeuchten bis frischen, nährstoff- und basenreichen Böden. Etwas wärmeliebend. Ebene bis Gebirge (Alpen bis 1000 m).

Blüten: V-VI. Homogame, schüsselförmige "Scheibenblumen", in flachen Trugdolden (Thyrsen). Die Randblüten sind steril und dienen als Schauapparat. Nektar wird offen dargeboten. Wohlriechend; Duft vermutlich vom Pollenkitt ausgehend. Bestäuber sind Insekten aller Art (außer Faltern), besonders Fliegen, die ähnlich wie bei den Doldenblütlern auf dem Blütenstand umherlaufend die Bestäubung vollziehen. Spontane Selbstbestäubung ist erfolgreich.

Früchte: scharlachrote, kugelige Steinfrüchte mit 1 lederartigem Steinkern. Fruchtreife: ab VIII. Wintersteher. Verdauungsverbreitung: von Drosseln gemieden, aber von anderen Vögeln im Laufe des Winters gefressen.

Verwendung: Früchte gekocht für Marmelade oder Gelee verwendbar. In Teilen Osteuropas werden die reifen "Beeren" auch roh gegessen. Rinde früher arzneilich verwendet. Häufige Zierpflanze der Parkanlagen und Gärten, oft in einer Kulturform, dem Garten-Schneeball (var. *roseum* L.), mit kugeligem Blütenstand, der ausschließlich aus Schaublüten besteht. Wildform für Gehölzanpflanzungen sowie für Wildpflanzengärten empfehlenswert. Schnittfest und mit hohem Ausschlagsvermögen. Tief gesteckte Zweige wachsen oft an.

Weitere Arten:

Viburnum lantana L., Wolliger Schneeball: Blätter runzlig, behaart (Trockenheitsanpassungen). Ohne Winterknospenschutz. Sonnige Gebüsche, Wälder und Hecken (dort neuerdings auch oft gepflanzt), meist auf Kalk. Im Norden fehlend (Hauptverbreitung: Südeuropa). Blüten alle gleichartig. Nektar wird weniger dargeboten als bei *V. opulus*. Blütengeruch harnartig (Methylamin). Früchte eiförmig, erst rot, später schwarz. Unterschiedlich reifend, daher im Fruchtstand lange Zeit beide Farben nebeneinander. Fast alle Teile der Pflanze giftig. Ob auch die im Volksmund "Schwindelbeeren" genannten Früchte giftig sind, ist umstritten. Zweige elastisch biegsam.

Viburnum rhytidophyllum Hemsl., Runzelblättriger Schneeball: Zierstrauch mit großen, runzligen, immergrünen Lederblättern. Heimat: China. Ziemlich winterhart, sollte aber in wärmeren und gegen Morgensonne geschützten Lagen (da sonst die Gefahr der Frosttrocknis im Winter besteht) kultiviert werden. Außerhalb der Gärten und Parks sind aber heimische Gehölze für Anpflanzungen unbedingt zu bevorzugen.

Vicia cracca L., Vogel-Wicke

– Fabaceae (= Schmetterlingsblütler)

Hemikryptophyt: Kletterstaude und Halbrosettenpflanze. Fiederblätter mit endständigen Wickelranken aus umgewandelten Fiedern, die wie alle Ranken kreisende Suchbewegungen ausführen und auf Berührungsreize reagieren (Thigmonastie). Tiefwurzler. Wurzelknöllchen mit symbiotischen, stickstoffbindenden Bakterien.

Vorkommen: Wiesen, Weiden, Säume, Äcker und Ruderalstellen, auf frischen bis mäßig trockenen Lehm- und Tonböden. Ebene bis Gebirge (Alpen bis 1180 m). Kulturbegleiter seit der jüngeren Steinzeit.

Blüten: VI-VIII. Vormännliche "Schmetterlingsblumen mit Griffelbürsten-Klappmechanismus", in reichblütigen, einseitswendigen, achselständigen Trauben. Die Staubbeutel entleeren den Pollen oft schon in der Knospe über dem behaarten Griffel. Beim Besuch durch Insekten klappt das Schiffchen herab, und die Griffelbürste drückt sich an den Bauch des Insektes. Nach mehrmaliger Wiederholung dieses Vorgangs ist die Griffelbürste frei von Blütenstaub und die zarte Narbenoberfläche abgewetzt. Dadurch ist sie jetzt klebrig und empfängnisfähig. Besucher: Bienenverwandte und Falter. Nektarraub durch seitliches Anbeißen der Blüte ist nicht selten.

Früchte: mehrsamige Hülsen. Austrocknungsstreuer, Streuweite 1-2 m. Samen eiweißreich, kugelig. Sie rollen meist noch ein Stück allein weiter (= "Rollsamen"). Die Speicher-Keimblätter bleiben bei der Keimung im Boden (hypogäische Keimung).

Vegetative Vermehrung durch unterirdische Ausläufer.

Verwendung: gute Futterpflanze.

Weitere Arten:

Vicia sepium L., Zaun-Wicke: Kletterstaude mit schwärzlichen, extrafloralen Nektarien an der Unterseite der Nebenblätter (Zellsaftdruckausgleich?). Produktion von Nektar nur bei feucht-warmem Wetter. Ameisen besuchen regelmäßig die Nektarien. Wiesen, Wälder, Säume und Wegränder. Blüten in wenigblütigen, gestauchten Blütenständen. In der Knospe rotviolett, später bald blaßblau, zuletzt bräunlich. Die Kronblätter sind so fest und dick, daß nur kräftige Hummeln die Blüten öffnen können (Kraftblume). Erdhummeln gewinnen den Nektar durch Aufbeißen von Kelch und Krone (Nektarräuber). Anschließend können an diesen Löchern Honigbienen den Nektar entnehmen.

Vicia sylvatica L., Wald-Wicke: Kletterstaude. Säume und lichte Wälder. Ebene bis Hochgebirge (Alpen bis 1950 m). Im Norden selten. Blüten weiß, seltener violett, in reichblütigen Trauben. Fahne mit violetten Strichsaftmalen, Schiffchenspitze violett. Bestäubung durch kräftigere Bienenverwandte. Vegetative Vermehrung durch Bodenausläufer. Als Wildgartenpflanze empfehlenswert.

Vicia sativa L., Saat-Wicke: einjährige, sommerannuelle Kletterpflanze. Extraflorale Nektarien wie bei *V. sepium*. Als Futterpflanze angebaut (Stammpflanze: *V. angustifolia* GRUFB.) und oft an Ruderalstandorten usw. verwildert. Blüten zu 1-2(-3) blattachselständig. Blütenökologie ähnlich wie bei *V. sepium*, aber Blüten noch fester verschlossen und nur durch kräftigste Hummeln (z. B. *Bombus*) zu öffnen. Spontane Selbstbestäubung erfolgreich.

Vicia faba L., Saubohne, Dicke Bohne, Puffbohne: einjährig, sommerannuell, aufrecht. Endfieder fast völlig reduziert. Futter- und Gemüsepflanze. Bevorzugt frische, nährstoffreiche, tiefgründige Böden in mild-humider Klimalage. Im Gebiet seit der späten Bronzezeit kultiviert. Blüten groß, weiß, in wenigblütigen Trauben. Flügel mit Flecksaftmal. Fahne durch Schließbewegung (Nyktinastie) nachts die Blüte einhüllend. Blütenökologie wie bei *V. sepium*, aber Nektar leichter zugänglich. Selbststeril. Hülsen groß, durch sekundäre Gewebewucherungen quergefächert. Beliebtes Objekt für Chromosomenuntersuchungen; 2n = 14.

Vicia hirsuta (L.) S. F. GRAY, Rauhhaarige Wicke: einjährige Kletterpflanze. Äcker, Gebüschsäume und Ruderalstellen. Klassenkennart der Secalinetea (= Getreidewildkrautgesellschaften). Archäophyt. Blüten sehr klein, mit reinem Klappmechanismus. Wegen reicher Nektarabsonderung guter Besuch durch Insekten, vor allem Bienenverwandte. Selbstfertil.

Vinca minor L., Kleines Immergrün

– Apocynaceae (= Hundsgiftgewächse)

Kriechender Halbstrauch (Chamaephyt; Abb. 1 a, S. 16) mit immergrünen Lederblättern. Blattoberseite glänzend (= Wärmeschutz durch Reflexion). Pflanze mit ungegliederten Milchröhren. Blattstiele an der Basis verwachsen. - Schon bei PLINIUS als "Vinca pervinca" erwähnt. - Einziger mitteleuropäischer Vertreter der überwiegend tropisch verbreiteten Familie, zu der als bekannteste Art der im Mittelmeergebiet beheimatete Oleander (= *Nerium oleander* L.) gehört, der schon im Altertum als tödlich giftige Pflanze bekannt war. - **Giftig** durch Indolalkaloide (vor allem Vincamin); stark blutdrucksenkend und herzschwächend.

Vorkommen: bodendeckende Zierpflanze. In artenreichen Laubmischwäldern, gern unter Buchen, auf frischen, nährstoffreichen Ton- und Lehmböden in mild-humider Klimalage. Vor allem in der Nähe von ehemaligen Siedlungen und Burgen. Oft verwildert. Im Norden selten und sicher nur eingebürgert (Neophyt). Ebene bis Gebirge (bis 900 m).

Blüten: III-V. Homogame, präsentiertellerförmige, "große Trichterblumen", einzeln, lang gestielt, in den Blattachseln diesjähriger, aufrechter Triebe. Krone hellblau bis violett mit 5teiligem Saum aus propellerförmigen, asymmetrischen Kronblattzipfeln (= seltenes Merkmal in der heimischen Flora). Nektar am Grunde der 11 mm langen Kronröhre, durch Haarkranz (Saftdecke) geschützt. Narbe plattenförmig, durch sekundäre Verwachsung der Fruchtblätter gebildet, an der Spitze mit Haarschopf, in den der Pollen entleert wird. Darunter Klebrand, an dem Insekten ihren Rüssel beschmieren, wenn sie ihn zum Nektar führen, so daß der Pollen erst beim Herausziehen des Rüssels aus der Blüte haften bleibt. Dadurch ist auch Selbstbestäubung möglich. Bestäuber: Falter, Bienenverwandte und Hummelschweber (= Zweiflügler).

Früchte: Doppel-Balgfrüchte. Samen ohne Haarschopf, mit Nährgewebe. Ameisenverbreitung. Fruchtreife: VI-VIII, aber Samenansatz gering.

Vegetative Vermehrung ist vorherrschend. Sie erfolgt durch die später niederliegenden, sich an den Knoten bewurzelnden Stengel, die pro Jahr bis zu 2 m lang werden können.

Verwendung: hübscher, sehr schattenverträglicher, jährlich reich blühender Bodendecker, z. B. für Gärten und Gräber. Ehemalige Arzneipflanze (Alkaloide, Gerbstoffe, Flavonoide). Neuerdings wurden die Inhaltsstoffe gut untersucht, da bei der verwandten Art *Catharanthus roseus* (= *Vinca rosea*) tumorabbauende Substanzen entdeckt worden waren, doch ist über die arzneiliche Anwendbarkeit von *V. minor* wenig bekannt.

Weitere Art:

Vinca major L., Großes Immergrün: sehr ähnlich voriger Art. Blätter und Blüten größer. Zierpflanze, gelegentlich verwildert. Heimat: Südeuropa.

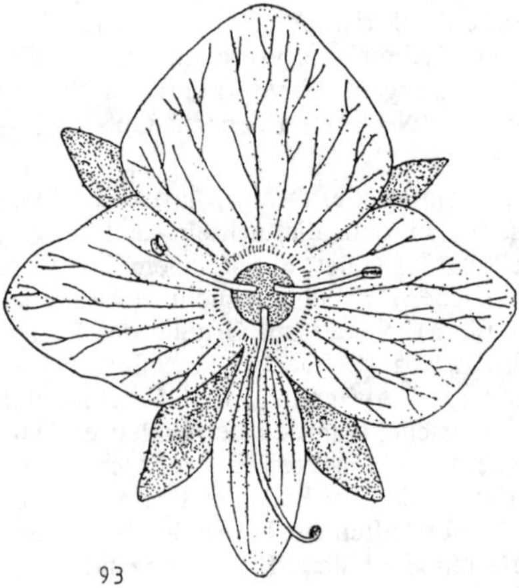

93

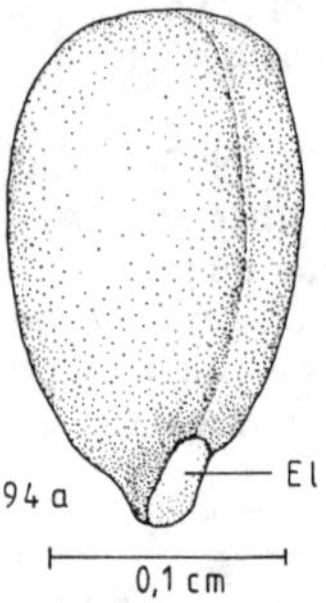

94 a

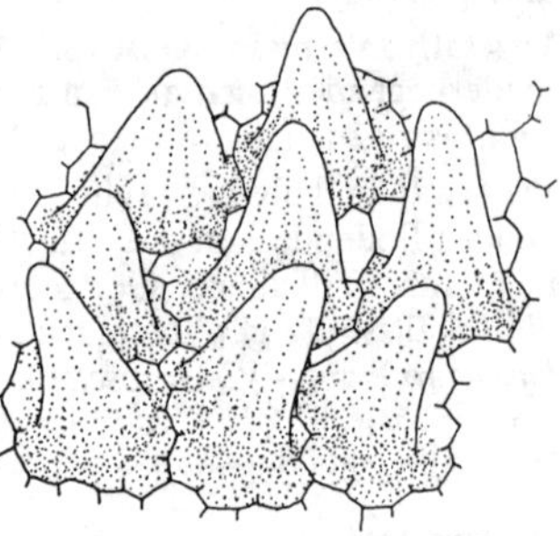

94 b

Abb. 93: Veronica chamaedrys: Blüte.
Abb. 94: Viola **a** Samen mit Elaiosom (El). **b** Aufsicht auf die Kronblattoberfläche von *Viola x wittrockiana*, stark vergrößert.

Vincetoxicum hirundinaria Medikus (= *Cynanchum vincetoxicum* (L.) Persoon, *V. officinale* Moench), Schwalbenwurz, Weiße Schwalbenwurz, Hundswürger

– Asclepiadaceae (= Seidenpflanzen- oder Schwalbenwurzgew.)

Hemikryptophyt: Schaftpflanze oder Klimmstaude. Tief- und Intensivwurzler. Rhizom kriechend, knotig. Pflanze mit gegliederten Milchröhren. - Schaden dadurch mitbewirkend, daß die Pflanze dem Kiefernblasenrost (*Cronartium*) als Zwischenwirt dient. - Einziger heimischer Vertreter einer artenreichen tropischen, mit den Hundsgiftgewächsen (vgl. *Vinca*) nächstverwandten Familie. - **Giftig**: Alle Pflanzenteile, besonders die unterirdischen, enthalten Steroidglykoside (Vincetoxin). Wirkung ähnlich wie bei *Aconitum*, bei hoher Dosis soll angeblich Tod durch Atemlähmung eintreten. Die Gefährlichkeit ist aber umstritten. Auch eine angeblich starke Giftwirkung auf Hunde (Name! vgl. griech. kyon, kynos = Hund, anchein = würgen) ist noch unbestätigt.

Vorkommen: sonnige Gebüschsäume, lichte Eichen- und Kiefernwälder und Steinschuttfluren, auf sommerwarmen, basenreichen, meist kalkhaltigen, lockeren Böden. Im Norden selten. Ebene bis Gebirge (Alpen bis 1700 m).

Blüten: V-VIII. "Klemmfallenblumen", in gestielten, blattachselständigen, knäueligen Trugdolden. Pollen als Pakete übertragen. Staubblattanhängsel sind zu einem 5spaltigen Kranz verwachsen. Die Staubfachinhalte (Pollinien) je zweier benachbarten Staubbeutel sind durch einen Faden (Translator) verbunden, an dessen Mitte der Klemmkörper sitzt. Abwechselnd mit den Staubbeuteln sitzen 5 Nektarien, die die Staubbeutel umschließen. Treten Besucher "daneben", verhakeln sie sich mit den "Füßen" im Klemmkörper und müssen, wenn sie die Blüte wieder verlassen wollen, die "Füße" samt Pollinium herausziehen. Blüten durch Amine unangenehm riechend, daher Hauptbesucher größere Fliegen (z. B. Schmeißfliegen) und Schwebfliegen. Mücken bleiben in den Klemmkörpern der Blüten hängen und sterben dort.

Früchte: zweiklappige Balgfrüchte. Zahlreiche Samen mit Haarschopf: Schirmchenflieger. Oft mehrere Keimlinge in einem Samen (Polyembryonie).

Vegetative Vermehrung durch Ausläufer.

Verwendung: Rhizome früher arzneilich genutzt. - Wurde früher zur Fasergewinnung genutzt und zu diesem Zweck zuweilen sogar feldmäßig angebaut.

Viola arvensis MURRAY (= *V. tricolor* L. subsp. *arvensis* (MURR.) GAUDIN), Acker-Stiefmütterchen
– Violacae (= Veilchengewächse)

Im Gegensatz zu den meisten übrigen *Viola*-Arten (siehe folgenden Abschnitt) einjährig, sommerannuell, seltener winterannuell. Aufrecht, z. T. auch Spreizklimmer. Bis 45 cm tief wurzelnd. Nebenblätter groß, krautig. - Durch Herbizideinsatz wurden bis 1 m hohe Formen ausgelesen, die dem "modernen" Landwirt sehr zu schaffen machen. Die Gattung *Viola* umfaßt weltweit etwa 450 Arten.

Vorkommen: Äcker und Ruderalstellen, auf nährstoff- und basenreichen Böden. Ebene bis Gebirge (Alpen bis 850 m, Jura bis 980 m). Relativ herbizidresistent. Kulturbegleiter (Alteinwanderer?). Weltweit verschleppt.

Blüten: V-X. "Lippenblumen mit Streukegel vom *Viola*-Typ". Von den 5 Kronblättern ist eines gespornt. Die 2 unteren Staubblätter tragen an der Basis je ein Anhängsel, das Nektarium. Im Sporn wird der Nektar gesammelt. Staubblatt-Streukegel mit trockenem Pollen (vgl. folgenden Abschnitt). Insektenbesuch spärlich. Meist spontane Selbstbestäubung.

Früchte: fachspaltige, sich dreiklappig öffnende Kapseln. Austrocknungsstreuer mit Streuweiten bis 2,4 m. Samen mit Elaiosom (Abb. 94 a) zur Ameisenverbreitung. Zufallsverbreitung durch Grasfresser.

Verwendung: Kraut arzneilich zur Unterstützung der Behandlung von Hauterkrankungen genutzt (Salicylsäure, Saponine, Schleime usw.), in der Volksmedizin darüberhinaus bei Husten und Halsentzündungen.

Weitere Arten:

Viola tricolor L. s. str., Wildes Stiefmütterchen: mit voriger Art nächst verwandt, aber meist viel seltener. Einjährig bis ausdauernde Halbrosettenpflanze. An grasigen Hängen und Böschungen, auf frischen, sauren Böden, meist in Mittelgebirgslagen und im Norden. Blüten größer (über 15 mm lang). Kronblätter alle oder nur die zwei oberen hell blauviolett (Name!: lat. tricolor = dreifarbig: weiß, gelb, blau; allerdings sind auch bei manchen Formen von *V. arvensis* die oberen Kronblätter blau überlaufen). Narbengrube durch eine lippenförmige Klappe gegen hereinfallenden Pollen und damit gegen Selbstbestäubung gesichert, außerdem selbststeril. Bestäuber: Bienenverwandte.

Viola x wittrockiana GAMS (= *V. tricolor* hort.), Garten-Stiefmütterchen: Zierpflanze. Gezüchtet unter Beteiligung von *V. tri-*

color L., *V. lutea* HUDSON, *V. altaica* KER-GAWL. und *V. olympica* BOISS. Die schöne Färbung der Blüten kommt durch das Zusammenwirken mehrerer bemerkenswerter Effekte zustande: Der samtige Charakter wird durch papillenartige, kegelförmige Vorwölbungen der Epidermiszellen (Abb. 94 b) hervorgerufen, die das Licht streuen. Die violetten Töne stammen von Anthocyanen (vor allem Delphinidin), die gelben von Karotinoiden und/oder Flavonoiden. Mischfarben ergeben sich durch das Nebeneinander unterschiedlich gefärbter Flächen (z. B. Zellen), die wegen ihrer Kleinheit von unserem Auge nicht getrennt wahrgenommen werden (Additionsfärbung). Besonders interessant ist die Entstehung der schwarzen Saftmale; hier resultiert eine sog. Subtraktionsfärbung durch das Übereinander von Komplementärfarben, indem zuerst in der oberen Schicht die eine Lichtkomponente, in der unteren dann auch die zweite Komponente absorbiert wird. Im Bereich der Saftmale sind nämlich in den Papillen im Zellsaft Anthocyane gelöst und außerdem im basalen Teil des Plasmasaumes durch Karotinoide gelb gefärbte Chromoplasten vorhanden. - Der Name "Stiefmütterchen" soll auf einen Vergleich zurückgehen: Die beiden oberen, gewöhnlich ohne Zeichnung ausgestatteten Kronblätter sind die Stieftöchter, die seitlichen, auffällig gezeichneten Kronblätter die leiblichen Töchter und das große untere Kronblatt mit dem großen Saftmal die Mutter. - Umweltbewußte Gartenbesitzer können darüber nachdenken, ob es richtig ist, dem Modetrend zu folgen und, wie es gerade bei Stiefmütterchen viel praktiziert wird, Pflanzen kurzfristig in den Garten zu setzen, um sie nach Gebrauch in den Müll zu werfen.

Viola odorata L., Wohlriechendes oder März-Veilchen – Violaceae (= Veilchengewächse)

Rasig wachsender, wintergrüner Hemikryptophyt (Rosettenpflanze) sowie, durch die oberirdischen Ausläufer, auch Chamaephyt. Auch am Rhizom lange, dünne Ausläufer. Oberirdischer Stengel gestaucht: Rosette.

Vorkommen: Gebüsche, Säume, schattige Wegränder und lichte Wälder, meist in Siedlungsnähe, auf frischen, nährstoffreichen Lehmböden in mild-humider Klimalage. Nährstoffzeiger. Kulturbegleiter. Beliebte Zierpflanze und im Gebiet wahrscheinlich nur verwildert (Neubürger). Heimat: Südeuropa. Ebene bis Gebirge (Alpen bis 1000 m).

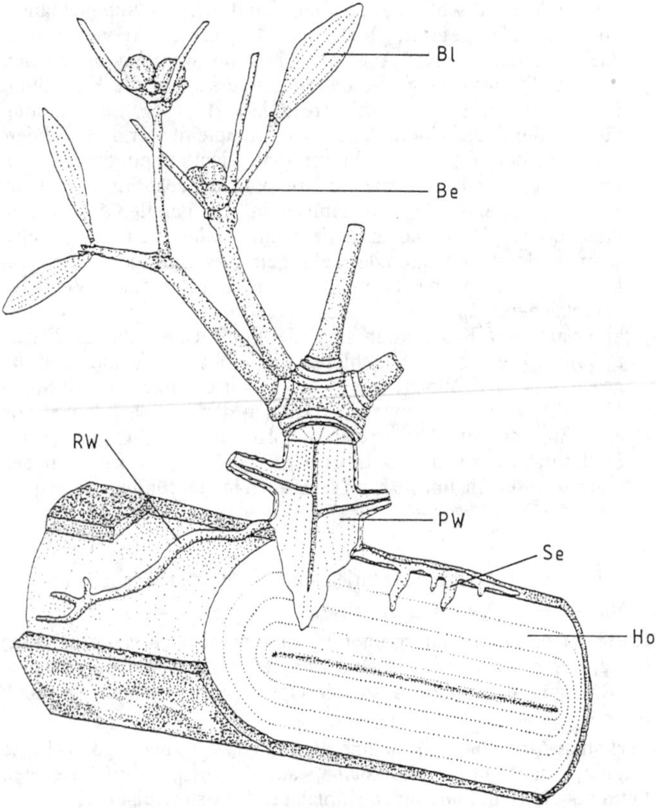

Abb. 95: Viscum album: Habitus (Bl Blatt, Be Beere, Ho Holz des Wirtes, PW Primärwurzel, RW Rindenwurzel, Se Senker).

Blüten: III-IV, Frühblüher. Wohlriechende "Lippenblumen vom *Viola*-Typ", einzeln, gestielt, grundständig. Dunkelviolette Blütenfarbe durch blauen Zellsaft in den oberen und roten Zellsaft in den darunterliegenden Schichten des Kronblattes (Subtraktionsfarbe). Die 5 zusammenneigenden Staubblätter schließen fest zu einem den Pollen nach innen entleerenden Streukegel zusammen und versperren den Weg zum nektarführenden Kronblattsporn. Aus dem abwärts weisenden Kegel rinnt beim Aufwärtsdrücken des die Spitze verschließenden Griffels der trockene Pollen auf den Besucher (besonders Bienenverwandte), der seinen Rüssel in den Sporn einschieben will. Gleichzeitig wird beim Aufwärtskriechen aus der Narbe ein klebriges Sekret gepreßt, das dann der Pollenhaftung dient. Im Gegensatz zum Wald-Veilchen entwickeln sich aus diesen kompliziert gebauten Blüten erstaunlicherweise keine Früchte. Erst die im Sommer erscheinenden, unscheinbar knospenförmigen, geschlossenbleibenden (= kleistogamen) Blüten sind hierzu befähigt. In ihnen sind die Staubblätter reduziert (oft nur 2), der Pollen wächst direkt aus den Pollensäcken zur Narbe: typische Selbstbestäubung. Durch die Geschlossenblütigkeit wird hier, etwa ähnlich wie bei der nördlichen Sippe des Scharbockskrautes, die Vermehrung einer Pflanze, die ihre Hauptverbreitung in wärmeren Gebieten hat, auch ohne Fremdbestäubung sichergestellt.

Früchte: 3klappig sich öffnende Kapseln. Samen mit typischen Ölkörpern (Elaiosomen): Ameisenverbreitung. Selbststreuer. Austrocknungsstreuer?

Vegetative Vermehrung durch lange, dünne, unterirdische sowie meist kurze (bis 13 cm lange) oberirdische Ausläufer.

Verwendung: Das Kraut wird als schleimlösendes Mittel bei Bronchitis arzneilich verwendet, besonders in der Volksmedizin. - Hinweis: "Veilchenwurzel" ist die deutsche Drogenbezeichnung für das Rhizom der Deutschen Schwertlilie (*Iris germanica*). - *V. odorata* und die folgenden Arten sind für Wildpflanzengärten zu empfehlen.

Weitere Arten:

Viola hirta L., Rauhes Veilchen: Rosettenpflanze. Ausläufer fehlen. Rosette wie bei voriger. Trockenheitsanpassungen: Pflanze behaart und Tiefwurzler. Säume sonniger Büsche, Waldränder, Trockenwälder und Halbtrockenrasen, auf meist kalkhaltigen Böden. Basenzeiger. Wärmeliebend. Ebene bis Hochgebirge (bis 1400 m). Blüten- und Ausbreitungsökologie wie bei *V. odorata*, aber Blüten nicht duftend.

Viola reichenbachiana JORDAN (= *V. sylvestris* LAMARCK), Wald-Veilchen. Schaftpflanze mit aufrechtem, oberirdischem Stengel. Krautreiche Laub- und Nadelmischwälder, auf frischen, nährstoffreichen Böden. Ordnungskennart der Fagetalia (= Buchen- und Edellaubmischwälder). Blütenökologie ähnlich wie bei den beiden vorigen Arten, aber auch die geöffneten Blüten des Frühjahrs bringen Samenansatz. Saftdruckstreuer, Streuweite bis 4,7 m. Ameisenverbreitung. Vegetative Vermehrung durch Wurzelsprosse.

Viola riviniana RCHB., Hain-Veilchen: sehr ähnlich wie vorige Art, u. a. durch einen dickeren, weißen Sporn der Blüte unterschieden. Lichte, bodensaure Wälder und Heiden. Verbandskennart des Quercion robori-petraeae (= bodensaure Eichenwälder).

Viola biflora L., Gelbes Veilchen: Blüten gelb, zu 1-2. Kühle, schattige Stellen, vor allem an nassen Felsen und auf feuchtem Steinschutt der subalpinen und alpinen Stufe der Alpen, in den Mittelgebirgen als Eiszeitrelikt.

Viscum album L., Laubholz-Mistel

– Loranthaceae (= Mistelgewächse)

Halbschmarotzer, der den Ästen von Laubbäumen aufsitzt und aus deren Holzteil Wasser und darin gelöste Mineralsalze entzieht (Abb. 95). Pflanze bis maximal 1 m hoch und bis etwa 70 Jahre alt. Große Exemplare können durch den sehr reichlichen Wasserentzug Äste zum Absterben bringen. Blätter immergrün (zweijährig), lederartig. Sproß grün, assimilierend (Kork fehlt), regelmäßig gabelig (dichasial) verzweigt. Wirtspflanzen sind vor allem Pappeln und Apfelbäume, seltener andere Obstbäume, Weißdorn, Weiden, Linden, Robinien und einige weitere Arten; es können sogar verschiedene *Viscum*-Arten aufeinander parastieren. - Bei der Keimung wird zunächst eine kleine Haftscheibe gebildet, aus der sofort ein Saugfortsatz (Haustorium) in den Holzteil des Wirtszweiges hineinwächst. Erst dann erfolgt die weitere Entwicklung, die bis zur Blühfähigkeit mehrerer Jahre bedarf. Das Haustorium wächst zu einer sich immer mehr in das Wirtsgewebe eindringenden Primärwurzel heran (Abb. 95). Diese bildet im nächsten Jahr senkrecht davon abgehende, in der Rinde des Wirtes verlaufende, assimilierende Seitenwurzeln (Rindenwurzeln), die ihrerseits wieder Senkerwurzeln entsenden können und auch zur Bildung von Tochtersprossen befähigt sind. Die Senker vermögen nur in das jüngere, noch aktive Holz einzudringen, werden aber im Zuge der Jahresringbildung der Wirtspflanze verlängert, indem sie im Bereich des Wirtskambiums wachstumsfähig bleiben, und können so eine Länge von 60-70 Jahresringen bekommen. - **Giftig**: Alle Pflanzenteile außer den Beeren (?) enthalten giftige basische Polypeptidgemische (Viscotoxine). Die Giftstärke ist wirtsabhängig, am größten bei Ahornbewohnern und auf Linden, am geringsten bei Pflanzen von Apfelbäumen.

Vorkommen: vorwiegend in wintermilder Klimalage, über basenreichen, oft kalkhaltigen Böden. Ebene bis mittlere Bergstufe. Oft zurückgegangen, stellenweise aber wieder in Ausbreitung. In der Bundesrepublik spielt die Mistel in Obstgärten praktisch keine Rolle mehr, ist aber an solchen Standorten in Osteuropa noch verbreitet.

Blüten: III-V, Frühblüher. Zweihäusig. Blüten unscheinbar, zu wenigen in Trugdolden (Dichasien). Staubbeutel mit Poren öffnend. Windblütig: "unbeweglicher Typ"; daneben aber auch insektenblütig: "nektarführende Scheibenblumen". Anlockung durch Geruch und Nektar. Bestäuber: Fliegen.

Früchte: 2samige (unter Beteiligung des Blütenbodens entstandene) Beeren (Abb. 95) mit zähem, schleimig-klebrigem Fruchtfleisch. Verdauungsverbreitung (z. B. durch Mistel-Drosseln). Oft auch Klebverbreitung: Die Vögel wollen die Klebmasse an den Zweigen wieder abschmieren. Fruchtreife: I-III des folgenden Jahres. - Samen nur kurz keimfähig. Lichtkeimer. Keimlinge wachsen nur auf jüngeren (noch dünnrindigen) Zweigen an.

Vegetative Vermehrung durch Wurzelsprosse (s. o.).

Verwendung: In Mythologie und Aberglauben spielte die merkwürdige Pflanze eine große Rolle. Die alten Germanen glaubten, sie sei vom Himmel gefallen und betrachteten sie daher als heilig. Die gallischen Priester (Druiden) benutzten sie als Heilmittel und zu kultischen Handlungen. Noch heute werden in England zur Weihnachtszeit Mistelzweige aufgehängt. In der Vase vertrocknen sie schnell, da sie ohne Wirt nur unzureichend Wasser aufnehmen. Auch bei uns bietet man sie im Winter in Blumenläden mehr und mehr an. Daraus kann sich eine ernsthafte Bedrohung der Bestände entwickeln. - Ohne Zweifel hat die Mistel pharmakologisch bedeutsame Inhaltsstoffe. Ihre Wirkung bei Bluthochdruck (und Arteriosklerose) ist aber umstritten, und daß sie ein hervorragendes Mittel gegen Krebs sein soll (cancerostatisch), wie überwiegend von Seiten der Anthroposophie gelehrt wird, halten viele für übertrieben. - Mistelbeeren wurden früher für Vogelleim (lat.: viscum) gebraucht. Allerdings nahm man für diesen Zweck sehr viel mehr Früchte der Eichenmistel (*Loranthus europaeus* Jacq.). - Leider ist der nicht nur aus ökologischen Gründen entschieden abzulehnende Vogelfang immer noch in einigen Teilen Europas ein beliebter "Sport". - Für Wildpflanzengärten zu empfehlen. Dazu schmiert man die klebrigen Beeren einfach an die Borke eines geeignet erscheinenden Baumes.

Weitere Arten:

Sehr ähnlich sind **Viscum abietis** (WIESB.) FRITSCH (= *V. album* L. subsp. *abietis* (WIESB.) ABROM.), Tannen-Mistel, und **Viscum laxum** BOISS. et REUT. (= *V. album* L. subsp. *austriacum* (WIESB.) VOLLM.), Kiefern-Mistel. Erstere wächst im natürlichen Wuchsgebiet der Weißtanne, letztere vor allem im Wuchsgebiet natürlicher, meist kontinentaler Kiefernwälder und fehlt entsprechend im Norden.

Vitis vinifera L., Echter Wein, Weinrebe

– Vitaceae (= Weingewächse)

Bis 10 m hoher winterkahler (besser: kältekahler) Kletterstrauch (= Liane), der mit Hilfe von gegabelten, fädigen Sproßranken klettert. Wie alle Ranken führen diese mit ihrer Spitze kreisende Suchbewegungen aus und reagieren auf Berührungsreize (vgl. *Cucurbita*). Die Suchbewegung ist mit etwa 1 Umdrehung pro Stunde relativ schnell. Die Ranken sind negativ phototrop, d. h. sie wenden sich vom Licht ab. - Das Sproßsystem wird gewöhnlich als monochasiales Sympodium aufgefaßt, d. h. jedes Sympodialglied endet in einer Ranke, die seitlich abgedrängt wird, während eine Achselknospe das Sproßsystem fortsetzt ("übergipfelt"). Die Langtrieb-Abschnitte werden als "Lotten" bezeichnet. Außerdem gehen aus blattachselständigen Beiknospen als "Geizen" bezeichnete Kurztriebe hervor. Sie werden vom Winzer entfernt ("Ausgeizen"), da sie den gleichzeitig heranreifenden Blütenständen Nährstoffe wegnehmen. - Der größte bekannte Weinstock wurde 1831 in Schottland gepflanzt und bedeckt heute eine Fläche von über 4000 m^2. Ein besonders ertragreicher Weinstock bei Graz soll 1935 200 l Wein geliefert haben. - Literatur: Ein sehr lesenswertes Buch hat A. SEYBOLD geschrieben: *Vinum* - der Wein; Quelle und Meyer, Heidelberg 1962.

Vorkommen: als Kulturpflanze [subsp. *vinifera* (C. C. GMELIN) HEGI = *Vitis sylvestris* C. C. GMELIN] bereits durch die Römer in Mitteleuropa eingeführt. Liebt warme, frische bis mäßig trockene, nicht zu kalkreiche Böden. Selten verwildert. Die Wildflora der Weinberge ist artenreich und interessant und daher schützenswert. Leider hat der Mensch in den letzten Jahren durch übermäßigen Einsatz von Herbiziden und durch unüberlegte Flurbereinigungsmaßnahmen hier sehr viel zerstört. Schaden wird dabei nicht nur durch die Verarmung der Flora angerichtet. Zu beobachtende Erosionsschäden großen Ausmaßes, wie auch die zunehmende Vergiftung (insbesondere auch durch Kunstdünger) des Grundwassers müßten uns ernste Sorge bereiten. Der Naturfreund wird deshalb Weine aus naturnah bewirtschafteten Lagen bevorzugen. - Die einheimische Wildform [subsp. *sylvestris* (C. C. GMELIN) HEGI] ist nur noch in wenigen Auwäldern des Oberrheintals erhalten, akut vom Aussterben bedroht und geschützt. In Südost- und Südeuropa ist sie hingegen an ähnlichen Standorten noch verbreitet.

Blüten: VI-VII. Unscheinbare, homogame, "nektarführende Scheibenblumen", in aufrechten Rispen. ("Weintrauben" sind also im morphologischen Sinne keine Trauben). Kronblätter an der Spitze verwachsen, als Ganzes abfallend. Blüten angenehm duftend. Nektarabscheidung im kühlen Klima meist gering. Bei ausbleibendem Insektenbesuch erfolgt Selbstbestäubung. Zuweilen auch Windbestäubung.

Früchte: Beeren meist mehrsamig. Bei der Wildform sind sie blau, klein und sauer. Verdauungsverbreitung.

Verwendung: Die Beeren der Kulturform sind sehr zuckerreich und enthalten u.a. Weinsäure und Äpfelsäure. Arzneilich werden sie wegen der harntreibenden und blutreinigenden Wirkung für "Traubenkuren" verordnet. Der Weinanbau hat in den letzten Jahrzehnten auch in Deutschland wieder besondere Bedeutung erlangt. Wegen der Wurzel-Rebläuse wird unser Wein heute meist auf resistente amerikanische Arten (z. B. *V. labrusca* L.) aufgepfropft.

Xanthium strumarium L. (Sammelart), Gemeine oder Gewöhnliche Spitzklette

– Asteraceae (= Korbblütler)

Einjährig, sommerannuell. Bis 1,2 m tief wurzelnd. - **Giftig.**

Vorkommen: in lückigen Ruderalfluren und auf Schwemmsand der Flußufer, auf frischen, nährstoffreichen Böden. Salzertragend.

Blüten: VII-X. Kurztagpflanze, d. h. die Blütenbildung erfolgt erst bei weniger als 16 Stunden Tageslicht. Männliche und weibliche Blüten in getrennten Köpfen; das ist ein seltener Fall unter den Korbblütlern und entspricht etwa der Situation der verschiedenährigen Seggen. Männliche Köpfchen vielblütig mit fast kugeliger, freiblättriger Hülle, zweizähnigen Kronblättern und verkümmertem Griffel. Weibliche Köpfchen nur zweiblütig, mit verwachsenblättriger, zweifächeriger Hülle, deren Blattspitzen als Dornen hervorragen und nach der Blüte verhärten. Blüten mit fädlicher Krone und ohne Staubblätter. Windblütig: "unbeweglicher Typ". Blüten grünlich.

Früchte: Die beiden Achänen sind in die bleibenden Tragblätter eingeschlossen und werden von der ebenfalls bleibenden Hülle umgeben: Klettfruchtstand (Abb. 88, S. 442). Die Hüllen sind länglich und tragen neben den geraden, an der Spitze hakig gekrümmten, derben Dornen noch kurze weiche Haare und Drüsen. Die Tragblätter (Spreublätter) verdornen ebenfalls an der Spitze und bilden so die beiden aus dem Fruchtstand hervorragenden Schnäbel. - Typische Klettfrucht; dazu Wasserverbreitung mit Schwemmsand. Die Dornen helfen schließlich bei der Verankerung im Boden (= verbreitungshemmende Einrichtung). Samen mit 40 % fettem Öl. Fruchtreife: IX-X. Wärmekeimer.

Verwendung: früher gegen Drüsenschwellungen (z. B. Kropf) angewandt. Aus der Pfahlwurzel kann ein Speiseöl gewonnen werden. Soll Haare gelb färben (Name!: griech. xanthos = gelb).

Weitere Art:

Xanthium albinum (Widder) Scholz, Ufer- oder Fluß-Spitzklette: Stromtal- und Wanderpflanze, vor allem in den Säumen der Flußufer, z. B. an der Elbe (Name!), auf nassen, nährstoffreichen, oft sandigen Tonböden. Sommerwärmeliebend. Diese Art wurde erstmals 1830 beobachtet und ist offenbar - ähnlich wie einige Nachtkerzen-Arten - aus eingeschleppten nordamerikanischen Arten in Europa als neue Art entstanden. Unterscheidet sich von voriger Art u. a. durch die steifhaarige Hülle der Fruchtstände.

Zea mays L., Mais

– Poaceae (= Süßgräser)

Einjährig, sommerannuell. Bis 2,5 m (maximal bis 6 m) hoch. Stützung des hohen Stengels - ähnlich wie bei Mangrovepflanzen - durch sproßbürtige Stützwurzeln aus den Knoten der Stengelbasis. Stengelmark und Früchte mindestens anfangs zuckerhaltig. Spaltöffnungen auf beiden Seiten des Blattes (= amphistomatisch; oberseits 95/mm^2, unterseits 160/mm^2). Mais ist eine C4-Pflanze, deshalb können bei der Photosynthese auch geringe Mengen Kohlendioxid optimal genutzt werden. Beste Wachstumsbedingungen aber erst bei 30 °C. Für maximale Erträge sind außerdem reichliche Düngung und gute Wasserversorgung nötig. Bei klarem Wetter gibt Mais 98 % des aufgenommenen Wassers wieder ab. Umgerechnet auf die ganze Vegetationsperiode ergibt das die außergewöhnlich große Durchschnittsmenge von 206 l Wasser pro Pflanze (bei einer Tomate sind es nur 106 l).

Vorkommen: vorteilhafter Anbau auf grundfrischen, nährstoffreichen Ton- und Lehmböden in sommerwarmer, humider Klimalage, von der Ebene bis in mittlere Berglagen. - Ökologisch ist Maisanbau in den heutigen Ausmaßen äußerst problematisch. Der Herbizid- und Düngereinsatz ist oft extrem hoch (bis 8 mal höher als bei anderen Hackfrüchten) und führt zu unzumutbaren Mehrbelastungen des Grundwassers und einer extremen Verödung der Wildkrautflora. "Nach Vorschrift" behandelte Maisfelder liefern Brachen, die bis ins späte Frühjahr hinein pflanzenfreien Wüsten gleichen und daher auch stark erosionsgefährdet sind. Besonders in tropischen Anbaugebieten kann dies katastrophale Ausmaße annehmen, aber auch bei uns muß man - vor allem auf ärmeren Böden - mit Schäden bisher unbekannten Ausmaßes rechnen. Letztendlich geht diese unverantwortliche Mißwirtschaft auf den übermäßigen Fleischgenuß der Wohlstandszivilisation zurück. Niedrige Preise für den Abgott "Verbraucher" lassen sich aber nur über "moderne" Betriebsführung, besonders durch Massentierhaltung und daraus sich ergebenden einseitigen Futtermittelanbau, realisieren.

Blüten: VII-IX. Windblütig: "langstaubfädiger Typ". Einhäusig. Männliche Blüten in endständiger Rispe, weibliche in seitenständigen, von großen Hüllblättern umgebenen Kolben. Vormännlich, daher meist Fremdbestäubung. Griffel lang, fädig. Pollenkörner pro Blüte 10 000 (relativ wenig), pro Blütenstand 18 Mio (relativ viel). Mit einer Länge von 0,11 mm und einem Gewicht von 0, 000 25 mg gehören sie zu den größten unserer Flora. Für Windbestäubung erstaunlich ist der angenehme Duft des Pollens.

Früchte: meist glatte Karyopsen mit zur Reife verkümmerten Spelzen. Mehlkörper (aus triploidem Endosperm) als Speichergewebe. Keime ölreich (35 %). Kurztagpflanze, daher Früchte bei uns oft nicht ausreifend. Wärmekeimer.

Verwendung: angebaut als Futtermais, Hart- oder Kornmais und Zuckermais. Letzterer enthält im Endosperm Zucker statt Stärke und wird meist unreif als "Gemüsemais" oder "Kukuruz" genossen. Weitere Nutzungen von Maiszüchtungen sind die für Puffmais, Popcorn, Kornflocken, Maisstärke, Maisöl, Maiskeimöl usw. Hier sollte aber bedacht werden, daß Maiskörner zwar 9-10 % Eiweiß enthalten, dieses aber arm an essentiellen Aminosäuren ist und daher keine Vollwertkost liefert. Bei Alleingenuß besteht die Gefahr der Vitamin-Mangelkrankheit Pellagra. - Selten werden Maisgriffel arzneilich als mildes harntreibendes Mittel gebraucht. Maisstärke ist Bestandteil mancher Puder und Tablettengrundmassen. Das Inhalieren der alkaloidhaltigen Dämpfe der Maisgriffel kann zu psychischen Erregungszuständen und selbst Delirien führen (in Peru Rauschgift). - Mais ist wahrscheinlich schon in prähistorischer Zeit aus einem Wildmais ausgelesen worden und wurde sicher schon vor unserer Zeitrechnung von den Indianern Nord- und Südamerikas kultiviert. Nach Europa kam die Pflanze bereits 1520 durch Kolumbus, war aber zunächst nur Zierpflanze und wurde erst vom 17. Jh. an zunächst in den wärmeren Gebieten angebaut. Nach dem 2. Weltkrieg wurde Mais zunehmend in Afrika, Frankreich und neuerdings auch bei uns großflächig angebaut, besonders seit der Dollarkrise und den damit verbundenen Preissteigerungen der Kraftfutterimporte aus den USA (dort 50 % der Maisproduktion der Welt). Inzwischen steht Mais bereits an zweiter Stelle der Weltgetreideproduktion (hinter Weizen).

Zostera marina L., Echtes oder Gewöhnliches Seegras

– Zosteraceae (= Seegrasgewächse)

Untergetauchte, ausdauernde Meerwasserpflanze (Schlammwurzler), 30-100 cm lang. Blätter bandförmig, flutend, mit völlig geschlossener Scheide. Rhizom kriechend, monopodial.

Vorkommen: bestandbildend in flachen Küstengewässern der Nord- und Ostsee, auf schlammigen Sandböden bis 3(-10) m Tiefe, sogenannte "Seegraswiesen" bildend. Salzpflanze (Halophyt). Seltener im Brackwasser. - Klassenkennart der Zosteretea (= Seegraswiesen), der einzigen untergetaucht lebenden Blütenpflanzen-Gesellschaft im Meer. - Seegrasbestände sind u. a. wichtige Laichplätze. Ihr Rückgang bei Eintrübung in tieferen Zonen infolge von Verschmutzung und Eutrophierung ist daher bedenklich.

Blüten: VI-IX. Einhäusig. Vorweiblich. Blütenähre von einer Blattscheide eingeschlossen, zur Blütezeit oben offen. Blüten hüllenlos, männliche auf 1 Staubblatt, weibliche auf 1 Fruchtknoten reduziert. Typische Anpassung an die Unterwasserbestäubung (Hyphydrogamie): Staubbeutel ohne Wandverstärkungen im Endothecium; Pollen ruckartig (in Pulsen) entleert, fadenförmig (2 mm lang, 0, 008 mm dick), leichter als Wasser und deshalb nach oben schwebend. Fruchtknoten nur 1samig.

Früchte: zylindrische, dünnhäutige Nüsse, von dem bleibenden zweizinkig-kralligen Griffel geschnäbelt. Klettverbreitung durch Fische sowie Schwimmverbreitung. Die Krallen dienen auch der Verankerung im Schlamm.

Vegetative Vermehrung durch die Rhizome.

Verwendung: Die getrockneten Blätter dienen als Polsterfüllung für "Seegrasmatratzen", deren Anfertigung besonders in den Niederlanden einen wichtigen Erwerbszweig darstellte. In Venedig benutzte man Seegras seit altersher zum Verpacken von Glaswaren. In Norddeutschland deckte man damit Dächer. Mit Pech getränkt wurde die Pflanze sogar zu Pflastersteinen gepreßt (z. B. in Baltimore). Seegras kann man frisch oder verascht als Dünger verwenden. Aus der Asche kann man Jod gewinnen.

Liste der Gattungen nach Familien geordnet

PTERIDOPHYTA = Farnpflanzen

Azollaceae (Algenfarngewächse): *Azolla* (Algenfarn).

Equisetaceae (Schachtelhalmgewächse): *Equisetum* (Schachtelhalm).

Lycopodiaceae (Bärlappgewächse): *Diphasium* (Flachbärlapp), *Huperzia* (Tannenbärlapp), *Lycopodiella* (Sumpfbärlapp), *Lycopodium* (Bärlapp).

Ophioglossaceae (Natternzungengewächse): *Botrychium* (Mondraute), *Ophioglossum* (Natternzunge).

Osmundaceae (Königsfarngewächse): *Osmunda* (Königsfarn).

Polypodiaceae s. l. (Tüpfelfarngewächse i. w. S.; inkl. Aspidiaceae, Aspleniaceae, Athyriaceae, Blechnaceae, Dennstaedtiaceae = Hypolepidaceae): *Asplenium* (Streifenfarn), *Athyrium* (Frauenfarn), *Blechnum* (Rippenfarn), *Ceterach* (Schriftfarn, Milzfarn), *Dryopteris* (Wurmfarn, Dornfarn), *Matteuccia* (Straußenfarn), *Phyllitis* (Hirschzunge), *Polypodium* (Tüpfelfarn), *Pteridium* (Adlerfarn).

Salviniaceae (Schwimmfarngewächse): *Salvinia* (Schwimmfarn).

Selaginellaceae (Moosfarngewächse): *Selaginella* (Moosfarn).

GYMNOSPERMAE = Nacktsamer

Cupressaceae (Zypressengewächse): *Cupressus* (Zypresse), *Juniperus* (Wacholder), *Thuja* (Lebensbaum).

Pinaceae (Kieferngewächse): *Abies* (Tanne), *Larix* (Lärche), *Picea* (Fichte), *Pinus* (Kiefer), *Pseudotsuga* (Douglasie).

Taxaceae (Eibengewächse): *Taxus* (Eibe).

ANGIOSPERMAE = Bedecktsamer

Aceraceae (Ahorngewächse): *Acer* (Ahorn).

Adoxaceae (Moschuskrautgewächse): *Adoxa* (Moschuskraut).

Alismataceae (Froschlöffelgewächse): *Alisma* (Froschlöffel), *Sagittaria* (Pfeilkraut).

Amaryllidaceae (Narzissengewächse): *Galanthus* (Schneeglöckchen), *Leucojum* (Knotenblume), *Narcissus* (Narzisse).

Apiaceae (Doldenblütler; inkl. Hydrocotylaceae): *Aegopodium* (Giersch), *Aethusa* (Hundspetersilie), *Angelica* (Engelwurz), *Anthriscus* (Kerbel), *Apium* (Sellerie), *Astrantia* (Sterndolde), *Carum*

(Kümmel), *Chaerophyllum* (Kälberkropf), *Cicuta* (Wasserschierling), *Conium* (Schierling), *Daucus* (Möhre), *Eryngium* (Mannstreu), *Falcaria* (Sichelmöhre), *Heracleum* (Bärenklau), *Hydrocotyle* (Wassernabel), *Oenanthe* (Wasserfenchel), *Pastinaca* (Pastinak), *Pimpinella* (Bibernelle), *Sanicula* (Sanikel), *Scandix* (Venuskamm), *Torilis* (Klettenkerbel).

Apocynaceae (Hundsgiftgewächse): *Vinca* (Immergrün).

Aquifoliaceae (Stechpalmengewächse): *Ilex* (Stechpalme).

Araceae (Aronstabgewächse): *Acorus* (Kalmus), *Arum* (Aronstab), *Calla* (Schlangenwurz).

Araliaceae (Efeugewächse): *Hedera* (Efeu).

Aristolochiaceae (Osterluzeigewächse): *Aristolochia* (Osterluzei), *Asarum* (Haselwurz).

Asclepiadaceae (Seidengewächse): *Vincetoxicum* (Schwalbenwurz).

Asteraceae (Korbblütler):

Asteroideae: *Achillea* (Schafgarbe), *Antennaria* (Katzenpfötchen), *Anthemis* (Hundskamille), *Arctium* (Klette), *Arnica* (Arnika), *Artemisia* (Wermut), *Aster* (Aster), *Bellis* (Gänseblümchen), *Bidens* (Zweizahn), *Calendula* (Ringelblume), *Carduus* (Distel), *Carlina* (Silberdistel), *Centaurea* (Flockenblume, Kornblume), *Cirsium* (Kratzdistel), *Dahlia* (Dahlie), *Echinops* (Kugeldistel), *Erigeron* (Berufkraut), *Eupatorium* (Wasserdost), *Galinsoga* (Knopfkraut), *Gnaphalium* (Ruhrkraut), *Helianthus* (Sonnenblume), *Helichrysum* (Strohblume), *Leontopodium* (Edelweiß), *Leucanthemum* (Margerite, Wucherblume), *Matricaria* (Kamille), *Petasites* (Pestwurz), *Senecio* (Greiskraut), *Solidago* (Goldrute), *Tanacetum* (Rainfarn), *Tussilago* (Huflattich), *Xanthium* (Spitzklette).

Cichorioideae: *Cichorium* (Wegwarte), *Crepis* (Pippau), *Hieracium* (Habichtskraut), *Lactuca* (Salat), *Lapsana* (Rainkohl), *Leontodon* (Herbstlöwenzahn), *Sonchus* (Gänsedistel), *Taraxacum* (Löwenzahn), *Tragopogon* (Bocksbart).

Balsaminaceae (Balsaminengewächse, Springkrautgewächse): *Impatiens* (Springkraut).

Berberidaceae (Sauerdorngewächse): *Berberis* (Sauerdorn).

Betulaceae (Birkengewächse; inkl. Corylaceae): *Alnus* (Erle), *Betula* (Birke), *Carpinus* (Hainbuche), *Corylus* (Haselnuß).

Boraginaceae (Rauhblattgewächse, Borretschgewächse): *Anchusa* (Krummhals), *Borago* (Borretsch), *Cynoglossum* (Hundszunge), *Echium* (Natterkopf), *Myosotis* (Vergißmeinnicht), *Pulmonaria* (Lungenkraut), *Symphytum* (Beinwell).

Brassicaceae (Kreuzblütler): *Alliaria* (Knoblauchrauke), *Arabidopsis* (Schmalwand), *Armoracia* (Meerrettich), *Barbarea* (Winterkresse), *Brassica* (Kohl), *Capsella* (Hirtentäschel), *Cardamine* (Schaumkraut), *Cardaria* (Pfeilkresse), *Dentaria* (Zahnwurz), *Erophila* (Hungerblümchen), *Erysimum* (Goldlack), *Iberis* (Schleifenblume), *Isatis* (Waid), *Lepidium* (Kresse), *Lunaria* (Silberblatt), *Nasturtium* (Brunnenkresse), *Raphanus* (Hederich, Rettich), *Sinapis* (Senf), *Sisymbrium* (Rauke), *Thlaspi* (Hellerkraut).

Buddlejaceae (Sommerfliedergewächse): *Buddleja* (Sommerflieder).

Butomaceae (Schwanenblumengewächse): *Butomus* (Schwanenblume).

Buxaceae (Buchsbaumgewächse): *Buxus* (Buxbaum).

Callitrichaceae (Wassersterngewächse): *Callitriche* (Wasserstern).

Campanulaceae (Glockenblumengewächse): *Campanula* (Glockenblume), *Jasione* (Sandglöckchen), *Phyteuma* (Teufelskralle).

Cannabaceae (Hanfgewächse): *Cannabis* (Hanf), *Humulus* (Hopfen).

Caprifoliaceae (Geißblattgewächse; inkl. Sambucaceae): *Linnaea* (Moosglöckchen), *Lonicera* (Geißblatt), *Sambucus* (Holunder), *Symphoricarpos* (Schneebeere), *Viburnum* (Schneeball).

Caryophyllaceae (Nelkengewächse): *Agrostemma* (Rade), *Cerastium* (Hornkraut), *Dianthus* (Nelke), *Lychnis* (Lichtnelke), *Moehringia* (Nabelmiere), *Sagina* (Mastkraut), *Saponaria* (Seifenkraut), *Silene* (Lichtnelke, Nachtnelke), *Spergula* (Spörgel), *Stellaria* (Sternmiere).

Celastraceae (Spindelstrauchgewächse): *Euonymus* (Pfaffenhütchen).

Ceratophyllaceae (Hornblattgewächse): *Ceratophyllum* (Hornblatt).

Chenopodiaceae (Gänsefußgewächse): *Atriplex* (Melde), *Beta* (Rübe), *Chenopodium* (Gänsefuß), *Salicornia* (Queller).

Cistaceae (Zistrosengewächse): *Helianthemum* (Sonnenröschen).

Convolvulaceae (Windengewächse): *Calystegia* (Winde), *Convolvulus* (Ackerwinde).

Cornaceae (Hartriegelgewächse): *Cornus* (Hartriegel).

Crassulaceae (Dickblattgewächse): *Sedum* (Mauerpfeffer), *Jovibarba* (Hauswurz), *Sempervivum* (Hauswurz).

Cucurbitaceae (Kürbisgewächse): *Bryonia* (Zaunrübe), *Cucumis* (Gurke), *Cucurbita* (Kürbis).

Cuscutaceae (Seidengewächse): *Cuscuta* (Seide).

Cyperaceae (Riedgrasgewächse, Sauergräser): *Carex* (Segge), *Eriophorum* (Wollgras), *Schoenoplectus* (Teichsimse), *Scirpus* (Simse).

Dipsacaceae (Kardengewächse): *Dipsacus* (Karde), *Knautia* (Witwenblume), *Scabiosa* (Skabiose), *Succisa* (Teufelsabbiß).

Droseraceae (Sonnentaugewächse): *Drosera* (Sonnentau).

Elaeagnaceae (Ölweidengewächse): *Hippophae* (Sanddorn).

Empetraceae (Krähenbeerengewächse): *Empetrum* (Krähenbeere).

Ericaceae (Heidekrautgewächse): *Andromeda* (Rosmarinheide), *Arctostaphylos* (Bärentraube), *Calluna* (Besenheide), *Erica* (Heide), *Ledum* (Porst), *Loiseleuria* (Alpenazalee), *Oxycoccus* (Moosbeere), *Rhododendron* (Alpenrose), *Vaccinium* (Heidelbeere, Blaubeere).

Euphorbiaceae (Wolfsmilchgewächse): *Euphorbia* (Wolfsmilch), *Mercurialis* (Bingelkraut).

Fabaceae (Schmetterlingsblütler): *Anthyllis* (Wundklee), *Astragalus* (Bärenschote), *Coronilla* (Kronwicke), *Cytisus* (Besenginster), *Genista* (Ginster), *Laburnum* (Goldregen), *Lathyrus* (Platterbse), *Lotus* (Hornklee), *Lupinus* (Lupine), *Medicago* (Luzerne, Schneckenklee), *Melilotus* (Steinklee), *Onobrychis* (Esparsette), *Ononis* (Hauhechel), *Ornithopus* (Vogelfuß), *Phaseolus* (Bohne), *Pisum* (Erbse), *Robinia* (Robinie), *Trifolium* (Klee), *Ulex* (Stechginster), *Vicia* (Wicke).

Fagaceae (Buchengewächse): *Castanea* (Kastanie), *Fagus* (Buche), *Quercus* (Eiche).

Fumariaceae (Erdrauchgewächse): *Corydalis* (Lerchensporn), *Fumaria* (Erdrauch).

Gentianaceae (Enziangewächse; inkl. Menyanthaceae): *Centaurium* (Tausendgüldenkraut), *Gentiana* (Enzian), *Gentianella* (Enzian), *Menyanthes* (Fieberklee), *Nymphoides* (Seekanne).

Geraniaceae (Storchschnabelgewächse): *Erodium* (Reiherschnabel), *Geranium* (Storchschnabel).

Haloragaceae (Seebeerengewächse): *Myriophyllum* (Tausendblatt).

Hippocastanaceae (Roßkastaniengewächse): *Aesculus* (Roßkastanie).

Hippuridaceae (Tannwedelgewächse): *Hippuris* (Tannwedel).

Hydrocharitaceae (Froschbißgewächse): *Elodea* (Wasserpest), *Hydrocharis* (Froschbiß), *Stratiotes* (Krebsschere).

Hydrophyllaceae (Wasserblattgewächse): *Phacelia* (Büschelschön).

Hypericaceae (Johanniskautgewächse): *Hypericum* (Johanniskraut).

Iridaceae (Schwertliliengewächse): *Crocus* (Krokus), *Iris* (Schwertlilie).

Juglandaceae (Walnußgewächse): *Juglans* (Walnuß).

Juncaceae (Binsengewächse): *Juncus* (Binse), *Luzula* (Hainsimse).

Lamiaceae (Lippenblütler): *Ajuga* (Günsel), *Clinopodium* (Wirbeldost), *Galeopsis* (Hohlzahn), *Glechoma* (Gundermann), *Lamiastrum* (Goldnessel), *Lamium* (Taubnessel), *Lycopus* (Wolfstrapp), *Mentha* (Minze), *Origanum* (Dost), *Prunella* (Braunelle), *Salvia* (Salbei), *Scutellaria* (Helmkraut), *Stachys* (Ziest), *Teucrium* (Gamander), *Thymus* (Thymian).

Lemnaceae (Wasserlinsengewächse): *Lemna* (Wasserlinse), *Spirodela* (Teichlinse), *Wolffia* (Zwergwasserlinse).

Lentibulariaceae (Wasserschlauchgewächse): *Pinguicula* (Fettkraut), *Utricularia* (Wasserschlauch).

Liliaceae s. l. (Liliengewächse i. w. S.; inkl. Alliaceae, Colchicaceae, Convallariaceae, Hyacinthaceae, Trilliaceae): *Allium* (Zwiebel), *Asparagus* (Spargel), *Colchicum* (Zeitlose), *Convallaria* (Maiglöckchen), *Gagea* (Goldstern), *Lilium* (Lilie), *Maianthemum* (Schattenblümchen), *Muscari* (Traubenhyazinthe), *Ornithogalum* (Milchstern), *Paris* (Einbeere), *Polygonatum* (Weißwurz), *Tulipa* (Tulpe).

Linaceae (Leingewächse): *Linum* (Lein).

Loranthaceae (Mistelgewächse): *Viscum* (Mistel).

Lythraceae (Blutweiderichgewächse): *Lythrum* (Blutweiderich).

Magnoliaceae (Magnoliengewächse): *Liriodendron* (Tulpenbaum), *Magnolia* (Magnolie).

Malvaceae (Malvengewächse): *Althaea* (Eibisch), *Malva* (Malve).

Myricaceae (Gagelstrauchgewächse): *Myrica* (Gagelstrauch).

Nymphaeaceae (Seerosengewächse): *Nuphar* (Teichrose), *Nymphaea* (Seerose).

Oleaceae (Ölbaumgewächse): *Forsythia* (Forsythie), *Fraxinus* (Esche), *Ligustrum* (Liguster, Rainweide), *Syringa* (Flieder).

Onagraceae (Nachtkerzengewächse): *Circaea* (Hexenkraut), *Epilobium* (Weidenröschen), *Oenothera* (Nachtkerze).

Orchidaceae (Orchideen, Knabenkrautgewächse): *Cephalanthera* (Waldvöglein), *Cypripedium* (Frauenschuh), *Dactylorrhiza* (Knabenkraut), *Epipactis* (Sitter, Sumpfwurz), *Gymnadenia* (Händelwurz), *Listera* (Zweiblatt), *Neottia* (Nestwurz), *Ophrys* (Ragwurz), *Orchis* (Knabenkraut), *Platanthera* (Waldhyazinthe).

Orobanchaceae (Sommerwurzgewächse): *Orobanche* (Sommerwurz).

Oxalidaceae (Sauerkleegewächse): *Oxalis* (Sauerklee).

Paeoniaceae (Pfingstrosengewächse): *Paeonia* (Pfingstrose).

Papaveraceae (Mohngewächse): *Chelidonium* (Schöllkraut), *Papaver* (Mohn).

Plantaginaceae (Wegerichgewächse): *Plantago* (Wegerich).

Platanaceae (Platanengewächse): *Platanus* (Platane).

Plumbaginaceae (Bleiwurzgewächse, Strandnelkengewächse): *Limonium (= Statice)* (Strandflieder).

Poaceae (Süßgräser): *Agropyron* (Quecke), *Agrostis* (Straußgras), *Alopecurus* (Fuchsschwanz), *Anthoxanthum* (Ruchgras), *Apera* (Windhalm), *Arrhenatherum* (Glatthafer), *Avena* (Hafer), *Avenella* (Drahtschmiele), *Briza* (Zittergras), *Bromus* (Trespe), *Dactylis* (Knäuelgras), *Deschampsia* (Rasenschmiele), *Echinochloa* (Hühnerhirse), *Festuca* (Schwingel), *Glyceria* (Schwaden), *Holcus* (Honiggras), *Hordeum* (Gerste), *Lolium* (Weidelgras, Raigras), *Melica* (Perlgras), *Milium* (Flattergras), *Molinia* (Pfeifengras), *Nardus* (Borstgras), *Phalaris* (Glanzgras), *Phleum* (Lieschgras), *Phragmites* (Schilf), *Poa* (Rispengras), *Secale* (Roggen), *Sesleria* (Blaugras), *Setaria* (Borstenhirse), *Stipa* (Federgras), *Trisetum* (Goldhafer), *Triticum* (Weizen), *Zea* (Mais).

Polygalaceae (Kreuzblumengewächse): *Polygala* (Kreuzblume).

Polygonaceae (Knöterichgewächse): *Fallopia* (Windenknöterich), *Polygonum* (Knöterich), *Reynoutria* (Staudenknöterich), *Rumex* (Ampfer).

Potamogetonaceae (Laichkrautgewächse): *Potamogeton* (Laichkraut).

Primulaceae (Primelgewächse): *Anagallis* (Gauchheil), *Cyclamen* (Alpenveilchen), *Hottonia* (Wasserfeder), *Lysimachia* (Gilbweiderich), *Primula* (Schlüsselblume).

Pyrolaceae (Wintergrüngewächse; inkl. Monotropaceae): *Moneses* (Moosauge), *Monotropa* (Fichtenspargel), *Orthilia* (Wintergrün), *Pyrola* (Birngrün).

Ranunculaceae (Hahnenfußgewächse): *Aconitum* (Eisenhut), *Actaea* (Christophskraut), *Adonis* (Adonisröschen), *Anemone* (Windröschen), *Aquilegia* (Akelei), *Caltha* (Dotterblume), *Clematis* (Waldrebe), *Consolida* (Rittersporn), *Delphinium* (Rittersporn), *Eranthis* (Winterling), *Helleborus* (Nieswurz, Christrose), *Hepatica* (Leberblümchen), *Pulsatilla* (Küchenschelle), *Ranunculus* (Hahnenfuß, Scharbockskraut), *Thalictrum* (Wiesenraute), *Trollius* (Trollblume).

Resedaceae (Resedengewächse): *Reseda* (Resede, Wau).

Rhamnaceae (Kreuzdorngewächse): *Frangula* (Faulbaum), *Rhamnus* (Kreuzdorn).

Rosaceae (Rosengewächse):

Maloideae: *Amelanchier* (Felsenbirne), *Chaenomeles* (Zierquitte), *Cotoneaster* (Zwergmispel), *Crataegus* (Weißdorn), *Cydonia* (Quitte), *Malus* (Apfel), *Mespilus* (Mispel), *Pyracantha* (Feuerdorn), *Pyrus* (Birne), *Sorbus* (Eberesche, Vogelbeere).

Prunoideae: *Prunus* (Kirsche, Pflaume, Schwarzdorn, Schlehe).

Rosoideae: *Agrimonia* (Odermennig), *Alchemilla* (Frauenmantel), *Aphanes* (Ackerfrauenmantel), *Dryas* (Silberwurz), *Fragaria* (Erdbeere), *Geum* (Nelkenwurz), *Potentilla* (Fingerkraut), *Rosa* (Rose), *Rubus* (Brombeere), *Sanguisorba* (Wiesenknopf).

Spiraeoideae: *Filipendula* (Mädesüß), *Spiraea* (Spierstrauch).

Rubiaceae (Rötegewächse): *Cruciata* (Kreuzlabkraut), *Galium* (Labkraut), *Rubia* (Röte).

Rutaceae (Rautengewächse): *Dictamnus* (Diptam), *Ruta* (Raute).

Salicaceae (Weidengewächse): *Populus* (Pappel), *Salix* (Weide).

Santalaceae (Sandelgewächse): *Thesium* (Leinblatt).

Saxifragaceae (Steinbrechgewächse; inkl. Grossulariaceae und Parnassiaceae): *Chrysosplenium* (Milzkraut), *Parnassia* (Herzblatt), *Ribes* (Stachelbeere), *Saxifraga* (Steinbrech).

Scrophulariaceae (Rachenblütler, Braunwurzgewächse): *Antirrhinum* (Löwenmäulchen), *Cymbalaria* (Zimbelkraut), *Digitalis* (Fingerhut), *Euphrasia* (Augentrost), *Lathraea* (Schuppenwurz), *Linaria* (Leinkraut), *Melampyrum* (Wachtelweizen), *Mimulus* (Gauklerblume), *Odontites* (Zahntrost), *Pedicularis* (Läusekraut), *Rhinanthus* (Klappertopf), *Scrophularia* (Braunwurz), *Verbascum* (Königskerze), *Veronica* (Ehrenpreis).

Simaroubaceae (Bittereschengewächse, Bitterholzgewächse): *Ailanthus* (Götterbaum).

Solanaceae (Nachtschattengewächse): *Atropa* (Tollkirsche), *Datura* (Stechapfel), *Hyoscyamus* (Bilsenkraut), *Lycopersicon* (Tomate), *Nicotiana* (Tabak), *Physalis* (Judenkirsche), *Solanum* (Kartoffel, Nachtschatten).

Sparganiaceae (Igelkolbengewächse): *Sparganium* (Igelkolben).

Thymelaeaceae (Spatzenzungengewächse, Seidelbastgewächse): *Daphne* (Seidelbast).

Tiliaceae (Lindengewächse): *Tilia* (Linde).

Trapaceae (Wassernußgewächse): *Trapa* (Wassernuß).

Tropaeolaceae (Kapuzinerkressengewächse): *Tropaeolum* (Kapuzinerkresse).

Typhaceae (Rohrkolbengewächse): *Typha* (Rohrkolben).

Ulmaceae (Ulmengewächse): *Ulmus* (Ulme).

Urticaceae (Brennesselgewächse): *Urtica* (Brennessel).

Valerianaceae (Baldriangewächse): *Valeriana* (Baldrian), *Valerianella* (Feldsalat).

Verbenaceae (Eisenkrautgewächse): *Verbena* (Eisenkraut).

Violaceae (Veilchengewächse): *Viola* (Veilchen, Stiefmütterchen).

Vitaceae (Weingewächse): *Parthenocissus* (Zaunrebe), *Vitis* (Wein).

Zosteraceae (Seegrasgewächse): *Zostera* (Seegras).

Übersicht der stark giftigen Pflanzen

Die Liste soll nur der Schnellinformation dienen. Ein vollständiges Verzeichnis aller im Text behandelten Giftpflanzen wäre sehr umfangreich und würde den Rahmen des Buches sprengen. Daher sollen hier nur die besonders giftigen Arten aufgeführt werden. Heilpflanzen, die bei Überdosierung des Wirkstoffes zu starken Vergiftungen führen können, sind nicht berücksichtigt.

Aconitum spec. (Eisenhut)
Agrostemma githago (Korn-Rade)
Andromeda polifolia (Sumpf-Rosmarin)
Asarum europaeum (Haselwurz)
Atropa belladonna (Tollkirsche)
Bryonia dioica (Zweihäusige Zaunrübe)
Chaerophyllum temulum (Hecken-Kälberkropf)
Cicuta virosa (Wasserschierling)
Colchicum autumnale (Herbst-Zeitlose)
Conium maculatum (Gefleckter Schierling)
Cyclamen spec. (Alpenveilchen)
Daphne mezereum (Gemeiner Seidelbast)
Datura stramonium (Weißer Stechapfel)
Digitalis purpurea (Roter Fingerhut)
Euphorbia spec. (Wolfsmilch)
Helleborus spec. (Christrose, Nieswurz)
Heracleum mantegazzianum (Riesen-Bärenklau)
Huperzia selago (Tannenbärlapp)
Hyoscyamus niger (Bilsenkraut)
Ilex aquifolium (Stechpalme)
Juniperus sabina (Sadebaum)
Laburnum anagyroides (Gemeiner Goldregen)
Ledum palustre (Sumpf-Porst)
Nicotiana tabacum (Tabak)
Rhododendron spec. (Alpenrose)
Robini pseudacacia (Robinie)
Sambucus ebulus (Zwerg-Holunder)
Senecio spec. (Greiskraut oder Kreuzkraut)
Solanum dulcamara (Bittersüßer Nachtschatten)
Taxus baccata (Eibe)
Thuja occidentalis (Lebensbaum)
Ulex europaeus (Stechginster)
Vinca minor (Immergrün)
Vincetoxicum hirundinaria (Schwalbenwurz)
Viscum album (Mistel)

Liste der Frühblüher

(Blühbeginn bis April)

a Krautige Frühblüher des Waldes

Adoxa moschatellina III-V
Alliaria petiolata IV-VI
Allium ursinum IV-V
Anemone nemorosa III-V,
ranunculoides III-V
Arum maculatum IV-VI
Asarum europaeum IV-V
Chrysosplenium alternifolium III-V, *oppositifolium* III-V
Corydalis cava III-IV, *solida* III-IV
Daphne mezereum II-IV
Dentaria bulbifera IV-V
Glechoma hederacea IV-VI
Hepatica nobilis III-IV
Lathraea squamaria III-V
Lathyrus linifolius IV-VI,
vernus III-V
Leucojum vernum II-IV
Luzula pilosa III-V
Myosotis sylvatica IV-VI
Oxalis acetosella IV-V
Paris quadrifolia IV-VI
Primula elatior III-V
Pulmonaria officinalis agg. III-V
Ranunculus ficaria III-V
Stellaria holostea IV-V
Veronica hederifolia agg. III-V
Viola hirta III-V,
reichenbachiana III-V

b Sonstige krautige Frühblüher

Adonis vernalis IV-V
Alliaria petiolata IV-VI
Arabidopsis thaliana IV-V
Barbarea vulgaris IV-VI
Bellis perennis I-XI
Caltha palustris IV-VI
Capsella bursa-pastoris I-XII
Cardamine flexuosa IV-VI,
hirsuta III-V, *pratensis* IV-VI
Carex caryophyllea III-V
Carum carvi IV-VI
Cerastium arvense IV-VI
Crocus albiflorus II-IV,
napolitanus III-IV
Eranthis hyemalis II-III
Eriophorum angustifolium IV-V
Erodium cicutarium IV-IX
Erophila verna II-V
Euphorbia cyparissias IV-VI,
esula IV-VI
Gagea lutea III-V, *pratensis* III-V
Galanthus nivalis II-III
Gentiana verna IV-V
Glechoma hederacea IV-VI
Helleborus niger XII-III

Lathyrus linifolius IV-VI
Lamium album IV-X, *maculatum* IV-IX, *purpureum* III-IX
Luzula campestris III-V
Medicago minima V-VI
Myosotis sylvatica IV-VI
Muscari botryoides IV-V
Muscari comosa IV-V
Narcissus pseudo-narcissus III-V
Ornithogalum umbellatum IV-VI
Petasites hybridus III-V
Poa annua I-XII
Potentilla neumanniana (*verna*) IV-VI, *sterilis* III-V
Primula veris IV-VI
Pulsatilla vulgaris IV-V
Saxifraga tridactylites III-V
Senecio vulgaris I-XII
Sesleria varia III-V
Taraxacum officinale IV-VII
Thlaspi perfoliatum III-V
Tulipa gesneriana IV-V, *sylvestris* IV-V
Tussilago farfara III-IV
Valerianella locusta IV-V
Veronica filiformis IV-V, *hederifolia* III-V, *persica* II-IX
Viola odorata III-IV

c Frühblühende Sträucher, Zwergsträucher und Bäume

Alnus glutinosa II-IV, *incana* II-IV
Amelanchier lamarckii IV-V, *ovalis* IV-V
Berberis vulgaris IV-VI
Betula pendula IV-V, *pubescens* IV-V
Buxus sempervirens III-IV
Carpinus betulus III-V
Chaenomeles japonica IV-VI
Corylus avellana II-IV
Empetrum nigrum IV-V
Erica herbacea I-IV
Fagus sylvatica IV-V
Forsythia suspensa III-V
Fraxinus excelsior IV-V
Hippophae rhamnoides III-V
Larix decidua IV-V
Malus domestica IV-V, *sylvestris* IV-V
Myrica gale IV-V
Populus nigra III-IV
Prunus avium IV, *padus* IV-V, *spinosa* IV
Pyrus communis IV-V, *pyraster* IV-V
Quercus robur IV-V
Ribes spec. IV-V
Salix caprea III-IV
Syringa vulgaris IV-V
Taxus baccata III-IV
Ulex europaeus IV-VI
Ulmus glabra III-IV, *laevis* III-IV, *minor* III-IV
Viscum album III-V

Artenlisten nach Lebensräumen

Äcker und Gärten

Adonis aestivalis
Aegopodium podagaria
Aethusa cynapium
Agropyron repens
Agrostemma githago
Agrostis stolonifera
Alopecurus myosuroides
Anagallis arvensis
Anchusa arvensis
Apera spica-venti
Aphanes arvensis
Arabidopsis thaliana
Atriplex patula
Avena fatua
Capsella bursa-pastoris
Cardamine hirsuta
Centaurea cyanus
Chenopodium album, polyspermum
Cirsium arvense, vulgaris
Consolida regalis
Convolvulus arvensis
Conyza canadensis
Echinochloa crus-galli
Equisetum arvense
Erodium cicutarium
Erysimum cheiranthoides
Euphorbia helioscopia, peplus
Fallopia convolvulus
Fumaria officinalis
Galeopsis tetrahit
Galinsoga parviflora
Galium aparine
Geranium pusillum
Gnaphalium uliginosum
Juncus bufonius
Lamium amplexicaule, purpureum
Lathyrus tuberosus
Matricaria chamomilla
Mentha arvensis
Mercurialis annua
Myosotis arvensis
Odontites verna
Oxalis fontana
Papaver argemone, dubium, rhoeas
Plantago major
Poa annua
Polygonum lapathifolium, persicaria
Ranunculus arvensis
Raphanus raphanistrum
Sagina procumbens
Scandix pecten-veneris
Senecio vulgaris
Setaria viridis
Sinapis arvensis
Solanum nigrum
Sonchus arvensis, asper, oleraceus
Spergula arvensis
Stachys palustris
Stellaria media
Thlaspi arvense
Tripleurospermum inodorum
Tussilago farfara
Urtica dioica, urens
Valerianella locusta
Veronica arvensis, filiformis, persica
Vicia cracca, hirsuta
Viola arvensis

Ruderalstandorte (Wegränder, Brachen, Schutt- und Kiesplätze)

Anmerkung: Alle oben aufgeführten Wildarten der Äcker und Gärten können auch an offenerdigen Ruderalstandorten als Pionierpflanzen auftreten.

Agropyron repens
Alliaria petiolata
Arctium lappa, minus
Aristolochia clematitis
Armoracia rusticana
Artemisia absinthium, vulgaris
Asparagus officinalis
Atriplex patula
Barbarea vulgaris
Bromus hordeaceus, sterilis
Bryonia dioica
Buddleja davidii
Capsella bursa-pastoris
Cardaria draba
Carduus nutans
Carex hirta
Chaerophyllum temulum
Chelidonium majus
Chenopodium bonus-henricus
Cichorium intybus
Cirsium arvense
Conium maculatum
Convolvulus arvensis
Conyza canadensis
Crepis capillaris
Cynoglossum officinale
Dactylis glomerata
Datura stramonium
Daucus carota
Dipsacus fullonum
Echinops sphaerocephalus
Echium vulgare
Epilobium adenocaulon, angustifolium
Equisetum arvense
Erigeron acris
Erophila verna
Eupatorium cannabinum
Galeopsis tetrahit
Galium aparine
Geranium pusillum, pyrenaicum, robertianum
Hordeum murinum
Hyoscyamus niger
Hypericum perforatum
Lactuca serriola
Lamium album
Lapsana communis
Leontodon autumnale
Lepidium campestre, ruderale
Linaria vulgaris
Lupinus polyphyllus
Malva neglecta, sylvestris
Medicago lupulina
Melilotus alba, officinalis
Oenothera biennis
Pastinaca sativa
Plantago major
Poa annua
Polygonum amphibium, aviculare
Potentilla anserina, reptans
Ranunculus repens
Reseda lutea, luteola
Reynoutria japonica
Rumex crispus, obtusifolius
Sagina procumbens
Saponaria officinalis
Senecio viscosus, vulgaris
Silene alba
Sisymbrium altissimum, officinale
Solanum dulcamara
Solidago canadensis, gigantea

Stellaria media
Symphytum asperum, officinale
Tanacetum parthenium, vulgare
Taraxacum officinale
Torilis japonica
Tripleurospermum inodorum
Tussilago farfara
Urtica dioica
Verbascum densiflorum, nigrum
Verbena officinalis
Veronica persica
Vicia cracca, hirsuta
Viola odorata

Felsen und Mauern

Amelanchier ovalis
Antirrhinum majus
Asplenium ruta-muraria, trichomanes
Campanula rotundifolia
Ceterach officinarum
Chelidonium majus
Corydalis lutea
Cotoneaster integerrimus
Cymbalaria muralis
Echium vulgare
Erysimum cheiri
Hedera helix
Hieracium pilosella, sylvaticum
Phyllitis scolopendrium
Polypodium vulgare
Saxifraga paniculata
Sedum acre, reflexum, spurium
Sempervivum arachnoideum, tectorum
Thymus pulegioides
Viola biflora

Trocken- und Magerrasen sowie Heiden

Achillea millefolium
Adonis vernalis
Agrimonia eupatoria
Agrostis tenuis
Allium vineale
Antennaria dioica
Anthyllis vulneraria
Arctostaphylos uva-ursi
Arnica montana
Aster amellus
Astragalus glyciphyllos
Avenella flexuosa
Betonica officinalis
Botrychium lunaria
Briza media
Bromus erectus
Calluna vulgaris
Campanula rotundifolia
Carex pilulifera
Carlina acaulis, vulgaris
Cerastium arvense
Coronilla varia
Cytisus scoparius
Dianthus carthusianorum
Dryas octopetala
Erodium cicutarium
Erophila verna
Eryngium campestre
Euphorbia cyparissias
Euphrasia rostkoviana
Falcaria vulgaris
Festuca ovina
Galium verum
Genista pilosa, tinctoria
Gentiana acaulis
Gentianella ciliata
Gymnadenia conopsea
Helianthemum nummularium

Helichrysum arenarium
Hieracium pilosella
Holcus mollis
Hypericum perforatum
Isatis tinctoria
Jasione montana
Juniperus communis
Lathyrus linifolius
Leontopodium alpinum
Linum catharticum
Loiseleuria procumbens
Lotus corniculatus
Luzula campestris, multiflora
Lycopodium clavatum
Medicago sativa
Melampyrum pratense
Muscari comosum
Nardus stricta
Odontites vulgaris
Onobrychis viciifolia
Ononis spinosa
Ophioglossum vulgatum
Ophrys insectifera
Orchis militaris
Origanum vulgare
Ornithogalum umbellatum
Ornithopus perpusillus
Orobanche caryophyllacea
Parnassia palustris
Pimpinella saxifraga
Plantago media
Platanthera bifolia
Polygala vulgaris
Potentilla erecta, neumanniana
Primula veris
Prunella grandiflora
Pulsatilla vulgaris
Ranunculus bulbosus
Rhinanthus alectorolophus, minor
Rumex acetosa, acetosella
Salvia pratensis
Sanguisorba minor
Saxifraga granulata, tridactylites
Scabiosa columbaria
Sedum acre, maximum, sexangulare
Selaginella selaginoides
Senecio jacobaea
Sesleria varia
Silene vulgaris
Solidago virgaurea
Stipa pennata
Succisa pratensis
Teucrium chamaedrys, scorodonia
Thesium pyrenaicum
Thymus pulegioides
Trifolium arvense, campestre
Vaccinium myrtillus
Valerianella dentata, locusta
Vincetoxicum hirundinaria
Viola hirta, tricolor

Fettwiesen und Fettweiden (außerhalb der höheren Gebirge)

Achillea millefolium
Alchemilla vulgaris
Alopecurus pratensis
Angelica sylvestris
Anthriscus sylvestris
Arrhenatherum elatius
Bellis perennis
Bromus hordeaceus
Campanula patula
Cardamine pratensis
Carum carvi
Centaurea jacea
Cerastium holosteoides
Colchicum autumnale
Dactylis glomerata
Dactylorhiza majalis
Festuca pratensis, rubra
Galium mollugo

Geranium pratense
Heracleum sphondylium
Holcus lanatus
Knautia arvensis
Lathyrus pratensis
Leontodon autumnale, hispidus
Leucanthemum vulgare
Lolium perenne
Lotus corniculatus
Pastinaca sativa
Phleum pratense
Pimpinella major
Plantago lanceolata, major
Poa pratensis,trivialis
Prunella vulgaris
Ranunculus acris, repens
Rhinanthus alectorolophus
Rumex acetosa
Salvia pratensis
Silene dioica
Taraxacum officinale
Tragopogon pratensis
Trifolium pratense, repens
Trisetum flavescens
Trollius europaeus
Veronica chamaedrys, filiformis
Vicia sepium

Moore und Feuchtheiden

Andromeda polifolia
Betula pubescens
Dactylorhiza maculata
Dianthus superbus
Drosera anglica, rotundifolia
Dryopteris carthusiana
Empetrum nigrum
Epipactis palustris
Erica tetralix
Eriophorum angustifolium
Frangula alnus
Hydrocotyle vulgaris
Ledum palustre
Lycopodiella inundata
Menyanthes trifoliata
Myrica gale
Ophioglossum vulgatum
Osmunda regalis
Oxycoccus palustris
Parnassia palustris
Pedicularis palustris
Pinguicula vulgaris
Potentilla palustris
Pyrola minor
Salix cinerea
Sanguisorba officinalis
Succisa pratensis
Vaccinium myrtillus, uliginosum, vitis-idaea
Valeriana dioica

Gewässer, Ufer, Sümpfe und Naßwiesen

Achillea ptarmica
Acorus calamus
Alisma plantago-aquatica
Alnus glutinosa
Angelica archangelica, sylvestris
Azolla filiculoides
Betonica officinalis
Bidens tripartita, frondosa
Butomus umbellatus
Calla palustris
Callitriche palustris
Caltha palustris
Calystegia sepium
Cardamine amara, pratensis
Carex acutiformis, elata
Ceratophyllum demersum

Cicuta virosa
Cuscuta europaea
Dactylorhiza majalis
Deschampsia cespitosa
Egeria densa
Elodea canadensis
Epilobium adenocaulon, hirsutum
Equisetum arvense, palustre, sylvaticum
Eupatorium cannabinum
Euphorbia palustris
Filipendula ulmaria
Frangula alnus
Geum rivale
Glyceria fluitans, maxima
Hippuris vulgaris
Hottonia palustris
Hydrocharis morsus-ranae
Hydrocotyle vulgaris
Impatiens glandulifera
Iris pseudacorus
Juncus articulatus, conglomeratus, effusus
Lemna minor
Lychnis flos-cuculi
Lycopus europaeus
Lysimachia vulgaris
Lythrum salicaria
Matteuccia struthiopteris
Mentha aquatica
Menyanthes trifoliata
Mimulus guttatus
Molinia caerulea
Myosotis palustris
Myriophyllum spicatum
Nasturtium officinale
Nuphar lutea
Nymphaea alba
Nymphoides peltata
Oenanthe aquatica
Petasites hybridus
Phalaris arundinacea
Phragmites australis
Polygonum amphibium, bistorta, hydropiper
Populus nigra
Potamogeton crispus, natans, pectinatus
Potentilla palustris
Ranunculus aquatilis agg., *flammula, fluitans, lingua, repens*
Sagittaria sagittifolia
Salix alba, cinerea
Salvinia natans
Sanguisorba officinalis
Schoenoplectus lacustris
Scirpus sylvaticus
Scrophularia umbrosa
Scutellaria galericulata
Solanum dulcamara
Sparganium erectum
Stachys palustris
Stratiotes aloides
Symphytum officinale
Typha angustifolia, latifolia
Utricularia vulgaris
Valeriana dioica, officinalis agg.
Veronica beccabunga, longifolia
Wolffia arrhiza
Xanthium strumarium

Wälder, Waldränder, Kahlschläge und Gebüsche

Abies alba
Acer campestris, platanoides, pseudoplatanus
Aconitum napellus, vulparia
Actaea spicata
Adoxa moschatellina
Aegopodium podagraria
Agrimonia eupatoria

Ajuga reptans
Alliaria petiolata
Alnus glutinosa
Anemone nemorosa
Aquilegia vulgaris
Arum maculatum
Asarum europaeum
Astragalus glyciphyllos
Astrantia major
Atropa belladonna
Avenella flexuosa
Berberis vulgaris
Betula pendula
Blechnum spicant
Campanula trachelium
Cardamine flexuosa, impatiens
Carex pendula, pilulifera, sylvatica
Carpinus betulus
Castanea sativa
Cephalanthera damasonium
Chaerophyllum temulum
Chrysosplenium alternifolium, oppositifolium
Circaea lutetiana
Clematis vitalba
Clinopodium vulgare
Convallaria majalis
Cornus mas, sanguinea
Corydalis cava
Corylus avellana
Crataegus monogyna
Cyclamen purpurascens
Cypripedium calceolus
Cytisus scoparius
Daphne mezereum
Deschampsia cespitosa
Dentaria bulbifera
Dictamnus albus
Digitalis grandiflora, purpurea
Dryopteris carthusiana, dilatata
Dryopteris filix-mas
Epilobium angustifolium
Epipactis helleborine
Equisetum hyemale, sylvaticum
Euonymus europaea
Fagus sylvatica
Fragaria vesca
Frangula alnus
Fraxinus excelsior
Gagea lutea
Galanthus nivalis
Galium odoratum
Geranium robertianum, sanguineum
Geum urbanum
Glechoma hederacea
Hedera helix
Helleborus foetidus, niger
Hepatica nobilis
Humulus lupulus
Ilex aquifolium
Impatiens noli-tangere, parviflora
Lamium maculatum
Larix decidua
Lathraea squamaria
Lathyrus linifolius, sylvestris
Leucojum vernum
Ligustrum vulgare
Lilium martagon
Linnaea borealis
Lonicera periclymenum, xylosteum
Lunaria rediviva
Luzula luzuloides, pilosa, sylvatica
Lycopodium clavatum
Maianthemum bifolium
Malus sylvestris
Matteuccia struthiopteris
Melampyrum pratense
Melica nutans
Melica uniflora
Mercurialis perennis
Milium effusum

Moehringia trinervia
Monotropa hypopitys
Neottia nidus-avis
Orchis mascula
Origanum vulgare
Osmunda regalis
Oxalis acetosella
Paris quadrifolia
Phyteuma nigrum, spicatum
Picea abies
Pinus cembra, mugo, sylvestris
Platanthera bifolia
Polygonatum multiflorum
Populus nigra, tremula
Primula elatior, veris
Prunus avium, padus, spinosa
Pteridium aquilinum
Pulmonaria officinalis
Pyrola minor
Pyrus pyraster
Quercus petraea, pubescens, robur
Ranunculus auricomus, ficaria
Reynoutria japonica
Rhamnus catharticus
Rhododendron hirsutum
Ribes nigrum, rubrum, uva-crispa
Robinia pseudacacia
Rosa canina, gallica
Rubus fruticosus, caesius, idaeus
Salix caprea
Sambucus nigra, racemosa
Sanicula europaea
Scrophularia nodosa
Senecio fuchsii
Solidago virgaurea
Sorbus aria, aucuparia, domestica, torminalis
Stachys sylvatica
Stellaria holostea
Taxus baccata
Teucrium scorodonia
Tilia cordata
Torilis japonica
Ulmus glabra
Urtica dioica
Vaccinium myrtillus, vitis-idaea
Viburnum lantana, opulus
Vinca minor
Vincetoxicum hirundinaria
Viola hirta, odorata, reichenbachiana, riviniana
Viscum album

Artenlisten nach dem Verwendungszweck

Nutz- und Zierpflanzen

(N Nutzpflanzen, Z Zierpflanzen)

a Gehölze

Abies alba Z
Aesculus hippocastanum Z
Ailanthus altissima Z
Amelanchier spec. Z
Buddleja davidii Z
Buxus sempervirens Z
Chaenomeles japonica Z
Cornus mas Z
Cotoneaster spec. Z
Crataegus monogyna Z
Cupressus sempervirens Z
Cydonia oblonga N
Fallopia aubertii Z,
  baldschuanicum Z
Forsythia suspensa Z
Fraxinus ornus Z
Hippophae rhamnoides ZN
Ilex aquifolium Z
Juglans regia ZN
Laburnum anagyroides Z
Ligustrum vulgare Z
Magnolia x soulangiana Z
Malus domestica NZ
Mespilus germanica NZ
Parthenocissus spec. Z
Picea spec. Z
Pinus spec. Z
Platanus x hybrida Z
Populus spec. Z
Prunus spec. NZ
Pseudotsuga menziesii Z
Pyracantha coccinea Z
Pyrus communis NZ
Ribes spec. NZ
Robinia pseudacacia Z
Rubus fruticosus N
Sorbus aucuparia ZN,
  domestica N
Spiraea salicifolia Z
Symphoricarpos rivularis Z
Syringa vulgaris Z
Taxus baccata Z
Thuja occidentalis Z
Tilia spec. Z
Ulmus glabra Z
Viburnum opulus Z
Vitis vinifera N

b Krautige Nutz- und Zierpflanzen

Allium cepa N
Antirrhinum majus Z
Apium graveolens N
Armoracia rusticana N
Asparagus officinalis N
Avena sativa N
Beta vulgaris N
Borago officinalis N
Brassica spec. N
Calendula officinalis ZN
Cannabis sativa N
Cucumis sativus N

Cucurbita pepo N
Dahlia pinnata Z
Dianthus spec. Z
Echinops sphaerocephalus Z
Eranthis hyemalis Z
Erysimum cheiri Z
Euphorbia lathyris Z
Galanthus nivalis Z
Helianthus annuus ZN,
tuberosus N
Helleborus niger Z
Hordeum vulgare N
Humulus lupulus N
Iberis spec. Z
Iris spec. Z
Lactuca sativa N
Lathyrus odoratus Z
Lepidium sativum N
Lilium spec. Z
Linum usitatissimum N
Lunaria annua Z
Lupinus luteus, polyphyllus ZN
Lycopersicon esculentum Z
Lysimachia punctata Z
Medicago sativa N
Mentha x piperita, x villosa N
Mimulus guttatus Z
Muscari spec. Z
Narcissus poeticus Z,
pseudonarcissus Z
Nicotiana rustica, tabacum N
Onobrychis viciifolia N
Ornithopus sativus N
Paeonia officinalis Z
Papaver somniferum ZN
Phacelia tanacetifolia ZN
Phalaris canariensis ZN
Phaseolus coccineus ZN,
vulgaris N
Physalis alkekengi Z
Pisum sativum N
Raphanus sativus N
Rubia tinctorum N
Ruta graveolens N
Sagina x normaniana Z
Salvia splendens Z
Secale cereale N
Sedum spec. ZN
Sempervivum spec. Z
Sinapis alba N
Solanum tuberosum N
Thymus vulgaris N
Triticum spec. N
Tropaeolum majus Z
Tulipa gesneriana Z
Ulex europaeus Z
Veronica spicata Z
Vicia faba N
Vinca minor Z
Viola odorata Z,
x wittrockiana Z
Zea mays N

Für Wildpflanzengärten geeignete Arten (Auswahl)

Die Liste enthält nur krautige Pflanzen und einige Zwergsträucher. Sträucher und Bäume der heimischen Flora sind grundsätzlich alle für Naturgärten geeignet und werden daher hier nicht eigens aufgeführt.

Es versteht sich von selbst, daß für die Anlage von Gärten unter keinen Umständen Pflanzen am Wildstandort beeinträchtigt werden dürfen bzw. keine seltenen, gefährdeten, geschützte oder schützenswerten Arten aus der Natur entnommen werden. Pflanzen, die auf jeden Fall nur aus Anzuchten des Gartenfachhandels bezogen werden sollten, sind durch "O" gekennzeichnet.

Bei der Anlage von Wildpflanzengärten muß besonders darauf geachtet werden, daß jede Pflanze den für sie geeigneten Standort bekommt. Man beachte hierzu die entsprechenden Angaben im Speziellen Teil. - Einige Wildpflanzen können sich stark ausbreiten und leicht überhand nehmen, wenn man nicht rechtzeitig Vorsorge trifft. Solche Arten sind durch "X" kenntlich gemacht.

Achillea millefolium
Acorus calamus
Agrimonia eupatoria
Agrostemma githago
Ajuga reptans X
Alchemilla vulgaris O
Alisma plantago-aquatica
Alliaria petiolata X
Anchusa officinalis O
Anemone nemorosa, ranunculoides O
Angelica sylvestris
Antennaria dioica O
Anthemis tinctoria O
Anthoxanthum odoratum
Anthriscus sylvestris
Anthyllis vulneraria O
Aquilegia vulgaris O
Artemisia vulgaris, absinthium
Asplenium ruta-muraria, trichomanes
Athyrium filix-femina
Avenella flexuosa
Betonica officinalis O
Briza media O
Butomus umbellatus O
Calendula arvensis O
Calluna vulgaris O
Caltha palustris O
Calystegia sepium X
Campanula glomerata O, *patula, rapunculoides, rapunculus, trachelium* O
Cardamine pratensis
Carduus nutans
Carex pendula O
Centaurea scabiosa O
Cerastium arvense X
Ceratophyllum demersum
Chelidonium majus
Cirsium vulgare
Convallaria majalis O
Corydalis solida O
Cruciata laevipes O
Dentaria bulbifera O
Deschampsia cespitosa
Dianthus superbus O
Digitalis grandiflora O, *purpurea*
Dipsacus fullonum
Dryas octopetala O

Dryopteris filix-mas
Echinops sphaerocephalus
Epilobium angustifolium X,
hirsutum X
Equisetum hyemale O
Erodium cicutarium
Eupatorium cannabinum
Filipendula ulmaria
Galium odoratum, verum
Geranium pratense,
pyrenaicum X, *robertianum,*
sanguineum O
Geranium sylvaticum O
Geum montanum, rivale O
Glechoma hederacea X
Helianthemum nummularium
agg. O
Hieracium pilosella X
Hippuris vulgaris O
Hordeum murinum
Hypericum perforatum
Iris pseudacorus O
Jasione montana O
Lamiastrum galeobdolon agg. X
Lamium album X, *maculatum*
Leucanthemum vulgare agg. O
Linaria vulgaris X
Luzula campestris, sylvatica
Lychnis flos-cuculi X
Lysimachia nummularia X
Lysimachia vulgaris
Malva sylvestris
Matricaria chamomilla
Matteuccia struthiopteris O
Melica uniflora
Milium effusum
Myriophyllum spicatum
Oenothera biennis agg.
Origanum vulgare
Ornithogalum umbellatum O
Papaver dubium, rhoeas
Phalaris arundinacea X
Poa chaixii
Polygonatum multiflorum O
Polygonum bistorta
Potentilla anserina X, *reptans* X,
sterilis O, *verna* agg. O
Primula elatior O, *veris* O
Prunella grandiflora O
Prunella vulgaris X
Ranunculus acris, bulbosus
Ranunculus ficaria
Sagittaria sagittifolia O
Salvia pratensis
Saponaria officinalis
Saxifraga granulata O
Sedum acre
Senecio fuchsii
Silene vulgaris
Solidago gigantea X
Solidago virgaurea
Stachys sylvatica
Stellaria holostea X
Symphytum officinale X
Tanacetum vulgare
Thalictrum aquilegifolium O
Thymus pulegioides O
Trifolium arvense, aureum O,
medium O, *pratense* X
Trollius europaeus O
Typha latifolia
Vaccinium myrtillus, vitis-idaea
Valeriana officinalis agg. X
Valerianella locusta
Verbascum densiflorum
Verbascum nigrum
Veronica chamaedrys X
Veronica officinalis, spicata O
Veronica teucrium O
Vicia sylvatica O
Viola hirta O, *odorata* O,
riviniana O

Heilpflanzen und Teepflanzen

Nicht mehr gebräuchliche Drogen und solche, die nur in der Homöopathie oder nur als Bestandteile von Fertigpräparaten Verwendung finden, sind weggelassen. Da für Tees verwendete Pflanzen meist auch als Heilpflanzen gebraucht werden, sind diese hier mit aufgenommen und als solche gekennzeichnet.

Viele Heilpflanzen sind bei zu hoher Dosierung der Wirkstoffe giftig. Daher vergleiche man unbedingt die entsprechenden Hinweise im Speziellen Teil.

Beim Sammeln sollten unbedingt die Naturschutzbestimmungen beachtet werden. Am besten bezieht man Arzneipflanzen aus der Apotheke.

Acer saccharum (Zucker-Ahorn): Ahornsirup
Achillea millefolium (Schafgarbe): Blätter wie bei *Matricaria*
Acorus calamus (Kalmus): Rhizom als Magenmittel; auch als Tee
Adonis vernalis (Adonisröschen): herzstärkend
Aegopodium podagraria (Giersch, Geißfuß): zerquetschte Blätter gegen Insektenstiche
Aesculus hippocastanum (Roßkastanie): kapillarabdichtend
Agrimonia eupatoria (Odermennig): Magenmittel
Allium cepa (Küchenzwiebel): Zwiebelauszug bei Husten
Allium sativum (Knoblauch): vielseitige Verwendung
Althaea officinalis (Eibisch): Wurzel bei Husten
Althaea rosea (Stockrose): Tee
Angelica archangelica (Engelwurz): Wurzeln bei Magenleiden
Anthriscus cerefolium (Kerbel): stoffwechselfördernd
Anthyllis vulneraria (Wundklee): Tee
Apium graveolens (Sellerie): stoffwechselfördernd, harntreibend
Arctostaphylos uva-ursi (Bärentraube): Blätter antibakteriell bei Nieren- und Blasenerkrankungen (als Tee)
Arnica montana (Arnika): zur Wundheilung
Artemisia absinthium (Wermut): Magenmittel
Avena sativa (Hafer): Haferschleim bei Magen-Darm-Erkrankungen
Atropa belladonna (Tollkirsche): pupillenerweiternd
Bellis perennis (Gänseblümchen): schleimlösend usw.
Betula pendula (Birke): Blätter harntreibend; auch als Tee
Brassica oleracea (Kohl): Blätter für Umschläge bei offenen Wunden
Calendula officinalis (Ringelblume): Blütenkörbchen entzündungshemmend (auch als Tee)
Cardamine pratensis (Wiesen-Schaumkraut): stoffwechselfördernd
Carum carvi (Kümmel): Früchte magenstärkend, krampflösend und bei Blähungen

Centaurium erythraea (Tausendgüldenkraut): bei Magen-, Leber- und Gallenleiden
Chelidonium majus (Schöllkraut): bei Gallen- und Magenleiden (als Tee)
Consolida regalis (Rittersporn): Blüten zur Schönung von Tee
Convallaria majalis (Maiglöckchen): herzwirksam
Conyza canadensis (Kanadisches Berufkraut): bei Durchfall (auch als Tee)
Crataegus monogyna (Weißdorn): Blätter und Blüten bei beginnender Herzschwäche (auch als Tee, goldgelbfärbend)
Cucurbita pepo (Kürbis): Samen bei Blasenleiden
Cytisus scoparius (Besenginster): bei Kreislaufstörungen
Daucus carota (Möhre): bei Vitamin A-Mangel und in der Säuglingsernährung
Digitalis purpurea (Fingerhut): kreislauffördernd
Drosera spec. (Sonnentau): bei Husten
Epilobium angustifolium (Weidenröschen): Blätter bei gutartigen Prostatabeschwerden (als Tee)
Equisetum arvense (Acker-Schachtelhalm): harntreibend (z. B. als Tee)
Filipendula ulmaria (Mädesüß): Blüten gegen Kopfschmerzen (als Tee)
Fragaria vesca (Erdbeere): Blätter als Tee
Frangula alnus (Faulbaum): abführend
Humulus lupulus (Hopfen): Drüsen weiblicher Blütenstände beruhigend
Hypericum perforatum (Johanniskraut): bei Verstimmungszuständen (als Tee)
Juglans regia (Walnuß): Blätter bei Hautleiden
Juniperus communis (Wacholder): Beerenzapfen harntreibend
Linum usitatissimum (Lein): Samen schwach abführend
Lycopodium clavatum (Bärlapp): Sporen als Wundpuder
Malva sylvestris (Malve): Blätter und Blüten bei Husten; Blüten als Tee (rotfärbend)
Matricaria chamomilla (Kamille): Blütenkörbchen entzündungshemmend, krampflösend (als Tee)
Mentha aquatica, x piperita (Minze): beruhigend (als Tee)
Menyanthes trifoliata (Fieberklee): Blätter als Magenmittel
Nasturtium officinale (Brunnenkresse): stoffwechselfördernd, harntreibend
Oenothera biennis (Nachtkerze): Samenöl bei Beschwerden der Wechseljahre und als Grundlage für Kosmetika
Ononis spinosa (Hauhechel): schwach harntreibend
Orchis spec. (Knabenkraut): Schleimdroge, besonders bei Magenreizungen

Petasites hybridus (Pestwurz): krampflösend, beruhigend
Phaseolus vulgaris (Bohne): Fruchthüllen harntreibend (als Tee)
Phyteuma spicatum (Teufelskralle): Rhizom bei Gallensteinen (als Tee)
Picea abies (Fichte): Extrakte junger Zweige als Hustenmittel und bei rheumatischen Beschwerden
Pimpinella major (Bibernelle): Wurzel bei Husten
Pinus sylvestris (Kiefer): Kiefernnadelöl zum Inhalieren bei Bronchitis
Plantago lanceolata (Spitz-Wegerich): Hustenmittel; Preßsaft zerquetschter Blätter bei Insektenstichen
Primula veris (Himmelschlüssel): Rhizome auswurffördernd
Raphanus sativus (Radieschen, Rettich): Auszüge aus Knolle bzw. Wurzelrübe bei Husten (mit Zucker)
Rhamnus catharticus (Kreuzdorn): stark abführend (Vorsicht!)
Ribes nigrum (Schwarze Johannisbeere): Blätter als Tee
Rosa spec. (Rose): Früchte (Hagebutten) bei Erkältungskrankheiten (auch als Tee)
Rubus fruticosus (Brombeere): Blätter als Tee
Salvia officinalis (Echter Salbei): Blätter für Gurgelwasser bei Entzündungen im Mundraum
Sambucus nigra (Schwarzer Holunder): Blüten und Früchte bei Erkältungskrankheiten (auch als Tee)
Saponaria officinalis (Seifenkraut): schleimlösend bei Husten
Solidago spec. (Goldrute): Blätter harntreibend
Taraxacum officinale (Löwenzahn): Wurzel als Bittermittel bei Lebererkrankungen; Blätter harntreibend
Tilia cordata (Linde): Blüten schweißtreibend (als Tee)
Trifolium pratense (Wiesen-Klee): Blüten bei Husten
Tussilago farfara (Huflattich): Blätter als Hustenmittel (als Tee)
Urtica dioica (Brennessel): Blätter stoffwechselfördernd und harntreibend (auch als Tee)
Vaccinium myrtillus (Waldbeere): getrocknete Früchte bei Durchfall
Valeriana officinalis (Baldrian): Wurzel und Rhizom beruhigend
Verbascum densiflorum (Königskerze): Blüten bei Husten
Viola arvensis (Acker-Stiefmütterchen): Blätter bei Haut-erkrankungen
Viola odorata (Veilchen): Blätter bei Bronchitis

Wildgemüse- und Gewürzpflanzen

Wenn nicht anders vermerkt, verwendet man für Salat und Gemüse junge Blätter und Sprosse. Die Liste enthält auch einige Arten, die als Nutzpflanzen nicht mehr allgemein bekannt sind, z. B. Bauerngartenpflanzen, um auf sie nochmals besonders hinzuweisen. Sie sind mit (N) gekennzeichnet. – Es sollten unbedingt die Angaben über Gefährdungen und Schutz der Pflanzen beachtet werden! In Ballungsgebieten und überall da, wo chemische Spritzmittel verwendet oder Hunde ausgeführt werden, sollte man die Pflanzen nicht für Speisezwecke nutzen. Hier empfiehlt sich die Kultur der Pflanzen im Garten.

Achillea millefolium (Schafgarbe): Gemüse, Salat
Acorus calamus (Kalmus): Gemüse
Aegopodium podagraria (Giersch, Geißfuß): junge Blätter als Gewürz oder in kleinen Mengen für Mischsalate
Agropyron repens (Quecke): Rhizom als Gemüse
Alchemilla vulgaris (Frauenmantel): Salat, Gemüse
Alliaria petiolata (Knoblauchsrauke): zerhackte Blätter als Gewürz
Allium ursinum (Bärlauch): zerhackte Blätter und Zwiebeln als Gewürz, z. B. für Quark
Anchusa officinalis (Ochsenauge): Gemüse
Angelica archangelica (Echte Engelwurz): (N) Wurzeln als Gemüse, junge Blätter als Gewürz für Suppen und Gemüse
Angelica sylvestris (Wilde Engelwurz): wie vorige Art
Anthriscus cerefolium (Kerbel): (N) Blätter als Gewürz
Anthriscus sylvestris (Wiesen-Kerbel): Gemüse, Suppeneinlage
Arctium spec. (Klette): Mark, junge Blätter und Wurzeln als Gemüse
Artemisia absinthium (Wermut): (N) Gewürz
Artemisia vulgaris (Beifuß): Blätter als Gewürz
Atriplex hortensis (Wilde Melde): (N) Gemüse
Atriplex patula (Spreiz-Melde): Gemüse
Barbarea vulgaris (Winterkresse): (N) Salat, Gemüse, Gewürz
Bellis perennis (Gänseblümchen): junge Blätter als Beigabe zu Salat und Suppen; Blütenkörbchen als Kapernersatz
Borago officinalis (Borretsch): (N) Gewürz ("Gurkenkraut")
Brassica rapa (Stielmus): (N) Gemüse
Calendula officinalis (Ringelblume): (N) Blütenkörbchen als Gewürz
Caltha palustris (Sumpfdotterblume): Blütenknospen als Kapernersatz
Campanula rapunculus (Rapunzel-Glockenblume): Wurzeln für Salat und Gemüse
Capsella bursa-pastoris (Hirtentäschel): junge Blätter als Beigabe zu Salat und Gemüse; Samen als Pfefferersatz

Cardamine spec. (Schaumkraut): Salat, Gemüse
Carduus nutans (Nickende Distel): junge Blütenkörbchen wie Artischocken; Wurzeln für Mehl
Carum carvi (Wiesen-Kümmel): (N) Früchte als Gewürz (Kümmel); Wurzeln und Blätter als Gemüse
Chaerophyllum bulbosum (Knolliger Kälberkropf): Knollen als Kartoffelersatz
Chenopodium album (Weißer Gänsefuß): Gemüse
Chenopodium bonus-henricus (Guter Heinrich): (N) Gemüse; Rhizom zu Konfekt
Cichorium intybus (Wegwarte): (N) Gemüse (Chicorée); Wurzeln für Kaffee-Ersatz ("Zichorienkaffee")
Cornus mas (Kornelkirsche): Früchte für Marmelade oder ähnlich wie Oliven zu verwenden; Samen als Kaffee-Ersatz
Crocus sativus (Krokus): (N) Narben als Gewürz (Safran)
Echinochloa crus-galli (Hühnerhirse): Gemüse
Echium vulgare (Natterkopf): Gemüse
Epilobium spec. (Weidenröschen): Gemüse
Filipendula ulmaria (Mädesüß): Gemüse
Galinsoga spec. (Knopfkraut): Salat, Gemüse
Geum urbanum (Gemeine Nelkenwurz): Salat, Gemüse; Rhizom als Ersatz für Gewürznelken
Glechoma hederacea (Gundermann): junge Blätter für Mischgemüse und als Gewürz für Salat und als Brotbelag
Heracleum sphondylium (Bärenklau): Gemüse
Humulus lupulus (Hopfen): (N) Bierwürze; junge Triebe als Salat oder Gemüse ("Hopfenspargel")
Juniperus communis (Wacholder): Samenzapfen als Gewürz
Lamium spec. (Taubnessel): Gemüse
Lapsana communis (Rainkohl): Salat, Gemüse
Lepidium sativum (Kresse): (N) Gewürz, Brotbelag
Malva spec. (Malve): Salat, Gemüse; grüne Früchte eßbar
Melilotus officinalis (Steinklee): Gemüse
Mentha aquatica (Wasser-Minze): Gemüse
Myrica gale (Gagel): Blätter und Früchte als Gewürz für Getränke
Nasturtium officinale (Brunnenkresse): Salat, Gemüse
Oenothera biennis (Nachtkerze): Wurzeln als Gemüse
Origanum vulgare (Dost): Gewürz (Oregano)
Oxalis acetosella (Sauerklee): Gemüse
Pastinaca sativa (Pastinak): (N) Wurzelgemüse; Früchte als Gewürz
Phleum pratense (Wiesen-Lieschgras): junge Sprosse gekocht als Gemüse; Rhizom für Mehl
Phragmites australis (Schilf): Gemüse; Rhizom für Mehl
Phyteuma spicatum (Teufelskralle): Blätter und Rhizom als Gemüse

Pimpinella major, saxifraga (Bibernelle): Salat, Gemüse
Plantago spec. (Wegerich): Salat, Gemüse
Polygonum aviculare, bistorta (Knöterich): Gemüse
Potentilla anserina (Gänse-Fingerkraut): Gemüse
Prunella vulgaris (Braunelle): für Suppen und Salat
Pulmonaria officinalis (Lungenkraut): für Suppen und Mischgemüse
Ranunculus ficaria (Scharbockskraut): Salat (kleine Mengen!)
Raphanus raphanistrum (Hederich): Gemüse; Samen für Senf
Reynoutria japonica (Staudenknöterich): Gemüse
Rumex acetosa (Sauerampfer): für Mischsalate und Mischgemüse
Salicornia europaea (Queller): Gemüse
Salvia officinalis (Echter Salbei): (N) Gewürz
Sambucus nigra (Schwarzer Holunder): Blüten für Holunderpfannkuchen und weinartige Getränke; Früchte für Marmelade und Saft
Sanguisorba minor, officinalis (Wiesenknopf, "Bibernelle"): Salat, Gewürz
Satureja hortensis (Bohnenkraut): (N) Gewürz
Schoenoplectus lacustris (Teichsimse): Rhizom als Gemüse
Sedum maximum (Fetthenne): Salat
Sedum reflexum (Tripmadam): (N) Salat, Gemüse, Gewürz
Silene vulgaris (Gemeine Lichtnelke): Gemüse
Sinapis alba (Weißer Senf): (N) Samen für Senf
Sinapis arvensis (Acker-Senf): Blätter als Gewürz; Samen für Senf
Sonchus oleraceus (Kohl-Gänsedistel): Gemüse
Stachys sylvatica (Wald-Ziest): Knollen als Gemüse
Stellaria media (Vogelmiere): Gemüse
Symphytum officinale (Beinwell): Salat, Gemüse
Tanacetum vulgare (Rainfarn): Gewürz
Taraxacum officinale (Löwenzahn): Blätter für Salat; junge Blütenkörbchen als Kapernersatz
Thlaspi arvense (Täschelkraut): Blätter für Salat und Suppen
Thymus spec. (Thymian): (N) Gewürz
Tragopogon pratensis (Bocksbart): Wurzeln als Gemüse wie Schwarzwurzeln; Stengel als Gemüse, aber auch roh eßbar
Trifolium pratense (Wiesen-Klee): Gemüse
Tropaeolum majus (Kapuzinerkresse): Salat und Gemüse
Tussilago farfara (Huflattich): junge Pflanzenteile für Salat, Gemüse und Suppen
Urtica dioica (Brennessel): Gemüse
Valerianella locusta (Feldsalat): (N) Salat
Veronica beccabunga (Bachbungen-Ehrenpreis): Salat

Färberpflanzen

Zur Technik des Färbens von Wolle siehe KIRCHER (1982). Der Farbton ist durch Verwendung unterschiedlicher Beizen modifizierbar.

Achillea spec. (Schafgarbe): Blätter -> Textilien gelb bis braun

Aesculus hippocastanum (Roßkastanie): Blätter -> Textilien gelb; Borke -> Textilien gelb, rotgelb

Agrimonia eupatoria (Odermennig): Blüten -> Textilien gelb

Allium cepa (Küchenzwiebel): Zwiebelschalen -> Textilien usw. beige

Alnus glutinosa (Schwarz-Erle): Borke -> Textilien schwarz

Althaea rosea (Eibisch, Stockrose): Blüten -> Tee, Wein rot

Anthemis tinctoria (Färber-Hundskamille): Blüten -> Textilien gelb

Anthriscus sylvestris (Kerbel): Blätter -> Textilien olivgrün

Arctostaphylos uva-ursi (Bärentraube): Blätter -> Wolle, Leder gelb bis ocker

Berberis vulgaris (Berberitze): Wurzelrinde -> Textilien, Leder gelb

Betula spec. (Birke): Blätter -> Textilien gelb; Borke -> Textilien rot bis braun

Calendula officinalis (Ringelblume): Blüten -> Lebensmittel gelb

Caltha palustris (Sumpfdotterblume): Blüten -> Butter gelb

Consolida regalis (Rittersporn): Blüten -> Textilien, Tee blau

Cornus sanguinea (Hartriegel): Früchte -> Textilien grau

Crataegus monogyna (Weißdorn): Blätter, Blüten -> Tee goldgelb

Crocus sativus (Krokus, Safran): Narben -> Backwaren gelb

Cytisus scoparius (Besenginster): Blätter, Blüten -> Textilien gelb

Galium spec. (Labkraut, Waldmeister): Blätter, Wurzeln -> Textilien rot

Galium verum (Gelbes Labkraut): blühende Pflanze -> Getränke, Textilien gelb

Genista tinctoria (Färber-Ginster): Blätter -> Textilien gelb

Iris pseudacorus (Schwertlilie): Rhizom -> Textilien schwarz

Isatis tinctoria (Färber-Waid): Blätter -> Textilien blau

Juglans regia (Walnuß): Blätter, Fruchtschale -> Textilien, Haare braun

Linaria vulgaris (Leinkraut): Blätter -> Haare blond

Malva sylvestris (Malve): Blüten -> Tee, Lebensmittel rot

Myrica gale (Gagel): Blütenknospen -> Textilien gelb

Quercus spec. (Eiche): Borke – > Textilien braunrot
Reseda luteola (Färber-Resede): Blätter – > Textilien gelbgrün
Rhamnus catharticus (Kreuzdorn): unreife Früchte – > Textilien gelb oder rot
Rubia tinctorum (Färber-Waid): Wurzeln, Rhizom – > Textilien rot oder gelb
Salix spec. (Weide): Borke – > Textilien gelb bis braunrot
Sorbus aucuparia (Eberesche): Borke – > Textilien beige bis braunrot
T*araxacum officinale* (Löwenzahn): Blüten – > Butter gelb
Ulex europaeus (Stechginster): Blüten – > Textilien gelb
Urtica dioica (Brennessel): Blätter – > Textilien gelb

Benutzte und weiterführende Literatur

(Auswahl)

ARBEITSGEMEINSCHAFT FÜR FLORISTIK IN SCHLESWIG-HOLSTEIN UND HAMBURG (o. J. ca. 1950): Zur Biologie einheimischer Pflanzen. Loseblattsammlung. - Kiel: Selbstverlag der Arbeitsgemeinschaft.

BARTH, F. G. (1982): Biologie einer Begegnung. Die Partnerschaft der Insekten und Blumen. - Stuttgart: Deutsche Verlags-Anstalt.

BERTSCH, A. (1975): Blüten - Lockende Signale. - Ravensburg: Maier.

BORNKAMM, R. (1973): Einführung in die Botanik. Stuttgart: Ulmer (= UTB 114).

BRAUN, H. & FROHNE, D. (1987): Heilpflanzenlexikon für Ärzte und Apotheker. 5. Aufl. - Stuttgart: G. Fischer.

BRAUN-BLANQUET, J. (1964): Pflanzensoziologie. Grundzüge der Vegetationskunde. 3. Aufl. - Wien: Springer.

BUFF, W. & DUNK, K. von der (1988): Giftpflanzen in Natur und Garten. 2. Aufl. - Berlin und Hamburg: Parey.

BUNDESARTENSCHUTZVERORDNUNG: Verordnung zum Schutz wildleben der Tier- und Pflanzenarten. Bundesgesetzblatt, Teil I, ausgegeben am 18. Dez. 1986.

CARL, H. (1986): Die deutschen Pflanzen- und Tiernamen. Deutung und sprachliche Ordnung. 2. Aufl. - Heidelberg und Wiesbaden: Quelle & Meyer.

DAHL, J. (1985): Wildpflanzen im Garten. - München: Gräfe und Unzer.

EHRENDORFER, F. (1973): Liste der Gefäßpflanzen Mitteleuropas. 2. Aufl. - Stuttgart: G. Fischer.

ELLENBERG, H. (1986): Vegetation Mitteleuropas mit den Alpen in ökologischer Sicht. 4. Aufl. - Stuttgart: Ulmer.

ELLENBERG, H., WEBER, H. E., DÜLL, R., WIRTH, V., WERNER, W. & PAULISSEN, D. (1991): Zeigerwerte von Pflanzen in Mitteleuropa. - Göttingen: Goltze.

FAEGRI, K. & van der PIJL, L. (1979): The principles of pollination ecology. 3. Aufl. - Oxford: Pergamon Press.

FITSCHEN, J. (1990): Gehölzflora. Ein Buch zum Bestimmen der in Mitteleuropa wildwachsenden und angepflanzten Bäume und Sträucher. 9. Aufl. - Heidelberg und Wiesbaden: Quelle & Meyer.

FITTER, A. (1987): Blumen. Wildblühende Pflanzen. Biologie, Bestimmen, Ökologie. - Berlin und Hamburg: Parey.

FLINDT, R. (1988): Biologie in Zahlen. Eine Datensammlung in Tabellen mit über 9000 Einzelwerten. 3. Aufl. - Stuttgart: G. Fischer.

FRANKE, W. (1989): Nutzpflanzenkunde. Nutzbare Gewächse der gemäßigten Breiten, Subtropen und Tropen. 4. Aufl. - Stuttgart: Thieme.

FROHNE, D. & PFÄNDER, H. J. (1987): Giftpflanzen. Ein Handbuch für Apotheker, Ärzte, Toxikologen und Biologen. 7. Aufl. - Stuttgart: Wiss. Verlagsges.

GENAUST, H. (1976): Etymologisches Wörterbuch botanischer Pflanzennamen. - Basel und Stuttgart: Birkhäuser.

GOEBEL, K. (1924-1933): Organographie der Pflanzen, insbesondere der Archegoniaten und Samenpflanzen. 3 Bände + 2 Ergänzungsbände. - Jena: G. Fischer.

GRIME, J. P. (1979): Plant Strategies and Vegetation Processes. - Chichester: Wiley & Sons.

GRIME, J. P., HODGSON, J. G. & HUNT, R. (1988): Comparative Plant Ecology. A functional approach to common British species. - London usw.: Unwin Hyman.

GUTTENBERG, H. von (1955): Lehrbuch der allgemeinen Botanik. 4. Aufl. - Berlin: Akademie-Verlag.

GUTTMANN, R. (1985): Hausbegrünung. Kletterpflanzen am Haus und im Garten. - Stuttgart: Franckh'sche Verlagshandlung (Reihe: Kosmos Florarium in Farbe).

HAEUPLER, H. & SCHÖNFELDER, P. (1989): Atlas der Farn- und Blütenpflanzen der Bundesrepublik Deutschland. 2. Aufl. - Stuttgart: Ulmer.

HAMANN, U. & WAGENITZ, G. (1977): Bibliographie zur Flora von Mitteleuropa. 2. Aufl. - Berlin und Hamburg: Parey.

HAUSEN, B. M. (1988): Allergiepflanzen, Pflanzenallergene. Teil 1: Kontaktallergene. - Landsberg: Ecomed.

HAUSTEIN, E. (1982): Botanisches Wörterbuch, Ableitung und Erklärung lateinischer Pflanzennamen. - Minden: Philler (= Lehrmeister-Bücherei Nr. 903).

HEGI, G. (Begr.) (1906 ff.): Illustrierte Flora von Mitteleuropa. 7 Bände. 1.-3. Aufl. - Berlin und Hamburg: Parey.

HELM, E. M. (1980): Feld-, Wald- und Wiesenkochbuch zum Erkennen, Sammeln, Zubereiten und Einkochen von Wildgemüsen und Wildfrüchten. 4. Aufl. - München: Kochbuchverlag Heimeran.

Jahns, H. M. (1981): Farne, Moose, Flechten Mittel-, Nord- und Westeuropas. 2. Aufl. - München: BLV.

Kircher, U. (1982): Mit Pflanzen färben. Die Grundlagen zum Färben von Wolle. 2. Aufl. - Marburg: W. Kircher.

Kirchner, O. von (1888): Flora von Stuttgart und Umgebung, mit besonderer Berücksichtigung der pflanzenbiologischen Verhältnisse. - Stuttgart: Ulmer.

Kirchner, O. von (1911): Blumen und Insekten. - Leipzig: Teubner.

Körber-Grohne, U. (1988): Nutzpflanzen in Deutschland. Kulturgeschichte und Biologie. 2. Aufl. - Stuttgart: Theiss.

Korneck, D. & Sukopp, H. (1988): Rote Liste der in der Bundesrepublik Deutschland ausgestorbenen, verschollenen und gefährdeten Farn- und Blütenpflanzen und ihre Auswertung für den Arten- und Biotopschutz. (4. Fassung) (= Schriftenreihe für Vegetationskunde, Heft 19). - Münster-Hiltrup: Landwirtschaftsverlag.

Kosceev, A. K. (= Koschtschejew, A. K.) (1990): Wildwachsende Pflanzen in unserer Ernährung, mit über 800 Rezepten. 2. Aufl. - Leipzig: Fachbuchverlag.

Kremer, B. P. (1988): Duft- und Aromapflanzen. Kosmos Naturführer. - Stuttgart: Franckh'sche Verlagshandlung.

Kugler, H. (1970): Blütenökologie. 2. Aufl. - Stuttgart: G. Fischer.

Larcher, W. (1976): Ökologie der Pflanzen. 2. Aufl. - Stuttgart: Ulmer (= UTB 232).

Luftensteiner, H. W. (1982): Untersuchungen zur Verbreitungsbiologie von Pflanzengemeinschaften an vier Standorten in Niederösterreich. - Stuttgart: Schweizerbart.

Marzell, H. (1937 ff.): Wörterbuch der deutschen Pflanzennamen. 5 Bände. - Leipzig.

Molisch, H. & Dobat, K. (1979): Botanische Versuche und Beobachtungen mit einfachen Mitteln. 5. Aufl. - Stuttgart: G. Fischer.

Müller-Schneider, P. (1983): Verbreitungsbiologie (Diasporologie) der Blütenpflanzen. 3. Aufl. - Bern: Huber (= Veröff. Geobot. Inst. ETH, Stiftung Rübel, Zürich 61).

Müller-Schneider, P. (1986): Verbreitungsbiologie der Blütenpflanzen Graubündens. - Bern: Huber (= Veröff. Geobot. Inst. ETH, Stiftung Rübel, Zürich 85).

Oberdorfer, E. (1990): Pflanzensoziologische Exkursionsflora. 6. Aufl. - Stuttgart: Ulmer.

Pahlow, M. (1989): Das große Buch der Heilpflanzen. 9. Aufl. - München: Gräfe und Unzer.

Pijl, L. van der (1972): Principles of dispersal in higher plants. 2. Aufl. - Berlin u. a.: Springer.

Proctor, M. & Yeo, P. (1975): The pollination of flowers. - London: Collins.

Rauh, W. (1950): Morphologie der Nutzpflanzen. - Heidelberg: Quelle & Meyer.

Regel, C. von (1944): Pflanzen in Europa liefern Rohstoffe. - Stuttgart: Schweizerbart.

Rosen, D. & Barthlott, W. (1991): Ökologische Aspekte der Ultraviolett-Reflexion von Blumen in Mitteleuropa, besonders in der Eifel. - Decheniana (Bonn) 144: 72-112.

Roth, L., Daunderer, M. & Kormann, K. (1988): Giftpflanzen. Pflanzengifte. Vorkommen, Wirkung, Therapie. 3. Aufl. - Landsberg und München: Ecomed.

Rothmaler, W. (1987): Exkursionsflora für die Gebiete der DDR und der BRD. Band 2: Gefäßpflanzen. 13. Aufl.; Band 3: Atlas der Gefäßpflanzen. 6. Aufl.- Berlin: Volk und Wissen.

Runge, F. (1990): Die Pflanzengesellschaften Mitteleuropas. 10./11. Aufl. - Münster: Aschendorff.

Schauer, T. & Caspari, C. (1989): Der große BLV-Pflanzenführer. Über 1500 Pflanzenarten Deutschlands und der Nachbarländer, davon 1140 farbig abgebildet. 5. Aufl. - München: BLV.

Schmeil, O. & Fitschen, J. (1987): Flora von Deutschland und seinen angrenzenden Gebieten. 88. Aufl. - Heidelberg und Wiesbaden: Quelle & Meyer.

Schönfelder, P. & Schönfelder, I. (1988): Der Kosmos-Heilpflanzenführer. Europäische Heil- und Giftpflanzen. 4. Aufl. - Stuttgart: Franckh'sche Verlagshandlung.

Schuphan, W. (1976): Mensch und Nahrungspflanzen. - Den Haag: Junk.

Sebald, O., Seybold, S. & Philippi, G. (1990 ff.): Die Farn- und Blütenpflanzen Baden-Württembergs. 5 Bände. - Stuttgart: Ulmer.

Slack, A. (1985): Karnivoren. Biologie und Kultur der insektenfangenden Pflanzen. - Stuttgart: Ulmer.

Stanley, R. G. & Linskens, H. F. (1985): Pollen. - Greifenberg: Urs Freund.

STEHLI, G. & BRÜNNER, G. (1968): Pflanzensammeln - aber richtig. 7. Aufl. - Stuttgart: Franckh'sche Verlagshandlung.

STRASBURGER, E. (Begr.) (1983): Lehrbuch der Botanik für Hochschulen. 32. Aufl. - Stuttgart: G. Fischer. - (Mit umfangreichen Zusammenstellungen weiterführender Literatur).

TROLL, W. (1954, 1957): Praktische Einführung in die Pflanzenmorphologie. 2 Bände. - Jena: G. Fischer (Reprint Königstein: Koeltz).

WEEDA, E. J., WESTRA, R., WESTRA, C. & WESTRA, T. (1985 ff.): Nederlandse oecologische flora. Wilde planten en hun relaties. - Hilversum: Westra.

WEHRHAHN, H. R. (1931): Die Gartenstauden. 2 Bände. - Berlin: Parey. (Reprint 1989, Königstein: Koeltz).

WESTRICH, P. (1990): Die Wildbienen Baden-Württembergs. Bd. 1, Allgemeiner Teil. 2. Aufl. - Stuttgart: Ulmer.

WICHTL, M. (Hrsg.) (1989): Teedrogen. 2. Aufl. - Stuttgart: Wiss. Verlagsges.

WIDMAYR, C. (1986): Alte Bauerngärten neu entdeckt. Geschichte, Anlage, Pflanzen, Pflege. - München: BLV.

WIESNER, J. (1927-1928): Die Rohstoffe des Pflanzenreichs. 2 Bände. - Leipzig.

WILMANNS, O. (1989): Ökologische Pflanzensoziologie. 4. Aufl. - Heidelberg und Wiesbaden: Quelle & Meyer (= UTB 269).

WITT, R. (1986) Wildsträucher in Natur und Garten. 2. Aufl. - Stuttgart: Franckh'sche Verlagshandlung.

Worterklärungen

Man vergleiche auch die am Anfang des Buches erklärten Begriffe zur Blüten- und Ausbreitungsökologie.

Abortivum = Abtreibungsmittel.

Achäne = einsamige Nußfrucht, Samenschale und Fruchtwand verwachsen, Fruchtknoten unterständig, z. B. die Frucht der Korbblütler.

adventiv = eingeschleppt, im Gebiet nicht heimisch.

Ährchen = Teilblütenstand der Gräser.

äquifazial = Blattober- und Blattunterseite gleich gestaltet.

ätherische Öle = ölige, fettähnliche, flüchtige Substanzen, gewöhnlich aromatisch duftend.

Aggregat (agg.) = Sammelart, Gruppe von untereinander ähnlichen Kleinarten.

Alkaloide = basische, stickstoffhaltige organische Verbindungen mit meist starker Giftwirkung.

alloploid, allopolyploid = Additionsbastard, entstanden durch Verdopplung des Bastard-Chromosomensatzes.

alpin, alpine Stufe = oberhalb der Baumgrenze.

Alteinwanderer = vor 1492 eingewandert (= Archäophyt).

analog = der Funktion nach einander entsprechend.

androdiözisch = männliche und zwittrige Pflanzen kommen vor.

andromonözisch = auf der gleichen Pflanze kommen männliche und zwittrige Blüten vor.

Antheren = Staubbeutel.

annuell = einjährig.

Anthocyane = im Zellsaft gelöste, rote bis blaue Farbstoffe.

Apfel = Frucht (Sammelfrucht) der Kernobstgewächse (Rosaceae, Unterfamilie Maloideae).

Aphrodisiacum = potenzsteigerndes Mittel.

Apogamie = Entstehung von Samen ohne Befruchtung.

apokarp = Fruchtblätter frei (= chorikarp).

apomiktisch, Apomixis: siehe Apogamie.

Archäophyt = Alteinwanderer (siehe dort).

Arillus = Samenmantel.

Assimilate = energiereiche, organische Verbindungen, die von der Pflanze bei der Photosynthese produziert werden.

Assoziation = Pflanzengesellschaft.

ausdauernd = nach der Blüte nicht absterbend, mehrjährig.
Autotrophie = Fähigkeit, energieärmere, anorganische Substanzen in energiereichere umzuwandeln.
Äzidien = Sporenlager der Rostpilze (Sporen zweikernig).

Beere = Frucht, bei der zur Reife alle Teile der Fruchtwand fleischig sind (nur bei Bedecktsamern).
Bestäubung = Übertragung des Blütenstaubs (= Pollens) auf die Narbe.
Bienenverwandte = Hummeln und Bienen (= Apiden).
Bitterstoffe = chemisch verschiedenartige bittere Substanzen mit Wirkung auf die Sekretion des Verdauungstraktes.
Blattrosette = dicht über dem Boden befindliche, eng zusammenstehende Blätter.
Blütenmal = Zeichnung auf der Blüte, die den Bestäuber zum Nektar (Saftmal) bzw. Pollen weisen.
Blume = Begriff aus der Blütenökologie für die Bestäubungseinheit.
Brutknospen = mit Reservestoffen gefüllte Knospen, die sich von der Mutterpflanze ablösen und zu neuen Individuen heranwachsen.

Chamaephyt = Erneuerungsknospen an Zweigen dicht (10-30 cm) über dem Erdboden (= Oberflächenpflanze).
coenokarp (= synkarp) = Zwei oder mehrere Fruchtblätter sind zu einem Fruchtknoten verwachsen.
Cortex = Rinde, Borke.
Cyathium = Blütenstand (Pseudanthium, Scheinblüte) der Wolfsmilchgewächse.

Dermatitis = Hautreizung, Hautentzündung.
dichasial, Dichasium = gabelig verzweigt, jeweils 2 Seitenäste übergipfeln den Hauptast.
Dichogamie = unterschiedliche Reifezeit von Narben und Staubbeuteln innerhalb derselben Blüte.
Dicotyledoneae, Dikotyle = Zweikeimblättrige Pflanzen.
Diskus = ring- oder scheibenförmiger Auswuchs am Blütengrund, gewöhnlich nektarabsondernd.
Dolde = schirmartiger Blütenstand, bei dem alle Blütenstiele vom gleichen Punkt ausgehen.
Doppel-Achäne = Spaltfrucht der Doldenblütler (siehe Achäne).
Dorn = scharf zugespitzte, innen verholzte Seitenorgane (vgl. Stachel).

dorsiventral = Ober- und Unterseite verschieden, zweiseitig-symmetrisch.

dreihäusig = zwittrige, männliche und weibliche Blüten sind auf drei Individuen verteilt (= triözisch).

ektotrophe Mykorrhiza = Symbiose zwischen Pilz und Wurzel, bei der der Pilz nicht in das Innere der Wirtszellen vordringt.

eingebürgert = nicht einheimisch, aber mindestens über 2-3 Generationen hinweg sich aus eigener Kraft vermehrend.

einhäusig = Blüten eingeschlechtlich, aber männliche und weibliche Blüten auf derselben Pflanze.

Einjährige = Pflanzen, deren Lebenszyklus in maximal 12 Monaten beendet ist, und die als Samen überdauern.

endotrophe Mykorrhiza = Symbiose zwischen Pilz und Wurzel, bei der der Pilz bis in das Innere der Wirtszellen eindringt.

Elaiosom = Ölkörper als Anhängsel an Samen; sie dienen zur Ameisenverbreitung.

Emergenzen = Haare und andere Anhänge der Epidermis, an deren Bildung auch subepidermale Schichten beteiligt sind.

Endosperm = Nährgewebe des Samens.

Epidermis = Oberhaut.

Epikotyl = Stengelabschnitt zwischen Keimblatt und Primärblatt.

Epiphyt = auf anderen Pflanzen wachsende Pflanze.

Erneuerungsknospen = Sproßknospen, die die ungünstige Jahreszeit überdauern, und zum günstigen Zeitpunkt das Wachstum der Pflanze fortsetzen.

eutroph = nährstoffreich.

Eutrophierung = Anreicherung von Nährstoffen, z. B. durch Überdüngung.

Exokarp = äußerer Teil der Fruchtwand.

extrafloral = außerhalb der Blüte.

Fahne = oberes, aufrecht stehendes Kronblatt der Schmetterlingsblütler.

Fiederblatt = geteiltes Blatt mit gestielten Abschnitten, die als Fiedern oder Blättchen bezeichnet werden.

Flavone = den Anthocyanen verwandte, gelbe Farbstoffe.

Flores = Blüten.

Foliae = Blätter.

frische Böden = Zwischenstufe zwischen feuchten und trockenen Böden.

Fructus = Früchte.

gegenständig = An jedem Knoten entspringen zwei einander gegenüberstehende Blätter.

Geitonogamie = Bestäubung benachbarter Blüten derselben Pflanze.

Geophyt = Erdpflanze, Erneuerungsknospen im Boden.

Geotropismus = gerichtete Wachstumsbewegung gemäß der Schwerkraft.

Gerbstoffe = Polyphenole mit antibakterieller Wirkung.

Geschlechtsgeneration = die Geschlechtszellen (= Gameten) liefernde Generation (= Gametophyt).

Glykoside = Verbindungstyp zwischen Zucker und einem "Rest", z. B. Säuren.

Guttation = aktive Wasserabgabe durch Wasserspalten (Hydathoden).

gynodiözisch = weibliche und zwittrige Pflanzen kommen vor.

gynomonözisch = weibliche und zwittrige Blüten auf der gleichen Pflanze.

Halbrosettenpflanze = Die Pflanze bildet im ersten Jahr eine Rosette, im zweiten Jahr einen beblätterten Blütenschaft, der den Vegetationskegel aufbraucht, so daß die Pflanze, wenn keine blattachselständigen Tochterknospen überdauern, danach abstirbt.

Halbschmarotzer = grüne Pflanze, die Wasser und Mineralsalze von einer Wirtspflanze bezieht.

Halbstrauch = Chamaephyt, bei dem die untersten Stengelteile verholzt sind.

hapaxanth = nur einmal blühend.

Helophyt = Sumpfpflanze.

Hemikryptophyt = Erneuerungsknospen dicht über dem Erdboden oder in die Erdoberfläche eingebettet (= Erdschürfepflanze).

Hemiparasit = Halbschmarotzer (siehe dort).

Herba = Kraut, krautige Pflanzenteile.

Herbizid = Wildkraut-Vernichtungsmittel.

heterotroph = zur Ernährung auf organische Substanzen angewiesen.

Holoparasit = Vollschmarotzer (siehe dort).

homogam = Staubblätter und Narben reifen gleichzeitig.

Honig = Umwandlungsprodukt des Nektars durch den Bienenmagen.

Horst = durch Auswachsen der untersten Achselknospen entstandener Sproß der Gräser mit büschelig dicht stehenden Blättern.

Hülse = Frucht der Schmetterlingsblütler, gebildet aus 1 Fruchtblatt, das sich bei der Reife an der Bauch- und Rückennaht öffnet.

Hydrophyt = Wasserpflanze.

hygrochas = Eigenschaft von Trockenfrüchten, sich nur bei Nässe zu öffnen.

Hygrophyt = Feuchtpflanze, Schattenpflanze.

hygroskopisch = wasseranziehend.

Hypokotyl = Stengelabschnitt zwischen Wurzel und Keimblatt.

Industriophyt = Neubürger (Neophyt), dessen Einwanderung erst mit der Industrialisierung ab etwa 1850 erfolgte.

Internodium = Abschnitt der Sproßachse zwischen zwei Knoten (= Nodien).

Inulin = stärkeähnliches Kohlenhydrat, der typische Speicherstoff der Korbblütler. Grundbaustein ist Fructose.

Kapsel = trockenwandige Streufrucht.

Karnivore = fleischfressende Pflanze.

Karotinoide = rote bis gelbe, fettlösliche Farbstoffe.

Karyopse = Frucht der Gräser, Samenschale und Fruchtwand verwachsen, Fruchtknoten oberständig.

Kennart = Charakterpflanze einer bestimmten pflanzensoziologischen Einheit (vgl. dort).

Klausen = nußartige Teilfrüchte der Lippenblütler und Rauhblattgewächse.

Kleinart = Art innerhalb eines Aggregates.

kleistogam = Innerhalb der geschlossenbleibenden Blüten erfolgt Selbstbestäubung (= geschlossenblütig).

Kletterpflanzen = Pflanzen, die andere Pflanzen als Stütze benutzen, um ans Licht zu gelangen.

Klimmstauden = ausdauernde, krautige Kletterpflanzen.

Knoten = Ansatzstelle der Blätter an der Sproßachse.

Konkauleszenz = ± weite Verwachsung der Hauptachse mit einer Seitenachse.

Kosmopolit = weltweit verbreitet.

Kraftblume = Blüten, zu deren Öffnung es besonderer Kraft seitens der Besucher bedarf.

Lianen = Kletterpflanzen mit verholztem Stengel.

Ligula = Blatthäutchen.

Mesokarp = mittlerer Teil der Fruchtwand.

mesotroph = mittlerer Nährstoffgehalt.

Metamorphose = Abwandlung des Grundtyps eines Pflanzenorgans.

monochasial, Monochasium = gabelig verzweigt, 1 Seitenast übergipfelt den Hauptast.

monopodial, Monopodium = durchgehende Hauptachse, Seitensprosse übergipfeln den Muttersproß nicht.

montan = Höhenstufe der Mittelgebirge.

Monocotyledoneae, Monokotyle = Einkeimblättrige Pflanzen.

Mykorrhiza = Pilzwurzel, symbiotische Verbindung zwischen Wurzel und Pilz.

Nachbarbestäubung (Geitonogamie) = Bestäubung benachbarter Blüten derselben Pflanze.

Nastie = Bewegung von Pflanzenorganen, die unabhängig von der Richtung, aus der ein Reiz kommt, und nach vorgegebenem Mechanismus abläuft.

Nebenblätter = seitliche, oft kleine oder früh hinfällige Anhangsgebilde am Blattgrund (= Stipeln).

Nektar = zuckerhaltige, von der Pflanze abgeschiedene Flüssigkeit.

Nektarblatt = Blütenorgan, das Nektar produziert und sammelt.

Neophyt = siehe Neubürger.

Nodium = Knoten.

Neubürger = nach 1492 eingebürgert (= Neophyt, Neueinwanderer).

Niederblätter = kleine, meist schuppenförmige Blätter an der Basis von Sprossen bzw. Seitensprossen und an unterirdischen Sprossen.

nival = Höhenstufe im Bereich des ewigen Schnees.

nototrib = rückenseitige Bestäubung.

Nuß = Schließfrucht mit trockener Fruchtwand.

Nutationen = autonome, kreisende Suchbewegungen von Pflanzenteilen, z. B. Sproßspitzen.

obdiplostemon = zwei Staubblattkreise, der äußere vor den Kronblättern, der innere vor den Kelchblättern stehend.

Ochrea = röhrig den Stengel umfassende Scheide.

Ökologie = Lehre von den Beziehungen der Lebewesen untereinander und zu ihrer Umwelt.

offizinell = heilkundlich verwendet (= "gebräuchlich").

Öl, ätherisches: siehe ätherisches Öl.

Öl, fettes = durch hohen Anteil an ungesättigten Fettsäuren flüssiges Fett.

oligotroph = nährstoffarm.

Pappus = Haarkelch der Korbblütler.

Peinomorphose = Anpassung an die Mineralsalzarmut des Bodens (= Hungermorphose) und andere das Pflanzenwachstum beeinträchtigende Faktoren.

Pektine = Gruppe hochmolekularer Kohlenhydrate.

peltat = Blätter, bei denen der Blattstiel nicht aus dem Spreitenunterrand verjüngt, sondern scheinbar aus der Mitte der Spreitenunterseite entspringt.

Perianth = doppelte Blütenhülle (Kelch und Krone).

Perigon = Blütenhülle, die nicht in Kelch und Krone unterschieden ist.

pflanzensoziologische Einheiten = charakteristische Artenkombinationen von Pflanzen. Die wichtigsten sind (in aufsteigender Folge des Systems): Assoziation (Endung: -etum), Verband (-ion), Ordnung (-etalia), Klasse (-etea).

Phanerophyt = Baum oder Strauch, Erneuerungsknospen an mindestens 30 cm hohen Trieben.

Phloem = Teil des Leitbündels, in dem die organischen Nährstoffe geleitet werden.

Photosynthese = Herstellung energiereicher organischer Verbindungen, z. B. Stärke, durch die grüne Pflanze mit Hilfe des Sonnenlichts.

Phototropismus = gerichtete Wachstumsbewegung zum Licht hin (oder vom Licht weg).

Pilzwurzel = Symbiose zwischen Pilz und Höherer Pflanze (= Mykorrhiza).

Pionierpflanzen = Erstbesiedler neuer Standorte.

Pollen = Blütenstaub.

Pollinium = Pollenmasse eines Staubbeutelfaches (= Theke) oder eines Pollensackes, als ganzes übertragen, z. B. bei Orchideen.

postfloral = nach dem Blühen.

Pseudoviviparie = vegetative Vermehrung in der Blütenregion ("scheinbar lebendgebärend").

Rachenblumen = Blüten mit ausreichend großem Innenraum, so daß genügend Platz zum Einkriechen von Großbienen vorhanden ist.

Radix = Wurzel.

Ranke = zum Klettern dienendes Pflanzenorgan.

Rekauleszenz = Verwachsung der Hauptachse mit dem Tragblatt.

Resupination = Umkehrung einer Blüte aus der ursprünglichen Lage in die entgegengesetzte.

Rhizom = unterirdischer, meist horizontal wachsender Speicherspross (= Erdspross, Wurzelstock).

Rispe = Blütenstand mit durchgehender Hauptachse und verzweigten Ästen.

Rosettenpflanze = Ausdauernder Hemikryptophyt mit grundständiger Blattrosette und unbeblättertem Blütenschaft.

Rostellum = Haftorgan für die Pollinien bei Orchideen.

Ruderalpflanzen = Pflanzen der Wegränder und Schuttplätze.

Rübe = fleischig verdickte Speicherwurzel.

Rutenstrauch = Pflanze mit grünen Zweigen, die mindestens in der ungünstigen Jahreszeit (fast) blattlos ist, Hauptverbreitung in Gebieten mit milden Wintern, z. B. im Mittelmeergebiet.

Saftdecke = Schicht, die den freien Zugang zum Nektar verhindert.

Safthalter = nektarspeichernder Teil der Pflanze.

Saftmal = Zeichnung auf der Blüte, die zum Nektar weist.

Säurezeiger = Pflanzen, die bevorzugt auf sauren Böden wachsen.

Samenanlage = Teil des Fruchtknotens, in dem sich die Eizelle befindet und der nach erfolgter Befruchtung zum Samen heranwächst.

Sammelfrucht = Verbreitungseinheit, bestehend aus mehreren, Einzelfrüchten (= Früchtchen), die aus freien Fruchtknoten hervorgegangen sind und bei der Samenreife an der Blütenachse verbleiben.

Saponine = Terpenoid-Glykoside, in wäßriger Lösung schaumbildend und blutzersetzend.

Schaftpflanze = Hemikryptophyt mit zur Blütezeit abgestorbenen Rosettenblättern und beblättertem Blütenstengel.

Scheibenblüten = die im Vergleich zu den großen, randlichen Zungenblüten vergleichsweise unscheinbaren Röhrenblüten im Inneren des Blütenkörbchens vieler Korbblütler.

Scheibenblumen = Begriff der Blütenökologie. Flach ausgebreitete Blüten mit freistehenden Staubblättern und Stempeln.

Scheinfrucht = Die reife Frucht wird mitsamt steriler Blütenteile verbreitet.

Schiffchen = unterer Teil der Blüte der Schmetterlingsblütler: zwei miteinander verwachsene Kronblätter umhüllen Staubblätter und Stempel.

Schließfrucht = meist einsamige Frucht, die den Samen bei dessen Reife umschlossen hält und mit diesem verbreitet wird.

Schote = mehrsamige Streufrucht der Kreuzblütler mit falscher Scheidewand.

Schraubel = monochasialer Blütenstand, Seitenäste schraubig angeordnet.

Schwimmblattpflanze = im Gewässerboden fest verankerte Pflanze mit auf der Wasseroberfläche schwimmenden Blattspreiten.

Semen = Samen.

Senföle = ölartige, scharf schmeckende Inhaltstoffe, besonders von Kreuzblütlern, die beim Zerfall der Senfölglykoside frei werden.

Sichel = monochasialer Blütenstand, alle Seitenäste zur gleichen Seite gerichtet.

Signatura rerum = mittelalterliche medizinische Irrlehre, wonach die arzneiliche Verwendungsfähigkeit einer Pflanze äußerlich erkennbar sei (z. B. bei nierenförmigen Blättern: Anwendung gegen Nierenleiden). Vermutlich aber oft eher Merkhilfe als wirklicher Aberglaube.

sommerannuell = einjährig, nicht überwinternd.

Spalierstrauch = Chamaephyt mit flachen Zweigen, die der Unterlage dicht aufliegen.

Spatha = großes, auffälliges, den Blütenstand ± einhüllendes Hochblatt bei Aronstabgewächsen.

Species, spec. = Art

Spelzen = häutige, schuppenartige Blätter im Blütenbereich der Gräser.

Spirre = Trichterrispe, entstanden durch Übergipflung zentraler Zweige durch die seitlichen.

Sporangium = Behälter, in dem die Sporen gebildet werden.

Sporen = Fortpflanzungszellen, aus denen z. B. bei Farnen der Vorkeim als geschlechtliche Generation hervorgeht.

Stachel = Anhangsgebilde der Sproßachse, aus der Epidermis und den darunter liegenden Schichten gebildet.

Staminodium = umgewandeltes unfruchtbares Staubblatt mit Sonderfunktion, vor allem als Nektarblatt.

Staude = ausdauernde, krautige Pflanze.

sternotrib = Staubbeutel und/oder Narben berühren den Besucher bauchseitig.

Stickstoffsymbiose = Symbiose zwischen Luft-Stickstoff bindenden Bakterien und höheren Pflanzen; Bakterien meist in besonderen Wurzelknöllchen.

Strahlblüten = randständige Blüten eines körbchen- oder doldenartigen Blütenstandes mit nach außen zu (zentrifugal) auffällig verlängerten Kronzipfeln.

stratifizieren = feuchte, lichtlose Lagerung von Saatgut.

Streufrucht = sich bei der Samenreife zur Entlassung der Samen öffnende Frucht.

Subspecies, subsp. = Unterart.

Subtraktionsfarbe = relativ dunkle Färbung, die sich durch Absorption des Lichtes durch einen Pigmenttyp in der oberen und einen weiteren Pigmenttyp in der unteren Schicht ergibt.

Sukkulenz = Wasserspeicherung in besonderen Geweben.

Symbiose = Lebensgemeinschaft zwischen zwei verschiedenen Organismen mit wechselseitigem Nutzen.

sympodiale Verzweigung = Seitenachsen übergipfeln die Hauptachse.

synkarp: siehe coenokarp.

Tetrade = Die 4 Teilungsprodukte einer Pollenmutterzelle werden als Einheit übertragen.

tetraploid = vierfacher Chromosomensatz.

Theke = Staubbeutelfach oder -hälfte.

Therophyten = Einjährige.

Thigmonastie = nach Berührungsreiz in vorgegebener Weise ablaufende Bewegung von Pflanzenteilen.

Thyrse, Thyrsus = ähriger oder traubiger Blütenstand, bei dem die Teilblütenstände Zymen sind.

Toxalbumine = giftige Eiweißstoffe.

Transpiration = Verdunstung, Abgabe von Wasserdampf.

Traube = Blütenstand mit durchgehender Hauptachse und unverzweigten, gestielten Seitenachsen.

triözisch = dreihäusig (siehe dort).

Tropismus = von der Reizrichtung abhängige Bewegung von Pflanzenorganen.

Tuber = Knolle.

Turionen = Überwinterungsknospen bei Wasserpflanzen.

Überdauerungsknospen = Erneuerungsknospen.

Umtriebszeit = durchschnittliches Alter von Forstbäumen, bis sie geschlagen werden.

unbeständig = sich nicht aus eigener Kraft über Samen vermehrend

unifazial = Die Spreitenfläche entwickelt sich nur aus der Unterseite der Blattanlage.

Verband = Gruppe von Pflanzengesellschaften, im pflanzensoziologischen System zwischen Assoziation und Ordnung stehend.

Vollschmarotzer = Pflanze, die alle lebensnotwendigen Stoffe von einer Wirtspflanze bezieht.

Vorblatt = Blattorgan unterhalb einer Blüte, meist nur schuppenartig ausgebildet.

vorlaufend = Die Blüten erscheinen vor den Blättern.

vormännlich = Die Staubbeutel reifen vor den Narben (= proterandrisch).

vorweiblich = Die Narben reifen vor den Staubbeuteln (= proterogyn).

wechselständig = an jedem Knoten entspringt nur 1 Blatt.

Wedel = Blatt der Farne.

Wickel = monochasialer Blütenstand, jung spiralig eingerollt, Seitenäste in zwei parallelen Zeilen.

Wildpflanzengarten = Garten mit hohem Anteil an einheimischen Arten. Unter Beachtung der Naturschutzbestimmungen und um die Pflanzen am Wildstandort nicht zu gefährden, werden sie am besten im Fachhandel bezogen. Es ist darauf zu achten, die Pflanzen dort auszubringen, wo sie sich nicht übermäßig ausbreiten können. Es versteht sich von selbst, daß solche Gärten naturnah und ohne künstliche Spritzmittel bewirtschaftet werden.

Windepflanze = Kletterpflanze, bei der sich der Stengel als ganzer um den Wirt herumwindet.

winterannuell = einjährig, aber überwinternd.

Wintersteher = Früchte mit Samen bleiben (wenigstens teilweise) bis mindestens in den Winter an der Pflanze.

Wurzelknöllchen: siehe bei Stickstoffsymbiose.

Wurzelknospen = an den Wurzeln befindliche Erneuerungsknospen.

Wurzelpilz = Pilz, der mit den Wurzeln einer höheren Pflanze in Symbiose (= Mykorrhiza) lebt.

Xanthophylle = gelbe, fettlösliche Farbstoffe, Oxydationsprodukte des Karotins.

xerochas = Eigenschaft von Trockenfrüchten, sich bei Austrocknung zu öffnen, bei feuchtem Wetter aber zu schließen.

Xeromorphie = Bau an Trockenheit angepaßt.

Xerophyten = Trockenpflanzen; charakterisiert durch besonders gut entwickeltes Wurzelwerk und reduzierte oberirdische Organe sowie häufiges Vorkommen von Dornen, Lederblättrigkeit und/oder Sukkulenz.

Xylem = Teil des Leitbündels, in dem das Wasser nach oben geleitet wird.

Zungenblüten = die durch einseitige Vergrößerung der Krone verlängerten und daher der Schau dienenden Randblüten des Körbchens der Korbblütler.

zweihäusig = männliche und weibliche Blüten stehen auf verschiedenen Pflanzen.

Zweijährige = Pflanzen, die im ersten Jahr eine Blattrosette bilden, im zweiten Jahr blühen und nach der Samenreife absterben.

zweizeilig = wechselständig mit einem Divergenzwinkel von 180°.

Zwergstrauch = vollständig verholzter Strauch, der nicht über 30 cm hoch wird, und daher zu den Chamaephyten zu zählen ist.

Zwiebel = kurze gedrungene Sproßachse, an der in dichter Anordnung fleischige Speicherblätter stehen.

zwittrig = Blüte mit Staubblättern und Fruchtblättern.

Zyme, zymöser Blütenstand = sympodialer, d. h. durch Übergipfelung entstandener Blütenstand.

Verzeichnis der deutschen und wissenschaftlichen Pflanzennamen

Seitenzahlen in Klammern beziehen sich auf Synonyme.